“十一五”国家重点图书　计算机科学与技术学科前沿丛书

计算机科学与技术学科研究生系列教材（中文版）

高级软件工程

方木云　刘辉　编著

清華大學出版社
北京

内容简介

本书介绍20世纪90年代中期以后软件工程领域新的理论和技术，围绕如何提高软件的生产效率和质量来选取和组织材料。前11章为理论部分，内容包括软件体系结构、中间件技术、在线演化技术、网构软件、仿生学、面向Agent的软件工程、面向服务架构技术、柔性工作流、统一建模语言、云计算；后6章为实验部分，内容包括用VB实现的UDP通信、Windows API函数、端口的禁用、用VB写DLL文件、用VB写OCX控件以及COM、COM+和DCOM。

本书可作为高校研究生的教材，也可以作为教师和广大高级编程人员的参考书。

图书在版编目（CIP）数据

高级软件工程/方木云，刘辉编著．—北京：清华大学出版社，2011.6（2023.1重印）
（计算机科学与技术学科研究生系列教材（中文版））
ISBN 978-7-302-25720-2

Ⅰ.①高…　Ⅱ.①方…　②刘…　Ⅲ.①软件工程－研究生－教材　Ⅳ.①TP311.5

中国版本图书馆CIP数据核字(2011)第107442号

责任编辑：郑寅堃　王冰飞
责任校对：时翠兰
责任印制：丛怀宇

出版发行：清华大学出版社
网　　址：http://www.tup.com.cn，http://www.wqbook.com
地　　址：北京清华大学学研大厦A座　　邮　　编：100084
社 总 机：010-83470000　　邮　　购：010-62786544
投稿与读者服务：010-62776969，c-service@tup.tsinghua.edu.cn
质 量 反 馈：010-62772015，zhiliang@tup.tsinghua.edu.cn
印 装 者：三河市龙大印装有限公司
经　　销：全国新华书店
开　　本：185mm×260mm　　印　　张：25.75　　字　　数：637千字
版　　次：2011年6月第1版　　印　　次：2023年1月第5次印刷
印　　数：4901～5100
定　　价：69.00元

产品编号：040647-03

"十一五"国家重点图书　计算机科学与技术学科前沿丛书

计 算 机 科 学 与 技 术 学 科 研 究 生 系 列 教 材

编委会

序 言

未来的社会是信息化的社会，计算机科学与技术在其中占据了最重要的地位，这对高素质创新型计算机人才的培养提出了迫切的要求。计算机科学与技术已经成为一门基础技术学科，理论性和技术性都很强。与传统的数学、物理和化学等基础学科相比，该学科的教育工作者既要培养学科理论研究和基本系统的开发人才，还要培养应用系统开发人才，甚至是应用人才。从层次上来讲，则需要培养系统的设计、实现、使用与维护等各个层次的人才。这就要求我国的计算机教育按照定位的需要，从知识、能力、素质三个方面进行人才培养。

硕士研究生的教育须突出"研究"，要加强理论基础的教育和科研能力的训练，使学生能够站在一定的高度去分析研究问题、解决问题。硕士研究生要通过课程的学习，进一步提高理论水平，为今后的研究和发展打下坚实的基础；通过相应的研究及学位论文撰写工作来接受全面的科研训练，了解科学研究的艰辛和科研工作者的奉献精神，培养良好的科研作风，锻炼攻关能力，养成协作精神。

高素质创新型计算机人才应具有较强的实践能力，教学与科研相结合是培养实践能力的有效途径。高水平人才的培养是通过被培养者的高水平学术成果来反映的，而高水平的学术成果主要来源于大量高水平的科研。高水平的科研还为教学活动提供了最先进的高新技术平台和创造性的工作环境，使学生得以接触最先进的计算机理论、技术和环境。高水平的科研也为高水平人才的素质教育提供了良好的物质基础。

为提高高等院校的教学质量，教育部最近实施了精品课程建设工程。由于教材是提高教学质量的关键，必须加快教材建设的步伐。为适应学科的快速发展和培养方案的需要，要采取多种措施鼓励从事前沿研究的学者参与教材的编写和更新，在教材中反映学科前沿的研究成果与发展趋势，以高水平的科研促进教材建设。同时应适当引进国外先进的原版教材，确保所有教学环节充分反映计算机学科与产业的前沿研究水平，并与未来的发展趋势相协调。

中国计算机学会教育专业委员会在清华大学出版社的大力支持下，进行了计算机科学与技术学科硕士研究生培养的系统研究。在此基础上组织来自多所全国重点大学的计算机专家和教授们编写和出版了本系列教材。作者们以自己多年来丰富的教学和科研经验为基础，认真研究和结合我国计算机科学与技术学科硕士研究生教育的特点，力图使本系列教材对我国计算机科学与技术学科硕士研究生的教学方法和教学内容的改革起引导作用。本系列教材的系统性和理论性强，学术水平高，反映科技新发展，具有合适的深度和广度。同时本系列教材两种语种（中文、英文）并存，三种版权（本版、外版、合作出版）形式并存，这在系列教材的出版上走出了一条新路。

相信本系列教材的出版，能够对提高我国计算机硕士研究生教材的整体水平，进而对我国大学的计算机科学与技术硕士研究生教育以及培养高素质创新型计算机人才产生积极的促进作用。

前言

随着软件工程技术的发展，软件的形态、规模、方法、架构、工具和环境等都在变化。由于 Internet 的普及，人们了解和掌握国内外新技术越来越容易。可是作为学生，系统地获取知识的软件工程教材并没有跟上软件工程技术发展的步伐，导致培养出来的学生不能很快地适应社会的需要。

国内本科生的软件工程教材仍然以瀑布型模型的生命周期为主线来组织，大部分教材的内容只跟进到 20 世纪 90 年代的面向对象开发方法，新的内容如软件体系结构、中间件、SOA、网构软件、面向 Agent 的软件工程和云计算等都没有涉及，使得软件工程的教学内容与当今主流技术之间的脱节越来越大。

国内研究生的软件工程教材几乎是一片空白，不少高校沿用本科阶段的教材，或是各自做些零散的 PPT 讲稿，这种现状可能与我国研究生教育相对宽松的要求有关。随着高校研究生数量的不断增多，教学质量要求越来越高，教材用量在不断增长，我们深感有必要整理一本合适的教材，以便把最新的成果较为系统地传授给学生。编写本书的目的之一是抛砖引玉，希望以后有更多优秀的软件工程教材涌现出来。

软件工程是指导计算机软件开发和维护的工程学科，研究如何提高软件生产效率和质量是该学科的核心问题。开发和维护或者说构造和演化是软件工程活动的两个重要环节。要提高生产效率必须减少开发和维护的工作量，缩短开发和维护的时间。要提高软件的质量必须构造良好的体系结构和复用以往成熟的部分。

软件复用一直是软件工程界所追求的梦想，复用技术是提高软件生产效率和质量的重要途径之一。

软件体系结构可帮助解决软件复用所遇到的障碍，对系统部件约束最小的地方复用性最大，而作为系统早期设计的体系结构对部件的约束最小，因此，基于软件体系结构的复用为软件复用开拓了一条新的道路，使软件复用从代码复用发展到设计复用和过程复用，实现多层次的软件复用。软件体系结构研究的最大贡献在于对软件生产率的提高和维护的简化。

在中间件产生以前，应用软件直接利用操作系统、网络协议和数据库等开发，这些都是计算机最底层的东西，越底层越复杂，开发者不得不面临许多很棘手的问题，如操作系统的多样性、网络环境的复杂多变性、网络程序设计的繁杂性、数据分散处理的不一致性以及程序的性能、效率和安全等问题。这些与用户的业务没有直接关系，但又必须解决，耗费了开发者大量宝贵的时间和精力。能不能将应用软件所要面临的共性问题进行提炼和抽象，在操作系统之上再形成一个可复用的部分，供成千上万的应用软件重复使用？这就是中间件技术。中间件技术使软件复用了网络和系统软件之上、应用系统之下的广袤疆域，为应用软件提供了应用支撑平台。

概括来说，面向对象技术通过类的封装，在同种编程语言中实现了代码级别的复用；构件技术在二进制级别共享，使复用跨越了编程语言的限制；SOA 利用 Web Service 等技术，使复用跨越了操作系统平台的限制；软件体系结构使复用扩展到软件生命周期的各个阶段；中间件技术使应用软件的开发者复用了底层的大量技术。可见软件复用的粒度和范围在不断扩大。

软件自动化是软件工程界所追求的又一个梦想，CASE 技术是为实现软件自动化作支撑的工具。CASE 作为计算机软件工程的一种技术和环境，其目的是通过统一的数据操纵手段和方法，从多个角度和多个阶段辅助软件开发人员。CASE 是集成化的软件开发环境，覆盖软件生命周期的各个阶段。一般来讲，CASE 工具包括需求分析工具、软件设计工具、软件测试工具、软件文档编制与生成工具、逆向工程工具等。CASE 技术也是提高软件生产效率和质量的重要途径之一。

智能化是软件自动化的重要提升，软件具有自适应的能力，必然会减少维护的工作量。Agent 系统和多 Agent 系统已经成为一种应对各种复杂 IT 情景的强大技术。Agent 是自治的应用组件，反映了现代分布式系统内在的分散性，并且可视为系统被不同的利益相关者所拥有，在模块化和封装概念上进行了自然延伸；Agent 运行和交互所采取的灵活方式适应于现代软件在动态和不可预知的情况下运行；Agent 的概念为人工智能的成果提供了一个统一的观点，通过使用 Agent 和多 Agent 作为存放智能行为的、可靠的和易管理的知识库，从而利用人工智能的成果解决现实世界中的问题。网构软件具有自主性、协同性、反应性、演化性和多态性等特征，是基于开放的 Internet 计算平台而提出的一种新的软件形态。Agent 技术和网构软件都是从仿生学的角度来研究软件开发技术，也是提高软件生产效率和质量的重要途径之一。

零维护是软件工程界所追求的另一个梦想，维护是软件生命周期中最耗时的一个阶段，如何降低维护成本一直是一个重要课题。在线演化技术在许多重要的应用领域中(如医疗、金融、电力、电信、银行及空中交通管制等)对于系统的持续可用性是一个关键性的要求，运行时刻的系统演化可减少因关机和重启带来的损失和风险。柔性工作流是工作流技术研究领域中的一个重点，“柔性”概念是针对系统在模型定义和执行中所表现出来的僵化和死板而提出的。简单来说，系统的柔性就是指系统适应新情况、新环境、新任务的能力；具体来说，是指系统在其所处的环境、条件或者过程状态发生改变时，是否能够快速响应和跟随变化的能力。因此，在线演化技术和柔性工作流技术是减少维护的两个重要途径。

云计算是现代软件工程思想和技术大规模应用的结果。云计算通过虚拟化技术将资源进行整合而形成庞大的计算与存储网络，用户只需要一台接入网络的终端就能够以相对低廉的价格获得所需的资源和服务而无须考虑其来源。云计算实现了资源和计算能力的分布式共享，能够很好地应对当前互联网数据量高速增长的势头。

构件技术是受大工业生产的启发而产生的，是软件技术跨世纪的一个发展趋势，其目的是彻底改变软件生产方式，从根本上提高软件生产的效率和质量，提高开发大型软件系统尤其是商用系统的成功率。构件是现代软件工程的基础概念，是构造软件的“细胞”，本书第 1～11 章的所有理论和技术都是以构件为基础，第 12～17 章的 6 个实验中有 4 个是关于构件技术，有两个虽然是关于网络通信的编程，但仍然是以构件技术为支撑的。

本书出版的另一个目的是将软件工程的新技术成果以教材内容的形式传授给高校研究生，为他们今后的学习和工作奠定扎实的基础，因此撰写过程中直接或间接地引用了许多专家和学者的文献，作者向他们深表谢意。

在本书的撰写过程中，杭婷婷参与了第1、3、5、6、12、13章的编写，吴爱清参与了第2、3、11、14、15章的编写，侯海金参与了第2、7、15、16、17章的编写，谢启宇参与了第12、14、16、17章的编写，李申莉编写了第4章，秦飞编写了第8章，刘明编写了第9章，黄明星编写了第10章，苏昌亚、姚佳岷等同学协助了书稿的整理，刘辉参编了第11章和审核了部分章节，方木云组织编写和审核了全书。中国科学技术大学的赵保华和屈玉贵两位教授对本书提出了许多宝贵的建议，在此表示感谢。

在本书的编写过程中，内容反复斟酌，力求完美。但是限于作者的水平，书中必有许多不完善的地方，恳请读者批评指正。

作　者
2011年5月

目录

理论篇

实 验 篇

理　论　篇

第1章 软件工程新技术

1.1 新的构建技术

构件技术是面向对象技术的更高层次的抽象，它将底层的对象集合打包组成功能“插件”。基于构件技术的软件生产就是把已经存在的构件组装到所开发的软件系统的框架结构中去，从而产生新的软件产品。构件技术是当前软件生产的主流技术，也是许多新技术(如面向 Agent 技术、面向 SOA 技术)的基础。

面向对象技术是在“数据结构＋算法”的基础上提升了对事物的认识方法；而构件技术是在“对象＋算法”的基础上将认识事物的角度从对象个体本身提升到了个体在群体中的作用。

从抽象程度来看，面向对象技术已经达到了代码级复用，它以类为封装单位。构件是一组类的组合封装，可以将底层的多个逻辑组合成高层次上的粒度更大的新构件，甚至直接封装到一个系统，使模块的复用从代码级、对象级、架构级到系统级都可以实现。构件技术将抽象提高到更高的层次。

构件是可以单独配置的单元。构件强调与环境和其他构件的分离，因此构件的实现是严格封装的，外界没有必要也没有机会知道构件内部的实现细节。构件可以在适当的环境中被复合使用，因此构件需要提供清楚的接口规范，可以与环境交互。构件沿袭了对象的封装特性，但同时并不局限于一个对象，其内部可以封装一个或多个类、原型对象甚至过程，结构是灵活的。

构件使用时必须先注册才能使用，构件是通过它们的接口特征来标识的，要考虑的因素包括应用编程接口(API)；构件所需的开发和集成；运行需求，例如资源的使用(内存、硬盘)、时间、速度和网络协议等；服务需求，比如操作系统接口或其他构件的支持等；安全特性，比如访问控制和身份验证协议等；异常处理。

实现构件技术的条件是：

(1) 有标准软件体系结构，保证构件间通信协议统一，实现同步和异步操作控制，突破本地空间限制，充分利用网络环境。

(2) 构件有标准接口，保证系统可分解成多个功能独立的单元，用构件组装而成。

(3) 构件独立于编程语言，用某种语言编写的构件可以在其他语言中进行调用。

(4) 构件通过版本的控制，来实现应用系统的扩展和更新。

对于构件的设计，因为构件依赖于平台环境，所以设计时有特殊要求：

(1) 以接口为核心，使用开放标准。统一的开放标准有 CORBA、DCOM 和 EJB 等。

(2) 构件语义的描述要形式化。在不同标准中，它们都有自己的形式化语义规定。如在 EJB 中有会话 Bean 和实体 Bean 事务描述符等。

(3) 提炼封装构件过程要严格记录。由于构件允许第三方使用，所以要保证第三方用户能正确理解构件设计思想，就必须记录每次的变化，一般用版本来控制。

(4) 设计模式也可以复用。基于构件的系统开发的优点之一是复用，它的目标是代码、设计和解决方案都能复用。

(5) 利用开发工具。利用开发工具创建构件和应用软件。工具如 JBuilder、EJBMaker 等。

构件是构造软件的基本"细胞"，许多新的技术(如软件体系结构、中间件技术、在线演化技术、面向 Agent 软件工程、SOA(service-oriented architecture)技术和网构软件)都是以构件技术为基础的。

1.2 新的软件形态

1990 年，钱学森院士等中国学者，从系统科学的观点出发，分析自然界和人类社会中的一些极其复杂的事物，总结和提炼出开放的复杂巨系统概念。Internet 在国际上正被作为大规模系统的典型实例加以研究。从系统科学的角度，可以认为 Internet 是一个典型的、具体的和开放的复杂巨系统实例。分析清楚这个系统，对于人们更具体地分析和研究与 Internet 有关的问题，研究和处理开放的复杂巨系统问题，提供了可供借鉴的途径。

基于 Internet 这一开放复杂的巨系统，杨芙清院士等学者提出了网构软件这一新的软件形态，网构软件理论方法技术和平台的主要突破点在于实现如下转变：从传统软件结构到网构软件结构的转变，从系统目标的确定性到多重不确定性的转变，从实体单元的被动性到自主性的转变，从协同方式的单一性到灵活多变性的转变，从系统演化的静态性到系统演化的动态性的转变，从基于实体的结构分解到基于协同的实体聚合的转变，从经验驱动的软件手工开发模式到知识驱动的软件自动生成模式的转变。建立这样一种新型的理论方法技术和平台体系具有两个方面的重要性，一方面，从计算机软件技术发展的角度，这种新型的理论方法和技术将成为面向 Internet 计算环境的一套先进的软件工程方法学体系，为 21 世纪计算机软件的发展构造理论基础；另一方面，这种基于 Internet 计算环境上软件的核心理论方法和技术必将为我国在未来建立面向 Internet 的软件产业打下坚实的基础，为我国软件产业的跨越式发展提供核心技术的支持。

1.3 新的开发工具

如同所有的工程一样，软件工程在向集成化、短流程化和智能化发展。

冶金工程是从矿石、烧结、炼铁、炼钢到轧钢的一系列加工过程。早期冶金是由分离明显的各个加工阶段组成的，每步加工都需要在高温下进行，反复的加热导致大量的能量浪费而使能源短缺，导致大量的氧化物产生而使成材率降低，导致大量的时间浪费而使生产率低下。现在的冶金工程已经向集成化、短流程化和智能化发展，首先是炼钢和轧钢集成，实现钢轧的短流程化和智能化，钢水从炼钢炉出来以后直接浇铸成钢坯，然后直接上轧制线，代替了以往钢水从炼钢炉出来以后冷却成钢锭，钢锭再上加热炉，从加热炉出来以后再上轧制线。省掉了一座造价昂贵的加热炉，节省了大量的时间，减少了钢材的氧化损失，并且提高了钢材的质量。

农业工程是从收割、晒干、脱粒、扎米扎粉、播种到施肥的一个循环过程组成的。原始农业由分工明显的各个阶段组成，每个阶段都会导致损失，这种耕作方式导致生产率极为低下。现代农业已经向集成化、短流程化和智能化发展，一台联合收割机可以完成从收割、晒干、脱粒、扎米扎粉、播种到施肥的一个循环操作过程。

软件工程由需求分析、总体设计、详细设计、编码、测试、维护和演化等一系列分工明确的活动组成，这些活动由不同阶段的人员来承担，不同阶段之间的交流和转换都会导致信息的丢失、缺陷和错误的引入，从而导致生产率低下、成本高和软件质量不高。因此，软件工程必然会像冶金工程和农业工程一样追求集成化、短流程化和智能化。

冶金工程和农业工程都完成了从手工作业到机械化大生产的转变，软件工程起步晚，还没有到机械化大生产阶段，各种 CASE 工具还处在辅助阶段，完全代替人工作业的时代还没有到来，人仍然还是软件生产的主要工具。但是，人们还是在不停地探索软件机械化大生产之路。

UML 和支持 UML 的 Rational Rose 已经向人们展示了这种发展趋势。UML 是统一建模语言，支持需求分析、设计、编码的全过程建模。Rational Rose 既支持从需求分析到自动生产代码的正向工程，也支持从代码到需求分析的逆向工程。Rational Rose 是一个集成化的 CASE 工具，正在向取代人工而进入机械化大生产的阶段迈进。

软件工程的三要素是方法、工具和管理。人们在研究新的软件开发方法的过程中，一直没有停止生产新的软件生产工具，“工欲善其事，必先利其器”，软件生产工具对软件工程的发展是至关重要的。

每个有经验的软件团队都有自己的 CASE 工具，只是其复杂程度和功能强弱有所区别，小型的一般称为 CASE 工具，中型的称为工作平台(workbench)，大型的称为环境(environment)。

软件的形态、开发方法和开发工具是相辅相成的。目前新的软件工具就是要支持自动化智能化的软件生产。支持 UML 的 Rational Rose 已经具有从需求分析、设计到编码自动转换的正向工程，还具有从编码、设计到需求分析的逆向工程。

1.4　大规模的应用

2006 年，谷歌 CEO 埃里克·施密特(Eric Schmidt)首次提出云计算(cloud computing)一词以来，由于其对传统商业模式和 IT 产业发展具有变革性，这一新概念正得到国内外企业和政府的日益关注。云计算主要是指基于互联网的超级计算模式，是一种新兴的商业计算模型。它以公开的标准和服务为基础，将计算任务公布在大量计算机构成的资源池上，使各种应用系统能够根据需要获取计算力、存储空间和软件服务。相对于其他国家而言，数量巨大的网络用户，尤其是大量的中小企业用户，为云计算在我国的发展提供了良好的基础和条件。同时，目前云计算尚处在发展初期，具体发展方向尚未明确，这也为我国在该领域的发展留下了巨大的创新空间。

云计算是网格计算(grid computing)、分布式计算(distributed computing)、并行计算(parallel computing)、效用计算(utility computing)、网络存储(network storage technologies)、虚拟化(virtualization)、负载均衡(load balance)等传统计算机技术和网络技术发展融合的产物。它旨在通过网络把多个成本相对较低的计算实体整合成一个具有强大计算能力的完美系统,并借助SaaS、PaaS、IaaS、MSP等先进的商业模式把这强大的计算能力分布到终端用户手中。云计算的一个核心理念就是通过不断提高"云"的处理能力,进而减少用户终端的处理负担,最终使用户终端简化成一个单纯的输入输出设备,并能按需享受"云"的强大的计算处理能力。

狭义云计算的定义:提供资源的网络被称为"云"。"云"中的资源在使用者看来是可以无限扩展的,并且可以随时获取、按需使用、随时扩展、按使用付费。这种特性经常被称为像使用水电一样使用IT基础设施。

广义云计算的定义:这种服务可以是IT和软件、互联网相关的,也可以是任意其他的服务。这种资源池称为"云"。"云"是一些可以自我维护和管理的虚拟计算资源,通常为一些大型服务器集群,包括计算服务器、存储服务器、宽带资源等。云计算将所有的计算资源集中起来,并由软件实现自动管理,无须人为参与。这使得应用提供者无须为繁琐的细节而烦恼,能够更加专注于自己的业务,有利于创新和降低成本。

打个比方,这就好比是从古老的单台发电机模式转向了电厂集中供电的模式。它意味着计算能力也可以作为一种商品进行流通,就像煤气、水电一样,取用方便,费用低廉。最大的不同在于它是通过互联网进行传输的。

云计算的核心思想是将大量用网络连接的计算资源统一管理和调度,构成一个计算资源池,向用户按需服务。

云计算的蓝图已经呼之欲出。在未来,只需要一台笔记本或者一个手机,就可以通过网络服务来实现人们需要的一切,甚至包括超级计算这样的任务。从这个角度而言,最终用户才是云计算的真正拥有者。

云计算改变了单个计算机的功能和地位,将数据处理、存储、管理等功能都放到了互联网中的"云"上,而单个的计算机则被定为人机交互的手段。云计算具有以下特点:

(1) 低成本,即云计算具有高通用性和廉价性,降低了用户端的设备要求,使用起来也极为便利。在"云"的另一端,有专业的IT人员帮助用户维护硬件、安装和升级软件、防范病毒和各类网络攻击,辅助用户完成其以前在个人电脑上所做的一切。这种自动化集中式管理模式以及通用式的资源利用使大量企业无须负担日益高昂的数据中心管理成本,而用户经常只要花费几百美元、几天时间就能完成以前需要数万美元、数月时间才能完成的任务。同时,由于目前信息设备多数处于空闲状态,云计算的推出可有效提升空闲资源的利用率。

(2) 可共享,即云计算可以轻松实现不同设备间的数据与应用共享。在云计算的网络应用模式中,数据只有一份,保存在"云"的另一端,用户的所有电子设备只需要连接互联网,就可以同时访问和使用同一份数据。当然,这一切都是在严格的安全管理机制下进行的,只有对数据拥有访问权限的人,才可以使用或与他人分享这份数据。

(3) 空间大,即云计算的高可扩展性为用户需求提供了几乎无限多的可能。"云"的另一端,由数千台、数万台甚至更多服务器组成庞大的集群,可以轻易地为存储和管理数据提供几乎无限多的空间,也为用户完成各类应用提供几乎无限强大的计算能力。同时,对于用户,尤其是中小企业用户,可以按需申请资源、存储资源、通信资源,并按需付费。

在具体应用模式方面，目前云计算主要有软件即服务(SaaS)、平台即服务(PaaS)和硬件即服务(HaaS)3 种应用形式(表 1-1)。随着云计算的应用范围逐渐拓展，必将对产业链的上下游产生重要影响，甚至可能会影响整个信息产业的发展。

表 1-1　云计算现有应用模式

类型	模　式
SaaS	SaaS 提供商为企业搭建信息化所需要的所有网络基础设施及软件、硬件运作平台，并负责所有前期的实施、后期的维护等一系列服务，企业无须购买软硬件、建设机房、招聘 IT 人员，即可通过互联网使用信息系统。用户根据实际需要，向 SaaS 提供商租赁软件服务
PaaS	PaaS 是 SaaS 的延伸，用户购买的是平台模块服务，如计算能力、数据库、储存和消息传送，底层的平台已经铺建好，需要用户开发自己的上层应用，即把开发环境作为一种服务来提供
HaaS	用虚拟技术建造的数据中心或超级计算机，以免费或按需租用方式提供给软件开发者，通过硬件的随需应变虚拟化技术，让开发人员可以不用考虑硬件和带宽的制约来开发和运行应用程序

第2章 软件体系结构

2.1 软件体系结构的形成

2.1.1 无体系结构阶段

1946年，随着ENIAC机的出现，软件行业开始在美国和欧洲的实验室出现。1955年到1965的10年期间，计算机的运算速度越来越快、价格越来越低，为软件的发展提供了硬件基础，但软件主要应用于学术界、政府、军队和私人公司。针对不同计算机，软件工作人员反复开发相同或类似的软件，使得人们思考能否使一种计算机的汇编语言程序能够自动移植到另一台机器上去，但是研究人员发现汇编语言很难实现这个愿望。

在这样的背景下，高级语言应运而生。20世纪50年代中期FORTRAN语言诞生；50年代后期，COBOL语言出现；60年代早期，ALGOL语言出现。尤其是在以ALGOL 68为代表的高级语言出现以后，人们开始逐渐使用高级语言来编写程序，软件的编写为更多人所接受。

但总体来说，这个时期的软件系统规模很小，没有软件体系结构的概念，一般不进行软件系统的建模工作。

2.1.2 萌芽阶段

1968年NATO会议上，"软件工程"的概念首次被提出，自此，围绕软件项目，开展了有关开发模型、方法以及支持工具的研究。瀑布模型、结构化开发技术、结构化程序设计语言（如Pascal语言、Ada语言）、费用估算、文档复用等方法和工具逐渐产生。

20世纪70年代后期，结构化开发技术出现，以Pascal、COBOL等程序设计语言和关系数据库系统为标志，以强调数据结构化、程序模块化为特征，采用自顶向下、逐步求精的设计方法和单入口、单出口的控制结构。伴随结构化开发技术的广泛应用，出现了以数据流和控制流设计为主要任务的概要设计和详细设计，软件工程的范围从单纯的编码扩展到问题定义、需求分析、设计、编码、测试、运行和维护等具有明确的生命周期阶段。

这个期间，软件体系结构已经是系统开发中一个明确的概念，也是一个可见的对象。结构化程序中，由语句组成模块，由模块的聚集和嵌套形成结构化程序的体系结构。

由于软件规模不大，结构化程序设计采用自顶向下、逐步求精的方法，并注意控制模块的耦合性，所以软件具有良好的结构。因此，体系结构在当时的条件下比较好地得到解决，没有作为一个重要的问题来进行单独研究。

2.1.3 初级阶段

20 世纪 80 年代初，面向对象开发技术逐渐兴起，此后出现了几十种面向对象的软件开发方法，其中 Booch、Coad/Yourdon 和 Jacobson 提出的 3 种面向对象技术成为当时的主流。在 1995 年前后，Booch、Rumbaugh 和 Jacobson 3 人共同努力，推出了统一建模语言(unified modeling language，UML)。他们结合了各自方法的优点，统一了符号，吸收了彼此许多经过了实际检验的经验和技术。此后，面向对象的技术逐渐流行起来。

面向对象开发技术以对象作为最基本的元素，将软件系统看成是离散对象的集合，一个对象包括数据和行为。面向对象方法都支持 3 种基本的活动：识别对象和类、描述对象和类之间的关系以及通过描述每个类的功能定义对象的行为。对象技术的优点在于它能让分析者、设计者及用户更清楚地表述概念，相互交流；同时它作为描述、分析和建立软件文档的一种手段，大大提高了软件的易读性、可维护性、可复用性；使得从软件分析到软件设计的过渡非常自然，因此可显著降低软件开发成本。另外，面向对象技术中的继承、封装和多态性等机制直接为软件复用提供了进一步的支持。在面向对象开发方法阶段，由于对象是对数据及其操作的封装，因而数据流设计与控制流设计统一为对象。

随着抽象数据类型和面向对象技术的出现，体系结构研究逐渐得到重视。这是由以下因素决定的：对象的封装降低了模块间的耦合，为构件层次上的软件复用提供了可能；此外，类库的构造、分布式应用系统的设计等规模大、复杂性高的系统，也需要对体系结构进行研究。

2.1.4 高级阶段

20 世纪 90 年代后，软件开发技术进入了基于构件的软件开发阶段。软件开发的目标是软件具备很强的自适应性、互操作性、可扩展性和可复用性，软件开发强调采用构件化技术和体系结构技术。

软件构件技术与面向对象技术有着重要的不同，面向对象技术中的软件复用主要是源代码形式的复用，设计者在复用软件时必须理解其设计思路和编程风格。软件构件技术实现了二进制级别的复用。这样构件的实现完全与实现语言无关。任何一种过程化语言均可用来开发构件，并且任何一种程序设计语言都可以直接或稍作修改后使用构件技术。一个软件被切分成一些构件，这些构件可以单独开发、单独编译、单独调试与测试。当完成了所有构件的开发后组合成一个完整的系统。在投入使用后，不同的构件还可以在不影响系统的其他部分的情况下，分别进行维护和升级。

在这种情况下，软件体系结构逐渐成为软件工程的重要研究领域，并最终作为一门学科得到了业界的普遍认可。在基于构件和体系结构的软件开发方法下，程序开发模式也相应地发生了根本变化。软件开发不再是“算法＋数据结构”，而是“构件开发＋基于体系结构的构件组装”。软件体系结构作为开发文档和中间产品，开始出现在软件过程中。

从软件技术的发展过程可以看出，软件体系结构的问题是一直存在的，只是随着软件系统的规模和复杂性的日益膨胀才逐渐表露、被人们发现和研究的。从最初的无体系结构设计到今天的基于体系结构的软件开发，软件体系结构技术大致经历了无体系结构阶段，开发主要采用汇编语言，规模小；萌芽阶段，主要采用结构化的开发技术；初级阶段，主要采用面向对象的开发技术，从多种角度对系统建模；高级阶段，以 Kruchten 提出的 4＋1 模型为标志，软件开发的中心是描述系统的高层抽象结构模型，不同于传统的软件结构，它更关心具体的建模细节。

2.2 软件体系结构的概念

由“工程”一词，不禁想到了一个庞大复杂的建筑，要保证其质量和效率，并能按时完成任务，首先要设计一个不但正确而且要精确的图纸，然后再根据图纸来建造。而一个复杂的大型软件的开发，就相当于要建一座复杂的大楼，这样一个庞大的工程，也是首先要设计出它的图纸，而这个图纸，就是“软件体系结构”，没有这个图纸，是不可能保质高效地开发出一个好的软件系统，也不利于软件的维护、演化和升级。那么，什么是软件体系结构呢？

软件体系结构最初仅为了解决从软件需求顺利过渡到软件实现阶段，现在发展到对软件开发各阶段的广泛支持。迄今为止还没有一个为大家所公认的定义，有关软件体系结构的定义不下百余种。不同的定义从不同的角度和侧面对软件体系结构进行了描述，目前较为典型的定义有：

(1) Mary Shaw 和 David Garlan 将软件体系结构定义为软件设计过程中的一个层次，这一层次超越了计算过程中的算法设计和数据结构设计。体系结构问题包括总体组织和全局控制，通信协议、同步和数据存取，给设计元素分配特定功能，设计元素的组织、规模和性能，在各设计方案间进行选择，等等。

(2) Hayes Roth 认为软件体系结构是一个抽象的系统规范，主要包括用其行为来描述的功能构件和构件之间的相互连接、接口和关系。

(3) David Garlan 和 Dewne Perry 于 1995 年在 IEEE 软件工程学报上采用如下的定义：软件体系结构是一个程序/系统各构件的结构、它们之间的相互关系以及进行设计的原则和随时间进化的指导方针。

(4) Barry Boehm 和他的学生提出，一个软件体系结构包括一个软件和系统构件、互联及约束的集合；一个系统需求说明的集合；一个用以说明构件及其互联和约束能够满足系统需求的基本原理。

(5) Bass、Ctements 和 Kazman 于 1997 年在《使用软件体系结构》一书中给出如下的定义：一个程序或计算机系统的软件体系结构包括一个或一组软件构件、软件构件的外部可见特性及其相互关系，其中，软件外部的可见特性是指软件构件提供的服务、性能、特性、错误处理和共享资源使用等。

(6) Dewayne Perry 和 Alex Wolf 的定义：软件体系结构是具有一定形式的结构化元素，即构件的集合，包括处理构件、数据构件和连接构件。处理构件负责对数据进行加工，数据构件是被加工的信息，连接构件把体系结构的不同部分组合连接起来。

这一定义注重区分处理构件、数据构件和连接构件，这一方法在其他的定义和方法中基本上得到保持。由定义不难看出软件体系结构研究的主要内容之一就是各种构件。

2.3 软件体系结构的要素

软件体系结构指可预制和可重构的软件架构结构。构件是可预制和可复用的软件部件，是组成体系结构的基本计算单元或数据存储单元；连接件也是可预制和可复用的软件部件，是构件之间的连接单元；构件和构件之间的关系用约束来描述。一般把软件体系结构写成：软件体系结构＝构件＋连接件＋约束。

除了构件、连接件和约束 3 个最基本的组成元素，软件体系结构还包括端口和角色两种元素。构件作为一个封装的实体，仅通过其接口与外部环境交互，而构件的接口由一组端口组成，每个端口表示了构件和外部的交换点。连接件作为建模软件系结构的主要实体，同样也有接口，连接件的接口由一组角色组成，连接的每个角色定义了该连接表示的交互参与者。

图 2-1 形式化地描述了软件体系结构的基本概念。

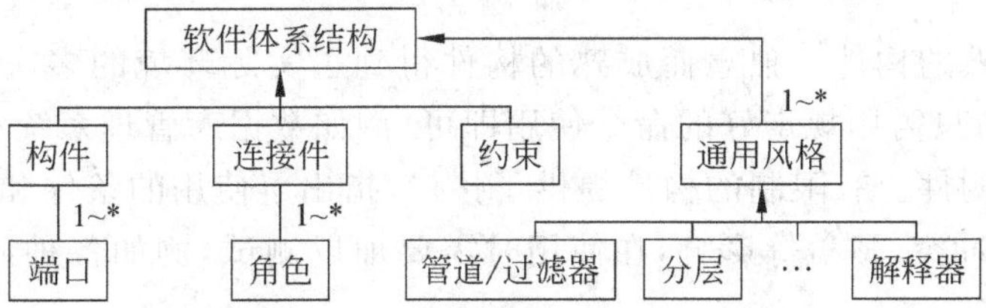

图 2-1　软件体系结构的基本概念

其中：

软件体系结构∷＝软件体系模型|软件体系风格
软件结构模型∷＝(构件，连接件，约束)
构件∷＝{端口 1，端口 2，…，端口 n}
连接件∷＝{角色 1，角色 2，…，角色 n}
约束∷＝{(端口 i，角色 j)，…}
软件体系风格∷＝{管道过滤器，客户服务器，…，解释器}

2.3.1　构件

1. 构件的概念及特点

构件(component)是体系结构的基本要素之一。一般认为，构件是指具有一定功能，可明确辨识的软件单位，并且具备以下特点：语义完整、语法正确、有可复用价值。这就意味着，在结构上，构件是语义描述、通信接口和实现代码的复合体，是一个计算和数据存储单元。也就是说，构件是计算与状态存在的场所。更具体地，可以把构件视为用于实现某种计算和逻辑的相关对象的集合，这些对象或是结构相关(嵌套对象，被嵌对象是嵌套对象的一部分)或逻辑相关(若干聚集对象完成某功能)。在体系结构中，构件可以有不同的粒度。一个构件可以小到只有一个过程，也可以大到包含一个应用程序。它可以包括函数、例程、对象、二进制对象、类库、数据包等。

从抽象程度来看，尽管面向对象技术以类为封装单位达到了类级的代码复用，但这样的复用粒度还太小，仍不足以解决异构互操作和效率更高的复用。构件将抽象的程度提到一个更高的层次，它是对一组类的组合进行封装，并代表完成一个或多个功能的特定服务，也为用户提供了多个接口。

构件之间是相互独立的。构件隐藏其具体实现，只通过接口提供服务。如果不用指定的接口与之通信，则外界不会对它的运行造成任何影响。因此，构件可以作为独立单元被用于不同的体系结构、不同的软件系统中，实现构件的复用。因此构件的定制和规范化十分重要，构件的使用和它的开发也是独立的。

构件内部包含了多种属性，如端口、类型、语义、约束、演化、非功能属性等。端口是构件与外部世界的一组交互的接口，构件端口说明了构件提供的那些服务（消息、变量），它定义了构件能够提交的计算委托及其用途上的约束，构件类型是实现构件复用的手段，构件类型保证了构件自身能够在体系结构描述中多次实例化。

如果把软件系统看作构件的集合，那么从构件的外部形态来看，构成一个系统的构件可分为 5 类：

(1) 独立而成熟的构件。独立而成熟的构件得到了实际环境的多次检验，该类构件隐藏了所有接口，用户只需用规定好的命令使用即可，例如数据库管理系统和操作系统等。

(2) 有限制的构件。有限制的构件提供了接口，指出了使用的条件和前提，这种构件在装配时会产生资源冲突、覆盖等影响，在使用时需要加以测试，例如各种面向对象程序设计语言中的基础类库等。

(3) 适应性构件。适应性构件对构件进行了包装或使用了接口技术，把不兼容性、资源冲突等进行了处理，可以直接使用，这种构件可以不加修改地使用在各种环境中，例如 ActiveX 等。

(4) 装配的构件。装配的构件在安装前，已经装配在操作系统、数据库管理系统或信息系统不同层次上，使用胶水代码(blue code)就可以进行连接使用。目前一些软件商提供的大多数软件产品都属这一类。

(5) 可修改的构件。可修改的构件可以进行版本替换，如果对原构件修改错误、增加新功能，可以利用重新包装或写接口来实现构件的替换，这种构件在应用系统开发中使用得比较多。

2. 构件的描述

对构件的描述有多种方法，可以采用形式化的规格描述方法，也可以用其他非形式化的技术。举一个简单例子，用于初步介绍和感性认识构件。

例：用 Rapide 体系结构语言描述一个客户/服务器结构中的服务器端构件。

```
Type App is Interface
    Public action Results(Msg: String)
    Extern action Receive(Msg: String)
    Behavior
        (∃M∈ Msgs (App))∧Receive(M)⇒Results (M)
End App
```

3. 构件的实现

在构件的实现上，有一点需要明确，软件体系结构中讨论的构件不同于具体开发技术中的组件(component)。前者是可构造系统的成员，是一种逻辑上的概念；而后者是一种实现技术。一个构件可以有多种实现方法，如用 COM 实现或用 Java Bean 实现，甚至可以用高级语言实现。在讨论中如不特殊声明，本书用构件一词来指体系结构中逻辑上的构件，用组件一词来指具体的编程组件，如 COM 组件。

基于构件的软件开发通常包括构件获取、构件分类和检索、构件评估、适应性修改以及将现有构件在新的语境下组装成新的系统。构件获取可以有多种不同的途径：

(1) 从现有构件中获得符合要求的构件，直接使用或适当修改，得到可复用的构件。

(2) 通过遗产工程，将具有潜在复用价值的构件提取出来，得到可复用的构件。

(3) 从市场上购买现成的商业构件，即 COTS 构件。

(4) 开发新的符合要求的构件。

一个企业或组织在进行以上决策时，必须考虑到不同方式获取构件的一次性成本和以后的维护成本，做出最优的选择。

2.3.2 连接件

1. 连接件的概念及特点

连接件(connector)是用来建立构件间的交互以及支配这些交互规则的体系结构构造模块。构件之间的交互包括消息或信号量的传递，功能或方法调用，数据的传送和转换，构件之间的同步关系、依赖关系等。在最简单的情况下，构件之间可以直接完成交互，这时体系结构中的连接件就退化为直接连接。在更为复杂的情况下，构件间交互的处理和维持都需要连接件来实现。常见的连接件有管道(pipe)(管理过滤器体系结构中)、通信协议或通信机制(客户服务器体系结构中)等。

连接件的接口由它与所连接构件之间的一组交互点构成，这些交互点被称作角色。角色代表了参与连接的构件的作用和地位，并体现了连接所具有的方向性。因此，角色有主动和被动、请求和响应之分。

体系结构级的通信需要用复杂协议来表达，为了抽象这些协议并使之能够复用，可以将连接件构造为类型。构造连接件类型可以将那些用通信协议定义的类型系统化，并对立于实现，或者作为内嵌的、基于它们的实现机制的枚举类型。为了保证体系结构中的构件连接件连接以及它们之间的通信正确，连接件应该导出所期待的服务作为它的接口。为完成接口的有用分析、保证跨体系结构抽象层的细化一致性、强制互联与通信约束等，体系结构描述提供了连接件协议以及变换语法。为了确保执行计划的交互协议，建立起内部连接件依赖关系，强制用途边界，就必须说明连接件约束。

连接件的主要特性有可扩展性、互操作性、动态连接性和请求响应特性。连接件的可扩展性是连接件允许动态改变被关联构件的集合和交互关系的性质。互操作性指的是被连接的构件通过连接件对其他构件进行直接或间接操作的能力。动态连接性即对连接的动态约束，指连接件对于不同的连接构件实施不同的动态处理方法的能力。请求响应特性包括响应的并发性、时序性。在并行或并发系统中，多个构件有可能并行或并发地提出交互请求，这就要求连接件能够正确协调这些交互请求之间的逻辑关系和时序关系。

对于构件而言，连接件是构件的粘合剂，是构件交互的实现。连接件和构件的区别主要在于它们在体系结构中承担着不同的作用。连接件也是一组对象。它把不同的构件连接起来，形成体系结构的一部分，一般表现为框架式对象或转换式对象(调用远程构件资源)。例如“桩”、“代理”对象等。

对于约束而言，从构件和连接件能够推导出体系结构约束的形成情况。体系结构约束中要求构件端口与连接件角色的显式连接。

2. 连接件的描述

对连接件的描述也可以采用多种方法，既可以用形式化的规格描述方法，也可以用其他非形式化的技术。此处仅举一个例子，用于初步介绍和感性认识连接件。

例：用 Wright 描述一个客户/服务器体系结构的连接件。

```
Type C-S is Connector
    Role C: Start= ∀x∈C∧x.request→Start∨√
    Role S: Start= ∀y∈S∧S.Invoke→ ∀y∈S∧y.return→Start∨√
    Behavior
        Start= ∃x∈C∧x.request→ ∀y∈S∧y.Invoke→ ∃y∈S
            ∧y.return→ ∃x∈C∧x.result→Start∨√
End C-S
```

该连接件有两个角色：Role(C)和 Role(S)，它们分别负责与客户端和服务器端连接。Role(C)的事件集为 Event＝{Start，request，result，√}，Role(S)的事件集为 Event＝{Start，Invoke，return，√}。其中：Start 表示开始，request 表示请求，result 表示结果，√表示成功，Invoke 表示激发，return 表示结果返回。

2.3.3 约束

1. 约束的概念及特点

体系结构约束描述了体系结构配置和拓扑要求，确定了体系结构的构件与连接件的连接关系。它是基于规则和参数配置的。体系结构约束提供限制来确定构件是否正确连接、接口是否匹配、连接件构成的通信是否正确，并说明实现要求行为的组合语义。

体系结构往往用于大型的、生存期长的软件系统的描述。为了更好地在一个较高的抽象层上理解系统的分析和设计，同时为了方便系统开发者、使用者等多种有关人员之间的交流，就需要简单的、可理解的语法来配置结构化(拓扑的)信息。理想的情况是从约束说明中澄清系统结构，即不需研究构件与连接件就能使构建系统的各种参与者理解系统。

2. 约束的描述

与对构件、连接件的描述相同，对约束的描述也可以采用多种方法。此处仅举一个简单例子，用于初步介绍和感性认识约束。

例：用 Rapide 描述的基于 X/Open 的应用系统。

```
Architecture X/Open_Architecture(NumRMs: Integer)return X/Open is
Component
        AP: Application_Program(NumRMs);
        TM: Transaction_Manager(NumRMs);
        RMs: array(Integer of Resource_Manager);
```

```
Connect
    AP.TX to TM.TX;
    FOR I: integer in 1…NumRMs generate
        TM.XAs(i) to RMs[i].XA
        AP.AR(i) to RMs[i].AR
    End
Constraint
Never (?RM,?RM' in Resource_Manager)(?x in xid)?RM.XA.commit_ret(?x,xa_ok)
~?RM'.XA.rollback_ret(?x,xa_ok);
……
End Architecture X/Open_Architecture
```

2.4　软件体系结构的作用

软件体系结构在系统开发的全过程中起着基础的作用，是设计的起点和依据，同时也是装配和维护的指南。良好的软件体系结构对于软件系统的重要意义在软件生命周期中各个阶段都有体现。

在系统分析阶段，软件体系结构发挥着巨大的作用。一方面，借助于软件体系结构进行描述，可以使问题得以进一步抽象，使整个系统更易于被系统分析设计人员把握，更清晰地认识系统，完善对系统的理解，还可为系统分析设计人员提供新的思路。另一方面，它能够帮助软件系统的各有关权益方形成统一认识，互相交流。在软件开发过程中，软件体系结构对系统生命周期的影响最大。软件体系结构是系统实现的基本约束，即系统的后继开发工作要遵循体系结构所描述的设计决策；软件体系结构决定了开发和维护项目的组织结构，它也会反映到后继开发工作的分解以及项目的人员组织。软件体系结构对于软件质量控制也具有重要的意义，好的软件体系结构是成功的必要条件。体系结构技术的研究使软件复用从代码复用发展到设计复用和过程复用，实现多层次的软件复用。

传统的软件开发过程可以划分为从概念直到实现的若干个阶段，包括问题定义、需求分析、软件设计、软件实现及软件测试等。如果采用传统的软件开发模型，软件体系结构的建立应在需求分析之后、概要设计之前。

基于体系结构的软件开发包含以下几个主要阶段：

(1) 通过对特定领域应用软件进行分析，提炼出其中的稳定需求和易变需求，建立可复用的领域模型。依据领域模型和用户需求，产生应用系统的需求规格说明。

(2) 在领域模型的基础上，根据需求规格说明提炼出特定领域的软件体系结构。这是系统的高层设计，其目标是通过复用领域体系结构库中已有的高质量的体系结构，或生成最适合该用户需求的体系结构，并加以提炼入库，以备将来的复用，并在此体系结构的指导下，把系统逐步分解成相应的组件和连接件，直至组件和连接件可以被设计模式和面向对象方法处理为止。

(3) 这个阶段主要解决具体组件和连接件的设计问题。通过复用可复用组件库中模式、对象和其他可复用的设计件或重新设计的组件，并提炼入库；然后通过具体的编程实现，就可得到可运行的程序。

软件体系结构的理论指导软件设计的优点如下：

(1) 能识别出重要的通用范型，这样就能理解系统与系统之间的高级关系，新系统能在旧系统的基础上经过变换得到。

(2) 使软件系统设计成功的要素是正确的体系结构，错误的体系结构会导致灾难性的后果。软件体系结构可作为满足需求分析的框架，为系统的设计和管理提供技术和管理的基础。

(3) 软件体系结构风格通常对分析和描述复杂系统的高级属性是必要的。

(4) 便于软件复用，体系结构可帮助解决软件复用所遇到的障碍，对系统部件约束最小的地方复用性最大，而作为系统早期设计的体系结构对部件的约束最小，基于软件体系结构的复用为软件复用开拓了一条新的道路。

因此，软件体系结构研究的最大贡献在于对软件生产率的提高和维护的简化。提高软件生产率的关键在于软件相关部分的复用，而简化维护的关键是减少软件开发的成本和提高软件的质量，这就是研究软件体系结构的目的。

2.5 软件体系结构描述语言

描述软件体系结构是研究软件体系结构的前提。为了支持体系结构的开发，形式化的建模符号系统和可应用于体系结构规格说明的开发与分析工具是必需的。体系结构描述语言(architecture description language，ADL)以及与之相应的工具集正好解决了这一问题。ADL是软件体系结构研究的核心问题之一，它不但是形式化描述软件体系结构的基本工具，而且也是对软件体系结构进行求精、验证、演化和分析的前提和基础。

ADL一个较为宽松的定义是"用于软件应用程序的体系结构描述语言，关注整个应用程序的高层结构，而不是其中某一个源代码模块的实现细节"。ADL吸收了传统程序设计中语义严格、精确的特点，并针对软件体系结构的整体性和抽象性，定义和确定了适合于软件体系结构求精、验证、演化和分析的方法。

2.5.1 ACME

ACME是一种体系结构互换语言，支持体系结构的规格说明在不同ADL之间的转换。可以把它作为体系结构设计工具的通用交换格式，也可以作为开发新的体系结构设计和分析工具的基础。ACME项目开始于1995年，当时的目标是在不同的体系结构开发工具之间提供一种能够相互交换体系结构描述的公共语言。目前的ACME语言和ACME工具开发库(Acme Tool Developer's Library Acmelib)为软件体系结构的描述、表示、生成和分析提供了一种通用的、可扩展的基础设施。

ACME语言和开发工具包提供3种基本功能。

(1) 体系结构的相互交换。通过提供一种体系结构设计的交换格式，ACME允许各种开发工具与其他补充工具协同工作。这样，使用ACME的设计师与使用其他ADL的设计师相比，就多了很多可供选择的开发工具。

(2) 为新的体系结构设计和分析工具提供了可扩展的基础。许多体系结构设计和分析工具需要一个用于描述、存储、操纵体系结构设计的表示法。但开发好的表示法往往需要很高的时间和经济成本。使用 ACME 可以有效减少这方面的成本，因为可以用它提供的语言和用于工具开发的函数库作为基础。使用 ACME 还使得所开发的工具能够有更好的通用性，因为它可以与其他使用 ACME 格式的工具交流设计、协作开发。

(3) 体系结构描述。ACME 本身是一个很好的开发语言，尽管不适合所有的应用系统，ACME 体系结构描述语言能够让开发者很好地认识体系结构建模，提供了一个相对容易的对简单软件系统的描述方法。

ACME 有如下主要特点：①用 7 种基本的设计元素来表示软件体系结构；②提供了一种灵活的注释机制，支持把体系结构和用子语言表示的非结构化信息结合起来，这些子语言是外部定义的；③提供了一种类型机制，用于抽象出共同的、可复用的体系结构惯用法和风格；④提供了一个开放的语义框架，用于体系结构描述的推理。

下面，将逐一介绍这 4 个特点，分析它们的功能，介绍它们的用法。

1. ACME 体系结构设计元素类型

ACME 的核心概念以 7 种类型的实体为基础，即构件、连接件、系统、端口(port)、角色(role)、表述和表述图(representation map，rep-maps)，如图 2-2 所示。这 7 个类型里，最基本的体系结构描述元素是构件、连接件和系统。

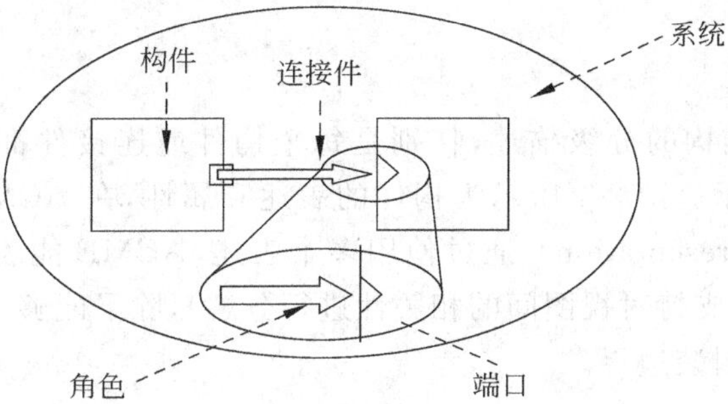

图 2-2　一个 ACME 描述的元素

构件：代表系统中基本的计算元素和数据存储。直观上看，在用方框和连线表示的体系结构图中，它们对应的就是方框。典型的构件有客户、服务器、过滤器、对象、数据库等。

连接件：代表构件之间的交互，它是构件之间通信和交互活动的媒介，像胶水一样把构件联系成为一个体系结构。直观上看，它们对应方框－连线图中的连线。连接件的例子包括简单的交互形式，如管道、过程调用、事件广播等。但连接件也可以表示更复杂的交互，如客户/服务器协议或数据库和应用程序之间的 SQL 链接。

系统：代表构件和连接件的配置。

构件的接口定义为端口的集合。每个端口表示构件与它外部环境的一个交互点。通过使用不同类型的端口，一个构件能提供多个接口。一个端口可以表示很简单的接口，也可以表示复杂接口，如必须按某种指定顺序被调用的过程集合或一个事件广播交互点。

连接件的接口也可以用角色来定义。连接件的每一个角色定义了连接件所代表的交互中的一个参与方。二重连接件有两个角色，如 RPC 连接件里的 Caller 和 Callee，或管道连接件里的 reading 和 writing，或消息发送连接件里的 sender 和 receiver 角色。其他类型的连接件的角色可能多于两个。例如，事件广播连接件，可能有一个事件播报角色和任意数目的事件接收角色。

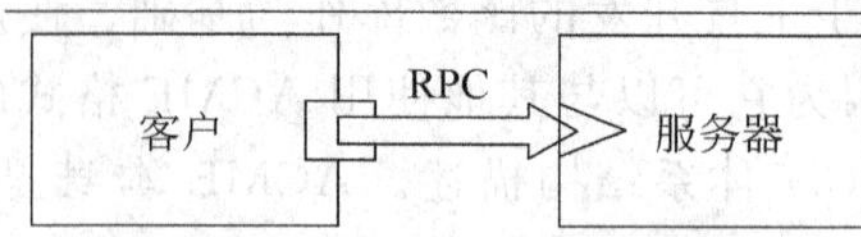

图 2-3 简单的客户/服务器体系结构

以客户/服务器模型的描述为例，图 2-3 显示了一个包含两个构件(客户和服务器)和一个连接件(RPC)的体系结构。下面给出了它的 ACME 描述。

客户构件被定义为一个 send_request 端口，服务器构件有一个 receive_request 端口。连接件有调用者 Caller 和被调用者 Callee 这两种角色，通过联结(attachment)，它们与 Client 构件、Server 构件建立联系，实现完整的调用过程。系统的拓扑结构是通过列出联结集合来描述的。

```
System simple_CS={
            Component Client={Port send_request}
            Component Server={Port receive_request}
            Connector RPC={Roles(Caller, Callee)}
            Attachment: {
                    Client. send_request to RPC.Caller
                    Server. receive_request to RPC.Callee
                    }
            }
```

ACME 支持体系结构的分级描述，特别是每个构件或连接件都能用一个或多个更详细、更低层的描述来表示。图 2-4 所示为构件的表述和属性，在 ACME 中每一个这样的描述被称为一个表述(representation)，通过使用多个表述，ACME 能表达体系结构实体的多种视图(尽管 ACME 不支持对视图间的相关性进行分解)，除了能够在不同精细层次上描述体系结构，它还能描述封装边界。

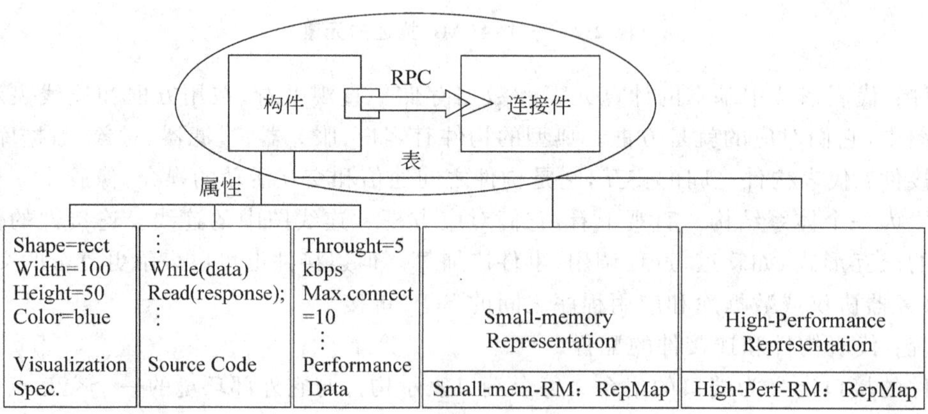

图 2-4 构件的表述和属性

当某个构件或连接件有体系结构表述，那就需要有一种手段来指出，在这个表述的系统内部和此表述所代表的构件或连接件的外部接口之间存在何种相关性，表述图定义了这种相关性。在最简单的例子中，构件的表述图仅提供内部端口和外部端口之间的联系，连接件的表述图仅是提供内部角色和外部角色之间的联系。在其他的例子中,表述图可能会复杂许多。

2. ACME 的属性

以上 7 种元素可以用来定义体系结构的层次结构。但是,体系结构还包含有许多其他附加信息,而且不同的 ADL 里增加的描述信息不尽相同,作为一种用于交流的 ADL,ACME 为了解决这一问题,使用属性列表来表示对于结构的说明信息。

每一个属性由名字、可选类型和值构成,对 7 种设计实体里的任何一种都可以添加注释。图 2-4 显示了附加到体系结构上的几种不同属性,从 ACME 的观点来看,属性是不被解释的值,仅当属性被开发工具用于进行分析、转换、操作等时,它才是有用的。在 ACME 中,属性的类型(type)用来指示该属性是用哪一种子语言描述的。ACME 本身定义了诸如整数、字符串、布尔等简单类型,其他的类型必须要通过工具来解释——这些工具用 name 和 type 指示器来判断一个值是否是该工具所能够处理的,这样做的一个很大的优点是一个工具可以在不对属性内容做转换的情况下了解该属性的内容。

下面的代码显示了增加了几个属性的一个客户/服务器系统。有几个属性(代码第 5、6 行)指明了元素怎样联系到其他 ADL,如 Aesop 和 UniCon 风格。类似的,RPC 连接的“protocol”属性指明了它只能被能够处理 Wright 语言的工具所处理。

```
System simple_CS={
    Component Client={
        Port send_request;
        Properties{
            Aesop-style: style-id=client-server;
            UniCon-style: style-id=cs;
            Source-code: external="CODE-LIB/client.c"
            }
        }
    Component Server={
        Port receive_request;
        Properties{
            idempotence: Boolean=true;
            Max-concurrent-client: integer=1;
            Source-code: external="CODE-LIB/client.c"
            }
        }
    Connector RPC={
        Roles{Caller,Callee}
        Properties{
            synchronous: Boolean=true;
            Max-roles: integer=2;
            Protocol: Wright="…"
            }
        }
```

```
    Attachments{
        Client.send_request to rpc.caller;
        Server.receive_request to rpc.callee
        }
}
```

当然，为了使不同的 ADL 都能够使用属性所表达的信息，这些 ADL 对于属性应该有共同的理解。如前文所述，ACME 并不明确地定义属性的含义，但是它支持对属性含义的共享使用。

当前已经有一些属性子语言被开发出来，其中之一是用来规定在使用图形化的体系结构描述编辑工具时的可视化属性，还有一个子语言用于描述体系结构上的临时约束。

3. ACME 的模板和风格定义

前面介绍 ACME 的两个方面已经能够充分定义体系结构实例，并构成了 ACME 的语法分析工具的基础。但是，仍有许多其他方面需要完善，尤其是 ACME 并没有对体系结构的构成进行抽象，这会导致在描述复杂系统时，需要反复对一些公共结构进行说明。例如可以考虑把前面描述的系统进行扩充，让它包括许多个客户和服务器。尽管这样的体系结构中有大量的公共结构（单个的客户/服务器），但如果按照前面的方式，设计师必须明确地对系统中的每一个元素进行规格说明。

为了处理这个问题，ACME 语言引入了模板机制，它是一种类型化、参数化的宏，用于对反复出现的模式做规格说明。在应用或初始化这些模式时，只要给它们提供适当类型的参数就可以了。模板定义了句法结构，可以被扩展到需要生成新的声明的位置。它们非常灵活，可能像在构件和连接件中一样定义它们的连接。

可以对模板功能进行进一步的扩展——把它们归类到体系结构风格中。在 ACME 中，风格定义了相关的模板集合，提供了一种在体系结构设计中捕捉并复用公共结构的机制。

4. ACME 开放语义框架

ACME 主要考虑的是体系结构的构造，因此并不包含体系结构的计算语义，而是依靠一个开放的语义框架，这个框架提供了基本的结构语义，它用构建属性的方式，允许特定的 ADL 把体系结构和运行时的行为结合起来。

开放语义框架提供了从语言的结构外观到基于关系和约束的逻辑形式的直接映射。在这个框架里，ACME 规格说明表示一个由此推导出的逻辑谓词，称为它的指示规则(prescription)。这个谓词可以用于逻辑推理，或用于和规格说明所试图描述的现实世界中的事物做逼真度的比较。

为了说明这点，考虑图 2-3 中的简单的客户/服务器体系结构及其规格说明。这里的一个客户通过单个的连接件联结到一个服务器，系统的描述如下：

```
Exist client,server,rpc|
    Component(client) ∧ component(server) ∧ component(rpc) ∧
        attached(client.send_request,rpc.caller) ∧
        attached(server.receive_request,rpc.callee)
```

可以用标准的一阶逻辑方法对这些谓词进行推理。它们也可以作为最后实现系统的形式化规格说明。但是，这种对体系结构的简单解释并不十分充分。体系结构的另外两个潜在的方面也应当在这些规则中体现出来。第一是封闭世界的假设，即所有的构件、连接件、端口和角色都已经用存在于体系结构规格说明中的变量标识出来了，所有的联结无一例外地也已经被说明了；第二，这些已有的变量必须表示不同的实体。在补充这两点后，重新对上面例子中提到的系统进行描述：

```
Exist client,server,rpc|
    Component(client) ∧ component(server) ∧ component(rpc) ∧
        attached(client.send_request,rpc.caller) ∧
        attached(server.receive_request,rpc.callee) ∧
        client !=server ∧
        server !=rpc ∧
        rpc !=client ∧
        (for all y: component(y) => y=client|y=server) ∧
        (for all y: connector(y) => y=rpc) ∧
        (for all p,q: attached(p,q) =>
            (p=client.send_request ∧ q=rpc.caller) |
            (p=server.receive_request ∧ q=rpc.callee)
```

除了基本的结构信息，还需要对属性进行处理。属性名对应这样的谓词：该谓词以属性所应用到的实体为参数，并以属性名对于该实体的值为返回结果。属性的值被当作基本原子，它们没有语义。这样，对于下面的例子：

```
Component Client={
    Port send_request;
    Properties{
        Aesop-style: style-id=client-server;
        UniCon-style: style-id=cs
        }
    }
```

在所得出的相应的语义描述中应该增加这样的子句：

```
Aesop_style(client)=client-server ∧
UniCon_style(client)=cs
```

尽管按照 ACME 的结构语义来说，属性的值被当作原子实体，但操作和分析体系结构描述的工具要以按照其需要解释属性值。

2.5.2 Wright

Wright 是卡耐基梅隆大学的 Robert Allen 和 David Garlan 提出的一种 ADL，它为体系结构中的连接提供了形式化基础。Wright 的关键思想是把体系结构连接件定义为明确的语义实体。这些实体用协议的集合来说明，而这些协议代表了交互中的各个参与角色及其相互作用。

体系结构的描述分为3部分。第一部分定义了构件和连接件类型。一个构件类型用端口和构件规格(component-spec)来说明。每一个端口定义了一个构件和它的环境之间的逻辑交互点。在这个简单的例子中,服务器构件和客户构件都只有一个端口,但是通常一个构件可能有多个端口,因此端口使得构件和系统的其他部分之间有多个接口,连接件类型用所定义的角色和粘剂(glue)的集合来说明,角色描述了对交互中的每一方所期望的局部行为。

系统定义的第二部分是构件和连接件实例的一个集合。这些实例定义了体系结构配置中实际出现的实体。

系统定义的第三部分中,通过描述哪个构件端口被联结到哪个连接角色上,定义了构件和连接件实例被组合在一起的方式。

1. 进程的符号表示法

Wright采用CSP(communicational sequential processes)的一个子集来定义角色、端口和粘剂的协议。CSP语言的主要目的是为了克服传统程序设计语言在多处理器体系上的障碍。它的基本单元是一系列并发的进程,同时能很方便地描述进程之间的通信和同步。一段CSP描述由一组按顺序执行的命令组成。命令反映了执行它们的设备的行为特性,一般分为简单命令和复合命令两类。CSP语言的另一个特点是可以通过并行命令来生成新的进程。一个新生成的进程不能使用进程之间共享的变量或全局变量。并行命令中的进程是同步执行的,并行命令的结束是以所有进程都结束为标志的。

Wright选用了CSP的一个小型子集,包括以下几部分。

进程与事件(processes and events):一个进程描述了一个参与通信事件的实体,事件可以是原始的,也可以是有关联数据。

前缀(prefixing):一个进程参与到事件e中,然后成为进程P,用e→P表示。

选择(alternative):是外部选择。一个进程,它可以与P和Q有类似的行为,但这一选择由与其交互的其他进程做出,用P□Q表示。

决策(decision):是内部选择。一个进程,它可以与P和Q有类似的行为,这一选择由该进程自己做出的,用P⌈.⌉Q表示。

命名进程(named processes):进程名可以和一个进程表达式相关。与CSP不同的是,Wright对语法进行了限制,使得只能导出有限数目的进程名。

并行组合(parallel composition):可以用‖操作把进程组合起来。

除了这些从CSP来的标准表示法,Wright还引入了3种符号表示约定。第一,使用符号ξ表示一个成功的终止进程,如ξ=√→STOP。第二,允许引入如下域进程名:let Q=process-expr in R。第三,允许事件和进程被标记(labeled)。

2. 连接件描述

为了描述一个连接件,需要提供其中每一个角色和粘剂的进程描述。作为一个很简单的例子,考虑前面提到的客户服务器连接件。下面给出了使用前面介绍的符号表示法的描述。

```
Connector C-S-connector=
    Role Client= (request!x→result?y→Client)Πξ
```

```
Role Server= (invoke?x→result!y→Server)□ξ
Glue= (Client.request?x→Service.invoke!x→
    Service.return?y→Client.result!y→gule)□ξ
```

Server 角色描述了服务器的通信行为。它被定义为一个不停地接收请求并返回结果的进程，或者是成功终止。由于使用□来定义 Server 角色，所以它究竟是被调用还是终止，这项选择是由此角色的外部环境决定的。

Client 角色描述了服务的用户的通信行为。和 Server 类似，它也是一个不停调用服务并接受结果的进程，或者是成功终止。但是，它是用内部选择操作符⎡.⎤定义的，所以是发出调用请求还是终止取决于 Client 本身。

比较 Server 和 Client 角色就可以看出，两个不同的操作符可以形式化地区分两种不同的环境：一个是角色被环境强制提供服务——Server 的情况，一个是角色可以选择利用服务，但也可以停止——Client 的情况。这是体系结构连接的特点和重要区别。

粘剂进程通过指示角色的事件如何共同工作来协调两个角色的行为。在上面的例子中，粘剂允许客户角色决定是请求服务还是终止，然后，它按顺序组织剩下的事件和它们的数据。

客户服务器的例子展示了 Wright 能够表达传统的"提供"或是"使用"一系列服务的概念，这种概念在传统的模块交互图中是用 import/export 子句来表述的。而且，由于 Wright 包括对顺序和选择的描述，所以它在表达连接件的动态行为方面具有更为丰富的功能。

3. 连接件语义

基本想法是把角色看成是只受粘剂约束的独立进程，通过这样来给连接件描述一个含义。

定义：带有角色 $R_1, R_2, \cdots, R_n$ 和粘剂的 Glue 的连接件描述的含义被定义为如下进程：

```
Glue|| (R1: R1||R2: R2||…||Rn: Rn)
```

其中，R_n 表示角色。

通过这种方式，确保了所有的角色和粘剂都对连接件的成功终止负担责任，因为所有的角色和粘剂共享计时事件，所以，在其他角色（和粘剂）没有成功终止的情况下，某一个角色不可能成功终止。

4. 端口和连接件的实例化

在 Wright 中，构件端口也被定义为进程。端口进程定义了构件在角色标识的交互点处的接口行为。例如一个使用了一个共享只读数据项的构件可以按下面的方式部分说明：

```
Component DataUser
    Port DataRead=get→DataRead⎡.⎤ξ
```

角色起到了端口规格说明的作用，只要端口满足角色的规格说明，它们就可以在最终的运行系统中起到那些角色的作用。

因此，把一个已经联结的连接件的语义定义为这样一些协议，这些协议是把角色进程替换为相关的端口进程的结果。形式化的定义描述如下：

定义：把端口 $P_1, P_2, \cdots, P_n$ 作为带有粘剂的连接件的角色 $R_1, R_2, \cdots, R_n$ 来联结，其含义是如下进程：

```
Glue||(R1: P1||R2: P2||…||Rn: Pn)
```

需要注意，在这个对联结的定义中暗含的意思是端口协议并不必和它们所替代的角色协议等同。否则，也就没有必要讨论它们的替换了。允许端口和它们所替换的角色不同的重要目的是这种安排允许更有利于连接件的复用。

5. 体系结构描述解析

通过以上建立的连接件符号表示法和形式化机制，可以对体系结构进行多种分析和检查。主要的分析之一是(端口对于角色的)兼容性分析。体系结构的重要目标之一是回答这样的问题：两个构件何时可以以特定形式(例如管道)进行相互通信？用 Wright 的术语来说，就是某个指定的端口是否可以用于某个指定的角色。类似于程序设计语言的类型检查，体系结构描述的兼容性保证了系统的完善。更具体地说，它不仅保证了系统应当具备的一些属性，还提供了可以用于检查兼容性的实用工具。

2.5.3 C2

C2 是一种用于用户界面密集的系统的软件体系结构风格。在 C2 风格的体系结构中，连接件在构件之间转发消息，构件负责维护状态，进行操作，通过这两个接口(顶端端口和底端端口)和其他构件交换消息。每一个接口包括一个可以发送的消息集合和一个可以接收的消息集合。构件之间的消息或者是请求构件执行一个操作，或者是一个通知。

C2 构件包含有 4 个内部部分：内部对象(internal object)、包装器(wrapper)、对话(dialog)和域转换器(domain translator)。内部对象存贮构件状态并实现构件所提供的操作。内部对象上的包装器监控所有的操作请求，并通过底端接口发送通知。对话负责把接收到的外部消息映射成内部对象上的操作。域转换器是可选的，它可以修改一些消息使其能被其他构件理解，这样，一个构件就能在特定的体系结构中适用。

构件之间不能发送消息，必须通过连接件。构件的每一个接口最多只能联结到一个连接件上。一个连接件可以联结多个构件和连接件。请求消息只能在体系结构中自下而上地发送，而通知消息只能自上而下地发送。而且，构件之间的通信只能通过消息传递来实现，不允许使用共享内在方式通信。

体系结构的 3 个组成要素，即构件、连接件和体系结构配置(拓扑结构)，都有一个演化的过程。C2 对于构件的演化的支持是通过异类的子类型实现的。

2.5.4 UniCon

UniCon(universal connection)是一种围绕着构件和连接件这两个基本概念组织的体系结构描述语言。构件代表了软件系统中的计算和数据的处所，用于将计算和数据组织成多个部分。这些组成部分都有完善定义的语义和行为。连接件是代表构件间的交互作用的类。它们在构件之间的交互中起中介作用。

1. 构件

构件是一种抽象，它代表计算的位置并表示系统的状态。大体上，它对应于传统程序设计语言中的编译单元，或操作系统中的一个进程，或用户层的一个对象（如文件系统中的一个文件）。构件的行为是可确认的、独特的，而且它们也用这种方式与其他构件交互作用。按照这种独特的行为方式，可以把构件分为不同的类属（category）或类型。一个构件的类型刻画了此构件的行为语义、它所实现的功能、它的性能特征和它与其他构件交互时要能采用的风格。

UniCon 中，定义构件的语法如下：

```
<component>:==COMPONENT<identifier>
                  <interface>
                  <compenent_implementation>
              END <identifier>
```

可见，构件的定义主要包括两方面的内容，即接口和实现。

构件是通过接口来定义的。接口定义了构件所承担的计算任务，并规定了在使用构件时的约束条件。它还对构件的性能和行为做出了要求。接口包括 3 方面的信息：构件类型、属性、参与者。

构件类型：表达了设计者所认为的构件所承担的功能各类。构件类型对可以定义的参与者的数目、类型和规格说明做出了约束。

属性：对构件整体信息进行补充说明（如断言或约束），以“特性—值”的形式成对出现。在 UniCon 中，属性列表经常被用于更进一步地说明定义。在定义构件接口时，诸如运行某个进程的处理器的名字，或在运行环境中进程的优先级，都是用属性来说明的。

参与者：是构件中可视的语义单元，它起到类似挂钩的作用，构件通过它与其他构件实现交互。在连接件把构件组织成系统时，实际上是参与者被关联了起来。更进一步的对参与者的定义是用它们自己的属性列表说明的。

UniCon 中定义接口的语法如下：

```
<interface>:==INTERFACE IS
                  TYPE<component_type>
                  <property_list>
                  <player_list>
              END INTERFACE
<component_type>:==Module|Computation|SharedData|SeqFile|
                     Filter|Process|SchedProcess|General
```

构件的实现有两种方式：原始的方式和合成的方式。

原始的实现方式由一个指向源文档的指针构成，该文档使用 UniCon 之外的语言，构件的实现包含在此源文档中。此源文档可以是某种程序设计语言（当前的 UniCon 工具集支持 C 语言）编写的源代码，或 obj 文件，或二进制形式的可执行代码，或一段 UNIX 下的 shell 脚本，或一个有序的数据文件，等等。使用这些多种、多用的源文档，UniCon 工具集可以知道如何构造系统。

合成的实现方式是对构件和连接件配置的一种描述，这些构件和连接件也是用 UniCon 定义的。它包括 3 种类型的信息：块、配置信息和抽象信息。块是用于构成体系结构描述的构件和连接件的特定实例；配置信息描述构件和连接件是怎样连接在一起的；抽象信息用于描述一个合成构件的参与者是怎样映射到其各个组成构件的参与者中的。

UniCon 中定义构件实现的语法如下：

```
<component_implementation>:==
<primitive_implementation>|<composite_implementation>
<primitive_implementation>:==IMPLEMENTATION IS
                    <property_list>
                    <variant_list>
                END IMPLEMENTATION
<composite_implementation>:==IMPLEMENTATION IS
                    <property_list>
                    <composite_statement_list>
                END IMPLEMENTATION
```

2. 连接件

连接件是一种抽象，它代表构件之间所定义的关系的位置。连接件是构件间的媒介，它建立控制构件之间的交互规则，并定义在最终系统中进行交互所需要的任何辅助实现机制。一个连接件并不一定与某个编译单元相对应，而是在最终系统中以缓冲区、动态数据结构、初始化参数等方式体现出它的存在。

软件系统中，构件与构件之间的交互有着不同的特点。按照这些特点，可以把构件间的交互分为不同的类型。这种不同类型的交互在连接件上的反映，就是不同的连接件类型(connector type)。连接件类型刻画了不同类型的交互的语义差异，以及参与交互的构件参与者应该满足的需求和应该提供的职责。

UniCon 中定义连接件的语法如下：

```
<connector>:==CONNECTOR <identifier>
              <protocol>
              <connector_implementation>
            END <identifier>
```

可见，构件的定义主要包括两方面的内容，即协议(protocol)和实现。

连接件用协议来定义。协议定义了多个构件之间所允许的交互，并为这些交互提供保障。它也包括 3 方面的信息：连接件类型、属性和角色定义。

连接件类型：表达了设计者所认为的连接件所承担的构件交互种类，对可以定义的角色的数目、类型和规格说明做出约束。例如某些连接件类型需要或不需要一些属性；某些角色需要调用参与者，而某些角色不需要调用参与者，但要求参与者满足一定约束条件；某些角色对参与者的类型有特殊要求；等等。

属性：对连接件的整体信息进行补充说明(如计时或顺序方面的规则)，以“特征—值”的形式成对出现，它们体现了协议所承担的交互任务。

角色：是连接件中可视的语义单元，连接件通过角色在构件之间进行中介。当系统中的构件和连接件有交互时，构件的参与者和连接件的角色被关联起来。角色定义了连接件对参与者的需求和职责。

UniCon 中定义协议的语法如下：

```
<connector>:==PROTOCOL IS
            TYPE <connector_type>
            <property_list>
          END PROTOCOL
<connector_type>:==DataAccess|FileIO|Pipe PLBundler|
                   ProcedureCall|RemoteProcCall|RTScheduler
```

连接件的实现方式是 UniCon 语言内建的。UniCon 工具集提供了专门的实现方式。UniCon 不提供任何的机制用于支持用户自定义的连接件实现。与构件的实现类似，连接件的实现也有两种方式：原始的方式和合成的方式(但由于连接件的合成方式比较复杂，目前版本的 UniCon 还不支持)。

UniCon 中定义连接件实现的语法如下：

```
<connector_implementation>:==IMPLEMENTATION IS
                                  BUILTIN
                             END IMPLEMENTATION
```

2.5.5 其他比较有影响的 ADL

1. Darwin

Darwin 是英国伦敦 Imperial College 的 Jeff Kramer 和 Jeff Magee 在 20 世纪 90 年代开发的一种 ADL，它是当前在 Philips 公司使用的 Koala 语言的基础。

Darwin 是一种声明性的语言(declarative language)，其目标是提供一种通用目的的符号表示法，用于说明多种构件用多种交互机制组成的系统结构。它可以描述并行或分布系统的常见结构，分离体系结构的算法方面和结构方面。它精心地把结构(structure)的描述和计算(computation)、交互(interaction)的描述分离开来，以便清晰地分开考虑它们。结构的分离有助于使用 Darwin 体系结构支持多视图、交互行为和其他方面。例如一个 Darwin 体系结构既能用于把构件实现组织成一个系统，又能在系统属性分析中组织构件行为的 LTS(labeled transition systems)规格说明。

它用于对分布系统结构进行规格说明和随后的管理工作。分布系统软件维护方面的研究表明，采用分布的方式有助于简化系统中的基本软件构件。但是，这个优点常常不足以弥补与此同时带来的一个缺点，即分布系统及其体系结构的整体复杂性大大增加，Darwin 正是为了解决这个问题而设计的。

Darwin 作为一种配置语言(configuration language)，提供了这种结构工具，它不仅有图形表示，也有文本表示。借助 Darwin，可以从对构件实例及其互连所构成的集合的、层次结构的规格说明中构造分布式程序。图 2-5 所示为 Darwin 描述的复杂结构示意图，复杂构件正是通过基本构件的合成得到的。最终，整体的系统体系结构被描述成一个从基本构件合成而来的层次结构。这些基本构件在运行时可能位于分布的计算机上。基本构件有一个行为规格说明,而不像合成构件那样有一个结构描述。

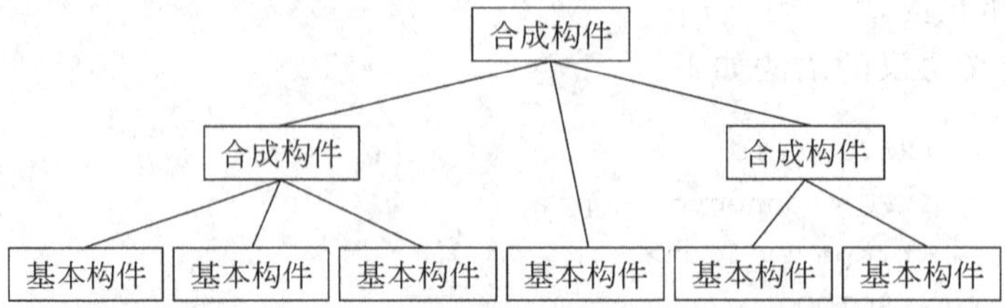

图 2-5　Darwin 描述的系统体系结构示意图

Darwin 中,对于构件,主要关心的是它为其他构件提供了哪些服务,它们需要其他构件的哪些服务。例如图 2-6 中的过滤器构件,它提供了一个 output 服务,并且需要一个 input 服务。图 2-6 中涂黑了的圆圈表示构件提供的服务,空的圆圈表示构件需要的服务。服务类型用尖括号说明。例子中用于实现服务的通信机制是流(stream),通信的数据类型是 char。构件通过访问服务相互作用。

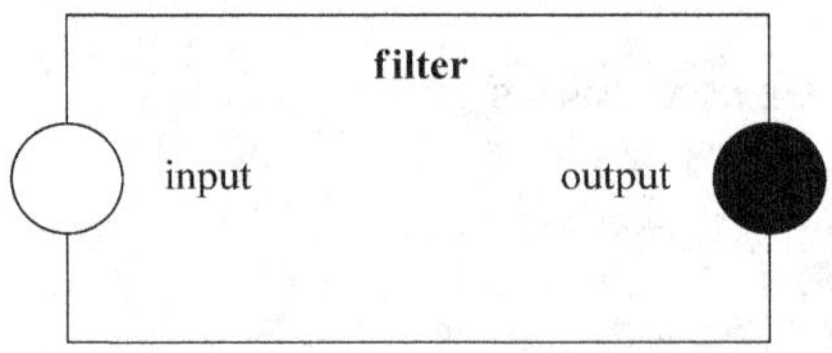


```
Component filter{
  Provide output<stream char>;
  Require input<stream char>;
}
```

图 2-6　过滤器构件

合成构件类型是从基本构件类型构造而来的,并可进一步被用于构造更复杂的合成构件类型。Darwin 语言的主要目的之一就是要让系统体系结构不仅能够从最基础的计算构件构造合成构件,而且还能在其他构件的基础上进一步构造合成构件。合成构件的定义不仅包括对它所包含的其他构件实例的声明,而且包括这些构件间的绑定(binding)。(绑定指的是一个构件所提供的服务和另一个构件所需要的服务的关联。)

2. Aesop

在面向特定领域的体系结构设计环境中,一般都提供特定的体系结构风格,这为领域应用提供了有力支持。但是,由此带来的问题是由于侧重于支持不同的风格,这些开发环境或工具往往需要从头开始做起,开发新的风格变得容易,从而让设计者能够利用这些风格进行体系结构设计。

基于以上想法,Aesop 提供了下列支持:

(1) 一个开发工具包,用于快速开发体系结构设计环境,着重于特定领域的体系结构风格。

(2) 一个开放的工具集成框架,用于支持 Aesop 和用户喜欢的其他工具的协作。

(3) 一个"有风格意识的"库,用于存储、检索和复用体系结构设计元素。

(4) 一个可以维持体系结构设计状态的面向对象数据库,用于存储和操作体系结构设计。

(5) 一个用户可定制的基于 Tcl/Tk 的图形用户界面。

这些功能使得 Aesop 有助于开发者在开发特定领域的体系结构时，充分利用现有设计知识和领域。同时，对于系列化的软件系统产品的生产，使用 Aesop 能快速生成设计环境。此外，使用 Aesop 还使得开发人员能存储、检索和组织"有风格意识的"体系结构设计元素和模式库。

如图 2-7 所示，Aesop 环境采用一种传统的结构，即多个工具通过一个可维持状态的对象库共享数据。对象库作为一个单独的服务器进程运行，提供典型的数据库服务，如事务处理、并发控制和状态维持等。工具通过一个被称为"Aesop 设计管理器"的 RPC 调用接口来访问对象库，这个接口定义了创建和控制体系结构对象的操作。

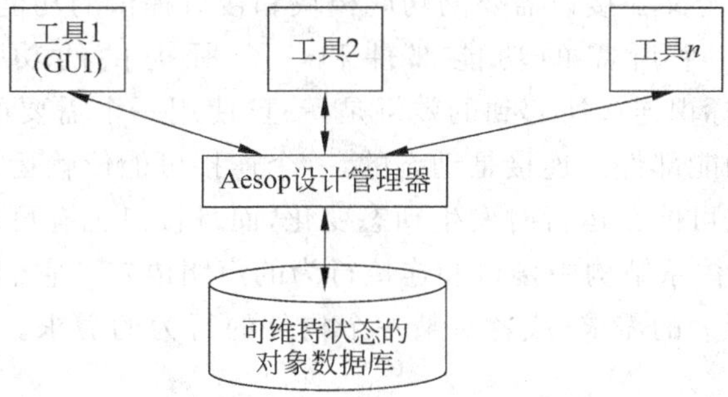

图 2-7　Aesop 环境的结构

3．Rapide

Rapide 是一种基于事件(event-based)的、用于定义并执行系统体系结构模型的计算机语言，还包括与这个语言相关的仿真工具集。Rapide 模型的执行结果是一个事件集合，它包括执行过程中发生的事件以及事件之间的临时和时序关系(casual and timing relation)。其中，作为仿真结果产生的临时历史(casual history)是 Rapide 在所有基于事件的语言中所独有的特点。带有临时历史的事件的集合称为 poset(partially ordered event sets，部分有序事件集)。

Rapide 1.0 由一个语言集合构成，包括类型、模式、体系结构、约束和可执行模块。这个语言集合被称为 Rapide 语言框架(Rapide language framework)。

语言框架的目标有两个：第一，为了鼓励多语言系统；第二，为了定义可用于或可融入其他事件产生系统的语言构件。在第一个方面，需要可执行模块描述语言(executable module)、约束子语言(constraint sublanguage)和体系结构子语言发生一些本质的改变，要能够和其他语言相互转换。在第二个方面，例如使用以事件模式表达的约束，将应用程序用于各种事件的系统，而不仅限于 Rapide 事件仿真系统。

Rapide 中的体系结构概念被称为接口连接体系结构(interface connection architecture)。之所以这样称呼，是因为模块间的所有通信是用接口间连接明确定义的，连接不再埋藏在模块中，而是定义在接口的功能部件(feature)之间。

在完成系统模块的构造之前，就可以定义一个接口连接体系结构。它可以作为系统的一个规划或早期计划来使用。为了定义接口连接体系结构，需要比程序设计语言所能提供的更复杂的接口,还需要一个在接口之间定义连接的全新概念。Rapide 提供了新的功能部件用于表示接口连接体系结构。这些功能部件在通常的程序设计语言或中间件接口定义语言(IDL)中是没有的。总的来说,这些体系结构功能部件包括以下几部分。

接口:不仅说明模块提供的功能部件,而且还说明它所需要的其他模块的功能部件。有两种类型的功能部件:间接包含同步的功能部件,如函数;间接包含异步的功能部件,如动作(action)。Rapide 的接口比 Ada 的包定义或 C++ 的类更加复杂,因为后者不用考虑其他对象需要的功能部件。

接口内行为:行为是反应规则的集合。这些规则定义了行为的、抽象的、可执行的规格说明,而这些行为规则是模块为了与接口保持一致所必需的。

接口间连接:连接定义了接口需要的功能模块和接口提供的功能模块之间的关系。最简单的一种连接是一个所需的功能部件和一个所提供的功能部件之间的标识(identification)连接。标识连接所起到的效果是,一旦使用一个需要的功能部件,连接就能立即调用到所提供的功能部件。连接是动态的,一个连接可能依赖运行时的参数,被连接起来的功能部件的集合也可能在运行时发生动态变化,而且接口也有可能动态改变。

约束:是用于限制体系结构中接口和连接行为的声明语句。它们可以被用来明确地定义对体系结构的整体行为的需求,或者对某一个构件的行为的需求。可以在运行时对约束一致性进行检查。

在以上定义的接口连接体系结构的基础上,Rapide 进一步明确定义了事件(event)、起因(cause)和临时事件历史(causal event history)等概念。同时,还提供了用于描绘和分析临时事件历史的工具。

Rapide 的主要目标是要为大规模、分布式、多开发语言的软件系统提供新的开发技术。它的特点在于以可执行的体系结构设计语言(executable architecture definition languages)为基础,并提供相应的开发工具包。

4. MetaH

MetaH 由美国 Honeywell 公司实验室(Honeywell Labs)开发。MetaH 的目标是支持实时、容错、安全、多处理、嵌入式的软件系统的分析、验证和生产。它还提供一个用于设计、建模、分析和系统集成的开发工具包。

MetaH 提供了集成的、可跟踪的体系结构规格说明、分析和实现。它能够进一步保证真实系统的行为与模型一致,降低建模、实现、调试和验证的难度。它还能通过更精确、快速的设计评估改善系统的设计质量。

MetaH 不同于传统的 CASE 工具。它专用于严格的实时、容错、可扩展多处理器系统。它有着开放的接口,易于与其他工具包结合使用,如特定领域生成器、重组工具等。它把系统结构的设计和实现与形式化的建模和分析紧密地结合在一起。

乍看起来 MetaH 语言类似于其他结构化的或面向对象的软件设计语言。MetaH 的图形表示允许实体被放置在一起并相互连接,其中每一个实体可以以层次结构的方式被定义为另一个相互连接的实体构成的集合。但是,MetaH 有丰富的实体类型和详细的语义,其广泛程度和精确程度足以进行细致的实时可调度性分析,并能自动汇集出负荷图。例如 MetaH 支持实时周期性任务的规格说明。图 2-8 给出了一个用 MetaH 描述软件体系结构的例子。

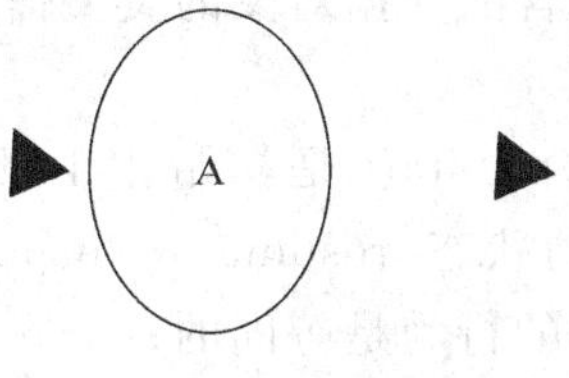


```
With type package Nav_Types;
Process interface A is
    Sensor：in port Nav_Types.Rate_Vector;
    Position：out port Nav_Types.ECFF_Type;
End A
```

图 2-8　用 MetaH 描述软件体系结构

MetaH 支持对系统构件和连接的规格说明也支持这些构件和连接的实时、容错、安全分隔、多处理器等方面的属性。MetaH 规格说明中的实体种类可以分为低层实体和高层实体。前者描述源代码模块(例如子程序、包)和硬件元素(例如内存、处理器),后者说明前面已经定义的实体是如何组合成新的实体(例如宏、系统和应用程序)的。MetaH 有十分完善的对于体系结构中的计算和通信的描述机制。

MetaH 语言不仅有文本方式的语法描述,也能以图形方式描述。使用 MetaH 提供的工具,既可以按文本方式也可以按图形方式浏览或编辑体系结构的规格说明。

MetaH 有十分丰富的支持工具。核心工具强调以高层体系结构规格说明为基础的代码自动联编和形式化分析。MetaH 说明中所标识出的应用程序源模块和一个自动生成的 KERREL 服务调用包一起被联编为进程,这个调用包提供与核心服务相关,与目标无关的接口。每一个应用程序进程成为一个被编译和预链接到它自身的受保护的虚拟地址空间的程序。MetaH 工具所支持的形式化分析主要包括可调度性分析、安全分隔分析和可靠性分析等。借助于这些工具可以得到定量形式的分析报告。

5. Weaves

Weaves 把快速增量式开发和不断的性能分析与调试结合起来,以低费用的对象转换为基础。快速增量式开发提供了一个持续的开发序列,其中的每一步都是对系统前一版本的一个小的、易于理解的修改或扩展,而每一个后续版本都要用于对功能问题、用户反馈、性能和成本等方面问题的调查研究。这样,低成本的监控(无论是对调试、性能分析,还是对人为因素)都可以不断地进行,它的目标是用于以数据流为特点的系统。

Weaves 是由并发执行的工具片断(tool fragment)构成的网络,工具片断之间以数据对象为中介进行通信。一个工具片断是一个小的软件构件,它按照一个步骤顺序,执行一个单一的、完善定义的功能。工具片断消耗对象作为输入,产生对象作为输出。通过附加到队列上的端口,它把一个对象转换成一个不同的对象。队列把不同工具片断间的通信按照顺序缓存和同步起来,工具片断通过端口连接到队列上。每一个工具片断作为一个独立的线程执行,与同种类的其他线程共享内存,如图 2-9 所示。

图 2-9　工具片断

对象在流动中所经过的端口和队列都是被动的,只有工具片断是主动的,它从端口接收对象,调用对象所实现的方法,进行该工具特定的计算,并把对象传递下去。

端口和队列是与类型无关的两层结构的传输服务。工具片断在使用这种服务时不会知道它们所接受(或发送)的数据对象的源(或目的)。端口通过封装(envelope)的手段实现了对数据对象的包装和解包装。封装对象隐藏了它所包含的数据对象的类型信息。队列是封装对象的有限缓冲区。

所有的工具片断都实现了一个小的控制方法集合。start 是初始化工具片断的执行;suspend 是暂停工具片断的执行,使其保持一种安全的状态;resume 是 suspend 的反动作,重新开始的工具片断的行为和从未挂起过的工具片断的行为是等同的;sleep 是以最小延迟(微秒级)的方式将工具片断挂起;abort 是立即停止工具片断的运行,但是并不要求它处于一种可以安全地重启的状态。

工具片断主要有两种类型。第一种被设计用于支持外部子程序与体系结构的协作,在这种情况下,子程序与所有的通过端口发送或接受数据对象的细节是隔离的。另一种类型,这种类型的工具片断是作为体系结构构件从零开始构造的,它们不用与体系结构隔离。

Weaves 所提供的辅助工具是一种可视化的软件工程环境。多数的可视化程序设计的研究重点在于可视化编程的局部问题(visual programming-in-the-small),如新的可视化程序设计语言,或支持某种特定的软件工程任务,如用抽取代码信息并将其可视化的方法来帮助软件维护。Weaves 与它们不同,它的重点在于可视化编程的全局问题(visual programming-in-the-large)。

6. SADL

SADL 语言提供了对软件体系结构的精确的文本表示,同时保留了直观的框线图模型(box-and-arrow model)。SADL 语言明确区分了多种体系结构对象,如构件和连接件,并明确了它们的使用目的。SADL 语言不仅提供了定义体系结构的功能,而且能够定义对体系结构的特定类的约束。例如不仅说明诸如客户/服务器或黑板系统这样的体系结构中的构件和连接件,而且可以定义试图对这些构件和连接件所做的配置。SADL 既可被用于描述某一特定的体系结构,也可用于描述一个系统族。

SADL 的一个独特的方面是对体系结构层次体系(architecture hierarchy)的表示和推理。一个垂直层次体系(vertical hierarchy)的作用在于,它能过渡在体系结构抽象和传统程序设计语言中更基本的结构概念之间的差异。通常用不同的语言来描述一个垂直层次体系的每一层,反映出在表示上的变化。例如在描述一个管道过滤器体系结构时所用到的词汇将不同于基于事件的体系结构。一个水平层次体系(horizontal hierarchy)是对数据流建模中的冒泡分解(bubble decomposition)的类比。在水平层次体系中,分解中的每一个层次用同样的词汇来描述。

SADL 语言不仅用于描述垂直层次体系,而且用于描述水平层次体系。它还用于通过映射联系不同层次的表示。精确的映射使得层次间能够进行追踪,也使得推理层次体系中体系结构间的关系以及推理层次体系及其实现之间的关系成为可能。例如可以确认一个体系结构中的体系结构对象是否出现在其他体系结构中——尽管在表示上可能有不同。如果在一个体系结构中不允许某一特定通信路径,那么在层次体系的其他体系结构中也不允许。一个体系结构层次体系可以描述一个特定系统或系统族。

SADL 可用于说明如下体系结构设计元素:

特定体系结构:该体系结构中的每一个体系结构对象都有特定的名称和类型。

一般体系结构：该体系结构可以使用参数来表示不确定的类型或对象，这给软件设计带来许多方便。例如可以定义一个包含任意数目的接口和连接的体系结构。特定结构是一般体系结构的一个实例。

映射：两个体系结构通过一个句法解释映射联系起来，它的一部分与特定体系结构相关，另一部分适用于某类体系结构中的任何一个。

体系结构风格：风格蕴含了密切相关的、可复用的设计信息。一个风格包括一个对象类型词汇表和约束。这些约束说明了在特定体系结构中哪些类型的对象必须怎样联系起来。风格的例子包括管道过滤器、客户服务器和数据流等。

体系结构改进模式：模式代表对设计问题的可复用的解决方案。它们比在面向对象的研究领域内所说的模式概念要小的多。

SADL 模式支持结构改进(structural refinement)，即把一个体系结构系统地转化成另一个包含不同体系结构概念的体系结构。一个例子是，在一个只包含过程和过程调用的体系结构中实现一个客户服务器的交互集合。一般说来，一个结构改进可能需要引入行为约束。实际上，对一些实际系统的研究表明，只有在对系统行为设置某些约束的情况下，才能正确得到所希望的结构改进。

2.5.6　ADL 分类与比较框架

尽管人们已经提出了大量的 ADL 和相应工具，但研究界对于什么是 ADL，即体系结构描述语言的定义以及 ADL 应当对体系结构的哪个或哪些方面建模等仍未达成共识。例如按照其特点，Rapide 可以被认为是一个一般目的的系统描述语言，可用于构件接口及其可视行为建模，但是，Wright 却将体系结构连接的语义开化。

Medvidovic 提出了一种 ADL 的分类和比较框架，并以此为基础，全面而且详细地分析了各种典型 ADL 的优点与不足。这个框架建立在如下的软件体系结构定义的基础上，即软件体系结构是这样一个设计层次，它描述了构成系统的元素(element)，这些元素之间的交互和指导它们构成的模式，以及对这些模式的约束。因此，ADL 不仅提供具体的语法，还要提供一个概念框架来反映体系结构的特征。

ADL 分类与比较框架如下所示。

ADL 体系结构建模特点：

(1) 构件

　① 接口
　② 类型
　③ 语义
　④ 约束
　⑤ 演化
　⑥ 非功能属性

(2) 连接

　① 接口
　② 类型
　③ 语义

④ 约束

⑤ 演化

⑥ 非功能属性

(3) 体系结构配置

① 可理解性

② 可构成性

③ 可改进和可追踪性

④ 异质性

⑤ 可扩展性

⑥ 演化

⑦ 动态机制

⑧ 约束

⑨ 非功能属性

工具支持：

(1) 主动规格说明

(2) 多视图

(3) 分析

(4) 改进

(5) 实现生成

(6) 动态机制

在 Medvidovic 提出的 ADL 分类和比较框架中，最高层的类别是构件、连接件和体系结构配置(体系结构拓扑)。框架中的类别与 ADL 的应用领域是垂直的。作为系统高度抽象的模型，ADL 试图提供系统的部分描述。ADL 所要强调表现的可能是应用领域的特点，或系统构成的风格，或分布、并发、安全等属性的特殊集合，等等。

1. 构件建模

体系结构中的构件是一个进行计算可存储数据的单元。构件可以小到一个进程，也可以大到一个完整的应用程序。每个构件可能需要其自己的数据或执行空间，或与其他构件共享空间。下面逐个讨论构件的各个用于 ADL 比较的特点。

(1) 接口：是构件与外部世界互操作点的集合。接口规定了构件提供的服务(消息、操作、变量)。为了支持对构件以及将其包括在内的体系结构的推理，ADL 也可能提供规定构件的需求机制，即构件所需要其他构件提供的服务。

(2) 类型：是将功能封装到可复用块里的抽象。一个构件类型在某个体系结构中可以多次被实例化，也可以在多个体系结构间复用。更进一步，构件类型还能以参数化的方式复用。清楚地对构件类型建模还有助于体系结构的可理解性和可分析性，因为同一类型的构件实例具有相同的属性。

(3) 语义：是构件行为的高层模型。需要此模型来进行分析，增强体系结构的约束，保证在把体系结构从一个抽象层次映射到另一个抽象层次时的一致性。要注意的是，构件的接口也允许一定程度地对构件语义的推理，但这里的语义指的是构件行为的语义模型。

(4) 约束：是系统或其某一部分的属性或断言。如果约束不能满足，则将导致某些人员的需求不能被实现。为了确保构件按照预期计划的那样被使用，必须遵守约束。

(5) 演化：作为体系结构的构成单元，构件将不断地演化。构件的演化可以非正式地定义为构件属性的修改，诸如接口、行为或实现等的变化。ADL 通过把构件类型细化为子类型等手段来保证演化以一种系统化的方式进行。

(6) 非功能属性：典型情况下，一个构件的非功能属性(例如安全性、性能和可移植性等)不能直接从它的行为中推理得出。在体系结构的运行行为仿真、性能分析、约束检查、将构件映射到过程等环节，需要这类属性的早期规格说明。这类属性对于项目管理也是有帮助的。

2. 连接件建模

连接件作为体系结构的构成单元，用于对构件之间的交互和控制这些交互的规则建模。与构件不同，连接件可能并不与所实现的系统中的某个编译后代码单元相对应。它们可能会被实现为可单独编译的消息路由模块，但是也可能会以其他形式出现，诸如共享变量、数据表、缓冲区、动态数据结构、嵌入在代码里的过程调用序列、初始化参数、客户和服务器之间的协议、管道、数据库和应用程序之间 SQL 连接等形式。下面，逐个讨论构件的各个用于 ADL 比较的特点。

(1) 接口：一个连接件的接口是它与构件和其他连接件之间的互作用点的集合。由于连接件不进行任何专门的计算，它将连接到其上的构件的服务导出，以此作为自己的接口。连接件的接口使得一个体系结构中的构件和它们的交互得以合理地连接。

(2) 类型：是封装了构件通信、协作和中间件决策的抽象。体系结构的交互可能是复杂的通信协议。要想使这些通信协议不仅能够在一个体系结构内部，而且能够在多个体系结构之间得到复用，就需要 ADL 将这些连接件进一步抽象成类型。这有两种典型方法：用交互协议定义的可扩展类型系统，或是内置的基于特定实现机制的枚举类型。

(3) 语义：与构件类似，也是作为连接件行为的高层模型来定义的。但是与构件不同的是，构件的语义表达应用层的功能，连接件的语义承担交互协议的规格说明。如果 ADL 支持连接件的语义建模，会有利于构件的交互分析，有利于在不同的抽象层保证改进的一致性，还能加强互连和通信的约束。

(4) 约束：确保连接件与交互协议的意图一致，并增强了边界条件。

(5) 演化：可以定义为连接件属性的修改，诸如接口、语义或两者的约束的变化。体系结构中的构件交互是由复杂的协议决定的。这些协议有着潜在的变化和扩展。更进一步地说，不仅单个的构件在变化，构件配置也在变化。通过增量信息过滤(incremental information filtering)、建立子类型等技术，ADL 可以借助修改已有的连接件来适应这种变化。

(6) 非功能属性：是从它的语义规格说明派生出来的。它们表示了连接件的需求。对连接件的非功能属性建模使得设计者可以对系统运行时的行为进行仿真，对连接件进行分析，还能够增强约束。

3. 配置建模

体系结构配置,或称为体系结构拓扑,是构件和连接件组成的连接图,用于描述体系结构。这些信息用于确定构件之间的连接是否合适、接口是否匹配、连接件是否能够正常通信、构件和连接件在组合后是否能够得到期望的语义结果。结合构件和连接件模型对配置的描述使得对体系结构的并发和分布方面进行评估成为可能。

在体系结构的层次上,配置的主要特点可以分为如下3类:

配置描述的性质:可理解性、可构成性、可改进和可追踪性、异质性。

被描述系统的性质:异质性、可扩展性、可演化性、动态机制。

被描述系统的属性:动态机制、约束、非功能属性。

下面逐个描述每个特点。

(1) 可理解性:有助于在较高的抽象层次上理解系统。

(2) 可构成性:或称为层次构成,是一个允许体系结构在不同的细节层次描述软件系统的机制,可以清楚地表示复杂结构和行为,也可以把它们抽象到一个单独的构件或连接器内部。甚至可能出现这样的情况,整个体系结构在另一个更大规模的系统中被抽象成一个构件。

(3) 可改进和可追踪性:通过逐步进行正确的、一致的改进,体系结构才能成为可执行的系统。

(4) 异质性:软件体系结构的目标之一是促进大规模系统的开发,侧重在不同的粒度上复用现存的构件和连接件。这些构件和连接件可能采用不同的形式化语言进行规格说明,或采用不同的编程语言实现,或运行在不同操作系统上,或支持不同的通信协议。所以,ADL的开放性很重要,这就是说,它可以帮助异质的构件和连接件完成体系结构的规格说明和开发。

(5) 可扩展性:支持大规模的规格说明和开发,而不是需要将其分解或转化后才能处理。

(6) 演化(即维护):反映的是一类软件系统的改变。演化是软件开发活动中最为昂贵的一个环节,所以,系统演化成为基于体系结构的开发的一个关键方面。ADL需要在构件和连接件的层次上增加对演化的支持,如支持它们的增加、删除、替换和在不同配置下重新连接等。

(7) 动态机制:指在系统运行时对系统体系结构做出修改并使这些修改生效。在某些对于安全敏感或处理关键任务的应用中,对动态机制的支持十分重要。

(8) 约束:是对单个构件和连接件的规格说明中的约束的补充,许多全局约束是直接或间接地依赖于局部约束的。

(9) 非功能属性:被用于选择合适的构件和连接件、做出分析、增强约束等。

4. 对体系结构描述的工具支持

开发用于体系结构描述的形式化语言的动机是,它们形式化的特点使它们适合用软件工具进行推理和操作。ADL的可用性直接和它所提供的工具种类相关。

(1) 主动规格说明(active specification):ADL工具基于体系结构的当前状态,通过降低设计选项的可能空间来提供对主动规格说明的支持。这样的工具提供设计向导,能极大地降低体系结构设计师的认识负荷。

(2) 多视图:在定义一个体系结构时,不同需求的用户如系统结构设计师、开发者等,需要体系结构的不同视图。为给定的用户提供最合适的视图以及确保不同视图之间的一致性,是 ADL 工具包要处理的关键问题。

(3) 分析:在体系结构的层次中评估系统的各方面能力,能够切实减少后续过程中出错的机会,降低软件成本。而且,由于体系结构抽象不必考虑许多细节,这种分析的难度要比源代码层次的分析要低。

(4) 改进:是一项复杂的任务,常常不能用形式化证明来保证它的正确性和一致性。

(5) 系统实现的自动生成:任何软件设计和建模行为的最终目的都是生成可执行的系统。

(6) 动态机制:需要软件工具来分析被修改的体系结构,确保所希望的属性,正确地把体系结构中表示出的变动映射到实现模块中去,保证应用程序的关键子系统的持续执行并在改动前保存状态,分析并测试运行时的修改后的应用程序。

2.5.7 ADL 之间的比较

不同的 ADL 面向不同的应用领域,或不同的体系结构风格,或体系结构的不同方面,如表 2-1 所示。

表 2-1 ADL 的应用领域

ADL	所关注的重点
ACME	体系结构的交换,在结构层占主要地位
Aesop	特定风格的体系结构的规格说明
C2	高度分布的、可演化的、动态系统的体系结构
Darwin	高度分布的、系统的体系结构,以严格的形式化基础指导其动态机制
MetaH	在引导、导航、控制(GN&C)领域的体系结构
Rapide	可以对体系结构所描述的动态行为进行建模和仿真
SADL	在不同的细节层次对体系结构进行形式化的改进
UniCon	对于使用常见协议进行交互的已有构件能生成粘接代码
Weaves	数据流体系结构,特点是大量数据和过程中的实时需求
Wright	对并发系统的动态行为进行建模和分析(尤其是死锁分析)

1. ADL 对于构件建模的支持

这里讨论的 10 种 ADL 都包含构件模型,但是,它们使用不同的术语来表达这里所讲的构件概念。ACME、Aesop、C2、Darwin、SADL、UniCon 和 Wright 使用的术语是类似的,都用构件;在 Rapide 中,使用接口(interface);在 Weaves 中,使用工具片断(tool fragment);在 MetaH 中,使用过程(process)。在这部分,讨论不同 ADL 对构件提供的支持。

(1) 接口:通常,ADL 区分提供服务和需要服务的接口点。MetaH 和 Rapide 还做了进一步的、对同步接口和异步接口的区分。ACME、Aesop、Darwin、MetaH、SADL、UniCon 中接口点是类型化的。C2、Weaves 中的接口是与类型无关的。它们这样设计的目的是为了保证连接有最大限度的灵活性。

(2) 类型：这10种ADL都区分构件类型和构件实例。MetaH和UniCon只支持预定义的、内置的类型集合，除了它们之外的其他几种ADL都提供可扩展的构件类型系统。

(3) 语义：所有的ADL都支持构件语义，只是程度上有所不同。

(4) 约束：所有的ADL通过指定构件接口作为其唯一合法的交互手段来约束构件的使用。

(5) 演化：许多ADL把构件视为本质上是静态的，并这样对构件建模。例如MetaH和UniCon通过枚举方式定义构件类型，不允许构件子类型，并因此不支持构件演化；Weaves则在它的域之外考虑工具片断的演化。一些ADL通过子类型支持构件的演化。它们通常支持有限意义上的子类型概念，或依靠下层程序设计语言提供的机制。例如ACME的扩展功能支持严格的结构化子类型，但Rapide通过面向对象的继承实现构件的演化，SADL允许定义子类型必须满足的高层属性。

(6) 非功能属性：ACME、Aesop和Weavers允许对构件的任何属性或注解进行说明，但是，它们中没有一个解释这些属性，也没有直接使用它们。MetaH和UniCon对非功能属性的建模提供更高级的支持。它们需要这些信息来分析体系结构的实时可调度性、可靠性和安全性。

2. ADL对于连接件建模的支持

不同的ADL采用不同的方式对连接件建模，并使用不同的名称。

(1) 接口：一般来说，只有那些把连接件作为最优先的建模实体来考虑的ADL才支持对连接件接口的明确规格说明。大多数这样的ADL以同样的方式处理构件接口和连接件接口的建模，但是用不同的方式引用它们。ACME、Aesop、UniCon和Wright中，连接件接口点是角色，角色可以被命名并有类型。在一个体系结构配置中，需要构件端口和连接件角色的显式连接。

(2) 类型：只有那些把连接件作为最优先实体来建模的ADL区分连接件的类型和实例，这不包括Darwin、MetaH和Rapide。

(3) 语义：无论对于构件语义的定义还是连接件语义的定义，都使用单一的机制。

(4) 约束：除了C2和Weaves，所有把连接件作为最优先对象来建模的ADL都通过接口来约束它们的使用。

(5) 演化：不把连接件作为最优先对象来建模的ADL(Darwin、MetaH和Rapide)也不提供演化功能。其他的ADL的重点在于体系结构配置层次的演化，或在没有支持演化的语言功能的情况下提供预定义的连接件类型集合。

(6) 非功能属性：UniCon是唯一的一个支持对连接件的非功能属性进行明确定义的ADL。它使用这些信息分析体系结构的实时可调度性。

3. ADL对于配置建模的支持

明确的体系结构配置有助于对系统有不同需求的用户之间进行相互交流。这些用户的技术水平不尽相同，对所要解决的问题的熟悉程度也不同。因此，体系结构配置在较高的层次上表示系统结构，不考虑单个构件或连接件的细节。

(1) 可理解性：在嵌入配置(in-line configuration)的 ADL 中，配置描述容易受到连接件细节的影响，而明确定义了配置的 ADL 在体系结构的可理解性方面最有潜力。

(2) 可构成性：大多数 ADL 支持层次体系方式的构件构成，对于合成构件的说明方法和对体系结构配置的说明方法是类似的。

(3) 可改进和可追踪性：对体系结构的改进以及在改进过程中的决策、属性和关系的可追踪性，仍是有待研究的领域。

(4) 异质性：没有 ADL 提供对多种形式化语言的明确支持，一些支持体系结构的实现的 ADL 也和某种具体程序设计语言密切相关。

(5) 可扩展性：明确定义了体系结构配置的 ADL 的扩展性要优于那些采用嵌入的方式定义体系结构配置的 ADL。这是因为在后者描述的体系结构中，连接件完全用它所连接的构件来描述，所以增加新的构件需要对现有的连接件实例做出修改。

(6) 演化：可以从两个不同方面看一个体系结构配置的可演化性。一方面是容纳新增加构件的能力；另一方面是 ADL 对不完整的体系结构的容纳和支持能力。不完整的体系结构在系统设计中是经常出现的，因为某些决定可能会延期或暂时不能建立相关。尽管支持不完整的体系结构会给设计师带来很大便利，但当前多数的 ADL 以及它们的支持工具不允许这样。

(7) 动态机制：多数的现有 ADL 把体系结构配置视为静态的，但 C2、Darwin、Rapide 和 Weaves 不是这样。

(8) 约束：多数的 ADL 对在它们所认为的有效体系结构配置上增强内建约束。

(9) 非功能属性：所有支持构件和连接件的非功能属性的 ADL 也都支持层次结构组成。因此，它们可以通过把体系结构当作合成构件来定义它的非功能属性。

4. ADL 的工具支持

人们对于工具在体系结构中所起到的作用已有共识。但是，当前的应用状况与研究人员所认为的理想状况还有明显的差距。尽管所考察的每种 ADL 都提供一定的工具支持(除了 C2 和 Rapide)，但是它们往往只关注某一特定领域，如分析、改进和动态机制等。

(1) 主动规格说明：只有一部分 ADL 提供对体系结构进行主动规格说明的工具。一般来说，这种工具可能是采用一种先于行动的方式(proactive)，也可能采用一种后于行动的方式(reactive)。

(2) 多视图：大多数 ADL 至少支持两种视图，即文本视图和图形视图，并对两者的转换提供自动化的支持。

(3) 分析：对一个 ADL 而言，适合对它进行哪些分析操作取决于它的底层语义模型以及它的规格说明的特点。其他的分析技术还包括对体系结构所描述的系统的行为仿真、ADL 的语法分析器和编译器、对约束的强化等方面的内容。

(4) 改进：一些 ADL 支持对体系结构求精直接得到可执行代码。Darwin、MetaH 和 UinCon 都是这样；Rapide 则是提供了一种可执行的子语言，这种子语言和普通的程序设计语言有类似的控制结构；C2 支持求精得到体系结构的部分实现；只有 SADL 和 Rapide 对在多个抽象和定义层次上的求精提供工具支持。

(5) 实现生成：许多 ADL 支持从体系结构生成系统。例外的几个 ADL 是 SADL、

ACME 和 Wright,它们仅用于建立和表示体系结构模型,而不提供对实现的支持。

(6) 动态机制:现有的这些 ADL 对动态机制建模的有限支持体现在它们的工具有限支持动态机制。Darwin 和 Rapide 只能够对已计划的运行中的动态修改建模;C2 和 Weaves 的工具集对动态机制提供更广泛的支持。

现有 ADL 对工具的支持程度相差较大。一方面,ACME 仅提供体系结构的可视化功能,SADL 的工具集主要进行一些求精一致性检查,Weaves 着重于交互的定义和结体系结构的操作;另一方面,Darwin、Rapide 和 UniCon 提供强有力的体系结构建模环境,C2 和 Darwin 是仅有两种在所考察的所有方面均提供支持的 ADL。总的来说,现有的 ADL 主要关心的是体系结构的可视化和分析,而较少关注体系结构的求精和动态机制。

2.6 软件体系结构描述方法

软件体系结构研究的是如何表达软件系统的结构连接关系,用更专业的术语来描述的话,软件体系结构要定义构成该系统的所有计算部件和部件之间交互的连接件,以及定义如何将部件和连接件结合在一起的规程。

软件系统建模技术的提出,主要目的是为了解决随着技术的发展,软件应用系统的规模日益扩大,结构模型变得日益复杂而导致的系统设计方面的问题。从早期提出的以数据为中心的体系结构模型、以功能执行为中心的体系结构模型,逐步发展到今天以系统内核为中心的面向对象的体系结构模型和基于总线结构的体系结构模型。这些体系结构模型的演变进化是为了不断适应计算机应用领域的扩大而引出的新的问题需求。软件系统建模技术的共同目标就是要提高实际应用系统的开放性、集成性、适应需求变化的扩展性以及开发与执行的高效性。

一个软件应用系统的设计过程中,计算部件及其中间件的规格定义以及这些部件的结构体系是决定系统开发质量的重要因素。研究软件体系结构方面的问题,对于提高应用系统的集成性、复用性以及质量和效率有着重要的指导意义。

软件体系结构的建模就是建立软件体系结构模型的方法和过程。软件体系结构模型能够帮助人们从全局上把握住整个软件系统的总体结构。软件体系结构建模是软件体系结构研究的一个主要领域,也是软件体系结构应用的重要途径。

研究软件体系结构的首要问题是如何表示软件体系结构,即如何对软件体系结构建模。根据建模的侧重点的不同,可以将软件体系结构的模型分为 5 种:结构模型、框架模型、动态模型、过程模型和功能模型。在这 5 个模型中,最常用的是结构模型和动态模型。

1. 结构模型

这是一个最直观、最普遍的建模方法。这种方法以体系结构的构件、连接件和其他概念来刻画结构,并力图通过结构来反映系统的重要语义内容,包括系统的配置、约束、隐含的假设条件、风格、性质。研究结构模型的核心是体系结构描述语言。

2. 框架模型

框架模型与结构模型类似,但它不太侧重描述结构的细节而更侧重于整体的结构。框架模型主要以一些特殊的问题为目标建立只针对和适应该问题的结构。

3. 动态模型

动态模型是对结构或框架模型的补充，研究系统的“大颗粒”的行为性质。例如描述系统的重新配置或演化。动态可能指系统总体结构的配置、建立或拆除通信通道或计算的过程。这类系统常是激励型的。

4. 过程模型

过程模型研究构造系统的步骤和过程，因而其结构是遵循某些过程脚本的结果。

5. 功能模型

该模型认为体系结构是由一组功能构件按层次组成，下层向上层提供服务。它可以看作是一种特殊的框架模型。

这 5 种模型各有所长，也许将 5 种模型有机地统一在一起，形成一个完整的模型来刻画软件体系结构更合适。例如 Kruchten 在 1995 年提出了一个 4＋1 的视角模型。4＋1 模型从 5 个不同的视角包括逻辑视角、过程视角、物理视角、开发视角和场景视角来描述软件体系结构。每一个视角只关心系统的一个侧面，5 个视角结合在一起才能够反映系统的软件体系结构的全部内容。

软件开发模型是跨越整个软件生存周期的系统开发、运行、维护所实施的全部工作和任务的结构框架，给出了软件开发活动各阶段之间的关系。目前，常见的软件开发模型大致可分为 3 种类型：

(1) 以软件需求完全确定为前提的瀑布模型。

(2) 在软件开发初始阶段只能提供基本需求时采用的渐进式开发模型，如螺旋模型等。

(3) 以形式化开发方法为基础的变换模型。

所有开发方法都是要解决需求与实现之间的差距。但是，这 3 种类型的软件开发模型都存在这样或那样的缺陷，不能很好地支持基于软件体系结构的开发过程。因此，研究人员在发展基于体系结构的软件开发模型方面做了一定的工作。例如为了形象地表示体系结构的生命周期，北京邮电大学的周莹新博士建立了一个软件体系结构的生命周期模型。

软件体系结构的开发是大型软件系统开发的关键环节。体系结构在软件生产线的开发中具有至关重要的作用，在这种开发生产中，基于同一个软件体系结构，可以创建具有不同功能的多个系统。在软件产品族之间共享体系结构和一组可复用的构件，可以增加软件工程和降低开发和维护成本。

一个产品线代表着一组具有公共的系统需求集的软件系统，它们都是根据基本的用户需求对标准的产品线构架进行定制，将可复用构件与系统独有的部分集成而得到的。采用软件生产线式模式进行软件生产，将产生巨型编程企业，但目前生产的软件产品族大部分是处于同一领域的。

2.7 软件体系结构风格

2.7.1 软件体系结构风格的概念

1. 研究软件体系结构风格的动因

软件体系结构风格是软件工程领域中一个重要的研究问题。总体而言，研究者研究软件体系结构风格的动因体现在两个方面：

(1) 研究软件体系结构风格可指导结构设计师选用合适的软件体系结构，降低软件设计失败的风险；

(2) 一种软件体系结构风格提供特定领域内一种高层的软件复用模板——软件体系结构级的复用，提高软件开发效率。

2. 软件体系结构风格定义

软件体系结构风格概念率先由 Perry 等人在 1992 年引入：软件体系结构风格是由从各种相似的、具体详细的体系结构中抽象出的组成元素及其组成关系表示的，比软件体系结构受到的限制更少、更不完全。他们在软件体系风格上关注的主要是软件系统的组成元素以及元素间的连接关系。Buschmann 等人进一步完善了此定义，软件体系结构风格根据软件系统的结构组织定义了软件系统族，通过构件应用的限制及其与系统结构构建有关的组成和设计规则来表示组成元素和组成元素之间的关系，为一个软件系统及其怎样构造该系统表示一种特殊的基本结构，也包括何时使用它所描述的体系结构、它的不变量和特例以及其应用的效果等信息。并且，他们将体系结构风格与体系结构模式两个概念区别开来，不仅关注构成软件系统的组成元素及其之间的连接关系，而且关注组成元素使用的约束条件、表示组成元素间关系的角度以及体系结构风格的适用场合和应用效果。

Shaw 等人没有区分体系结构风格和体系结构模式，将两者视为相同的概念来使用。他们认为，软件体系结构风格是软件系统结构层次上的组织风格，它根据结构组织模式定义一个系统族，具体地说，就是定义了关于构件和连接器类型的术语以及它们如何组织在一起；某些风格还存在一个或多个语义模型，指明如何根据系统各组成成分的属性来确定系统的整体属性。Shaw 等人在体系结构风格上强调的是构成软件系统的组成元素(构件)和连接关系(连接器)的类型、构件和连接器间的组织方式以及系统的属性。他们采用基于不同连接方式的分类方式首次将熟知的软件体系结构风格分为数据流系统、调用与返回系统、独立构件系统、虚拟机和以数据为中心的系统五大类。

Lee 等人则将软件体系结构风格定义为是对构件类型、构件运行时的控制方式与/或构件间数据传递的描述。一种体系结构风格可看做是在结构上有关构件类型约束及构件间交互约束的一个约束集合，这些约束可以定义一个系统结构族集来满足。可见，Lee 等人在软件体系结构风格上不仅关注构件在体系结构中受到的静态约束，更关注运行时在体系结构中的动态约束。这在之前关于软件体系结构风格定义中从未提到过。在区别软件体系结构风格与软件体系结构时，他们与 Perry 等人持类似的观点，均认为软件体系结构风格与软件体系结构没有明确的界限，只是相对于描述比较具体的软件体系结构而言，软件体系结构风

格更抽象、更概括。

也有一些文献在研究软件体系结构风格时没有明确给出定义，但讨论了其内涵。例如 Aborwd 等人把软件体系结构风格看做是惯用的用框线图描述软件体系结构方式中，那些对图中框和线的解释。他们从这样的角度来讨论软件体系结构风格，是因为他们打算用形式化的方法来刻画软件体系结构风格，从而使各种软件体系结构风格能够得到精确的理解，进而指导结构设计师选择合适的体系结构风格。通过对软件体系结构风格定义的研究发现，有关软件体系结构风格的研究者并没有对软件体系结构风格概念的定义形成统一观点。具体研究目的与研究角度的不同使他们在对软件体系结构风格的概念进行定义时强调和描述的内容存在差异，尽管他们在定义时也有共同之处，认为软件体系结构风格研究的是软件系统结构层次上的问题；认为软件体系结构风格是软件结构设计师设计软件体系结构时所选用的基本格调。但是软件体系结构风格概念需要一个客观而又全面的定义，并且能够站在一定的高度科学地给出。

这里尝试从客观的角度出发，站在软件工程的高度比较全面地定义软件体系结构风格概念。软件体系结构风格是软件设计师设计具体领域软件的软件体系结构时采用的一种结构组织蓝本，类似于计算机系统结构中的系列机体系结构概念。软件体系结构风格一般性地定义了具体领域系列软件的软件体系结构基础和核心组织框架，是软件体系结构的结构理论，比软件体系结构更概括、更具一般性，但抽象层次又比软件体系结构模式低。软件体系结构风格包括对组成系统结构的主要构件元素的描述和能力、行为的约束，构件元素间组织关系（即连接方式）的描述和构件元素间动态交互的约束；也包括对体系结构所具备的特性的描述和解释，以及各特性对所创建的系统可能产生的影响的描述；还包括对其自身优缺点的分析，以及对在系统进化和演化过程中，体系结构中可变成分和不可变成分的约束。软件体系结构风格的描述方式应尽量严格，从而使其得到精确理解，避免产生歧义。

2.7.2　软件体系结构风格的研究内容

虽然研究者对软件体系结构风格概念的定义没有形成共识，但对软件体系结构风格的研究从未间断，并且其被重视程度越来越高。近来对软件体系结构风格的相关研究主要集中在以下几个方面。

1. 软件体系结构风格的描述与刻画

具有代表性的是 Achemann F、Kneubuehl S、Nierstrasz O 用一种“组件代数”方法描述和刻画协作式体系结构风格。作者把利用事件通知机制的基于事件的风格、多 Agent 间异步通信时使用的角色组风格以及 Agent 间传递消息时使用的协调控制风格都看做是协作式体系结构风格，分别用同一种方法即组件代数方法进行描述，从而为这 3 种相似的风格集成提供基础。Mikkonen T、Pitkanen R、Pussinen M 通过改进 MDA（model-driven architecture），使之能将软件体系结构特性封装于其中，并使 MDA 具备描述体系结构风格特性的能力。Loulou 等人围绕基于事件的风格，提出一种正式的、基于逻辑的、使用 Z 描述符表达的体系结构描述方法，为将几种基本的基于事件的体系结构风格集成为复杂的基于事件的体系结构风格提供了基础。Kolp M、Giorgini P、Mylopouls J 借鉴组织学理论中的概念，以一种新的视角，形象地对多 Agent 体系结构风格进行刻画。焦文品、史忠植则用时

序逻辑语言 XYZ/E 形式化地描述并发处理风格、管理/过滤器风格、基于事件风格和客户机/服务器 4 种软件体系结构风格中的组件和连接方式，为通过组合这几种风格中的组件和连接方式形成新的软件体系结构风格提供了基础。

2. 软件体系结构风格特性的评估

软件体系结构风格特性的评估实际上是对某一软件体系结构风格多个不同实例的综合性能的评价。通过对选用某一软件体系结构风格创建的多个不同软件体系结构实例进行性能分析，可评估出这一软件体系结构风格在满足软件系统性能需求上能达到什么程度、存在什么缺陷，从而指导结构设计师选取适合系统性能需求的软件系统体系结构风格进行软件系统结构设计和改进。目前这方面的研究不多，Sharms、Jalotep、Trivediks 通过用系统建模方法对选用分层次的软件体系结构风格创建的软体体系结构进行性能评价，这种风格的采用在软件工程实践中是很频繁的。实验发现，随着任务量(客户端数量)的增多，分层次风格的软件系统的吞吐量先稳步上升后趋于不变，而平均响应时间起初很短后来迅速上升。Shehory 对多 Agent 体系结构风格中的主要体系结构特性(包括 Agent 自身的体系结构，分等级、平级和包容的多 Agent 组织结构，分对称、消息接收和连接方式的通信特性，分动态、静态和离线的系统开放性，ANS(agent naming service)、ALS (agent location service)、安全服务和移动 Agent 服务 4 个系统服务特性，系统健壮性以及代码复用性这 7 个方面)进行定性评价，并通过研究 3 个不同的多 Agent 体系结构风格实例证实了多 Agent 体系结构风格适合于解决具有特定特征的问题。这些特定特征是指系统内的信息、相关位置和控制均具有高度分布性，系统的各个组成部分是异构而又自治的，整个系统环境是开放而又动态变化的，且存在着不确定性。具有这些特征的系统采用多 Agent 体系结构风格来设计系统体系结构风格是恰当的。叶俊民、赵恒和曹瀚等在软件体系结构风格的实例研究中补充了 Shaw 等人对软件体系结构风格研究的工作，通过从结构组织方式、计算模型特点和设计词汇表这几个角度，分别研究另外几种体系结构风格：基于 CORBA、基于 Web 的分布式、领域专家系统和特定商业背景层次的实例，从浅层次讨论了这几种体系结构风格的优缺点。Ciancarinip、Mascoloc 提到用形式化方法对消息路由器体系结构风格的特性进行分析和评估。这种风格因其具有能确保发送的消息到达目的地、消息到达时的顺序与发送时的顺序一致，以及能确保收到的消息是有效的而不是已作废的这 3 个典型优秀特性，适合于创建像邮件服务或新闻发布这样的系统。

当前，有关软件体系结构风格特性评估的研究还是很初步的，存在着不少值得继续深入研究的问题。

(1) 除比较新的多 Agent 体系结构风格外，其他体系结构风格(包括常见的、不常见的和新出现的)都还没有像 Sheshory 那样被研究者比较深入、全面地对其具有的特性进行定性评估。这些研究工作对软件结构设计师的设计工作具有直接的指导作用，并且对定量评估软件体系结构风格研究也具有直接的促进作用。

(2) 缺少合适的评价方法或评价工具对软件体系结构风格的特性进行定量评估。虽然这方面的研究工作在当前开展是很困难的，但不妨可以尝试通过改进现有的比较优秀的评价软件体系结构的一些方法或工具，使之能够支持软件体系结构风格的定量评估。

2.7.3　几种常见的软件体系结构风格

本节分析几个著名的体系结构风格，包括管道-过滤器、共享数据、事件驱动和模型-视图-控制器模型。

1. 管道-过滤器

过滤器是把输入数据流转换为输出数据流的程序组件，管道是数据流流通的通道。这种体系结构风格是一种动态模型，其中的程序组件是由管道连接起来的过滤器。这种风格不针对程序的静态形式建立模型。

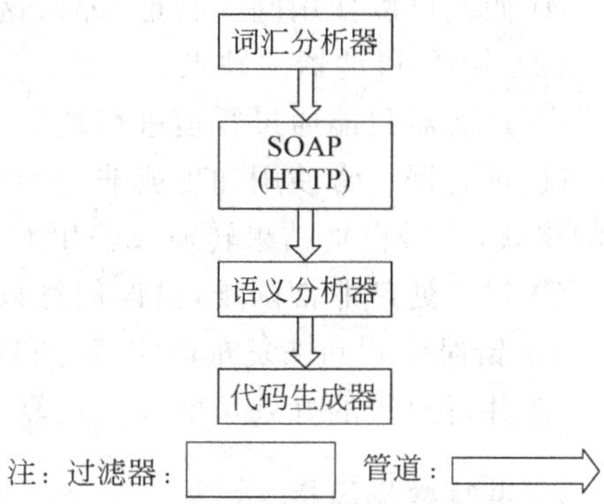

图 2-10　编译器处理图

编译器是管道-过滤器风格的一个典型示例。编译器读取由程序源代码组成的字符流，并产生由已编译程序目标代码组成的机器语言指令流，其编译器处理图如图 2-10 所示。

“词汇分析器”过滤器从源代码文件读取字符流，并把它转换为令牌流，这是编程语言中的重要单位。这些令牌顺着管道发送到“SOAP”过滤器，这种过滤器把令牌转换成语法树，用来表示程序中的声明和语名。语法树沿着管道发送到“语义分析器”过滤器，由其对语法树进行处理，完成类型检测和添加注释。然后，经过注释的语法树通过管道发送到“代码生成器”过滤器，并在此被转化为将要写入目标代码文件的机器语言指令流。

管道和过滤器的特性：

过滤器读取输入，并通过充实、提炼或者转换为另一种格式来产生输出。充实输入意味着添加信息，提炼输入意味着压缩输入或从中提取信息，转换输入意味着改变它的信息。过滤器通常没有外部可视化状态，并且不和程序中的其他组件通信，而只是把输入数据转化为输出数据。这样，过滤器的编写和调试将变得非常容易，因为可以把它们看做作用独立的程序。

过滤器可以在处理完它的所有输入前开始产生输出，不过，有时过滤器需要在产生输出前处理所有的输入。由于过滤器相对独立，并且可以在处理完它的所有输入前产生输出，所以它们可以执行，从而提高程序性能。

如果过滤器并行运行，那么管道必须使它们同步。管道可以是一个缓冲器，在它的输出过滤器准备接收其输入过滤器的输出之前，用以保存该输出。不过，管道有时仅仅作为子程序调用来实现的。无论在哪一种情况下，如果过滤器已经为输入做好准备，但它们的输入管道还是空的，或者它们已经为输出做好准备，但它们的输出管道却是满的，那么过滤器就必然阻塞。

管道和过滤器可以各种方式进行组合，但是，如果管道折返回以前的过滤器，则会出现包括定时死锁在内的复杂情况。因此，最好把管道-过滤器体系结构的开关限制为非循环图，或者不包括任何循环的形式。

管道和过滤器的简单线性排列称为管线。管线能够满足许多应用，但是有时会分离或合并数据流的过滤器。

(1) 管道-过滤器的优点：

① 过滤器易于修改或替换，这样在解决问题或修改程序的行为时，程序的修改将非常简单。

② 过滤器的重新排列几乎毫不费力，这便于开发几个完全类似任务的程序。

③ 过滤器具有很高的可复用性。

④ 假设可以使用同步管道，那么这种风格将支持并行执行，并且相对容易实现。

(2) 管道-过滤器的缺点：

① 过滤器只能通过管道进行通信，所以它们的活动难以协调。

② 过滤器通常使用和生成非常简单的数据流，如字符流，这意味着在把输入转换为有用的格式，然后再把结果转换成输出而使用简单格式时，过滤器必须完成大量操作。

③ 错误处理非常困难，错误信息只能通过管道输出或传送。当可靠性和安全性很重要时，由于错误检测和恢复难以完成，所以不适合采用这种风格。

④ 并行执行的好处可能并不可靠。

2. 共享数据风格

共享数据体系结构风格的特点是有一个或更多共享数据存取器使用一个或多个共享数据库。共享数据存取器存储、删除和修改共享数据库中的数据。共享数据存取器完全通过共享数据库进行通信。激活存取器的方法形成了这种风格的两种变体：一是当共享数据库改变时，共享数据库将激活存取器。这种变体称为黑板体系结构风格，共享数据库称为黑板；二是共享数据库是被动的，由存取器对其进行查询，这些存取器可以连续运行，或者由其他某个组件控制。这种变体称为仓库体系结构风格，共享数据库称为仓库。

SDE(软件开发环境)是可以使用这种风格的一个示例。SDE 包括很多支持开发人员的工具，如进行规划及调度、设计、编辑、测试和编译的程序。这些工具通常处理相同的数据。例如，类图编辑器和代码编辑应当都显示相同的类、属性和操作，在其中一个编辑器中对这些实体所做的修改应当反映在其他编辑器中。设计这类系统的一种方法是用一个共享数据库来保存每种工具在操作期间读写的数据，这些工具将充当共享数据存取器。SDE 体系结构如图 2-11 所示。

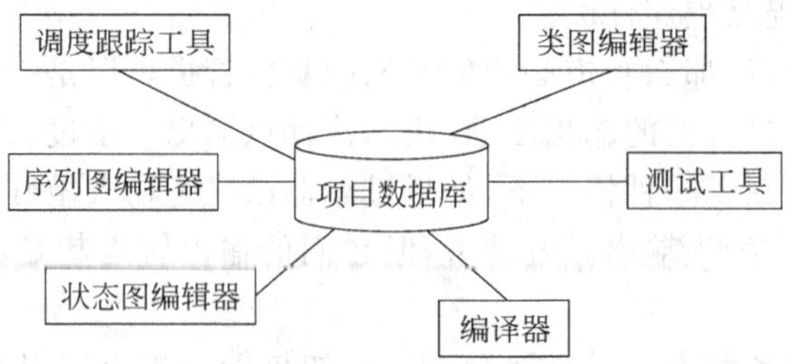

图 2-11 SDE 体系结构

共享数据风格的优缺点如下所示。

1）优点

(1) 共享数据存取器只通过共享数据库进行通信，所以可以独立地修改它们，替换或删除它们，并且可以添加新的共享数据存取器，这增加了可维护性和可变性。

(2) 共享数据存取器的独立性增加了程序的健壮性和容错性。

(3) 因为所有数据都存放在共享数据库中，所以更容易确保数据的安全和质量。

2）缺点

(1) 迫使所有通信都必须通过共享数据库来进行，会降低系统性能。

(2) 如果共享数据库出现问题，整个程序就会受损，因此，这可能是这种风格不可靠的一个原因。

3. 事件驱动的风格

事件驱动的体系结构风格又被称为隐式调用体系结构风格，它具有一种特殊的事件分配器，在发出和接收通知的组件之间充当媒介。事件就是在特定时间发生的重要事情。对于感觉的事件，组件将要求事件分配器在发生时通知它们，从而向事件分配器进行注册。组件向事件分配器宣布事件，然后由它通知所有注册这些事件的组件。

事件分配器经常内置到系统的基础设施中。例如，在 Visual Basic 中，具有一个内置的事件分配器，程序员可以使用它分配事件。

为了举例说明这种风格，考虑一个建筑物监视系统，它由分布于建筑物的很多传感器构成。传感器可能包括烟雾传感器、动作传感器或门窗创作传感器。所有传感器都向事件分配器注册事件。监视程序可以向事件分配器进行注册，检查防火安全、建筑安全和环境安全。图 2-12 说明了事件分配器的结构。

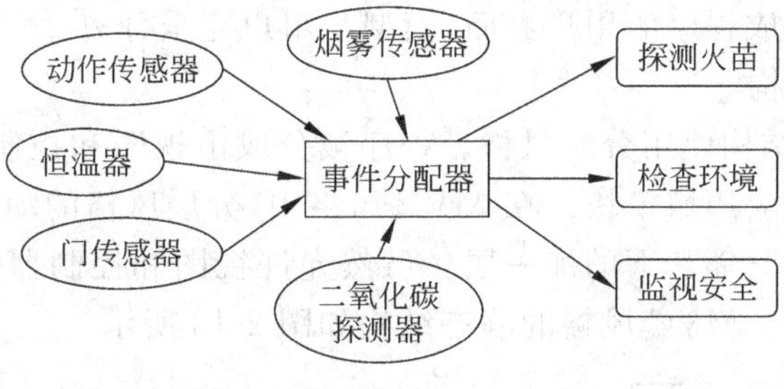

图 2-12　事件分配器结构

事件驱动的系统在很多方面有所不同：

(1) 事件可以是简单的通知，或者将数据包从事件宣布者传输到事件响应者。特别是事件可以标识它的发送者，允许事件响应者和事件宣布者交互作用。

(2) 事件可能具有由事件分配器确定的优先级或时间约束，事件分配器还可以操纵事件。例如，事件分配器可以删除一系列很长的排队鼠标事件，而只分配最后一个。这将允许响应组件跟上正在用鼠标进行快速操作的用户。

(3) 事件可以同步或异步分配。换句话说，分配器可以等它调用的操作返回（同步分配）或者使用线程或进程执行这些操作，而不必等待它们返回（异步返回）。

(4) 可以各种方式约束事件的注册。例如，可以允许组件在执行期间随意向事件分配器进行注册或取消注册，或者要求必须在对程序进行编码时进行注册。

事件驱动风格的优缺点：

(1) 优点：宣布事件的组件和响应这些事件的组件没有任何联系，因此，这种风格的优点在于：①易于添加、删除和修改组件，所以利用这种风格编写的程序具有可变性和可维护性；②程序组件的独立性支持可复用性、健壮性和容错性。

(2) 缺点：这种风格的缺点源于组件的独立性和事件的不可预测性。

尽管事件可以携带数据，但是在由事件分配器进行中介时，组件的交互作用将难以到达。为了解决这个问题，事件驱动的系统通常还支持显式的调用操作，尽管这将耦合组件。

① 宣布事件的组件不能保证有组件对它们进行响应，也不能对组件对他们响应的顺序寄予任何期望，这会造成难以编写出正确的程序。

② 事件通信量往往有很大的变化。事件分配经常处于空闲状态，而在其他时间，它则会收到大量事件，这样将难以达到性能目标。

4. 模式-视图-控制器风格

MVC(模式-视图-控制器)体系结构风格是一种模型，用于建立用户界面和程序的域中特有部分之间的关系，MVC 把程序的组件分成 3 个类别：

模型——程序中实现问题域功能的部分。模型保存的数据和操作在独立于程序用户界面的情况下达到程序的计算目标。

视图——向用户显示数据的组件。在视图中显示的数据全部来自于一个或多个模型。标签和图形都是视图的示例。

控制器——从用户那里接收和执行命令的组件。控制器可以更改视图和模型，按钮和滚动条是控制器的示例。

视图和示例共同构成程序的用户界面，模型与用户完全分离。

1) MVC 的静态结构

MVC 风格的静态结构使用分层风格。程序被分成由视图和控制器组成的用户界面模块以及包含所有模型的应用域模块。在 MVC 风格中，分层风格的动态约束也得到了满足，即允许较高的层只使用紧邻其下的那一层。虽然允许视图和控制器使用模型，但是模型却不使用控制器或者视图。MVC 风格的静态结构如图 2-13 所示。

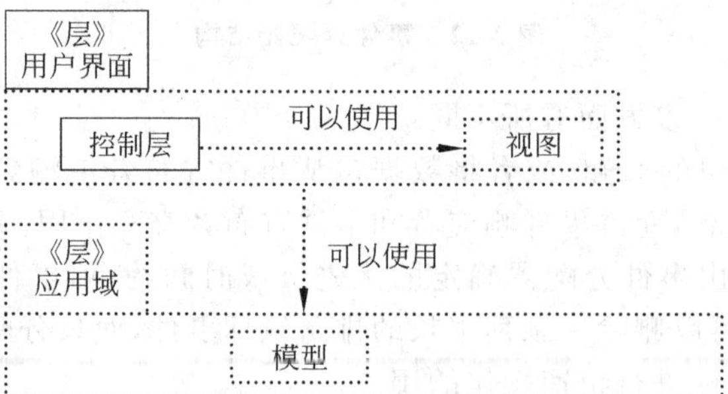

图 2-13　MVC 风格的静态结构

在这个图中，方框表示程序层。用户界面层包括一个或多个控制器和视图，此处由控制器类和视图类表示，应用域层包括一个和多个模型，此处由模型类表示。控制器可以使用视图，控制器和视图都可以使用模型。

2）MVC 的动态结构

MVC 风格的动态结构相当简单。用户只操纵控制器。控制器可以更改视图或模型。如果一个模型被控制器更改，它将重新显示自己，也许还会询问一个或多个模型，以显示所需要的数据。

如果控制器更改了一个模型，那么模型将进行响应，进行必要的计算。完成这些计算以后，这个模型将发出它已经改变的通知而不依靠任何响应。因此，这个模型不使用任何视图或控制器，而且不与他们紧密耦合。接收该模型通知的视图和控制器可以重新配置或重新显示自己，根据需要询问模型，获得数据。

（1）因为 MVC 有下列优点，所以它的应用非常广泛。

① 在不妨碍模型的情况下，可以添加、删除和修改视图和控制器。用户界面组件几乎完全和应用域组件分离，因而易于修改用户界面。由于用户界面属于程序中最不稳定的部分，因此这就增加了程序的可变性和可移植性。

② 可以添加或修改视图，即使在运行期间也可以。因为视图和控制器分离，所以在不影响用户和程序交互作用方式的情况下，能够非常容易地添加、删除或修改视图。这样既可以让视图获得灵活性和可配置性，又不会让用户感到迷惑。

③ 可以修改用户界面的组件，即使在程序运行时也可以。通过更换视图和控制器，可以改变程序。

（2）MVC 风格也有一些缺点。

① 视图和控制器通常难以分离。例如，文本框通常既是视图也是控制器组件。因此，独立地修改视图和控制器比较困难。但是这并不影响程序层的分离，所以这是一个相当小的问题。单个用户界面组件同时具有视图和控制器的作用。

② 频繁的更新可能会降低数据显示的速度和用户界面的性能。当一个模型改变时，它只把这个事件通知视图和控制器。它们要负责弄明白模型如何变化，以及如何更新它们自己。因而降低了用户界面更新操作的速度。

③ MVC 风格使用户界面组件依赖于模型组件。尽管模型对视图和控制器一无所知，但是视图和控制器却紧密依赖于模型。因此，如果模型改变，视图和控制器通常也必须进行修改。

尽管存在这些缺点，但是在设计用户界面和程序其余部分之间的连接时，MVC 风格仍是一种优秀的风格。

2.7.4　新的软件体系结构风格的提出

以 Shaw 和 Garlan 为代表的研究者所总结的软件体系结构风格如管道-过滤器、层次、基于事件、面向对象和 C/S 等体系结构风格，在以往的软件工程中常被用到。但随着软件开发技术的进步以及 Internet 的应用和发展，为了有效地整合和共享资源，出现了网格计算、Web 服务计算、基于 Agent 的计算等新的计算方式。这些使得需要解决的问题复杂度越来越高，导致需要创建的应用系统更大、更复杂。在这些新的计算方式下，一些新的软件体系结构风格正在形成或被提出，主要有 Fenkam 等人提出的双重保护软件体系结构风格（dual protection style，DPS）；Lee 和 Bae 将面向 Agent 的软件开发技术引入到交互式体系结构风格中,形成一种新的、具有较强解决复杂系统非功能性需求能力的软件体系结构风格;Birbilis 等人提出的 E-Slate 体系结构风格;Hong 等人提出的一种网络分布式软件集成体系结构风格(distributed software integration architectural style,DSIAS),利用其提供的结构组织方式可将分布在网络中的多个 COTS(commercial off-the-shelf)软件系统集成为一个 CBS(COTS based system);Juric 等人提出层次的基于构件体系结构风格,利用这种风格来支持多类型数据库(关系型数据库、对象型数据库、XML 数据仓库和 MMDB 等)间的互操作;张世琨等人提出的基于层消息总线的软件体系结构风格(jade bird hierarchical message bus-based style,JB/HMB),利用这种风格支持构件具有分布和并发症的系统;Myuymacki 等人通过分析软件产业界的几种软件产品线,提出一种产品线软件体系结构风格(product-line architectural style),可以利用这种风格来解释和区分软件业现有产品线的软件系统产品的体系结构;Shehory 曾定性评估过多 Agent 体系结构风格。

以上新提出的软件体系结构风格由于自身所具有的特点,使之能解决一定范围内的问题,当然还有很多的问题需要软件体系结构风格的支持。

2.7.5 讨论软件体系结构风格时常见的问题

讨论体系结构风格时要回答的问题是:

(1) 设计词汇表是什么?或者部件和连接器的类型是什么?

(2) 可容许的结构模式是什么?

(3) 基本的计算模型是什么?

(4) 风格的基本不变性是什么?

(5) 其使用的常见例子是什么?

(6) 使用此风格的优缺点是什么?

(7) 其常见特例是什么?

这些问题的回答概括了体系结构风格的最关键的四要素内容,即提供一个词表、定义一套配置规则、定义一套语义解释原则和定义对基于这种风格的系统所进行的分析。M. Shaw 等人根据此框架给出了管道-过滤器、数据抽象、面向对象组织、基于事件的隐式调用、分层系统、仓库系统、知识库和表格驱动的解释器等一些常见的软件体系结构风格。

2.8 软件体系结构评估

2.8.1 软件体系结构评估的目的

如果说软件体系结构的作用是组织重要的商业资产和财富,那么对软件体系结构的分析评价就是组织的重要实践。软件体系结构分析评价的目的是为识别体系结构设计中的潜在风险,验证系统的质量需求在设计中是否得到了体现,预测系统的质量并帮助开发人员进行设计决策。

体系结构的描述是对其进行分析和评价的基础。对体系结构的不同认识反映在看待体系结构的不同的观点上,形成了不同的体系结构描述。已经提出的观点包括多视角观点、ADL(architecture description language)观点、体系结构风格观点、设计模式观点。

上述不同的观点从不同角度对体系结构进行描述，这些观点在分析评价时都有所体现，例如ATAM基于如下假设：体系结构的风格是其质量属性最主要的限定词，Rapide方法分析Rapide语言描述的体系结构。

2.8.2　软件体系结构评估的方法与工具

软件体系结构分析评估分为：

(1) 定性分析：采用基于checklist，questionnaire和场景的分析评价技术。

(2) 定量分析：采用基于度量指标、模拟、原型系统和数学模型等技术。在关注具体的质量特性时，在上述技术基础上，还需要特定的技术和方法来支持。例如体系结构可靠性分析中的可靠性增长模型，安全性分析中的失效模式和效果分析(failure modes and effects analysis，FMEA)，以及性能分析中排队理论和调度理论的应用，等等。L. Docbirca，E. Niemela从分析目的、评价技术、步骤等方面分析了8种体系结构分析方法，但对近年出现的ALRRA，SACAM和一些形式化方法如Rapide等没有涉及，对各种方法的优缺点和方法的工具支持没有涉及。这里从体系结构的描述形式、涉及的质量属性、受益者、采取的度量和分析评价技术、方法的优缺点以及相应的工具支持等几个方面来评述国内外有代表性的方法。

1. 代表性方法

1) SAAM：Software Architecture Analysis Method

SAAM方法是第1个被广泛接受的体系结构分析评价方法。适用于可修改性、可拓展性以及功能覆盖等质量属性，SAAM方法的过程如图2-14所示。

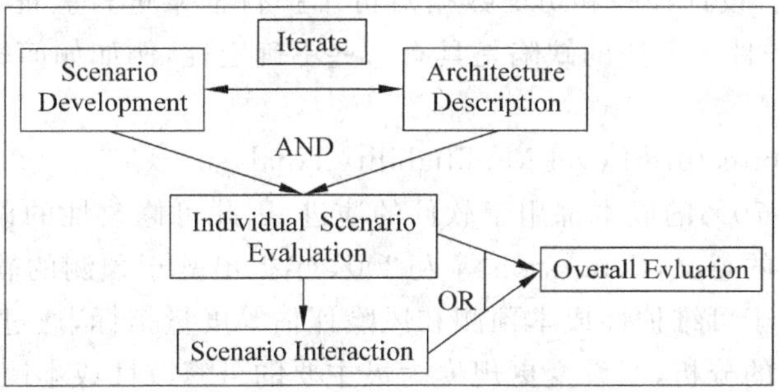

图2-14　SAAM方法的过程图

场景是软件体系结构分析评价中常用的一种技术，由用户、外部激励等进行初始化，通常包括系统中的事件和触发该事件的特定激励。SAAM方法采用大脑风暴(brainstorming)技术构建场景，体系结构的描述采用自然语言或其他形式表示。方法将场景归类为直接场景和间接场景，分别支持对体系结构的静态结构分析和动态分析。SAAM方法有着以下缺陷：①没有提供体系结构质量属性的清晰度量；②评估过程依赖专家经验等，只适合对体系结构的粗糙评价。

2) ATAM：Architecture Trade-Off Analysis Method

在SAAM的基础上，SEI于2000年提出ATAM方法，针对性能、实用性(availability)、安全性和可修改性，在系统开发之前，对这些质量属性进行评价和折中。ATAM 方法基于如下假设：体系结构风格是体系结构质量属性中最主要的限定，因此采用 ABAS(attribute-based architecture styles)来限定体系结构的描述形式。ATAM 关注如何从商业目标获取体系结构的质量属性目标及体系结构风格是如何协助达到这些目标的。ATAM 方法的分析评价是一个迭代过程，包括 4 个阶段：准备、调查和分析、测试、报告。

ATAM 用调查表来收集影响体系结构质量属性的要素，描述质量属性的特征，并将场景分为 3 类：use case scenario，指系统的使用，用于信息的获取；growth scenario，覆盖系统预期的变更；exploratory scenario，覆盖了可能对系统造成"压力"的重大变更，从不同角度探测系统的特性，有助于提高 scenario 的完整性，并对体系结构的风险决策提供支持。ATAM 分析质量属性之间的交互关系和依赖关系，探讨不同质量属性之间的折中机制。为目标质量属性建立效用树(quality attribute utility tree)，直接有效地将系统的商业目标转化为具体的质量场景，有助于质量目标的具体化和排序。该方法在分析过程中记录系统的风险、敏感点(sensitivity points)和折中点(tradeoff points)，改进了体系结构的文档。

ATAM 方法是被验证有效和广泛使用的一种方法，但对质量属性并没有进行深入的分析，缺少定量的数据来支持分析的结果。

3) ALPSM：Architecture Level Prediction of Software Maintenance

ALPSM 方法是 Bengtsson 和 Bosch 提出的在体系结构层次预测系统可维护性的一种方法。ALPSM 定义了可维护性框架(profile)，即一组表示维护任务的变更场景。一个场景描述系统中可能发生的一个或一系列动作，场景的变更就描述一个具体的维护任务。ALPSM 以场景变更的规模作为可维护性的预测因子，通过场景变更所需的维护代价分析体系结构可维护性。

ALPSM 方法结合设计经验和历史数据对可维护行框架进行验证，并且有效地引入变更，预测系统的可维护性。方法的缺陷是具有一些不确定性，例如如何验证可维护性框架具有代表性。

4) ALMA：Architecture Level Modifiability Analysis

由于软件 50%～70%的成本都用于软件的演进，因此可修改性的设计和分析对于减少软件的成本具有重要的意义，Bengtsson 等人 2004 年提出基于预测的软件体系可修改性的分析方法。该方法基于可维护性成本预测和风险评估等度量指标，通过对变更场景的构建、评价来进行可修改性的分析，假设变更规模为最主要的可修改性成本因素，构造了一个修改性预测模型。

ALMA 方法引入了定量的度量指标，支持从风险评估、成本预测、体系结构选择等多个角度评估体系结构的可修改性，并提供了场景构建的停止准则。ALMA 方法的缺点是缺少对结果准确性的判断和风险评估完整性的判断。

5) ALRRA：Architecture-Level Reliability Risk Analysis

ALRRA 方法是 Yacoub 2002 年提出的一种软件体系结构层次的可靠性风险分析方法。该方法基于如下假设：构件执行的频率越高，失效的可能性越大。首先利用 ROOM(real time object-oriented modeling)ADL 对体系结构进行建模，基于指标动态可靠性度量和动态耦合度量，通过对体系结构的模拟进行可靠性关键程度的分析，构造体系结构的 CDG(component dependency graph)图，通过图形转换算法对体系结构的风险进行分析和评估。

ALRRA方法以定量的动态指标(动态复杂度度量、动态耦合度量、启发式风险要素)做基础,通过ObjecTime tool来模拟运行,支持FMEA分析和CDG的计算,分析和识别体系结构中风险最大最关键的构件和连接子,并且ALRRA可以自动化执行。但是ALRRA方法在以下方面需要改进,例如度量指标参数(场景执行的概率、平均执行时间)的不确定性对评价结果的影响,方法在大型系统分析中的应用等。方法因为采用了模拟和场景结合的技术,成本比单独采用场景技术的方法高。

6) SAE4+1View: Software Architecture Evaluation with the 4+1 View Model of Architecture

SAE4+1View方法是Heeseok和Keunhyuk于2002年提出的一个多视角的体系结构评价方法。该方法用UML表示体系结构的Use Case视图、逻辑视图、开发视图、过程视图和配置视图的特征,对体系结构的功能需求和质量需求分别处理并提供模板标识它们之间的关系;识别体系结构的设计决策、子设计以及它们之间的关系;对体系结构分析中的各种数据归类整理,预测体系结构的质量。

SAE4+1View方法对系统描述的粒度比较合适,覆盖了大部分质量属性,例如性能、实用性等。SAE4+1View的缺陷在于虽然适用于多个质量属性,但对质量属性的分析没有提供详细的支持,缺少清晰的度量,并且对体系结构的功能需求和质量需求的关联缺少系统的方法支持,依赖于经验,具有很多不确定性。

7) SACAM: Software Architecture Comparison Analysis Method

SACAM方法是SEI于2003年提出的体系结构比较分析方法,方法从组织商业目标中提出准则,一个准则明确地表达支持组织商业目标的体系结构的一个需求,可以演化为质量属性场景(quality attribute scenario)。根据从体系结构文档和执行过程或详细设计中获取的视角和度量指标,通过候选体系结构每个准则的评分和分析,用来比较系统设计的不同体系结构,对SA的选择提供支持。SACAM的核心是一个分析框架,区分功能驱动和质量驱动的准则,将质量属性场景中的功能部分映射成设计元素(模块、子系统等)的行为;将非功能部分映射成结构,用模式表示,从而提供了一个体系结构是否满足比较准则的推理框架。

SACAM方法根据组织商业目标,通过比较不同体系结构对系统的满足程度,提供了体系结构选择的基本原理。但SACAM方法中,SA的描述需要是一致的、可比较的,SA描述方式的多样性给SACAM的应用带来了一定的困难;另外SA描述者的经验以及质量属性场景的表示粒度等也使方法具有一定的不确定性。

8) Rapide方法

Rapide语言是一种可执行的、面向对象的ADL,允许在系统开发的早期阶段对体系结构进行模拟和行为分析,采用基于事件的方法对分布式系统的体系结构建模并构造原型系统。Rapide方法定义体系结构的Rapide特征,包括基于事件的偏序执行模型、事件模式、接口类型、体系结构连接、形式化的约束、模式映射等,这些特征刻画了系统的执行行为,在此基础上,可以实现约束检查、动态模拟等工具,用于对体系结构进行分析。

Rapid方法基于模拟和原型系统,适用于对分布式系统体系结构的形式化分析,是一种比较严格和精确的分析方法。但是对体系结构的描述要求用特定的语言描述,为评价开发一个详细的模拟工具或者原型的成本也较高。

9）ESPASAPE 方法和 QNMSAPE 方法

国内一些研究人员也致力于软件体系结构的研究，国内主要的研究重点是软件体系结构描述语言、特定领域的体系结构、体系结构演化等，对体系结构分析评价方面的研究比较少。主要有随机进程代数理论的体系结构性能评价方法和基于队列网络模型的性能评价方法。

ESPASAPE 根据体系结构的特点，对随机进程代数 PEPA 进行扩展，建立体系结构的 ESPA 模型，求解具有 Markov 或者 semi-Markov 特性的转换矩阵，进而求解稳定状态概率分析，计算系统的性能指标。

QNMSAPE 方法对体系结构采用化学抽象机（chemical abstract machine，CHAM）进行形式化描述，基于队列网络模型（queuing network model，QNM），导出体系结构性能评价模型，用于多个候选体系结构的选择。这两种方法都采用形式化的方法对体系结构进行描述和评价，比较精确，适用于对小型体系结构的分析。对于大型体系结构的性能分析成本较高，并且这两种方法都没有提供相应的工具支持。

2. 支持工具

体系结构分析评价工具可以辅助体系结构的描述、质量属性的建模、体系结构的模拟以及体系结构的分析和评价过程，对体系结构的设计和分析过程的自动化提供支持。限于篇幅关系，介绍一些有代表性的工具。

1）SAAMTOOL

SAAMTOOL 是 Waterloon 大学在 1996 年开发的基于 SAAM 的体系结构设计和分析工具。SAAMTOOL 通过对场景的记录、排序以及场景同体系结构元素的关联，实现了 SAAM 方法中的分析过程，并且 SAAMTOOL 还根据具体的体系结构度量指标，例如结构复杂度、变更分析、耦合、体系结构模式匹配等将部分或者整个体系结构可视化。

2）Aesop System

Aesop 系统是 Carnegie Mellon 大学 Able 项目中开发的构建体系结构设计和分析环境的工具包。系统基于形式化 ADL-Wright，向用户提供了一个可以定制体系结构风格的通信框架和通用的工具包，用于体系结构的分析。工具包括类型一致验证器、形式化的通信协议分析器和 RM（rate monotonic）分析器等。

3）Aladdin

Aladdin 是 Colorado 大学在 1998 研制的基于 Rapide 的体系结构依赖性分析工具。针对构件的结构依赖和行为依赖关系，构造了一种体系结构依赖分析技术即链接（chaining）。Aladdin 应用链接，使用依赖性算法构建描述体系结构元素依赖关系的链，链连接体系结构中相关的元素对用户输入的依赖性相关问题，Aladdin 可以产生相应的回答。

4）ObjecTime tool

ObjecTime 工具是加拿大 ObjecTime 公司开发的基于 ROOM 的系统设计和模拟工具。在 ObjecTime 中，每一个构件以 ROOMChart 的形式进行描述，连接子以构件间信息交互协议描述。通过 ObjecTime 工具对体系结构的模拟执行，可以获取体系结构的动态度量数据，进行定量的分析。类似的工具还有 Rational 的 RTSE（real time simulation environment）。

5) STPM&QEA

中国科学院软件研究所互联网软件实验室于 2002 年开发了测试过程管理与质量评价(STPM&QEA)工具,可以辅助体系结构的质量综合评价。工具以 ISO/IEC9126 为基础,构建了一个基于 ISO/IEC9126 的指标体系,根据用户的质量评价目标,实现对软件全生命周期,包括体系结构阶段的综合质量评价。如上所述,虽然有很多体系结构分析评价的相关工具,但大多仍然处在实验室阶段。综合国内外的文献分析和用户需求,一个理想的体系结构分析评价工具应满足:

(1) 能够描述任何形式的体系结构。支持体系结构的图形化的规格说明,支持构件和连接子的已有定义。

(2) 提供构件、连接子、需求/场景的知识库以及知识库的搜索机制等。

(3) 支持基于度量的体系结构分析。

(4) 支持体系结构的模拟执行。

(5) 支持代码模板的生成等。

上述工具只能满足部分需求,还需要不断地扩充、优化和改进。

2.8.3 软件体系结构评估存在的问题

1. 体系结构的描述

体系结构的描述有多种观点,缺少统一的 ADL 框架和定义,用不同 ADL 描述的体系结构规格说明不能互换,增加了体系结构比较和选择的困难。尽管目前出现了多种标准规范或建议标准,但是必要的视图视点集或视图之间的映射关系还没有完全得到解决。

2. 质量特征的分析

质量特征的深入分析是体系结构进行度量和分析的基础之一。ISO/IEC9126 提出了内部质量和外部质量的概念,并给出了软件的 6 个质量特性和 34 个质量子特性。但对内部质量和外部质量之间的关系,质量特性和子特性之间的关系却没有清晰和准确的定义,不能直接用于度量分析中。在体系结构分析评价中,要针对具体的应用领域,对质量属性进行深入分析,寻找合适的度量进行质量属性的分析。

3. 场景不确定性的处理

基于场景的分析评价技术具有很多的不确定性,包括如何根据某质量特征使场景具有代表性、场景的完备性等,解决这些问题的关键在于为场景的构造确定合适的边界条件,确定场景构造的停止准则。

4. 度量的应用

在对体系结构的分析和评价中,大多采用基于场景的技术,这种技术具有很大的不确定性。度量的应用可以对体系结构进行定量的分析,定量的度量和场景的结合应用是提高 SA 分析和评价的有效途径之一。例如,在 ALRRA 方法中结合场景技术采用了动态复杂度、动态耦合和启发式风险要素等度量,通过构造 CDG 图不仅能够定量地分析出体系结构存在的风险，而且能够分析某些构件风险的变化对整个体系结构的影响，识别体系结构中的关键构件。而在 ALPSM 和 ALMA 方法中，仅采用了场景技术，使分析的过程和结果大多依赖于分析人员的经验，具有很大的不确定性。度量的应用，一方面可以应用软件产品的度量指标加以改进，另一方面需要构造新的度量指标以适应体系结构的特性。

5. 体系结构分析和评价的支持工具

考虑到体系结构描述语言和分析评价方法的多样性，目前能对体系结构提供全面有效的分析评价的工具是很少的。分析评价人员应根据体系结构的描述方法、关注的质量特性、应用领域等选择合适的支持工具。支持工具大多处于实验室阶段，需要进行不断的优化和改进。

2.9 基于体系结构的软件开发过程

自 20 世纪 90 年代开始，软件体系结构（software architecture，SA）的研究受到了广泛的关注和重视，经过多年的开发实践，它被认为将会在软件开发中发挥十分重要的作用，是软件系统成功的关键，而不合适的软件体系结构将会来带来灾难性的后果。软件体系结构将大型软件系统的总体结构作为研究的对象，认为系统中的计算元素和它们之间交互的高层组织是系统设计的一个关键方面。其研究和实践旨在将一个系统的体系结构显式化，以在高抽象层次处理诸如全局组织和控制结构、功能到计算元素的分配、计算元素间的高层交互等设计问题，作为其最重要的一个贡献，SA 的研究将构件之间的交互显式地表现为连接子，并将连接子视为系统中与构件同等重要的一阶实体。这样，SA 提供了一种在较高抽象层次观察设计系统并推理系统行为和性质的方式，也提供了设计和实现可复用性更好的构件，甚至提供了复用连接子的途径。

SA 的提出，使开发方法中高层设计和详细设计相互联系，并能借鉴前人的设计经验，还将软件设计和实现更加紧密地联系在一起。软件体系结构一方面能为领域内高层设计提供可借鉴的设计，并将自己的设计经验保留入库，以备复用。

SA 研究的主要成果表现为体系结构描述语言 ADL。从构件组装的角度来看，ADL 可以视为对构件描述语言（CDL）的进一步扩展。构件描述语言的基本思想是将构件看成是一个黑盒，通过描述构件接口的语法和语义，使得复用者不必过多地涉及构件代码细节，就可以在构件描述这一抽象层次之上进行构件组装。而 ADL 除了描述构件接口的语法和语义之外，还负责描述系统中包括的构件和连接子、它们之间的交互关系、构件的非功能类性质以及构件间的协议，从而为构件组装提供了更为有力的支持。经过 10 多年的研究，SA 在理论上已经较为成熟。Marry Shaw 在文献 *The coming-of-age of software architecture research*（第 23 届国际会议软件工程）中提出，软件体系结构的研究已经度过了开始的发展时期，开始进入完善和应用的阶段。近年来也有一些将 SA 实用化的尝试，例如，Bass 等人对体系结构的风格进行分类整理，试图给出在实际系统开发中应用软件体系结构的指导方法。Mary Shaw 在 Unicon 中，通过预定义构件和连接子的种类，可以利用工具在一定程度上自动生成系统（代码）。但是这些尝试都不是很成功，其原因首先在于大多数 SA 的研究都还集中在对体系结构的描述和高层性质验证上，对体系结构的求精和实现的支持能力明显不足,例如对于如何在系统开发中选择适当的体系结构风格,现在还缺乏行之有效的指导方法。就像 Clements P 和 Northrop L 指出的,SA 的研究现在还主要是对已有的软件系统进行整理、描述,而不是如何去指导软件的开发。另一个重要原因是,从 SA 模型到实际系统实现之间存在着较大的距离。由于目前主流的设计和实现语言都是面向对象的,如何从高层抽象的 SA 模型转换到具体的底层实现一直都没有一个比较好的解决方法。对于这个问题,现在也有一些将构件、连接约束等体系结构概念引入编程语言的努力。

SA 也是一种基于构件的思想。它从系统的总体结构入手,将系统分解为构件和构件之间的交互关系,可以基于构件的复用途径。而已被业界广泛接受的在高层抽象上指导和验证构件组装过程,提供了一种自顶向下基于构件的软件开发 CBSD (component based software development)技术,其相关技术和主要的构件规范已经相当成熟。它不仅定义了构件如何在运行时刻进行交互,而且还提供了使用对象来构造构件的手段,这就在高层的 SA 模型和详细的 OO 设计模型以及具体的 OO 语言实现之间提供了一个现实可行的桥梁。因此,梅宏、杨芙清等在 *Software component composition based onADLand middleware* 中提出了 ABC(architecture based component composition)方法,即将 SA 与 CBSD 相结合,以 SA 模型作为系统蓝图指导系统的开发全过程,把分布式构件技术作为构件组装的实现框架和运行时的支撑,使用工具支持的映射规则缩小设计和实现间的距离,自动地组装和验证所需要的系统。

ABC(基于体系结构、面向构件的软件开发方法)方法概述:ABC 方法的根本思想是在构件组装的基础上使用 SA 的理论与概念来指导软件开发,以提高系统生成的效率和可靠性。

1. 基本思想

软件体系结构(SA)是软件生命周期中的重要产物,它影响着软件开发的各个阶段。首先,SA 为系统的不同参与者(客户、开发人员和用户等)提供了交流的基础,也是系统理解和演化的基础。其次,SA 体现了系统最早的一组设计决策,对系统的整体特性的后续开发和组织进行了约定。此外,使用 SA 方法不仅可以对软件构件进行复用,还可以实现更高层次上的复用,例如对 SA 模型本身的复用。进一步来说,SA 应该不仅仅局限在高层设计的描述中,而是要扩展到软件开发的全过程中,充分地发挥 SA 模型在软件开发中的指导作用,并在软件生命周期的各阶段间保持良好的可追踪性。因此提出了基于软件体系结构的软件开发过程,如图 2-15 所示。

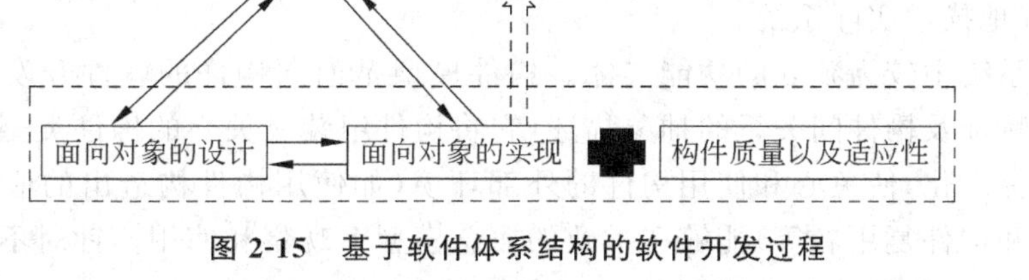

图 2-15　基于软件体系结构的软件开发过程

在这个开发过程中,首先是基于 SA 的需求获取和分析,将 SA 的概念引入需求空间,从而为分析阶段到设计阶段的过渡提供了更好的支持。在得到需求分析结果的基础上进行体系结构的设计，考虑系统的总体结构以及系统的构成成分，根据构成成分的语法和语义要求，在构件库中寻找匹配的构件。当不存在符合要求的构件时，则需根据具体情况或者根据CBSD的原则和方法开发新的构件，或者将某些已有构件进行组装而得到满足需求的构件。在组装阶段，每一个系统构件都具有了实现体，在经过语法和语义检查以后，这些构件将会通过胶合代码组装到一起，最后被部署到相应的中间件平台上。在实践中整个开发过程将呈现多次迭代性。

目前，ABC方法关注的主要还是从SA建模到系统的组装、部署阶段的工作，应该在不同的抽象层次上实现构件复用与组装。基于构件的软件复用没有理由局限在实现层次上，而应该在不同的层次上，针对不同的对象来进行。ABC方法复用的构件包含有多个层次、多个生命周期阶段的产品，例如需求分析文档SA规约OOD设计到源代码和二进制代码等。在实现层，利用现有的二进制构件规范(EJB、CORBA、COM)，可以对运行级的构件进行复用和组装。在设计层上，一是复用基于OO范型的详细设计，也就是说，在构造系统时，不但要组装可运行的构件，也要能够在一定程度上将构件的OOD模型组装成系统的总体模型；二是对于使用ADL描述的系统的高层设计，也应该能够进行复用和组装。这就要求在构件的开发和系统的组装过程中，统一使用ABC方法来指导并遵循一定的规范。

从SA描述到OOD和具体实现的映射是必须的。软件工程研究的最终目标是为了提高软件的质量和生产率，若SA仅仅局限于对系统的描述和验证，则其作用是有限的。由于当前软件开发的主流是OO范型，要想在软件开发中真正发挥SA的指导作用，实现一套有自动工具支持的从SA到OOD和具体实现的映射机制是非常必要的。

SA到OOD的转换现在还没有一个很好的方法，关于这方面的研究有不少，但主要还是集中在如何使用OO建模语言(如UML等)来描述SA结构上。ABC方法则是希望能够用OOD来缩小SA设计到实现的距离，保持系统开发各阶段间的可追踪性。所以，从构件组装的特点出发，提出了一个两阶段的映射方法来解决这个问题。

有效的工具支持是必要的。作为一个完整的软件开发方法，ABC提出了自己的概念、建模语言和开发步骤，而要有效地应用到实际工作中，工具支持是不可或缺的。工具可以屏蔽技术细节，提高系统的可视化程度，减少开发人员的重复性劳动，从而提高开发的效率与质量。

2. 基本概念和建模语言

作为基于SA的软件开发方法，ABC的基本概念主要有构件、连接子和体系结构风格(style)，并吸取了面向Aspect(aspect-oriented)的软件开发的研究成果，引入了Aspect这一概念，以更好地描述实际系统。

构件是指系统中较为独立的功能实体。构件模型是面向构件的软件开发方法的核心，是构件的本质特征及构件间关系的抽象描述，它将构件组装所关心的构件类型、构件形态和表示方法加以标准化，使关心和使用构件的外部环境(如使用构件构造出的应用系统、构件组装辅助工具和构件复用者等)能够在一致的概念模型下观察和使用。针对不同的需求、不同的方法采用的构件模型也是不同的。梅宏在他的 *A component model for perspective management of enterprise software reuse* 中根据用途将现有的构件模型分为描述/分类模型、规约/组装模型和实现模型。ABC 方法从组装的需要出发定义构件模型，如图 2-16 所示。

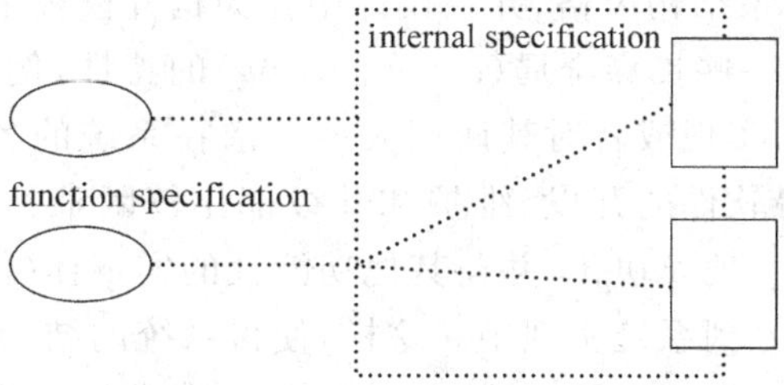

图 2-16 ABC 方法中的构件模型

这个构件模型主要分为外部接口（interface specification）和内部规约（internal specification）两部分。

外部接口主要描述构件提供给使用者的信息，分为两类：功能规约（function specification），构件供外部使用的接口；接入点（entry point），构件使用到的外部接口。

内部规约主要包括构件自身结构的语法约束（例如功能规约和接入点的依赖关系，即要提供某个功能需要哪些外部接口）、语义模型（例如与其他构件交互的协议）以及其他一些服务特性（例如吞吐量等）。同时，构件还可以拥有自己的内部体系结构，这样的构件被称为复合构件。利用复合构件的概念，开发人员可以逐步精化系统的体系结构模型，更好地进行设计与开发。

连接子是 SA 研究的重要贡献之一，它显式地描述了构件之间的交互关系或交互协议，而在传统的程序设计中，构件间交互的描述往往散布在发生交互的各个构件之中。通过连接子，SA 提供了一种在较高抽象层次观察、设计系统并推理系统行为和性质的方式，也提供了设计和实现可复用性更好的构件甚至复用连接子的途径。ABC 方法中的连接子模型如图 2-17 所示。

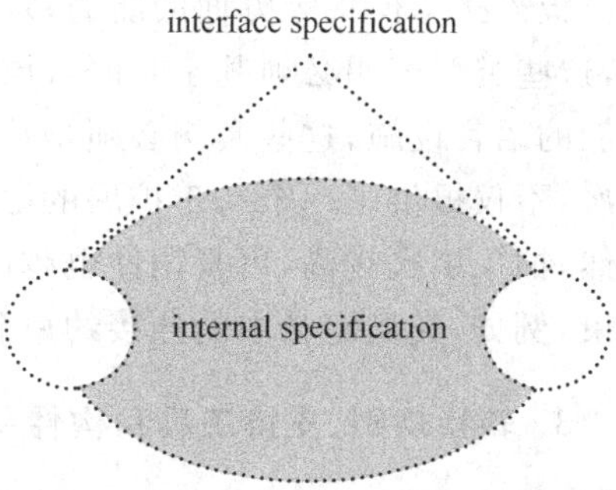

图 2-17 ABC 方法中的连接子模型

在 ABC 中，连接子与构件类似，有外部接口和内部规约两个部分，也可以拥有自己的内部结构（具有内部结构的连接子称为复杂连接子）。这样可以为设计人员提供更强的抽象描述能力，并且能够将高层的复杂连接子逐步精化到最终的实现上。但是，与构件可以在多个交互中扮演不同的角色相比，连接子只能在一个交互中起作用。这在接口上表现为构件可以有若干个相互无关的接口，而连接子只能有一组相关联的接口。

体系结构风格是 SA 中另一个重要的概念。它可以从一组特定的构件类型、一组特定的连接子类型、表示构件之间运行时刻联系的拓扑结构以及一组语义约束这 4 个方面加以定义。体系结构风格是对 SA 的一种分类，每种体系结构风格表示了一组具有相似特性的软件体系结构，为设计提供了一个统一的术语空间。它的引入有以下优点：可以更为准确和方便地在体系结构的层次上进行交流；可以对不同的体系结构风格设计不同的形式化描述，有利于系统的形式化验证和不同风格之间的比较。另外，不同的风格具有不同的系统特性，通过对体系结构风格的研究，可以更好地使用 SA 来指导软件开发。Bass、Clements 等人归纳总结了 5 类共十几种体系结构风格，并给出了一些如何选择合适的风格的经验规则。ABC 方法允许用户自定义体系结构风格，并在设计中作为构件模板来使用。

Aspect 是指软件系统中一些贯穿全局(cross-cutting)的特性，例如事务、日志等。在现有的软件开发中，这些特性的实现或者对其调用大多分散在系统的各个部分中。这样就容易造成系统结构不清晰，使得软件的开发、维护和升级都比较困难。面向 Aspect 的软件开发的研究试图将这种特性的实现模块化，并与其他功能性的实现体(例如构件)分离开来，使用声明的方式将这些特性插入到系统实现中。这样，使得系统的结构和行为更为清晰，便于开发与维护。在基于构件的分布式系统中，构件运行平台集成了一些应用，易于理解，从而有助于软件的设计系统所需的公共服务，这些公共服务的实现独立于应用系统，并通过构件平台提供的机制作用于应用系统。这与 Aspect 的概念也有类似性。同时，面向 Aspect 的编程 AOP (aspect-oriented programming)在实际开发中开始得到应用。ABC 方法也引入了 Aspect 这一概念，以更好地描述系统的结构和行为。

在上述基本元素的基础上，ABC 方法定义了自己的建模语言 ABC/ADL。作为描述软件体系结构的工具，ADL 是 SA 研究的重点之一。研究者从不同的角度出发，针对不同的目标，提出了多种通用的或专用的 ADL，例如 Wright、Rapide、Unicon 等。ABC/ADL 设计的目标是在现有的 SA 方法研究的基础上，更好地为系统的开发提供支持。因此，ABC/ADL 定义了一个可扩展的开放语言框架，用户可以根据自己的需要来定义体系结构风格、构件和连接子类型等，以便更好地描述特定领域的应用系统。

ABC/ADL 的语言设施包括 3 个层次：元语言层为用户提供了定义体系结构风格和构件模板连接子模板等方面的能力；定义层提供了用户用于声明构造系统所需类型的语言设施，这些类型声明必须基于元语言层中已定义的模板；实例层则提供了用户用来声明并连接实例的语言设施，这些实例必须是从定义层中的类型定义实例化而来的。通过区分这 3 个层次，不仅提供了一个易于扩展的语言框架，而且有利于对不同层次的语言设施进行复用。显然，抽象层次越高，可复用性也越高。而且，这还有助于在不同层次上处理系统的语义和约束，例如，类型定义中的连接约束和实例的多对多关系等。

3. 转换规则、支持工具和构件平台

ABC 方法的一个主要目标是缩短 SA 设计到实现的距离，提高基于构件的软件开发的效率。为此，ABC 方法定义了从 ADL 描述到 UML 的转换规则，提供了根据 SA 模型自动组装基于构件运行平台的应用系统的工具，并开发了自己的构件平台，以提供更好的运行支持。

面向对象的设计和语言在现行软件开发中占据主导地位，即使是分布式构件系统，它最终还是要基于面向对象的语言来实现。因此，如何从 SA 模型转换到 OO 设计或实现，是缩短 SA 和具体实现之间距离的关键。由于 SA 和 OO 描述的侧重点不同，两者之间并没有一个等价的映射方法，ABC 方法在两个阶段上建立了从 SA 到 OO 设计语言(现在主要是针对 UML)的转换规则，为构件开发和构件组装提供了支持，提高了系统开发的可追踪性。

首先，在根据 ADL 规约制作原子构件(不包含内部结构的构件)时，将 ADL 规约映射成构件的 OOD 框架，用户在这个框架的基础上进一步精化设计，得到构件的详细 OOD 模

型并具体实现。其次，在组装目标系统或制作复合构件时，将已有构件的 OOD 模型合成为目标系统的基本 OOD 模型，作为进一步工作的基础。两个阶段的映射规则分别为：

1）从构件规约到 UML 框架（表 2-2）

表 2-2　从构件规约到 UML 框架

ADL construct	UML construct
component	package
complex connector	package
functional specification	interface
entry point	abstract class
internal specification of component	note

这里需要注意的是，将接入点映射到抽象类上，这个类在开发构件时并没有真正实现；而是在组装系统的时候，由工具根据构件间的关联关系和底层平台的规范，自动生成调用远端构件的代码，真正实现这个类并将构件连接在一起。

2）从 SA 模型合成 OOD 模型

按照 SA 模型合成系统的 OOD 模型就是将构件和构件之间（或者如果构件之间使用复杂连接子的话，则是构件和复杂连接子之间）的关联映射到类（调用者的接入点类和被调用者实现接口的类）之间的关系。进一步地，在关联的基础上可以生成基本的系统协作图（collaboration diagram）。

工具支持是 ABC 方法付诸实用的基础。工具对用户屏蔽了 ABC 方法的技术细节，例如 ABC/ADL 语言的 ABC/ADL 到 UML 的转换等，一方面减轻了用户学习和使用 ABC 方法的负担，另一方面也可以避免用户因疏忽而造成的错误，保证了开发过程的质量。同时，自动组装系统的工作必须由工具来完成。已经实现了 ABC 方法的支持工具 ABCTool 的原型，其主要功能包括：

（1）图形化的 SA 建模：用户可以用直观的图形建模方式生成系统的类型图和配置图。

（2）构件库管理：提供用户管理构件库中可复用构件的能力。

（3）SA 模型到 OOD 设计模型的映射，即把应用系统的体系结构模型映射为 OOD 的设计模型。

（4）SA 模型到代码的映射：即把应用系统的体系结构模型直接转换成实现代码的框架。

（5）新构件的开发：即支持用户根据自己的需要开发新的构件。

（6）系统语法和语义一致性检查：保证组装系统的正确性。

（7）构件自动组装：生成可运行于中间件支撑平台的应用系统。

ABCTool 的系统整体结构如图 2-18 所示（图中的矩形框表示功能构件，椭圆表示各模块的处理对象）。

ABC 方法并不特定于某一种构件运行平台进行组装，目前的工具首先支持的是 J2EE 平台。由于 J2EE 平台也存在多种实现，不同实现在生成胶合代码（主要是部署描述文件）时的要求不同，因此 ABCTool 允许用户针对不同的平台开发不同的组装插件，提高了工具的普适性。同样，ABCTool 也可以将组装的范围扩展到其他类型的构件平台上，例如支持

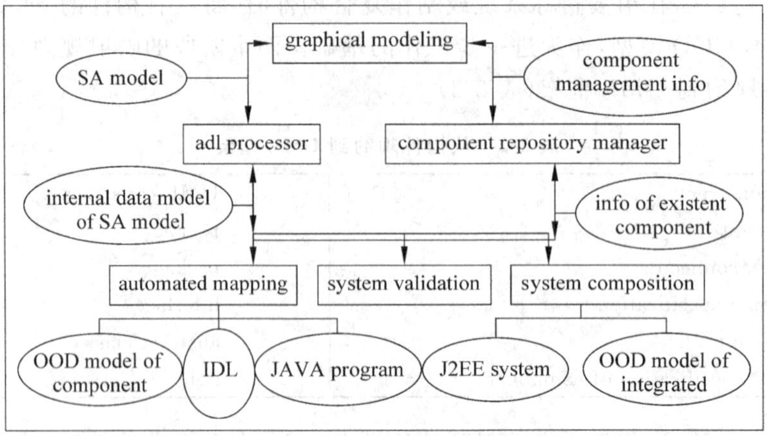

图 2-18 ABCTool 的系统整体结构

CCM 的 ORB 平台。

现有的构件平台主要关注的还是构件的运行时刻模型和构件间的互操作，对 ABC 方法的支持都还不充分，例如平台服务固定，这样就限制了 Aspect 的效果，又如平台上运行的都是原子构件，没有保留应用系统结构的层次关系，失去了 SA 模型中的很多信息，使得系统结构难以理解，对系统维护和演化造成困难。因此，梅宏、杨芙清等设计开发了构件运行平台 PKUAS，从平台本身的灵活性、运行时刻信息的保持等方面为 ABC 方法提供了更好的支持。

建模语言和基于构件的软件开发是近年来软件工程界关注的重点。ABC 方法以 SA 作为系统开发的指导，结合现在较为成熟的 CBSD 方法，将构件运行平台作为组装和运行支持，利用工具支持的自动转换机制，提供了一整套从系统高层设计到最终实现的系统化的解决方案。

进一步的研究工作包括如何从需求分析得到系统高层的 SA 设计。一般可从两个方面着手，一方面将 SA 的概念引进到问题域空间，另一方面是在领域工程中使用 SA 相关概念来建立领域模型。另外，还需要进一步加强 ADL 的语义描述能力，主要是对构件行为和协议的形式化描述以及对系统整体特性的描述，并在此基础上加强系统的验证能力。

2.10 Windows 体系结构介绍

2.10.1 Windows 系统的发展历史

Microsoft Windows 是微软公司的一个为个人电脑和服务器用户设计的操作系统，它有时也被称为“视窗操作系统”。它的第一个版本由微软公司发行于 1985 年，并最终获得了世界个人电脑操作系统软件的垄断地位，后期的 Windows 都是完全独立的操作系统。

1. MS-DOS(Microsoft disk operating system)

MS-DOS 是 Microsoft 在 Windows 之前制造的操作系统。

1981 年 8 月 12 日，IBM 推出内含 Microsoft 的 16 位元作业系统 MS-DOS 1.0 的个人电脑。

MS-DOS 意即由美国微软公司(Microsoft)提供的磁盘操作系统。在 Windows 95 以前,DOS 是 PC 兼容电脑的最基本配备,而 MS-DOS 则是最普遍使用的 PC 兼容 DOS。

最基本的 MS-DOS 系统由一个基于 MBR 的 BOOT 引导程序和 3 个文件模块组成。这 3 个模块是输入输出模块(IO. SYS)、文件管理模块(MSDOS. SYS)及命令解释模块(COMMAND. COM)。除此之外,微软还在零售的 MS-DOS 系统包中加入了若干标准的外部程序(即外部命令),这才与内部命令(即由 COMMAND. COM 解释执行的命令)一同构建起一个在磁盘操作时代相对完备的人机交互环境。

MS-DOS 一般使用命令行界面来接受用户的指令,不过在后期的 MS-DOS 版本中,DOS 程序也可以通过调用相应的 DOS 中断来进入图形模式,即 DOS 下的图形界面程序。

2. Windows 1.0

1985 年 11 月,Microsoft Windows 1.0 发布,它是微软第一次对个人电脑操作平台进行用户图形界面的尝试,Windows 1.0 本质上宣告了 MS-DOS 操作系统的终结。

当时很多人认为 Microsoft Windows 1.0 只是一个低劣的产品,当时最好的 GUI 电脑平台是 GEM,另外一个选择是 Desqview/X。

3. Windows 2.0

1987 年 12 月 9 日,Windows 2.0 发布,这个版本的 Windows 图形界面,有不少地方借鉴了同期的 Mac OS 中的一些设计理念。之后又推出了 Windows 386 和 Windows 286 版本,有所改进,并为之后的 Windows 3.0 的成功做好了技术铺垫。

4. Windows 3.0

1990 年 5 月 22 日,Windows 3.0 正式发布,由于在界面、人性化、内存管理等多方面的巨大改进,终于获得用户的认同。之后微软公司趁热打铁,于 1991 年 10 月发布了 Windows 3.0 的多语版本,为 Windows 在非英语母语国家的推广起到了重大作用。1992 年 4 月 Windows 3.1 发布,至此,微软公司的资本积累和研究开发进入良性循环。

这个系统既包含了对用户界面的重要改善,也包含了对 80286 和 80386 对内存管理技术的改进。为命令行式操作系统编写的 MS-DOS 下的程序可以在窗口中运行,使得程序可以在多任务基础上可以使用,虽然这个版本只是为家庭用户设计的,很多游戏和娱乐程序仍然要求 DOS 存取。

5. Windows 3.1

1992 年 3 月 18 日,Windows for Workgroups 3.1 发布。

Windows 3.1 添加了对声音输入输出的基本多媒体的支持和一个 CD 音频播放器,以及对桌面出版很有用的 TrueType 字体。

6. Windows NT 3.1

1993 年 Windows NT 3.1 发布,这个产品是基于 OS/2 NT 的基础编制的,由微软和 IBM 联合研制。协作后来分开了,微软则把这个软件的名称改为它们的版本 MS Windows

NT,把主要的API改为32位的版本。这个系统的很多元素反映了早期的带有VMS和RSX-11的DEC概念。由于是第一款真正对应服务器市场的产品,所以稳定性方面比桌面操作系统更为出色。

7. Windows 3.2

1994年,Windows 3.2的中文版本发布,相信国内有不少Windows的用户就是从这个版本开始接触Windows系统的,由于消除了语言障碍,降低了学习门槛,因此很快在国内流行了起来。

8. Windows 95

1995年最轰动的事件,莫过于8月期间Windows 95的发布,当时Windows 95以强大的攻势进行发布,在强大的宣传攻势和Windows 3.2的良好口碑下,Windows 95在短短4天内就卖出超过一百万份,出色的多媒体特性、人性化的操作、美观的界面令Windows 95获得空前成功。业界也将Windows95的推出看做是微软发展的一个重要里程碑。

Windows 95是一个混合的16位/32位Windows系统,其版本号为4.0,由微软公司发行于1995年8月24日。

Windows 95是微软之前独立的操作系统MS-DOS和视窗产品的直接后续版本。第一次抛弃了对前一代16位x86的支持,因此它要求英特尔公司的80386处理器或者在安全模式下运行于一个兼容的速度更快的处理器。它以对GUI的重要的改进和底层工作(underlying workings)为特征。同时也是第一个特别捆绑了一个版本的DOS的视窗版本(Microsoft DOS 7.0)。这样,微软就可以保持由视窗3.x建立起来的GUI市场的统治地位,同时使得没有非微软的产品可以提供对系统的底层操作服务。也就是说,Windows 95具有双重的角色,它带来了更强大的、更稳定、更实用的桌面图形用户界面,同时也结束了桌面操作系统间的竞争。从技术上说,Windows图形用户界面可以在DR-DOS上运行,也可以在PC-DOS上运行,这个情况直到几年后在法庭上被揭示,这时其他一些主要的DOS市场的商家已经退出市场了。在市场上,Windows 95绝对是成功的,在它发行的一两年内,成为有史以来最成功的操作系统。

Windows 95标明了一个"开始"按钮的介绍以及桌面个人电脑桌面上的工具条,这一直保留到现在视窗后来所有的产品中。

后来的Windows 95版本附带了Internet Explorer 3,然后是Internet Explorer 4。当Internet Explorer 4被整合到操作系统后,它将给系统带来一些新特征。Internet Explorer被用来给系统的桌面提供HTML支持。这个也是在微软的反托拉斯案中的焦点,因为整合Explorer排挤了微软的竞争对手Netscape的产品。

9. Windows NT 4.0

1996年8月,Windows NT 4.0发布,增加了许多对应管理方面的特性,稳定性也相当不错,这个版本的Windows软件至今仍被不少公司使用着。同年11月,Windows CE 1.0发布。这个版本是为各种嵌入式系统和产品设计的一种压缩的、具有高效的、可升级的操作系统。其多线性、多任务、全优先的操作系统环境是专门针对资源有限而设计的。这种模块化设计使嵌入式系统开发者和应用开发者能够定做各种产品，例如家用电器、专门的工业控制器和嵌入式通信设备。微软的战线从桌面系统拓展到了服务器市场，又转到嵌入式行业，至此，微软帝国的雏形已经基本形成。

10. Windows 98

1998 年 6 月 25 日，Windows 98 发布，这个新的系统是基于 Windows 95 上编写的，它改良了硬件标准的支持，例如 MMX 和 AGP。其他特性包括对 FAT32 文件系统的支持、多显示器 WebTV 的支持和整合到 Windows 图形用户界面的 Internet Explorer，称为活动桌面(Active Desktop)。1999 年 6 月 10 日，Windows 98 SE 发布，提供了 Internet Explorer 5、Windows Netmeeting 3、Internet Connection Sharing、对 DVD-ROM 和对 USB 的支持。微软敏锐地把握住了即将到来的互联网络大潮，捆绑的 Internet Explorer 浏览器最终在几年后敲响了网景公司的丧钟，同期也因为触及垄断和非法竞争等敏感区域而官司不断。Windows 98 是如此出色，以至于在许多年后还有很多用户依然钟情于它。

11. Windows Me

Windows Me(windows millennium edition)是一个 16 位/32 位混合的 Windows 系统，由微软公司发行于 2000 年 9 月 14 日。Windows Me 是最后一个基于 DOS 的混合 16 位/32 位的 Windows 9X 系列的 Windows，其版本号为 4.9。其名字有两个意思，一是纪念 2000 年，Me 是千年的意思，另外是指个人运用版，Me 是英文中自己的意思。

Windows Me 的一些激进改进却没能获得广大用户的认同。重要的修改是系统去除了 DOS，而由系统还原代替了。在概念上，这是一个大的改进，用户不再需要有神秘的 DOS 行命令的知识就可以维护和修复系统。这就意味着，与 Windows 95 和 Windows 98 不同，微软在加载 Windows 图形界面前隐藏了加载 DOS 的过程，使得启动时间有所减少。它仍然提供 DOS 模式，可以运行在窗口中，但是一些应用程序(如较早的磁盘工具)需要实模式，而不能运行在 DOS 窗口中。微软把 Windows Me 的 DOS 实模式摈弃了，这有助于系统的速度提升，减少了对系统资源的使用。然而这对基于 DOS 源代码的 Windows Me 造成了不利影响，即造成了系统比 Windows 98 更不稳定，甚至造成 Windows Me 跑得比 Windows 98 还慢。但实际上，去除了 DOS 功能对维护来说是一个障碍，而系统还原功能也带来一些麻烦。性能显著的降低、硬盘空间的大量消耗，并且对一些通常的错误还原并不一定有效。

这个系统是在 Windows 95 和 Windows 98 的基础上开发的。它包括相关的小改善，例如 Internet Explorer 5.5。其中最主要的改善是用于与流行的媒体播放软件 Real Player 竞争的 Windows Media Player 7。但是 Internet Explorer 5.5 和 Windows Media Player 7 都可以在网上免费下载。Movie Maker 是这个系统中的一个新的组件。这个程序提供了基本的对视频的编辑和设计功能，对家庭用户来说是简单易学的。

12. Windows 2000

在千禧年的钟声后，迎来了 Windows NT 5.0，为了纪念特别的新千年，这个操作系统也被命名为 Windows 2000。Windows 2000 包含新的 NTFS 文件系统、EFS 文件加密、增强硬件支持等新特性，向一直被 UNIX 系统垄断的服务器市场发起了强有力的冲击。最终硬生生地从IMB、HP、SUN公司口中抢下一大块地盘。

Microsoft Windows 2000(起初称为Windows NT 5.0)是一个由微软公司发行于2000年12月19日的Windows NT系列的纯32位图形的视窗操作系统，Windows 2000是主要面向商业的操作系统。

Windows 2000有4个版本：

(1) Windows 2000 Professional，即专业版，用于工作站及笔记本电脑。它的原名就是Windows NT 5.0 Workstation。最高可以支持双处理器，最低支持64MB内存，最高支持2GB内存。

(2) Windows 2000 Server，即服务器版，面向小型企业的服务器领域。它的原名就是Windows NT 5.0 Server。最高可以支持4处理器，最低支持128MB内存，最高支持4GB内存。

(3) Windows 2000 Advanced Server，即高级服务器版，面向大中型企业的服务器领域。它的原名就是Windows NT 5.0 Server Enterprise Edition。最高可以支持8处理器，最低支持128MB内存，最高支持8GB内存。

(4) Windows 2000 Datacenter Server，即数据中心服务器版，面向最高级别的可伸缩性、可用性与可靠性的大型企业或国家机构的服务器领域。最高可以支持32处理器，最低支持256MB内存，最高支持64GB内存。

13. Windows XP

2001年10月25日，Windows XP发布。Windows XP是微软把所有用户要求合成一个操作系统的尝试，和以前的Windows桌面系统相比稳定性有所提高，而为此付出的代价是丧失了对基于DOS程序的支持。由于微软把很多以前是由第三方提供的软件整合到操作系统中，Windows XP受到了猛烈的批评。这些软件包括防火墙、媒体播放器(Windows Media Player)。即时通信软件(Windows Messenger)以及它与Microsoft Pasport网络服务的紧密结合，这都被很多计算机专家认为是安全风险以及对个人隐私的潜在威胁。这些特性的增加被认为是微软继续其传统的垄断行为的持续。

Windows XP或视窗XP是微软公司发布的一款视窗操作系统。Windows XP于2001年8月24日正式发布(Release to Manufacturing，RTM)。它的零售版于2001年10月25日上市。Windows XP原来的代号是Whistler。字母XP表示英文单词的“体验”(experience)。Windows XP的外部版本是2002，内部版本是5.1(即Windows NT 5.1)，正式版的Build是5.1.2600。微软最初发行了两个版本：专业版(Windows XP Professional)和家庭版(Windows XP Home Edition)，后来又发行了媒体中心版(Media Center Edition)和平板电脑版(Tablet PC Edition)等。

(1) Windows XP Professional，即专业版，除了包含家庭版的一切功能，还添加了新的为面向商业用户的设计的网络认证、双处理器支持等特性，最高支持2GB的内存。主要用于工作站、高端个人电脑以及笔记本电脑。

(2) Windows XP Home Edition，即家庭版，其消费对象是家庭用户，用于一般个人电脑以及笔记本电脑，只支持单处理器，最低支持64MB的内存(在64MB的内存条件下会丧失某些功能)，最高支持1GB的内存。

14. Windows Server 2003

2003 年 4 月，Windows Server 2003 发布，对活动目录、组策略操作和管理、磁盘管理等面向服务器的功能作了较大改进，对.NET 技术的完善支持进一步扩展了服务器的应用范围。

Windows Server 2003 有 4 个版本：Windows Server 2003 Web 服务器版本（Web Edition）、Windows Server 2003 标准版（Standard Edition）、Windows Server 2003 企业版（Enterprise Edition）以及 Windows Server 2003 数据中心版（Datacenter Edition）。Web Edition 主要是为网页服务器（Webhosting）设计的，而 Datacenter 是一个为极高端系统使用的，标准和企业版本则介于两者中间。

Windows Server 2003 是目前微软比较新的服务器操作系统。

一开始，该产品叫做 Windows .NET Server，后改成 Windows .NET Server 2003，最终被改成 Windows Server 2003，于 2003 年 3 月 28 日发布，并在同年 4 月底上市。

Windows Server 2003 有多种版本，每种都适合不同的商业需求：

（1）Windows Server 2003 Web 版。

（2）Windows Server 2003 标准版。

（3）Windows Server 2003 企业版。

（4）Windows Server 2003 数据中心版。

15. Windows Vista

Windows Vista 是美国微软公司开发代号为 Longhorn 的下一版本 Microsoft Windows 操作系统的正式名称，它是继 Windows XP 和 Windows Server 2003 之后的又一重要的操作系统，该系统带有许多新的特性和技术，2005 年 7 月 22 日太平洋标准时间早晨 6 点，微软正式公布了这一名字。

Beta 1：2005 年 7 月 27 日

Beta 2：2005 年 11 月 16 日

RC0：2006 年 3 月 17 日

RTM：2006 年 6 月 28 日

正式版本：2006 年 11 月

服务器版本：2007 年

16. Windows 7

2009 年 7 月 14 日，Windows 7 7600.16385 编译完成，这标志着 Windows 7 历时 3 年的开发正式完成，Windows 7 也发布了好几个版本：① Windows 7 Starter（简易版）；②Windows 7 Home Basic（家庭基础版）；③Windows 7 Home Premium（家庭高级版）；④Windows 7 Professional（专业版）；⑤Windows 7 Enterprise（企业版）；⑥Windows 7 Ultimate（旗舰版）。

Windows 7 的系统特色如下所示。

（1）更易用：Windows 7 做了许多方便用户的设计，如快速最大化，窗口半屏显示，跳转列表(Jump List),系统故障快速修复,等等,这些新功能令 Windows 7 成为最易用的 Windows。

(2) 更快速:Windows 7 大幅缩减了 Windows 的启动时间,据实测,在 2008 年的中低端配置下运行,系统加载时间一般不超过 20 秒,这比 Windows Vista 的 40 余秒相比是一个很大的进步。

(3) 更简单:Windows 7 将会让搜索和使用信息更加简单,包括本地、网络和互联网搜索功能,直观的用户体验将更加高级,还会整合自动化应用程序提交和交叉程序数据透明性。

(4) 更安全:Windows 7 包括了改进的安全和功能合法性,还会把数据保护和管理扩展到外围设备。Windows 7 改进了基于角色的计算方案和用户账户管理,在数据保护和坚固协作的固有冲突之间搭建沟通桥梁,同时也会开启企业级的数据保护和权限许可。

(5) 节约成本:Windows 7 可以帮助企业优化它们的桌面基础设施,具有无缝操作系统、应用程序和数据移植功能,并简化 PC 供应和升级,进一步朝完整的应用程序更新和补丁方面努力。

(6) 更好的连接:Windows 7 进一步增强了移动工作能力,无论何时、何地、任何设备都能访问数据和应用程序,开启坚固的特别协作体验,无线连接、管理和安全功能会进一步扩展。令性能和当前功能以及新兴移动硬件得到优化,拓展了多设备同步、管理和数据保护功能。最后,Windows 7 会带来灵活计算基础设施,包括胖、瘦、网络中心模型。

2.10.2 Windows 系统的描述语言

用过电脑的人都会被 Windows 方便的操作、可视化的界面和可靠的性能所折服,但是这个出色的操作系统是用什么语言编写的呢?恐怕很少有人考虑这个问题,知道答案的人可能更少了。其实 Windows 操作系统有一个发展的过程,每一个新版本不可能用与它的旧版本完全相同的语言来编写的,毕竟编程语言也是在发展的。一般来讲越晚出现的语言,它的功能也是越强的。

早期的 Windows 操作系统主要是由 C 语言和 Basic 语言共同开发的,C 语言主要涉及内核的编写,而 Basic 语言则主要涉及界面的设计,而底层接口则是用汇编语言编写的。而 Windows 2000 则 80%的代码是用 C++ 编写的。

然而 Windows 是一个大型的系统软件,分成很多个部分,由很多名程序员分别完成。每个程序员可能都有自己擅长的一种编程语言,各自使用自己擅长的语言(可能是 C、C++、VB…)编写程序完成自己所负责的那部分程序功能,然后再编译,组合成最后的 Windows 操作系统软件。整个过程类似工厂里面生产大型设备,各自完成不同部件之后再组装。Windows 上的其他用户态程序(包括所有驱动程序、计算器、游戏等所有你现在拿鼠标能够操作的东西)要另行开发。

2.10.3 Windows NT 体系结构简介

Windows NT 中的 NT 意为 New Technology,其实 Microsoft 自从 1993 年推出的第一个 Windows NT 3.1 到 2009 年发布的 Windows 7 都属于 NT 版本的范畴,只不过 Windows 2000 之后的版本不再以内核版本号命名。

NT 体系中最大的特点莫过于系统分为内核模式与用户模式，在这里就着重谈一下这两个模式的特点。使用内核模式或者用户模式是由硬件控制的处理器状态确定的，NT 利用硬件的特性对内存的访问进行控制。其中对内存页面的读写控制主要体现在 3 方面：保护系统页面，用户程序不可访问，避免了由于用户程序错误对系统页面的影响；用户进程相互之间的保护，隔离用户进程，避免相互干扰；对代码区域的“不可写”进行保护。

内核模式和用户模式能够执行的指令也有区别，特权指令只能在内核模式下运行，用户模式下不能使用 CPU 提供的所有功能。

Windows NT 使用的模式可以用 Performance Monitor 查看 Processor 对象的两个计数器即 Privileged Time 和 User Time，图 2-19 可看到 CPU 在两种模式下所花的时间对比。

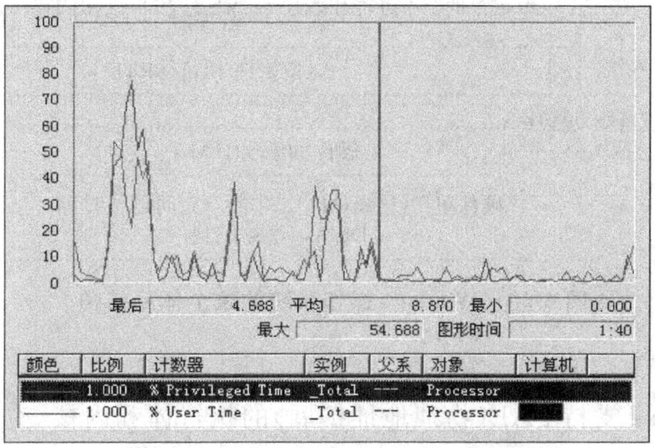

图 2-19　CPU 在两种模式下所花时间的对比

两种模式的状态何时切换呢？切换发生在系统调用或者中断时。

系统调用：当应用程序调用系统功能时，从用户模式切换到内核模式，调用完成后返回用户模式。

中断发生：直接进入内核模式。

两种模式与线程有何种关系呢？线程可以在两种模式之间来回切换，CPU 的运行模式和线程调度没有必然联系。

1. Windows 子系统

谈到 Windows 体系结构以及它的两种模式，就不得不提到 Windows 子系统。因为正是由众多 Windows 子系统所组成的内核模式和用户模式，最终构成了 Windows 操作系统的整个体系结构，如图 2-20 所示。

1) 内核

Ntoskrnl. exe 是 NT 体系结构中最核心的部分。其主要功能如下：

(1) 执行体功能：进程和线程管理器、虚拟内存管理器、安全引用监视器(security reference monitor)、I/O 管理器、即插即用管理器、电源管理器、缓存管理器、其他一些服务组件，比如对象管理器、LPC、一些库函数和支持函数。

(2) 内核功能：供其他组件使用的底层操作系统、线程调度、中断处理、多处理器的

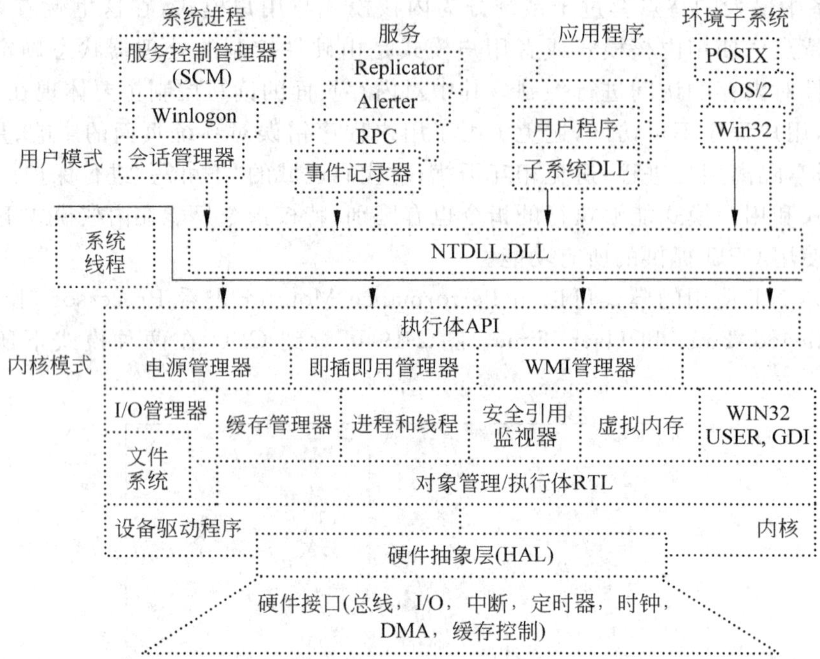

图 2-20　Windows 操作系统的整个体系结构

同步。

此外 Ntkrnlpa. exe 支持 PAE(物理地址扩展)的执行体和内核——特殊版本的内核，用于在 32 位系统对超过 4GB 物理内存寻址的内核。

2）硬件抽象层(HAL)

硬件抽象层用于屏蔽硬件的差异，保证内核在任何硬件环境下保持可移植性，在内核不变的情况下可更换硬件。它对硬件平台的细节进行了抽象，包括 I/O 接口、中断控制器等。

Windows 2000/XP/2003 支持如下几种硬件结构：

(1) Hal. dll 标准 PC。

(2) Halacpi. dll 高级配置和电源接口(APIC)PC。

(3) Halapic. dll 高级可编程中断控制器(APIC)PC。

(4) Halaacpi. dll APIC ACPI PC。

(5) Halmps. dll 多处理器 PC。

(6) Halmacpi. dll 多处理器 ACPI PC。

3) I/O 管理器

(1) Windows 的 I/O 管理结构灵活，它将磁盘 I/O、网络 I/O 等抽象成 IRP(I/O 请求包)。所以 I/O 管理器是一个用于传递 IRP 的框架，通过 IRP 控制了所有 I/O 操作的处理过程(唯一的例外是快速 I/O 不使用 IRP)。

(2) I/O 管理器工作过程：为每个 I/O 操作创建一个 IRP；把 IRP 传递给正确的驱动程序；当 I/O 操作完成时删除 IRP。

(3) 驱动程序与 I/O 管理器的关系：向 I/O 管理器登记必要的信息；接收 IRP；执行 IRP 指定的操作；把 IRP 传回给 I/O 管理器；或者通过 I/O 管理器传递给另一个驱动程序

以便进一步处理。

4）内核模式驱动程序 Win32k. sys

Win32k. sys 包括窗口管理器和图形设备接口 GDI，其作用是高效地处理用户图形界面，具有灵活的管理窗口。

(1) 窗口管理器。控制窗口显示、管理屏幕输出、收集来自键盘鼠标和其他设备的输入、把用户消息传递给应用程序。

(2) 图形设备接口(GDI)。这是针对图形输出设备的函数库，包括画线、文本和各种图形的函数以及一些用于控制图形操作的函数。

5）环境子系统进程

Win32 子系统进程 csrss. exe 作用包括控制台窗口、创建或删除进程或线程、对 16 位虚拟 DOS 机的支持。

注：对 OS/2 和 POSIX 的支持通过其他方式支持，这里不再说明。

6）子系统 DLL

子系统 DLL 包括 Kernel32、Advapi32、User32、GDI32 等，为 Windows 应用程序调用系统服务和 Win32 子系统提供接口模块。

7）Ntdll. dll

内部支持函数和执行体函数的存根函数，将用户模式的请求转译为内核模式，在这一层上 CPU 进行环境切换(sysenter/sysexit)。

用户程序与系统的交互(也就是用户模式和内核模式的切换)方式如下：

(1) 用户程序通过子系统直接调用内核执行体所提供的函数。

(2) 用户程序通过子系统调用 Win32 User/GDI，直接从用户模式切换到内核模式，调用完成后返回。

(3) 用户程序通过环境子系统 csrss. exe，相对过程要经过 4 次环境切换，效率较低。

8）系统进程和系统线程

其包括 Smss. exe、Winlogon. exe、Services. exe。

2. 对于 Windows Vista(Windows NT 6.0)在内核上的变化

(1) 线程调度更加公平：更精确地计算线程执行时间，按照线程执行时间而不是时间点调度。

(2) I/O 系统的改进。

① I/O 完成端口的改进：I/O 完成端口用于提高系统对 I/O 处理的吞吐量。之前的版本每次完成都立即切换到发出 I/O 的那个线程，而不管该线程是否需要 I/O 完成的结果。在 Windows Vista 中，延迟到该线程来读取或者处理此 I/O 请求，从而避免了不必要的线程环境切换。

② 同步 I/O 可以被取消：既可以取消当前线程发出的 I/O，又可以取消其他线程发出的 I/O。比如系统的文件对话框都支持取消操作，访问远程计算机时在等待连接过程中都可以取消，避免了由于网络路径不可用需要等到连接超时之后才能进行下一步操作。

③ I/O 优先级的改进：之前版本的 I/O 优先级都是根据线程 I/O 优先级来确定，Windows Vista 引入了两种 I/O 优先级类型，即 I/O 优先级和 I/O 带宽预留。这样使得后

台任务更少地干扰前台任务。

(3) 内存管理的改进。

① 内存池的大小可以是动态的。在 32 位 Windows Vista 系统中，虚拟内存的分配可以根据需要动态变化，主要针对换页内存池、非换页内存池和会话内存池。

② SuperFetch。对应 Windows XP 中的 Prefetcher，Prefetcher 在进程启动时针对单个进程来预取数据。例如启动 Word 这样比较大的程序时，如果不使用 Prefetcher 预先处理进程，Winword. exe 启动效率会非常低，Prefetcher 可以对每个程序预留内存页面以提高进程启动的速度。在 Windows Vista 中，SuperTetch 能够根据更加复杂的模式来预取数据，例如可以跨越多个应用程序。

③ ReadyBoost。支持用 Flash(闪存)来缓存，介于 RAM 和硬盘之间，数据可以被压缩和加密。如果是顺序访问，Flash 的速度不如硬盘，但对于缓存的访问常是随机的，Flash 的性能优于硬盘。

(4) ReadyBoot 引导和停机。

① 引导配置数据库替代了 Boot. ini，存储在注册表中 HKEY_LOCAL_MACHINE \BCD00000000。

② 使用两个引导程序替代了 Ntldr(NT Loader)，分别是 Windows Boot Manager (\Bootmgr)和 OS loader(\Systemroot\System32\Winload. exe)。

③ 启动过程和会话管理方面的改进。对于系统会话和控制台用户会话进行隔离，使用不同的会话。

④ 停机过程的改进。服务可以请求停机等待，也可以指定服务的停机顺序。

(5) 可靠性和系统恢复。

① 内核事务管理器(KTM)：用于协调应用程序和资源管理器(包括注册表和 NTFS 文件系统)。

② 卷影备份(Volume Shadow Copy)：在 Windows XP 中已经引入，主要用于备份工具；在 Windows Server 2003 中用于共享文件夹的影像备份，做版本的管理；在 Windows Vista 中，卷影备份服务可以用于系统恢复(system restore)，更加灵活。

③ Windows 错误报告(windows error reporting)：之前，未处理的异常是在异常线程环境中执行的，可能会因为该异常线程本身导致发不出错误报告。Windows Vista 中，线程发送一个消息，由 WER 服务处理。

(6) 安全性。

① BitLocker 驱动器加密：对整个 OS 卷进行加密(要求有 1.5GB 为加密的系统卷)。

② 代码完整性检验(code integrity verification)：对 OS Loader 和内核执行代码签名的检查。

③ 地址空间布局随机化(address space load randomization，ASLR)：子系统 DLL 在用户进程的地址空间不再是固定的地址位置，用户栈的位置是随机的，减少了缓冲区溢出攻击。

④ Windows 服务的安全增强：使用最小特权原则(the principle of least-privilege)。

⑤ UAC(user account control，用户账户控制)：管理员组成员在运行程序时并不是特权用户，而是使用标准用户权限。当需要安装程序或访问系统数据时，系统会对操作进行

提示。

思考题

1. 什么是软件体系结构?
2. 软件体系结构的组成要素是什么?
3. 现有软件体系结构有哪几种风格?
4. 简述软件体系结构分析和评价的方法。
5. 如何评价 SA?
6. 软件体系结构的发展历史怎样?
7. 简述软件体系结构语言(ADL)的概念。
8. 简述软件体系结构的主要研究内容及其作用。
9. 软件体系结构的建模研究有哪几种特殊模型? 其常见的软件开发模型有哪些?
10. 软件体系结构风格概念、研究动因及其研究内容是什么?
11. 简述管道-过滤器、共享数据、事件驱动、MVC 风格的概念及其优缺点。
12. 分别介绍软件体系结构评估的目的、代表性方法以及支持工具。
13. 软件体系结构分析与评价方法中存在的问题在哪里?
14. 从基本思想、建模语言、工具支持方面介绍基于软件体系结构的软件开发方法。
15. 根据石油公司面向领域的软构件开发模型以及企业管理信息领域的分成体系结构设计,理解面向领域的软构件开发模型和结构设计。
16. 简述 Windows 体系结构。

第 3 章 中间件技术

3.1 中间件技术的形成

软件是客观事物的一种反映，客观事物的发展变化和人们认识程度的不断提高促使软件工程的产生，这种主客体交互的不断深入进一步促使软件技术的不断向前发展，仅从解决各种硬件之间的异构性以及各种软件之间的异构性这一角度出发，就可窥见软件技术发展的一种途径。例如为屏蔽计算机硬件之间的异构性发展了操作系统，为屏蔽操作系统之间以及编程语言之间的异构性出现了支撑软件和中间件，为屏蔽不同中间件之间的异构性发展了 Web Services 等技术。

在中间件(middleware)产生以前，应用软件直接利用操作系统、网络协议和数据库等开发，这些都是计算机最底层的东西，越底层越复杂，开发者不得不面临许多很棘手的问题，如操作系统的多样性、网络环境的复杂多变性、网络程序设计的繁杂性、数据分散处理的不一致性以及程序的性能、效率和安全等问题。这些与用户的业务没有直接关系，但又必须解决，耗费了开发者大量宝贵的时间和精力。于是，有人提出能不能将应用软件所要面临的共性问题进行提炼和抽象，在操作系统之上再形成一个可复用的部分，供成千上万的应用软件重复使用。

在计算机技术发展的过程中，IT 厂商出于商业和技术利益的考虑，各自产品之间形成了差异，技术在不断进步，但差异却并没有因此减少。各种不同厂商的产品导致多种应用模式并存、系统效率过低、传输不可靠和开发周期过长等问题。计算机用户出于历史原因和降低风险考虑，也无法避免多厂商产品并存的局面。于是，如何屏蔽不同厂商产品之间的差异？如何降低应用软件开发的复杂性？这成为技术不断进步之后，人们不能不面对的现实问题。显然，由一个厂商去统一众多产品之间的差异是不可能的，而单独由计算机用户在自己的应用软件中去弥补其中的大片空档，由于技术深度和广度的存在，必然也是不可能的。

从硬件技术看，CPU 速度越来越高，处理能力越来越强；从软件技术看，应用程序的规模不断扩大，特别是 Internet 及 WWW 的出现，使计算机的应用范围更为广阔，许多应用程序需在网络环境的异构平台上运行，这一切都对新一代的软件开发提出了新的需求。在这种分布异构环境中，通常存在多种硬件系统平台(如 PC、工作站和小型机等)，在这些硬件平台上又存在各种各样的系统软件(如不同的操作系统、数据库和编译器等)和多种风格各异的用户界面，这些硬件系统平台还可能采用不同的网络体系结构和网络协议进行连接。如何在这些分布异构环境下开发新的应用是一个非常现实而困难的问题。

分布环境的异构性不能靠传统的系统软件(如操作系统、数据库等)和工具软件(如 CASE 工具、4GL 等)来解决，人们便想用一类新型的软件来解决。于是，中间件应运而生，它试图通过屏蔽各种复杂的技术细节而使应用问题简单化。

3.2　中间件的基本概念

3.2.1　中间件的定义

在众多关于中间件的定义中，比较普遍接受的是 IDC 表述：中间件＝平台＋通信，这个定义也限定了只有用于分布式系统中才能称为中间件，同时还可以把它与支撑软件和实用软件区分开来，总的作用是建立分布式软件模块之间互操作的机制，屏蔽底层分布式环境的复杂性和异构性，为处于自己上层的应用软件提供运行与开发环境，帮助用户灵活、高效地开发和集成复杂的应用软件。在具体实现上，中间件是一个用应用程序接口定义的分布式软件管理框架，具有强大的通信能力和良好的可扩展性。

为了直观地把握中间件的基本概念，可以将网络和系统软件之上、应用系统之下的广袤疆域都视做中间件的领地，中间件被概括地理解为起承上启下作用的应用支撑平台。应用的多态性和系统软件的复杂性都需要依赖各种类型的中间件在其中运筹和调和。中间件的核心作用是通过管理计算资源和网络通信，为各类分布式应用软件共享资源提供支撑。广义地看，中间件的总体作用是为处于自己上层的应用软件提供运行与开发的环境，帮助用户灵活、高效地开发和集成复杂的应用软件。中间件的基本模型如图 3-1 所示。

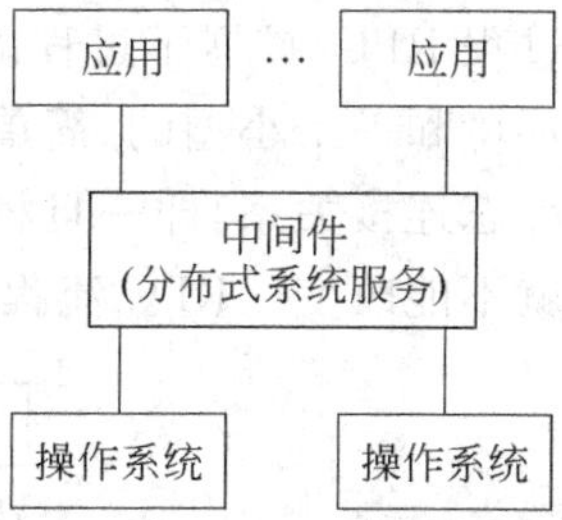

图 3-1　中间件的基本模型

中间件是一种独立的系统软件或服务程序，分布式应用软件借助这种软件在不同的技术之间共享资源。中间件位于客户机/服务器的操作系统之上，管理计算机资源和网络通信，是连接两个独立应用程序或独立系统的软件。相连接的系统，即使它们具有不同的接口，但通过中间件相互之间仍能交换信息。执行中间件的一个关键途径是信息传递，通过中间件，应用程序可以工作于多平台或 OS 环境。

从中间件的定义可以看出，中间件是一类软件，而非一种软件。这类软件由一组服务构成，这些服务包括允许多进程运行在一个或者多个机器上，以达到在网络中互相交互的目的。中间件不仅仅实现互连，还要实现应用之间的互操作。中间件是基于分布式处理的软件，定义中特别强调了其网络通信功能。

3.2.2　中间件的分类

从宏观上看，中间件可以分为 3 大类。数据类：用于数据的存取、利用和增值，此类中间件用于构建以数据为中心的应用。处理类：把分布在网络节点上的各个应用或处理连接在一起，形成一个统一的分布式应用。分布式构件类：支持构件式应用，是未来应用的发展方向，目前竞争较激烈。

从微观上看，中间件可以分为 12 类：数据库系统的客户端产品；数据库存取 APIS；数据迁移、转换；底层的同步服务；简单的异步消息；应用级的消息队列；应用协调器；COM＋DNA；CORBA 平台；交易监控器；应用服务器；工作流/应用集成。

尽管中间件的种类如此繁多，但主流的中间件分为6种：数据存取中间件、远程过程调用中间件、消息中间件、交易中间件、对象中间件、应用服务器中间件。

1. 数据存取中间件

用于连接客户端到数据库的中间件产品。由于早期用户使用的数据库产品单一，因此该中间件一般由数据库厂商直接提供。目前其正在逐渐被为解决不同品牌数据库之间格式差异而开发的多数据库访问中间件取代。适用于应用程序与数据源之间的互操作模型，客户端使用面向数据库的API以提请直接访问和更新基于服务器的数据源，数据源可以是关系型、非关系型和对象型。这类中间件大都基于SQL语句，并采用同步通信方式。此类中间件使应用开发简单，但如果是透过广域网使用，会带来严重的效率问题，因为在低速网上来回交互SQL语句会使通信流量过大，同时对数据压缩、加密带来不便。

2. 远程过程调用中间件

远程过程调用(RPC)机制是早期开发分布式应用时经常采用的一种同步式对话(请求/应答)协议。通过这种协议，程序员编写客户方的应用，需要时可以调用位于远端服务器上的过程RPC，扩展了过程语言中的"功能调用/结果返回"的机制，使得它可以适用于一个远程环境和一个小型的、简单的不需采用异步通信方式的应用。RPC只能建立分布式应用间的静态连接关系，即一旦将程序和Client/Server端的应用编译连接在一起，则客户端的功能就不能改变。RPC流程图如图3-2所示。

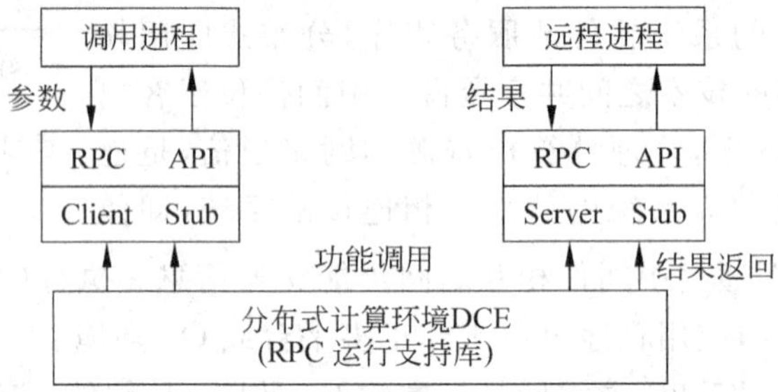

图3-2 RPC流程图

3. 消息中间件

消息中间件适用于需要进行网络通信的系统上，负责建立网络通信的逻辑通道，由消息中间件实现数据或文件发送。消息中间件的一个重要作用是可以实现跨平台操作，越来越多的分布式应用采用消息中间件来构建，通过消息中间件来把应用扩展到不同的操作系统和不同的网络环境中间。基于消息的机制更多地适用于事件驱动的应用，当一个事件发生时，消息中间件通知服务方应该进行何种操作。事件可以是一个请求，也可以只是一种警示，警示到来后，即可进行某种处理，但不需等待应答。其核心安装在需要进行消息传递的系统上，在它们之间建立逻辑通道，由消息中间件实现消息发送。消息中间件可以支持同步方式和异步方式，实际上是一种点到点的机制，因而可以很好地适用于面向对象的编程方式。

中间件领域目前最热门的技术是异步的消息中间件，异步中间件技术比同步中间件技术具有更强的容错性，在系统故障时可以保证消息的正常传输。异步中间件技术可以分为两类：广播方式和发布/订阅方式。广播方式把消息分发给系统的所有用户。发行/订阅方式可以指定哪种类型的用户可以接收哪种类型的消息。发布/订阅方式由于更加智能有效，事实上已成为异步中间件的非正式标准。

4. 交易中间件

为保持终端与后台服务器数据的一致性而开发的中间件是应用集成的基础软件，是专门针对联机交易处理系统而设计的，如银行业务系统、订票系统等。联机交易处理系统需要处理大量并发进程，并发处理涉及操作系统、文件系统、编程语言、数据通信、数据库系统和应用系统等。交易中间件就是一组程序模块，用以减少开发一个联机交易处理系统所需的编程量。尽管交易信息也是信息，交易中间件也是基于信息的传输，也可支持同步和异步方式，但与信息中间件的定位差距较大，属于一种较专用的中间件。X/OPEN 组织专门定义了分布式交易处理的标准及参考模型，把一个联机交易系统划分成资源管理(RM)、交易管理(TM)和应用(AP)3 部分，定义了应用程序、交易管理器、多个资源管理器是如何协同工作的。资源管理器是指数据库和文件系统，交易管理器可归入交易中间件。交易中间件管理由应用声明和提交的交易组成，并通过两阶段提交协议等方式保证分布式交易的完整性。

5. 对象中间件

面向对象的中间件提供一个标准的组件框架，能使不同厂家的软件通过不同的地址空间、网络和操作系统交互访问。其具体实现位置及所依附的操作系统对客户来说都是透明的。面向对象中间件技术的目标就是为软件用户及开发者提供一种应用级的即插即用的互操作性，就像现在使用集成块和扩展板一样。有关对象中间件的标准，如 OMG 组织的 CORBA、Microsoft 的 COM 以及 SUN 公司的 EJB 等极大地促进了对象中间件技术的发展。随着面向对象应用系统的逐渐增长，对象中间件的需求也在逐年加大。对象技术的优势和对象中间件的标准化，促使对象中间件的功能最终将涵盖其他几类中间件的功能，从而成为中间件产品的主流。

6. 应用服务器中间件

为了方便地开发、部署、运行和管理基于三层/多层结构的应用，需要以 Web 的底层技术为基础，规划一个整体的应用框架，提供相应的支撑平台，作为 Internet 应用的基础设施，这一支撑平台实际上是基于 Internet 的中间件，即应用服务器。

分布式多层体系结构要求应用服务器主要考虑 3 方面的技术。首先是开发环境，开发人员需要一种创新组件，并将已有组件加以集成的开发环境。其次是应用程序的集成，由于企业计算环境比较复杂，它综合了传统的应用程序和新型应用程序，因此开发人员需要集成各种应用程序，以创建出更强大的应用。第三是应用程序的配置，由于典型的 Web 应用程序是分布式，以便在用户剧增时能有效地扩展，并保持系统的稳定。

应用服务器通过把用户接口、商业逻辑和后端服务分割开来，向开发者提供了一种创建、部署和维护企业规模的 Web 应用的模块化方式，为要转向 Web 的用户提供了高性能多线程的环境。

3.2.3 中间件的新类型

在过去 10 年中，基础结构商品软件的主要供应商是 IBM、BEA 和 Oracle 等跨国软件公司。但是现在的情况完全不同了，开源中间件技术及其服务业正在世界范围内迅速兴起，它像一盏明灯，指引着前进的方向。世界软件业的经营模式正处在发生剧变的前夕。如今，国际上关于中间件技术的开发思路有两种：企业专有模式与开源开发模式。目前，企业专有开发模式已经取得很大的成功，这些为某个企业专有的商品化中间件产品的性能各有特色，价格往往都十分昂贵，而且这些不同厂商开发的中间件开发工具包，由于其中含有各个厂商的不同专有技术和专利，致使这样开发的各种应用系统不易整合，更不易统一管理。在如何发展中间件技术方面，还存在另外一种开发思路和实现技术，这就是开源开发模式。

中间件的任何一点功能缺失和效率低下都会冲击到大范围应用系统的正常运行，甚至影响到整个分布网络系统的安全。为了提高中间件的可靠性、安全性和其他系统性能，把隐藏在中间件直观表象背后的技术思路、实现方案、程序文档和软件源代码全部拿出来，让充分多的人去仔细审视，以求发现其中的任何一点瑕疵，实为一种必需，这就是开源中间件的出发点。

当今开源应用服务器有两种：一是 JBOSS 应用服务器，二是 JOnAS 应用服务器。但是这两者的开发思路和所追求的目标却有很大的不同。JOnAS 项目为“JAVA 开放应用服务器”的缩写，其开发活动由法国 ObjectWeb(国际开源中间件联盟)所主持。ObjectWeb 联合体的最终目标就是在开放标准的指引下，为电子商务、EAI(企业应用集成)、家庭自动化、电信以及数据仓库的连接、网格计算、企业信息处理和微内核设计等广大的软件开发领域提供传统商业化解决方案的“开源替代物”。JBOSS 公司的目标就是提供围绕 JBOSS 应用服务器的“软件服务”，开拓开源技术市场，从而为本企业获取可观的利润。

3.2.4 中间件的作用

对于应用软件开发，中间件远比操作系统和网络服务更为重要，中间件提供的程序接口定义了一个相对稳定的高层应用环境，不管底层的计算机硬件和系统软件怎样更新换代，只要将中间件升级更新，并保持中间件对外的接口定义不变，应用软件几乎不需任何修改，从而保护了企业在应用软件开发和维护中的重大投资。从技术的角度来看，中间件具有如下功能：①满足大量应用的需要；②运行于多种硬件和 OS 平台；③支持分布式计算，提供跨网络硬件和 OS 平台的透明性的应用或服务的交互功能；④支持标准的协议；⑤支持标准的接口，由于标准接口对于可移植性和标准协议对于互操作性的重要性，中间件已成为许多标准化工作的主要部分。从用户开发的角度来看，中间件具有如下功能：①缩短应用的开发周期；②节约了应用的开发成本；③减少系统初期的建设成本；④降低应用开发的失败率；⑤保护已有的投资；⑥简化应用集成；⑦减少维护费用；⑧提高应用的开发质量；⑨保证技术进步的连续性；⑩增强应用的生命力。

3.2.5 中间件面临的问题

中间件能够屏蔽操作系统和网络协议的差异，为应用程序提供多种通信机制并提供相应的平台以满足不同领域的需要。因此,中间件为应用程序提供了一个相对稳定的高层应用环境。然而中间件服务也并非“万能药”,中间件所应遵循的一些原则离实际还有很大距离。多数流行的中间件服务使用专有的 API 和专有的协议,使得应用建立在单一厂家的产品,来自不同厂家的实现很难互操作。有些中间件服务只提供一些平台的实现,从而限制了应用在异构系统之间的移植。应用开发者在这些中间件服务之上建立自己的应用还要承担相当大的风险,随着技术的发展他们往往还需重写他们的系统。尽管中间件服务提高了分布计算的抽象化程度,但应用开发者还需面临许多艰难的设计选择。

例如,开发者还需决定分布应用在 client 方和 server 方的功能分配。通常将表示服务放在 client 方以方便使用显示设备,将数据服务放在 server 方以靠近数据库,但也并非总是如此,何况其他应用功能如何分配也是不容易确定的。

3.3 典型中间件

3.3.1 消息中间件

1. 消息的概念

消息是由一个主体告知另外一个主体的对于某种事件的描述,如果一个消息能够被传送,需要这样的条件:消息本身、消息的发送者和接受者以及消息的载体。

消息是一种正在被传送的信息,消息的发送者和接受者可以是一个自然人,也可以是由自然人组成的某种组织。消息的载体是消息传送过程中的另外一个重要因素,消息需要通过某种介质表现出来,如声音、图像和文字等。对于消息来说最重要的是需要传送,可以是直接传送,如当面交流,也可以是间接传送,如邮件交流。在传送消息的同时,需要按照某种规则和格式进行,符合规则和格式,消息传送平台保证传送的正确性,否则,就不能进行传送。

消息中间件就是这样一个计算机系统平台,它负责在应用程序之间传送消息。在以消息中间件为核心的应用系统中主要的组成部分有消息和关于消息的描述;消息的发送者和接受者,即发送消息和接受消息的应用程序;消息的传送者,即消息中间件。消息具有以下属性:

消息的标示:用于在消息传送过程中唯一标示一条消息,可以是一串数字,也可以是数字和字符的混合串。它的有效期是从消息的产生开始,直到消息的生命周期结束。

消息的关联标示:消息必须有应用类型标示和消息的别名,前者用于标识处理消息的应用程序,后者是为了方便消息使用者对消息的记忆,这些标识都是针对一种消息的应用类型而定的。

消息格式的版本:用于区别不同版本的消息,这些版本的变化是由消息中间件或应用程序的升级而引起的。

消息的处理类型:这里描述的消息是以什么方式被处理的,主要有 3 种方式,即请求消息,是由应用程序发送给消息中间件,由消息中间件将消息传送给消息的接受者;响应消息,应用程序接收到消息以后返回一条消息给消息的原发送者;报告消息,消息中间件本身产生的消息,用于将某种情况通知应用程序,如传送出错等。

消息的存放类型：用于描述存放的模式和消息存放的形式。BUF消息，消息存放在内存中，是某种形式的数据块；文件消息，消息是保存在磁盘或内存中的一个文件；复合消息，由多个BUF消息或文件消息组成的混合体，进行统一投递，投递完成后再进行分解。

消息的可靠程度：用于描述消息投递时所需要的可靠程度，也就是消息需要以怎样的可靠程度传送到目的节点，消息的投递者将消息进行投递以后，需要等待消息。

可靠传输：消息被传输1次且仅被传输1次，无论传输的过程如何，保证消息被传送到。非可靠传输：消息被传送1至多次。数据传输：消息被传输1次，但不需要确认消息是否被传送成功。

生命周期：消息的生命周期是指消息自创建开始需要在应用系统中被保存多长的时间，超过这个时间，无论消息是否被投递成功，消息都将不再被保存。

优先级：表示消息的重要程度，优先级高的消息享受这样优先权，它可以被插入消息队列、可以被优先传输和优先服务。

帮助传输措施：通过设置标志，在消息传送过程中，消息可以被加密和压缩。

2. 消息中间件的结构

消息中间件从总体上讲具有消息管理和消息传送两个部分，消息中间件和应用程序之间通过消息中间件提供的API进行接口，消息中间件的总体结构如图3-3所示。

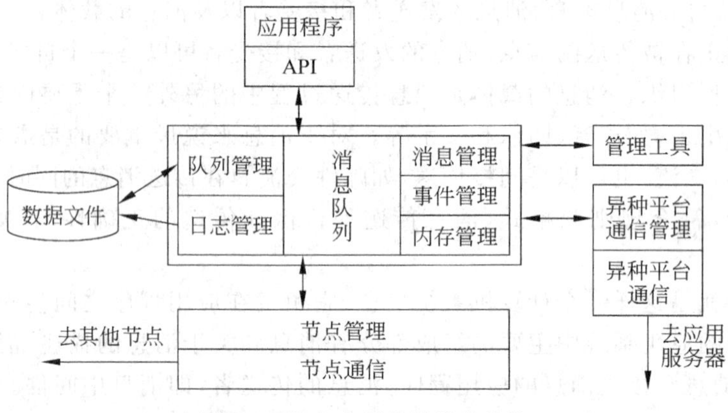

图3-3 消息中间件的总体结构

1）应用程序部分

应用逻辑：消息中间件的使用者对于消息处理的逻辑描述。

API消息中间件提供的应用程序接口，通过这个接口应用程序与消息中间件交换信息。

2）消息管理部分

队列—双向队列：用于消息的发送和接收。

队列管理：用于实现消息与磁盘的信息交换和队列的镜像。

消息管理：消息的运行监控。

事件管理：管理消息中间件的各种事件。

内存管理：管理消息中间件的专用/共享存储空间。

日志管理：将消息中间件发生的各种情况记录到磁盘中的日志文件中。

3）通信处理部分

节点管理：管理与本节点直接相邻或间接相连的节点的有关信息。

节点通信：完成与其他的包含有消息中间件的节点之间进行通信。

4）异种平台通信部分

异种平台通信管理：负责消息中间件与其他中间件平台间的通信管理，例如消息中间件与应用服务器之间的通信。

异种平台通信：完成与应用服务器之间的通信。

5）管理程序

通过管理程序，可以动态或静态地为消息中间件设置参数，观察消息中间件的运行情况，还可以启动或关闭中间件节点的运行。这个管理程序可以是本地的管理程序，也可以是远程的管理程序。

3. 消息中间件的主要功能

1）节点管理

节点管理的任务有两个，一个是管理好本地节点本身，另一个是管理好本地节点的周边节点。

在一个以消息中间件为基础的应用系统中，至少存在着两个节点，否则消息中间件就无法发挥其作用。为了在一个用消息中间件构成的网络中可以区别不同节点，需要为每个节点设置标识及一套参数，用于描述这个节点的特征，这些参数包括有节点的地址和节点的运行条件和特征。消息中间件根据这些参数控制节点的运行。

2）通信路由管理

路由是消息发送节点与消息接收节点之间的连通路径，两个节点间的路径可以是非常简单的，只有两个节点，且直接相连；也可以是非常复杂的，多个消息发送节点与多个消息接收节点分布在一个复杂的网状结构的应用系统中进行动态传输消息，而且这些节点之间互不直接相邻。在这种环境中，两个节点间消息的传送路径就显得非常重要，如果路径设计合理，可以保证整个网络均衡地传送消息，否则，就会出现在整个网络中，某条路径负荷量过大，而其他节点又负荷过小，甚至出现瓶颈。根据这些情况，消息中间件提供了路由功能，通过对消息传送路径的设置，实现整个网络的消息被均衡传送。

3）队列服务

消息中间件需要使用两种队列，包括系统标准队列和用户共享内存/文件模拟的队列，系统标准队列也叫做IPC队列，由系统负责管理，用户共享内存/文件模拟的队列也被称做消息队列，是消息中间件管理的对象，并负责对队列的操作等。

消息中间件队列包括这样几类：用户队列、发送队列、死信队列和事件队列。用户队列是用户自己通过队列管理器创建的，发到应用程序的消息都是先放到用户队列里；发送队列也就是传输队列，是要发送消息的缓冲池；通信管理模块从发送队列取消息发送；死信队列用来存放发送和接收失败的消息；事件队列存放系统产生的所有事件并等待事件处理器来处理。

消息中间件可以对队列进行各种管理操作，包括队列的建立、队列参数的修改和队列的删除。在创建队列时，消息中间件根据一些用户提供的参数创建队列，包括队列名称、持久性和最大深度。消息中间件提供相应的方法，在保证消息中间件系统的正常使用的情况下对队列的参数进行修改；由系统创建的队列用户不能进行删除，只能使用或通过参数设置进行调整，但是，用户可以通过消息中间件提供的功能删除自己创建的队列，要检查有没有用户还打开它；如果还有用户没有关闭这个队列，则消息中间件要提示用户退出，如果要删除的队列还有消息没有被处理，消息中间件要提示用户进行处理。在开始删除队列以前，需要用户的最终确认。

4）消息服务

消息服务功能是把一个消息发送到指定节点的指定队列上，用户能设置传输过程中的控制参数。

在消息的传输过程中，消息中间件可以对消息的传送进行控制，这些控制包括消息传输的可靠程度、消息投递时的同步级别、消息的生命周期、消息的处理优先级和消息的表示特征。通过这些在传输过程中对消息的控制措施实现了消息的安全可靠传输和系统资源的合理利用。

可靠传输功能是消息中间件的一个非常重要的功能，它可以保证一个消息在其有效期内被传送到消息接收者那里，而在应用程序方面则不需要考虑过多的细节，只需要完成消息的发送和接收即可，其余的工作都由消息中间件完成。

消息投递的同步级别是指消息的发送方的应用程序对消息到达接收方的关心程度，可以分为 4 个级别，级别越高，关系程度也就越高，发送方需要等待的时间也就越长。第一级：消息如果成功地放到本地队列，发送方应用程序就能返回，这是一种纯异步的消息投递操作；第二级：消息被本地的通道代理接收后发送方应用程序返回；第三级：消息已经成功地传输到远地队列后发送方应用程序返回；第四级：消息已经被应用程序从远地队列读取后发送方应用程序返回。

消息的生命周期为从消息进入队列（包括传输队列）开始计算的最长时间值，以秒为单位计算，当消息超过生命周期后，消息就成为死信，消息中间件则认为消息传送失败，在此之后，将对这条消息按照死信事件的规则进行处理；消息的生命周期由用户通过管理程序进行设定，用户需要设定一个合理的消息生命周期，如果太长会影响消息投递处理的效率，如果太短则死信太多。

为了保证重要的消息优先处理，消息中间件提供消息的优先级控制机制。消息的优先级可以通过管理程序进行设置，对于优先级高的消息，消息中间件提供这样一些处理措施：队列插入优先，高优先级的消息先获得传输，但也能让低优先级的消息获得传输机会；传输优先控制；传输速度优先控制；传输抢占优先控制，特权优先级的消息可以抢占其他非特权优先的消息的传输任务，后台级优先级的消息可以被任何非后台级的消息处理操作抢占；接收方对优先级高的消息优先进行相关的服务。

消息中间件系统提供了对于消息进行压缩和解压缩的处理方法，首先，对函数设置相应的标志，系统在收到准备传送的消息时会自动对数据进行压缩，传送完成后，再对数据解压缩，然后再提交给应用程序。

5）事件服务

事件是消息中间件用来处理因消息发送/接收所产生访问失败和各种异常的一种方式。在消息中间件中事件的类型有系统事件、核心事件和用户定义事件。处理事件的方法和策略有两种：可以使用通知的方式处理事件，也可以用触发的方式处理事件。事件的分发方式有两种：集中的事件分发和分布的事件分发。

事件的整个处理过程需要经过这样一些步骤：发现、捕获事件，当一个事件产生时，需要及时发现捕获；记录该事件，在事件日志、事件队列等数据结构中记录发生的事件；处理事件，按照预先定义好的事件处理策略分类处理各种事件。

6）服务程序管理

消息中间件支持这样一些应用程序：客户程序、服务程序、定时程序、周期程序、触发程序。消息中间件对这些应用程序进行管理和控制，以便完成消息的传送任务。如果要实现对消息中间件定义的这几类程序的管理，需要在配置管理中对各类程序根据需要进行配置，配置的信息在核心启动后被调入内存，管理模块根据这些信息启动/调度各类应用程序。在消息中间件中负责程序管理是应用程序管理模块，它负责定义和实现系统对本地各种应用程序的启动、监控、挂起、停止、注销处理等管理工作。

客户程序：提起请求、接收应答的程序。对于具体的应用来说，客户程序一般是指提出请求的请求方，在客户程序中要明确请求方的请求是什么，它要求服务程序做什么，也就是说明它主要完成的逻辑表示。

服务程序：是对客户方的请求进行处理的应用程序，如果需要对数据库进行操作，那么还要和数据库连接。它在服务端负责业务处理。服务程序是和客户程序相应的应用程序，由于处理方式的不同，可以是多线程服务，也可以是进程服务。

定时程序：是一类在指定时刻才启动运行、运行结束后自动退出的应用程序。定时程序需要核心在指定时刻来激活启动，只要到达指定的时刻，系统就会去主动激活它（们），定时程序用来使某个程序在未来的某个时刻被核心激活运行，运行结束后自动退出。

周期程序：是一类每隔指定时间周期就启动运行，并在运行结束后自动挂起的应用程序。

3.3.2 交易中间件

1. 交易的概念

交易中间件是一个独立的软件，借助于这类软件，分布式应用在不同的技术之间共享资源。交易中间件位于客户机/服务器的操作系统之上，管理计算机资源和网络通信。

联机交易处理（online transaction processing，OLTP）的基本概念是交易，或者称之为事务。

交易是指一个程序或程序段，它在一个或多个资源（如数据库或文件）上为完成某些功能的执行过程。

2. 交易中间件的基本结构

1）标准客户机/服务器平台

交易中间件的系统结构的标准运行节点模式由程序接口库函数、交易中间件控制核心和管理程序组成。

程序接口库函数用于交易中间件与客户编写的应用程序之间进行接口，客户需要在自己的客户端应用程序或服务端应用程序，通过调用这些接口函数与交易中间件的其他模块交换数据。

交易中间件控制核心用于控制本节点与其他节点进行交易包数据的交换。在控制核心包含通信控制模块、数据库协调模块和交易控制模块这三大部分。通信控制模块与其他运行节点上的通信控制模块一起完成节点间的数据交换。交易管理模块通过与通信控制模块、交易中间件管理程序和数据库系统等系统部件进行协调，使节点间的交易可以均衡和稳定地运行。在交易管理模块中，包含接收控制、发送控制和交易监控模块。控制核心使用的主要数据区有应用队列和共享内存等。

交易中间件的管理模块用于对本节点的交易中间件进行设置和监控。主要功能有设置节点的节点环境、进程、交易等运行参数，监视中间件系统的运行并根据监视的结果或实际的需要动态地对相关的参数进行修改和调整。

2）瘦客户端

瘦客户端节点是相对于一般的客户端和服务端的一种节点，这种节点没有下级节点，也不具有因为有级节点所必须具备的功能，这类节点只具有与上级节点进行连接的能力以及相应的功能，因此，无论在规模上还是在功能上均比普通节点缩小许多，故称为瘦客户端。

在瘦客户端上，只能进行客户端所能进行的工作，用户的应用程序通过调用瘦客户端节点上的库函数可以与其他交易中间件节点上的应用进程进行数据交换，以完成相关的交易；瘦客户端上提供了两类函数：数据结构处理函数、交易处理函数。

数据结构处理函数：用于设置上级节点的特征、本交易的交易码和传输特征等参数，以便寻找交易处理的上级节点和相关处理进程。

交易处理函数：用于与上级节点进行交易处理的客户端的接口函数，调用后可以与上级节点上的应用程序以同步或异步的方式进行交易数据的交换。

瘦客户端系统提供了库程序接口函数（DLL 形式），供用户的应用程序调用，用以实现瘦客户端系统提供的各种功能。瘦客户端系统运行结构如图 3-4 所示。

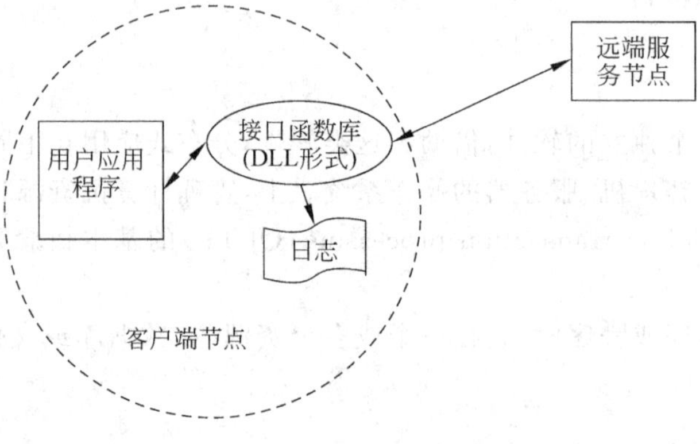

图 3-4 瘦客户端系统运行结构

3）交易中间件的域

一个域是一组建立在交易中间件基础上的应用程序，它们在应用程序的功能方面、地理上的分布、安全管理的需求等多个方面中的一个方面或几个方面具有共同的特点，比如同样的客户属于同一个部门等；一个域由一台或多台物理上的计算机组成，每台计算机上运行着许多应用程序,这些应用程序可以是客户端应用程序,也可以是服务端应用程序。如果一个域中的计算机多于一台,则相互之间应该按某种规则连接,并且进行数据的共享或操作的交互,在某种情况下,可以是一个相对独立的,同时包括客户端和服务端的交易中间件应用系统。

不同的域之间允许相互进行应用程序之间的交互和数据的共享,这些交互和共享需要通过不同的域之间的交互门户——域网关来进行,如果一个域中的应用程序,无论是客户端应用程序,还是服务端的应用程序,它们需要与其他域的应用程序进行交互的话,则在这个域中必须设有域网关。一个域网关是一个由交易中间件的节点构成的网络中的特殊的节点,它与同一个域内需要与其他域进行交互的节点相连接,同时,不同的域之间的域网关按照某种规则相互连接,并进行数据方面的交互。

如果实际应用需要,在一个域中可以包含若干个子域,包含子域的域被称为子域的父域。每个子域在父域中完成各自的功能,在子域中的应用程序通过各自的子域的网关与同一个父域中的其他的应用程序交换信息,通过各自的子域和父域网关与其他父域中的应用程序交换信息。

4) 负载平衡

负载平衡是在一个服务器集群中实现的,一个服务器集群由多台完成同样功能的服务器组成,在一个服务器集群中有一个主服务器和若干个辅服务器,所有的交易请求都发往主服务器,主服务器再根据某种算法将交易请求发往辅服务器。

负载平衡的任务就是要保证在一个集群中的各个节点处理的交易都保持在一个相对相等的数量,主要是要避免在一个集群中的服务器有的出现堵塞,而有的又吃不饱。实现负载平衡有两种方法:一种是静态负载平衡,另一种是动态负载平衡。

静态负载平衡是在一个集群中用一种相对固定的比例分配交易请求。

动态负载平衡实现的原理是一个集群中各个辅服务器之间的转发比例不是固定的,而是一个动态的参数,构造这个参数的依据就是各个辅服务器的运行情况,这样就实现了理论上的一个集群中的负载平衡。

3. 交易中间件的主要功能

1) 事务管理和数据的一致性

保证数据的一致性是应用系统的一个重要任务。所谓数据一致性在这里是指:在一个应用系统内的各个节点上的数据不因为节点间交易处理的某些错误而产生数据或导致结果不匹配。

保证数据一致的方法有两种:一种是采用提交的方法,另一种是采用冲正的方法。

提交机制:提交是基于 DTP(XA 方式)原理的一种数据一致性保证机制,这种机制通过 DTP 模型中的 TM 模块和 RM 模块之间的协调来完成。在交易中间件系统中,TM 是交易管理模块,RM 是应用系统中的数据库系统。

冲正机制:冲正机制是以冲正操作为基础的一种机制。所谓冲正是指正向操作的逆操作,比如,正向操作是对一个数据做加法运算,则冲正操作就是对这个数据做减法运算,以保证该数据的值保持不变。

2) 交易管理服务

交易中间件提供的接口函数有许多特点,由于接口函数的这些特点,构成了应用程序和由应用程序在不同节点上组成的应用所具有的特点，这些特点体现在交易中间件接口函数的两个方面：数据一致性保证方法和交易同步方式。

数据一致性保证方法是交易失败时，保证数据不因为交易失败而产生错误的方法，交易中间件在这个版本中支持两种数据一致性保证方法，即确认/冲正（非 XA）方式和提交/回滚（XA）方式。

交易同步方式是客户进程和服务进程间相互等待的一种方式，交易中间件共有 3 种方式：同步、异步、会话。同步方式是客户端发出交易请求后需要进行等待，直到收到交易应答后才会进行下一步。异步方式是客户端发出交易请求后，不需要进行等待就会进行下一步操作。而会话方式是客户端和服务端在形成了一个会话连接以后，可以随时进行信息交换。

3）数据库管理

交易中间件的数据库管理部分负责将交易管理模块与数据系统连接起来，实现二者之间的 XA 操作，它由以下部分组成：

数据库服务器：指一种数据库的整套运行环境（如 Informix 的一个 online），包括数据库服务程序和存储数据的数据库。

数据库：指一组数据表的集合。

服务程序：指一个可以提供多种服务的程序。

服务：完成一个实际逻辑操作的程序段。

数据库管理程序：在总体上进行交易完整性管理，可以同时协调交易的多个分支，是交易中间件核心模块的一部分。

提交代理程序：具有负责一个数据库服务器上事务的管理，包括事务开始、结束、提交、回滚等，是交易中间件核心模块的一部分。

数据库管理的关系如图 3-5 所示。

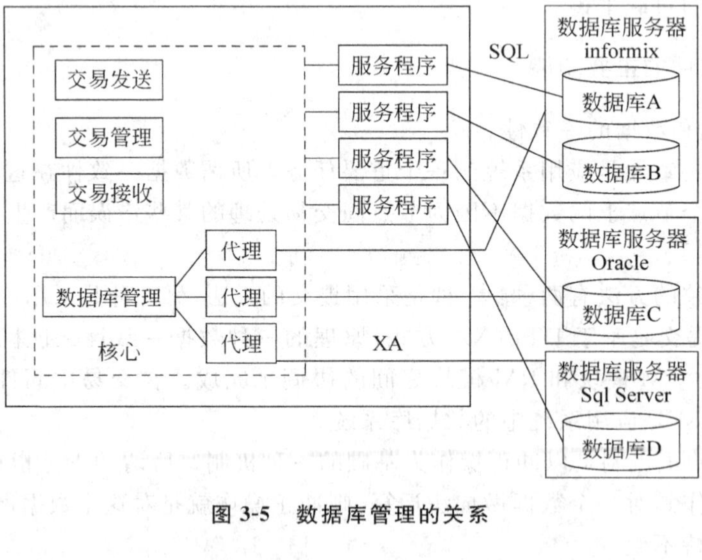

图 3-5 数据库管理的关系

4）名字服务

名字服务器的主要目标是对整个应用系统中的所有资源或各种处理对象有一个一致的

名字空间，以便在一个应用系统中的应用程序可以方便和快速地找到和获得自己所需要的对象或资源。名字服务的一个重要任务是解决在一个应用系统内的名字的唯一性问题，命名的唯一性对于跨越不同平台的应用系统来说是非常重要的，为了避免在应用系统中包含的不同部件所采用的不同编码给应用系统中的各种资源和处理对象的命名带来的问题，在进行命名的时候，一个名字中除了包括其名字本身外，还需要将这个名字的网络标记、地址、路由或其他信息作为名字的一部分。名字服务的另一个重要任务是如何快速而准确地找到一个应用程序或其他部件所需要的名字和其代表的资源，出于要在获取数据的代价和数据准确性之间平衡地考虑，对于名字和相关资料的分布式的存储和分布式的管理是必须的。

名字服务由下面 3 个部分组成：域名空间及资源记录、名字服务器和名字服务的客户程序。对于域名空间及资源记录来说，域名空间是一个树状结构，资源记录是与名字相关的一些数据。它是一个应用系统本身所具有的，由它的各种类型和各个层次部件组成结构体系。假设一个应用系统的系统结构是这样的，在一个以交易中间件为基础的应用系统中包含有若干个域，在每个域中都包含有若干个节点，每个节点上都包含有若干个服务，而交易中间件应用系统的主要管理和对象就是这些服务，如果要找到这些服务，需要按层次从域开始逐级找到具体的服务，这样就形成了以一个树型结构的名字来表示信息，而查询的根本任务是找到这个系统中的叶子，也就是服务，因此从概念上说，每个节点和域名空间树的叶子节点都有一定的信息，而查询的目的是要查询出一些与之相关的特定信息。

名字服务器对于查询的处理是采取先本地、后外地的方式进行的。如果所需要查询的域名正是由发出查询的程序所使用的，该查询请求随后传送至本机的名字服务器的客户服务程序，以通过使用就地缓存的信息进行查询。如果可以找到查询的名称，则查询结果将被应答给查询者，并且此过程完成。本地查询可从两个可能的来源获取名称信息：本机的配置信息和对于已完成的查询信息在其生命周期内的临时保存。如果在本机内未找到所要查询的内容，则名字服务的客户程序向一个名字服务器发出查询请求。

4. 交易中间件系统运行管理

1）监视和调整交易中间件系统运行

对中间件系统可以进行动态的监控，也可以进行静态的监控。

(1) 动态监控。包括两个步骤：对节点的动态监视和动态调整。

在一个节点处于运行状态的时候，可以通过使用中间件系统提供的管理命令对节点的运行状态进行观察，主要需要了解以下一些情况：

节点的运行情况——节点运行是否正常以及这个节点所处的状态；节点的各种缓冲区和队列的使用是否正常，有无出现阻塞的情况。

本节点与其他节点的数据链路是否正常——本节点所连接的上级节点和下级节点哪些连接正常？哪些连接出问题？哪些已经中断？

在本节点上运行的进程的情况——所有在本节点运行的进程的标识、所处的状态、已经运行的时间等。

根据系统显示的情况，可以对节点、连接和进程进行一些必要的调整，如关闭某些状态已经不正常的进程，通过时间参数控制中间件系统的运行节奏，调整连接节点的参数，等等。通过这些功能可以维持中间件系统和上面运行的应用进程的正常运行。

(2) 静态监控。主要是通过系统记录的日志,这些日志详细地记录了系统运行的细节,通过这些日志可以详细了解交易中间件系统在某个时刻的运行状态,以便发现问题。

2) 影响系统运行效率的因素

(1) 应用程序对运行效果的影响。在应用程序中,影响应用系统处理效率的因素主要来自两个方面:首先,随着应用业务处理量的增长,系统的数据处理能力已经不能满足当前的需要,因此,需要对系统进行调整;另一个因素是在数据处理的流程和数据处理对象的结构设计方面仍然有需要改进的方面。

(2) 应用数据对系统效率的影响。应用数据是指应用系统的处理的对象,如银行系统的账务数据和电信计费系统的账务数据等。这些应用数据有可能在两个方面影响系统的处理效率:一方面,由于系统并发处理能力是有限的,随着业务的发展可能出现同时需要处理的数据太多,使系统处理的速度降低,进程的失败比例增加;另一方面,由于业务量的增加,系统需要保存的数据也不断增加,这样使系统的外存趋于饱和,同时因为数据存取速度的降低使系统的运行速度降低。

(3) 数据处理流程对系统效率的影响。数据处理过程中的某些因素也会对系统的处理效率构成影响,数据处理流程安排得不够合理,数据结构或数据库设计得不够合理,以及应用功能的分布和网络结构等问题都会对应用系统的处理效率造成一定的影响。

3) 通过参数调整系统

由于交易中间件在系统中的位置是在操作系统之上以及应用程序之下,所以,操作系统中的某些设置直接影响到交易中间件系统的运行。直接影响的参数有:在一个节点上的文件打开数量,最大进行运行数量,其他的一些操作系统参数对交易中间件的运行也有一定的影响。

3.3.3 对象中间件

对象技术以及对象中间件在中间件技术体系中具有非常重要的位置,在当前和今后的中间件技术发展过程中起着非常重要的作用。与消息中间件和交易中间件相比,对象中间件技术已经有了实质性的变化,对象中间件是将对象组合在一起的中间件,通过对象中间件传输的是对象与对象之间的控制信息,这是对具体应用的一种抽象。

1. 分布对象技术

1) 分布式对象的技术基础

与传统的客户机/服务器方式不同,中间件的概念是假设在客户端和服务器端之间有一个中间层,而在传统的客户机/服务器方式中,一般客户端直接调用服务端,在这一层中提供诸如定位、别名管理、认证和事务语义解释一类的工作。其他中间件能提供的功能有时间同步和数据格式之间的转换,如图 3-6 所示。

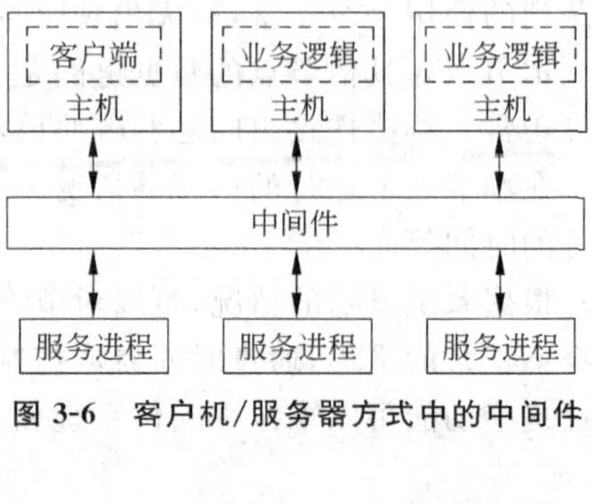

图 3-6 客户机/服务器方式中的中间件

增加了中间件这个层次后,客户进程抽象的与服务进程进行信息的交换,不是直接与某个主机或处理进行信息交换。各种服务进程也通过这个抽象的层次提供给客户进程使用，它淡化了由中间件提供的服务进程和服务器本身增加的功能之间的界限。这种抽象使应用程序的开发只要面对一组 API，而无须了解有关进程的定位处理和它的功能实现方面的知识。这种隐藏的实现是中间件这种模式发展的动力之一，虽然对于客户端来说，判断对于某种处理业务的实现效率有些困难。

2）主要对象技术

目前主要的对象中间件技术有 3 种：SUN 公司提出的 Java 技术，以及在这个系统上运行的对象组件 EJB 和支持这种对象组件运行的中间件体系 J2EE；由微软公司提出的、在 Windows 平台上运行的 COM/DCOM/COM＋体系；由 OMG 组织制订的著名的对象中间件技术规范——CORBA 技术体系。

2. CORBA 技术

1）主要部件

作为 CORBA 技术的一种实现，以 CORBA 技术为基础的对象中间件系统的主要组成部分包括 ORB 核心、IDL 编译器、扩展设施、CORBA 服务、系统管理，如图 3-7 所示。

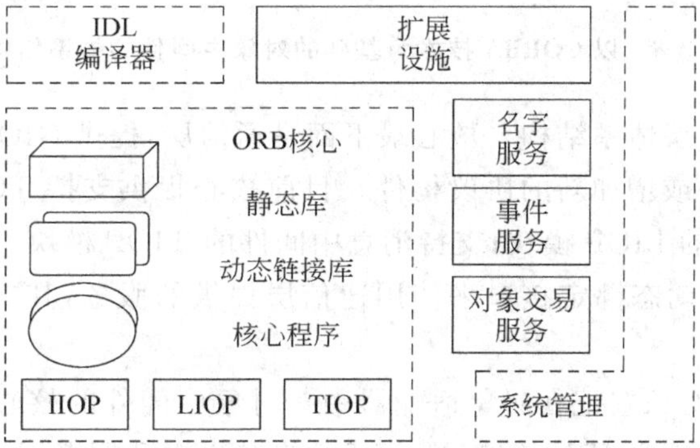

图 3-7　以 CORBA 技术为基础的对象中间件系统组成

ORB 核心：即对象请求代理，表现为应用开发库及核心程序。ORB 将下层不同类型的通信设施进行集成，提供了分布式面向对象计算的基础设施。通过 ORB，客户可以使用服务器的对象引用进行远程方法调用。

IDL 编译器：是一种提供标准 IDL 语言向 C++ 语言映射机制的工具。利用编译器，可以生成 ORB 中的客户存根和服务器骨架代码，与应用代码最后构成完整的应用。

扩展设施：即一些方便应用或增强企业系统性能的工具，如构件应用服务器、应用程序管理器等。

名字服务：提供了类似于目录/文件方式的结构化名字存储与查询的机制。通过名字服务，对象中间件程序可以用名字方便地访问到全网络中的任何一个对象。

事务服务：提供了应用开发的一种典型模式——事件驱动，从而为此类应用的开发提供了很大的方便。

对象交易服务：与名字和事件服务一样，交易服务也是 CORBA 规范中的内容，而对象中间件在实现基于标准两阶段提交协议的一些标准接口的同时，使用了交易中间件应该具有的功能，因此更能适应关键业务的交易完整性保证。

系统管理：对象中间件系统中提供对各个部分进行控制管理的工具，具体包括集中配置和运行管理控制台、管理代理、SNMP 代理等。

2）体系结构

下面将描述以 CORBA 技术为基础的对象中间件系统的体系结构和一些关键技术，如图 3-8 所示。

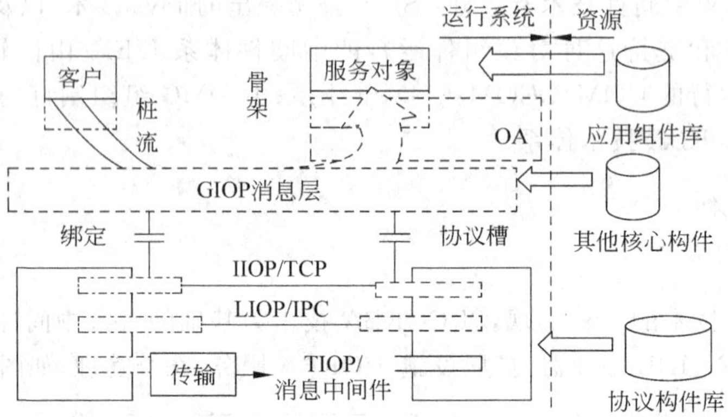

图 3-8 以 CORBA 技术为基础的对象中间件的体系结构

对象中间件具有分层体系结构。核心最下面是通信层，提供 GIOP 消息的通信能力，可以配置不同的协议模块或增加新的协议构件。目前核心提供支持 TCP/IP 协议的 IIOP 模块；支持本地消息队列的 LIOP 模块；支持消息中间件的 TIOP 模块。

GIOP 消息层通过动态绑定接口来使用通信层提供的服务，其功能是进行 GIOP 消息的语法和语义解释。

在服务器方，服务对象登记在对象适配器中。对象中间件的核心可同时支持多个对象适配器。用户根据业务定义 IDL 接口，进而可以使客户方和服务对象实现，而存根和骨架是由 IDL 编译器生成的。流作为核心模块，在分布对象交互的全过程中使用。

这种体系结构的优点是系统开发的模块化或层次性好，符合现在构件化软件开发的趋势；软件的伸缩性好，可以进行不同级别的安装和配置，适合不同场合，系统可用性高；系统移植性好，动态绑定的机制允许在不进行编译的前提下替换部分模块以支持新的协议或新的环境。

3. COM/DCOM/COM+

COM(component object model)是基于微软平台的一个组件规范和体系，它的形成是一个从 OLE1.0 复合文档到 COM/OLE2.0 组件模型，再到 ActiveX/DCOM 分布式组件模型的渐进过程。从 OLE1.0 到 COM/OLE2.0 是一个飞跃，从 COM 到 DCOM 是一个网络化的过程。DCOM 是面向中间层应用逻辑的组件化，它同时也引进了最大的一点变化——位置透明的组件激活。

1) COM 模型

COM 首先是一组组件对象间交互的规范，这是 COM 的核心，它定义了软件组件的对象与其使用者如何通过二进制接口标准进行交互。接口在 COM 的意义上是软件组件的强类型纽带，它提供了一组相对小但语义相关的操作。一个接口反映一组期望的行为，并提供给编程人员一个具体的使用入口。

除规范之外，COM 还是一个 COM 库的实现。它包括为数不多的 API 函数用于 COM 程序的建造，对于客户端，COM 提供基本的对象创建函数，对于服务器，它暴露这些对象。COM 提供定位服务，从一个类标识(CLSID)确定是哪个服务器实现的和这个服务器在什么地方；提供对间接定位的支持，通过系统注册表在类的标识与它的实现体建立联结，以使客户端独立于将来可能变化的实现包；此外，COM 实现还包括一个标准机制，允许应用程序控制内存以实现在自己的进程中被分配。

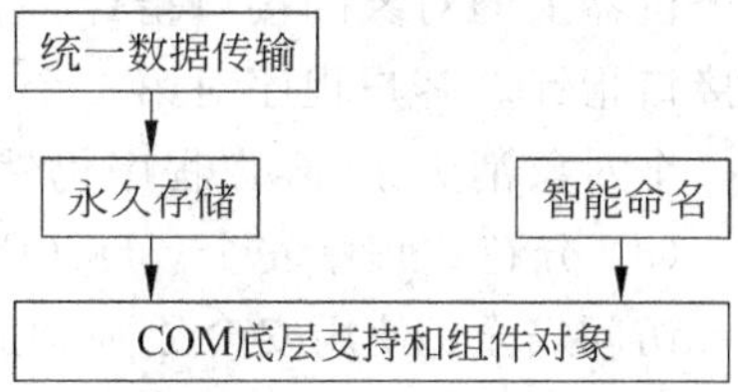

图 3-9　COM 的基础架构

COM 的构成除上述基本规范和系统实现之外，还包括永久存储、智能命名和统一数据传输这 3 个核心的操作系统部件，图 3-9 所示为 COM 的基础架构。其中永久存储是创建结构化存储的一组接口和接口实现，表现为“一个文件中的文件系统”。信息能以层次化方式存在，使得进程间可以共享存储，对信息进行递增访问、事务支持以及使系统中任何代码具有浏览文件中信息元素的能力。COM 定义标准的“永久存储”接口，用于将持久状态存储于永久存储设备上供对象以后恢复。

2) DCOM 体系

DCOM 组件在典型网络环境下的工作模型如图 3-10 所示。

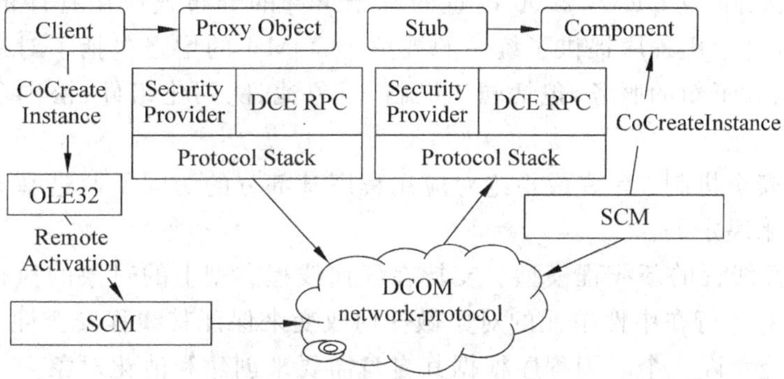

图 3-10　DCOM 组件在典型网络环境下的工作模型

(1) 远程创建对象。DCOM 可看做把 COM 中创建对象的机制延伸到网络中。为了创建远程对象，COM 库需要知道网络和服务器的名字。本地 SCM 联接到服务器端 SCM，并要求创建对象。

DCOM 提供两种机制用于远程服务器定位：①在 DCOM 类库或系统注册表中提供固定配置，在 CoCreateInstanceEX、CoGetInstanceFromFile、CoGetInstanceFromStorage 或 CoGetClassObject 中提供显式参数；②远程方法调用，参数重排(Marshal)。客户程序要调用另一个地址空间中的对象，则调用参数必须传递到目的对象的进程。在远程调用情况中，需要从栈中把参数读到平面缓存中供网上传输，即参数重排。参数重排的逆过程称为反重排。

(2) 远程联接管理。分布式访问计数：在 COM 中，对象的生命周期是由 IUnknown 接口控制的,但对 DCOM 来说,AddRef 和 Release 的调用过于频繁将导致网络性能的影响。DCOM 实现 IRemUnknown 接口,其中包括 RemAddRef 和 RemRelease 方法。对于 RemAddRef 和 RemRelease 的一次调用,可以增减多个不同 IPID 的访问计数,且数目任意,这将大大提高网络效率。

联接点:分布式程序需要支持两个对象间的双向通信,对象可以用某个事件通知客户程序或向客户程序传送数据。

对象间接访问:假设客户程序拥有对另一台机器上对象的接口指针,该对象继而具有一个机器上的对象的接口指针。客户程序可通过对第一个对象的方法调用获得第二个对象的接口指针。客户程序对第二个对象的接口的使用可以使调用直接到达第二个对象,即使第一个对象消失了,客户程序仍然能够调用到第二个对象。

(3) 分布式程序安全。DCOM 区分下面几个基本方面:

访问安全:使用安全原则调用对象。

启动安全:用于在新的进程创建新的对象的安全原则。

身份区分:对象本身的安全原则。

联接策略:完整性、私密性、权威性等。

调用者授权:对客户程序的权限验证。

身份扮演:防止对象利用调用者权限的破坏。

3) COM+

COM+是微软随 Windows 2000 内置的基于组件的分布式应用程序的服务和体系结构,它为创建事务型应用程序提供了统一的视角。COM+的增强包括了对线程和安全机制的提高,同时也引入了新的服务,包括同步机制、对象池、队列化组件、松耦合事件和组件负载均衡等。

基于角色的安全机制:允许或拒绝对应用程序某部分的访问是通过基于调用者被指定的逻辑组或角色来决定的。

线程:是中性线程的新线程模型。支持在任何线程类型上的对象的执行。中性单元线程不需要开发者对运行在中性单元的对象做任何改变来保证其线程安全性。

对象池:就是允许一个应用程序根据其自身需要来创建和池化对象。

队列化组件:无论在客户端和服务器端是否连接成功或滞后连接,都允许创建组件并立刻执行其方法。

COM+松耦合事件:是一个基于组件的事件系统,建立在出版者和订阅者模型之上。

组件负载均衡:将 COM+组件和应用程序包分发在称为 CLB(component load balancing)集群的各个节点计算机上,进而一个 CLB 路由计算机充当所有客户端的请求入口,并位置透明地将基于 CLB 集群各个节点上的现有负荷分发出去。

自动化事务:允许系统在异常触发时自动调用 SetAbort,否则进行 SetComplete。

应用程序和组件管理:使用名为 RegDB 的注册数据库存储描述组件的原数据。这个数据库对信息的类型进行优化,用取代系统注册表的信息来激活组件。

3.3.4 应用服务器

应用服务器是面向 Internet 和 Web 应用的一种中间件系统,与其他中间件不同,应用服务器是以Java为基础的J2EE规范而形成的，因此，不同的应用服务器产品至少在理论上具有通用性和可移植性。

1. 应用服务器原理

随着Internet的发展壮大，传统的客户端/服务器的模式已经不能适应新的环境，于是就产生了新的分布式应用系统，相应地，新的开发模式也应运而生，即所谓的浏览器、Web服务器、应用服务器、数据库服务器4层结构模式。而如何实现这种模式呢？应用服务器便是其中的核心技术。

应用服务器通过把用户接口、商业逻辑和后端服务分割开来，向开发者提供了一种创建、部署和维护企业规模的Web应用的模块化方式，为将要转向Web应用的用户提供了高性能、多线程的环境。

分布式多层体系结构要求应用服务器主要考虑3方面的技术。首先是开发环境，开发人员需要一种创建新组件并将已有组件加以集成的开发环境。其次是应用程序的集成，由于企业计算环境比较复杂，它综合了传统的应用程序和新型应用程序，因此开发人员需要集成各种应用程序，以创建出更强大的应用。第三是应用程序的配置，由于典型的Web应用程序是分布式的，其组件运行在不同的服务器上，并且有大量的用户对其进行访问，因此需要配置平台的支持，以便在用户剧增时能有效地扩展，并保持系统的稳定。

2. J2EE体系

在许多情况下，可以使用的应用程序必须将现有的企业信息系统与可以为更多的客户提供服务的新业务功能结合起来，这些服务需要：

高可用性：可以适应当今全球商业环境。

安全性：可以保护客户的隐私和企业数据的完整性。

可靠性和伸缩性：保证事务处理的准确性和及时性。

Java 2平台企业版降低了开发这些服务功能的成本和复杂性，使服务可以迅速部署，以增强企业回应竞争压力的能力。由于覆盖了这样3个概念——服务端界面用Java编写，可以连接现有的数据库系统，模块化易于部署的组件，使之趋向于J2EE标准。J2EE应用模型如图3-11所示。

J2EE应用方式将实现多层服务所需要进行的工作分成两个部分，由开发人员完成业务和表示逻辑，开发人员可以依靠这个平台提供的开发中间层的服务来解决和实现硬件层的方案。

支持这些用户的业务功能被连接到中间层，能更好地控制和管理这些应用，中间层代表着一个被企业信息技术部门紧密控制着的环境。中间层被指定运行在特定的服务器硬件上并可以涉及企业所有的服务。

3. 应用服务器的结构

1）应用服务器的结构

应用服务器由这样一些部分组成：Applet容器、应用客户端容器、Web容器和EJB容器，它们之间的关系如图3-12所示。但是，图3-12所表示的是各个部件间的逻辑结构，这

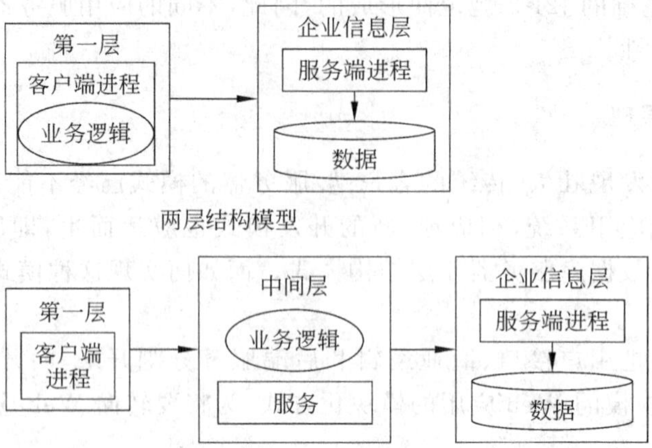

图 3-11 J2EE 应用模型

并不意味着这些部件必须物理地被分在不同的机器上、不同的处理器上、不同的地址空间中和不同的虚拟机上。

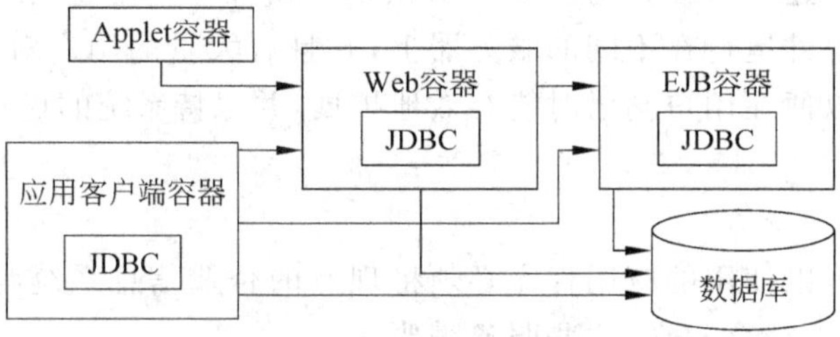

图 3-12 应用服务器的结构

容器是应用服务器的运行环境，它为容器中的应用组件提供服务，每种容器根据各自的应用组件不同，提供不同类型的服务，它们涉及各个方面，为组件的运行提供必要的支持。但是，不同容器中相同的服务为应用组件提供的接口是相同的。

2）应用服务器的主要构件和功能

应用服务器由松耦合构件组成，它们协调工作，使多层应用在高性能环境里运行。所有构件都有良好定义的公共接口集和标准实现。这意味着不影响现有应用，就可以实现对构件的修改和扩展。为了满足消费者或产品的需要，这种松耦合模型允许顾问和开发者修改应用服务器的行为。

应用服务器的核心是基于微内核的。应用服务器的微内核提供了底层的通信、线程、配置、时间、日志等核心功能。在微内核之上，是遵循 J2EE 标准实现的各种服务。应用在这种微内核的设计模式使上层标准的服务实现与底层的系统资源管理分离，保持了软件模块间松散耦合的优点。同时，应用服务器还提供了专门的服务接口，允许客户不必局限在 J2EE 的框架中，直接在内核层次上开发针对于具体案例的系统服务，特别适合于有特殊需求的应用系统。

3）应用组件

应用组件是指在应用服务器中运行的软件组件，主要有 3 种：JSP、EJB 和 Servlet。

JSP(java server page)是由 HTML 或 XML 以及 JSP 元素组成的一个简单的文本文

件。当用户请求一个JSP页面时，如果以前它没有运行，页面将首先传送到JSP容器，接着Web服务器生成一个响应的Servlet类，编译工作会在Servlet容器里进行，并将结果返回到浏览器上。

EJB(enterprise java beans，企业Bean)是一种以组件为基础的分布式计算环境的结构体系，是分布式的面向交易处理的企业应用系统的组件。

Servlet是一个以Java技术为基础的Web组件，它被一个容器管理，它能产生动态的内容。Servlet是独立于各种平台的Java类，它能被编译成平台中的字节码，然后在可以使用Java的Web服务器上装载和运行。Servlet容器有时也被称为Servlet引擎，是Web服务器的扩充，它提供了Servlet的功能，Servlet通过Servlet容器实现请求/应答机制与Web客户端进行交互。

3.3.5 安全中间件

安全中间件自身不能单独构成一个应用系统，但是，它在一个应用系统中担负着这样一个角色，它负责对一个应用系统中使用者身份的识别、相关信息数字签名处理、传递的数据的加密等，保证一个应用系统的运行和其中保存的数据的安全。

1. 安全中间件的任务

安全中间件的核心任务是利用加密技术保证在公共网络上传输消息的安全，对操作者的身份进行识别，并保存操作者的相应标记。

密钥的生成：创建密钥的过程，它具有一定技术难度和复杂性。

传递：由主密钥产生子密钥。

注册：正式将密钥发给个人、机构或实体。

证书生成：证书是一个密钥与个人、机构或实体之间的隶属关系的一个证据。

证书的安装：通过有效证书的安装过程，证书可以被实际使用。

状态维护：证书有可能被撤销，也有可能被暂时停用，因此，必须维护密钥的状态，并使公众都知道。

取消注册：解除一个实体与一个密钥的关系。它是登记的方向处理过程。从当前数据库中将证书删除，不再进行新的交易，但继续保持与旧的交易关系。

存档：当密钥的生命周期结束后，它还需要被保存相当长的一段时间，用于检验进行过的数字签名、检查使用过这个密钥的材料等。

销毁：在存档期结束后，密钥被彻底销毁。

监管：整个基础设施必须提供一个有效的控制设施，以便跟踪整个签名的处理过程。

目录(LDAP)：用于保存用户证书和相关资料，并提供对其保存的证书和资料的查询功能，以便验证应用信息中的数字签名，是安全中间件的主要部件之一；有选择地并安全地将与密钥有关的资料发送到有资格接收这些信息的人那里。

存取：找到证书必须非常容易。

生命周期：密钥和证书必须在整个生命周期内进行良好的保存，而且不能被破坏、丢失和删除。

安全：必须对密钥和证书的存取和传输过程进行必要的保护，以便绝对保证其安全。

2. 加密技术原理

安全中间件是将加密技术和业务安全管理规则以软件实现的一个组合。主要的安全技术有公开密钥技术、对称加密技术和密押加密技术。

公开密钥技术：公开密钥加密(public key encryption)也称作不对称加密，它可以使用相同或不相同但相互补充的算法对数据进行加密和解密操作。这种方法需要两个不相同但相关的密钥值：一个公钥和一个私钥。如果甲和乙想使用以公开密钥对信件进行加密的方式进行通信，则他们需要一个公钥/私钥对。甲需要创建他自己的公钥/私钥对，并且乙也需要创建他自己的公钥/私钥对。当他们互相安全地通信时，甲和乙使用不同的密钥来加密和解密数据。

对称加密技术：是为了保证在不同节点间传送的消息安全。如果一条消息需要在两个节点间传输，为了保证消息在传输过程中的安全，发送数据的节点在传输前对消息进行加密处理；接收数据的节点在收到数据后对数据进行解密。在进行密钥加密操作的时候，需要将被加密的消息以及密钥作为数据项代入加密算法，通过对加密算法的运算生成一组数据，这组数据就是密押。在传输消息的时候，密押随数据一同被传输，而密钥是不被传输的。在进行解密操作的时候，使用相同的密钥和被传输的数据代入加密算法进行运算，也产生一组数据。如果解密运算产生的数据与在消息中一同被传输过来的密押相同，则证明消息的传输过程是安全的。

密押加密技术：密押(MAC)也可以被称作为宏校验码，是复合在传输信息中的一串数字，它的特征是：

密钥的永久性：与整体加密不同，密押加密的目的之一是对消息提供者的身份进行认证，一旦密钥产生，为了保证密钥的安全，就不能轻易地更改，而且不能使用应用程序对密钥进行修改，只能使用某些特定的方式。许多情况下，同时生成多个密钥，由系统选择一次只使用一个密钥。

密钥的可用、不可见性：是密押加密的一个非常重要的原则，其目的是为了保证密钥的绝对安全，这是由密押加密中的密钥所具有的永久性所决定的，这个原则适用于密钥的整个生命周期，从密钥的产生、传输、安装、应用软件的开发、调试、保存到密钥的加密、解密运算的全过程，都需要做到密钥的不可见。

3. 安全中间件的结构

1) 安全中间件的主要部件及功能

安全中间件由这样一些部件组成：CA、RA、符合 LDAP 的 CA 资料库(目录)、具有 KMI 功能的 API 应用程序、合作信息库(目录)和硬件增效装置等。

CA(certificate authority，认证中心或签证中心)负责为用户的公钥签发证书，以证实该公钥确实属于该用户。

RA(registration authority，登记中心或注册中心)负责受理用户对证书的申请，以及证书撤销报告、名字分配、密钥生成和密钥对的保存等。它是一个可选设备，若没有，其功能由 CA 实现。

LDAP(lightweight directory access protocol，轻量级目录访问协议)是 Internet 中的一

个目录服务标准。

KMI(key management infrastructure，密钥管理基础设施)。

2) 安全中间件的体系结构

整个基于 PKI 技术的安全中间件的体系结构如图 3-13 所示，安全中间件的主要组成部分是目录、客户端应用、CA 系统、RA 系统。

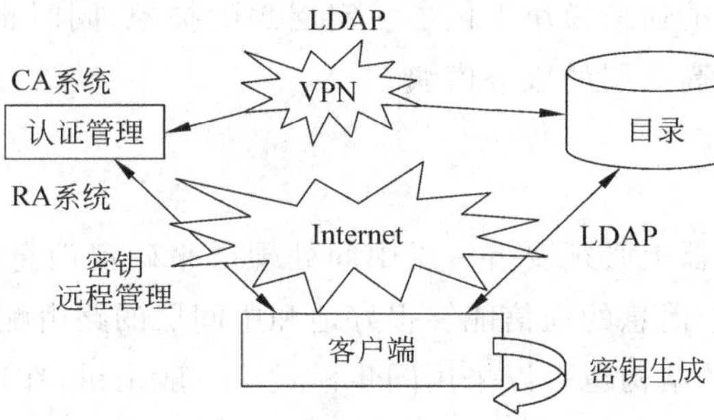

图 3-13　安全中间件的体系结构

目录的存取：客户端应用程序与目录之间的接口，CA 系统与目录程序之间和 RA 系统接口之间的接口都是目录存取关系。

密钥管理：客户端应用程序与 CA 系统和 RA 系统之间的接口是密钥管理关系。

接口关系：LDAP 轻量级目录存取规程是用于 Internet 环境上的被广泛接受的目录存取规程。它可以用于从目录中读取信息，也可以用做向目录中保存信息。

目录的分布：在实际应用中，一个机构的目录可能存放在不同的服务器中，服务器可能是由不同的厂家提供的，甚至是不同类型的产品，有些机构中的不同部门各自都有各自的目录。

目录的内容：在 CA 目录中需要包含密钥历史、证书、CRL 和 ARL 以及其他不需要公开的信息，由于安全的原因这些信息可能不能直接存放在目录中，虽然，这些信息还可以被访问到，但是，这必须通过目录代理器进行。

密钥管理是一个管理规则和技术手段的混合体，并没有非常固定的格式，可以是不联机的，也可以是联机的，对于安全核心的访问必须在严密的安全管理措施下进行，具体的情况需要根据安全中间件的应用规模和用途来考虑，但基本的原则是以最安全的措施保证最核心部分的安全，并尽可能减少对安全核心的访问。

3.4　基于中间件的应用开发

3.4.1　中间件基础技术

1. 网络通信

分布式计算环境的基础是计算机之间的通信。

2. 同步和异步传输

这两种模式的区别通常决定了某种协议是不是适合某一特定任务。

3. 客户端、服务端和对等端

指正在运行着的线程。

4. API——应用编程接口

这些低层组件为底层的通信模块提供了一定层次的抽象，同时也将更高层次的地址标识和数据转换等功能留给高一层的服务模块。

5. 消息机制

消息机制就要求服务器上必须要有一层中间处理层来确定消息的路由，以便让它到达正确的接收者处，因为基于消息的通信能够很好地和中间层的路由配合，消息机制是一种天生的异步机制，基于消息的结构也可以采用同步模式。一般来讲，在这种模式中，服务器/路由器将消息直接传递给处理程序，然后由处理程序回传处理结果给服务器，再由服务器传给客户端。

6. 远程过程调用

各种 RPC 执行协议都朝着一个共同的目标发展，那就是用隐藏执行细节来简化进程间通信的复杂性。

7. 数据库协议

X/Open(国际联盟有限公司)调用级接口标准(X/OpenCall Level Interface)[CLI 96]使用结构化查询语言，为关系数据库管理系统提供了一个标准的接口。

8. 微软的 ODBC 接口

ODBC 的最大优点是能以统一的方式处理所有的数据库，它建立了一组规范，并提供了一组对数据库访问的标准 API(应用程序编程接口)，这些 API 利用 SQL 来完成其大部分任务。ODBC 本身也提供了对 SQL 语言的支持，用户可以直接将 SQL 语句送给 ODBC。一个基于 ODBC 的应用程序对数据库的操作不依赖任何 DBMS，不直接与 DBMS 打交道，所有的数据库操作由对应的 DBMS 的 ODBC 驱动程序完成。也就是说，不论是 FoxPro、Access、MYSQL 还是 Oracle 数据库，均可用 ODBC API 进行访问。ODBC 的基本框架如图 3-14 所示。

9. SUN 的 JDBC 接口

是一种用于执行 SQL 语句的 Java API，可以为多种关系数据库提供统一访问，它由一组用 Java 语言编写的类和接口组成。将 Java 语言和 JDBC 结合起来，使程序员不必为不同的平台编写不同的应用程序，只需写一遍程序就可以让它在任何平台上运行，这也是 Java 语言“编写一次、处处运行”的优势。

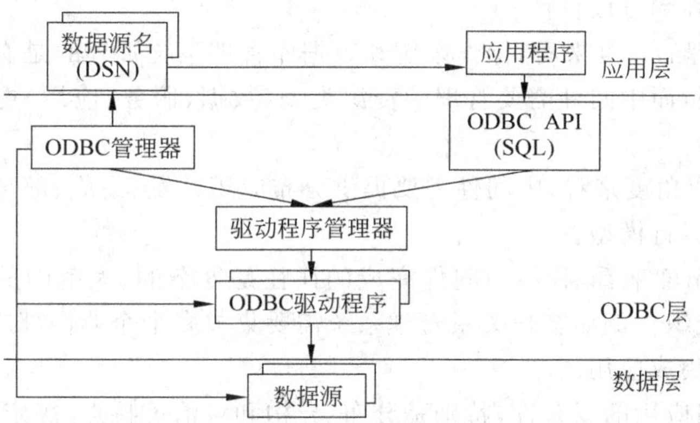

图 3-14　ODBC 的基本框架

3.4.2　基于中间件的软件开发过程

传统软件开发方式是像珠子一样串起来的，而基于中间件软件的开发则是并发进行的，在市场需求分析的同时，还需要考虑中间件的选择，这个过程不是一下就能完成的，而是不断完善的过程。基于中间件软件的开发是针对特定领域的需求，采用中间件为基础的软件系统开发，以达到可复用为基础而提出的。该方法首先采用领域分析方法，从已有的数据库出发，标志和组织该库中的某类问题，找出其共性，得出一个模型，然后根据这个模型划分出库框架，再根据框架中的约束条件标志出库构件，得到构架库和构件库。在应用目标系统中生成时就不需要从底层开始设计，而是根据需求从库中检索出符合要求的框架和构件，将其实例化，经胶合代码组合而成。应用软件开发过程有以下几个阶段：

(1) 需求分析。

(2) 分析信息源，设计出逻辑系统。

(3) 为系统选择合适的中间件。

(4) 形成复用部分、胶合代码、集成系统。

3.5　中间件的现状

伴随着 Internet 技术的发展和全球经济一体化时代的来临，企业开始从局部自治的单业务应用和部门级应用向企业级应用转变，并促进了企业内应用集成和企业间电子商务等网络信息系统的发展。网络信息系统的目标就是把分布在各处的多个局部自治的异构信息系统通过网络集成在一起，以实现信息资源的广泛共享、集约化管理和协调工作，其中需要解决的一个关键问题就是如何将各局部自治的系统联合成为能够发挥综合效能并能够不断成长的大系统，为此，出现了对构建网络信息系统基础支撑平台的强烈需求。中间件的概念在这样一些背景下形成和发展起来。

中间件技术是在克服复杂网络应用的共性问题中不断发展和壮大起来的，这些问题可以归纳为 4 个方面：

(1) 从计算环境来看，中间件面对的是一个复杂且不断变化的计算环境，要求中间件技术具有足够的灵活性和可成长性。

（2）从资源管理的角度来看，操作系统和数据库管理系统管理的是有限资源，资源种类有限，资源量也有限，而中间件需要管理的资源类型（数据、服务、应用）更丰富，且资源扩展的边界是发散的。

（3）从应用支撑角度来看，中间件需要提供分布应用开发、集成、部署、运行和管理的整个生命周期的总体运行模型。

（4）从应用的角度来看，利用中间件完成的往往是复杂的、大范围的企业级应用，其关系错综复杂，流程交织。例如客户关系管理系统需要集成多个企业内部应用，而供应链管理则涉及企业之间的集成应用。

因此，由于网络应用的复杂性，特别是分布、异构和自治等特点，决定了中间件技术和产品的形态多样性。在国内，国防科技大学、北京大学、北京航空航天大学、中国科学院软件研究所、东南大学等单位很早就投入到中间件技术的研究中，并形成了一系列的成果。在国家发展改革委员会、信息产业部电子发展基金、国家科技部863计划和政府其他基金资助下，经过各项目研究单位和国内骨干软件企业多年的不懈努力，国内在基础中间件领域已经形成丰富的技术积累，并在CORBA技术（国防科技大学与中创软件）、消息中间件技术（中国科学院软件研究所）、J2EE应用服务器（北京大学）、Web Service（北京航空航天大学）等方面在技术上基本与国外保持同步发展的水平。

以CORBA技术为例，国防科技大学与中创软件以对象管理组织发布的CORBA及MDA标准体系为依据，并结合J2EE、XML、Web Service等标准，对ORB、CORBA构件模型及其运行支撑技术、企业协同框架（CCA）、EAI Profile等进行了深入的研究，近3年在国内一级刊物和国际会议上发表50多篇论文，向对象管理组织（OMG）提交9项标准提案，已经从标准跟从阶段进入参与阶段，研究论文和成果在国际上得到了广泛引用。

甲骨文收购BEA公司之后，已成为仅次于IBM公司的全球第二大中间件厂商；独立的中间件厂商越来越少。IBM和甲骨文仍然是占市场份额最大的两家，但是国产中间件厂商已经能够稳居国内市场第三的位置。国内公司从技术到产品的转化周期太长，一种产品从实验到原型，再到产品和产品线，需要很长的周期。而在国外，一项新技术出来后，机制灵活的小公司很快就能做出相应产品来，大公司马上进行收购并将其整合进自己的产品线里。

中间件的发展必须依赖于一个完善的、相互协同的产业链。在打造中间件生态链方面，金蝶已经与国内多家软件厂商开展合作，比如在产业链上游，与国内基础软件领域的企业，在产业链下游应用软件方面，与应用开发商、系统集成商和咨询服务商建立了解决方案的合作伙伴关系。此外，金蝶还与北京大学、清华大学、华南理工大学等知名高校形成了产学研相结合的自主创新体系。中间件是一种构件化的开发平台，其开发过程中存在着平台供应商、构件开发商、应用组装商和系统配置商等多种角色。只有上、下游企业共同发展，才能共同把国产中间件做大做强。自金蝶于2000年成功推出自主知识产权的Apusic应用服务器中间件以来，在技术上不断创新，连续成功通过J2EE各级别版本测试认证。同时，金蝶中间件公司还受邀加入了JCP组织，与世界各主要软件厂商一起参与对Java技术标准的制定和发展。

中间件作为基础软件的重要组成，已经与操作系统、数据库齐头并进，在世界范围内呈现出迅猛发展的势头，已经形成一个巨大的产业。目前，中间件在国内整个软件行业中应该是发展速度最快的市场之一。中国软件产业经过 20 年的发展，很多部门的信息化建设都走过了关键业务应用和部门级应用的阶段，现在开始向企业级应用转变。所谓企业级应用，最为人们所重视的就是各类信息资源之间如何关联、整合、协同、互动和按需服务，这些都是中间件能够发挥巨大作用的空间所在。当然，中国软件产业整体上还比较弱，整个社会信息化的程度无论在广度还是在深度方面都还不够，这些自然也限制了国内软件产业及中间件的市场规模。随着国家信息化建设的不断深入，社会对应用软件，特别是对网络应用起支撑作用的中间件产品的巨大需求是不争的事实，国内中间件的市场才刚刚开始启动，存在巨大的发展机会和空间。

目前，网络应用中间件逐渐在基础中间件、应用中间件、应用框架等 3 个层面形成激烈的产品竞争和市场竞争格局。从 3 个方面的产品来分析，国外厂商仍然占主导地位，主流厂商包括 IBM、BEA、Oracle、HP、Iona 等，而一些新型的中间件公司，如 Tibco、WebMethod、Vitria 也开始携其应用集成中间件或业务流程管理中间件进入中国市场。而国内一些规模较大的软件公司也开始进入此领域，形成了包括中创软件商用中间件、金蝶 Apusic、东方通科技、中关村科技、中和威等在内的一批中间件专业厂商，东软、用友、信雅达等应用集成商也大量投入中间件产品的研发，国产中间件已经形成了比较完整的产品体系，例如，中创软件、中和威推出了基于 CORBA 标准的通信中间件产品；中创软件、金蝶软件、东方通科技等公司分别推出了遵循 J2EE 规范的应用服务器产品；中创软件、中国科学院软件研究所、东方通科技推出了消息中间件产品；中创软件推出了符合 OMG 标准的企业应用集成套件 InforEAI；此外，还有大量的公司投入到中间件开发平台和构件库的建设中。国产中间件已经广泛和成功地应用于我国政府、交通、金融、证券、保险、税务、电信、移动、教育、军事等行业或领域的信息化建设，并成为大型应用系统建设不可缺少的一环。

同国外厂商比较，国内中间件厂商的整体实力还存在很大的差距。如果仅仅从产品的功能上看，似乎并不比别人缺什么，但围绕中间件产品从研发到成功应用的全周期来看，还缺很多东西，暂时也很难对国外产品形成真正的竞争威胁。应该说国内中间件产品的成熟程度应该是没有问题的，但要市场普遍接受国产中间件产品却还有一个相当长的过程。以中创软件 Infor 系列中间件为例，所提供的产品可在各类主流操作系统平台和主流数据库上稳定可靠地运行，并可与通行的各种开发工具紧密融合，产品都具备丰富的系统管理功能，并已经在大量行业中获得了成功应用经验，即使如此，要真正形成具有号召力的中间件品牌，还有艰巨的路需要一步步去走。同国外优秀中间件产品相比，国内还有大量需要借鉴和学习的地方，例如在产品的发展方向把握、持续开发能力、产品化工作、市场运作等方面，国内都还要继续加强，不断完善。当然，国内中间件厂商及其产品也具有非常明显的优势，贴近国家信息化的现实需求，已经积累了丰富的领域问题和中间件应用经验，国内的中间件产品可以在实用性和易用性方面更加贴近本地化市场需求，在技术支持和服务方面也具有相当的优势。

3.6　中间件的发展趋势

软件构件化（software component）技术是在大工业生产的启发下而产生的，是软件技术跨世纪的一个发展趋势，其目的是彻底改变软件生产方式，从根本上提高软件生产的效率和质量,提高开发大型软件系统尤其是商用系统的成功率。有了软件构件之后,应用开发人员就可以利用现成的软件构件装配成适用于不同领域的功能各异的应用软件。复用软件一直是整个世界软件业所追求的梦想,软件构件化为实现这一梦想指出了一条切实可行的道路,而中间件正是构件化软件的一种形式。中间件抽象了典型的应用模式,应用软件制造者可以基于标准的形式进行开发,使软件构件化成为可能,加速了软件复用的进程。因此,中间件是符合软件发展的内在规律的。中间件是软件技术发展的一种潮流,被誉为发展最快的软件品种,近年来势头强劲,当然,这也是源于市场在全球范围内对中间件的支持。毫无疑问,中间件正在成为软件行业新的技术与经济增长点。

传统中间件技术的发展往往源于技术能力,而技术的不断变化又让这些公司难以长期立足。新一代面向构件的中间件是在基础中间件上踏上了一个新的台阶,面向构件的中间件是为具有个性化特征的且不断发展变化的中、大型企业应用软件而打造的一个中间件平台,用户可以通过面向构件的中间件来描述、测试、部署和管理企业应用。目前企业应用的选择有两个:一是购买套装软件,二是定制开发。面向构件的中间件解决了企业应用中开发和管理的诸多问题。很多软件工程师都有过这样的经历:刚从学校出来的几年,比较喜欢钻研技术,经常熬夜写代码,找 Bug。几年下来,却始终被重复而繁杂的代码编写工作所困扰着。逐渐地大家希望自己能从日常的编码中解脱出来,将自己的经验抽象出来,设计一种支撑软件来辅助开发。面向构件的中间件正是这样的一个承载思想、承载知识和承载经验的平台,是优秀的软件架构师的希望,是中、大型软件企业的希望,也是中间件厂商的机遇。

由于网络世界是开放的、可成长的和多变的,分布性、自治性和异构性已经成为信息系统的固有特征。实现信息系统的综合集成,已经成为国家信息化建设的普遍需求,并直接反映了整个国家信息化建设的水平,中间件通过网络互连、数据集成、应用整合、流程衔接和用户互动等形式,已经成为大型网络应用系统开发、集成、部署、运行与管理的关键支撑软件。中间件产品应该具备如下特点:

技术多样化:中间件已经成为网络应用系统开发、集成、部署、运行和管理必不可少的工具。由于中间件技术涉及网络应用的各个层面,涵盖从基础通信、数据访问、业务流程集成到应用展现等众多的环节,因此,中间件技术呈现出多样化的发展特点。

产品平台化:由于传统的中间件技术门槛较高,学习周期较长,已经不能适应信息化建设对中间件的广泛应用需求。为此,中间件产品从解决网络计算中的关键问题开始向一体化平台方向发展,以提高中间件产品的使用便利性,更全面地满足各种网络应用软件所要求的可靠性、可伸缩性和安全性的需要。

应用普及化:中间件技术已经是成熟的技术。我国大型信息化建设项目采纳中间件已经成为一种自然、例行的举措。中间件的广泛使用也进一步促进了应用框架技术的丰富和发展,并为建立企业信息化业务基础架构奠定了基础。

可成长性:Internet 是无边界的,中间件必须支持建立在 Internet 之上的网络应用系统的生长与代谢,维护相对稳定的应用视图。

适应性:环境和应用需求不断变化,应用系统需要不断演进,作为企业计算的基础设施,中间件需要感知、适应变化,提供对环境的支持。

目前的中间件技术已经形成一个丰富的体系,并正在向上(应用框架和普适服务)和向

下(融合操作系统、数据库管理系统的功能)两个方向不断延伸,并在向更宽广的应用领域拓展,中间件的发展趋势是:

(1) 与网格(Grid)服务结合:网格中间件如 Globus 和 CGSP 等。

(2) 与 P2P(peer-to-peer)技术结合:P2P 中间件如 JXTA(SUN)。

(3) 与无线、移动技术结合:如无线 CORBA 和移动代理。

(4) 与自省技术结合:如反射中间件。

(5) 与普适计算(pervasive computing)技术结合:普适计算中间件如 Oxygen(MIT)、Aura(CMU)和 Endeavor(Berkeley)等。

(6) 与安全技术结合:安全中间件如 CORBA 安全服务。

(7) 与下一代网络技术结合:如软件交换业务开放接口(parlay)。

思考题

1. 什么是中间件?
2. 中间件分为几类?
3. 中间件有哪些优越性?
4. 中间件有什么特点?
5. 中间件与传统软件开发有什么区别?
6. 举例说明有哪些支持中间件技术的平台。
7. 什么是 JEEE? JEEE 有哪些特点?
8. 企业中间件有哪些功能?

第 4 章 在线演化技术

4.1 软件演化的产生

在传统的软件开发周期模型中，软件产品一旦交付使用就进入软件维护阶段。然而，以纠错、完善和适用为目的的软件维护仅仅是消极地对软件做某些局部的改变，而没有涉及较高层次的结构，因而无法积极地适应在新环境下用户需求的改变，也就是说，随着时间的推移，它不可避免地导致软件生存状况恶化（因文档的逐渐缺失和开发人员的离去而导致信息丢失），由于在较低层次做出的调整无法满足新的技术、规范和需求的引入，这就迫使软件工程师寻求新的方法学，软件再工程因此应运而生。软件再工程通常可以定义为：为提高人们对软件的理解、准备和改善软件本身以增强软件可维护性、可复用性和可演化性的一些活动。

随着观念和技术的进步，人们开始在软件再工程活动中区分软件维护和软件演化。软件维护通常可以定义为细粒度的局部的、短期的活动，系统的结构保持不变，并且这种改变产生的经济和策略利益较小，在增强软件复用方面作用不大，这种方法倾向于零散地响应软件需求，只有改变软件的结构才能为将来的软件开发提供类似于杠杆的作用，这就要求系统在体系结构层次进行演化。

软件演化是一种粗粒度、高层次、结构化的形式改变，使得软件系统更容易维护。演化允许系统考虑广泛的新需求并且获得完整的新功能，不仅仅是在指令级改变软件，而且在体系结构级也做出改变，从而使得它更容易与其他软件集成，同时使得遗留系统成为财产而不是债务。随着因特网、电子商务、构件技术（诸如 CORBA、COM 和 EJB）的兴起和 XML 标准的出现以及对数据的重新认识，遗留系统也显示了新的含义和重要性。而在对遗留系统的处理上，人们也开始从消极的、局部的改变活动转向更为积极的软件体系结构的演化。随着时间的推移，遗留系统的用户需求在不同程度上发生改变，软件的实现技术和计算环境也在不断地改变，如在数据访问技术方面，计算资源的增长和数据访问技术的增强驱动了更多访问的需求。新计算模型（如对象和 Agent 的计算模型）的不断推出使人们能更精确地刻画、理解和分析问题域（problem domain）。新的软件工程方法学，如基于构件的软件工程允许在构件的基础上装配符合需求的系统，所有这些情况的改变都要求软件工程师在考虑新的用户需求和技术的情况下，分析遗留系统应该扮演什么样的角色以及它与新的需求之间的关系，而演化的商业和组织环境也要求软件具有可演化特性以适合未来持续变化的操作环境与用户需求。将这些与计算模型的调整、新的需求的引入、技术的增强和环境的改变所引起的软件调整和适应统称为软件演化。

随着软件生产要求的不断提高以及软件工业的逐步成熟，基于构件的软件开发方法

(component based software development,CBSD)被提了出来。它是在吸取经典软件开发方法经验的基础上出现的一种全新的、高效的软件开发方法。构件和基于构件的软件工程是当前软件工程领域的研究热点。因此,对软件构件和软件系统演化的研究是提高软件系统的可靠性、可维护性、演化性、生产效率和产品质量的有效途径。

一个软件系统开发完毕正式投入使用之后,如果需求发生变化或者要将该系统移植到另一个环境中运行,且新环境的需求也有相应的变化时,就要对软件进行修改,这就是软件演化。软件演化是一个程序不断调节以满足新的软件需求的过程,也就是对一个已有软件不断进行修改、补充、完善以适用新需求和新环境的过程。在这一点上讲,软件演化、垂直领域复用以及软件的完善性维护在很大程度上是重叠的。今后软件质量更为重要的方面将体现在可维护性以及系统应付不断变化的能力,即软件的演化性。

软件演化是一个复杂的过程,这种复杂性决定了对软件的演化研究首先应该从宏观层面入手,软件体系结构作为软件的蓝图和支撑骨架,为人们宏观把握软件演化提供了一条有效途径。

杨芙清院士指出:"随着软件技术的发展以及应用需求的变化,软件必须持续不断地演化,这是软件的本质特征之一。"当前,IT 技术日新月异,市场和业务不断变化,导致软件需求不断发生变化,如何快速地满足客户不断变化的需求,成为软件成功的关键。另外,在许多重要的应用领域中(例如医疗、金融、电力、电信、银行及空中交通管制等)系统的持续可用性是一个关键性的要求,运行时刻的系统演化可减少因关机和重新启动带来的损失和风险。因此,对软件演化的研究具有极其重要的意义。

4.2 软件演化理论

软件演化是指在软件系统的生命周期内软件维护和软件更新的动态行为。在现代软件系统的生命周期内,演化是一项贯穿始终的活动,系统需求的改变、功能实现的增强、新功能的加入、软件系统结构的改变、软件缺陷的修复和运行环境的改变无不要求软件系统具有较强的演化能力,能够快速适应改变,减少软件维护的代价。

软件演化的核心问题是软件如何适应改变。软件的演化能力主要体现在 4 个方面:

可分析性(analyzability):根据演化需求,定位待修改部分的能力。具有良好演化能力的软件应该容易分析、理解,从而可以根据变化迅速定位需要改变的部分。

可修改性(changeability):实现特定部分修改的能力。具有良好演化能力的软件可以方便修改,以支持变化。

稳定性(stability):避免软件修改造成不良后果的影响。

可测试性(testability):验证软件修改有效性的能力。

4.2.1 演化与维护的关系

从软件演化的概念来看,软件演化和软件维护有着密切的联系,但软件维护是对现有的、已交付的软件系统进行修改,使得目标系统能够完成新的功能,或是在新的环境下完成同样的功能,主要是指在软件维护期的修改活动。而软件演化则是着眼于软件的整个生命周期,从系统功能行为的角度来观察系统的变化,这种变化是软件的一种向前的发展过程,主要体现在软件功能的不断完善。在软件维护期，通过具体的维护活动可以使得系统不断向前演化。因此，软件维护和软件演化可以归结为这样一种关系：前者是后者特定阶段的活动，并且前者是后者的直接组成部分。

4.2.2 软件演化的分类

按照演化发生的时机，软件演化可以分为4类：

设计时演化(design-time evolution)：设计时演化是目前在软件开发实践中，应用最广泛的演化形式。设计时演化在软件编译前，通过修改软件的设计、源代码、重新编译、部署系统来适应变化。目前有多种技术来提高软件的设计时演化能力，如基于构件的开发，基于软件框架(framework)的开发和设计模式(design pattern)，等等。

运行前演化(pre-execution evolution)：运行前演化是指在软件编译后、运行前进行演化。因为系统尚未开始执行，这类演化不涉及系统状态的维护问题。为了执行这种演化，要求编译后的软件系统含有足够的系统运行时信息。如由于Java类文件中包含了程序运行的元数据，通过修改元数据可以实现Java类的演化，包括增添新的方法，添加接口、数据成员等操作。

有限制的运行时演化(constrained runtime evolution)：这类演化系统通常在设计时规定了演化的具体条件，如通过将系统置入一种"安全"模式，在这种模式下，可以进行一些规定好的演化操作。

动态演化(dynamic evolution)：动态演化是最复杂也是最有实际意义的演化形式。动态演化是指在软件运行过程中，可以根据应用需求和环境变化，动态地进行软件配置、维护和更新，其表现形式包括系统元素数目的可变性、结构关系的可调节性和结构形态的动态可配置性。软件的动态演化特性对于适应未来软件发展的开放、动态环境具有重要意义。

4.3 构件运算的概念及其性质

4.3.1 构件与软件复用

一般认为，构件在结构上是语义描述、通信接口和实现代码的复合体。简单地说，构件是具有一定功能，能够独立工作或能同其他构件装配起来协调工作的程序体，构件的使用同它的开发和生产无关。

从抽象程度来看，面向对象技术已达到了类级复用(代码复用)，它以类为封装的单位。这样的复用粒度还太小，不足以解决异构互操作和效率更高的复用。构件将抽象的程度提到一个更高的层次，它是对一组类的组合进行封装，并代表完成一个或多个功能的特定服务，也为用户提供了多个接口。整个构件隐藏了具体的实现，只用接口对外提供服务。

构件模型是对构件本质特征的抽象描述。国际上已经形成了许多构件模型，这些模型的目标和作用各不相同。近年来，已形成3个主要流派，分别是OMG(object management group)的CORBA(common object request broker architecture)、SUN的EJB(enterprise java bean)和Microsoft的DCOM(distributed component object model)。这些实现模型将构件的接口与实现进行了有效的分离，提供了构件交互的能力，从而增加了复用的机会，并适应了目前网络环境下大型软件系统的需要。

国内许多学者在构件模型的研究方面做了不少的工作，取得了一定的成绩，其中较为突出的是北京大学杨芙清院士等人提出的青鸟构件模型，该模型充分吸收了上述模型的优点，并与它们相容。青鸟构件模型由外部接口与内部结构两部分组成，如图 4-1 所示。

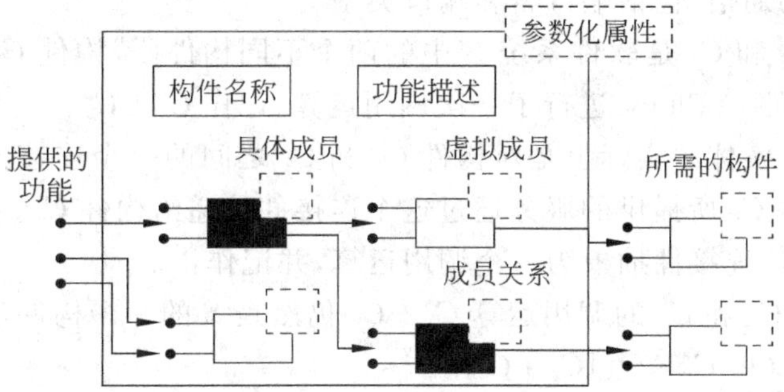

图 4-1　青鸟构件模型

1）外部接口

构件的外部接口是指构件向其复用者提供的基本信息，包括构件名称、功能描述、对外功能接口、所需的构件、参数化属性等。外部接口是构件与外部世界的一组交互点，说明了构件所提供的那些服务（消息、操作、变量）。

2）内部结构

构件的内部结构包括两方面内容：内部成员以及内部成员之间的关系。其中内部成员包括具体成员和虚拟成员，而成员关系包括内部成员之间的互联以及内部成员与外部接口的互联。

构件实现是指具体实现构件功能的逻辑系统，通常也称为代码构件。构件实现由构件生产者完成，构件复用者则不必关心构件的实现细节。复用者在复用构件时，可以对其定制，也可以对其特例化。

软件复用是指在两次或多次不同的软件开发过程中重复使用相同或相近软件元素的过程。软件元素包括程序代码、测试用例、设计文档、设计过程、需求分析文档甚至领域知识。通常，把这种可复用的元素称作软构件（简称为构件），可复用的软件元素越大，就说复用的粒度越大。

使用软件复用技术可以减少软件开发活动中大量的重复性工作，这样就能提高软件生产率，降低开发成本，缩短开发周期。同时，由于软构件大都经过严格的质量认证，并在实际运行环境中得到检验，因此，复用软构件有助于改善软件质量。此外，大量使用软件构件，软件的灵活性和标准化程度也能得到提高。

4.3.2　构件软件系统的抽象描述

1. 构件关系的抽象描述

在软件系统中，构件不是独立存在的，构件之间具有互操作性。下面，把构件之间的互操作抽象为代数运算，并研究这些运算的性质。

定义 4-1 软件系统的构件 $C=(O,A,X,P)$，这里，O 是组成构件的所有对象的集合，A 是构件属性的集合，X 是构件动作的集合，P 是构件端口的集合。

定义 4-2 连接件 $L=\langle R,G,P\rangle$，这里 R 是连接件中角色进程所组成的集合，通常集合中有等于或多于两个的元素；G 是胶水的集合，该集合中只有一个元素；P 是端口集，是实现与外部构件之间的通信，包括端口名和端口类型。

定义 4-3 设 C_1 和 C_2 是软件系统 S 中的两个不同构件，若构件 C_1 使用了构件 C_2 所提供的服务，就称构件 C_1 和 C_2 进行了一次调用运算，记作 C_1+C_2。

这里的＋在软件实体中实际上是对构件 C_1 和 C_2 之间的一个连接件的抽象表示，该连接件的作用是把构件 C_2 所提供的服务通过这个连接件传递给构件 C_1。为了便于软件演化的理论研究，因此把该连接件抽象为一个调用运算，并记作＋。

显然，两个构件 C_1 和 C_2 的调用运算 C_1+C_2 仍然是 S 的一个构件，且满足下列性质：

(1) $(C_1+C_2)\cdot O=C_1\cdot O\cup C_2\cdot O$。

(2) $(C_1+C_2)\cdot A=C_1\cdot A\cup C_2\cdot A$。

(3) $(C_1+C_2)\cdot X=C_1\cdot X\cup C_2\cdot X$。

(4) $(C_1+C_2)\cdot P=C_1\cdot P\cup C_2\cdot P$。

定义 4-4 设 C_1 和 C_2 是软件系统 S 的两个构件，如果 C_1 和 C_2 满足下列条件：

(1) $C_1\cdot O=C_2\cdot O$。

(2) $C_1\cdot A=C_2\cdot A$。

(3) $C_1\cdot X=C_2\cdot X$。

(4) $C_1\cdot P=C_2\cdot P$。

则称 C_1 和 C_2 相等，记作 $C_1=C_2$。

定理 4-1 设 C_1、C_2 和 C_3 是软件系统 S 的 3 个任意构件，则它们对＋运算满足结合律，即：

$$(C_1+C_2)+C_3=C_1+(C_2+C_3)$$

证明：要证明上式成立，只要证明等式两边满足定义 4-4 的 4 个条件。为此，有代表性地证明第(1)个条件成立，其他条件的证明是类似的。

对 $\forall x\in((C_1+C_2)+C_3)\cdot O$，则由定义 4-3 的性质(1)可知 $x\in(C_1+C_2)\cdot O$ 或者 $x\in C_3\cdot O$，下面分两种情况证明。

(1) 如果 $x\in C_3\cdot O$，则 $x\in(C_2+C_3)\cdot O$，因此 $x\in(C_1+(C_2+C_3))\cdot O$。

(2) 如果 $x\in(C_1+C_2)\cdot O$，同样由定义 4-3 的性质(1)可知 $x\in C_1\cdot O$ 或 $x\in C_2\cdot O$。

① 若 $x\in C_1\cdot O$，则 $x\in(C_1+(C_2+C_3))\cdot O$。

② 若 $x\in C_2\cdot O$，则 $x\in(C_2+C_3)\cdot O$，因此也有 $x\in(C_1+(C_2+C_3))\cdot O$。

同理对 $\forall y\in(C_1+(C_2+C_3))\cdot O$，可以证明有 $\forall y\in((C_1+C_2)+C_3)\cdot O$ 成立。

因此，$((C_1+C_2)+C_3)\cdot O=(C_1+(C_2+C_3))\cdot O$，即定义 4-4 条件(1)成立。证毕。

定义 4-5 设 C_1 和 C_2 是软件系统 S 中的两个不同的构件，若 C_1 和 C_2 互相协作完成同一功能，就称 C_1 和 C_2 进行了一次协作运算，记作 $C_1\times C_2$。

这里的×在软件实体中，实际上是连接构件 C_1 和 C_2 之间的一个连接件的抽象表示，该连接件的作用是能够使得构件 C_1 和 C_2 进行协作完成某项预定的功能。为了便于软件演化的理论研究，因此把该连接件抽象为一个协作运算，并记作×。

显然，$C_1 \times C_2$ 也仍然是软件系统 S 的一个构件，且满足下列性质：

(1) $(C_1 \times C_2) \cdot O = C_1 \cdot O \cup C_2 \cdot O$。

(2) $(C_1 \times C_2) \cdot A = C_1 \cdot A \cup C_2 \cdot A$。

(3) $(C_1 \times C_2) \cdot X = C_1 \cdot X \cup C_2 \cdot X$。

(4) $(C_1 \times C_2) \cdot P = C_1 \cdot P \cup C_2 \cdot P$。

与$+$运算类似，$\times$运算也满足结合律。

定理 4-2　设 C_1、C_2 和 C_3 是软件系统 S 的 3 个任意构件，则它们对$\times$运算满足结合律，即$(C_1 \times C_2) \times C_3 = C_1 \times (C_2 \times C_3)$。

证明：与定理 4-1 的证明类似，此略。

由$\times$运算的定义，知道$\times$运算满足交换律。

定理 4-3　设 C_1 和 C_2 是软件系统 S 中的两个任意构件，则它们对$\times$运算满足交换律，即：

$$C_1 \times C_2 = C_2 \times C_1$$

定义 4-6　设 C_1 和 C_2 是软件系统中 S 的两个不同的构件，若构件 C_1 的执行是以构件 C_2 的执行为前提的，即构件 C_2 的输出是构件 C_1 的输入，就称构件 C_1 和 C_2 进行了一次条件运算，记作 $C_1 \oplus C_2$。

这里的$\oplus$在软件实体中，实际上是构件 C_1 和 C_2 之间的一个连接件的抽象表示，该连接件的作用是当构件 C_1 的执行是以构件 C_2 为条件时，该连接件便传递该消息。为了便于软件演化的理论研究，因此把该连接件抽象为一个协作运算，并记作$\oplus$。

由定义 4-3 和定义 4-6 可以看出，$\oplus$运算与$+$运算不同。在$\oplus$运算中，C_1 和 C_2 的功能实现是独立的，只是在功能执行上存在依赖关系。而在$+$运算中，C_1 和 C_2 的功能实现是非独立的，构件 C_1 的实现代码与构件 C_2 的实现代码有关。

显然，$C_1 \oplus C_2$ 仍然是软件系统 S 的一个构件，且满足下列性质：

(1) $(C_1 \oplus C_2) \cdot O = C_1 \cdot O \cup C_2 \cdot O$。

(2) $(C_1 \oplus C_2) \cdot A = C_1 \cdot A \cup C_2 \cdot A$。

(3) $(C_1 \oplus C_2) \cdot X = C_1 \cdot X \cup C_2 \cdot X$。

(4) $(C_1 \oplus C_2) \cdot P = C_1 \cdot P \cup C_2 \cdot P$。

如果构件 C_2 和 C_3 的输出都是构件 C_1 的输入，则根据 C_2 和 C_3 关系可以有下列情形：

(1) 构件 C_2 使用了构件 C_3 的服务，即 C_2 和 C_3 具有服务关系，则记为 $C_1 \oplus (C_2 + C_3)$。

(2) 构件 C_2 和 C_3 具有协作关系，则记为 $C_1 \oplus (C_2 \times C_3)$。

(3) 构件 C_2 和 C_3 独立，没有直接关系，则把构件 C_2 和 C_3 当作协作关系处理，则记为 $C_1 \oplus (C_2 \times C_3)$。

定理 4-4　设 C_1、C_2 和 C_3 是软件系统 S 的 3 个任意构件，则它们对$\oplus$运算满足结合律，即：

$$(C_1 \oplus C_2) \oplus C_3 = C_1 \oplus (C_2 \oplus C_3)$$

证明：与定理 4-1 的证明类似，此略。

下面讨论调用运算、协作运算和条件运算的关系。

定理 4-5　设 C_1、C_2 和 C_3 是软件系统 S 的 3 个任意构件，则它们满足$\times$运算对$+$运算的分配律，即：

$$(C_1 + C_2) \times C_3 = (C_1 \times C_3) + (C_2 \times C_3)$$
$$C_3 \times (C_1 + C_2) = (C_3 \times C_1) + (C_3 \times C_2)$$

证明：只证明第一个等式成立，第二个等式可类似证明。

要证明第一个等式成立，只要证明等式两边满足定义 4-4 的 4 个条件。为此有代表性地证明第(1)个条件成立，其他证明是类似的。

对 $\forall x \in ((C_1+C_2)\times C_3)\cdot O$，则由定义 4-6 的性质(1)可知 $x\in C_3\cdot O$，下面分两种情况证明。

(1) 如果 $x\in C_3\cdot O$，则 $x\in(C_1\times C_3)\cdot O$ 且 $x\in(C_2\times C_3)\cdot O$，因此根据定义 4-2 的性质(1)有 $x\in((C_1\times C_3)+(C_2\times C_3))\cdot O$ 成立。

(2) 如果 $x\in(C_1+C_2)\cdot O$，同样由定义 4-2 的性质(1)可知 $x\in C_1\cdot O$ 或 $x\in C_2\cdot O$。

① 若 $x\in C_1\cdot O$，则根据定义 4-4 的性质(1)，有 $x\in(C_1\times C_3)\cdot O$，再根据定义 4-2 的性质(1)，有 $x\in((C_1\times C_3)+(C_2\times C_3))\cdot O$ 成立。

② 若 $x\in C_2\cdot O$，则根据定义 4-5 的性质(1)，有 $x\in(C_2\times C_3)\cdot O$，再根据定义 4-3 的性质(1)，也有 $x\in((C_1\times C_3)+(C_2\times C_3))\cdot O$ 成立。

同理对 $\forall y\in((C_1\times C_3)+(C_2\times C_3))\cdot O$，可以证明有 $y\in((C_1+C_2)\times C_3)\cdot O$ 成立。因此，$(C_1+C_2)\times C_3=(C_1\times C_3)+(C_2\times C_3)$，即定义 4-4 条件(1)成立。证毕。

与定理 4-5 的证明类似，也可以得出×运算对⊕运算的分配律。

定理 4-6 设 C_1、C_2 和 C_3 是软件系统 S 的 3 个任意构件，则它们满足×运算对⊕运算的分配律，即：

$$(C_1 \oplus C_2) \times C_3 = (C_1 \times C_3) \oplus (C_2 \times C_3)$$
$$C_3 \times (C_1 \oplus C_2) = (C_3 \times C_1) \oplus (C_3 \times C_2)$$

2. 软件系统的抽象描述

当前，计算机技术的迅速更新，软件处理对象(如企业业务过程)的不断变化，已经使传统的从源代码级开发软件系统的方法面临越来越大的挑战。市场和业务的不断变化导致软件需求不断发生变化，如何快速地满足客户不断变化的需求，成为软件成功的关键。为了说明构件及其关系的表示对软件演化的支持，把构件之间的调用关系、条件关系和协作关系用图 4-2 表示。

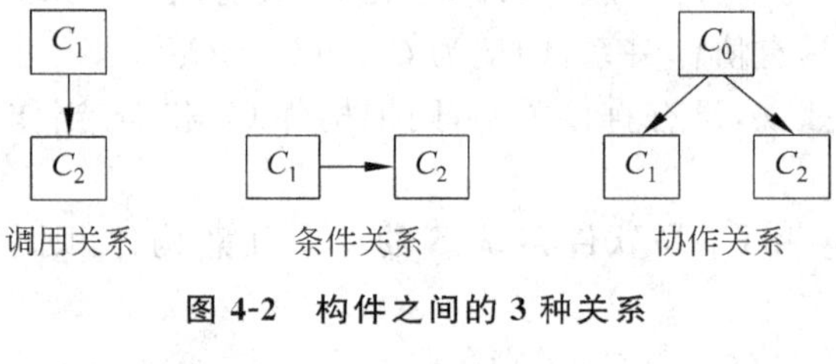

图 4-2 构件之间的 3 种关系

下面，把基于构件的软件系统抽象为构件的代数运算表达式，把对软件系统的演化研究归结为对构件代数表达式的变化的研究。

首先，规定构件代数运算的优先级，从左至右，先括号，后条件、协作，再调用。如 $C_1+[C_2+(C_3\oplus C_4)\times C_5]\times C_6$，表示构件 C_3 的执行是以构件 C_4 的执行为条件，完成一次条件运算，然后构件 C_3 与构件 C_5 协作完成构件 C_2 的功能，最后是构件 C_2 与构件 C_6 协作完成构件 C_1 的功能。

把基于构件的软件系统抽象为构件的代数运算表达式的方法为：

方法 4-1　自顶向下，从左到右；粗略分解，逐步求精；集成系统。

按照上面的方法，把图 4-3 所示的软件系统 S 抽象为代数表达式，可采用以下的步骤：

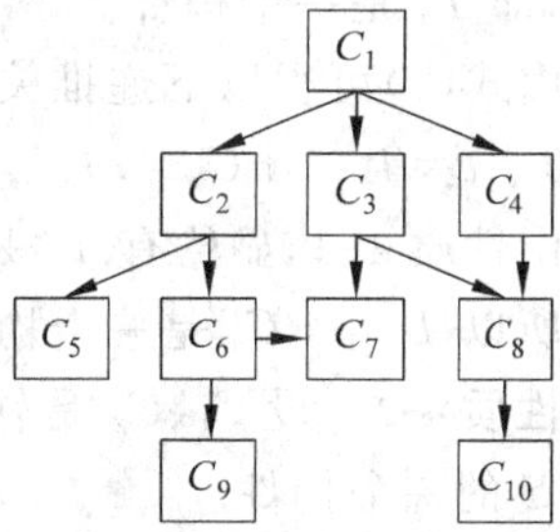

图 4-3　软件系统 S 的构件关系图

第一步，自顶向下粗略分解为：$C_1+C_2\times C_3\times C_4$。

第二步，从左到右逐步求精为：

(1) $C_2+C_5\times(C_6+C_9)$。

(2) $C_3+(C_7\oplus C_6)\times(C_8+C_{10})$。

(3) $C_4+(C_8+C_{10})$。

第三步，集成系统，最后得到的软件系统的构件代数运算表达式为：

$$C_1+[C_2+C_5\times(C_6+C_9)]\times[C_3+(C_7\oplus C_6)\times(C_8+C_{10})]\times[C_4+(C_8+C_{10})]$$

由于基于构件开发的软件系统都可以通过上述方法转化为相应的构件运算表达式，因此对软件系统的演化研究就可以转化为 S 对构件运算表达式的代数理论研究。

4.3.3　构件运算的性质

构件运算作为描述软件体系结构的一种新方法，它对软件构件的构造、复用和演化的描述上具有许多良好的性质，如通过对运算关系的修改构造出新的构件，通过对体系结构的描述，研究软件的复用性和演化性等。

性质 4-1　设 C_1、C_2 是软件系统 S 的任意两个不同构件，则它们对＋运算仍然是软件系统 S 的一个构件。

证明：要证明上式成立，只要证明：

(1) $(C_1+C_2)\cdot O=C_1\cdot O\cup C_2\cdot O$；

(2) $(C_1+C_2)\cdot A=C_1\cdot A\cup C_2\cdot A$；

(3) $(C_1+C_2)\cdot X=C_1\cdot X\cup C_2\cdot X$；

(4) $(C_1+C_2)\cdot P=C_1\cdot P\cup C_2\cdot P$ 这 4 个条件。为此，有代表性地证明第一个条件成立，其他证明是类似的。

对 $\forall x\in(C_1+C_2)\cdot O$，则 $x\in C_1\cdot O$ 或者 $x\in C_2\cdot O$。

所以 $x\in C_1\cdot O\cup C_2\cdot O\Rightarrow(C_1+C_2)\cdot O=C_1\cdot O\cup C_2\cdot O$。

对 $\forall x\in C_1\cdot O$ 或者 $x\in C_2\cdot O$，显然 x 是 C_1+C_2 中的一个对象，

所以 $x\in(C_1+C_2)\cdot O\Rightarrow C_1\cdot O\cup C_2\cdot O\subseteq(C_1+C_2)\cdot O$。

综上(1)、(2)条件得：$(C_1+C_2)\cdot O=C_1\cdot O\cup C_2\cdot O$，同理可证上述 2、3、4 条件都成立，所以 C_1+C_2 是软件系统 S 的一个构件，证毕。

性质 4-1 说明软件系统 S 中的两个构件通过一个调用关系的连接件连接以后，它们的组合仍然是一个构件，只是此时的构件是一个复合构件。

推论 4-1　设 C_1、C_2、…、C_n 是软件系统 S 的任意 n 个构件，则它们对＋运算仍然是软件系统 S 的一个构件。

证明：假设 $C_1+C_2+\cdots+C_n=T_n$，则：

$T_n=(C_1+C_2+\cdots+C_{n-1})+C_n=T_{n-1}+C_n$，记作式(1)。

要证 T_n 是一个构件，只要证明 T_{n-1} 是一个构件，则由性质 4-1 可知 $T_{n-1}+C_n$ 是一个构件，即 T_n 是一个构件。

由式(1)可得以下递推关系：

$T_{n-1}=T_{n-2}+C_{n-1}$，$T_{n-2}=T_{n-3}+C_{n-2}$，…，$T_3=T_2+C_3$，$T_2=T_1+C_2$，记作式(2)。

由性质 4-1，显然有 T_2 是一个构件，通过式(2)的递推关系，显然 T_{n-1} 是一个构件。

所以 $T_{n-1}+C_n$ 是一个构件，即 T_n 是软件系统 S 的一个构件，证毕。

性质 4-2 设 C_1、C_2 是软件系统 S 的任意两个不同构件，则它们对 $\times$ 运算仍然是软件系统 S 的一个构件。

证明：与性质 4-1 的证明类似，此略。

推论 4-2 设 C_1、C_2、…、C_n 是软件系统 S 的任意 n 个不同构件，则它们对 $\times$ 运算仍然是软件系统 S 的一个构件。

证明：与推论 4-1 的证明类似，此略。

性质 4-3 设 C_1、C_2 是软件系统 S 的任意两个不同构件，则它们对 $\oplus$ 运算仍然是软件系统 S 的一个构件。

证明：与性质 4-1 的证明类似，此略。

推论 4-3 设 C_1、C_2、…、C_n 是软件系统 S 的任意 n 个不同构件，则它们对 $\oplus$ 运算仍然是软件系统 S 的一个构件。

证明：与推论 4-1 的证明类似，此略。

构件复用技术是基于构件软件开发的一种重要手段，是提高软件生产效率和软件质量的有效途径。通过对构件运算性质和推论的探讨，可以发现，有限个不同的构件通过不同的运算组合能够生产出实现不同功能的新构件，从而为构造出更多的实现不同功能的软件构件提供依据。

定理 4-7 软件系统 S 在 $+$、$\times$、$\oplus$ 运算关系下构成一个代数系统。

证明：由性质 4-1、4-2、4-3 可知，对 $\forall C_1, C_2 \in S$，都有 $C_1+C_2, C_1\times C_2, C_1\oplus C_2\in S$，即 S 对 $+$、$\times$、$\oplus$ 运算是封闭的。

所以，软件系统 S 在 $+$、$\times$、$\oplus$ 运算关系下是一个代数系统，证毕。

定理 4-8 软件系统 S 的所有构件组成的集合与其上的运算 $+$ 构成一个半群，记作 $\langle S,+\rangle$。

证明：根据定理 4-7，S 与运算 $+$ 构成一个代数系统。又根据定理 4-1，$+$ 运算满足结合律，所以 $\langle S,+\rangle$ 是一个半群。证毕。

定理 4-9 软件系统 S 的所有构件组成的集合与其上的运算 $\times$ 构成一个交换半群，记作 $\langle S,\times\rangle$。

证明：根据定理 4-7，S 与运算 $\times$ 构成一个代数系统。又根据定理 4-2 和定理 4-3，$\times$ 运算满足结合律和交换律，所以 $\langle S,\times\rangle$ 是一个交换半群。证毕。

定理 4-10 软件系统 S 的所有构件组成的集合与其上的运算 $\oplus$ 构成一个半群，记作 $\langle S,\oplus\rangle$。

证明：与定理 4-8 的证明类似，此略。

4.3.4 构件运算的完整性证明

由于基于构件开发的任意软件系统都可以通过构件之间的关系来描述其体系结构，因此对软件系统的研究可以转化为对构件关系的研究，即对构件运算关系理论的研究。构件运算关系作为一个代数系统，它能够描述任意软件系统的体系结构。下面证明构件运算系统在对软件体系结构的描述上是一个完整的系统。

定义 4-7　设 $C=\{C_1,C_2,\cdots,C_n\}$ 是 SA 中所有构件的集合，$R=\{+,\times,\oplus\}$ 是 SA 中构件运算关系的集合，如果 C_i 和 C_j 是 SA 的任意两个构件，且 C_i 和 C_j 通过关系 R 相关，记作 $\langle C_i,C_j\rangle$，则 $\langle C_i,C_j\rangle\in R$，由构件集 C 在运算关系集 R 上生成的系统称为体系结构集，记作 $SA_c=R(C)$。构件、连接件都可以认为是一个软件系统结构。

引理 4-1　任何一个程序都可以由顺序、选择、循环 3 种结构实现。

定义 4-8　构件运算系统的完整性是指：①对于 SA 的任意一个构件 C_i 具有某一特定功能，且 $C_i\in SA_c$，则称构件 C_i 是完整的；②SA 中的构件对每一种运算是封闭的；③通过构件运算关系生成的软件系统是封闭的。

定理 4-11　构件运算系统是一个完整的代数系统，可以描述任意软件系统的体系结构。

证明：该定理的证明分为两部分，第一部分证明构件运算系统是一个完整的代数系统，第二部分证明构件运算系统可以描述任意软件系统的体系结构。

第一步：证明构件运算系统是一个完整的代数系统，也就是要证明构件运算系统具有定义 4-8 的 3 个特征。

(1) 由构件定义 $C=(O,A,X,P)$ 可知，$C.O$ 具有构件 C 所必需的对象；$C.A$ 具有构件 C 相应的属性；$C.X$ 能够执行构件 C 在系统中对应的命令；$C.P$ 能够为其他构件提供服务接口，即构件 C 与其他构件是具有互操作关系。

显然，由构件定义可知任意一个构件 C 具有某一特定功能，且 $C\in SA_c$；所以构件 C 是完整的。

(2) SA 是由构件在调用、协作和条件 3 种运算组成，下面证明 SA 对每一种运算是封闭的。

要证明调用、协作和条件运算是封闭的，只要证明通过这些运算关系所产生的结构是封闭的。

由定义 4-7 和性质 4-1、4-2、4-3 可知，$C_1+C_2,C_1\times C_2,C_1\oplus C_2\in SA_c$，且都是 SA 中的构件，所以 SA 中的构件对每一种运算是封闭的。

(3) 设 $D=(D_1,D_2,\cdots,D_i)$ 是 $i(i>1,i\in N)$ 个构件由 $+$ 运算构成的构件集，$T=(T_1,T_2,\cdots,T_j)$ 是 $j(j>1,j\in N)$ 个构件由 $\times$ 运算构成的构件集，$Q=(Q_1,Q_2,\cdots,Q_m)$ 是 $m(m>1,m\in N)$ 个构件由 $\oplus$ 运算构成的构件集。

显然，由性质 4-1、4-2、4-3 及其推论可知 D、T、Q 是构件集，且有 $D,T,Q\subseteq SA_c$。

任何一个基于构件运算的软件体系结构可以分解成由简单的构件通过调用、协作和条件运算复合而成。因此，只要证明任意的 D_i、T_j、Q_m 在这 3 种运算关系下属于 SA_c，即可证明第三个条件。

因为 $D,T,Q\subseteq SA_c$，显然，对任意的 $D_i\in D,T_j\in T,Q_m\in Q$ 都是 SA_c 中的构件。

所以由性质 4-1、4-2、4-3 可知：

$$D_i+T_j, D_i\times T_j, D_i\oplus T_j, D_i+Q_m, D_i\times Q_m, D_i\oplus Q_m, T_j+Q_m, T_j\times Q_m, T_j\oplus Q_m\in SA_c$$

所以通过构件运算关系生成的软件系统是封闭的，即构件运算系统是一个完整的代数系统。

第二步：证明构件运算系统可以描述任意软件系统的体系结构。

任何一个软件体系结构都必须通过程序设计实现，由引理 4-1 可知，任何一个程序都可以由顺序、选择、循环 3 种结构实现。因此，只要证明构件运算关系存在和这 3 种结构的等价关系即可。

在 Bohm 的文献中指出，顺序结构是指程序按特定的顺序执行某些行为。而在构件运算关系中，假设 $C_1+C_2+C_3+\cdots+C_n$ 是单一的调用关系，显然构件 C_1 按顺序调用 C_2、C_3、…直到 C_n。显然，调用关系和顺序结构是等价的。

选择结构是指在满足某些条件时执行相应的行为，其实质是根据不同的条件执行相应语句，协作完成某一功能；而在构件运算关系中，根据协作运算的定义可知，协作运算和选择结构是等价的。

循环结构是指在某些条件的控制下重复执行某一行为。而在构件运算关系中没有一种运算关系能和循环结构等价，但是，可以通过调用和条件运算的复合得出与循环结构等价的结构。构件运算的循环关系如图 4-4 所示。

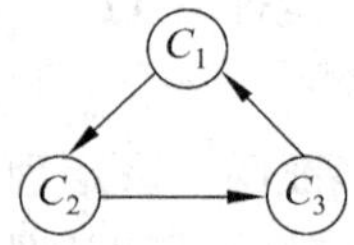

图 4-4　构件运算的循环关系

由上图可知，这是一个最简单的循环关系，它由两个调用运算和一个条件运算复合而成，其运算表达式为 $C_1+C_2\oplus C_3+C_1$。因此，通过调用和条件运算的复合能够组合出与程序设计中循环结构等价的结构。

当然，也可以通过这 3 种基本的运算关系设计出更复杂的体系结构。

由上面的两步证明可以得出：构件运算系统是一个完整的代数系统，可以描述任意软件系统的体系结构。定理得证。

定理 4-12　构件运算系统描述的软件体系结构具有封闭性、层次性和可扩充性。

证明：由定理 4-7 的证明可知，构件运算系统是封闭的，故其描述的体系结构也是封闭的。

软件体系结构 SA 可由构件通过构件运算关系连接而成，假设 SA_1、SA_2、…、SA_n 是由构件运算关系描述的软件体系结构。

由性质 4-1、4-2、4-3 及其推论可知，SA_1、SA_2、…、SA_n 仍然是构件，故 SA_1、SA_2、…、SA_n 通过 $+$、$\times$、$\oplus$ 运算重新组合可以得到更大的软件体系结构，故其具有层次性。

假设 SA 是由构件运算关系描述的体系结构，对满足条件的构件 C 而言，显然有 $SA+C$，$SA\times C$，$SA\oplus C$ 仍然是构件运算关系能够描述的软件体系结构，故其具有可扩充性。

本章用代数理论对构件的属性和行为特征进行抽象，研究了构件调用运算、协作运算和条件运算的性质及其相互间的关系，并运用构件关系抽象描述了软件体系结构。这种通过使用代数理论的方法描述软件体系结构能够充分利用代数理论的科学性、严谨性、精确性等特性来做理论研究。在此利用相关的性质可以研究构件的复用性，构造出不同粒度的可复用构件，并为研究复合构件的性质提供了理论依据。

在完整性证明中，证明了任意一个软件体系都可以由构件运算关系来描述，并证明了一个软件系统的所有构件组成的集合与其上的调用运算和条件运算分别构成半群，与协作运算构成交换半群，并证明了构件运算系统描述的软件体系结构具有封闭性、层次性和可扩充性。

4.4　软件演化方法

4.4.1　基于构件运算的软件演化

对于一个新的软件系统开发完毕并正式投入使用后，由于各种主观或客观因素可能导致用户需求或者需求发生变化，如用户要求增加新的功能、删除现在已经不使用的功能、修改功能模块间的关系等；软件系统本身在运行过程中也会遇到各种各样的问题，如硬件系统的更换、运行平台的改变、系统的容错性、安全性、自适应性、互操作性等非功能性质的变化，这些都会不断影响软件系统功能的扩展、裁决或者系统结构的变化，因此软件体系只有进行不断的修改补充、完善才能适应新需求和环境的变化，这就导致软件需要进行演化。在基于构件的软件开发方法中，软件演化就是修改构件和构件之间的关系，这些变动可归结为增加构件、删除构件和修改构件关系。下面从这 3 个方面对软件演化进行研究。

1. 增加构件

软件系统运行过程中会遇到这样或那样的问题，当前软件系统的功能不能满足用户的功能需求时，就要对软件系统的功能需求进行扩充，可以通过增加构件来扩充完善系统功能。不失一般性，对增加构件的软件演化，可以从以下 3 个方面进行。

1）增加调用构件

当软件系统需要增加一个全新的功能模块时，它既不与某构件协作完成一个功能，又不是某构件执行的条件，这就是增加了一个调用构件。例如，在图 4-3 中增加一个构件 C_{11} 只被 C_5 调用，则增加调用构件后的构件关系如图 4-5 所示。

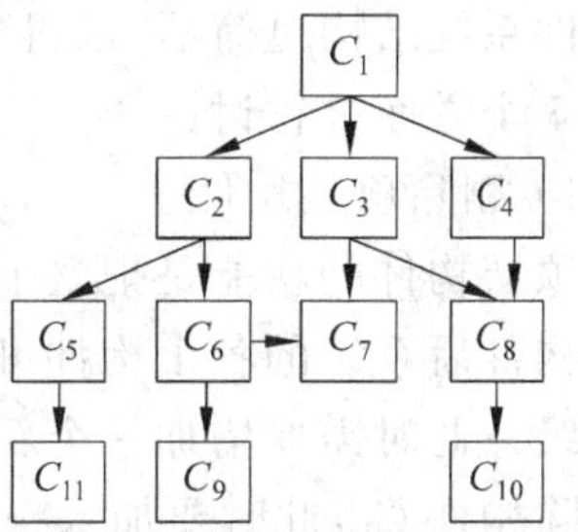

图 4-5　增加调用构件后的构件关系

系统演化后，其构件运算表达式也要发生相应的变化，此时，只要把 C_{11} 构件通过调用关系直接加到 C_5 后面，所得的构件运算表达式为：

$$C_1+[C_2+(C_5+C_{11})\times(C_6+C_9)]$$
$$\times[C_3+(C_7\oplus C_6)\times(C_8+C_{10})]\times[C_4+(C_8+C_{10})]$$

2）增加协作构件

当软件系统的某一功能在原有的基础上不能独立完成，需要增加一个新的构件协助其他构件才能完成该功能时，这就是增加协作构件。例如，在图 4-5 中，如果构件 C_4 的功能需要增加一个新构件 C_{12} 与 C_8 协作才能完成，则增加协作构件后的构件关系如图 4-6 所示。

此时要建立 C_{12} 和 C_8 的协作关系共同完成 C_4 功能，所得构件运算表达式为：

$$C_1 + [C_2 + (C_5 + C_{11}) \times (C_6 + C_9)]$$
$$\times [C_3 + (C_7 \oplus C_6) \times (C_8 + C_{10})] \times [C_4 + (C_8 + C_{10}) \times C_{12}]$$

3）增加条件构件

当软件系统的某一功能要在额外的特定条件下才能执行，就需要增加一个构件作为该构件执行的条件，这就是增加条件构件。例如，在图 4-6 中，如果构件 C_9 的执行需要构件 C_{13} 作为条件才能执行，则增加条件构件后的构件关系如图 4-7 所示。

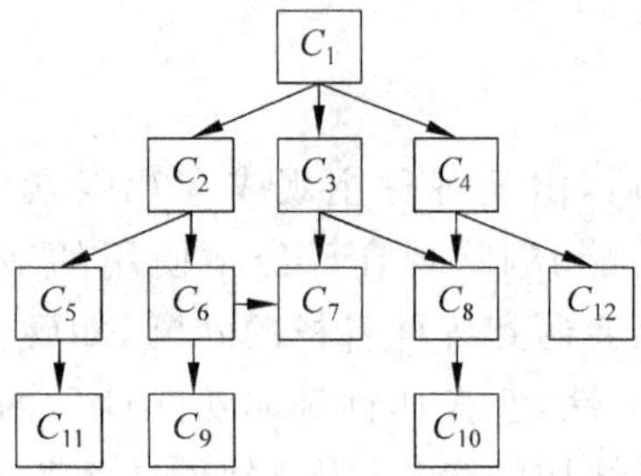

图 4-6 增加协作构件后的构件关系

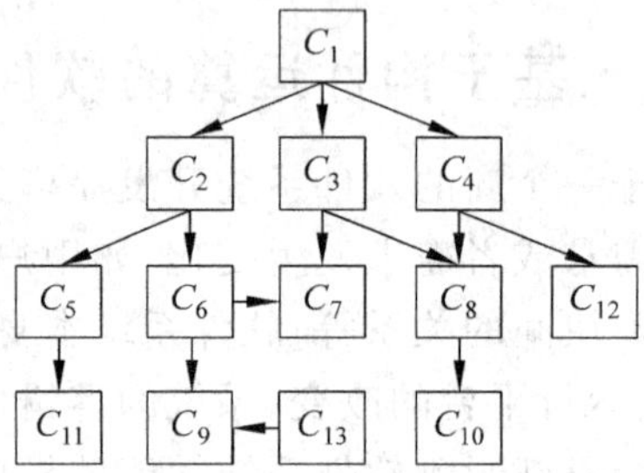

图 4-7 增加条件构件后的构件关系

此时，把构件 C_{13} 作为构件 C_9 执行的条件加入到系统中，所得的构件运算表达式为：

$$C_1 + [C_2 + (C_5 + C_{11}) \times (C_6 + C_9 \oplus C_{13})]$$
$$\times [C_3 + (C_7 \oplus C_6) \times (C_8 + C_{10})] \times [C_4 + (C_8 + C_{10}) \times C_{12}]$$

2. 删除构件

软件系统在运行过程中，随着用户需求的改变、系统环境的改变或者系统某个构件出现问题，使得软件系统中的某些功能模块不再被使用时，需要把系统中遗留的冗余构件删除，使软件系统结构更简洁，以得到更好的性能。不失一般性，对删除构件的软件演化，可以从以下 5 个方面进行讨论。

1）删除顶层构件

顶层构件的功能是把整个系统的构件有机地结合起来形成一个完整的软件系统。删除顶层构件后系统的各个构件可能游离于系统外，使整个软件系统分崩离析，不再是一个完整的系统。此时需要增加一个新的构件把系统的所有构件重新统一起来。例如，在图 4-7 中要删除构件 C_1，此时要加入一个新构件 C_0 作为顶层构件，则删除顶层构件后的构件关系如图 4-8 所示。

图 4-8 所代表的软件系统的构件运算表达式为：

$$C_0 + [C_2 + (C_5 + C_{11}) \times (C_6 + C_9 \oplus C_{13})]$$
$$\times [C_3 + (C_7 \oplus C_6) \times (C_8 + C_{10})] \times [C_4 + (C_8 + C_{10}) \times C_{12}]$$

2）删除协作构件

当系统环境发生改变，使得某构件不再需要其他多个构件的协作就可以完成功能时，就要把多余的构件删除，这就是删除协作构件。例如，在图 4-8 中构件 C_3 的功能是由构件、两个构件协作完成的，在新的环境下构件的功能只要有构件就可以完成，则要把 C_7 删除，删除协作构件后的构件关系如图 4-9 所示。

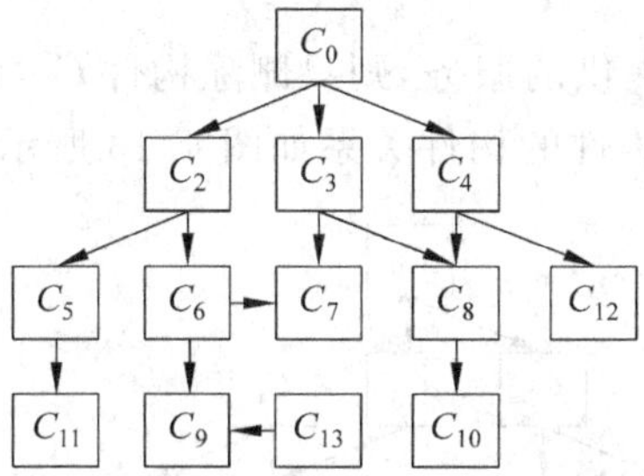

图 4-8　删除顶层构件后的构件关系

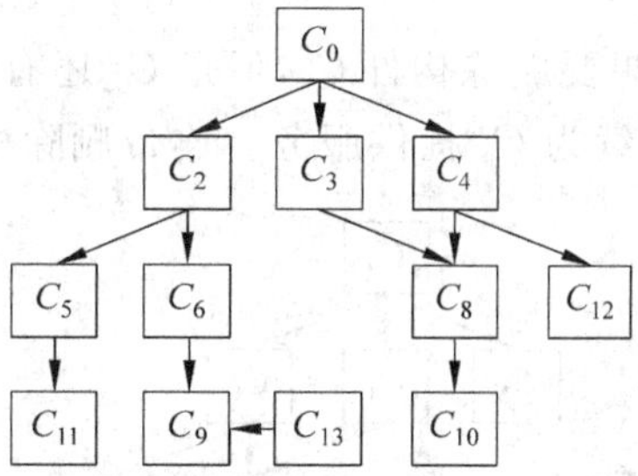

图 4-9　删除协作构件后的构件关系

相应地，其构件运算表达式演变为：

$$C_0+[C_2+(C_5+C_{11})\times(C_6+C_9\oplus C_{13})]\times[C_3+(C_8+C_{10})]\times[C_4+(C_8+C_{10})\times C_{12}]$$

3）删除条件构件

当系统中某个功能的执行不再需要其他条件时，则要把系统中的多余的构件删除，这就是删除条件构件。例如在图 4-9 中，如果 C_9 的执行不再需要 C_{13} 作为条件时，就要把构件 C_{13} 删除，删除条件构件后的构件关系如图 4-10 所示。

图 4-10 所示系统的构件运算表达式为：

$$C_0+[C_2+(C_5+C_{11})\times(C_6+C_9)]\times[C_3+(C_8+C_{10})]\times[C_4+(C_8+C_{10})\times C_{12}]$$

4）删除调用构件

对于删除一般的调用构件则比较简单，只要把要删除的构件及其对应关系直接从系统中删除即可。例如，在图 4-10 中要删除构件 C_{10}，则删除调用构件后的构件关系如图 4-11 所示。

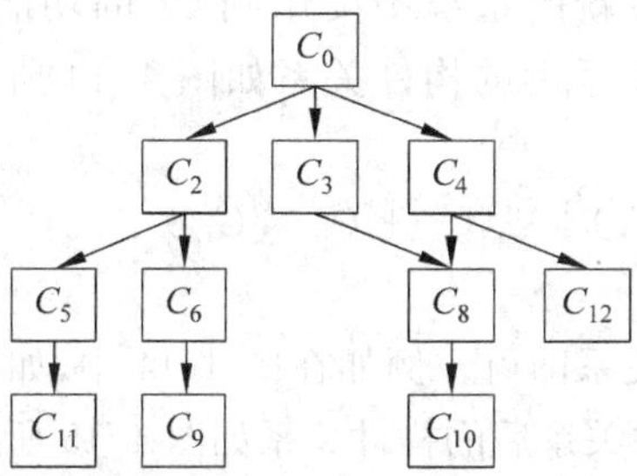

图 4-10　删除条件构件后的构件关系

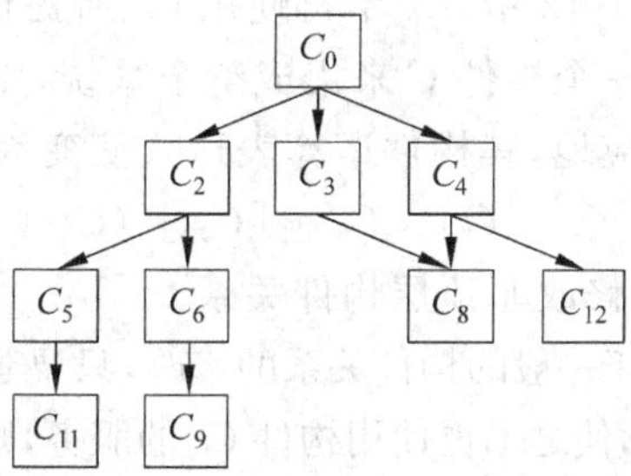

图 4-11　删除调用构件后的构件关系

所得的构件运算表达式相应演变为：

$$C_0+[C_2+(C_5+C_{11})\times(C_6+C_9)]\times(C_3+C_8)\times(C_4+C_8\times C_{12})$$

5）连带删除构件

上述 5 种删除都是删除顶层和底层构件，如果要删除中间层的构件，则需要考虑连带删除的问题。例如在图 4-11 中，如果要删除构件 C_6，因为构件 C_9 只为 C_6 提供服务，而且 C_2 也不使用 C_9 所提供的服务，则 C_6 被删除后，C_9 也要被删除，连带删除构件后的构件关系如图 4-12 所示。

其构件运算表达式相应演变为：

$$C_0+[C_2+(C_5+C_{11})]\times(C_3+C_8)\times(C_4+C_8\times C_{12})$$

如果要删除构件 C_6,但是 C_2 还有继续使用 C_9 所提供的服务,则只删除构件 C_6,而构件 C_9 则继续为 C_2 提供服务。连带删除构件后保留部分构件的构件关系如图 4-13 所示。

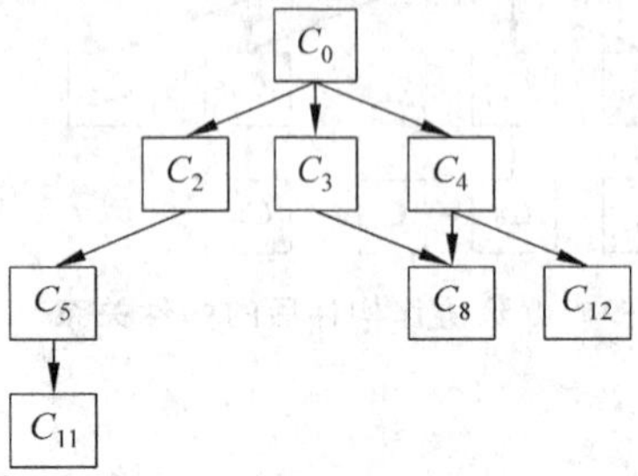

图 4-12 连带删除构件后的构件关系

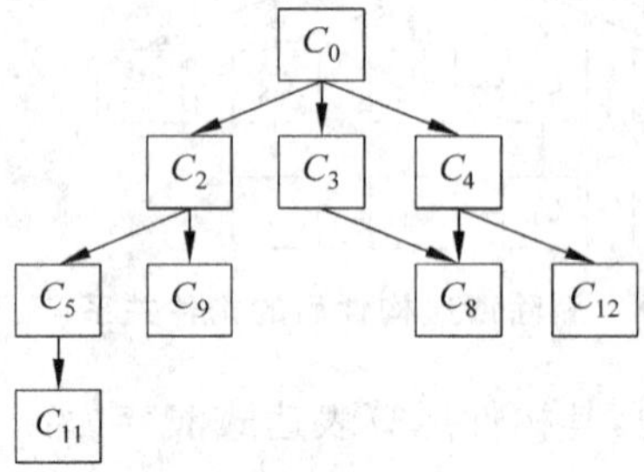

图 4-13 连带删除构件后保留部分构件的构件关系

其构件运算表达式相应演变为:

$$C_0+[C_2+(C_5+C_{11})\times C_9]\times(C_3+C_8)\times(C_4+C_8\times C_{12})$$

3. 修改构件关系

在软件系统中用带有增强功能或修改了错误的构件代替原有的构件时,这种修改如果能使构件之间的关系保持不变,则构件运算表达式不变。如果构件关系发生了变化,则构件运算表达式也要发生相应的变化。对于修改构件之间的关系,可以从以下两个方面进行讨论。

1) 修改顶层构件关系

当顶层构件不再使用下层构件服务,软件系统中的某些构件可能独立于原系统之外,但是在新系统中又要用到该功能时,则要在新系统中增加一个新构件 C 来集成整个系统。例如在图 4-12 中,C_0 不再使用 C_4 所提供的服务,但是在新的系统中要用到 C_4 的功能,此时要增加一个构件 C 来集成整个系统,则修改顶层构件关系后的构件关系如图 4-14 所示。

相应地,其构件运算表达式演变为:

$$C+[C_0+[C_2+(C_5+C_{11})]\times(C_3+C_8)]\times(C_4+C_8\times C_{12})$$

2) 修改非顶层构件关系

对于一般的构件关系的修改,只要建立好构件间的关系即可。例如在图 4-14 中,如果修改构件 C_3,使之不再使用构件 C_8 的服务,则修改非顶层构件关系后的构件关系如图 4-15 所示。

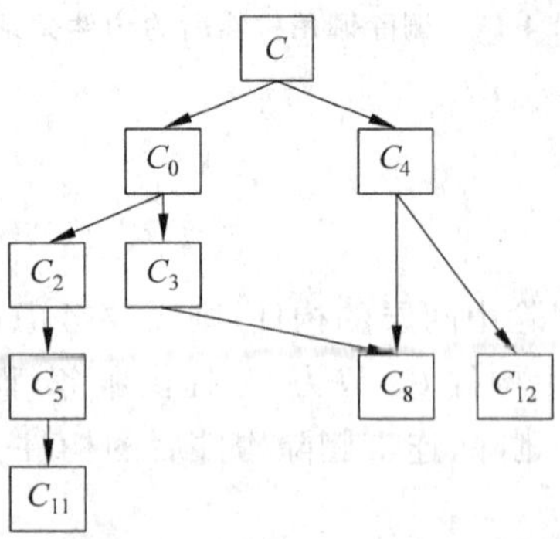

图 4-14 修改顶层构件关系后的构件关系

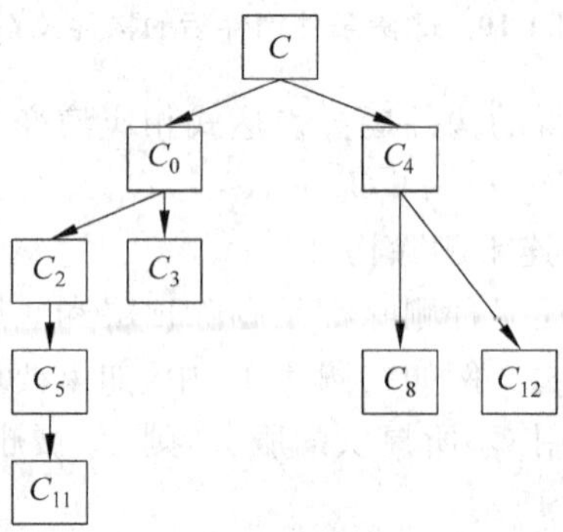

图 4-15 修改非顶层构件关系后的构件关系

修改后的构件运算表达式为

$$C+[C_0+[C_2+(C_5+C_{11})]\times C_3]\times(C_4+C_8\times C_{12})$$

4.4.2　基于体系结构的软件演化

早期的基于软件体系结构的研究都主要集中在描述系统的静态表现形式上，系统的架构被认为是比较稳定的，在系统的整个生命周期中不易发生变化，系统的演化主要集中在构件的演化上。但是，随着系统规模的扩大和对软件演化能力的要求的日益提高，在体系结构的层次上考虑演化问题变得越来越重要。

软件体系结构为系统地研究软件演化提供了基础，软件体系结构使开发者的注意力从烦琐的源代码转移到粗粒度的构件以及构件之间的互联关系。这种视野的扩展使软件的设计者可以摆脱系统细节的干扰，更好地理解系统的总体结构，从而可以从系统结构的角度处理软件的演化问题。软件系统结构的一个重要特征是它将系统构件间的连接关系建模为独立元素，即连接件。连接件协调、控制构件之间的交互过程，将计算和通信分离，避免了构件之间的相互依赖，方便了系统的理解、分析和演化。

在某种意义上来说，大型软件系统始终处于设计阶段，这是因为不断出现的新的需求触发了系统的演化。软件体系结构对这种演化的范围和性质的高层次的理解能够有所帮助。因此，体系结构能够提供对系统中构件以及连接这些构件的连接件的理解。进一步，体系结构应提供如何将系统分解为构件和连接件的理解，以及在增加、删除或替换构件和连接件之后如何重新组合系统的理解。因此，从软件体系结构的角度研究软件演化是一种非常自然的方式。

相关科研人员开始对软件系统结构的演化进行研究。典型的体系结构演化模型有王映辉等提出的软件体系结构演化模型，该模型针对 SA 的静态演化，首先，建立了 SA 邻接矩阵和可达矩阵，凭借矩阵变换与运算对静态演化中的波及效应进行了深入的分析和量化定界，同时给出了构件在 SA 中贡献大小相对量的计算方法；其次，针对 SA 的动态演化，给出了 SA 动态语义网络模型，分析了 SA 动态语义网络中基于不动点的浸润过程收敛的判定，提出了邻接矩阵原子过滤的概念，进而指出 SA 态演化过程可以用一系列邻接矩阵原子过滤在时刻上的逻辑衔接来描述，SA 动态演化过程可以用一系列邻接矩阵原子过滤在时刻上的逻辑衔接来描述；最后给出了两个层面上对 SA 演化波及效应的分析框架。该模型为 SA 演化的管理、控制、利用、评价和量化描述奠定了基础。

4.4.3　软件演化的核心算法

软件演化过程中可能在增加构件的同时还要删除构件或者修改构件间的关系等。但是，不管软件系统进行如何复杂的演化，都可以把它们的演化过程运用代数的方法分解为单个行为的组合，然后再对各个行为分别进行研究，使得软件的演化变得更简单。下面，对基于构件运算的软件演化的核心算法进行描述。

算法 4-1（增加构件的算法）

输入：增加构件前的体系结构运算表达式；

```
输出：增加构件后的体系结构运算表达式；
BEGIN
构造 SA 中的构件关系 R 及其运算表达式；
查找与将要增加的构件 C_Add 相关的构件集 C={C_1,C_2,…,C_k}；
If  C=Φ, break;
For (p=1; p<=k; p++)
    If  <C_p,C_Add>∈R(+)
        C_p=C_p+C_Add;
    //其中 R(+),R(×),R(⊕)分别表示构件运算关系 R 中的+,×,⊕关系
    Else
        If  <C_p,C_Add>∈R(×)
            C_p=C_p×C_Add;
        Else C_p=C_p⊕C_Add;
    EndFor
将通过上述算法得出的构件 C_p 取代原来的构件 C_p,得出的构件运算表达式即为演化后的表达式；
END
```

算法 4-2(删除构件的算法)

```
输入：删除构件前的体系结构运算表达式；
输出：删除构件后的体系结构运算表达式；
BEGIN
构造 SA 中的构件关系 R 及其运算表达式；
查找与将要删除的构件 C_Del 相关的构件集 C={C_1,C_2,…,C_k}；
If  C=Φ,break;
For (p=1;p<=k;p++)
    If  C_Del 为顶层构件
        C_p=Tem,C_p=C_0+Tem,Tem=C_Del,Delete Tem;
            //Tem 为构件输出构件运算表达式；
    Else If C_Del 为底层构件且<C_P,C_Del>∈R
        Tem=C_p(R)C_Del,C_p=Tem-C_Del,Delete Tem;
        输出构件运算表达式；
            //C_p(R) C_Del 表示通过 R 的某种运算关系连接而得到的复合构件
            //Tem-C_Del 表示在复合构件 Tem 中删除构件 C_Del
    Else If C_Del 为中间层构件,且 C_Del 只与 C_p 相关；
        Tem=C_Del(R)C_p,C_p=Φ,Delete Tem;
        输出构件运算表达式；
    Else
        Tem=C_Del(R)C_p,C_p=Tem-C_Del,Delete Tem;
        输出构件运算表达式；
END For
将通过上述算法得出的构件 C_p 取代原来的构件 C_p,得出的构件运算表达式即为演化后的表达式；
END
```

算法 4-3(修改构件关系的算法)

```
输入：修改构件关系前的体系结构运算表达式；
输出：修改构件关系后的体系结构运算表达式；
BEGIN
构造 SA 中的构件关系 R 及其运算表达式；
查找与将要修改的构件 C_mod 相关的构件集 C={C_1,C_2,…,C_k}；
If C=Φ,break;
For (p=1;p<=k;p++)
    If C_mod 为顶层构件,且<C_mod,C_p>∈R
        Tem=C_mod(R)C_p,C_mod=Tem-C_p,C_p=C_0+(C_mod×C_p);
    Else
        通过关系集 R 中的关系建立好 C_mod 与 C_p 之间的关系即可；
        输出构件运算表达式；
END For
将通过上述算法得出的构件运算表达式输出即为演化后的表达式；
END
```

通过上述算法，对于软件系统的演化可以通过构件运算表达式的变化而求得，从而得出演化后的体系结构的构件运算表达式。

4.4.4 构件运算表达式的体系结构化

通过对基于构件的软件系统及演化的研究，可以把任意的软件系统抽象为构件的代数运算表达式；软件演化研究也可以变为对构件运算表达式的代数研究。从而，把软件系统抽象为代数系统，运用代数思想、方法和工具进行理论研究。通过运用代数理论的研究可以减少直接对软件系统进行演化带来的风险，节约系统演化时间，提高系统的可靠性，等等。

对基于构件的软件系统进行代数理论研究后，可以通过下列方法把演化后的构件运算表达式直接转化为构件关系图。

方法 4-2 从左到右，括号优先；先协作、后调用条件；分步求精；集成系统；重复叠加。

其实方法 4-2 是方法 4-1 的一个逆过程。通过方法 4-2，可把软件系统的构件运算表达式转化为构件关系图。例如，假设某系统的构件运算表达式为：

$$C_1+[C_2+(C_4+C_7)]\times[C_3+(C_6\oplus C_4)+C_8\times C_9]\times[(C_{10}\oplus C_6)+C_9]$$

利用方法 4-2 把上述构件运算表达式转化为构件关系图的步骤如下：

第一步：从左到右，括号优先，如图 4-16 所示。

第二步：分步求精，如图 4-17 所示。

第三步：集成系统，重复叠加，集成后的新系统如图 4-18 所示。

本章从软件系统演化的基本方面入手，研究了增加构件、删除构件、修改构件关系等方面的演化，以及随之改变的体系结构，最后通过相应的方法把演化后的代数表达式转化为相应的体系结构模型。

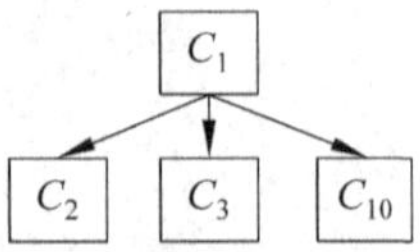

图 4-16 转换的第一步

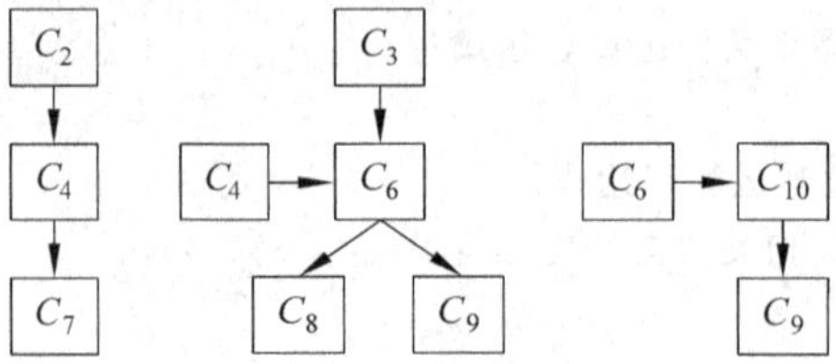

图 4-17 转换的第二步

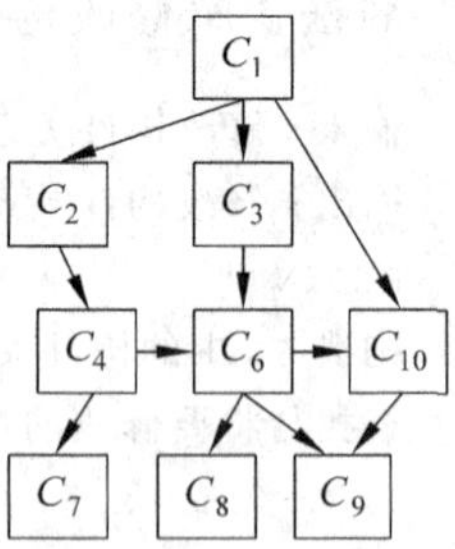

图 4-18 集成后的新系统

通过对基于构件的软件系统及演化的研究，可以把任意的软件系统都抽象为构件的代数运算表达式，那么软件演化的研究就转变为对构件运算表达式的代数研究。从而，把软件系统抽象为代数系统，运用代数思想、方法和工具进行理论研究。通过运用代数理论的研究可以减少直接对软件系统进行演化带来的风险，节约系统演化时间，提高系统的可靠性。

4.5 基于构件的软件在线演化实现

4.5.1 基于构件的演化信息的捕获方法

构件化软件开发作为软件复用的核心技术，越来越受到关注。软件体系结构作为构件开发中的核心资产，体现了软件设计的早期设计决策。通过记录软件体系结构在生命周期内的演化历史，可以更好地理解软件体系结构的演化本质，为改善软件体系结构的质量奠定了基础。因此在此前工作的基础上，将软件体系结构的演化与基于构件的软件配置管理模型建立映射关系，并实现了两者之间的自动映射算法，在系统的支持下实现对软件体系结构演化信息的捕获和记录。

软件体系结构的配置由构件以及构件之间的连接关系构成，可以用复合构件表示软件系统结构的配置。复合构件的内部结构由一组关系密切、相互协作的成员构件以及它们之间的约束关系组成。复合构件中的成员构件相当于软件体系结构配置中的构件；成员构件之间的约束关系相当于软件体系结构的连接关系。以青鸟构件描述语言 JBCDL 讨论如何扩展 JBCDL 支持软件体系结构的演化，将扩充后的 JBCDL 称之为 xJBCDL（extended JBCDL）。xJBCDL 的语法形式如下：

A）扩充后的构件接口规约

```
Component_Interface::=Component<component_name>"<"<VersionInfo>">" is
[Provides <Funtion_Spec_list>
    Requires: <Funtion_Spec_list>]|
[Services: [dual] Service<service_name>{[dual] Service <service_name>}]
Description: <text_docu>semiformal document|Formal document
End Component_Interface;
<VersionInfo>::=Version=<VersionNo>
```

B）扩充后的复合构件实现体规约

```
[Compound_component:=(复合构件的实体)
Reference:(包含的成员构件)
<ReferenceSet>
<ReferenceSet>::={<Component>"<"<ComponentInfo>">";}
<ComponentInfo>::=<LocationInfo>;[<ProjectTeam Info>]
<ProjectTeam Info>::=ComponentManager=<Name>,
[ComponentUsers=<NameList>,]
[ComponentDesigner=<NameList>]
<LocationInfo>::=Location=<Path>
<InstanceSet>::={<Component><ComponentInstance>;}
Instance:(成员构件的实例化)
```

基于构件的软件配置管理模型 CBSCM 支持软件系统结构实现的存储和追踪。为了能够自动地从扩充的构件描述语言 xCDL 构造出相应的 CBSCM 模型，首先介绍基于构件的软件配置管理模型 CBSCM；然后提出了从 xJBCDL 到 CBSCM 模型实例转换的方法。

1. 基于构件的软件配置管理模型

在文献中提出了基于构件的配置管理模型 CBSCM，通过在配置管理技术中引入构件的概念，以构件为版本控制的基本单位。在此基础上定义配置（复合构件）的概念，从而支持构件的演化管理。与其他软件配置管理模型相比，可以更好地支持基于构件的软件开发的演化管理。模型中相关定义如下：

定义 1 构件是可以被多个软件系统所复用的具有独立功能的系统构成成分。在配置管理系统中的构件定义为通过目录结构组织起来的一组密切相关文件的集合。构件概念支持各种形态的构件，如分析构件或设计构件、运行级构件等。构件由若干分支组成，每个分支代表了构件的一个演化方向，每个分支由若干个版本构成。

定义 2 配置是指一组配置项的集合，其中每个配置项可以是一个构件，也可以是一个配置（作为配置项的配置也称为子配置），配置具有自包含性。配置可以表示构件在软件开发中的复合构件，也可以表示组装出来的系统。

定义 3 基线为配置及其所有子配置中的构件都选定一个特定的版本，就得到了配置的一个基线，该操作称为基线操作。配置的基线表示复合构件或系统的一个版本。

2. 由 xJBCDL 到 CBSCM 的转换算法

元模型是一种描述模型元素以及元素之间关系的机制。这里，借助用元模型机制说明扩充的青鸟构件描述语言 xJBCDL 与基于构件的软件配置管理模型 CBSCM 之间的映射关系，如图 4-19 所示。

软件体系结构的配置有若干成员构件，每个成员构件对应于 CBSCM 中的构件，因此软件体系结构的配置对应于 CBSCM 中的一个配置。软件体系结构中构件演化历史对应于 CBSCM 中的构件版本簇；软件体系结构配置的演化历史对应于 CBSCM 中的基线，如果软件体系结构配置发生了变化，则对应于 CBSCM 中一个新的配置；当软件系统结构配置不发生变化，只是组成配置的构件发生变化，则对应于 CBSCM 中一个新的基线。

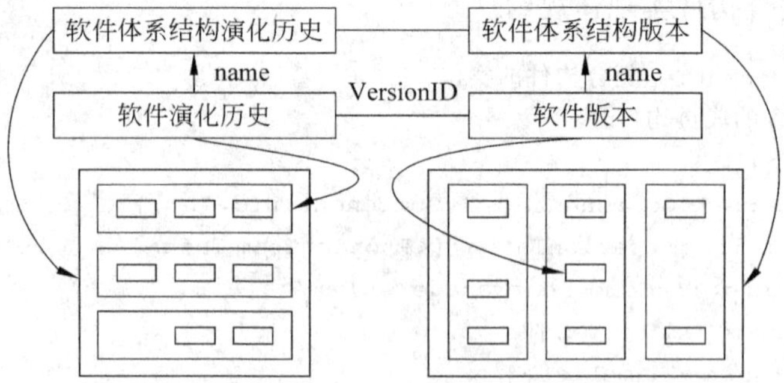

图 4-19 软件系统结构与软件配置管理模型的映射

1）从 JBCDL 自动地生成配置

首先介绍如何从 JBCDL 自动生成 CBSCM 中的一个配置。

算法 Construct_Configuration 的伪代码如下：

算法 1 Construct_Configuration

说明：构造构件 *C* 规约语言在 CBSCM 中对应配置或构件。如果构件 *C* 是原子构件，则返回 CBSCM 中对应的构件名；如果构件 *C* 是复合构件，则返回 CBSCM 中对应的配置名。

```
function(c: CDL): Config
begin
    if c 是原子构件  then
        在 CBSCM 中创建一个构件，构件名为 c.name;
        return new  Config(c name);
    if c 是复合构件 Then
        cConfig:=new Config(c.name);
        在 CBSCM 中创建一个配置,配置名为 c.name;
        for 对于 c 中的每一个成员构件 tDo
            if t 是原子构件 Then
                在 CBSCM 中创建一个构件,构件名为 tname;
                将 t 作为 cConfig 的一个构件;
            else
                tConfig:=Construct_configuration(t);  //迭代地调用生成一个新的配置
                将 tConfig 作为 cConfig 的一个子配置;
            end if
        end for
        return config;
end
```

2）从 xJBCDL 自动生成基线

在算法 1 的基础上，从 xJBCDL 自动生成 CBSCM 中一个基线的算法伪代码如下：

算法 2 Construct_Baseline

说明：构造构件 *C* 扩展的规约语言在 CBSCM 中对应基线或者版本构件。如果构件 *C*

是原子构件，则返回 CBSCM 中对应的版本构件；如果构件 C 是复合构件，则返回 CBSCM 中对应的基线。

```
function Construct_Baseline(c: xCDL): BaseLine
begin
  if c 是原子构件  Then
    在 CBSCM 中创建一个名为 c.name,版本号为 c.ver 的版本构件;
    return new BaseLine(c.name);
  if c 是复合构件  Then
      cBaseLine:=new BaseLine(c.name);
      在 CBSCM 中创建一个名为 c.name,版本号为 c.ver 的基线;
      for 对于 c 中的每一个成员构件 tDo
        if t 是原子构件 Then
          在 CBSCM 中创建一个名为 c.name,版本号为 c.ver 的版本构件;
          将 t 作为 c 的一个版本构件;
        else
          tBaseLine:=Construct_Baseline(t);
          //迭代地调用本程序生成一个新的基线
          将 tBaseLine 作为 cBaseLine 的一个子基线;
        end if
      end for
    return cBaseLine;
  end if
end
```

3）系统的实现

在上述基础上实现了一个原型系统来支持软件体系结构演化信息的捕获。整个原型系统体系结构图如图 4-20 所示，包括扩展的 xJBCDL 编辑器、xJBCDL2CBSCM 转换器。xJBCDL 是一个编辑环境，用于操纵软件体系结构的变化，通过 xJBCDL2CBSCM 转换器，将软件体系结构的变化传播到基于构件的软件配置管理系统中，完成软件体系结构在实现级的变化。

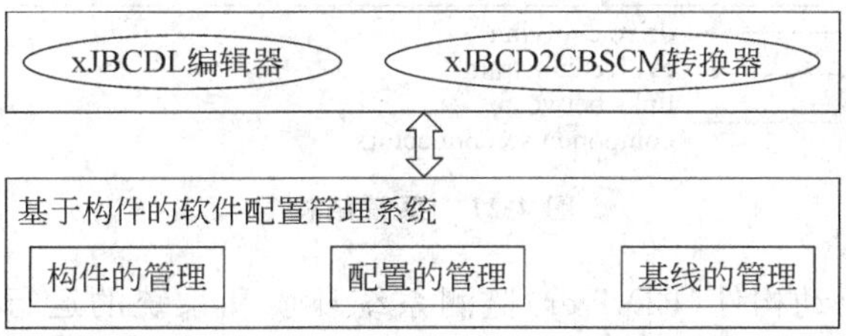

图 4-20　原型系统体系结构图

4.5.2　基于构件的软件在线演化框架实现

经过对动态体系结构多年的研究，学术界已经取得了一些基本共识，其中包括构件专注于计算功能，连接器作为体系结构一阶实体，等等。本文也用到了构件—连接器的基本假设：①构件作为计算实体，完成了系统主要的计算逻辑；②连接器作为负责通信的一阶实体，主要完成协作逻辑。为了描述构件、连接器和体系结构，学术界提出了多种ADL语言，这些语言各有特点，但大多满足基本的构件—连接器假设。在形式化验证方面，一些形式化方法，如CSP、Π演算等，在系统的行为分析和演化验证方面取得了许多成果。

实现一个支持动态体系结构的系统，需要运行的软件有动态改变系统行为的基本能力，主要的方法有基于反射的方法和基于动态AOP的方法。其中，基于反射的实现相对较多，有实现了J2EE服务器功能的PKUAS系统，应用于Web服务的Artemis-ARC系统，以及在多Agent环境中的实现，等等。本文给出了一个接近于OO基础上的实现，接近于普通的开发模式，适合产品化开发。

1. 系统实现框架

系统主要分为两个部分(图4-21)，构件连接器组成的运行系统和控制系统。后者的演化控制中心负责管理系统的演化和监控，维护系统的正常运行。控制中心保存系统中的构件类型描述和构件实例的ID，基于这些数据，向构件提供查找、注册等服务。系统演化往往伴随着控制中心数据的变更，控制中心负责通知相关构件做相应的增量更新，在下一时刻运行系统就具有了新的行为。同样运行构件发生的更新事件也要及时反映到演化控制中心，控制中心和运行系统之间的同步更新保证了系统按照既定的规约运行，也使运行时的管理成为了可能。控制中心保存了构件和连接器的连接关系，并通过图形界面展现给系统管理员，系统管理员则可根据当前运行状况，通过控制界面，驱动系统实施演化。

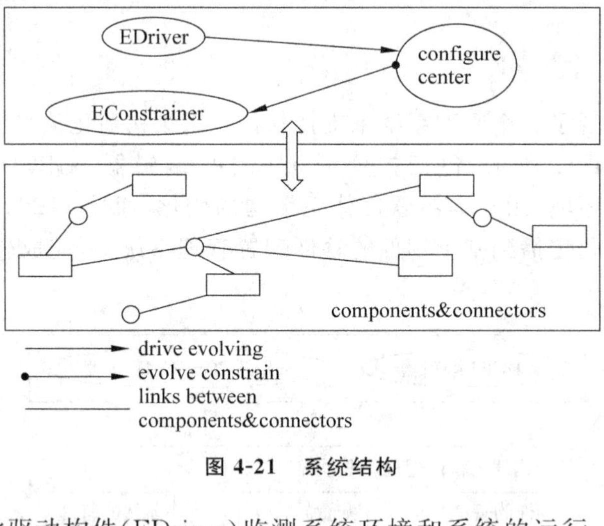

图4-21 系统结构

框架引入了演化驱动构件(EDriver)监测系统环境和系统的运行，EDriver构件还能够根据规则将监测到的信息转化为系统演化请求。为了防止演化后系统违反系统的基本需求，加入了演化验证构件(EContrainer)，该构件判断某个演化是否合法。

从体系结构反射的角度上看，EDriver构件、EConstrainer和演化控制中心处于系统的元层，都能够获知系统基级的运行情况。其中只有演化控制中心能够修改元级的状态，并反馈到基级。EDriver和EConstrainer构件辅助控制中心完成演化。运行系统是系统的基级，包含了系统主要的计算实体和通信实体。

消息 Message 作为通信的传输实体，封装了包括服务请求、计算结果返回、演化命令等多种信息。系统采用事件驱动的方式，将通信的消息转化为事件，并驱动相应的动作。在没有新的演化事件发生的情况下，系统保持原有的结构。这种实现方式相对高效，避免了无谓的等待。

2. 构件—连接器模型和描述

具体可以实现为一个类。在框架提供的基类中已经实现了同步调用和动态升级功能，构件启动的同时还会初始化一个连接器负责该构件的通信。新的构件只需要继承该基类，并提供该构件的 ADL 描述文件，就可以成为符合框架规范的构件。构件的示例定义如下：

```
Public class Calculator extends
        BaseComponent{
                        public Calculator(File file){
                        Super(file);                    //file 是构件的描述文件
                          }
                          …                             //用户定义的计算逻辑
}
```

构件的计算逻辑由具体构件的实现者来完成，这些计算逻辑的实现细节对于其他构件和控制中心是不可见的，它们关心的只是该构件的通信接口。

构件的接口包括请求接口和服务接口，定义构件的接口需要指定接口的语义和实现方法的签名。接口间的映射在演化中心实现，并通知到具体的构件。调用方的构件根据该映射关系向提供服务接口的构件发送请求，请求到达指定的构件后，通过语言提供的反射机制执行相应的方法，并返回结果。容易被忽视的是，构件可能需要调用多个相近的语义接口。以往的实现多是对构件完成一次替换操作以得到不同的语义，而替换操作带来性能和用户实现上的代价较大。为了解决这个问题，框架引入了接口的动态语义，动态语义可以在运行时改变，从而完成构件的一次升级。

图 4-22 给出了构件—连接器的内部结构，构件中的计算线程和演化线程分别负责反射调用和构件演化。构件的具体实现集由构件的具体实现者提供，在运行时被计算线程反射调用，如果在该实现中有对其他构件的接口调用，计算线程阻塞自己，等待返回结果。连接器负责构件的通信和消息缓冲，并根据不同的消息，驱动构件实施计算和演化。

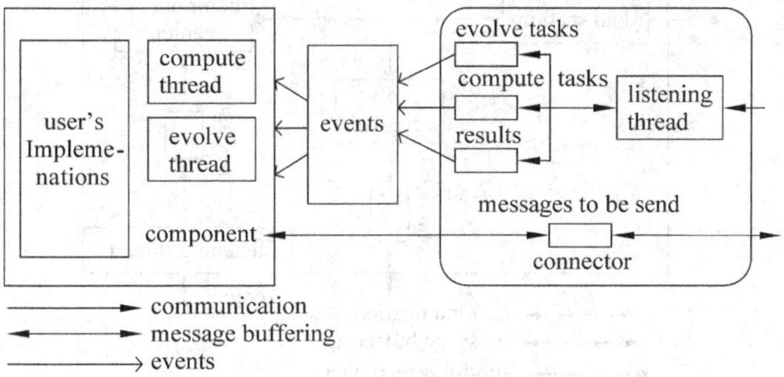

图 4-22　构件—连接器的内部结构

构件不仅要完成计算功能，还需要对管理端的演化命令做出响应，考虑到同时进行多种操作可能造成构件的状态不一致，实现中给构件添加了多个状态，用严格的状态迁移控制演化和计算顺序。构件共有5种状态：INIT状态表示构件已经启动并完成注册，IDLE表明计算线程和演化线程空闲，BUSY表明构件正在进行计算，UPDATE状态说明构件正在实施演化，DEAD状态是构件的终结状态，等待销毁。构件的各状态之间的迁移关系如图4-23所示。

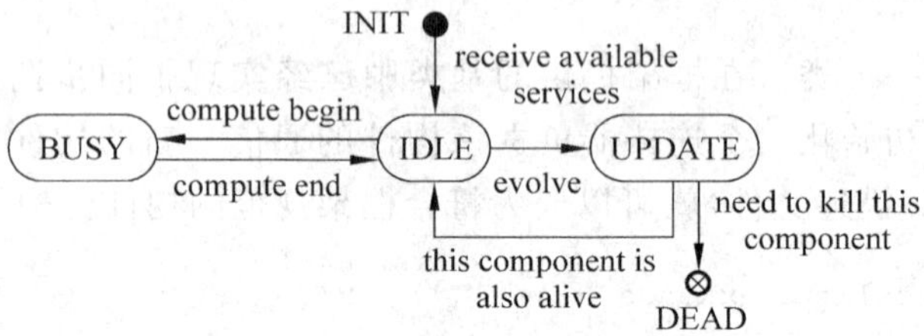

图 4-23 构件的各状态之间的迁移关系

3. 演化控制中心

在线演化时，演化控制中心担当了协调系统演化的角色，来自运行系统的演化和自演化产生的演化命令在演化控制中心处理。演化中心询问 EConstrainer 构件某个演化是否合法，验证为合法的演化才能够得以执行。演化控制中心本身也必须保证其演化操作的原子性和安全性，面对同时获得多个演化任务而同时执行多个演化任务，往往会带来系统的不一致性。在系统设计中，构件增加、删除和修改都被设计成了原子操作，并加入了异常和错误恢复机制，保证系统状态的一致性。

在图4-24中，数据区(data section)保存了构件接口映射关系、当前已经注册的构件类型和实例等运行时信息，这些信息对于系统的运行和演化至关重要，同时只能有一个线程对其实施写操作。监听线程(listening thread)监听运行构件的非演化请求，这些请求经由消息缓冲发给构件中心(component center)，这些请求经由构件中心受理，并更新数据区信息。命令缓冲(commands)作为保存来自用户或者其他演化逻辑生成的演化请求的缓冲区，与其他缓冲区的作用相似，保证了对外界请求的串行响应。演化引擎(evolve engine)从命令缓冲中获取消息和准备实施相应演化并更新数据区。

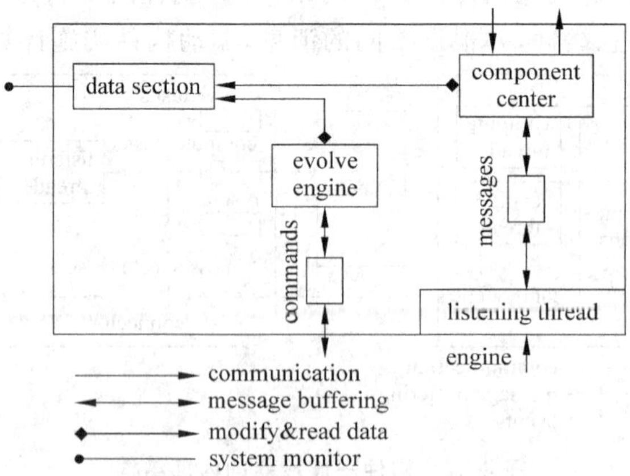

图 4-24 演化控制中心结构

4. 在线演化

1）结构演化

系统的基本演化可以分为两类，系统结构演化和构件自身的演化，所有的演化请求都在演化引擎中执行(图 4-24)，然后通知运行构件更新。结构演化主要体现在构件的动态增加、删除和替换操作。构件自身的演化也有不同的方式，本文的实现主要采用接口演化的方式。构件的增加体现在系统中服务接口语义的增加，如果该接口语义在增加前没有提供者，其对应的请求接口的语义得到了满足；如果该接口已经有相应的实现，对于调用者来说就增加了一个新的选择。新增加的构件的请求接口也要来映射当前系统可提供的服务接口，该构件理应得到所有可为其提供服务的构件接口。按照这样的添加序列，每个新增的构件都会得到当前所有提供其所需的服务接口，其他的构件也会得到新的服务。这里遵循的原则是：演化不应涉及不该涉及的部分，但必须影响到应该影响的部分。部分研究对演化时的体系结构变更做了详细的分析。

```
DyarcManager.getInstance().start()                       (ⅰ)
Calculator calculator=new Calculator(new
File("calculator.xml"));                                 (ⅱ)
…//这里创建其他构件实例                                   (ⅲ)
Sin sin=new Sin(new File("sin.xml"));                    (ⅳ)
Cos cos=new Cos(new File("cos.xml"))                     (ⅴ)
```

考虑这样的系统启动是场景：(ⅰ)启动演化管理中心；(ⅱ)添加构件 calculator 的实例，calculator 构件的描述中声明该构件能够完成计算器功能，而其内部只实现了计算调度功能，执行具体的计算任务需要请求其他构件，演化控制中心分配给该构件全局唯一的 ID，并在演化控制中心的数据区注册该构件，由于当前没有能够满足该构件的请求语义，其得到的可用服务列表为空。(ⅲ)添加了实现四则运算、指数运算、开方运算等简单计算功能的多个构件实例，calculator 从演化控制中心获得了这些计算构件的接口语义和 ID，至此系统已经能够完成简单的计算器功能。

为了给 calculator 加入正弦计算和余弦计算功能，(ⅳ)、(ⅴ)分别创建了能够完成正弦和余弦计算构件的实例，其中余弦构件在计算时需要请求正弦构件的计算接口。通过动态的接口映射和增量通知，用户无须关心(ⅳ)和(ⅴ)的执行顺序。

构件的删除情况也类似，系统注销该构件的服务，并通知相应的构件去除失效的服务。构件的替换在语义上可以等同于旧构件的删除和新构件的添加，在具体实现时，它们并不等同。首先，构件的替换是原子操作，要么操作成功，要么操作失败恢复到演化前的状态，而构件的删除和添加是两次原子操作，万一发生一次失败就有可能导致系统的不一致。其次，构件的替换还需要将当前的构件计算任务保存，并移交到新的构件，由新的构件执行未完成的计算任务。

2）接口语义演化

相对于结构演化，接口语义演化是相对轻载的演化方式，动态改变接口语义，可以在不发生增删构件的情况下改变系统的行为。在构件接口中引入了动态语义，通过切换动态语义，达到演化的目的。一个接口只能有一个静态语义，但可以有多个动态语义。那些有动态语义的接口，同时仅有一个动态语义接口处于活跃状态。只需要重新声明构件的新的动态接口语义，就可以在控制中心的协作下完成一次演化。在一个静态语义下的不同动态语义，其对应的实现方法可以相同,也可以不同。实现方法不同的情况相对容易理解,只需要定义不同的实现方法。对于相同的情况可以通过传入不同参数就可以改变方法的行为,这些传入的参数的值作为接口的动态语义配置写在构件的配置里。

接口语义的演化从接口的类型上可以分为请求接口的演化和服务接口的演化,请求接口的语义变更只会影响到该构件的行为,而服务语义的改变则会影响到多个当前请求该接口的构件的行为,其影响范围更加广泛。两类接口语义在可见性上也有区别,请求接口的动态语义更新对其他构件是可见的(图 4-25),因为其需要进行一次显式的接口映射;服务接口的动态语义变更对其他构件是不可见的,不需要对接口重新映射,是一种相对隐式的演化,由演化控制中心管理其演化。

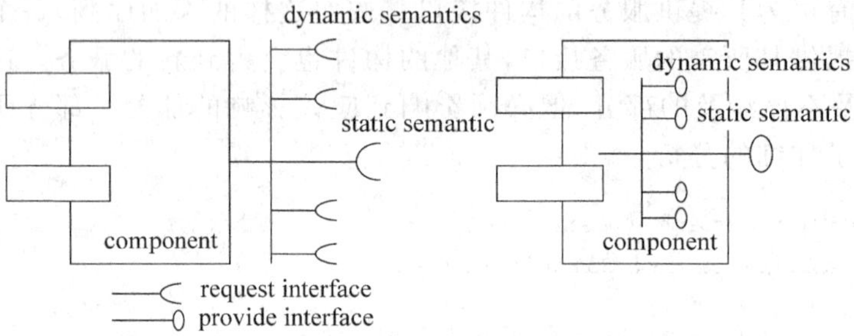

图 4-25 两类动态接口

3) 自主演化和事务支持

自主演化是系统根据既定逻辑自动完成系统演化的演化方式,可分为预设和非预设的演化,预设的演化是在系统启动前添加的既定演化逻辑,而非预设的演化可以在系统运行时动态装载和卸载这些逻辑。在实现时,两种自主演化都可以规约到非预设的自主演化。

为了收集系统运行信息和业务逻辑信息并驱动演化,系统动态启动 EDriver 构件。该构件不仅能感知外界环境,还能通过控制中心获知系统的当前运行状况,然后分析这些信息,并驱动相应的演化逻辑。同时 EDriver 构件可被动态地添加、删除和更改,以实现系统非预设的演化。通过在控制中心的命令缓冲中添加演化请求消息驱动系统演化,若在系统启动时启动演化驱动构件,这种情况可认为是预设的演化。

在上面已经提到,基本演化已被设计成原子操作,也就是说单个的结构演化和接口语义演化是安全的。但多个原子演化操作可能一起构成演化事务,这要求系统支持事务处理。为了支持事务处理,在演化时加入了自动事务控制,在启动事务前,保存了数据区中的重要信息,在新的数据备份上实施读写操作,仅在事务中的操作全部正确执行成功后才提交事务,否则自动回滚,并记入系统日志。为了保证多个事务的演化操作在缓冲池中的逻辑顺序,系统加入了复合演化命令,将一个事务的多个原子演化操作命令封装成一个演化命令,即将多个演化任务的消息封装在一个消息中。

4) 演化验证支持

安全的演化实施已经能够使系统本身状态保持一致,但这并不能保证系统在多次演化后的行为和设计者或者管理者的初衷相符。在创建系统的过程中,某次演化操作可能删除了所有的构件实例,系统回到刚刚建立时的状态,这明显违背了设计者的本意。

为了解决这类问题,框架引入 EConstrainer 构件,用以实现对系统演化的约束。演化控制中心在演化实施前自动询问该构件,得到肯定的答复后执行演化。验证构件能够只读演化控制中心的数据区获得系统的当前状态(图 4-26)，再根据当前的演化任务(封装在message中)判断是否实施该演化，具体验证逻辑由验证构件的提供者给出，其系统约束描述和验证逻辑不是本文的重点。

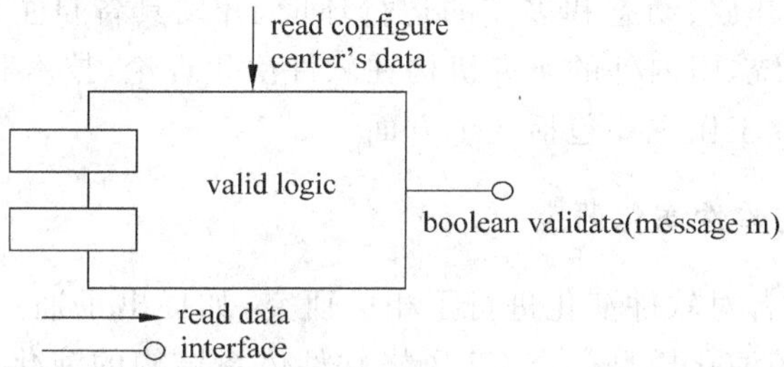

图 4-26　验证构件

5) 系统应用实例

基于上述的动态演化支持框架，构建了一个基于 ERP 的部分应用系统。在该系统中，需要经常添加或者删除一些业务，而这些业务都实现在了构件中，构件都采用了动态语义接口，通过切换其接口的实现来完成一次服务接口的语义演化。添加一个演化驱动构件监测系统的接口配置来驱动系统的演化。演化前后的结果如图 4-27 和图 4-28 所示。

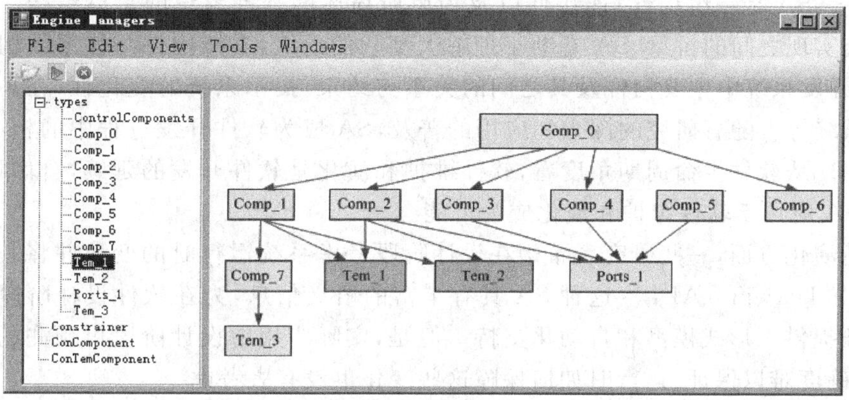

图 4-27　系统运行时监控界面(演化前)

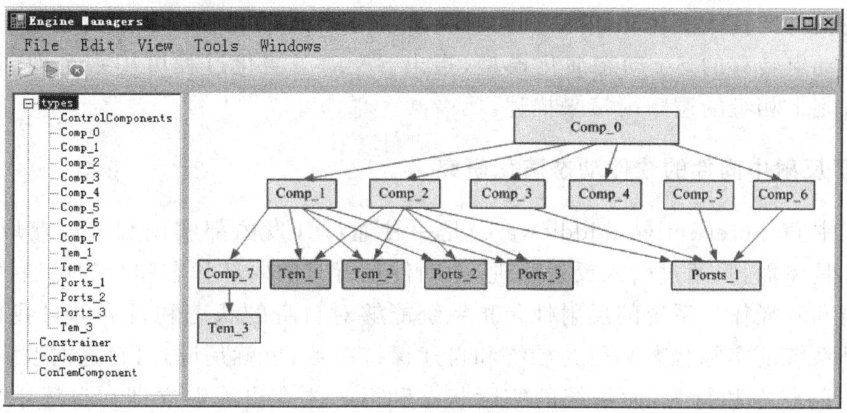

图 4-28　系统运行时监控界面(演化后)

4.6 软件演化研究现状

为了适应 Internet 开放、动态和多变的运行环境，开发具备自主性、反射性、演化性、协同性和多态性的软件系统，国内外的研究机构在软件演化理论、技术和方法上都开展了广泛的研究，其代表性的研究工作主要包括 3 个方面。

1. 基于构件运算的软件演化研究

在国内很多专家学者对软件演化进行了相关研究，如提出了通过构件运算关系研究软件演化；提出了构架动态演化模型研究 C2 风格软件体系结构的演化；研究了基于软件体系结构的 Agent 规约和演化；对软件体系结构演化中的波及效应进行了分析和量化界定。

详细分析软件演化研究的方法技术，现阶段软件演化研究都离不开软件体系结构这一重要概念。

2. 基于 SA 的软件演化研究

SA 从提出之日起，就受到学术界和产业界的广泛关注，成为软件工程研究与实践的重要领域之一。SA 是一组构件、连接件以及约束所描述的软件系统的总体结构。作为需求分析与系统实现之间的桥梁，SA 有助于理解大型软件系统，支持构件与体系结构级别的复用，标识待开发系统中主要构件及其之间的关系与约束，揭示系统的变化性，在高层校验和验证目标系统等。随着研究的深入和应用的普及，SA 成为软件开发过程中的核心产品，起着主导作用。从软件生命周期角度看，软件维护和演化是软件开发的延续，自然地，将软件开发中的 SA 应用于软件维护和演化成为可能。

在设计演化方面，一些研究者希望在设计阶段考虑系统运行时的变化并将其记录在设计文档中，如 Darwin、xADL。这种 SA 具有丰富的语义信息，为在软件设计阶段捕获系统的动态特征提供了形式模型和自动化支持。但是，实际应用中设计阶段可预测的运行时变化有限，准确度难以保证，运行时如何保障这些变化也没有去考虑。

在动态演化方面，Oreizy 等人研究了基于 C2 的体系结构风格，实现了 SA 运行时进行修改，他们开发了一个演化终端 ArchShell，实现了运行时软件系统构件的动态组装、添加，但没有实现构件的在线演化和删除，同时没有涉及分布式环境下的演化问题。王映辉等提出了基于不动点转移的 SA 动态演化模型，指出 SA 动态演化过程可用一系列邻接矩阵原子过滤在时刻上相继的逻辑衔接来描述。

3. 基于反射中间件的软件动态演化研究

反射式中间件（reflective middleware）是一种通过开发内部实现细节以获取高灵敏性的中间件。具体而言，通过引入反射原理，中间件运行时的内部状态和行为可通过一种受限方式进行访问和操作。系统的反射性是指系统能够对自身的状态和行为的自我描述（简称自述），并且系统的实际状态和行为始终和自述保持一致，也就是说，对自述的改变能够立即反映到系统的状态和行为，而系统的实际状态和行为改变也能够立即在自述中反映出来。一个反射系统通常定义了一个层次化的反射体系，包括一个基层（base-level）和一个或多个元层(meta-level)。工作在基层中的实体(基层实体)执行系统正常的业务功能,而工作在元层中的实体(元层实体)负责建立和维护系统自述。

反射式中间件由于在软件系统结构中引入了元数据(meat-data),通过改变元数据,可以有效地改变建立在元层之上的基层来运行系统,因此反射中间件在一定程度上支持软件系统的开放性和动态性。北京大学黄罡、梅宏研究了基于反射式中间件 PKUAS 的运行时软件体系结构(Runtime Software Architecture),实现了 EJB 构件的在线演化,他们的研究基于单个 EJB 容器内的构件演化,没有涉及分布环境下的演化问题。

思考题

1. 什么是软件演化?
2. 简述软件演化的现状,软件演化的代表性研究工作有哪几方面?
3. 软件体系结构的定义是什么?
4. 软件体系结构有哪几种模型?
5. 软件体系结构的主要表示方法有哪些?
6. 软件的演化能力主要体现在哪几个方面? 软件演化与软件维护的关系是什么?
7. 按照演化发生的时机,软件演化可以分为哪几类?
8. 何为构件? 构件之间有哪几种关系?
9. 在基于构件的软件开发方法中,从哪 3 方面对软件深化进行研究?
10. 使用什么样的方法把演化后的构件运算表达式直接转化为构件关系图?
11. 构件共有哪几种状态?
12. 分析接口语义演化的两类动态接口。
13. 简述软件体系结构的重要性。
14. 软件演化的核心问题是什么?
15. 简述构件和软件复用的概念,并说明软件复用的好处。
16. 构件运算的性质有哪些?
17. 简述软件体系结构在软件演化中的作用。
18. 软件演化的方法有哪些?
19. 演化控制中心的结构包括哪几个方面? 分别起什么作用?

第5章 网构软件

5.1 网构软件的产生

Internet 作为不同于传统计算机的硬件平台，具有如下基本特征：

(1) 无统一控制的"真"分布性。

(2) 节点的高度自治性。

(3) 节点链接的开放性和动态性。

(4) 人、设备和软件的多重异构性。

(5) 实体行为的不可预测性。

(6) 运行环境的潜在不安全性。

(7) 使用方式的个性化和灵活性。

(8) 网络连接环境的多样性。

由于软件系统所基于的计算机硬件平台正经历从集中封闭的计算平台向开放的 Internet 平台的转变，软件系统作为计算机系统的灵魂，随着其运行环境的演变也经历了一系列的变革。目前，面向网络的计算环境正由 Client/Server 发展为 Client/Cluster，并正朝着 Client/Network 和 Client/Virtual Environment 的方向发展。那么，未来的基于 Internet 平台的软件系统又将会呈现出一个什么形态呢？

从技术的角度看，以软件构件等技术支持的软件实体将以开放、自主的方式存在于 Internet 的各节点之上，任何一个软件实体可在开放的环境下通过某种方式加以发布，并以各种协同方式与其他软件实体进行跨网络的互联、互通、协作和联盟，从而形成一种与当前的信息 Web 类似的 Software Web。Software Web 不再仅仅是信息的提供者，而是各种服务(功能)的提供者。由于网络环境的开放与动态性，以及用户使用方式的个性化要求，从而决定了这样一种 Software Web 并不能够像传统软件那样一蹴而就，它应能感知外部网络环境的动态变化，并随着这种变化按照功能指标、性能指标和可信性指标等进行静态的调整和动态的演化，以使系统具有尽可能高的用户满意度。这样一种新的软件形态称为网构软件(Internetware)。

5.2 网构软件的特征

网构软件区别于传统软件形态的独有特征如下：

网构软件是在 Internet 开放、动态和多变环境下软件系统基本形态的一种抽象，它既是传统软件结构的自然延伸，又具有区别于在集中封闭环境下发展起来的传统软件形态的独有的基本特征。

1. 自主性

指网构软件系统中的软件实体具有相对独立性、主动性和自适应性。自主性使其区别于传统软件系统中软件实体的依赖性和被动性。

2. 协同性

指网构软件系统中软件实体与软件实体之间可按多种静态连接和动态合作方式在开放的网络环境下加以互联、互通、协作和联盟。协同性使其区别于传统软件系统在封闭集中环境下单一静态的连接模式。

3. 反应性

指网构软件具有感知外部运行和使用环境并对系统演化提供有用信息的能力,反应性使网构软件系统具备了适应 Internet 开放、动态和多变环境的感知能力。

4. 演化性

指网构软件结构可根据应用需求和网络环境变化而发生动态演化,主要表现在其实体元素数目的可变性、结构关系的可调节性和结构形态的动态可配置性。演化性使网构软件系统具备了适应 Internet 开放、动态和多变环境的应变能力。

5. 多态性

指网构软件系统的效果体现了相容的多目标性。它可根据某些基本协同原则,在动态变化的网络环境下,满足多种相容的目标形态。多态性使网构软件系统在网络环境下具备了一定的柔性和满足个性化需求的能力。

可以说,网构软件的概念是普适而广泛的。实际上,从单机结构的软件系统,到主/从结构的软件系统,到客户机/服务器模式的软件系统,一直到现有的浏览/服务器结构的软件系统,从本质上来说,都是网构软件系统的一种特例(具有网构软件的某些特性)。例如,当今有代表性的 Browser/Server 结构在 Server 端具有相对独立性,而众多 Browser 与 Server 端的连接则具有开放环境下跨网络的初级协同性;而 Browser 搜索引擎搜索结果的多重性则体现了其随网络环境变化而产生的多态性;JINI 技术中所倡导的软件实体的动态联盟和 Applets 技术等则在某种意义下体现了演化性的需求;而 Active Software 和 Autonomous Software 则反映了在网络环境下对软件实体自主性的需求。因此,有理由相信,网构软件概念基本概括了在 Internet 开放、动态和多变环境下软件技术的发展趋势,它将在未来成为软件的一种主流形态。

5.3 基于开放软件模型的网构软件模型

5.3.1 开放软件模型

反面来看以面向对象方法与技术为基础的经典软件模型,由于其产生于静态、封闭、可控的环境，如果从直接性和自然性的角度考虑其对开放、动态、难控环境下软件开发、运行与维护的支撑，则可发现其在基础软件模型、软件方法与技术、基本的支撑机制等方面存在一定的限制。在微观上，它具有有限自主性、固定封装性、交互单调性等特征；在宏观上，它具有预假定的环境、紧耦合的结构、集中式的开发和重编程的应变方式等特征。为对开放、动态、难控环境下的软件系统的开发、运行和维护提供直接、自然和有效的支持，许多软件新理念、新概念、新模型、新方法和新技术应运而生。如果从软件方法学及其技术支撑的角度对上述工作加以归纳，其发展趋势是应用资源联盟化、基础平台网络化、外部环境显式化、软件实体主体化、开发方式群体化、结构模型协同化、异构处理中件化、软件协同分离化、运行机制自适应、系统维护自治化、系统保障可信化等。

一般说来，软件结构模型决定了软件的基本形态，它是软件方法学的核心。为建立面向Internet的网构软件方法学框架与技术体系，需针对经典软件结构模型存在的预假定的环境、紧耦合的结构、集中式的开发和重编程的应变方式等限制，提出以显式化环境、松耦合结构、分布式聚合、动态化应变、可信化保障、智能化支撑等为特征的网构软件模型。将上述特征适当分解与组合，有的学者提出了系统研究网构软件方法与技术体系的技术途径，即开放协同模型、环境驱动模型、智能可信模型。其中开放协同模型是基础，主要特征是松耦合结构与分布式聚合，它将突破经典封闭可控模型的限制，使得软件在结构上能够适应Internet开放环境对各类资源的多模式协同与动态可演化的要求。环境驱动模型的特征是显式化环境与动态化应变，它是在开放协同模型的基础上，探讨外部环境的特征及其各种的变化模式，建立环境模型的框架结构，在此基础上，建立开放协同模型与环境模型的交互计算模式和自适应演化模式，从而形成环境驱动模型。更进一步，智能可信模型的主要特征是可信化保障与智能化支撑，它是在环境驱动模型的基础上，引入可信计算框架和机器学习技术等，解决开放环境下软件的可信性与个性化等方面的问题，从而最终形成了一个具体可用的网构软件模型，以及与之配套的原理、方法、技术、系统和示范应用。

软件是客观事物的一种虚拟反映，是知识的固化、凝炼和体现。软件的这种本质，驱动着软件基本模型不断追求更具表达能力，更符合人类思维模式，更具可构造性和演化性的软件结构，如结构化软件试图适应人分析问题和解决问题的思维模式，面向对象软件试图适应客观世界的问题结构。另一方面，软件的主要作用是指导计算机系统进行问题求解并实施相应的管理，这就驱动着软件不断追求更高效并合理地发挥硬件资源所提供的计算能力。

进入21世纪，以Internet为代表的网络逐渐融入人类社会的方方面面，极大地促进了全球化的广度和深度，为信息技术与应用扩展了发展空间。另一方面，Internet正在成长为一台由数量巨大且日益增多的计算设备所组成的“统一的计算机”，与传统计算机系统相比，Internet为应用领域问题求解所能提供的支持在量与质上均有飞跃。为了适应这些应用领域及信息技术方面的重大变革，软件系统开始呈现出一种柔性可演化、连续反应式、多目标自适应的新系统形态。从技术的角度看，在面向对象、软件构件等技术支持下的软件实体以主体化的软件服务形式存在于Internet的各个节点之上，各个软件实体相互间通过协同机制进行跨网络的互联、互通、协作和联盟，从而形成一种与WWW相类似的软件Web(software Web)。

具体而言，网构软件包括一组分布于Internet环境下各个节点的、具有主体化特征的软件实体，以及一组用于支撑这些软件实体以各种交互方式进行协同的连接子。这些实体能够感知外部环境的变化，通过体系结构演化的方法（主要包括软件实体与连接子的增加、减少与演化以及系统拓扑结构的变化等）来适应外部环境的变化，展示上下文适应的行为，从而使系统能够以足够满意度来满足用户的多样性目标。网构软件这种与传统软件迥异的形态，在微观上表现为实体之间按需协同的行为模式，在宏观上表现为实体自发形成应用领域的组织模式。相应地，网构软件的开发活动呈现为通过将原本"无序"的基础软件资源组合为"有序"的基本系统，随着时间推移，这些系统和资源在功能、质量、数量上的变化导致它们再次呈现出"无序"的状态，这种由"无序"到"有序"的过程往复循环，基本上是一种自底向上、由内向外的螺旋方式。

5.3.2 网构软件模型

软件模型是软件方法学的核心，集中体现了一种软件方法及其技术支撑体系以何种基本视角来看待软件系统的成分构成与运行机理。作为开放、动态和难控网络环境下的分布式软件系统的一种抽象，网构软件在构成、运行、正确性、开发、可信性、生存周期等方面与经典软件系统相比均存在差异。

(1) 在系统构成方面，网构软件是开放的和反射的(reflective)。开放性指网构软件由分布在广域范围内的、通常由第三方提供的、具有主体化服务特征的一组软件实体，通过各类风格各异的协同连接子加以互联、互通而形成的联盟；反射性是指网构软件包括两个层次的内容，即目标层与元层（或称为控制层）。目标层不仅包括经典软件系统的范围，而且还包括显式的环境抽象。元层则主要包括用于反映环境变化的感知机制部分和用于调节系统行为的演化机制部分。

(2) 在系统运行方面，网构软件能够主动适应情境。目标层系统的运行主要用于满足某一时段内用户的需求；元层根据环境的变化对运行系统按照所需的指标加以调整与演化，从而使目标层系统在下一个时段能更好地满足用户的需求。如此不断往复，系统的运行过程也是系统不断演进的过程，这也导致在生存周期方面，网构软件强调一种以演化为主的动态模型。

(3) 在系统正确性方面，通过不断的系统演化，网构软件所追求的刚性正确性要求逐步转向随时段变化而变化的用户柔性满意度。

(4) 在系统开发方面，软件开发过程就是不断获取最佳的服务与增值服务的过程，在此过程中，由主体化的软件实体与分离的协同机制所支持的成长式开发方式本质上蕴含了基于构件组装的软件复用思想。

(5) 在系统可信性方面，在经典的安全与可靠保障技术基础上，强调一种在开放环境下基于历史运行信息评价的柔性可信度量、推断与应用机制。

考察经典、主流的面向对象软件模型，由于其产生于静态、封闭、可控的环境，从而具有有限自主、固定封装、交互单调、结构紧耦、离线应变等特征。虽然近年来在分布对象技术、面向特征编程等方面取得了一些进展，但其根本特征并没有改变，无法直接支持网构软件。为此，基于面向对象模型，提出了一种基于Agent、以软件体系结构为中心的网构软件模型，如图5-1所示。

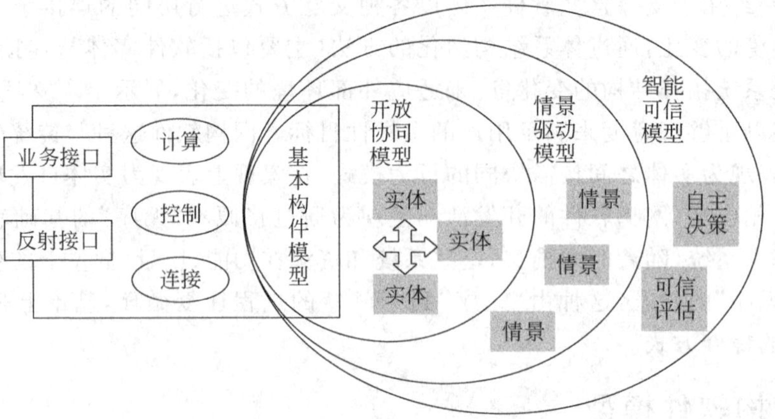

图 5-1 网构软件模型

1. 基本构件模型

网构软件基本实体首先是一个构件,以确保单个实体可以独立部署、运行与演化。与传统软件构件类似,网构软件基本实体也具有业务接口,以提供计算、控制或连接等功能。与传统软件构件不同的是,网构软件基本实体具有反射接口,以提供监测、分析、规划、调整其业务功能的反射功能(也称为元计算),进而实现网构软件的自主性、演化性、协同性、多态性和反应性等特性。Internet"天然"的异构性决定了网构软件基本实体所具备的特性不尽相同,因此,网构软件构件模型自身是可定制和可扩展的,如仅提供业务功能而不具备任何反射与推理能力的软件实体,可以认为是网构软件实体的一种基础形态;定义了构件元模型且允许通过反射接口访问的软件实体则具备个体感知能力;理解环境元模型并且可通过反射接口访问的软件实体具备环境感知能力;可调整自身状态或行为的软件实体具备个体适应能力;等等。这些网构软件特性的原理与实现则由开放协同模型、情境驱动模型和智能可信模型来规范。

2. 开放协同模型

开放协同软件模型的核心就是给面向对象程序模型中的核心概念——结构(对象、消息)赋予开放环境下的新含义,以此来适应开放网络环境的需要。它具有如下特征:在结构上,软件实体与协同部分在构成上是分离的,协同逻辑基于软件体系结构成为显式的独立实体;在开发上,软件实体与协同部分可由服务提供者和服务集成者分别开发,面向服务提供者的软件实体编程可由成熟的面向对象技术支撑,由现有的标准技术,如 Web Services 等加以封装,而面向服务集成者的协同程序设计将由内置式软件体系结构、多模式共存的灵活交互方式和面向协同的服务剪裁与增强机制来支持;在应变上,实体部分主要通过大量新生的、可供选择的优质服务来不断完善或淘汰旧的服务,而协同部分则通过对软件服务的灵活剪裁、多样性的综合集成以及分层次的协同演化来适应外部环境的变化。

3. 情境驱动模型

情境驱动模型的研究目标是在开放协同模型的基础上分析外部环境的特征及其多样的

变化模式，建立环境模型的框架结构，在此基础上，以反应式服务计算为突破点，建立开放协同模型与环境模型的交互计算模式和自适应演化模式，从而形成相应的结构、方法与技术。情境驱动系统的构造需要通过对网构软件系统与运行环境及使用者之间不断演进的互动模式进行感知和分析，归纳出情境驱动的行为模式，进而利用上述框架和自适应体系结构技术实现情境感知和主动适应。在实现上，通过基于 Agent 的情境信息收集和处理并结合智能化的体系结构演化驱动来达到上述目标。

4. 智能可信模型

智能可信计算模型就是在情境驱动模型的基础上，引入可信计算框架和智能技术等，解决开放环境下软件的可信性、个性化、自发成长等方面的问题，也就是在经典的具有关注单一属性、开发者主导、以刚性规约为主等特征的保障机制与支撑手段的基础上，发展一种具有综合考虑多种需求、基于实证、评价标准灵活等特征的、适合于网构软件系统的新型保障机制与支撑手段。技术上需要包括网构软件实体与系统的信任描述框架和度量模型、基于 Agent 的信任管理、可信的系统（半）自动组合与演化等机制的支撑。

5.3.3 网构软件中间件

软件中间件（简称为中间件）是指网络环境下处于操作系统等系统软件和应用软件之间的一种起连接作用的分布式软件，主要解决异构网络环境下分布式应用软件的互联与互操作问题，它可屏蔽实现细节，提高应用系统的易移植性。随着 Internet 的快速发展与广泛应用，中间件技术、产品、应用、标准逐步繁荣，其定义正在走出狭义空间，逐步形成更为广义的内涵，成为一种 Internet 环境下的新型系统软件，且呈现出如下发展趋势：

(1) 平台化：越来越多地向传统运行层（操作系统）渗透，提供更强的运行支撑，形成屏蔽操作系统、网络协议、数据库管理系统的网络运行平台。

(2) 泛在化：中间件从传统的企业计算延伸到对等计算、普适计算、网格计算、服务计算等新型计算模型，使得中间件广泛存在于各种计算模型与系统中。

(3) 领域化：不再局限于提供适用于大多数应用的支持机制，那些适用于某个领域内大部分应用的支持机制（这些机制往往无法在其他领域使用）也开始得到重视。

(4) 模型化：中间件对于整个软件生命周期的影响得到重视，开始考虑将中间件抽象成不同的模型以支持高层设计、测试、部署甚至需求分析等开发活动。

中间件的繁荣及其发展趋势决定了其在网构软件技术体系中的地位和作用，作为操作系统负责网构软件系统的运行与管理。具体而言，网构软件中间件应具备两种主要能力：其一，网构软件模型的实现，即如何将前面建立的网构软件基本实体变为可运行的实体，以及如何在软件体系结构的管控下实现这些运行实体之间的按需协同；其二，网构软件系统的管理，即在开放、动态、难控的 Internet 环境中如何保证网构软件系统的运行才能够满足预期的功能、性能、可靠性、安全性等可信指标。为此，建立了如图 5-2 所示的网构软件中间件模型。

容器是网构软件基本实体运行时所处的空间，负责实体生命周期的管理（如类装载、实例化、缓存、释放等）、实体运行上下文的管理（如访问引用上下文和数据库连接等）以及实体的基本业务与高级策略之间的绑定（与互操作协议绑定以允许通过 RMI、HTTP、SOAP 等

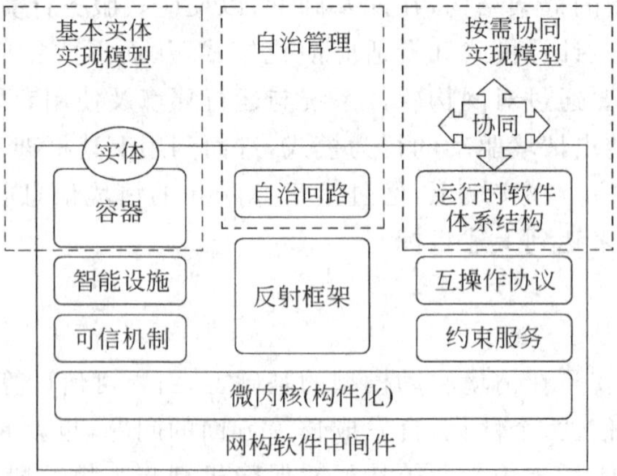

图 5-2　网构软件中间件模型

访问业务接口，与约束服务绑定以实现访问控制、数据持久化、事务约束等，与智能设施绑定以实现业务规则自动调整，与可信机制绑定以实现信誉评估等）。值得指出的是，基本业务的实现体、高级策略的实现体以及各个绑定均可在线调整，以体现网构软件的多变性。

5.3.4　网构软件按需协同的实现模型

运行时软件体系结构（runtime software architecture，RSA）是中间件提供的一种运行实体，由于中间件对整个系统的深度控制而与运行系统之间建立了一种因果关联关系，这种关系确保 RSA 的变化会实时转换为运行系统的变化，反之亦然。每个网构软件的基本实体均被抽象并实例化。

化为一个 RSA 构件，两个实体之间的交互则抽象并实例化为一个 RSA 连接子，从而将网构软件实体之间的按需协同实现为 RSA。宏观上，所有网构软件实体之间的协同形成了一个 Internet 规模的 RSA。微观上，既可调整 RSA 的局部，以显式驱动实体之间的协同，也允许实体自主协同（但该协同由于实现 RSA 的一部分而受到管控）。因果关联关系的建立有反射式编程模型和反射式中间件两种主要途径，各有利弊。以反射式中间件为主，整合了反射式编程模型，实现了一种全反射框架，以提高因果关联关系的广度和深度，从而满足网构软件按需协同的需要。

5.4　基于 Agent 的网构软件模型

Internet 平台不同于传统的计算机硬件平台，它具有如下基本特征：无统一控制的"真"分布性，节点的高度自治性，节点链接的开放性和动态性，人、设备和软件的多重异构性，实体行为的不可预测性，运行环境的潜在不安全性，使用方式的个性化和灵活性，网络连接环境的多样性等。Internet 的出现和普及使计算机软件所面临的运行环境开始从封闭、静态和可控逐步走向开放、动态和多变。如何在开放、动态和多变的网络环境下实现各类资源的共享和集成已经成为计算机软件技术面临的重要挑战之一。

为了适应这样一种发展趋势，软件系统开始呈现出一种柔性可演化、连续反应式、多目标适应的新系统形态。从技术的角度看，在软件构件技术等支持下的软件实体以开放、自主的软件服务形式存在于Internet的各节点之上，各个软件实体相互间通过协同机制进行跨网络的互联、互通、协作和联盟，从而形成一种与信息Web相类似的软件Web(Software Web)。网络环境的开放、动态和多变性，以及用户使用方式的个性化要求决定了这样一种软件Web不再像经典软件那样一蹴而就，它应能感知外部环境的动态变化，并随着这种变化按照功能指标、性能指标和可靠性指标等进行静态(离线)的调整和动态(在线)的演化，以使系统具有尽可能高的用户满意度。

反观以面向对象方法为基础的主流技术体系，由于其产生于静态、封闭、可控的环境，具有有限自主性、被动驱动性、固定封装性、交互单调性的特征。如果从直接性和自然性的角度考虑其对网构软件的支撑，则可发现其在基础软件模型、软件方法与技术、基本的支撑机制等方面存在一定的限制。为此，如果要对网构软件提供直接的和自然的支持，就需要在面向对象技术体系的基础上，完成从封闭可控结构到开放协同结构的转变，从基于实体的结构分解到基于协同的实体聚合的转变，从协同方式的单一性到灵活多样性的转变，从实体单元的从属被动性到独立自主性的转变，从系统维护静态性到系统演化动态性的转变，从系统目标的确定性到多重不确定性的转变。上述转变为在面向对象技术体系基础上发展一种新的适合于开放、动态、多变网络环境的网构软件技术体系提供了切入点。

为了完成上述转变，国际上从不同的角度对上述问题进行了探讨，Shaw等的开放资源障碍肋(open resource coalitions)提出了几种开放式应用的理念与保持其可用性的内稳态机制，并尝试采用足够正确(sufficient correctness)的概念来刻画其可用性。然而，在如何建立相应的开放软件结构模型及其方法等方面未加涉及。Shaw等人提出的体系结构抽象、Garlan等人提出的Rainbow和Magee等人提出的Darwint等体系结构技术为交互协同模式的结构化提供了原理、方法和技术，但如何在程序设计层面将其与面向对象模型有机结合，以形成开放协同程序设计模型及其深化机制等方面有待进一步研究。目前较为流行的中间件模型，如CORBA、J2EE、Web Service等为开放网络环境下软件实体的互操作提供了基础支撑，但在如何提供一种适应于开放网络环境需要的结构化与多模式的协同中间件等方面仍有欠缺。

本节的主要工作就是针对网构软件的需要，基于软件Agent的原理、方法和技术，以开放网络环境下资源共享与集成为切入点，系统分析基于面向对象方法学的经典软件结构模型及其支撑技术的限制，提出了一种以服务实体与协同部分分离(结构特征)、基于第三方服务实体的协同聚合(开发特征)以及协同模式的设计与演化适应环境变化(应变特征)为特征的开放协同软件模型作为网构软件的基础模型。结合其关键支撑技术的研究，提出了基于移动Agent的协同程序设计技术、基于Agent的多模式交互中间件模型和面向体系结构的协同程序设计方法，并探讨其在主流软件技术中的应用，初步形成了一种适合于开放网络环境需求的技术框架体系，在此基础上，提出了一条建立基于Agent的网构软件模型的技术途径，即网构软件模型＝开放协同模型＋环境驱动模型＋智能可信模型，从而为进一步的研究研究工作奠定了基础。

5.4.1 开发协同模型框架的设计途径

软件结构模型决定了软件的基本形态，它是软件方法学的核心。从宏观角度看，软件结构主要包括软件实体和协同方式两部分。从软件结构的角度来分析开放网络环境下资源共享与集成的需求，可以看出：①软件实体将以封装了各类资源的软件服务的形式存在，与经典的软件实体不同，开放网络环境下的软件服务通常由第三方提供，具有相对独立、面向多用户的个体特征以及量大面广、推陈出新的群体特征；②与经典的基于连线机制的协同方式不同，软件服务间的协同通常是面向集成者的个性化需求，兼顾开放网络环境下软件服务的个体特征与群体特征，通过协同程序设计将各类所需的软件服务加以灵活的剪裁和多样化的综合集成，并在适应外部环境变化的过程中，不断进行分层次的协同演化，以尽可能地满足用户的各种需求。归结起来，开放网络环境对软件结构提出了如下需求：在结构上，软件实体与协同部分在构成上是分离的，协同部分的重要性日益显现；在开发上，软件实体与协同部分由服务提供者和服务集成者分别开发，面向服务提供者的软件实体编程技术日益成熟，而面向服务集成者个性化需求的协同程序设计技术将面临挑战；在应变上，实体部分主要通过大量新生的、可供选择的优质服务来不断淘汰旧的服务，而协同部分则通过对软件服务的灵活剪裁、多样性的综合集成以及分层次的协同演化来适应外部环境的变化。

反观经典的基于面向对象方法的软件结构模型，由于产生于静态、封闭、可控的环境，从而具有紧耦合的结构、集中式的开发和重编程的应变方式等特征，具体说来，在结构上，软件实体与协同部分是紧密耦合的，协同部分通常是隐式的；在开发上，软件实体与协同部分通常是基于统一原理框架的同时开发，协同部分常被内嵌于软件实体之中；而在应变上，如果所开发的软件系统不能满足开放环境的需要，则常常需要重新开发系统。具体分析上述特征，可以发现，导致上述情况的主要原因在于面向对象程序方法虽然对软件实体的编程提供了诸多支持，但对实体协同的直接的、结构化的支持却相对缺乏，其核心机制可表达为O. M。在O. M中，M通常表示对指定被调用者的、同步紧耦合的、功能实现固定的方法调用，而O则反映了构成程序的对象间无规范结构的关联关系。

从开放网络环境的角度看，基于O. M的协同机制具有以下不足：交互方式的单一性、关联关系无结构性和协同逻辑的隐式性。所谓交互方式的单一性是指无论外部环境的需求如何，O. M只是表达了调用者和指定被调用者之间的一种功能连线，而开放网络环境下所需的具有各种非功能特性(如安全、可靠性等)的多样性和结构化的协同方式则只能通过实体编程来实现。关联关系的无结构性是指一组软件实体(对象)之间的调用关系，通常没有任何结构化的限制和指导，这种非结构化的关联关系在集中的环境下并无任何问题，而在开放的网络环境下，这样一种“面条式”交互结构则不仅会给程序的易理解性和深化性带来困难，而且会影响程序的功效和可靠性。协同逻辑的隐式性是指用于实现系统总体结构的协同代码，通常被内嵌于各个分散的软件实体之中，外部能够明确看到的只是“面条式”的交互结构。

虽然近年来在分布对象技术方面取得了一些进展，可以对跨语言的远程对象加以调用，但其根本特征没有改变。因此，如果从软件结构的角度来看开放环境下的软件服务与协同，那么经典的面向对象程序设计技术在支持实体部分的编程方面已经基本成熟，而面临技术挑战的主要是如何设计一种能够适应开放网络环境需要的开放协同软件模型，其主要切入点就在于协同逻辑显式化、交互方式多样性和关联关系结构化。

为了在面向对象方法基础上发展一种能够直接和自然地适合于开放环境需要的开放协同软件模型，本文采用Agent软件原理、方法和技术作为指导，从3个层面探讨了建立这样一种模型的技术途径。

(1) 从方法调用的角度，提出了在开放网络环境下用移动 Agent 重新解释具有松耦合特征的方法调用的可能性，并提出相应的技术途径，从而表明对 O. M 的概念进行基于移动 Agent 的、显式的协同程序设计是可行的，并以此为基础发展了一种灵活的构件后级组装技术。

(2) 从中间件的角度出发，突破经典模型中基于方法调用的交互方式单一性限制，提出了一种支持多种交互模式的开放中间件的技术途径，从而表明对 O. M 概念中的 M 进行多模式设计是可行的，并以此为基础发展了一种基于 Agent 的、开放式的、可配置编程的中间件模型。

(3) 将软件体系结构内嵌于面向对象程序模型并提供了相应的演化支撑机制，提出了关联关系结构化、基于结构化关联关系的协同逻辑显式化的技术途径，从而表明对 O. M 中的 O 加以结构化和规范化是可行的，并以此为基础发展了一种面向体系结构的结构化和可演化的协同程序设计模型。

综上所述，可形成一种开放协同软件模型，其核心就是给面向对象程序模型中的核心概念 O. M 赋予开放环境下的新含义，以此来适应开放网络环境的需要，其主要结构见表 5-1。

表 5-1 开放协同软件模型结构

协同程序设计部分	软件实体部分
内置式、可演化的体系结构	软件服务的表现形式
多模式共存的灵活交互方式	量大面广的服务提供
面向协同的服务剪裁与增强	经常不断的新老更替

可以看出，上述模型具有如下特征：在结构上，软件实体与协同部分在构成上是分离的，协同逻辑已经显现出来；在开发上，软件实体与协同部分可由服务提供者和服务集成者分别开发，面向服务提供者的软件实体编程可由成熟的面向对象技术支撑，由现有的标准技术，如 Web Services 等加以封装，而面向服务集成者的协同程序设计将由内置式与可演化的体系结构、多模式共存的灵活交互方式和面向协同的服务剪裁与增强机制来支持；在应变上，实体部分主要通过大量新生的、可供选择的优质服务来不断淘汰旧的服务，而协同部分则通过对软件服务的灵活剪裁、多样性的综合集成以及分层次的协同演化来适应外部环境的变化。

5.4.2 基于移动 Agent 的协同程序设计技术

O. M 是面向对象程序的基本协同机制，通常表示对指定被调用者的、同步紧耦合的、功能实现固定的方法调用。就拓扑结构而言，它所反映的调用者与被调用者的关联关系是内嵌于程序实体的、一对一的紧耦合的关系。

然而，在开放网络环境下，通常会出现以下情况与需求：①方法调用者与被调用者的关系是松散的，即它们被分别开发，并被放置于分布环境之中，它们的关联关系需在系统部署或运行时确定，因此，需要给出将调用者与被调用者的紧耦合关系加以解耦的途径；②调用者调用方法所需的功能可能难以直接由一个被调用者完成，而需通过若干个被调用者的多个功能组合才能得以实现。因此，需要建立一种调用者和被调用者一对多的关联关系并提供相应的组合机制；③由于不同的运行环境可能需要不同的调用方式，如远程多次调用的局部化、顺序化、并行化以及基于冗余思想的容错调用等。因此，希望能够对各个软件体间的多样化调用提供一个事实上的模式化编程手段。

为了能够同时满足上述开放网络环境对方法调用多样化的需求，提出了基于移动Agent的协同程序设计技术：①对于封闭可控环境下的O.M，其形式与含义和常规一样，而对于开放环境下的方法调用，为了对方法调用的调用者与被调用者加以解耦，建议将O.M的形式变为M，其含义为一个调用者对远程开放环境中某一功能的调用，而不去关注具体哪(几)个被调用者提供的相应功能(或功能组合)加以实现，从而使得软件实体与其相应的协同部分得以分离；②实现开放环境下方法调用M所需的一组方法调用的功能定位、调用实现以及结果集成，可通过协同程序设计交由移动Agent来完成，通过移动Agent按指定方式逐个访问被调用者，代表调用者与被调用者进行相应的局部交互，最后再由移动Agent将最终结果加以结合、集成，一次返回调用者；③为了对基于Agent的协同程序设计提供支持，尽可能提供多样化和模式化的协同编程手段来进行协同程序设计。

为了实现上述技术途径，设计了两类表格：一类是Group表，另一类是Location表。

Group表：它将开放环境下的方法调用分解为一组相关的子调用及调用后处理，并将它们按一定的结构方式组合在一起，形成一个逻辑单位，而相关的位置信息则由相应的Location表提供。Group表的结构见表5-2。

表5-2　Group表结构

<table>
<tr><td colspan="5">Group_Name(p1...)</td></tr>
<tr><td colspan="5">Group Private Data</td></tr>
<tr><td>结构类型</td><td>(条件)</td><td>构件指引</td><td>方法</td><td>方法处理</td></tr>
</table>

其中Group-Name与开放环境下调用的名称是一致的，Group Private Data主要包含用于集成各个子方法调用结构的局部变量。根据实际应用可能会涉及的控制逻辑，定义了以下4种结构类型的控制结构：

(1) 顺序结构，见表5-3。

表5-3　顺序结构

<table>
<tr><td rowspan="4">SEQ</td><td>R_1</td><td>$I_1.M_1$</td><td>P_1</td></tr>
<tr><td>R_2</td><td>$I_2.M_2$</td><td>P_2</td></tr>
<tr><td>…</td><td>…</td><td>…</td></tr>
<tr><td></td><td></td><td></td></tr>
</table>

其含义是，按顺序执行表中的$I_i.M_i$(接口I_i的方法M_i)及其方法后处理P_i，直到最后一个方法和(可能有的)方法后处理执行完成后结束。其中，R_1、R_2等表示M_1、M_2等操作作用的具体构件对象的指引，下同。

(2) 并行结构，见表5-4。

表 5-4　并行结构

<table>
<tr><td rowspan="4">PAR</td><td>R_1</td><td>$I_1.M_1$</td><td>P_1</td></tr>
<tr><td>R_2</td><td>$I_2.M_2$</td><td>P_2</td></tr>
<tr><td>…</td><td>…</td><td>…</td></tr>
<tr><td></td><td></td><td></td></tr>
</table>

其含义是，并行执行表中的所有方法 $I_i.M_i$（接口 I_i 的方法 M_i）及其方法后处理 P_i，直到所有的方法及其（可能有的）方法后处理全部执行完成后结束。

（3）顺序循环结构，见表 5-5。

表 5-5　顺序循环结构

<table>
<tr><td rowspan="4">SLOOP</td><td rowspan="4">Condition</td><td>R_1</td><td>$I_1.M_1$</td><td>P_1</td></tr>
<tr><td>R_2</td><td>$I_2.M_2$</td><td>P_2</td></tr>
<tr><td>…</td><td>…</td><td>…</td></tr>
<tr><td></td><td></td><td></td></tr>
</table>

其含义是，当条件 Condition 为真时，循环按顺序执行表中的方法及其方法后处理（I_1，M_1，P_1…）直到条件 Condition 为假时结束循环的执行，其中 R_1、R_2 表示 M_1、M_2 等操作作用的具体构件对象。

（4）并行循环结构，见表 5-6。

表 5-6　并行循环结构

<table>
<tr><td rowspan="4">PLOOP</td><td rowspan="4">Condition</td><td>R_1</td><td>$I_1.M_1$</td><td>P_1</td></tr>
<tr><td>R_2</td><td>$I_2.M_2$</td><td>P_2</td></tr>
<tr><td>…</td><td>…</td><td>…</td></tr>
<tr><td></td><td></td><td></td></tr>
</table>

其含义是，当条件 Condition 为真时，循环并行后面的方法及其方法后处理（I_1，M_1，P_1…）直到条件 Condition 为假时结束循环。

Location 表：它用于描述开放环境下方法调用所需的一组构件所在的位置信息，其基本结构见表 5-7。

表 5-7　Location 表结构

<table>
<tr><td colspan="4">Location_Table_Name</td></tr>
<tr><td>R_1</td><td>$Host_1$</td><td>$Component_{11}$</td><td>$Inst_1$</td></tr>
<tr><td>R_2</td><td>$Host_2$</td><td>$Component_{12}$</td><td>$Inst_2$</td></tr>
<tr><td>R_3</td><td>$Host_3$</td><td>$Component_{13}$</td><td>$Inst_3$</td></tr>
<tr><td>…</td><td>…</td><td>…</td><td>…</td></tr>
<tr><td>…</td><td>…</td><td>…</td><td>…</td></tr>
</table>

其含义是,Group 表中的 R_1 的初值为节点 $Host_1$ 上的程序实体(对象)$Component_{11}$ 的实例 $Inst_1$,R_2 的初值为节点 $Host_1$ 上的 $Component_{12}$ 的实例 $Inst_2$ 等,依次类推。若 R_i 在 Group 表中将由方法后处理来给它赋初值。

实际上,组调用表和位置表的填写过程就是一种最简单的协同程序设计过程,其设计结果可作为用于协同的移动 Agent。这些 Agent 通过移动将该调用者的一系列相关的调用请求传给相应的被调用者执行,执行完成后返回结果。由于将开放环境下的方法调用需求与连线机制加以分离,用基于移动 Agent 的灵巧连线来代替传统的连线,从而使得一个实体中的方法调用可由灵巧连线根据开放环境的要求加以重新解释和重新定位,这样一种机制较好地满足了开放网络环境的要求。

以上述技术途径为基础,在构件组装的背景下,基于 CORBA 技术实现了一个支撑系统,并开发了若干应用。结果表明,在开放网络环境下,对方法调用进行基于移动 Agent 的协同程序设计是可行的。

5.4.3 多模式交互机制及基于 Agent 中间件模型

在上述研究结果的基础上,分两个层面对面向对象程序模型中的核心概念 O. M 在开放环境下的协同编程进行了更进一步的研究。本节主要探讨 M 所表示的交互模式的多样性问题。

在网络环境下,软件实体之间的交互通常是由中间件完成的。分析目前较为流行的中间件模型,如 RPC、CORBA、Jini/JavaSpaces 等,可以发现,一个中间件包括两个侧面:其一是面向程序员的交互模式,如远程过程/方法调用等;其二是用于实现实体交互的一组代理,如 Stub、Proxy、Skeleton 等。从开放环境的角度看,常用的中间件模型具有两方面的不足:其一是交互模式的单一固定性,即一个中间件通常只能支持一种交互模式,要么是紧耦合的远程过程/方法调用,要么是基于共享空间的松耦合交互等;其二是代理功能的固定僵硬性,与交互模式的单一固定性相对应,中间件中各个代理的形式和功能通常是确定的,不会随应用系统需求的变化而做相应的调整。而在开放网络环境下,通常希望能够做到以下两点:①能够根据环境的具体情况和特定应用系统的需求,对交互模式进行一定的设计和定制,从而不仅能够支持交互模式的多样性,而且可支持多样性的交互模式在同一应用系统中的共存;②能够将中间件支撑系统中的代理的形式和功能一般化,不仅能够根据所设计与定制的交互模式对其加以具体化,而且可根据交互模式的要求对相应的软件实体进行一定的剪裁和增强。

为此,提出了一种基于 Agent 的、可支持多模式交互的开放中间件的技术途径,它在某种意义上具有交互模式的多样性与共存、中间件支撑模型可配置、交互协同对象可剪裁等特征,其基本思想是:

(1) 借鉴面向侧面程序设计(aspect-oriented programming)的原理,将"关注分离"的原则具体应用于多模式交互问题,对现有各种网络环境下的交互模式进行系统分析,分离出构成交互模式的各种要素及其组合方案,在一致性和完整性原则的指导下,提出一个交互模式分解/综合配置模型,从而为多种交互模式的设计与定制奠定基础。

(2) 将经典中间件模型中特殊代理的功能和作用用移动 Agent 加以一般化,其具体的作用和功能由分解/综合配置模型中的协同要素来确定。这样,便产生了一种基于移动

Agent 的开放中间件模型。

交互是协同的基础。从集成者的角度，交互基本模型可以抽象表达，如图 5-3 所示。

图 5-3　交互基本模型

图中发送方、接收方和交互媒体构成了交互的三大要素，每一个要素都可以再分解为若干个子要素的组合。例如就发送方而言，通常关注的要素可包括：①时间配置，即何时返回消息，这又可分为即时返回(即同步方式)、延时返回(异步方式)、无须返回(即单向方式)；②空间配置，即基于中介的松耦合方式，还是指定一个实体的一对一方式或指定多个实体的一对多方式，此外，在时间与空间配置的基础上，还可考虑网络环境下所需的非功能要素；③可信需求配置，即发送方可对接收方的可信度提出要求；④参数转换配置，即允许发送方将自己的参数进行简单处理，从而进行参数适配，发送方配置模型如图 5-4 所示。

就交互媒体而言，可从两个方面加以考虑。一方面是信息传递的方式，主要包括两种方式，其一是基于直接连线的消息传递方式，其二是基于移动 Agent 的代理方式；另一方面是对信息的安全需求，即是否需要对传送通道进行加密。媒体配置模型如图 5-5 所示。

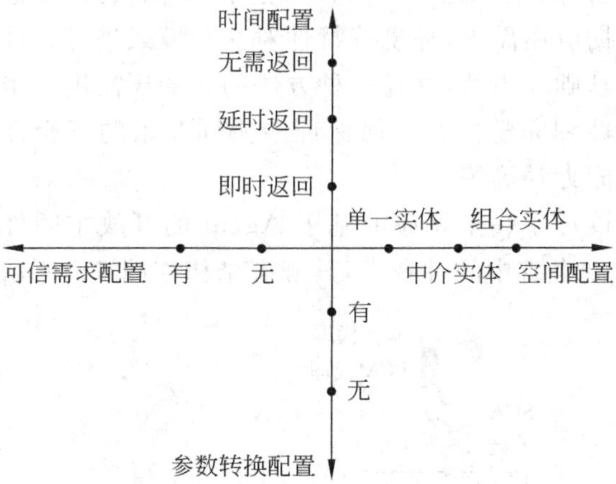

图 5-4　发送方配置模型

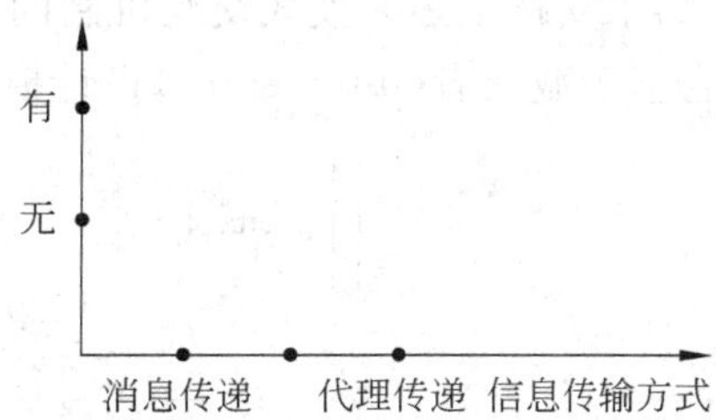

图 5-5　媒体配置模型

就接收方而言，通常关注的要素包括：①接收范围的配置，无条件地接收所有的调用，还是从安全的角度，采取基于信任度或基于角色的访问控制方法有条件地接收部分调用；②功能剪裁与增加配置，按照协同集成的需要，在接收方原有功能的基础上进行适当的剪裁或增加，使之能够直接适合于协同集成的要求；③调用匹配策略，是采用通常较为刚性的结构一一对应匹配方法，还是采取较为柔性的基于主要交互内容的匹配方法，等等。接收方配置模型如图 5-6 所示。

借助上述模型，不仅可以表达现行各种代表性交互模式，还可以通过合理的要素组合，设计出各种新型交互模式，例如：

(1) RPC 模式：该模式发送方配置方案为单一实体、即时返回、无参数转换配置、无可信配置；交互媒体配置为无加密、消息传递；接受方配置方案为无条件触发、结构匹配、无服务裁减。

(2) 可信安全容错的 RPC 模式：该模式发送方配置方案为多个功能相同实体、即进返

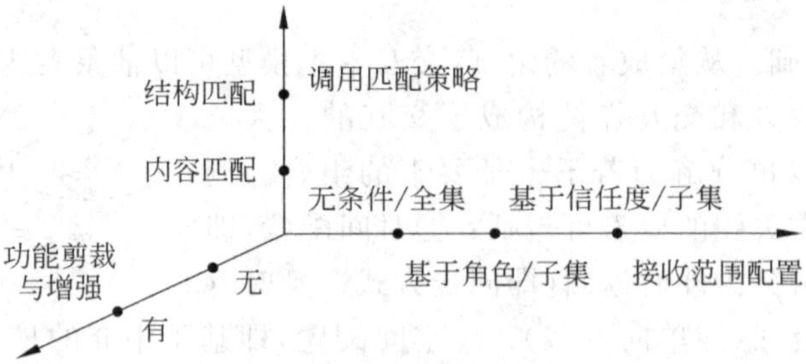

图 5-6 接受方配置模型

回、无参数转换配置、对接收方的可信性需求；交互媒体配置为加密安全、代理传递；接受方配置方案为基于角色的接收、结构匹配、无服务方。这样一种新模式的含义是在开放网络环境下，一个具有一定可信度的发送方的过程调用可由移动 Agent 通过加密媒体访问多个具有较高可信度的功能相同的接收方，然后由移动 Agent 根据一定策略在多个相关结果中选取一个最好的结果返回给调用者。

前者主要提出了一种支持多模式交互编程的基本途径和方法，应用系统集成者在进行基于协同的系统集成时可以参照该模型，根据应用需求、环境等特性对交互模式进行设计与配置，从而为实现多模式交互的可编程奠定基础。当然，这样一种方法的完善还需进一步地研究。例如，如何保证诸多协同要素的一致性和完整性？如何保证诸协同要素的正交性和可实现性？如何刻画分解/综合模型的表达能力？等等。

为了支持上述多模式交互机制的实现，设计了一个相应的基于 Agent 的开放中间件模型，它基于截获者(interceptor)设计模式，借助自省中间件技术，其静态结构如图 5-7 所示。

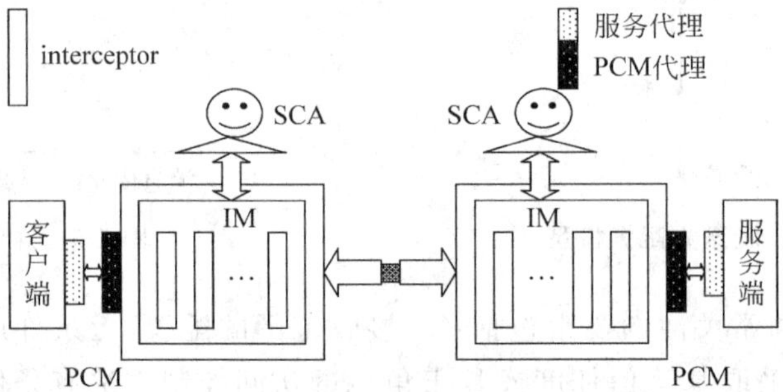

图 5-7 基于 Agent 的开放中间件模型结构

开放中间件模型的核心组成部分包括可编程协同媒体(programmable coordination media，PCM)、软件协同 Agent(software coordination agent，SCA)、截获管理器(interceptor manager，IM)。PCM 是一组分布于系统中各个节点之上的可编程容器环境，各个节点上的 PCM 为相应软件实体的运行和管理提供基本支撑。SCA 是封装了特定于应用的交互配置实现方法的移动 Agent。IM 是用于建立 SCA 与 PCM 中相关软件实体关联关系的一种机制。

基于上述模型，系统集成者根据应用需求和系统所处的环境特征，采用前述交互模式分解/综合配置模型进行应用所需交互模式的设计与配置，主要包括发送方、接收方和交互媒体等 3 个方面，涉及空间、时间、可信匹配等诸多要素。然后支撑系统将其翻译为具体执行协同任务的 SCA，SCA 携带了相关软件实体参与所有交互要素的数据配置及其处理方法。在系统运行时，这组交互 SCA 迁移到相应软件实体的所在节点，将相关配置信息及实施方法告知相应的 IM，IM 根据已生成一组截获者，并插入到 PCM 中，从而实现对相应交互模式的支撑。

以上述技术途径为基础，研制了一个基于 Agent 的、可支持多模式交互的开放中间件平台。结果表明，多模式交互的协同逻辑设计方法及相应的基于 Agent 的开放中间件模型是可行的。

5.4.4 面向体系结构的协同程序设计方法

如前所述，在面向对象程序模型中，将系统中各个运行部件联系起来的机制是对象及其上的方法调用 O. M；正是这些分散在各个对象中的对象及其上的方法调用最终实现了系统的总体结构和协同逻辑。从协同逻辑显式化和关联关系结构化角度来分析，上述方式有以下几个问题：首先，O 的引用在进行方法调用前必须指向某个具体的对象，确定这个对象的过程实际上是系统结构和协同逻辑的实现过程，而在这个过程中系统总体结构设计信息大有损耗，因而不可逆，至少局部不可逆。考虑这样一个情景：在一个小公司里，职员直接从老板（张三）那里领工资（O＝张三，M：领工资）；但随着公司的成长，设立了专门的财务经理（李四），于是应从李四那里领工资（O＝李四）。而实际逻辑应该是找公司体系结构中负责财务的人领工资。上面两种情况都依据各自当时的情况将 O 定于某具体值，而将此处的体系结构信息丢弃了。其次，这些对象分散在各个程序实体或对象之中。从原则上讲，一方面，调用关系的随意性较大，不利于系统总体结构的显式表达和动态调整；另一方面，原本可以相对独立的程序实体或对象由于捆绑于对象而使其复用性受到一定影响。

为了获取软件系统中的体系结构信息，Deursen 等采反向工程（reverse engineering）的思想，提出了体系结构重构的途径，与此途径不同，认为应该在程序设计层面上显式地引入软件体系结构概念，并重新考虑那些联系不同运行部件的对象（单个部件内部的对象允引不在此列）的含义。这样做的好处是：①体系结构的信息不会损失，程序实体或对象之间的协同逻辑被显式地加以中和结构化的表达，从而有利于协同逻辑随开放环境的变化进行动态调整；②对象允引 O 的含义不再是一个任意的值，而是可看做定义在体系结构上的“函数”。其含义应该根据当前的体系结构配置情况动态确定，从而使得体系结构对象的动态演化可以直接调节系统各个运行部件之间的交互行为。

基于上述考虑，在面向对象程序设计模型的基础上，提出一种面向体系结构的协同程序设计模型与机制。其基本思想如下：

（1）在程序设计层面引入内置式的软件体系结构。为把体系结构这一抽象概念真正具体化（reify）为完全合法的运行时的对象，扩展了面向对象程序模型中对象的理念，在实体对象的基础上，直接引入了体系结构对象的概念，并提供了用体系结构对象来重定义远程对象含义的手段，从而形成一种实体对象与体系结构对象并存并为体系结构对象决定实体对象交互行为的面向对象协同程序设计模型奠定了基础。

（2）多态的体系结构演化与非预设的动态重配置。由于在程序设计模型中显式地定义了体系结构对象。因此，可采用面向对象方法中的继承概念统一地支持实体对象和体系结构对象的演化，并可利用对象系统的类型和多态机制来约束相应的深化。就体系结构对象的演化而言，可支持两类动态演化。一类是预设的动态演化，它可现体系结构对象的行为；另一类是非预设的动态演化，它可被视为体系结构对象的新行为，因此可采用继承机制来定义原有体系结构类的子类以实现该新行为。

(3) 基于移动 Agent 的体系结构分布共享实现。虽然内置式动态体系结构从软件开发者的角度集中表达了开放网络环境下系统的协同逻辑，但这些协同逻辑的具体实现必须采取灵活的分布式模式。为此，采取了基于移动 Agent 的运行支撑机制，即将动态体系结构实现为一组协同 Agent，这些协同 Agent 可以通过网络迁移部署到网络最适合的地点，完成协同逻辑所规定的协同任务。不仅如此，这些 Agent 还为构成系统的各个服务提供了一个分布共享的体系结构及上下文环境。

近年来，为了能够支撑系统行为的动态调整，研究者们开始注意到在系统运行时记住显式地维护系统体系结构信息的重要性。所面临的关键技术难点是如何使在抽象体系结构规约层面表达的动态调整在具体系统中得以实施？通常的做法是采取规约与实现分离、两层互动体现变化的方法，如图 5-8(a)所示。具体来说，引入一个配置管理器，它负责从实际运行的系统中不断提取最新的软件体系结构信息，同时它也负责在实际系统上执行在软件体系结构规约层面表述的动态调整命令。一般而言，要找到一种较为通用的配置管理器难度较大，因此，已有的工作要么针对特殊的体系结构风格，要么需要为特定应用做特定的、难以复用的开发。

不同于常规的途径，在程序设计层面直接引入显式的、可操控的对象实体可直接体现体系结构的概念。这样，运行时体系结构对象直接定义系统体系结构，在体系结构对象上所施行的修改操作就是对系统体系结构的动态调整，而无须借助特定于应用的专门设施，如图 5-8(b)所示。

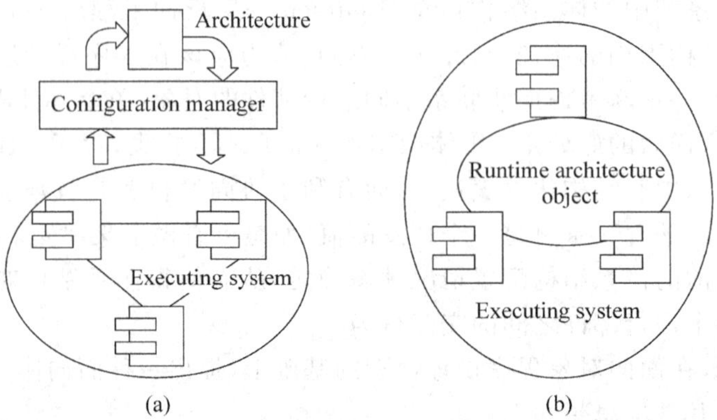

图 5-8 外置运行时体系结构与内置运行时体系结构

体系结构对象的行为由体系结构类定义。体系结构类实现了体系结构风格。支撑系统可以提供一个体系结构类库以支持常见的体系结构风格。应用开发者也可以自己定义适合当前应用需要的体系结构类。体系结构类为其每一种对象实体类型都定义一个接口。

有了上述内置的运行时体系结构对象，系统的动态演化就可以自然地实现了。系统的动态演化可以视为体系结构对象的行为，体系结构对象为演化行为的实现提供了依托。

以上所述是在设计体系结构时就预料到的动态演化，因而可以预先将演化行为实现在运行时体系结构对象之中。但有些演化需求是在系统投入运行以后才慢慢显现出来的，此时通常需重新开发系统新版本，将原有系统关闭，再加载新系统版本。对于某些，要求极高的可用性，如生命维持系统、实时控制系统等，为升级系统而停止服务通常不被接受或经济损失太大，此时最好能够进行在线的演化。内置运行时体系结构对象技术对此也有较好的支持。

既然系统演化被视为体系结构对象的行为，未预料的系统演化不是体系结构对象的新行为。这就提示要定义原有体系结构类的子类，以实现该新行为。

当然，系统的动态演化可能会涉及系统一致性的破坏问题。那些只涉及体系结构状态的一致性约束可以作为体系结构类的类不变式。至于涉及各个服务或者构件实例的内部状态的系统一致性约束，难以找到一般性的处理方法，开发者可以通过继承既有体系结构类，重定义相关演化行为，在其中加入特定的一致性检查和恢复机制。

上述内置运行时体系结构由一组移动 Agent 共同实现。这些 Agent 开发环境根据用户定义的体系结构自动生成，并派发到涉及的各个构件实例所在的节点上，为该构件实例以适合于当前应用需要的方式与其他构件实例进行协同，从而提供一个上下文，这些 Agent 的内部结构与功能划分如图 5-9 所示。

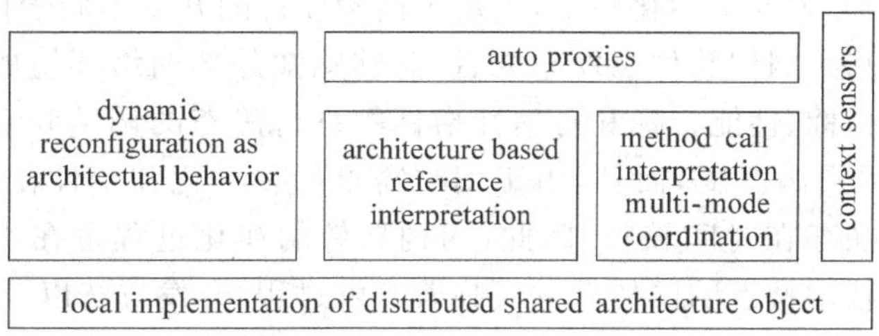

图 5-9　体系结构上下文 Agent 的内部结构和功能划分

(1) 运行时体系结构对象的分布共享。如前文所述，该对象为系统中各个构件实例的运行提供一个上下文。但这些实例分布在网络上，因而该对象在逻辑上全局共享而实现上是由分布在各个服务或构件所在的节点上的局部子对象共同来实现的。

(2) 基于体系结构的远程对象引用的重解释。在服务或构件容器中，利用动态 proxy 技术，截获构件实例的对外交互，并让体系结构对象来重新解释其中的远程引用。同时可在此处对交互的内容和方式进行额外的处理以实现多模式的交互行为。

(3) 协同应用系统的动态演化实现对体系结构对象的演化方法的调用。在需要对体系结构对象进行升级以支持非预设的动态演化时，运行支撑系统负责将各个体系结构对象的引用，以求多态地指向新对象，并在新对象上调用新的演化方法。此时可能需要采用分布的事务技术保证所有节点上的局部子对象的同步修改。

以上述技术途径为基础，实现了一个基于移动 Agent 的、面向体系结构的协同程序设计支撑平台。表明这种面向体系结构的协同程序设计方法是可行的。

5.5　以体系结构为中心的网构软件开发方法

Internet 的发展为信息技术的应用开启了新的篇章，同时也带来了诸多的技术挑战，并由此产生了多个信息技术研究与实践的热点领域。这些领域往往从某种侧面或层次对信息技术提出一种新型模式或理念，如网格计算从资源共享与管理的角度探讨未来网络系统的应用与构造模式；普适计算从“人机交互”的角度研究未来网络系统的应用模式；服务计算从“软件即服务”的理念出发，提出了一种新型的软件形态，并着重探讨软件的协同性和动态性；模型驱动的开发以特定于领域的代码自动生成为基础，探讨基于中间件的软件系统的开发方法与技术。基于类似的出发点，网构软件从软件形态的角度考察开放、动态、多变的 Internet 环境对软件理论、方法和技术的挑战。作为传统软件结构的自然延伸，网构软件具有区别于传统软件形态的独有的基本特征，包括自主性、演化性、协同性、多态性和反应性等。从网构软件的角度来考察当今有代表性的软件工程方法学，可以发现传统的软件工程方法学体系，由于其本质上是一种静态和封闭的框架体系，难以支持由开放、动态、多变的 Internet 环境衍生的网构软件的开发。

从技术的角度看，网构软件在 Internet 上展现为一种与当前的 Web 信息类似的 Software Web。以软件构件等技术支持的软件实体将以开放、自主的方式存在于 Internet 的各个节点之上，任何一个软件实体可在开放的环境下通过某种方式加以发布，并以各种协同方式与其他软件实体进行跨网络的互联、互通、协作和联盟。由于 Internet 的开放、动态和多变以及用户使用方式的个性化要求，决定了网构软件的开发不同于传统软件开发的“一次成型”式，具体表现为，网构软件在发布之后，能够感知外部网络环境的动态变化，并随着这种变化，按照功能指标、性能指标和可信性指标等进行静态的调整和动态的演化，以使系统具有尽可能高的用户满意度，而且，由于用户需求的多样化和个性化以及投资回收等因素，一个软件系统往往存在时间较长，因此，网构软件的演化过程也在长时间内持续不断。显然，开发具有上述技术特点的网构软件面临着开发过程、开发方法以及支持技术 3 个方面的挑战。

在软件开发过程方面，传统软件系统的开发因所基于的平台相对封闭、静态、稳定，基本采用自顶向下的途径，确定系统的范围（即 scoping）总是建立需求的第一步，然后通过分解而实施分而治之的策略，整个开发过程处于有序控制之下。而网构软件系统的开发所基于的平台是一个有丰富基础软件资源，但同时又是开放、动态和多变的框架，开发活动呈现为通过将原本“无序”的基础软件资源组合为“有序”的基本系统，随着时间的推移，这些系统和资源在功能、质量、数量上的变化导致它们再次呈现出“无序”的状态，这种由“无序”到“有序”的过程往复循环，基本上是一种自底向上、由内向外的螺旋方式。此外，在传统的软件工程体系中，软件生命周期概念所强调的是从问题提出到软件交付的整个开发过程的重要性，而对于交付之后的软件变化过程往往只采用“软件维护”加以简单概括。这样一种软件生命周期概念对处于静态封闭环境下的软件系统的开发是合适的，但对处于 Internet 开放、动态和多变环境下网构软件系统的开发则有明显的局限性。首先，新的软件实体往往通过已有的软件实体组装而成，由于这些实体彼此独立、自主运行，不受任何机构或组织的统一控制，因此，在系统交付运行之前，很难由这些被组装的软件实体准确无误地推演出目标系统的功能和质量。其次，环境的开放、动态和多变决定了软件实体及其之间的协同均面临着诸多变化，不论这些变化能否在运行前准确预知，运行系统都不得不进行持续的适应性调整。第三，网构软件既服务于处在不同时区的用户，也服务于随时到达的其他网构软件的请求，而且，一个网构软件系统本身往往由散布在 Internet 上的其他软件组成，因此，一个网构软件系统一旦交付使用，往往就不能完全停机。这意味着改错、优化、增加新功能等活动均需在线执行，这些活动也需要经历分析、设计、实现、测试、部署，而传统软件生存周期中的维护期难以准确刻画这些活动。

在软件开发方法方面，对于网构软件所具备的自主性、演化性、协同性、多态性和反应性，传统的开发方法考虑不多，支持远远不够。首先，网构软件自主性是指软件实体具有相对独立性、主动性和自适应性。从技术角度看，网构软件实体一般都是独立开发和管理的，它们可能在不同的网络节点上独立运行。它们的目标和所提供的服务由其所有者来决定，其行为受自身的目标驱动，而并非单纯地被动用于组装或部署。它们在运行过程中可能实时收集环境的各种变化信息，并根据预先设定好的策略，在必要时自动调整自身的行为以适应环境的变化；其次，协同性是指网构软件系统中软件实体与软件实体之间可按多种静态连接和动态合作方式在开放的网络环境下加以互联、互通、协作和联盟。从技术角度看，传统软件系统在封闭集中环境下往往采用单一静态的连接模式，而网构软件则支持连接模式的适应性调整，如不同互操作协议的切换，连接安全级别的升降，同步异步的转变，消息传递可靠性的调整，等等。第四，反应性是指网构软件具有感知外部运行和使用环境并对系统演化提供有用信息的能力。从技术角度看，网构软件的外部环境由其他网构软件以及底层支撑平台组成，因此，反应性既要求网构软件能够以某种方式暴露自身的状态和行为信息，也要求网构软件支撑平台能够开放底层实现细节及运行状态。第五，演化性是指网构软件结构可根据应用需求和网络环境变化而发生动态演化，主要表现在其实体元素数目的可变性，结构关系的可调节性和结构形态的动态可配置性。从技术角度看，演化性要求软件体系结构具备动态调整能力。最后，多态性是指网构软件系统的效果体现出相容的多目标性，它可根据某些基本协同原则，在动态变化的网络环境下，满足多种相容的目标形态。从技术角度看，多态性既要求系统开发过程中需要支持多目标建模，又要求系统运行时能够基于环境变化进行动态目标的适应性选择。基于上述分析，网构软件诸多特性在技术上的主要共性可归结为自适应性，具体表现为软件实体的自适应性和软件结构的自适应性，即网构软件在运行过程中能够在合适的时刻、合适的场合准确捕捉变化并进行合理的适应性调整，以满足功能和质量的需求。人在网构软件适应过程中的参与程度决定了网构软件自适应能力的高低。因此，如何开发出具有这种自适应能力的软件系统，并尽可能减少运行过程中人的参与，是网构软件开发方法的关键挑战。

在软件运行支撑技术方面，传统的软件开发工具往往针对软件交付前的分析、设计、实现、测试中的一个或几个阶段，而软件交付后则部署在运行平台上，并利用各种管理工具进行维护。而基于上述分析，网构软件的开发已经不仅仅局限于软件交付之前，软件开发的重心从交付前逐渐转移到运行过程中，而网构软件自动或手动的调整往往依赖于软件生存周期各个阶段的活动与制品。因此，网构软件开发工具不仅要覆盖整个软件生存周期，还有必要与运行平台融合，从而支持软件运行中持续不断的开发活动。另一方面，网构软件的诸多特性对运行平台提出了极大的挑战，首先，运行平台不仅要具备实时显示自身运行状态和行为的能力，还应协助实现上层软件实体内部状态和行为的实时展现，其次，运行平台必须支持网构软件实体与结构的动态调整，否则，自适应很难甚至在某些情况下无法实现。

综上所述，网构软件的开发在过程方面，需要遵循自底向上、从“无序”到“有序”的新型构造途径，开发重心由系统交付前向系统运行时转移；在开发方法方面，需要重点考虑软件实体和结构的自适应性；在支持技术方面，需要整合开发工具和运行平台以支持整个软件生存周期的开发，而运行平台应提供软件实体和结构自适应所需的基本机制。

本文针对网构软件需求，考虑网构软件更关注实体组合的特点，提出一种以软件体系结构为中心的网构软件开发方法，该方法采用ABC方法框架，即以构件组装为基本手段，使用软件体系结构的理论与概念来指导软件开发，以提高系统开发的效率和质量。考虑网构软件的特性，该方法重点关注3个问题：①Internet上“无序”软件资源的有效建模、组织和管理；②网构软件的自适应建模；③支持网构软件特征的支持工具和运行平台。

5.5.1 ABC方法概览

ABC方法于2000年正式提出，从支持软件复用的角度来看，是SA研究和基于构件的软件开发(CBSD)途径的结合。SA研究提供了一种自顶向下实现基于构件的复用的途径，即通过ADL在较高抽象层次上描述构件接口的语法和语义、系统中的构件和连接子以及它们之间的交互关系、构件的非功能属性以及构件间的协议，从而建立系统的体系结构模型。但是，当前的SA研究大都局限于体系结构描述和一些高层的性质验证，对体系结构求精和实现的支持能力明显不足。另一方面，CBSD提供了一种通过使用现存的中间件基础设施自底向上地实现基于构件的软件复用的途径，强调使用已经开发好的构件来构造软件系统。但是，当前CBSD讨论的重点主要局限于COM、CORBA和EJB等二进制构件，这些中间件技术仅仅提供了在实现层次上支持构件交互的基础机制，缺少指导CBSD过程的系统化的方法学，特别是对高抽象层次的构件组装无能为力。作为一种自然的解决方案，ABC方法有机地组合了这两种途径，以有效地支持基于构件的复用。

ABC方法的核心思想是将软件体系结构引入到软件开发的各个阶段，作为系统开发的蓝图，利用工具支持的自动转换机制缩小从高层设计到实现的距离，而后在构件运行平台(软件中间件)的支持下实现自动的系统组装生成。ABC方法过程模型如图5-10所示。

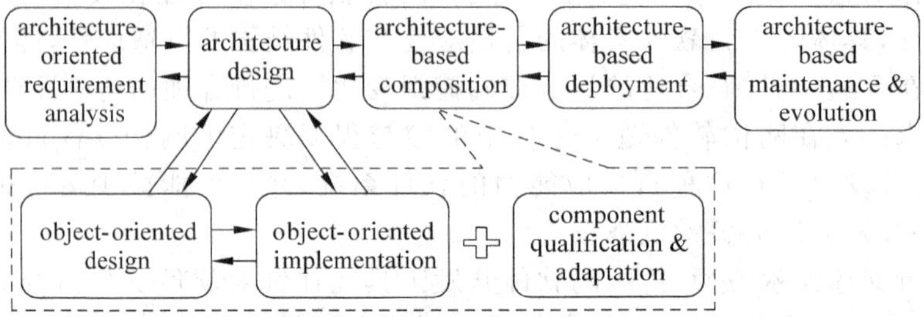

图5-10 ABC方法过程模型

1. 需求分析阶段(需求视图)

ABC为了在高层指导以构件组装为基本手段的软件开发，在需求分析阶段引入了软件体系结构的概念，以结构化的方式来组织问题空间和用户需求。在此阶段，软件需求以特征的形式表示，需求间的关系则由相应特征间的关系来刻画，即以特征作为需求空间内的一阶实体，通过显式地描述特征间的静态和动态依赖关系对需求进行分割和组织，形成被称为特征模型的分析模型。为了描述一类相似或相近的软件系统的共性和变化性的需求，ABC在领域特征模型中引入了变化性的表示机制；为了有效地刻画需求空间中各个需求间的关系，特征模型中定义了特征间的4种重要关系：精化关系、约束关系、影响关系和交互关系，分别描述特征间的静态和动态依赖关系。在后继的复用阶段，通过对领域特征模型的定制产生适应于特定软件系统的需求模型，在领域特征模型中记录的特征间的约束关系信息为具体软件系统特征模型信息的完整性和一致性的检查提供了依据。在此基础上，ABC的特征建模方法通过对需求责任的识别以及需求间相互依赖关系的深入分析，设计出软件系统的高层体系结构，作为后续设计、组装和维护的指南。

2. 体系设计阶段(设计视图)

ABC方法在设计阶段主要进行SA建模，真正意义上的SA模型在本阶段首次成型。在本阶段，设计者通过研究软件系统的需求规约，制定相应的全局设计决策，进一步细化问题域空间中的构件和连接子，创建必须的构件和连接子，建立静态和动态的SA模型(包括类型图、实例图和过程图等)，建立需求规约与SA的映射关系。为了提高目标系统的软件复用率，设计者应考虑资产池中可复用的构件和连接子。值得一提的是，ABC方法并不排斥其他的软件开发泛型，如面向对象分析与设计产生的高层设计或概要设计也可视为一种SA，只要将这种面向对象的SA中的基本组成元素从对象封装为构件(如将一组对象封装为一个构件的常见原则包括对象来源、功能类别、用况、通信频繁程度、并发和分布情况一般—特殊结构、整体—部分结构、关联包的关系密集程度等)，就可以将这种构件化的SA直接作为本阶段的设计结果，或进行一定程度的精确化。

3. 组装阶段(实现视图)

ABC方法中，基于SA的组装阶段实际上是软件系统的实现阶段。在该阶段中，根据设计得到的SA模型，选取、鉴定、适配资产池中已有的实现体，通过一致性校验后，把整个系统组装成可发布的软件包在实际应用中，如果始终存在一些无法复用的构件，此时，ABC可将这些构件描述转换成UML模型或C++和Java代码框架，开发者完成构件制作并将其存入资产池，最终组装到目标系统中。

4. 部署阶段(部署视图)

基于构件的软件系统往往运行于特定的中间件平台中，如CORBA/CCM(common object request broker architecture/component model)、J2EE/EJB(Java 2 platform enterprise edition/enterprise java beans)、COM(component object model)或Web Services等，这些系统运行之前，必须经过部署才能正常运行。而部署所需的相关信息繁杂，往往需要部署人员手工填写。其实，大部分部署信息在系统设计与实现阶段已经存在，经过转换或融合可以复用。为此，ABC方法定义了SA部署视图，该视图包含了大量由设计视图与实现视图派生出来的部署信息，支持以直观的图形方式添加少量的信息，并实时显示目标环境的资源与负载情况，从而实现自动化的部署。

5. 维护与演化阶段(运行视图)

从某种意义上来说，ABC软件开发方法可以看成SA视图连续、迭代的细化、映射和转换，在每一次细化和转换后，软件体系结构的语法和语义信息变得更加精确与完整。到了维护与演化阶段，运行视图刻画了系统在运行时刻的实际状态，因而具有系统最精确和完整的信息,该视图即为运行时软件体系结构。在反射式软件中间件的支持下,运行时软件体系结构不仅积累了设计、组装和部署阶段的信息,还实时地反映出系统运行时刻的真实状态,并且,通过对运行时软件体系结构的操作,可以对软件系统进行在线维护与演化。

为了支持上述过程,ABC 方法实现了特征建模工具、软件体系结构建模工具和作为构件运行支撑平台的软件中间件。特别地,软件体系结构建模工具支持可视化的软件体系结构设计、构件组装、应用部署、在线维护与演化。目前,ABC 方法已在北京 2008 奥运会信息系统建模、某商业银行信贷风险管理系统开发等方面得到了实际应用。

尽管 ABC 的初始目标是传统软件系统,但网构软件是传统软件的自然延伸,且 ABC 从 2002 年开始逐步考虑对网构软件主要特征的支持,因此,ABC 方法能有效支持网构软件的开发。具体而言,第一,网构软件从“无序”资源成为“有序”系统就是一种典型的甚至是理想的软件复用模式,仍然需要软件复用相关技术的支持,这些复用技术也是 ABC 方法的关键并得到了较好的支持。当然,网构软件的复用具有与传统软件复用不同的显著特点,如可复用资源散布在 Internet 上,缺乏统一的管理,实体具有自主性,等等。第二,网构软件强调实体的自主性,但这种自主性仍应受到一定程度的控制才能实现网构软件的“有序”化,而软件体系结构恰恰是一种对独立实体进行有序控制的有效手段,因此,网构软件仍需要显式的体系结构进行合理的全局控制。当然,网构软件的体系结构与传统软件也有一些不同之处,如体系结构的基本实体可变,实体之间的连接可变,等等。第三,与传统软件不同,网构软件强调软件交付后的持续演化,软件的开发和运行需要贯穿起来,并具备统一的工具和平台支撑。针对这一特点,ABC 方法以软件体系结构为中心将设计、实现、部署、维护与演化贯穿并提供了统一的工具。综上所述,ABC 方法在理念、主旨、过程上与网构软件的开发上是匹配的,而 ABC 方法转型为一种网构软件开发方法的关键在于对网构软件主要特性的支持。结合前面对网构软件开发挑战的分析,ABC 方法重点开展了 3 个方面的研究:在开发过程方面,基于特征的需求建模支持网构软件自底向上、从“无序”到“有序”的构造过程中,“无序”资源实体的建模及其组织和管理,以软件体系结构为中心的设计、实现、部署、维护与演化充分支持网构软件交付后的持续开发;在开发方法方面,自适应软件体系结构设计能够开发出具备结构自适应性的网构软件,该设计方法也能导出自适应软件实体必须支持的功能与质量目标;在支持技术方面,ABC 软件体系结构建模工具支持可视化的设计、实现、部署、维护和演化,ABC 运行平台在支持 EJB、Web Services 等主流构件模型的基础上,还提供实时显示与操纵底层平台与上层构件运行状态和行为的反射式框架,以及基于规则的构件自主运行机制。

5.5.2 基于特征的网构软件需求建模

如前所述,网构软件系统的开发基于一个具有丰富基础软件资源的平台,相应的开发活动基本呈现为一种自底向上的方式,即由基础软件资源根据用户的需求进行组合,以形成新的应用系统。另一方面,网构软件系统开发所基于的平台又是一个兼具开放、动态和多变的框架,其中的软件资源大多为分布、异构的无序构件或构件群,基本呈“无序”的状态。如何整合这些无序的资源使其在开发的过程中处于“有序”的控制之下,以便开发者在构建网构软件时可以采用成熟的软件开发方法,诸如传统的自顶向下、逐步精化开发方法,是网构软件开发面临的一大挑战。

作为系统化生产可复用软件资产的领域工程是在对一类具有相似需求的若干领域成员系统进行分析的基础上，考虑领域预期的需求变化、技术演化、经济利益、限制条件等因素，进而确定领域的范围，识别领域中的共性和变化性，获取一组具有足够可复用性的领域需求，并对其进行抽象形成领域模型。在某种意义上，领域工程的分析阶段就是一个自底向上，对各个成员系统进行分析、抽象，构建领域需求模型的过程。所以 ABC 采用领域工程方法和手段对网构软件所基于的平台资源进行有序化的整合，通过对底层的各站点资源的抽象和梳理，使之成为一组有序可控的资源群，以作为搭建网构软件、完成特定业务目标的有机构成成分。如图 5-11 所示，首先通过领域边界的确定和领域分析活动，把分散在 Internet 各处的无序资源（站点元素）组织成具有变化性表示机制的领域模型，体现一类网构软件系统的高层目标；再根据具体的需求经过需求分析对领域模型加以剪裁和扩充，定制生成新的网构应用。这些新的应用可能进一步作为服务散布在 Internet 的某处，随着时间的推移而成为新的“无序”资源。这些新的“无序”资源又可经过新一轮的领域分析迭代加入领域模型，从而形成网构软件资源“无序”到“有序”的往复循环过程。因此，ABC 面向特征的领域模型及建模方法 FODM 可为网构软件平台资源的有序化提供一种有效手段。

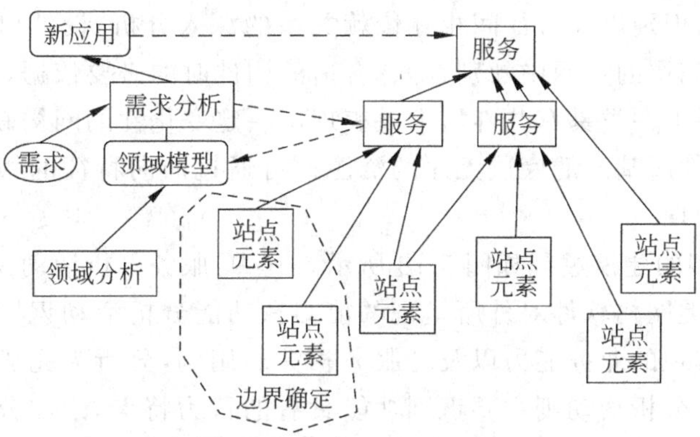

图 5-11　通过领域工程整合网构平台的底层资源

FODM 的特征模型是一种以特征、特征之间的依赖关系为核心元素的特征模型结构框架，支持对领域需求的系统化建模。特征之间的关系包括精化、约束、影响和交互 4 种。精化和约束对于建模需求的共性和变化性具有重要作用。其中，精化刻画了不同抽象层次和粒度的特征之间的静态结构关系。通过精化关系，特征模型形成了易于理解的层次式结构。约束则刻画了特征在绑定状态上的依赖关系。约束关系的显式建模保证了特征模型的易定制性，以便于复用。影响和交互关系对于基于特征模型的领域设计具有重要作用。其中，影响刻画了特征在程序规约层次上的依赖关系。交互则刻画了特征在运行时刻的动态依赖关系。图 5-12 给出了 FODM 特征模型的具体形式。该特征模型除了记录系统具有的服务、功能、行为特点、用例等特征外，还显式地记录了系统具有的质量特征以及特征之间存在的约束和交互关系。服务、功能、行为特点 3 种特征通过 WPA 形成层次式结构，是精化关系的体现。用例部分的特征通过特征间的依赖关系与服务、功能或行为特点、特征建立联系。质量部分中的局部质量特征还记录了其可能影响到的服务、功能或行为特点。

FODM 的特征模型本质上是一种需求的组织方式。特征提供了一种对需求的分割和

<table>
<tr><td rowspan="3">use-case section</td><td>service layer</td><td rowspan="3">quality section</td></tr>
<tr><td>function layer</td></tr>
<tr><td>behavior characteristic layer</td></tr>
<tr><td colspan="3">constraint section</td></tr>
<tr><td colspan="3">interaction section</td></tr>
</table>

图 5-12 FODM 特征模型的具体形式

组织方式，即以特征作为需求空间内的基本实体，系统具有的特征及其相互关系构成了系统的需求空间。从需求的内涵来看，一个特征体现了系统具有的某种能力或特点，反映了需求获取的参与者对系统的某种要求或理解。从需求的类型上看，一个特征可能是一种功能性的需求，或是对系统质量属性的要求，或者是外部环境对系统的某种约束条件。

在整合、组织网构软件平台的底层资源的过程中，FODM 把网构软件所赖以组装的资源以特征的形式表示和组织，用特征间的关系来表示资源间的组合关系。通过这两个基本点，一类具有共性需求并表现出一定变化性的网构软件，可以由 FODM 的特征模型来描述其对外呈现的功能和服务、需要达成的系统目标及其对环境的适应性要求。在此基础上，通过对特征所具责任的识别以及特征间相互依赖关系的深入分析，设计出这类网构系统的高层体系结构，作为从底层的资源中甄别、筛选合适的构件时的必要依据，以及后续设计、组装和维护的指南。如果把一类具有共性需求并表现出一定变化性的网构软件看成一个网构应用领域的话，网构软件所基于的底层无序的资源便可通过面向特征的领域建模方法在高层以有序可控的方式呈现。

FODM 特征模型的建模过程如图 5-13 所示。其中，服务分析活动识别构成网构软件的服务特征，以明确一类网构软件对外所呈现的能力。功能分析活动识别服务具有的功能特征。通过考察服务体现的业务能力以及与服务相关的用例，分析为完成特定的服务必须具有的功能。行为特点分析活动则主要识别功能具有的行为特点，诸如分析功能执行的前期行为特征和后期行为特点，功能执行完毕后的控制权转移，等等。贯穿服务分析、功能分析和行为特点的分析活动中，可能会并发进行领域术语分析、共性变化性分析、交互过程分析、质量需求分析等活动。通过对领域术语的分析，发现其中存在的服务。分析服务层特征的共性和变化性，识别服务之间存在的约束关系。对每一个服务、功能和行为特点，分析与其相关的用例以及用例的共性和变化性。分析服务具有的质量属性。用例分析活动的主要任务是发现该类网构系统在与用户的交互中存在的特征，通过识别与服务相关的业务处理流程，提取出反映领域共性或具有特色的用例。质量需求分析活动则主要识别对一类网构软

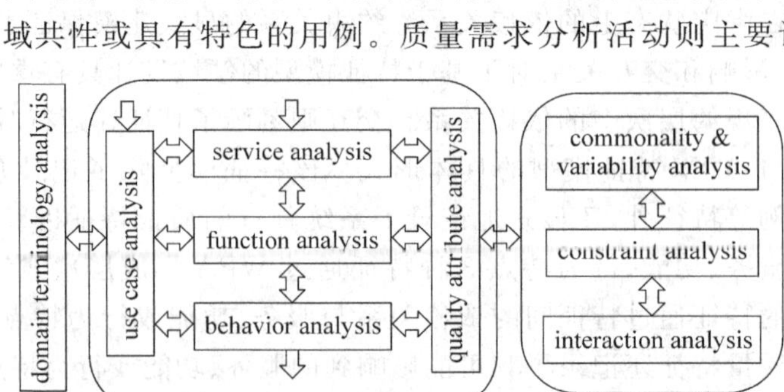

图 5-13 FODM 特征模型的建模过程

件的质量属性要求，以明确其所要达成的系统目标。

当针对一类应用的特征模型建立好之后，随后的一个重要活动就是如何对已建立的特征模型进行复用。对特征模型进行复用的有效手段是剪裁，即通过对特征模型的剪裁获取当前应用系统所感兴趣的一组特征。但由于特征之间可能存在较多的依赖关系，因此如何保证特征模型的剪裁结果和完整性和一致性就显得十分重要。FODM 给出了根据原子集概念的特征模型剪裁过程，以及根据特征间的约束关系对特征模型的剪裁结果进行合理性检查的方法。

为了便于设计人员从底层平台资源中甄别、筛选合适的构件进行组装、产生新的网构应用，需求阶段识别出的特征及特征间关系与底层资源及资源间关系的对应机制需要建立起来。通过对需求责任的识别和分配，FODM 给出了一种从特征模型到高层软件体系结构变换的较为规范的方法。

模型变换须解决两个基本的问题：①模型变换的基础，即源模型和目标模型间的追踪性问题；②模型变换的核心，即目标模型的构造问题。在 FODM 中，这两个问题分别被具体化为特征到构件的追踪关系；基于特征模型的软件体系结构构造。

特征和构件间天然上存在多对多的复杂关系。为解决特征到构件的复杂追踪关系，FODM 引入责任的概念作为特征和底层构件之间的连接元素。责任是一组具有较强内聚性的软件程序规约，并且可作为分配工作任务的基本单位。通过责任的连接，特征和构件间的多对多关系可以被分解成两组一对多的简单关系，即一个特征可以被操作化为若干个责任，同时一个构件可以实现多个责任。基于这种分解，特征到构件的追踪关系可以通过如下的两个步骤建立起来：将特征操作化为责任；将责任分配给相关的构件。

图 5-14 概括了从特征模型到软件体系结构的变换方法。变换过程中所涉及的概念可以被分割到两个层次上。第一个层次是网构的需求层，在这个层次上，需求被组织成特征模型的形式。第二个层次是规约层，在这个层次上，程序规约首先被组织成一组责任、一组资源容器以及它们之间的一组交互。然后，责任和资源容器被聚集成概念型构件，责任/资源容器之间的交互则通过过滤和聚集，从而形成构件之间的交互。构件可以看做是一种责任的容器，并且可以通过聚集责任(responsibility clustering)的方式来构造构件。构件间交互的识别基于以下的假设：当两个责任被分配到两个不同的构件上时，这两个责任之间的交互同时也成为这两个构件之间的交互。

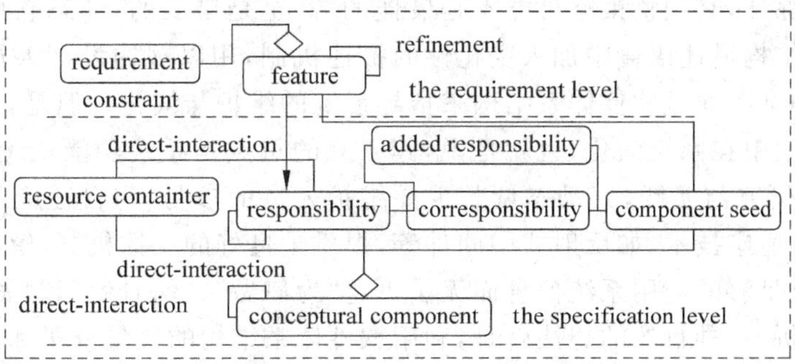

图 5-14　变换方法概览

针对一个网构软件的系统目标，可以对其组成成分的能力与责任以及这些责任间可能的组合和分配关系，可以通过以上的方式进行明确的建模，以便在高层指导底层资源的甄选。

为了更好地支持面向特征的需求建模活动，ABC 开发了相应的建模支持工具 FMtool。该工具提供了一种图形化的特征模型建模和编辑手段，以用户直接可感知的软件片断(即特征)为基本建模元素，通过系统地发掘软件具有的特征以及特征之间存在的关系，建立关于软件的特征模型。除了面向传统的领域工程、软件产品线之外，本建模工具还特别适合于像网构软件这样的具有复杂用户群的软件应用。

5.5.3 基于体系结构的网构软件自适应性建模

较早的自适应研究侧重于如何使能软件系统在"物理"上具备变化的能力，大多利用Agent、设计模式、中间件等具备适应能力的技术。近年来，随着研究与实践的深入，人们发现自适应的关键在于如何实现软件系统在逻辑上的变化能力，即如何发现变化、如何确定适应性调整以及如何评估适应的效果。考虑到软件适应性大多针对系统的质量，如何以质量为核心分析、设计、评估软件系统的适应性成为自然的选择。考察整个软件生命周期，软件体系结构不仅是系统的蓝图，更是系统质量属性的载体。一方面，软件体系结构是体现质量属性的关键制品，质量属性应该包含在软件体系结构的设计中，同时能够在软件体系结构层次上被评估；另一方面，软件体系结构的设计和选择应该充分考虑质量属性的需求，并受到质量需求的制约。软件体系结构对于质量属性的影响是如此巨大，以至于在很多情况下，体系结构的一个设计决策会影响到多个质量属性，需要在这些质量属性之间做出权衡，以确定体系结构的设计。但是，这种权衡往往是以牺牲一个或多个质量属性需求来完成的，在多个同等重要质量属性的权衡中，其效果往往差强人意。此外，作为描述、理解和分析系统行为的重要工具，软件体系结构提供了丰富的系统分析和设计知识，对管理运行时刻系统变化提供了良好的支持。由此产生了动态软件体系结构的研究，即显式记录软件体系结构级别的各种变化以指导系统运行时刻的自适应调整。

尽管上述 3 方面的研究都对软件系统的自适应提供了直接的支持，但仍存在诸多不足。大部分的软件体系结构设计和评估方法主要关注高层设计阶段，没有考虑软件生命周期的其他阶段，如中间件提供的运行时适应能力。这些方法对质量属性只能通过模拟、分析等进行静态评估和调整，针对一些与运行时刻紧密相关的质量属性，如性能、可靠性等，其评估结果的正确性无法保证，其调整策略可能不是最佳的，甚至是错误的；动态软件体系结构相关研究在软件体系结构描述语言中加入变化性的描述机制，用以规约设计人员可以预测的变化，在运行阶段则试图通过软件体系结构来指导系统的维护与演化。但是，目前动态软件体系结构的研究多集中在系统演化，也就是说，其研究的重点是系统功能的增、删、改，忽略了质量属性方面的研究与实践，其动态调整需要维护人员的参与，与自适应的目标有一定距离；运行时刻的自适应技术，如反射式中间件等，提供了良好的支撑机制，解决了"如何做"的问题，但因为缺乏足够的应用系统信息而无法决定"为何做"、"何时做"和"做什么"。

综合上述分析，一种自然的想法就是，利用软件体系结构的质量分析和设计来发现需要处理的变化，基于动态软件体系结构设计和分析确定系统在运行时刻可以进行的调整，通过运行时刻的适应机制来实施对于体系结构的修改。在 ABC 方法中，考虑到从需求到设计之间的鸿沟，允许采用任意合适的方法按照需求规约设计出软件体系结构。如从特征模型出发，将特征分解为责任，进而聚集多个责任为一个概念构件，最终设计出一个高层的或概念的软件体系结构；采用面向对象的分析与设计，设计出目标系统的概要类图，然后将类按照多种原则封装成粒度较大、功能相对独立的构件，从而形成一个功能较完善的软件体系结构。在复用已有构件以实现目标系统之前，需经过自适应软件体系结构的分析与设计。

首先，必须对给定的软件体系结构进行细致完善的功能与质量分析，一旦发现功能缺失或冗余、质量可能无法保证等风险，就需要调整或重构软件体系结构。此时的调整可能仅仅是设计一个完全满足功能和质量需求的体系结构，由此产生的系统结构相对稳定，不具备自适应性。如果无法一次性地设计出满足要求的体系结构，就需要进行自适应设计。如果导致风险的构件具有自主性，且恰好能够处理产生的风险，则此时无须调整体系结构，例如，某自主构件能够根据不同用户的优先级自动调整请求的处理时间，在一定程度上处理体系结构分析中发现的用户优先级不同请求响应时间也不同的风险。如果该构件不具备自主性，或其自主能力无法处理相应的风险，则需要设计出合适的体系结构调整方案。调整方案的设计可以有两种途径：一种是直接设计出体系结构调整的步骤和细节，如调整的触发条件、增加或删除给定构件、增加或删除某个连接子等，这种方式一般适用于仅需要局部调整的情况；另一种则是设计出多个体系结构，这些结构之间存在多个局部的不同，每个体系结构满足特定的功能与质量，运行时根据功能与质量需求的变化，在这些体系结构之间进行切换。结合这两种途径可以设计出更复杂的自适应体系结构。经过反复的分析与设计，最终能够产生满足需求的体系结构（如果始终无法满足，则可能需要调整需求），通过构件组装实现目标系统后就可以部署到运行平台。该运行平台必须提供足够的适应机制，即能够捕捉运行时的变化并解释执行体系结构的调整。从软件自适应的角度看，ABC 方法通过体系结构分析发现变化的动机、时机以及与变化相关的结构元素，通过体系结构设计确认变化的时机、决定需要调整的结构元素以及具体的调整细节，这些"为何做"、"何时做"和"做什么"等知识记录在动态软件体系结构中，并由自主构件或反射式中间件来解释执行。

自适应软件体系结构建模方法并不特定于具体的技术，为了验证这一方法的可行性和有效性，ABC 方法目前采用 ATAM 作为体系结构分析方法，采用 ADD 作为体系结构设计方法，采用 ABC/ADL 描述动态软件体系结构，采用反射式中间件 PKUAS 以及在 PKUAS 上实现的一种自主构件作为系统自适应的执行机制。下面将介绍通过实例研究来展现软件体系结构自适应建模的具体过程。

由 CMU/SEI 提出并实践多年的 ATAM 方法是一种比较完整、全面的软件体系结构分析评估方法。该方法同时考察多个质量属性，涉及所有的系统相关人员，并且可以对系统进行设计精化。ATAM 方法通过场景的集合来捕获质量需求，通过效用树将场景按照其对应的质量属性及优先级别进行组织，通过关键点和权衡点（即属性之间的依赖关系）来对多个质量属性目标进行权衡。ATAM 采用的质量属性场景是一种面向特定的质量属性的需求，它由 6 个部分组成，包括激励源（产生激励的实体）、激励（一个条件，当其到达系统时必须被考量）、环境（激励发生时系统所处的状态）、制品（被激励的软件制品）、响应（当激励到达时产生的行为）、响应度量（响应必须以某种方式度量以检查需求是否被满足）。ABC 集成 ATAM 方法后，对其实施步骤进行了调整并特化了某些制品的语义。具体而言，ABC 方法使用质量属性场景来对自适应的时机进行分析，采用激励和激励源记录诱发质量属性变化的外部条件或事件，环境和制品记录涉及的系统内部的元素，响应和响应度量记录该质量属性的临界值。

以一个典型的网上宠物商店 JPS 为例。

整个 JPS 由 4 个主要部分组成：宠物商店网站、订单处理中心（简称 OPC）、管理界面和供货商。其中网站作为整个系统的外部接口与用户直接进行交互，将订单发送给 OPC，OPC 首先对订单进行一定的处理，然后将生成的购物请求发送给管理界面。管理员负责批准（在用户信用卡中扣除相应的款额）或者拒绝订单（用户信用卡中余额不足），并将结果发送回 OPC。对于批准的订单，OPC 将购物请求发送给供货商，供货商从库存中找到相应的宠物，并且运送给客户，同时将发票发送回 OPC；对于拒绝的订单，OPC 向客户发送邮件通知请求被拒绝。表 5-8 所列为 JPS 的部分质量属性场景。对于这些场景，需要使用效用树进行分析。效用树按照质量的类属关系对场景进行分类，并确定每个场景的重要程度以及实现难度。对于那些与运行质量相关且较为重要的场景，确定与之相关的软件体系结构敏感点和权衡点。敏感点是一个或多个构件（或构件之间关系）的一个特性，这个特性对于获得某个特定质量属性的响应至关重要。权衡点是影响多个质量属性的特性，它同时也是多个质量属性的敏感点。从自适应性分析与设计看，场景提供了何时做的信息，而其对应的敏感点和权衡点给出了当该场景的响应量度不能被满足时应该对系统中的哪部分进行调整的信息。针对表 5-8 的场景，不难发现，前 5 个场景主要考察性能指标，结合 JPS 的体系结构可以发现，这些场景中的主要构件均需要访问数据库，进而可以推导出构件的数据库访问是一个至关重要的性能敏感点。数据库访问一般存在两种模式，或者每次读写数据都访问数据库（时间换空间），或者缓存数据且只在写的时候才访问数据库（空间换时间），因此，构件的数据库访问需要在性能和内存消耗上进行权衡。

表 5-8 JPS 的部分质量属性场景

场景号	源	激 励	环 境	制品	响 应	响应度量
场景 1	终端用户	浏览目录中的某个宠物的具体信息	运行时	网站	返回相应的宠物信息包括图片	<5s
场景 2	终端用户	在目录中查询某种/个宠物	运行时	网站	返回查询结果	<2s
场景 3	待处理订单	发送到 OPC	正常运行时	OPC	处理多个订单	1min 内不小于 10 个
场景 4	终端用户	提交订单	正常运行时	OPC	通知用户该订单被批准还是拒绝	<5min
场景 5	终端用户	提交订单	负载运行时	OPC	通知用户该订单被批准还是拒绝	<6min
场景 6	终端用户	提交订单	运行时	整个系统	记录订单的具体情况	所有的购物记录
场景 7	待处理订单	发送到 OPC	运行时	OPC	收到订单	订单信息需保密
场景 8	维护人员	将系统移植到其他数据库	系统发布后	整个系统	能够方便的被移植	<12h

发现了体系结构中的变化点以后，就需要进行相应的适应性设计。针对上面的例子，可能产生 3 种设计方案。第一种方案是对结构的调整，对于 JPS 中需要访问数据库的构件，如 customer（用户信息）、order（订单信息）、catalog（产品信息）等，如果构件库中同时存在缓存

和非缓存的实现，则可以将这两种实现都组装到系统中，在内存资源充裕时连接具有缓存的构件以提高性能，而在内存资源有限或消耗过多时连接非缓存的构件以确保整个系统的稳定，这种切换通过典型的体系结构调整——连接子的连接与断连即可实现。第二种方案是利用中间件的自适应性，如果构件实现利用中间件提供的数据服务实现数据库的自动访问（如实体 EJB），则缓存与否的切换由中间件实现，此时只需要将切换的规则（如内存消耗超过可用内存的 80%则使用非缓存机制）作为配置信息通知中间件即可。第三种方案利用实体的自适应性，如果构件具有自适应性，能够自主切换数据库访问模式，则此时的设计也只需给出切换规则即可。

过去几十年里，软件技术经历了一系列重要的变化和发展，其发展的主线是构成软件的软件实体的粒度不断增大，软件基本模型越来越符合人类的思维模式；软件运行平台的能力不断增强，越来越多地屏蔽掉计算机底层的复杂性；软件支撑平台的能力不断增强，越来越多地屏蔽了软件开发过程的复杂性；软件技术的应用范围不断扩大，越来越广地渗透到人类生活的各个方面。Internet 的快速发展，对软件技术带来了更多的需求和挑战，传统的软件技术体系由于其本质上是一种静态和封闭的框架体系，难以适应 Internet 开放、动态和多变的特点。由此产生了一种新的软件形态——网构软件。这种软件适应 Internet 的基本特征，呈现出柔性、多目标和连续反应式的系统形态，将导致现有软件理论、方法、技术和平台的革命性进展。本节针对网构软件开发方法的主要挑战，介绍了针对网构软件的研究工作——面向构件、以体系结构为中心的软件开发方法 ABC。该方法支持跨整个软件生存周期的网构软件分析、设计、实现、部署、维护和演化，采用特征模型支持“无序”软件资源的建模、组织和管理，采用软件体系结构支持网构软件自适应性建模，采用反射式中间件支持网构软件结构的自适应与实体的自适应。然而也应看到，利用 ABC 方法对网构软件的支持仍存在一些不足，如自适应体系结构的设计自动化程度有待提高、网构软件的协同性支持不够、符合网构软件的构件模型尚未成形等，这些都是 ABC 进一步的工作重点。

5.6　网构软件的实现和测试方法的研究

分析传统产业的发展，其基本模式均是符合标准的零部件（构件）生产以及基于标准构件的产品生产（组装），其中构件是核心和基础，复用是必须的手段。虽然目前大多数软件还是定制的，但是实践表明，这种成熟的生产模式是软件工程化、软件生产工业化的必由之路，软件产业正在向基于构件的组装前进，把这种模式下的软件叫做构件软件。

随着 Internet 平台的不断发展和成熟，面向网络的计算环境正由 C/S 发展为 Client/Cluster，并正朝着 Client/Network 和 Client/Virtual Environment 的方向发展，这对软件的形态也提出了新的要求和挑战。

5.6.1　网构软件

网构软件概念的出现指明了研究问题的方向。由于网络环境的开放与动态性，以及用户使用方式的个性化要求，从而决定了这样一种 Software Web，它应该能感知外部网络环境的动态变化，并随着这种变化按照功能指标、性能指标和可信性指标等进行静态的调整和动态的演化，以使系统具有尽可能高的用户信赖度，将具有这种新形态的软件称为网构软件。网构软件是一种新的软件形态，它既是传统软件结构的自然延伸，又具有区别于在集中封闭环境下发展起来的传统软件形态的独有的基本特征：自主性、协同性、反应性、演化性、多态性。这种挑战有可能在发展着的Internet平台上进一步进行资源整合，形成巨型的、高效的、可信的和统一的虚拟环境，使所有资源能够高效、可信地为所有用户服务。

同时计算机软件所面临的环境开始从静态封闭逐步走向开放、动态和多变。软件系统为了适应这样一种发展趋势，将会逐步呈现出柔性、多目标、连续反应式的网构软件系统的形态。面对这种新型的软件形态，传统的软件理论、方法、技术和平台面临了一系列挑战。

1. 网构软件形态和传统软件形态的区别

传统软件形态基于实体驱动，根据需求标识实体，编写功能模块，集成各功能模块，形成一个完整的软件，当需求变化时，修改某些模块。这种修改会带来软件的重新测试，耗时耗力，还会产生不可预料的潜在错误。网构软件形态基于协同驱动，根据需求查找软件实体，软件实体是分布、自治、异构的，但至少它的接口是标准化的，这些具有相同功能输入和相同功能输出的软件实体形成一个组合，这个组合可能满足一个或多个服务，这些服务就是用户通过网构软件想获取的服务。当需求变化时，软件实体重新组合，这种组合不但不影响独立的软件实体，不会产生因软件实体的变化而产生潜在错误，而且为集成测试工作带来方便。

2. 网构软件的实现

同构件软件相比，组成网构软件的基本元素不是构件或模块，而是软件实体，它是由软件开发商或者普通用户提供的能满足某个网构软件所需服务的实体，而且各实体之间可以自主地实现协同性。软件实体如何生成网构软件呢？把网构软件系统划分为3层。

图5-15为软件实体层、网构软件层、介于二者之间的标准接口层，它们连同软件用户都是Internet平台的一员。从图中可以看出网构软件是诸多软件实体的服务的集成，它应该有需求服务的菜单界面(位于网构软件层)，这个界面必须是友好的、服务是可定制的，这是对网构软件的起码要求，软件用户必须是Internet用户，可能是普通用户，也可能是软件实体的开发商。而接口层是网构软件和软件实体承上启下的通道，它需要一个功能强大的中间件平台的支持，这个平台上要做的工作很多，包括标准协议和协商机制的制定、软件实体的选取、组合等，下面首先从软件测试说起，仅仅讨论其中一些问题。

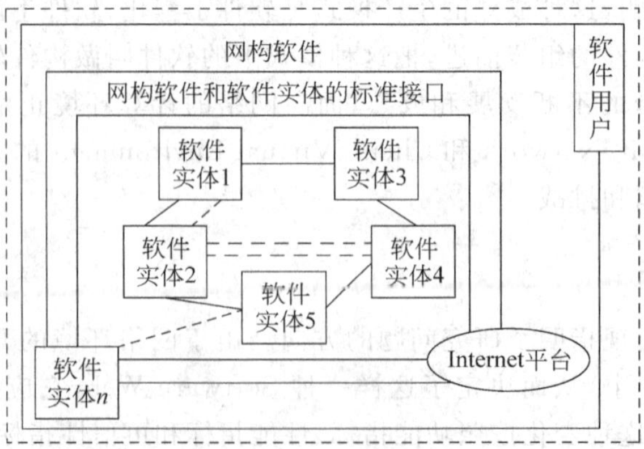

图5-15　网构软件系统雏形

5.6.2 软件测试

软件测试对保证软件质量来说是一个极其重要的因素。传统的测试方法以可测试性为前提，以黑盒测试和白盒测试为基本技术，以从单元测试、集成测试、确认测试到系统测试为步骤进行的。测试是一个为了发现错误而执行程序的过程，这是它的目的。

1. 传统软件的测试

传统软件测试的方法一般分为两大类，即静态测试和动态测试。静态测试是对被测软件进行特性分析的方法的总称，主要特点是针对需求说明、设计文档和源程序等进行分析。动态测试是在计算机上运行被测试的软件，通过选择适当的测试用例，根据执行结果判断软件的可信性和有效性。动态测试的两种主要方法是白盒测试和黑盒测试。白盒测试是测试人员利用程序内部的逻辑结构、语句组合等，使用测试用例，对程序所有逻辑路径进行测试。通过在不同测试点检查程序的状态，比较实际的状态与预期的状态的一致性，所以白盒测试又被称为结构测试或逻辑驱动测试。黑盒测试不考虑程序的逻辑结构和内部特性，仅依据软件的功能需求进行测试，比较预期值和结果，因此黑盒测试又叫做功能测试。黑盒测试并不是白盒测试的替代品，而是用于辅助白盒测试来发现其他类型的错误。

2. 网构软件测试

由于网构软件的生成元素、生成过程的特征及其所面临环境的开放、动态和多变性，所以决定了网构软件的测试必须要有新的技术、方法来适应它的发展。传统测试技术仍然可用于软件实体的测试，但是软件实体之间的协调不只是简单的消息传递，所以对软件实体本身的测试不能孤立起来，期待着新的模型、技术、方法的出现，而且这个工作必须在接口层中进行。

接口层是隔离层也是联系层，隔离了上下两个层次研究的不同的侧重点，同时又将两个层次紧密联系起来，甚至形成一个整体。对软件实体层来说，软件实体相互之间需要协调、组合、集成某一服务，这就需要接口层有必要制定软件实体的接口标准，这些任务对网构软件层来说是屏蔽掉的；网构软件层关心的是有没有满足自己的某个需要的服务，接口层可以按照这个需要选择可信性的软件实体的组合供网构软件之用。

首先，什么样的软件实体是高可信性的？软件实体处于具有开放性与动态性特征的Internet环境中，使得对于诚实的、具有可靠服务质量的实体的选择难度较大，难以确保网构软件的可信性。软件实体间的信任关系对于保障网构软件的可信性具有重要意义，软件实体间的信任关系通常随协作的进行而不断变化。针对该问题，出现了一个适用于网构软件的信任度量及演化模型，该模型不仅对信任关系度量过程和信任信息传递及合并过程进行了合理抽象，而且还提供了一种合理的方法，用于促进协同实体间信任关系的自动形成与更新，该模型有助于解决开放环境下网构软件的可信性问题。

其次，在信任的实体中间也可能会出现实体输出出错的情况。比如产品的买卖中，经销商一般选择信誉好的产品订购，这样就能将符合生产标准的商品摆上货架。但是也有可能出现意外导致某批产品出现一些问题。可信的软件实体也会出现类似的问题，为此，接口层必须具备再选择功能，即再次从可信实体中选择具有正确输出结果的实体。

这里有两种情况：从可信的软件实体中再选择当前具有正确输出结果的软件实体；从具有相同服务的软件实体的多种组合中，再选择具有当前正确服务的组合。正因为有若干可用的软件实体和若干可用的具有相同服务的软件实体组合，所以当网构软件层提出某个服务要求的时候，从当前的各种软件实体或者软件实体的组合中选择具有相同输出结果的软件实体或者软件实体的组合作为可选的对象，随时随地供网构软件层使用。那么接口层应该采用什么方法进行再选择或者说应该使用什么测试方法保证呈现在网构软件面前的是一个正确的、可靠的服务呢？

从前面的论述可知网构软件的生成、演化的过程就是可信的软件实体的动态协调的聚合过程，在这个过程中形成网构软件层的一个服务对应接口层有多种软件实体组合的模式，但这是一个动态的稳定的过程。同时正因为这样才能使网构软件适应开放、动态、多变的Internet平台。设定一个正确率，让接口层使用这个正确率进行软件实体或者软件实体组合的最终的选择。

下面给出解决方案，假设网构软件层需要某个服务，为满足这个服务，软件实体层有 n 种软件实体的组合（也可能是单个的软件实体），图 5-16 所示为求软件实体的正确率。

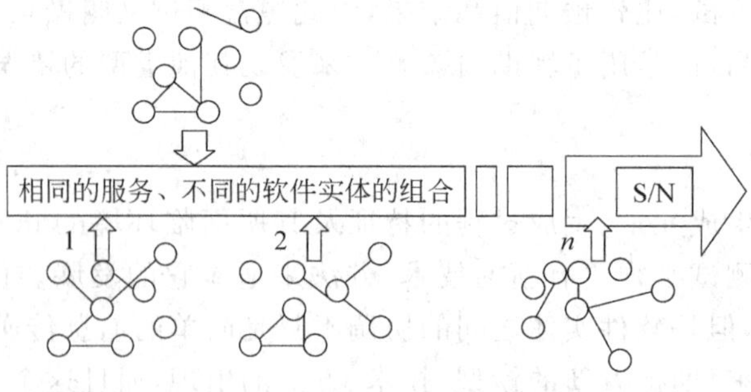

图 5-16 求软件实体组合的正确率

$$P=\{S|S=S_1*q+S_2*q+\cdots+S_n*q,q=0\text{ 或 }q=1,1\leqslant i\leqslant m\}/N$$

式中：P 为软件实体组合的正确率；N 为可信的软件实体的组合的总数；S 为具有可信实体且具有相同输出、相同功能的组合；m 为某一个服务的软件实体个数的最大值。

在一次服务请求或者叫做当前服务请求中，如果其中有 80%以上的组合输出值是相同的，那么对这些组合取 $q=1$，对剩下少于或等于 20%的组合取 $q=0$，如果在 N 中没有达到 80%的组合输出值是相同的，则统统取 $q=0$。因为目前这个工作还在理论研究阶段，所以引用 80%作为正确率的临界值，这只是一个研究值。利用公式只有当具有相同功能的若干组合中有 80%的具有相同输出结果的值时，接口层就从这 80%的组合中任意选择若干组合作为网构软件层的这个服务的服务。

另外对每组组合中可信的软件实体的选择也是使用同样的方法。这样对于网构软件层的一个服务要求来说：①保证了软件实体的具有较高的可信性；②保证了最终给网构软件层提供服务的组合具有较高的可信性；③正因为 Internet 网络是开放的、动态的，只有通过接口层来屏蔽这种网构软件生过程中的动态性，才能让用户觉得网构软件是稳定的、静态的、可靠的。

可以看到，网构软件的生成过程中离不开网构软件的测试，测试可以分为两个阶段。第一个阶段是使用传统的测试方法对软件实体的测试，第二个阶段是使用正确率选择每一个组合中的软件实体以及选择软件实体的组合为主的测试。

本节首先提出了网构软件系统的 3 层模型，为网构软件的实现给出了雏形，并且使比较复杂的接口层(中间件)嵌入到 Internet 平台，这也使 Internet 平台的功能更强大，也易于网构软件的推广。其次，使用参数——正确率及相关公式简化了网构软件的实现和测试，提高了网构软件服务的可靠性、稳定性。David Dlark 曾经对 Internet 标准发表过这样一句著名评论：Internet 的标准化是由“大概一致的意见”和“可以运行的代码”构成的。同样的道理，网构软件要流行起来，对软件实体的接口的标准化就显得十分重要；一个好的软件界面是友好的、运行速度是可接受的、出现异常要有令人信服的提示信息等。那么，网构软件的界面应该怎样设计就需要讨论；这种基于选择特征、动态环境、动态组合之上的稳定的服务，它的速度需要测试；软件实体、接口也必须具备异常覆盖率较高、异常处理比较完美的异常处理系统，使软件的健壮性非常好；就网构软件层的一次服务而言，软件实体的组合应该选取多少种、保留多少种组合才能既稳定又高效地支持网构软件层需要的服务；还有网构软件的安全机制也是一个很重要的问题。这些问题是以后要攻克的一座座堡垒。这种挑战有可能在发展着的 Internet 平台上进一步进行资源整合时，形成巨型的、高效的、可信的和统一的虚拟环境，使所有资源能够高效、可信地为所有用户服务。

5.7 网构软件带来的挑战

可以说，传统的软件理论、方法和技术等在处理网构软件时遇到了一系列的挑战。

1. 软件基本模型的变化

软件基本模型的发展，表现为一个逐步追求更具表达能力、更符合人类思维模式、更具可构造性和演化性的软件结构的过程。目前，软件模型已经发生了重要变化，面向对象、面向构件的软件模型已逐步成为主流。对基于 Internet 环境的网构软件系统而言，其基本的计算单元应该是分布、自治、异构的构件，而它们之间的交互则可能是从简单的消息传递到复杂的通信协议和协同模式。这种模型将由于所处平台的特性和开放应用的需求而变得比任何传统的计算模型都更为复杂，开放、动态和演化等是其基本属性。

2. 软件开发技术的变化

由于所基于的平台是封闭静态框架，传统软件系统的开发基本都是采用自顶向下的途径，确定系统的范围(即 scoping)总是建立需求的第一步，然后通过分解而实施分而治之的策略，整个开发过程处于有序控制之下。而网构软件系统的开发所基于的平台是一个有丰富基础软件资源但同时又是开放、动态和多变的框架，开发活动呈现为通过基础软件资源组合为基本系统，然后经历由“无序”到“有序”的往复循环过程，基本上是一种自底向上、由内向外的螺旋方式。另一方面，在静态和封闭的环境下，传统软件开发方法和技术并没有将对软件的可信性(安全性和可靠性)考虑融合在其中从而致使在 Internet 环境下开发软件系统时，缺乏可以保证系统可信性的有效手段。

3. 软件生命周期概念的变化

在传统的软件工程体系中，软件生命周期概念所强调的是从问题提出到软件提交的整个开发过程的重要性，而对于提交使用之后的软件变化过程往往只采用软件维护加以简单概括。这样一种软件生命周期概念对于处于静态封闭环境下的软件系统的开发是合适的，但对处于Internet开放、动态和多变环境下网构软件系统的开发则有局限性。对网构软件系统来说，系统提交之后的动态的自适应性和演化性是其基本特征。因此，对运行阶段之后的演化过程的关注是必需的，甚至显得更为重要。因此，结合“无序”到“有序”的循环，网构软件系统所呈现的是一个不同于传统生命周期概念的大生命周期概念。目前，围绕这种新的大生命周期概念的相关理论、方法和技术基本上还是空白的。

4. 程序正确性概念上的变化

对传统软件系统，正确性的概念和相应的质量标准是确定的，正确性的验证与质量测试和评价均依此而定。然而，在Internet环境下，一个软件系统所能达到的目标不仅取决于系统的输入，而且还取决于开放和动态变化的外部环境。因此，一个软件系统所能达到的目标难以用传统的正确性概念加以概括。也就是说，网构软件系统是一个具有多个相容目标的系统，其正确性可能表现为传统正确性描述的一个偏序集。同时，多目标的正确性概念也是网构软件演化的基本依据。正确性概念的变化，可能会导致传统软件工程体系中与正确性相关的软件规约、程序语义和程序验证等理论体系的变化。更进一步地说，多目标正确性概念还可能导致软件测试和评价技术的根本改变。

5. 软件体系结构侧重点的变化

传统软件系统的体系结构更多地关注于软件实体，是以实体为中心的结构模式。虽然最近关于软件体系结构的研究已开始关注软件实体间的连接，但就体系结构的整体拓扑建模来说，仍是实体驱动的。这样的模式适合于封闭和静态环境的需求。在Internet开放、动态和多变的环境下，由于存在众多的基础软件资源，体系结构研究的出发点将从软件实体转向实体间的动态协同。因此，从基于实体的结构分解到基于协同的实体聚合将会是软件体系结构研究的重大转变。

6. 软件生产过程和环境的变化

在Internet开放的环境下，网络上必然存在大量可供用户直接使用的软件资源。在某种意义下，软件开发过程就是将这些资源加以适当协同并进行逐步演化的过程。由于软件协同模式与功能体的分离，程序设计的本质就成为进行协同的过程，这就形成基于Internet的面向用户的虚拟工厂的概念。在这样一个工厂中，不仅软件生成过程的控制和质量保证等会发生较大变化，而且开发环境和运行环境会融为一体。

综上所述，Internet及其上应用的快速发展与普及，使计算机软件所面临的环境开始从静态封闭逐步走向开放、动态和多变。软件系统为了适应这样一种发展趋势，将会逐步呈现出柔性、多目标、连续反应式的网构软件系统的形态。

面对这种新型的软件形态，传统的软件理论、方法、技术和平台面临着一系列挑战。从宏观上看，这种挑战为研究软件理论、方法和技术提供了难得的机遇，有可能建立一套适合于 Internet 开放、动态和多变环境的新型软件理论、方法和技术体系。从微观的角度，Internet 的发展将使系统软件和支撑平台的研究重点开始从操作系统等转向新型中间件平台，而网构软件的理论、方法和技术的突破必将导致在建立新型中间件平台创新技术方面有所突破。

思考题

1. Internet 基本特征由哪几部分组成？
2. 简述网构软件的定义。
3. 网构软件区别于传统软件形态的独有基本特征是什么？
4. 网构软件与经典软件系统相比存在哪些差异？
5. 基于 Agent、以软件体系结构为中心的网构软件模型有哪些？
6. 软件中间件（简称中间件）呈现出何种发展趋势？
7. 基于 Agent 的开放中间件模型的核心组成部分有哪些？
8. ABC 方法重点关注的是哪 3 个问题？
9. 简述 ATAM 的组成。
10. 网构软件系统可以划分为哪几层？

第6章 仿生学

6.1 仿生学的定义及意义

6.1.1 仿生学的定义

仿生学(bionics)一词最早起源于1960年,它是美国人斯蒂尔(Jack Ellwood Steele)取自拉丁文“bion”(生命方式)和词尾“ics”(具有……性质的)合成的。他认为仿生学是研究和模仿生物系统方式(或者具有生物系统特征的方式,或者类似于生物系统方式)的一门系统科学。

可这样定义仿生学:研究生物系统的结构、原理、性状、相互作用以及行为,来为工程技术的开发和研究提供新的设计思路、工作原理以及系统构成的技术科学。

自古至今,绚丽多彩的自然界对人类的探索欲望有着强烈的吸引力,它一直是人类产生各种技术和发明创造的灵感的不竭源泉。纵观科学技术发展的历史进程,很容易发现,许多影响人类文明进程的重大发明都源于对生物的各种方式的思考与模仿。例如渔网的发明是模仿蜘蛛网而产生的;飞机的产生是模仿鸟类的飞行;喷气推进原理是模仿墨鱼的运动原理;雷达的发明则源于蝙蝠的超声定位;红外成像技术的发明则源于响尾蛇的红外感知;冯·诺依曼式计算机体系结构的发明则是模仿人运算的结果。

从仿生学应用的角度来看,其历史已经有几个世纪了,但通常把1960年在美国召开的第一届仿生学讨论会作为仿生学诞生的标志。仿生学通过仔细观察、分析、研究大自然中各种生物所具有的各式各样的特殊本领和奇异特征,将其本质原理加以掌握后,在各工程技术领域中加以模拟与移植,从而在人类社会进步中起到了巨大的促进作用。仿生学是物质科学、生命科学、信息科学、脑与认知科学、工程技术、数学、力学以及系统科学等许多学科的交叉科学,其学科边界很难划清。仿生学的应用非常的广泛,可涉及所有的科学技术领域。

6.1.2 仿生学的意义

在35亿年的时间长河里,生物自身的不断演化与生物之间的协同进化过程优化了生物体的宏观和微观结构形态及其功能;优化了物质与能量的转化形式及其代谢方式;优化了生物的遗传复制、生长发育、系统调控、组装的过程和机制;优化了生物肌体的修复、代谢、免疫机制;优化了生物的脑和神经系统的结构与功能;优化了各种感觉器官、信息传递与处理、行为调控的能力;优化了各种生物适应环境的生存能力;也优化了生物之间相互依存与共同进化的能力。

仿生学的重要意义在于它将生物界35亿年进化的良好的结果作为发明创造的参考;将

35 亿年演化形成的生物的多样性作为设计各种技术方案选择的资源；将 35 亿年演化形成的生态相互协调的体系作为协调生态环境、可持续发展技术的宝贵的参考资料；将 35 亿年演化形成的生命遗传、发育体系作为自我复制、自我补偿、自我组装、自我生长、自适应、自调控技术的蓝本；将 35 亿年演化形成的免疫能力、代谢机制、抗毒能力、解毒机制作为免疫、医药、治疗、抗逆技术的科学依据与参考；将 35 亿年演化形成的脑与神经系统的复杂的结构与功能作为认知研究和人工智能的极好示范；将 35 亿年演化形成的生命现象中的巧妙和多样的微结构和微系统作为微米、纳米结构和微系统科学技术的极好参照；将 35 亿年形成的生物高效、可再生能量存储、转化、利用体系作为优化人类可再生能源与物质利用技术的参照。

6.2　仿生学的现状及前景

6.2.1　仿生学的现状

仿生学是一门交叉学科，它是生命、机械、材料和信息等工程技术科学相结合的一门综合科学，与各学科之间的界线又很难分清，具有极其鲜明的创新性和实用性。仿生学的目的就是研究和模拟生物体的巧妙结构、特殊功能、特异行为及其准确的调控机制，为工程技术提供新的设计理念、工作原理和系统构成。

在 500 万年的进化中，人类不断地模仿大自然，模仿各种生物，提升其生产能力。仿生学的领域和技术随着时代的前进而不断地发展。影响人类文明进程的许多重大发明都源于仿生学，源于对生物的各种模仿。例如，模仿蜘蛛网来织网捕鱼，模仿游鱼制造舟楫，模仿飞鸟发明飞机……

1. 当今蓬勃发展的仿生学技术

今天，在生命、机械、材料和信息等科学快速发展的前提下，仿生学的研究和应用在国内外引起人们的极大兴趣与关注，同时，它也得到了蓬勃的发展。在全球性的竞争和挑战的大形势下，我国科技专家和决策者也不甘落后，在 2003 年召开了两届香山会议，即第 214 届“飞行游动生物力学和仿生学应用”和第 220 届“仿生学的科学意义与前沿”。继而，国内很多科研机构和大学都相继成立了有关仿生学的研究所和研究室并开展了大量的研究。科学家们也跋涉在生物的世界中，为解决自动控制、信息处理、力学模式和材料构成等大量技术难题，到生物系统中去寻找启迪。而机器人技术的发展则很好地体现了仿生应用的理念与方法。早期的机器人主要是模拟人的大量的重复性劳动，替代人完成重复的运动和力学行为，如汽车安装机器人。这类在常规环境下工作的机器人技术已经发展成熟。仿生机器人的研制则始于 20 世纪 90 年代，只有十多年的历史，然而它的发展却非常迅速，特别是美国、日本等发达国家，其研究工作走在了世界的前列，非常规环境下工作的仿生机器人的研究已成为机器人技术的重要研究领域。目前，4 足或多足的仿生机械已适用于各类环境中，其中机械狗可以背负一定的重量在山上行走；哈尔滨工程大学发明的有 8 只脚、24 个度的多足机器人可模仿神经网络系统遥控其爬行；日本研发的女机器人在皮肤颜色、步态等方面已达到了以假乱真的程度；东京工业大学广濑教授等研制的机器蛇从 1992 年的 ACM-R1 陆地型发展到 2005 年的 ACM-R5 水陆两栖型；沈阳自动化所研制的机器蛇也在向水陆两栖型的运动方向发展；而蝠鲼胸鳍扑翼式的运动模式引起国内外专家的关注，日本则在此启示下研制扑翼推进式飞行器；美国斯坦福大学的科学家研制的壁虎机器人，这个课题也是我国863和国家自然科学基金重点项目支持下正在研究的重要内容之一。未来的机器人将趋向小型化和多样化，需要进一步采用仿生结构和中枢运动模式发生器制导系统，以优化其结构，适应各种环境条件下的工作。2007年1月30日，Bill Gates在国际消费电子展开幕式上发表演说，他认为当前机器人行业的发展与30年前的计算机行业极为相似。今天机器人种类如此繁多，多种技术发展开始汇为一股洪流，极大地推动了机器人技术的发展，因此当前面临的挑战是应该统一机器人操作系统软件，并开始硬件的标准化。据国际机器人联盟调查，到2004年全球个人机器人大约有200万台，到2008年则有700万台机器人投入运行。据日本机器人协会预测，到2025年，全球机器人产业将从现在的每年50亿美元达到500亿美元的规模。正如计算机一样，机器人将会进入每一个家庭。

仿生学具有自己独特的研究方法。一般来讲，工程和生产实践提出技术问题，再有针对性地借鉴某种生物体的某些结构和功能，研究并简化其结构、功能和调控机制，根据所解决问题的目标，选择有用部分制定出物理模型，再建立数学模型。然后，在有用和可用的前提下，利用技术手段，依据数学模型构造实物模型，最终实现对生物系统的工程模拟。仿生学的发展依赖于生物科学和工程技术的发展；仿生学的发展也促进了生物科学和工程技术的发展。

2. 仿生学促进生命科学的发展

近年来由于生命科学的迅速发展，仿生领域也得到了拓宽和加深并得到了极大的发展。反之仿生学的发展也促进了生物科学的大发展。

长期以来，人们对动物运动的研究主要是注重在动物运动的行为和机理。例如研究6条腿昆虫的运动模式是怎样的？它的神经系统是怎样调控这种“交替三角”的步态的？仿生学的研究将问题提高到人能否诱导动物运动的层次。动物运动的人工诱导需要多学科的交叉，如生命、信息和机械学的交叉等，在应用方面具有很高的实用价值。1997年，HolzerT（法国）和Isao（日本）将蟑螂的两个触角和翅膀切掉，用4个电极替代，有线刺激诱导蟑螂运动。后来Isao成功地遥控诱导了蟑螂运动。美国纽约州立大学Talwa博士领导的科研小组对老鼠实施人工诱导运动。他们在老鼠的脑内埋藏了3个刺激电极，通过刺激老鼠脑内的两侧胡须感觉区和位于下丘脑视前外侧区的“奖赏中枢”，控制老鼠按照预定的路线爬行。南京航空航天大学仿生结构和材料防护研究所研究诱导壁虎运动，他们在壁虎脑内埋藏3个刺激电极，通过刺激壁虎脑内特异性核区，成功地控制壁虎左、右运动。动物运动系统是经过亿万年进化形成的自然系统，而机器人的发展只有短短的几十年，有很多方面又是对动物运动的模仿，它在运动平稳性、灵活性、健壮性、环境适应性及能源利用效率等方面远远落后于动物。人工诱导动物运动的研究促进了生命科学的发展，为仿生机械的设计和制备提供了新的理念和结构系统。

仿生学与生命科学相互促进，都得到了好的发展。从2000年，仿生学开始大踏步地迈进脑科学领域，这不仅促进了神经科学的发展，而且开辟了一门新兴的交叉学科——神经工程学。自从Caton(1875)首次在家兔和猴脑、Berger(1929)在人头皮上记录到脑电波以来，传统上认为，这种经容积导体记录的电活动是大脑所有神经元活动的总和，其波型变化呈

“混沌”相，其中所包含的信息很难被提取和确认。所以，脑电波的作用仅限于癫痫、脑外伤和脑肿瘤病灶的探测，以及醒觉和睡眠的研究。近年来由于神经电生理学和计算机技术的飞速发展，人们才可以借助性能比较高的生物电信号采集系统和专门的计算机算法，提取出人思维时脑电波的时—空特征并对其进行分类和分析，利用计算机将特征性脑电波翻译成可以遥控的指令，经无线网络发送出去，实现人脑与计算机的“对接”，来达到控制电子装置和仿生电子肢体的目的。神经工程学的兴起大大地促进了神经科学的发展，推动了对人脑思维能力的认识和利用。

3. 仿生学促进工程技术学的发展

生命科学、纳米技术、认知科学、物质科学、能源技术、信息技术和制造技术将在21世纪得到突飞猛进的发展。这些科学和技术有许多是由于仿生学的启迪才发展起来的。

由于工程和技术的难题和需要，才有了仿生学问题。人类对自然的仿生绝不是简单的模仿，而是依据人类的认知能力和工程、技术的需要对模型的同化和建构，即所谓的“神似”。例如，在汽车生产中运用了大量的仿生学知识。大众汽车的外形是模仿甲虫制造的、保时捷汽车的后尾则是鸭式的后尾、奔驰车的车灯则是模仿蜜蜂眼睛等。2005年7月，Mercedes-Benz公司推出的一款车身仿豹纹箱(spotted bosfish)的汽车，与同样动力的汽车相比，性能有了明显的提高，0.8s内速度可从0加速达到100km/h，最大速度可保持在190km/h，并且能耗也有所降低。

仿生学极大地促进了工程技术学的发展，使人类的一些梦想变成了现实。例如借鉴昆虫极高的时间分辨率，模仿其制造的雷达系统，提高了人们对飞行器速度的测量。从前人们称鹰眼为“神目”，因为其视网膜上的感光细胞对亮度、边缘、方向以及运动等都有特殊的敏感，美国E-2型鹰眼预警机安装了仿鹰眼雷达系统，提升了探测能力。雷达是模仿蝙蝠的超声波定位功能而制成的，模仿海豚回声定位系统则制造出了声纳系统，这些都大大提高了现有仪器的灵敏度、稳定度和信噪比。利用航天技术，科学家研发出精细人造陶质光感受细胞。直径2mm的微芯片可被植入人的视网膜内，极大地改善视觉残疾人的视力。目前仿制出的最理想的感受器是仿生耳，即人工耳蜗。用人造的电子声音感受器代替已损伤的毛细胞，按音调定位地被植入内耳的耳蜗上，按“局部振动和行波学说”机制翻译声音的信息。经过调制和练习，这种人工耳蜗可修复聋者的听力。触觉感受器和运动状态反馈系统仿生学的研究，将进一步使机器人的步态平稳并抓握适度。

隐形技术也是重要的仿生学内容之一。一些动物使用保护色来保护自己，把自己装扮成与外界环境中的物体惟妙惟肖地相似，以逃避敌害。这方面最典型的例子是枯叶蝶，它的翅膀两面的色彩不同，正面鲜艳，背面褐色，并间有深色条纹，落在树枝上时两翅合拢，翅的背面向外，模样像一片枯叶。

人类的伪装大多是来自战争的需要。历代兵家所追求的理想就是神出鬼没，防不胜防，出奇制胜。在第二次世界大战中，交战的双方都广泛地使用了各种各样的伪装技术。英国军队在北非与意大利法西斯军队的战争中，为了迷惑敌军，掩盖自己军力的不足，他们在沙漠中利用了各种各样的材料制造兵器，如假坦克、假汽车、假工事等。英国军队本来兵力不足，只能发动偷袭战争，伪装之后，便变成了主动进攻，大败法西斯军队。这是第二次世界大战中盟军的首次胜利，具有非常重要的意义。

"销声匿迹"一直被认为是异想天开。随着科技的飞速发展，这个幻想正一步步地变成现实。猫头鹰无声的飞行在鸟类中堪称一绝，它可以悄悄地飞来飞去，于无声中完成捕猎的过程。猫头鹰之所以能无声地飞行，主要是得力于它的翅膀结构和飞行动作。猫头鹰的翅膀轻而宽大，从而它可以做到缓慢振动翅膀和长距离地滑翔；其翅膀大约有7千根羽毛呈锯齿状，这种形状的好处是不但保证飞行的平稳性，还可以消除飞行中产生的空气湍流。英国南安普敦大学航空学和航天学教授杰弗里·里尔利借鉴猫头鹰的无声飞行，在弗吉尼亚的美国航空航天局兰利研究中心从事静音航空器技术的研究。美国20世纪80年代的B-2隐形轰炸机以及目前的F-22和F-35隐形飞机等，模拟猫头鹰采用轻而宽大的机翼，大量使用了锯齿状边缘结构的消声技术。

6.2.2 仿生学的前景

控制论提出者维纳断言："在已经建立起的科学部门间的无人问津的空白区上，最容易取得丰硕成果。"处于交叉学科的仿生学正符合这个条件，也最容易取得丰硕的研究成果。仿生学随着科学技术与经济的迅速发展而发展，它也必将极大地促进未来学科和经济的发展。

2001年12月3～4日，美国商业部、国家科学基金会和国家科技委员会纳米科学工程与技术分会联合发起的由科学家、政府官员和产业界技术专家参与的圆桌会议，就"提升人能力的会聚技术"进行研讨，提出了一个NBIC理念。NBIC是nanotechnology(纳米技术)、biotechnology(生物技术)、information technology(信息技术)和cognitive technology(认知技术)的缩写。NBIC会聚技术的重大意义在于：以上4个领域的技术都在迅速发展，每一个领域都有巨大潜力。而其中任何技术的两两融合、3种会聚或者四者集成，都将产生难以估量的效能。与会者认为，NBIC会聚技术将缔造全新的研究思路和全新的经济模式，大大提高整个社会的创新能力和社会生产力水平。仿生学目前的态势不仅应和了NBIC会聚技术，后者也将是仿生学发展的主要方向。

路甬祥院士在第220届香山会议上以"仿生学的意义与发展"为题，做主题报告，自然和社会是人们认知和创新服务的对象，也是人们学习的最好老师。他认为：①经过35亿年进化的生物世界是技术创新取之不竭的知识宝库和学习源泉；②仿生学是诸多学科交叉形成的一门学科，尤其需要生命科学家和多学科技术科学专家的共同关注与参与；③仿生科学有无止境的前沿，正向微观、系统、智能、精细、洁净方向发展；④重视并创新仿生学是提升科学技术原始创新能力的一个重要方向。

仿生学是一门新兴的交叉学科，它将为我国的科学技术创新提供新的思路、新的原理和新的理论。为适应我国科学和技术源头创新的需要，进一步推动我国经济和社会实现跨越式发展，应以积极主动的姿态迎接全球性竞争和挑战，大力发展仿生学技术。

6.3 仿生学的学科特征及研究方法

6.3.1 仿生学的学科特征

1. 相似性

仿生学的研究对象是生物体的结构(或材料、过程、特性等)、器官功能与技术系统之间的相似性；仿生学的研究手段是器官系统功能分析，主要就是对它们之间相似程度的分析与评价；仿生学的目的就是借鉴生物体，使得技术系统获得与此相似的甚至更优异的功能。因此，相似性是仿生学研究的基础和出发点。

2. 多样性

仿生学是生物学与工程技术之间的桥梁。生物体的种类繁多，琳琅满目，即使是同一类也各自具有不同的特征，不同个体之间也或多或少地存在差异，生物多样性是生物界重要特征之一。技术系统同样也种类繁多，功能各不相同。仿生学的研究就是针对诸多不同技术系统的各种需求，在生物体中去探求与其相似的优异功能，来进行模拟或从中得到启发，多样性是生物体满足不同技术需要的重要保证。因此，多样性是仿生学发展的源泉。

3. 跨学科

仿生学是一门交叉学科，它不仅仅涉及生物科学、技术科学等学科，且其研究范围、研究方法，研究手段、目标都需要多种学科的协作。特别是仿生学向化学仿生、信息仿生、生态仿生发展，跨学科研究已成为仿生学的最显著的特征。因此，跨学科是仿生学研究的核心。

4. 复杂性

生物体种类繁多，其尺度大小各异，并且所处环境复杂多变，各不相同，生物材料也具有多个层次，尤其是生物体在分子水平上由简单的 C、H、N、O 4 种元素组成复杂多变的生物有机结构；另一方面，人们的需求多种多样，各不相同，技术系统功能相应地也各不相同，使得仿生学的研究对象更加复杂，满足仿生目标的仿生活动也日趋复杂，从生物体的结构、功能的复杂性转变为计算、控制的复杂性。因此，复杂性成为仿生学研究的关键。

5. 智能性

生物的智能是大自然长期不断进化演变的结果，智能性是生物与非生物的显著差别之一，反馈控制是智能性的表现之一，是自然赋予生物体的最重要的功能，即使是最简单的生物，也能够感知外部环境的变化，能够对感知到的信息进行加工并做出相应的反应。如植物的叶具有向光性，根则具有趋水性，空间生长趋于应力最小。充分研究并了解生物体的动态反馈机理，以此进行工程模拟，来实现智能设计、智能制造和智能产品等，这是未来技术系统发展的主要趋势，也已成为仿生学研究的最本质内容。

6. 综合性

仿生学是一门跨学科的交叉科学，这要求仿生学的研究方法、研究内容必须具有一定的综合性。通过综合分析，系统集成，一方面便于全面深入理解生物体多功能、多结构的优异特性，另一方面技术系统进行仿生设计时必须全面考虑各种条件，其所处环境、多种需求等，才能使仿生应用更富有成效性。例如在研究海豚快速游动、灵活转弯的机理时发现，海豚除具有流线型体型外，其特殊的皮肤结构及其表面分泌的黏液还具有优良的减小水的阻力的作用。生物体的特异性能往往是各种条件综合的结果。优秀的仿生成果应该是综合其各种功能的结果。因此，综合性是仿生学研究的重要手段。

7. 创新性

仿生学的仿生过程是一个从分析、综合到创新的过程。从仿生对象的确定,仿生功能选择,到仿生数学模型的建立和在技术系统中的应用,无一不需要创新思维。另外,从仿生学发展来看,从结构仿生到材料仿生再到仿生灵感,创新成为仿生学的重要步骤和研究内容。因此,创新性是仿生学发展的灵魂。

8. 最优化

自然进化的趋向是用最小的消耗来满足最大的功能需求。功能适应性、环境适应性、智能性处处体现了生物体设计的优化特征,并且生物体的优化是多学科优化、动态优化、全局优化。理解生物体的优化方法、过程,实现技术系统结构、性能布局等的最优化,是仿生学的最终目标。

6.3.2 仿生学的研究方法

仿生学研究的重要方法是建立各种模型(图 6-1)。首先对生物体的某些结构与功能进行仔细研究,适当简化,建立一个生物模型;然后对生物模型进行分析、综合、抽象,转化成数学模型;根据数学模型或直接根据生物模型,应用各种技术手段经过反复实验、改进,建立工程技术模型。仿生学的研究步骤或内容主要可概括为以下几个方面。

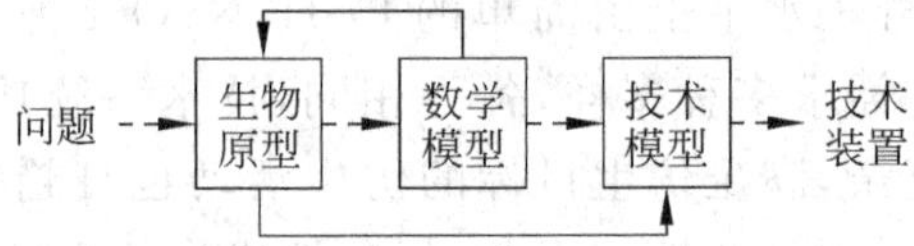

图 6-1 仿生学研究方法示意图

1. 功能分析

功能分析就是遵循工程技术的要求,采用生物结构功能及原理,寻求具有与其相似功能的生物体,研究其功能组成,功能与结构、环境之间的联系。生物体经过亿万年的进化,已具备了多个层次、有一定的复杂性和多样性及高集成性、同时具有了较高的智能性和较高的环境适应能力。因而,面对纷繁复杂、功能各异的生物体,可以根据需要从不同层次、不同侧面来进行部分或全局仿生。不同功能既可能在不同生物体上体现出来,也可能在同一生物体上得到充分的体现。功能分析重点要把握环境对生物体功能的约束作用及生物体功能之间的耦合关系。功能分析的主要目的就是通过功能分解,确定本质功能,考虑附加功能,从整体上把握功能特性,采用发散思维,归纳综合,最终确定功能目标。

2. 相似评价

经过功能分析确定了功能组成,了解了功能与结构、环境之间的联系后,这就为下一步的工作打下了基础。但是所确定的功能目标应该是一组与工程要求相似的功能目标,否则便失去了仿生的意义。即使是单个功能目标,由于生物体结构、功能、环境之间息息相关,密切联系,且生物属性与工程属性存在着差异,只有从生物功能、环境约束等几方面来评价生物体与工程结构及功能的相似程度，才能选择适当的生物体，保证仿生设计的有效性。功能目标的相似评价可按以下 7 个步骤来进行(图 6-2)。

如果不能满足以上相似条件，可重新寻找仿生对象或重新审核原始技术需求，最终确保满足各项相似要求。

3. 进行设计

仿生设计前，需要明确仿生的功能目标，并选择被仿生的对象，通过人们的创新思维，构思出仿生的蓝图，这时方可进行仿生设计。事实上，借鉴生物的身体结构、功能结构及功能结构参数进行仿生设计，很大程度上依赖于设计者的经验和创新思维，并需要多次反复的试验。仿生学是利用生物进化结果的科学，进化设计是在设计领域中采用进化计算技术的一种方法，进化设计涉及进化生物学、工程设计和计算机科学。生物进化趋势体现了在环境约束条件下功能、结构不断优化的思想。应用模拟生物进化的遗传算法、进化策略、进化规划等进化计算方法，通过繁殖、交叉、变异、选择等步骤，在工程约束条件下，对仿生模型实施进化设计，实现仿生设计的最优化。

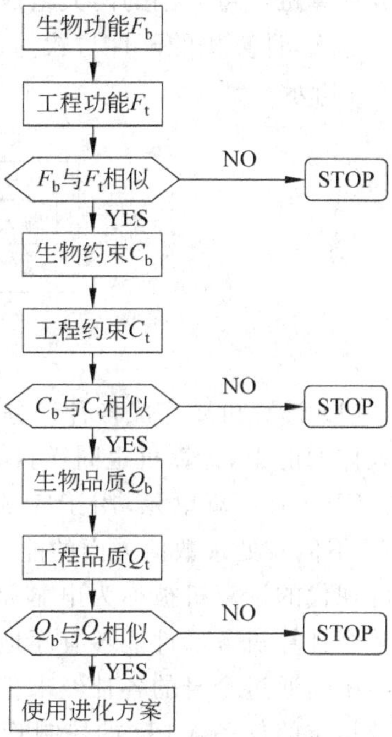

图 6-2　仿生相似评价流程图

4. 模型试验

仿生这一创新活动必须经过多次反复，才能获得实际工程应用。由进化设计得到的仿生成果，其方案的可靠性往往须通过模型实验。此外，选择更优的仿生设计方案，寻求改进设计的途径，验证仿生方法、理论和选择技术模型的有效性，也须通过模型实验。目前迅猛发展的 RP(rapid prototyping，快速成型)技术以其快速、柔性特点，在设计制造一体化领域发挥着愈来愈重要的作用，已成为仿生研究的重要手段。上述步骤往往要经过多次反复，才能建立优化的技术装置。

6.4 仿生学在计算机领域的应用

6.4.1 计算机结构的仿生特性

人类在同自然斗争中逐渐得到了战胜自然的很多方法，由小鸟的飞翔，有人想到制造飞机；从蝙蝠的生活规律，有人悟出雷达；等等，这一切都是人们依赖仿生学原理完成的。20 世纪人类的最大发明是计算机的诞生，它给人类生活增添了无限的魅力，也把人类带进了信息化社会。那么计算机这个仿造人类工作的机械是怎样一个工作过程呢？

先从人谈起，可以说人由两大部分组成，一个是人类实实在在的躯体，一个是支配人类身体工作的思维，二者缺一不可，没有思维的人就是一个植物人，没有躯体的人那也是不存在的，只有躯体和思维完好的人，才能支配自己的行动。计算机也一样，它分成硬件和软件两大部分，硬件就是人们看到有形实体，软件就是支配硬件工作的命令，所以硬件和软件是组成计算机不可分割的两大组成部分，它们有机地结合才能使计算机正常有序地工作。

那么，计算机的硬件与软件是怎样结合并按人的要求工作呢？首先来看硬件的组成，如图 6-3 所示。

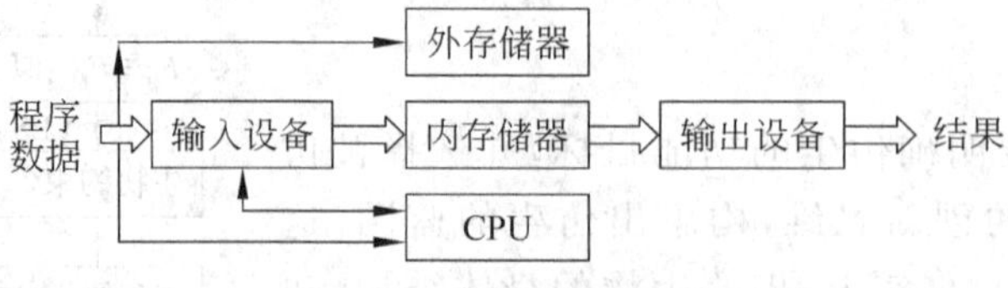

图 6-3　硬件的组成

(1) 计算机要完成各种任务，必须有一个相当人脑的器件，人脑有计算、推理及管理整个人体的能力，计算机也同样具有功能相似的部件——CPU。

CPU 有运算单元，用于完成各种算术运算，同时其内还有逻辑处理单元，也就是说 CPU 不但有处理数值方面的能力，同时还有处理非数值方面的能力，即有简单判断能力，所以说现代的计算机被称为电脑是极为合适的。其次 CPU 还是整个计算机的指挥中心，管理整个计算机各部件能够有序地工作，这个指挥中心犹如人类大脑的神经中枢一样，大脑的神经中枢通过全身的各神经末梢来传递大脑给定的各种信息，使身体的各部分协调有序地完成指定的任务，CPU 的控制管理中心也是通过遍布于整个计算机各部分的总线来传递各种控制信息，使计算机的各部件能够按照 CPU 指定的意图工作，所以 CPU 犹如人类的大脑，是所有部件中最为重要的核心部件。这个部件的好坏影响到整个计算机的性能，所以人们不断努力去提高 CPU 的性能，这样就产生了各种类型的 CPU，如 386、486、奔腾等 CPU 类型，每种类型的 CPU 都代表电脑的功能更新换代了一次。当然直接衡量各类 CPU 性能的指标是其时钟的快慢，时钟频率的高低标志 CPU 执行软件速度的快慢，频率越高，单位时间执行命令的频率也越快，那么这个时钟可以形象地比喻成人体心脏，人的心脏跳动得越快，人体周身的血液流动得越快，新陈代谢等各种功能都要相应加快，人的心跳过快，人体的相应组织可能承受不了，就会产生疾病，计算机的时钟也一样，频率加快，各部件中流动的信息也加快，处理信息速度也快，太快会导致某些部件承受不了，也会损坏机械。

(2) CPU 在进行各种工作过程中离不开存储器，犹如人的各种活动必须在有效的记忆中完成，失去了记忆的人，也同时失去他原来具有的工作能力，对于计算机来说，承担这种功能的部件就是内存(或主存)，CPU 完成各种命令都必须借助这个内存储器。同时要长久地保存信息还需外部的信息载体帮助人们记忆，如书本等，那么计算机也一样，要长久的保存信息也必须借助外部存储器，如磁盘等，计算机有了 CPU 和存储器后，就可以对信息进行加工和存储，完成各种信息处理工作。

(3) CPU 在处理各种信息时需要输入设备(如键盘、鼠标、声卡等)来输入所要处理的信息，同时人们要干预计算机也要通过输入设备来完成各种操作。这正如人一样，人的大脑通过眼、耳、鼻等器官来接受外来的信息，如果一个人与外界完全隔离，他的大脑就会一片空白。另外，CPU 在处理信息过程中，要反馈给使用者处理结果及相关信息，需要通过输出设备(如显示器、打印机等)告知用户。

计算机通过硬件 3 部分的有机结合将信息从输入设备接收过来，通过 CPU 与内存进行信息加工和处理，最后将处理的结果通过输出设备反映出来，这就是计算机处理信息的基本过程，同人处理信息是相似的，现在制造的计算机正逐渐向拟人化方向发展，将来有一天会看到功能更加完美的机械人出现在人类的面前，以便更好地为人类的社会服务。

前面从大体上谈到硬件如何在计算机工作中发挥作用，但是无论硬件如何完美，也必须在软件的支持下才能工作，没有软件，计算机就如植物人一样，也就失去了计算机的作用。软件如同人思维着的大脑，它支配硬件完成各种所要完成的工作，有一种相应的硬件出现，对应就有软件支持它。计算机在当初诞生时，只有支配硬件工作的基本软件，当时的计算机只能由制造它的人使用，而今天在这些基本软件之上，科学工作者开发了五花八门的软件，使每个人只要学一点计算机知识就可以操作它。另外，计算机的神奇力量在于同样的硬件，当赋予它不同的软件时，它会做出不同的工作，这同传统的机械工作是不相同的，传统的机械可以称它是简单低级的机械，而计算机却是一个复杂的、活的、会简单思维的高级机械。可以说它是人所发明的机械中最有智慧的机械，人类进入的 21 世纪是一个信息化的时代，要求所发明的一切东西都具有智能，这使人类社会发生了质的变化，真正走向高级社会，这一切都是这个神奇的计算机带来的。

上面只是粗略而形象化地描述了计算机大致的工作过程。当然，计算机内部的工作涉及很多方面的知识，有更加深奥的内容在里面，但对于初次接触计算机的人来说，宏观且形象化地了解计算机是深入学习计算机的开始。

6.4.2　软件的仿生学生产方法

长期以来，人们一直模拟硬件的生产模式来组织软件开发，但软件是一种明显不同于硬件的制品，它是逻辑产品，其未来发展的趋势是个性化、一体化、智能化和小型化。单纯的硬件没有这种发展趋势，因此，模拟硬件生产模式来生产软件终究不是一个好的方法，寻找新的软件开发方法和相应的软件形态将是未来软件工程领域研究的前沿和热点。

师法自然是中国古代有名的哲学思想，经过 35 亿年进化的生物世界是技术创新取之不竭的知识宝库和学习源泉，从仿生学的原理出发，模拟生物生长的特点提出了软件种植的生产模式。

1. 软件种植生产的模式

在某个应用领域内，遵循软件供需双方的规约供方在需方处播种一粒“软件种子”，种子以用户需求为阳光进行“光合作用”，以 Internet 及其上的中间件为土壤，从中吸收代码、对象、构件、连接子和构架等粒度不同的营养成分，发芽生长。供方借助自己的门户网站，通过 Internet 进行灌溉、施肥和裁剪，保证软件种子健康成长为生物软件。软件为需方服务、被供方收获，在生命过程中一般的“疾病”，生物软件通过自身免疫机制进行自愈处理，在不能解决的情况下主动求助于 Internet 上的“软件医院”。图 6-4 是生物软件的生态环境的表示。

未来的应用领域软件产业可描述成：

(1) 软件产业不模拟硬件产业的模式（共性化的批量生产），模拟生物产品的生产模式（个性化的离散自生长）。

(2) 软件产业是种植业，在 Internet 网和中间件这个生态环境下存在着一个个的种植园，生物软件孕育在其中。

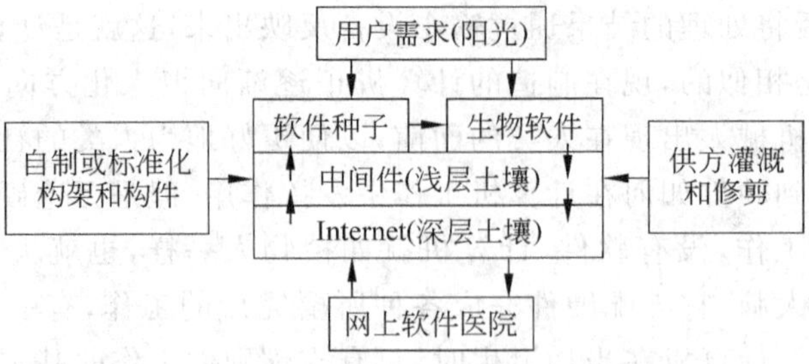

图 6-4　生物软件的生态环境

(3) 在生态环境恶劣的情况下，软件种子可以先在实验室中培育，待时机成熟后再移植到使用现场。

(4) 软件默默地自生长，软件开发人员在软件企业和用户之间来回奔波的情况将成为历史，通过 Internet 网，他们可以在任何时间和地点进行软件生产，即便在异地度假和旅游。

(5) 软件人员的技能要求和劳动强度大大降低，应用软件开发将大众化。

生物软件进一步拓展了软件基本形态的抽象层次。早期的软件形态就是程序代码；软件工程出现后软件形态定义为软件＝程序＋相关文档＋数据。生物软件是一个复杂的自治系统，原来软件只是生物软件的一个组件，只满足用户需求的功能。为了满足自身生长发育的要求，生物软件还应具有很多组件。

2. 软件种植生产的关键技术

软件要具有智能并且能够进行种植生产，必须具有合理的组织结构，现有体系结构不能满足软件智能的真正要求，利用仿生学来完善软件的体系结构，图 6-5 所示的是生物软件体系结构模型。

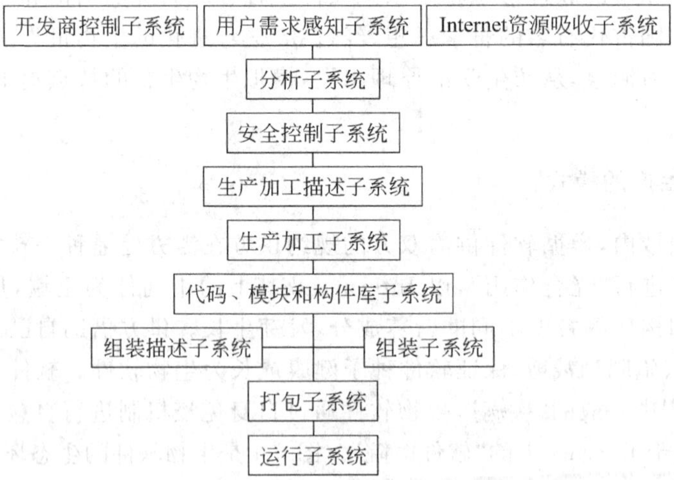

图 6-5　生物软件体系结构模型

实现种植生产需要突破下述关键技术。

1) 需求感知技术

该技术能够在线接受用户的需求，每个模块都配有感知接口。感知技术的实现有 3 种解决办法：①表单式，用户在表单上填写该模块的需求变化；②仿真式，配有业务仿真软件，让用户以某种角色进去操作，从操作的路线来获取用户需求；③摄像式，在某个用户群的业务活动环境中安装摄像机，通过观察他们的活动来获取流程，摄下静态文本和表格来获取数据信息。3 种方式中，第一种价格低，并且适合小的需求变动，仿真式适合用户对需求描述不清楚和不系统的情况，摄像式可以用于用户忙和需求初步获取的时候。

2）感知处理技术

获取的用户需求通过 Internet 传到软件供应商，经确认后才进入生产加工环节。

3）库的建立

为了完成需求自动处理，需要建立需求库、界面库、代码库和描述库。采用领域工程方法建立库，领域工程是指一组相同或相似需求所覆盖的领域，具有不变部分和可变部分，在多个项目当中，某个项目的可变部分可能是前面某个项目的不变部分，所以分类建立需求库和对应的界面库、代码库和描述库，以后可以匹配查找，如同大脑的处理方式，人处理问题也是从过去的经验中获取的，在多次处理中才有升华的可能。

4）处理流程的定义

当需求获取后，将引起一系列的活动，一般来说，在某些活动的接口需要考虑穿插入的干预。在完全智能的情况下，需求获取后，生物软件进行需求处理，寻找界面和代码，在需求库中如果没有匹配的需求，将启动 CASE 工具，为其生成界面和代码。将它们添加到源码系统中，启动编译，制作安装包，安装更新，完成一次版本升级。一般来说在需求处理前需要人工干预，经过确认的需求才能进入下一步处理，这是安全性问题。

5）技术的整合

现有技术和新研究的技术需要整合好，如源码放在何处最好，是放在门户网站上还是放在客户的服务器上？如何自动启动编译？如何自启动打包和如何进行自安装？这些流程都要整合起来。

6）技术的完善

软件供应商技术人员主要负责库的完善和 CASE 工具的完善，定义并控制好处理流程，通过 Internet 来完成软件开发。

目前国内外文献中尚未看到有关生物软件和种植生产的研究、提出全新的软件形态和软件开发方式，目前已有的一些研究成果，总体来说很多想法是不成熟的，但是相信这是有前途的研究方向，今后将在理论和实践上做进一步的研究。随着仿生学在计算机软件和硬件上的应用，它也将给计算机界带来划时代的变革，并促进计算机行业的巨大发展。

思考题

1. 简述仿生学的定义和仿生学的意义。
2. 仿生学在哪些领域得到应用？
3. 仿生学的学科特征是什么？
4. 仿生学的研究步骤表现在哪几个方面？
5. 试从仿生学的角度简述计算机的工作过程。
6. 根据自己的了解，简述仿生学在计算机方面的应用。
7. 简述软件种植生产的关键技术。

第7章 面向Agent的软件工程

7.1 面向 Agent 的技术

面向 Agent 技术是面向过程技术、面向对象技术和面向组件技术的继承和发展。Agent 系统和多 Agent 系统(multi-agent system,MAS)已经成为一种应对各种复杂 IT 情景的强大技术,有大量研究是定义合适的模型、工具和技术以支持开发复杂的 MAS 软件系统,MAS 不仅仅是一种有效的技术,还代表了一种新型的软件开发通用范型,即基于自主软件实体(Agent)的设计和开发应用。这种实体位于某个环境中,可以通过高层协议和语言的交互来灵活实现其目标,这些特点非常适合于解决现实情景下的复杂软件开发,因为:

(1) Agent 是自治的应用组件,反映了现代分布式系统内在的分散性,并且可视为系统被不同的利益相关者所拥有,在模块化和封装概念上进行了自然延伸。

(2) Agent 运行和交互所采取的灵活方式适应于现代软件在动态和不可预知的情况下运行。

(3) Agent 的概念为人工智能的成果提供了一个统一的观点,通过使用 Agent 和 MAS 作为存放智能行为的、可靠的和易管理的知识库,从而利用人工智能的成果解决现实世界中的问题。

虽然目前的企业级系统大多数采取分布式计算结构,但是所有的系统架构都是由组件构成,每个组件都必须以健壮的方式进行开发,所以已经提出的方法还是有价值的。系统在向分布式系统迁移时,难以将目前所存在的各个信息孤岛连接起来以获得额外价值。这里关键的一个问题就是,在不同信息源中存储的信息会出现语义不匹配。最为常见的是,根本无法对语义进行建模,然而可以采用静态信息模型或数据库模式对各种不同的资源进行建模,然后再将这些资源集成起来。任何单个模型的变化都会导致整个集成模式的失效。

Web 服务架构把每个组件看作是一个服务,服务所提供的一系列能力被定义为方法,服务可以被调用,也可以交换文档。Web 服务架构能够对大型系统进行灵活的配置,正在快速成为构建大型系统的事实标准,但是它也存在一些缺点。首先,没有对所要处理的信息和服务语义进行编码,匹配过程是依据语法条件进行处理的。其次,在特定的环境中缺乏可信度和适用性的概念。

面对当前环境下的挑战,传统的计算科学无法提供强有力的抽象和灵活的技术。这些问题需要更宽阔的视野来看待和计算。换言之,真正的世界在某种意义上一直是开放的,只是采用构建和管理过程的技术对它们施加了一定的限制。现在需要引进一种技术来避免这些限制,这就是 Agent 出现的原因。Web 服务的层次架构在很多方面都体现了 Agent 的重要特征,如果把 Agent 系统开发看成是 Web 服务的上层结构,对于改进 Web 服务架构很有价值,应该避免在 Web 中试图复制 Agent 的每一个思想，这样会使系统出现冗余，变得难以理解。

7.1.1 Agent 的基本概念

有关 Agent 的两种观点，一个是弱概念，另一个是强概念。Agent 的弱概念在主流计算中很流行，这种观念认为 Agent 类似于 UNIX 进程，具有自治、社交、反应和预动等属性，自治是指 Agent 在没有人为干预的情况下的工作能力，可以控制它们自己的状态和行为。社交能力是指与其他 Agent 进行高层对话的通信能力。反应是指对外界变化做出及时的感应和响应。预动是指 Agent 选择本身的目标，并且依照目标进行动作的能力。相比之下，Agent 的强概念在人工智能领域中很常见，认为 Agent 是一个计算机系统。除了这些属性外，还可以被概念化或模型化，具有人类的特征，例如知识、信念、目的和义务等思维概念。

开放系统的挑战和 Agent 自身具有的潜在灵活性都表明 Agent 将为现实应用提供一个优秀的解决方案。基于 Agent 的软件开发能够充分挖掘 Agent 主要特性的技术和方法。下面介绍与 Agent 概念相关的几个主要特性：

1. 自治性

在相同的框架下，实现自治的参与者也可以自如地处理基础机制的变化。为了给出完整的计算模型，或者做出可靠的预测，都必须假设参与者的自治性在某种程度上受到约束。典型的应用是，根据协议进行交互就可以实现对自治性的限制。

2. 异构性

在设计一个开放系统时，一定要有对共同性的说明。就信息模型而言，通过一个共享本体来捕捉共同性，这是同 Agent 相关的，它的产生源于将异构信息源组合起来。从过程模型来看，可以通过确定典型外部事件来捕捉共同性，Agent 的行为标记是指对外部事件的响应结果，而不需要暴露内部的构造细节。这些标记具有标准化的潜力。

3. 动态性

Agent 所倡导的动态配置技术有一些变种，主要目的在于如何从几个可能发现的服务中选择一个最合适的服务实现。

4. 通信

Agent 能够通过环境进行持续交互，然而通过交互可能会影响交互各方的自治性。通信概念是基于自治的，交互能够保留相关各方的自治性。在低层次上，通信是基于某种物理手段来实现的，如通过一个数据链路来发送数据包。但是，如果上升到各方能根据自己的意愿来进行通信，那么可以把通信看作是一个交互。通信语义的研究目前主要有两种方法，分别基于心理概念和社会概念，心理概念主要处理 Agent 的内部结构，因此并不适用于开发环境。

5. 协议

很难对通信进行研究，当没有办法去查看 Agent 的内部结构时，对通信行为的组合进行标识更为合适。这些组合就是协议，协议简述了一个 Agent 应该何时以及如何同其他的 Agent 进行通信。要兼容灵活性是非常有挑战的，尤其是保证 Agent 的行为能够正确符合一个协议的规定。

6. 承诺

可以将承诺的可复用交互模式形式化，这些模式可以用做设计多 Agent 系统的基础，并确保最终产生交互具有某些属性。

7.1.2 Agent 的体系架构

Agent 体系架构可以分为慎思型、反应型和混合型。慎思型体系架构是最早出现的，其标志就是采用明确表示世界的符号模型，基于模式匹配的决策进程和符号操作技术。因此，其体系架构需要解决的问题是如何把真实世界转换为符号以及如何准确有效地描述决策进程。反应型体系架构一般可以避免任何以符号为核心的世界模型或复杂的符号推理，这种类型的 Agent 对于环境变化可能会反应更迅速。由于它们简单，不可能用于考虑那些"行为强依赖于执行历史"或具有"复杂推理"的 Agent。混合型体系架构包括两个独立的构件，一个是慎思型，另一个是反应型。慎思型负责规划和推理行为，反应型构件处理需要快速响应的重要事件。

信念—期望—意图(BDI)体系架构是混合体系架构的一个重要类型。BDI 体系架构是 Agent 的表示形式，Agent 的行为可以被描述成好像拥有信念、期望和意图等思维状态。信念表示 Agent 拥有的知识；期望描述 Agent 追求的目标；意图说明 Agent 选择计划用以实现哪些目标。BDI 在 Agent 社区中很流行，主要出于下面几个关键的原因：

(1) 基于意图概念对系统进行建模，对人类来说更加自然。

(2) 大部分 BDI 体系架构有一个基础良好的哲学和理论背景。

(3) 这些体系架构更灵活。

BDI 不仅用于研究，还成功应用于商业领域和工业领域。例如空中交通管理系统 OASIS。

BDI 架构的成功取决于以下几个方面：

(1) 应用程序编制时基于计划构建，方便于模块化和渐增式的开发。

(2) 由系统来管理反应行为和面向目标行为之间的平衡，终端用户不需要参与复杂的低级语言编程，这就改进了可靠性。

(3) 终端用户采用人类的思维状态来进行编码，而不是低级语言。

1. 包容性体系结构

包容性体系架构是 Brooks 对反应型体系架构的改进，是基于行为存在和它们的抑制关系。每个行为都计划完成一个明确的任务，并且将感知到的输入和行为联系在一起。低层行为可以抑制高层行为，层次越高，行为就越抽象。包容性体系结构如图 7-1 所示。

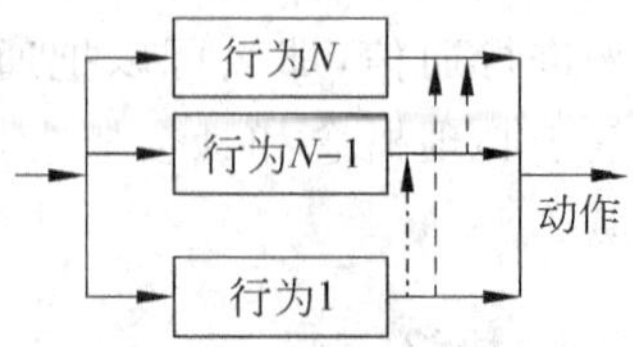

图 7-1 包容性体系结构

2. PRS

在 PRS(process reasoning system,过程推理系统)中,信念、期望和意图被明确地描述,并且一起决定系统的行为。它们还会随着推理机制动态改变。PRS 由解释程序和几个模块构成,模块包括数据库、目标栈、知识区域库和意图结构,PRS 架构的主要组件如图 7-2 所示。数据库包含关于当前世界的事实,知识区域库所包含的知识区域分别是如何完成任务的知识和如何在特定环境下做出反应的知识。在 PRS 中,目标代表了系统所期望的行为,而不是所要达到的静止状态。它们不仅在目标栈中被实现,还作为 KA 的一部分。意图是系统选择立即执行或将来执行的任务,由一个初始 KA 和完成任务过程中所调用的其他一些子程序构成。

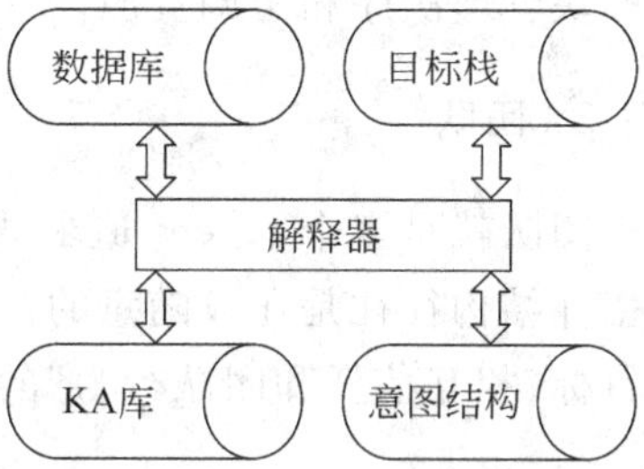

图 7-2　PRS 架构的主要组件

简言之,系统运行中的解释程序如下:在一个给定时间,系统具有某些目标且持有某些信念,根据这些,某些 KA 变的可用,其中一个 KA 被选择执行且被置于意图结构中。当执行 KA 时,会产生一些目标被置于目标栈中。如果请求新的信念,就会应用一致性检查过程。新的理念和新的目标也可以激活某些新的 KA,在这种情况下,解释程序可以决定去执行其他某些目标。这使得 Agent 更少地忠于意图,更多地去感知环境。事实上,PRS 中的 KA 可以实现对环境变化的快速响应,这就形成了混合体系架构中的反应组件,虽然它并不是作为一个单独的体系架构组件。

7.1.3　Agent 的组织类型

MAS 中的每一个 Agent 负责追踪一个或几个明确定义的责任,这些责任一般是通过与其他角色的交互来完成的。然而,两个角色之间的交互不仅是联合的关系,事实上还是一个建立权威的关系,这是角色定义的一个部分。角色、交互和权威关系定义了组织的结构。组织可以指导系统中的 Agent 通过完成各自和全局的目标,并影响它们如何分配和协调资源,以及相互之间的从属关系。组织可以帮助简单的 Agent 完成复杂的任务,帮助复杂的 Agent 降低过程的复杂性。组织提出了可测量性、冗余和灵活性的不同标准。虽然没有两个组织是相同的,但是根据它们交互所形成的拓扑结构和 Agent 之间所展示的权威关系,把它们归为某一类型是可能的。下面是最常用的组织类型或范型。

1. 层次

一般地,低层 Agent 会为高层 Agent 产生数据,高层 Agent 会执行更为复杂的处理。实际上,著名的合同网协议倾向于产生分层结构。在合同网协议中,Agent 可以通过广播来分配子任务,在其他 Agent 所提供的服务中选择一个最为方便的服务,从而协助它完成任务。

2. 组合

在这个范型中,系统被认为是由基本单元构成的,即每一个子模块可以被看做是由其他模块构成的。组合的关键是子模块的局部自治，因为缺乏自治性就会退化为分层，完全的自治又会导致无组织群体。另一个方面就是每个子模块代表着一个复杂的子组织，需要进一步分解。把系统建模成一个分层嵌套结构，已经证明适合于对特定的实际问题进行建模。静态创建的子模块用于表示环境实体，而动态创建的子模块被用于表示新任务，中介者类型子模块管理次序和协调资源。

3. 团队

团队就是多个 Agent 追求共同目标的系统。因为没对它们的交互类型加以制约，团队的拓扑结构往往是比较随意的。然而，团队成员经常共享它们的思维状态，尤其是对于"共同目标、相互信任和团队行为"的通用表示。

4. 市场

在这种特殊类型的组织中，Agent 可以购买和出售类似于服务或任务这样的项目。在每一种特定的方法中，组织表述的方式各不相同。总之，将组织方法应用于多 Agent 范型是一种有前途的工具，可以处理目前软件系统的复杂性，组织并提供了一个概念性的框架，其中 Agent 所执行的复杂交互可以被适当地建模。这个概念性的框架建立了一个位于顶部的抽象层次，由 Agent 进行补充。

7.1.4 Agent 与组件的对比

软件工程发展历史进程中，基本建模单元的粒度在不断地增大，使得可复用的成分在不断地增加。组件的粒度远远大于对象，Agent 的粒度又大于组件，下面从几个方面来比较 Agent 和组件，见表 7-1。

表 7-1 Agent 元模型和相应组件的特征

特　征	面向 Agent	面向组件
状态	精神状态	属性和关系
通信	ACL	元对象协议
责任委派	任务和责任委派	任务委派
各方之间的关系	能力描述	接口
与环境交互	新的概念	事件

1. 状态表达

Agent 和组件都是包含状态的抽象，但它们采用了非常不同的手段来对外部世界进行描述和展示状态。组件的状态包括一组属性和一组与其他组件之间的关联。属性和关联可能是公开的，即其他组件可以直接操作它们。每个 Agent 都有思维状态，一般采用如下要素进行表示，如它所知道的和它当前所追求的，表示执行状态的模型之间具有的主要区别如下所列：

(1) 一个 Agent 无法直接操作其他 Agent 的状态，但是可以通过通信来影响它。

(2) Agent 对于它们的目标有一个明确的表示。

(3) Agent 对于它们所处的环境以及环境中的其他 Agent，有着明确的认知。

(4) 除了唯一识别符，Agent 没有公开属性。

Agent 的一个优势在于可以采用通用的推理技术来支持推导和手段—目的推理。相反地，组件的状态属性和关联不是在一个逻辑框架中构建，因此难以使用通用技术，必须在组件方法中对推理规划进行明确编码。

2. 通信

Agent 和组件之间的主要区别在于它们采用的通信机制不同。Agent 采用发布性的 Agent 通信语言，而组件则使用元对象协议。在面向 Agent 的方法中，消息发送仅仅是发送者试图将部分思维状态传递给接收者。使用结构化 ACL(agent communication language，Agent 通信语言)的好处是除了能够更加自然地交换目标表达式之外，还可以简化具备复杂交互能力的反应式 Agent 的开发。没有推理能力的反应式 Agent 能够利用 ACL 的行为原语作为触发器，用于激活底层交互协议的状态自动机。JADE(Java agent Development framework，基于 Java 语言的开发 Agent 的工作框架)和类似平台提供了这样的机制。

在面向组件的方法中，消息发送出于两个原因。第一个是为了直接操作接收者的状态。通信的使用违反了组件的自治性原则，自治性要求组件应该单独为它自己的状态负责。用于实现组件的大多数技术禁止对状态的直接操作，这样是为了尽量满足软件工程的目标，将组件间的耦合性降低到最小。发送消息的第二个原因是发送者可以强迫接收者为其执行一个方法主体，而不明确地与接收者通信，告诉它为什么这样做。这样，执行的责任就完全在于方法主体，它负责保证前提成立，以及在方法的完全执行过程中可能引起系统其余部分发生变化。

3. 责任委派

不管是 Agent 还是组件，责任委派都是基于通信的，它们在责任委派方式上的不同也正好说明了通信模式的区别。在面向组件的模型中，发送者仅仅负责一条消息的可能结果，也就是说，除了"请根据我的责任这么做"之外，发送者并不需要对接收者说更多。严格来说，组件根本就没有向其他组件委派责任。在面向 Agent 的模型中，接收者仅仅负责它自己的个体行为结果，发送者还需要说明为什么它要请求这个服务。Agent 所能执行的一个非常重要的通信行为就是将目标之一委派给其他 Agent。

组件的元模型并不包括目标模型，只使用了任务委派，组件通过强迫其他组件执行动作来实现它们的目标；Agent 或许通过将目标委派给其他 Agent 来实现它们的目标。这也是为什么一般把面向 Agent 的通信模型称为"发布性的消息传递"。Agent 可能告诉其他 Agent 想要它们做什么，但是却没有明确陈述怎么做。相反，强制性的消息则被用于面向组件的方法，因为组件不可能只告诉其他组件做什么，而不说怎么去做。

对于组件而言，仅仅使用任务委派可能是一个很大的局限，因为目标委派是一个更加通用的机制。首先，任务委派是目标委派的一种特例，被委派的目标采取形式 done(a)，a 表示一个行动，就像是 FIPA ACL(the foundation for intelligent physical agents ACL)中为了获取合理的结果所要求的原语；其次，任务委派或许会抑制优化。

4. 各方之间的关系

不同的通信方式影响着 Agent 和组件如何将自身向外部世界发布。组件使用接口来列举它们所提供的服务,告诉客户如何同它们建立联系、复杂的组件模型,会给接口配上前提和后置条件。面向 Agent 的方法没有采用接口方式,而是提供了能力描述符,描述了一个 Agent 能够做什么,也就是它所采取行为的可能后果以及它如何同其他 Agent 进行交互。能力描述和后置条件之间的主要区别在于,前者能够表示在完全执行一个行为以后,环境的状态如何变化。后置条件仅仅能够断言在一个行为执行后,组件的状态如何改变,因为环境并不是组件元模型的一部分。

5. 与环境的交互

环境是 Agent 元模型的一个结构组成部分,却不是组件元模型的组成部分。Agent 在一个能够获取知识的环境中运行,因为它是处于一定的上下文抽象中。Agent 能够感知环境且从中接收事件。这两种情况都会使 Agent 的思维状态发生一定的变化,进而导致对环境的变化产生反应。这同面向组件的方法有着根本的区别,组件仅仅通过具体的事件来同环境进行交互。组件可能对事件产生反应,仅仅依靠事件本身的具体化来构造关系。

面向组件的方法似乎比面向 Agent 的方法能够更好地实现封装,只有决定改变组件本身以对事件做出反应时,组件的状态才会改变。面向 Agent 的方法也重视封装。Agent 具有组件推理能力,这都是由推理来决定的,思维状态依然保持封装。

7.1.5 语义复用的 Agent 和组件

可复用性的目的在于加速新系统的实现,通过组合大量的组件,确保所实现系统的质量。任何复用性的技术必须考虑到 3 个方面:语义的互操作性、语义的组合性和语义扩展性。

1. 语义互操作性

组件的语义互操作性概念来自于对语法互操作性的合理扩展,语法互操作性抑制了组件的自动装配,因为当客户决定执行服务组件的方法时,并没有提供手段去推导这个调用的结果。语义互操作就是采用方法调用结果的形式化描述,来实现对组件接口的扩展,从而允许客户自主决定什么时候以及如何来调用这个方法。

如果考虑到一个多 Agent 系统,其中的 Agent 仅仅打算进行语义互操作,那么具有 achieve 原语的基本 ACL 就已经够用了。这一点也不奇怪,因为 ACL 的工作很容易通用化。语义互操作的成果不仅是改进可复用性的一种方式,也是促进优化的一种可能方式。通过采用日常的语法进行互操作,一个 Agent 要求其他 Agent 执行动作,从而实现目标,即利用向其他 Agent 委派任务来实现自己的目标。语义互操作充分利用了目标委派,这或许会促进交叉优化。

2. 语义组合性

通过组装 Agent 来实现 MAS,不仅是 Agent 采用最佳方式进行通信的问题,还要允许它们能够互相找得到。对于组合性来说，互操作性是必要但不充分的。语义组合性所隐含的基本思想是应该将组件所提供的一组服务自由组合，而不受以下限制：定位合适的服务提供者、接口与服务提供者不匹配等。这就要求被组合的组件不仅要有兼容的接口，而且要对世界做出一致性假定。如果不对 Agent 委派的目标加以限制，可以说两个 Agent 在语义上是可以组合的。

3. 语义扩展性

可复用性不仅要构造可复用的组件，还要使这样的组件具有扩展性，扩展性主要提供了两种关于复用的可能性：

(1) 新组件作为现有组件的扩展实现。

(2) 用一个不同的组件来代替现有组件，而不引起系统的其余部分发生变化。

语义扩展背后的思想是能够用一个对初始组件的扩展版本来替代这个组件，同时保持操作语义不变，客户仍然能够像替代之前那样操作。如果把 Agent 看做是可复用的原子单元，那么语义扩展性与语义组合性一起将 Agent 的可复用性最大化。Agent 可以根据它们的目标自由组合，并且可能被其他具有扩展能力的 Agent 所代替，最终实现完全复用，即由替代 Agent 来完全构成 MAS。

4. 大致语义可复用性

组件和 Agent 提供了不同的近似，在复用性方面，Agent 比组件所具有的优势正来自于这些不同的近似，parade 框架给出的语义可复用性大致如下：

(1) Agent 的知识接近于 Agent 所相信的，即通过环境感知，运用稳定规则推导出来。

(2) Agent 的目标近似于意图，能够从信念和计划引擎所派生出来的规则中计算出来。

(3) Agent 所能解决的目标近似于它行动的后续条件。这些后续条件考虑了 Agent 的状态和行动完全施行以后的环境状态。

组件的元模型依赖于更强的假设：

(1) 组件的知识接近于组件的状态，即它的属性值与其他组件的联系。

(2) 组件的目标接近于包含所激发组件方法后续条件的集合。

(3) 组件能解决的目标接近于它的方法后续条件。这样的后续条件在一个方法完全施行以后，根据组件的状态进行定义，但是并没提及环境的状态。

Agent 比组件的可复用性好，因为框架的要素负责客户和服务提供者之间的信息流畅，对于如何执行它的工作有着更加准确的信息。当组件方法的后续条件在方法完全施行后只考虑服务提供者的状态时，Agent 在语义可扩展性上比组件更好，因为它们使用能力描述标志来构成 Agent 周围环境的条件。Agent 不仅适用于非通用类型的应用，而且还是其他成熟技术的一个有效替代：

(1) 为开发人员提供了比目前其他技术更高层次的抽象。

(2) 就可复用性而言比组件有着更具体的好处。

对于第一点，采用更高层次的抽象工作，有一个普遍的缺点，即缓慢的执行速度，为了能够充分利用 Agent 的可能性，需要实施一个具备推理能力的 Agent 的模型，这种 Agent 可能速度比较慢。对于第二点，Agent 需要为复用性的改善付出一定的代价，速度会更慢。使用目标委派取代任务委派会要求“手段—目的”来推导，这就会面临实施低速 Agent 的可能性。

如果对速度有迫切需求时，可以依靠反应 Agent 或组件。这种判断标准应该是很好的，因为一个 Agent 越复杂，附加值越多，就越想复用它，以及采用它来构成其他 Agent。而且，反应 Agent 与组件式是完全等效的，因此使用面向 Agent 的方法来代替面向组件并不会失去什么信息。

7.2 面向 Agent 的软件工程

面向 Agent 的软件工程(agent-oriented software engineering，AOSE)是软件工程领域的一个新方向。下面介绍其主要研究内容和软件开发过程。

7.2.1 面向 Agent 的研究内容

AOSE 核心思想是把 Agent 作为工程化软件系统的主要设计观念，属于一个正在发展的领域，其目标在于提供方法、技术和工具，从而有助于以一种可复用的、系统的和受控的方式来开发基于 Agent 的应用程序。AOSE 的关键主题包括需求工程、开发语言、建模语言、平台、方法学。

1. 需求工程

需求工程是对一个系统应该具有的功能性和非功能性能力进行挖掘、建模和分析。它是开发过程的前期行为，在所有阶段的变更管理中发挥着重要作用。面向目标的需求工程与面向 Agent 的需求工程密切相关，通过把非功能性需求展示为特殊的目标，从而可以明确捕获如可靠性、灵活性、完整性和适应性等需求。

2. 开发语言

Java 和 C++ 是构建 Agent 系统中最常用的语言。不过，从面向 Agent 的观点来看，这些语言工作在一个低层次上，难以实现 Agent 的特征，除非使用额外的平台或框架。使用框架的一个选择就是使用实现 Agent 概念的高级语言，被称为面向 Agent 的编程语言。Agent 采用高层对话进行交流，因此 Agent 通信语言绕过了物理通信这样的低级特征，侧重于通信行为和域概念的交换。

3. 建模语言

建模语言是一种允许表示系统计划或部分计划的语言。建模语言不是提出一个方法去设计系统，仅仅是提供一个方法去表达设计。AUML(agent unified modeling language)主要在顺序图和类图上对 UML 进行了扩展。在 AUML 中，对象类被扩展成为 Agent 类。Agent 名称前需要加上前缀，用来和对象的名字加以区别。AUML 中的行为可以是两种类型：

(1) 预动型，那些由 Agent 自己触发的行为。

(2) 反应型，那些由 Agent 自己发送的消息来触发。方法类似于 UML 操作，但是增加了前提和后置条件。

4. 平台

平台用来表示为方便多Agent系统运行所提供的基础设施。

1) JADE(Java agent development framework)

JADE用于开发多Agent系统的工具,包括应用编程接口(API),它可以很方便地构建个体Agent及系统中全部Agent的联合协作。JADE提供了实现Agent基本功能的类,独立于任何特殊的体系结构,以用于个体Agent的构建。这种类的功能基于自治性和社会性的概念,把Agent看作是一个活动对象,通过异步消息协议进行多次对话。为了构建一个Agent,开发者扩展了Agent类,使得Agent可以访问私有消息队列。为了实施Agent任务,JADE使用行为的概念,这是通过扩展所提供的“行为类”而获得。通过将行为置于一个行为堆栈列表中来执行,采取一种循环的、非抢占式的调度策略,但是也提供了更复杂的调度机制。

最后,虽然没有提供软件工具用于指导MAS的开发过程,但是JADE提供了完整的API文档、程序员指南和许多例子来对其进行支持。

2) ZEUS

用于开发基于Agent系统的一个平台,开发ZEUS的目的是提供一个平台,用于信息发现、通信、定义本体、Agent的协调以及Agent与遗留系统的集成等。Agent由具有共同功能的组件组成,包括计划、调度、通信技能、协调和本体支持。在ZEUS中,多Agent系统由两种特殊的Agent组成,就是Agent命名服务和facilitator。前者作为白页目录运行,并且提供系统同步时钟,而后者作为黄页目录。ZEUS提供了3种类型的工具用于Agent之间的协作:协议(基于合同网协议);采用角色(如同级和上下级)来定义组织结构;计划。

5. 方法学

1) 扩展对象范型的方法学

使用对象技术作为Agent方法学的基础还有几个好处:

(1) 两者都封装了知识和行为。并且,两种范型都是通过消息传递来完成通信。Agent是活跃对象或是具有态度的对象。

(2) 面向对象的语言已被用来实施Agent程序设计框架,如JADE。虽然这种框架工作在更高的抽象层次上,但是它们仍然反映了对象范型的特点。

(3) 面向对象方法学所使用的静态模型,可以很圆满地适用于Agent。静态观点用于表示知识属性,并用于对Agent内部结构和它们之间的静态关系建模。动态观点用于描述系统元素在运行时如何交互,主要表示Agent之间的交互协议。

(4) 基于对象分析与设计中的一些著名技术可以被成功地扩展到基于Agent的系统中。

(5) 面向对象方法论的流行会增加面向Agent方法论的潜在用户数量。

扩展对象技术的方法学有两个例子,分别是MASE和KGR方法。MASE是一种方法学,定义了两种语言来对基于Agent的系统进行建模:Agent建模语言和Agent定义语言。前者是一种图形语言,用于描述Agent类型,以及它们与其他Agent的接口;后者则是基于一阶谓词逻辑,用于描述Agent的内部行为。KGR方法把设计分为两部分:一部分是对Agent之间的交互进行建模,另一部分则是对每个Agent的内部结构进行建模。对于后者,

KGR 使用 BDI 架构。

2）基于知识工程技术的方法学

借助于知识工程（如 AI、认知科学等）的概念、思想和技术对多 Agent 系统进行建模、分析和设计，常用的方法是将 Agent 视为由各种认知部件所组成的意向系统，如信念、目标、意图、规划等，代表性工作包括 Tropos、DESIRE、Styx、AAII 等。

3）基于多 Agent 系统概念的方法学

虽然以对象范型为基础的 Agent 方法学在一定程度上已经成功了，但是仅仅通过扩展对象模型并不能发挥多 Agent 范型的全部潜能。

7.2.2 面向 Agent 的开发过程

分析：在 Agent 领域，有的方法直接处理这些需求，还有一些混合方法适合于采用 Agent 概念，需要考虑 Agent 在分析目的中的角色，使用 Agent 概念的范型语言，以及这些语言的支持工具。

设计：考虑如何使用 Agent 概念和技术来简化 MAS 的设计。为了能够转换分析规范，就有必要知道如何从头构建 Agent，如何使用 Agent 开发环境。

实现：这一部分主要使用 Agent 技术来实现面向 Agent 的设计。

测试：用来检查一个 MAS 是否满足初始要求，已经构建好的有没有错误。

下面详细介绍每一过程。

1. 分析

Agent 集中于功能性和非功能性需求的定义。功能性需求是描述系统必须提供的服务，即描述一些计算是如何执行的。非功能性需求包括限制所开发系统的产品性需求，运用于开发过程的过程需求以及外部需求。Agent 模型决定了需要什么样的元素来定义 Agent，以及构建一个预定义的行为。

1）专注于定义需求的 Agent 方法

将 Agent 同需求工程集成起来并不容易。指出 Agent 本身就是一个被划分了不同需求的概念，如分布、智能和自治等。一旦获取了 Agent 的清晰需求之后，就可以将角色分配给 Agent。

2）运用形式化方法的分析

形式化方法就是在软件工程中运用数学建模技巧，以获取对所构建系统清晰而正确的说明。形式化方法的期望输出是一个形式化的描述说明。这个形式化说明除了形式化验证之外，还可以应用于不同的目的。

3）使用图形进行分析

一些方法使用图形来表示部分的分析结果。基于表达式的图形可能并不形式化。还有一些方法提出了能够被开发人员解释的图形，如 UML。在这些方法中，不同的开发人员能够派生出不同的解释。有两种基于图形的方法：第一种将 UML 运用于 Agent 领域；第二种则是将元模型语言作为 MAS 分析层次的说明语言。

（1）基于 UML 的方法。这个领域中最常用的方法是 AUML，AUML 的相关成果之一是协议图形符号，正在被考虑成为标准 UML 的新符号，用于表示并行和决策。

（2）采用元模型作为标记语言。元模型就是对模型进行描述的一种技术。元模型包括描述对象模型、它们的属性和联系，以及它们如何一起出现在一个模型中。这个描述被称为一个元模型。模型就是元模型的实例，符合元模型中所定义的一组限制条件。

2. 设计

这个设计行为主要包括图形的定义。这些工作依赖于一个特定的开发环境，用于将图形转换为代码。

1）使用开发环境进行设计

构建 MAS 的开发环境是面向快速原型的。第一个 MAS 的开发环境就是将一个图形界面同 MAS 框架组合起来。图形界面的目的就是为了方便 MAS 框架的配置。一个快速原型工具或许并不能满足各种类型的开发需求，特殊情况是没有足够的预算来购买好的商业工具。

2）不使用开发环境的设计

不使用开发环境意味着开发者需要付出更多的劳动来选择合适的理论、方法和软件。为了方便开发人员在他们的系统中进行选择和应用，对研究人员在这方面的努力进行回顾是十分有益的。

（1）Agent 架构。因为架构展现了如何将不同的软件组件放在一起，使它们能够交互。Agent 架构将提供一个框架用于实现研究人员对 Agent 所要求的各种特征。在刚刚开始研究 Agent 时，Agent 架构采用关联模块之间的数据流来定义，模块功能采用自然语言进行定义。

（2）组件的分布。这一步需做出的决定可能包括 Agent 跨网络的分布，MAS 或仅仅一个 Agent 的内部结构。无论如何，Agent 在不同机器上的分布都暗示着需要考虑如下课题：通信如何发生？正在通信的内容是什么？如何使用通信来组织一个系统行为？

通信技术：有利于组件间通信的典型技术包括共享空间元组、远程过程调用和消息传递。

Agent 通信语言：ACL 描述了两个或多个 Agent 之间交互的消息格式和语义。

本体：决定了一个消息内容中所允许的条目、具体的语义以及和本体其他要素的关系。

协调：协调语言描述了交互应该随着时间如何执行。

（3）Agent 的特征。研究人员将 Agent 同某些具体特征相联系，如自治性、社会能力和智能性。这一部分收集了同设计这些特性相关的研究工作。为什么要在设计部分考虑这些要素呢？因为 Agent 能力是同 Agent 模型相关联的。

（4）Agent 平台和框架。框架是表示一个领域的应用架构，可以通过在开发中复用框架、组件或库来提高效率。可以把 Agent 平台理解为一组服务，允许 Agent 管理和通信。

3. 实现

实现就是将设计概念转换为程序，然后编译或解释成执行代码。为了实现一个 MAS，语言可以是传统的，也可以是面向 Agent 的。在缺乏专用的分析符号和设计模型时，使用专门的 AO 语言进行开发，在大型系统中可能是不现实的。

（1）说明性语言（功能性的基于逻辑的）。

（2）面向 Agent 的语言（吸收了 Agent 理论中的通用概念，但是没有提供原语用于处理并发或时序逻辑)。

4. 测试

1) MAS 的测试

形式验证是基于存在一个采用形式语言表示的规范。在分析部分,回顾了能够用于形式化规范的不同语言。验证本身能够在任何时候使用。现有的方法可以被定为公理化方法和模型检查方法。

2) MAS 的调试

调试 MAS 类似于调试开放的分布式系统或并行系统。

本节简单介绍了开发人员和研究人员在创建 MAS 方面的研究成果。对于开发者而言,给出了目前可以获得哪些工具、软件库、框架、理论和方法? 如何从 Agent 理论跳到 MAS 实现? 选择一个具体 Agent 架构的结果是什么? 如何在别的开发中复用现有的 MAS 开发经验? 需要什么样的概念来处理 MAS 的每个方面? Agent 团体为了回答这些问题付出了巨大的努力。

7.3 面向 Agent 的经典开发方法

面向 Agent 的方法是一个新的研究领域,并且 Agent 范型与新的概念相关联,目前的工作主要集中于过程的前 3 个阶段:需求、分析和设计。但是有很多工作与 Agent 平台相关联,可以用于开发和部署阶段。面向 Agent 的经典开发方法有 Gaia 方法、Tropos 方法和 MASE 方法。

7.3.1 Gaia 方法

Gaia 方法是第一个用于多 Agent 系统分析和设计的完整方法。然而,它的最初版本有一定的局限性,仅仅适合于分析设计封闭式的多 Agent 系统,没有采用标准的符号表示技术。由一系列模型组成,这些模型的目的在于从宏观和微观角度来描述 MAS,一般认为它由一个社会组织的个体构成。在分析阶段构建角色模型和交互模型,将系统描述成一组交互的抽象角色。然后将这两个模型用做设计阶段的输入,设计阶段包括 Agent 模型、服务模型和熟人模型,最终形成 MAS 的一个完整设计规范,可以用于后续的实现阶段。

1. 分析阶段

在分析阶段,确认系统中的角色,然后对它们之间的交互进行建模。角色是用来进行概念化描述的抽象结构,在现实系统中并没有具体的对应物。Gaia 中的角色都是原子结构,不能用其他角色来定义。角色范型主要用来对 Agent 行为进行半形式化的描述,对一个系统进行完整的角色范型集合就是完整的角色模型。对于每个角色范型从 4 个属性进行定义:权限、职责、行为和协议。

2. 设计阶段

分析阶段的抽象结构,即角色和交互模型中所展现的角色和协议,在设计阶段需要被映射成具体的结构，也就是在运行时能够实例化的 Agent 类型。要求在设计阶段产生 3 个模型：Agent 模型确定了构成实际系统的 Agent 类型，服务模型确定了这些 Agent 类型所要实现的服务，熟人模型则描述了 Agent 类型之间的通信连接。把角色分派给 Agent 类型就产生了 Agent 模型。每个 Agent 类型或许会被分派一个或多个角色。对于每个 Agent 类型，设计者都需要详细说明这个 Agent 类型在运行时的主要实例。它的一个服务就是指一组功能的集合，独立于实现细节。服务模型列出了 Agent 类型所提供的服务。这些服务派生于角色的行为和协议。对于每个服务，需要确定 4 个属性，即输入、输出、前提和结果。它们能够很容易地从属性、角色模型和交互模型中派生出来。熟人模型是 Agent 类型之间的一个有向图。这个目的就在于允许设计人员把 Agent 类型之间的耦合程度可视化。在这个模型中，像消息类型这些进一步的细节被忽略了。

7.3.2 Tropos 方法

Tropos 方法主要提出了两个关键理念。首先，Agent 的概念和相关的思维概念贯穿于软件开发的各个阶段，从早期分析到最终实现。其次，涵盖了早期阶段的需求分析，从而加深对所开发软件的最终运行环境的了解。

Tropos 方法采用 I 模型，它将行为者、目标、行为者的依赖关系作为早期需求分析时应用建模的基本概念。Tropo 方法的目的是支持软件开发的 4 个阶段：早期需求分析，通过研究其组织设置来理解问题，包括相关的功能和质量；后期需求分析，产生一个需求规格说明；架构设计，采用了子系统来定义系统的整体架构，子系统通过数据、控制和其他相关关系相互关联；详细设计，对每个组件的行为做出更加详细的定义。

1. 早期需求分析

它侧重于将系统所有者的意图建模为目标。通过某种面向目标的分析，这些初始目标最终会导出所构建系统的功能性和非功能性需求。在 I 模型中，所有者被表示为行为者，在所要实现的目标、所要执行任务和拥有的资源上彼此互相依赖。I 架构包括战略依赖模型，用于描述行为者之间的关系网络；战略基本模型用于描述和支持每个行为者通过与其他行为者的关联进行推理。战略依赖模型是一个图，包括相互之间有战略依赖关系的行为者。所谓依赖性就是指依赖者和被依赖者之间的一种协议描述。依赖性的类型描述了协议的本质。目标依赖性用于表示为了完成目标而实行的责任委派；软目标依赖性类似于目标依赖性，但不能对其是否圆满完成进行精确的界定；任务依赖性用于以下场合，即要求被依赖者执行某一给定的活动，资源依赖性要求被依赖者向依赖者提供一种资源。

2. 后期需求分析

这个阶段最终会产生一个需求规格说明，描述所构建系统的所有功能性和非功能性需求。在 Tropos 方法中，系统采用一个或多个参与策略依赖模型的行为者，以及来自于系统运行环境的其他行为者共同表示。换言之，通过一个或多个行为者合作实现系统所有者的目标，从而形成了一幅系统视图。

在进行后期需求分析时，系统被赋予了额外的责任，最终作为几个依赖关系的被依赖者。战略基本模型通过“手段—目的”分析，确定了如何利用其他行为者的贡献来圆满完成在早期需求分析阶段所定义的系统目标。战略基本模型是一个图形，具有 4 种类型的节点，即目标、任务、资源、软目标，和这两种类型的联系：手段—目的连接和分解连接。战略基本模型捕捉每个行为者目标和依赖性之间关系，行为者希望通过这些关联圆满完成这些依赖。

3. 架构设计

架构设计是由一个相对较小的、可管理的系统模型组成的，描述了系统组件如何工作在一起。Tropos 方法已经作为协作、动态和分布式应用定义了组织架构风格，从而指导系统体系结构的设计。这些组织架构的风格来自于组织管理研究领域所提出的概念和设计方案选择。这样，它们帮助一个 MAS 的结构与系统运行的组织进行上下文匹配。

4. 详细设计

该阶段为系统中每一个架构组织引入了额外的细节。特别地，这一阶段确定了如何采用设计模式来圆满完成指派给每一个行为者的目标。设计模式很早就受到关注，但是基本上侧重于面向对象的模式，而不是和这里相关的意图和社会模式。在 Tropos 方法中，社会模式通过确定组织形式和相关的质量属性，为在架构层次上定义一个具体的目标找到了解决方案。Tropos 方法中的细节设计包括 Agent 通信和 Agent 的行为规范。为了支持这项任务，建议采用现有的 Agent 通信语言。

7.3.3 MASE 方法

MASE 方法提供了一种分析设计 MAS 的详细方法，它将几种已有的模型通过组合形成了一个完整的方法，并提供了一整套的转换步骤，说明如何从现有的模型派生出新的模型。这样，MASE 方法就能够在分析、设计、开发过程中给予开发人员一些指导。MASE 的后续研究工作主要集中于基于组织理论方法对其进行专业化，以用于自适应的 MAS 和协作的机器人系统，为一组软件或硬件 Agent 能够自动适用环境变化提供所需的知识，通过组织和再组织以实现团队目标。MASE 已经捕捉了组织模型所需的很多信息。

这是一个覆盖完整生命周期的开发方法，包括了异构 MAS 的分析、设计和开发。为了做到这一点，MASE 使用了大量从标准 UML 中派生出来的图形化模型，用于描述系统中的 Agent 类型，它们同其他 Agent 的接口，以及一个独立于 Agent 架构的内部设计不同。MASE 主要侧重于指导设计人员如何从一组初始需求出发，经过分析、设计到最后的 MAS 运行实现。

MASE 把 MAS 看做是面向对象范型的进一步抽象，把 Agent 看做是特殊的对象。简单对象的方法需要依靠别的对象来激活，而 Agent 是通过对话进行相互合作的，自发行动来完成整个或个体的目标，因此，MASE 是建立在完善的面向对象技术之上的，并将它们应用于 MAS 的规范和设计。

MASE 分析阶段由 3 个步骤组成：捕捉目标、使用用例、定义角色。设计阶段有 4 个步骤：创建 Agent 类、构建对话、组建 Agent 类、系统设计。虽然被依次排列，这个方法实际上是迭代的。这样，设计者可以在不同的阶段和步骤之间自由往返，每一个步骤的完成都会增加额外的细节，最终产生一个完整细致的系统设计。

MASE 的强项之一在于整个过程中追踪变更的能力。在分析设计阶段所创建的每个对象，都能够通过不同的步骤向前或向后，同其他对象关联。举个例子，从捕捉目标步骤所派生出来的目标能够被追溯到一个特定的角色、任务和Agent类。同样地，一个Agent类也能够通过任务和角色反向追溯到在设计阶段确定要满足的系统级目标。

1. 分析阶段

MASE在分析阶段中产生了一组角色和任务，描述了一个系统如何满足它的整体目标。目标是对详细需求的抽象，由角色来完成。典型地，一个系统有一个整体目标和一组子目标，通过实现子目标来达到系统目标。MASE之所以使用目标，是因为它们能够捕捉到系统目标要实现什么，相对于功能、过程或信息结构而言，可能在实践上更能保持稳定。角色描述了系统中执行某些功能的实体。在MASE中，每个角色负责实现特定的系统目标。MASE分析阶段所采用的方法很直接。根据一系列需求来定义系统目标，然后定义必要的角色来实现这些目标。为了帮助设计者通过定义角色来满足这些特定目标，MASE使用了用例图和时序图。

1）捕捉目标

其目的是将系统的初始要求转换成一套结构化的系统目标。初始系统的上下文是MASE分析的起点，经常是一个软件需求说明，包含一组定义良好的需求。分析人员可以根据这些需求了解系统必须提供的服务，以及系统根据输入和当前状态应该如何行动或不行动。捕捉目标过程有两个子步骤：识别目标和构建目标。首先，必须根据初始系统上下文识别出目标；其次，分析这个目标，将其放到一个层次表中。

2）使用用例

使用用例在将目标转换为角色和相关任务的过程中相当重要。用例由需求派生而来，定义了所期望系统行为的事件顺序，它们是系统该如何行为的例子。为了帮助确定MAS中的实际通信，用例被转换成了时序图。MASE中的时序图类似于标准的UML时序图，但是可以用于描述角色之间的事件顺序，并定义扮演这些角色的Agent之间的通信。这里识别出来的角色形成了初始角色集，能够被用于下一个步骤，而事件随后也被用来定义任务和会话。

使用用例的第一步就是从系统初始上下文抽取用例，包括积极的和消极的用例。积极的用例描述了系统在正常运行时应该发生什么。然而，消极用例定义了一个失败或错误。虽然用例不能捕捉到每个可能的需求，但是它们有助于获得通信途径和角色。对派生出来的目标进行最终分析和交叉检查，该用例提供了一个冗余的方法来派生系统行为。

3）定义角色

定义角色的目的就是为了将目标层次时序图转换成角色和相关任务，也就是形成更适合实际MAS的形式。角色形成了Agent类的基础，对应于设计阶段的系统目标。该方法认为，如果每个目标同一个角色相关联，每一个角色又是由一个Agent类所扮演的，那么就能够满足系统目标。将目标转换为角色一般是一对一的关系，即每个目标对应于一个角色。然而，有很多情况下一个角色可能会负责多个目标。

4）分析阶段总结

一旦每个角色的并发任务被定义之后，分析阶段就宣告结束了。MASE的分析阶段总结如下：

(1) 识别系统目标,形成一个目标层次结构。

(2) 识别用例,创建时序图以帮助确认角色和通信途径。

(3) 将目标转换为一整套角色。

2. 设计阶段

用 MASE 设计系统时,一般有 4 个步骤:第一步是创建 Agent 类,设计者将角色分配给具体的 Agent 类。第二步是构建对话,即定义 Agent 类之间的对话。第三步是组装 Agent 类,设计 Agent 类的内部结构和推理过程。第四步是系统设计,设计者定义了系统中部署 Agent 的数目和位置。

1) 创建 Agent 类

在创建 Agent 类的步骤中,根据分析阶段的角色来创建 Agent 类。这个阶段产生了一个 Agent 类图,描述了由 Agent 类所组成的整个 Agent 系统组织以及它们之间的对话。Agent 类是系统中一类 Agent 的模板,根据它们所扮演的角色及所参与的对话来进行定义。如果角色是 MAS 设计的基础,那么 Agent 类是实现 MAS 的基石。这两个抽象是从两个不同的系统角度进行控制。角色允许分配系统目标,而 Agent 类则允许考虑通信和其他资源的使用。

第一步就是将角色分配给每个 Agent 类。如果被分配了多个角色,Agent 类就会同时或顺序来扮演角色。为了确保考虑到系统目标,每个角色必须被分配至少一个 Agent 类。因为角色能够按照模块进行操作,所以分析人员能够在设计中很容易地改变组织和 Agent 类中的角色分配。这就允许考虑各种不同的设计问题,主要是基于标准的软件工程概念,如功能、通信。

在这个步骤中,还要确认不同 Agent 类必须参与的对话。一个 Agent 的对话源于 Agent 所分配角色的外部通信。举个例子,角色 A 和角色 B 通信,如果 Agent1 扮演角色 A,那么 Agent2 扮演角色 B,则在 Agent1 和 Agent2 之间肯定有一个对话。

2) 构建对话

构建对话是 MASE 的下一个设计步骤,迄今为止,设计人员仅仅确定了对话,这一步的目标就是基于当前任务的内部细节来定义这些对话的细节。

对话定义了两个 Agent 之间的协作协议,使用两个通信类图进行阐述:一个用于发起者,另一个用于响应者。通信类图类似于并发任务模型,定义了两个参与 Agent 类的对话状态。发起者通过发送第一个消息开始对话,当另一个 Agent 收到消息后,它就同目前处于激活状态的对话进行比较。如果找到了一个匹配,Agent 就把合适的对话迁移到一个新的状态,执行任何所要求的行为或动作。否则,Agent 假设这个消息是新的对话要求,然后与可以进行的对话加以比较。如果 Agent 发现了一个匹配,就开始一个新的对话。

3) 组装 Agent

在组装 Agent 的步骤中设计 Agent 类的内部细节包括两个子步骤:定义 Agent 的架构、定义架构的组件。设计人员可以选择自己设计 Agent 的架构,或者使用预先定义的架构。类似的,一个设计人员可以使用预先定义好的组件,或者从头开发。组件由一系列属性、方法,或者一个子系统架构构成。

4) 系统设计

它使用部署图来展示一个系统中 Agent 实例的数目、类型和位置。会议管理系统的一个部署图如图 7-3 所示。系统设计实际上是 MASE 最简单的步骤,因为大部分工作已经完成。设计人员应该在实现之前定义部署,因为 Agent 很明确地要求部署模型信息,如主机名称和地址,以用于通信。部署图也为设计人员提供了一个使系统适应环境的机会,使可获得的计算处理能力和网络带宽最大化。在某些情况下,设计人员或许会确定系统中特定数量的 Agent,或者 Agent 所必须依赖的特定计算机。设计人员在将 Agent 分配给计算机时,应考虑到通信和处理要求。为了降低通信负载,设计人员或许会将 Agent 部署在同一台机器上。然而,太多的 Agent 在同一机器上将会失去 MAS 的分布性所带来的好处。MASE 的另一个优点就是设计人员在设计系统组织后能够做出某些修改,这样能够产生各种系统配置。

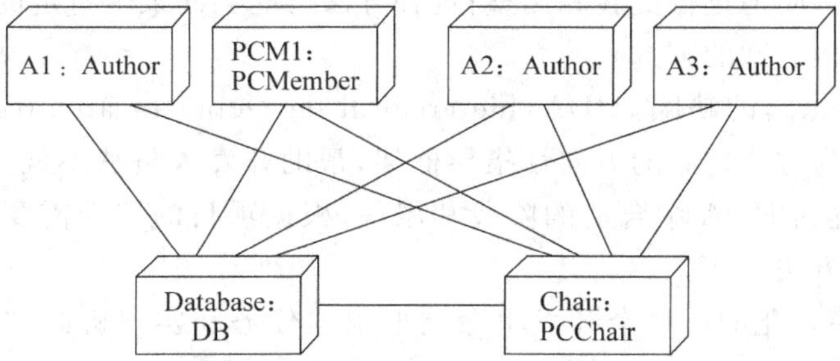

图 7-3　会议管理系统的一个部署图

3. 设计阶段总结

完成了部署图之后,MASE 的设计阶段就结束了,可以总结如下:

(1) 向 Agent 分派角色,确认对话。

(2) 构建对话,增加消息/状态来获得健壮性。

(3) 定义 Agent 内部结构。

(4) 使用部署图来定义最终的系统结构。

7.4　按需定制的开发框架 HDA

方法工程学认为方法是一组分离的部件,而不是一个内部互相依赖的个体。元模型是构成方法的要素,方法针对具体的项目而产生。元模型可以从现存的方法中抽取而得,也可以自行构建。在理想的情况下,这些方法部件应该个体化或其组织进行标准化,形成一个基础性的、统一的元模型仓库,供用户随意选用。在具备了这样的元模型仓库之后,开发者就可以根据项目需求选取最合适的元模型,创建一个个性化的方法。开发方法作为项目的一个产物,能够根据项目要求而改变。

方法工程学的思路能够带来很明显的好处,不用再为每种方法分别创建互不兼容的技术、模型和 CASE 工具。方法工程学的概要图如图 7-4 所示。

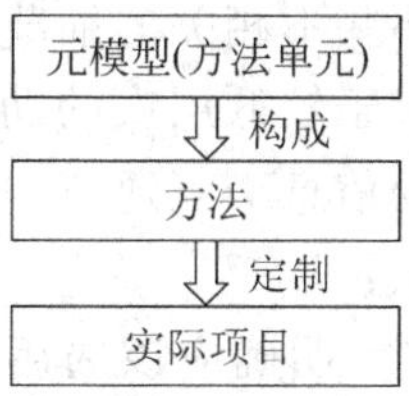

图 7-4　方法工程学的概要图

元模型仅仅需要创建一次,然后就可以在不同的方法之间进行复用和共享,大大节省了开发成本和学习周期。但是为了保证能够将整个思路在实践中付诸实施，需要关注下面3个方面的问题：

(1) 如何获取元模型？

(2) 如何组织元模型以形成一个合适的方法？

(3) 如何根据项目的需求来定制方法？

7.4.1 HDA的定义

需要一套规则和方法来指导如何将元模型组织起来以形成一个合适的开发方法。为了实现这个目标，一种方法就是采取类似于同一开发过程的方式，提出一种能够包含一切的方法，囊括所有有用的元模型。但是这种方法存在两个问题：AO方法不断出现新的发展，这种方法也需要随之不断地进行更新和调整；这种方法可能会同某个特定的提供者绑定，而这是开发人员所不希望见到的。

为了弥补上述思路的缺陷，HDA(hierarchical development architecture，层次开发框架)被提出，用来作为方法定制的方向性指导框架，帮助开发人员从不同AO方法中提取出合适的元模型，放置到HDA中合适的阶段和层次，根据项目的特殊需要进行剪裁调整，最终获取所需的开发方法。

HDA是基于模块化的。整个开发生命周期根据任务和实现机制被分成了5个机制：需求分析、MAS框架设计、Agent建模、软件实现和验证测试。每个阶段产生的软件产品实际上就是不同抽象层次的系统模型，需求分析阶段的任务是建立系统的应用需求模型。设计阶段的任务是通过对高层需求模型进行精化，将其模型成分映射成为计算机世界中的要素以得到软件设计模型。定义每个模块的内部算法和数据结构。在编码阶段，程序员采用某些程序设计语言对软件总体结构模型和详细设计模型所描述的软件系统加以实现，经过编译得到了执行的系统模型。每个阶段所对应的软件开发活动实际上就是对前一阶段产生的系统模型做进一步的精化和分解，以产生与该阶段软件开发活动所对应的抽象层次相一致的系统模型，其最终结果就是要得到用户需求的、可执行的系统模型。

开发人员可以在HDA的不同阶段和层次之间并发进行或迭代往复。比如将Agent建模阶段中的Agent结构定义可以和MAS框架阶段中的识别Agent同步进行。同时每个阶段又被划分成了层次结构，上下层之间具有依赖和继承关系。

7.4.2 HDA的使用规则

在整个开发过程中，HDA可以作为一个指导性的框架，用户并不一定需要严格遵循，可以根据自己的需求对阶段和层次进行裁剪，提出一系列的步骤、规则、模型和设计模式，满足特定项目的需要。当然这种裁剪必须是理性的，而不是任意的。

在定制方法的过程中，HDA的分层思想用于指导开发人员仅仅关注适当的内容，而忽略掉那些不相关的细节。不同的层次被赋予了不同的目标和功能：①较高层次的功能实现要依赖于较低层次的功能；②每一次仅仅同与它相邻的层次打交道；③相邻层次之间有着双向的信息交互通道。为了保证整个方法定制过程的顺利进行，需要弄清楚HDA中的3个关系：

(1) 明确应该选用HDA中的哪些层次。为了使解决方案更容易遵循，HDA采用了“分而治之”的策略，采用阶段和层次将整个问题和解决方案进行分解。针对特定的应用，开发者可能并不需要所有的层次，可以根据需要增删，根据确定的层次，最后选取 AO 方法的标准。

（2）判断某个元模型是否适合于某个层次。为了形成一个合适的方法，开发者需要将原有的模型填充到所确定的层次之中。一般地，如果这个元模型的加入能够有助于实现该层次的目标，就说明该模型适合放在这个层次，否则表明不适合。表 7-2 所列的层次/模型样式表是一种用来指导元模型填充到 HDA 中的工具。表格中的"列"是元模型的名称，"行"表示对应阶段和各个层次的名称。单元格中的标记用于表示"列"中的模型是否适合放在"行"中对应的层次，并需要注明相应的理由。

表 7-2　层次/模型样式表

阶段和层次 / A 元模型	阶段名称		
	层次 1 名称	层次 2 名称	层次 3 名称
模型 1 名称	符合（阐述原因）		
模型 2 名称		符合（阐述原因）	

（3）根据需要将设计模式同元模型关联起来。为了方便用户将设计模型转变为软件实现，面向 Agent 的设计模式被提出用于改善模型的实现机制。这样可以复用现有的模型、技术和工具，而不是从头构建的模型，同时降低使用者的学习曲线，减少采用新方法的风险。

在 HDA 各个阶段中，从底层到顶层中，一步步充实方法的细节，最终形成了适合于特定应用的新方法，包括一组有序的步骤、一套模型及模型之间的关系。

新的方法形成后，设计者就可以采用这种方法来获取所要开发项目的模型，进而解决自己的问题。定制方法是一个积极进取的过程，设计者需要在必要时进行反复的迭代改进。

7.4.3　元模型

作为填充 HDA 的基本要素，元模型是方法定制的基础。元模型并不针对特定的应用问题，而是作为一个清晰的通用模型，可以根据特定的需求加以改造。因此，元模型能够改善系统的可扩展性、处理系统的复杂性。一般来说，元模型应该满足如下的标准：

1. 独立性

元模型应该独立于具体的 Agent 结构和知识表达格式，以统一的方式来表示 Agent 组织和各种质量属性，只要符合元模型的规范，最终所获得的方法就能够显示出基本的语义一致性。

2. 模块化

模块应该根据高内聚、低耦合的原则进行开发和维护，仅仅需要封装最核心的功能单元，从而将潜在的失败限制在本地，使知识复用和共享变得容易。更为详细的 Agent 概念被放在元模型的附加元素中精确定义，这样可以确保该模型不与现有的模型出现功能重叠。

3. 运行时特征

元模型不应在 Agent 的特征层次上任意加限制，以保证质量属性在运行时能够改变。

4. 简单性

元模型不应该很复杂,这样可以保证派生出来的新方法不会继承原系统的复杂性和负担。

5. 易学性

为了使 AOSE 更容易被开发人员所接受,元模型应该易于理解,同现有的 OO 方法类似,这样便于用户根据已有知识来简化学习过程。

7.4.4 潜在的问题

定制本身是一个复杂而折中的过程,除了增加建模的复杂程度之外,还可能引入一些潜在的问题。如果这些问题得不到重视,将会引起整个开发过程的混乱。在实际应用中,为了保证 HDA 的有效运用,需要关注以下问题:

1. 元模型的选取

包括如何选取合适的 AO 方法,抽取相应阶段的合适模型,并保证改造获得的元模型能够独立于方法。

2. 元模型的实现

元模型作为一个高层的抽象模型,并不涉及具体的实现问题。为了使基于元模型的方法得到实际应用,元模型本身必须提供相应的实现机制支撑,这就是在元模型上引入设计模式要素的原因。

3. 元模型的插入

为了保证定制的方法协调一致,元模型应该被放置到 HDA 中合适的阶段和层次,并且元模型之间具有清晰的继承关系。为了做到这点,应该寻找更多的手段来判断元模型是否适合于某个层次。

4. 语义一致性

由于所选取的 AO 方法之间差别很大,有可能导致抽象层次和概念层次上的不一致,从而使得定制方法难以顺利进行。一些研究者提出采用转换模型来帮助从一种方法模型顺利过渡到另一种方法模型。

5. 功能重叠

在 AOSE 领域中,新提出的 AO 方法大多是以现有方法为基础加以改进的,很少有从头开始的,结果导致大部分 AO 方法除了各自的特征外,相互之间在概念和功能上有很多的相似性。这样,在不同方法中提取出来的元模型可能会具有类似的功能,为元模型的相互连接带来了麻烦。

7.4.5 Agent 建模阶段

MAS 框架阶段并未直接处理 Agent 细节，只是提供了一个独立于平台的通用结构。构建 MAS 的复杂性不仅在于采用了 Agent 作为实现单元，还在于实现每个个体单元的复杂性。对于 Agent 结构，设计者可以选用现有的，也可以自己定义。目前，已经提出了多种 Agent 结构，分别适合于不同的环境。但是这些研究多集中在 Agent 的概念和逻辑描述上，要想在实践上加以实现，一般还需要开发人员根据实际情况进行改造。

在 HDA 中，Agent 建模阶段被划分为 3 个层次：定义层、行为层和认知层。需要将系统中的每个 Agent 的责任和行为映射到这 3 个层次上。

Agent 架构中的信息控制流将各个组件联系成一个整体，在某个时间点上，根据任务、思维状态和感知到的信息，意图产生器会产生一个相应的意图；根据意图选择执行何种行为，是个体行为还是集体行为；选择的行为驱动控制器对外做出反应；优化部分采取"效益递增"的原则来规划行为，通过反馈学习，逐渐优化行为选择机制，使 Agent 采取更加接近完成目标的行为，下面是涂晓媛提出的人工鱼模型。

1. 机制模型

父亲名称：人工鱼方法。

使用前提：Agent 模型、服务模型。

模型描述：定义了实现 Agent 功能的支撑机制。

实现：资源库保存着 Agent 所能够获得的资源列表；任务、计划库向 Agent 提供任务规划的逻辑描述；熟人库描述 Agent 同组织中其他 Agent 之间的关系，以及它对其他 Agent 能力的信任程度。

技术支持：人工鱼的相关文献。

结果：将各种应用信息映射成 Agent 领域层的解决能力问题，实现过程可以充分利用 Agent 领域方面的研究成果。

2. 感知器模型

父亲名称：人工鱼方法。

使用前提：Agent 模型、服务模型、交互模型。

模型描述：从外界获取信息的主要渠道。

实现：时刻观察外界的变化，然后根据自身目标的轻重缓急，仅仅提交那些最重要的信息，滤掉对当前行为无用的信息，以减轻规划和调度的负担。

技术支持：人工鱼的相关文献。

结果：意图产生器对接收到的信息进行解析，决定是否响应请求。如果响应，就要设计并协调一个合适的行动规划，由感知环境到做出适应性反应。

3. 意图模型

父亲名称：人工鱼方法。

使用前提：Agent 模型、服务模型、交互模型。

模型描述：意图发生器是 Agent 认知能力的核心，用于产生意图，操纵感知和行为的动态循环。

实现：意图发生器在决定一个意图后，会产生一个行为序列来实现这个意图，从而使用“面向任务”和“内在协作解决任务”的应用领域特性。意图发生器和其他组件的功能相互影响，如感知器所获得的信息会影响 Agent 的目标决策，而意图产生器会影响感知器的聚焦功能，过滤掉那些不必要的信息。

技术支持：人工鱼的相关文献。

结果：在给定外部和内部条件下，同一时间的 Agent 可能会用不同的期望进行竞争。意图发生器能够根据所追求的目标决定当前所要实现的期望，即什么时候采取新的目标，什么时候放弃现在的目标。

4. 行为模型

父亲名称：人工鱼方法。

使用前提：Agent 模型、服务模型、交互模型。

模型描述：目标确定后，根据 Agent 的内部和外部条件，从几个可选择的行为方案中确定出最适合于实现目标的那一个行为规划。

实现：行为选择机制的原则是将所期望的效用最大化，也就是希望行为的执行能够导致利益最大化。如果规划中所需要的资源都可获得，那么就只有调用个体行为来完成任务。如果规划所要求的资源无法获得，Agent 的组织行为就需要被调用来寻找外部支持，熟人库中包括的信息在同其他 Agent 协作时被使用。

技术支持：人工鱼的相关文献。

结果：Agent 结构中的行为组件最终被划分为两个部分：个体行为和组织行为。个体行为系统主要包括基础行为能力，如反应驱动的行为和基于目标的行为，通过组合这些基础行为可以形成大量的复杂行为。组织行为系统用于控制 Agent 的社会行为，也就是什么时候同其他 Agent 进行什么样的交互以及相关的协议类型。

5. 效应器模型

父亲名称：人工鱼方法。

使用前提：Agent 模型、服务模型、交互模型。

模型描述：效应器是 Agent 同外部程序的接口，被用于同用户交互、硬件驱动或者同其他 Agent 进行协作。

实现：行为组件可以根据当前的状态计算出合适的控制参数，然后传递给效应器，从而驱动它来运行。

技术支持：人工鱼的相关文献。

7.5 多 Agent 系统的基础设施

JADE 是最有名的授权型 Agent 基础设施，是一个构建 Agent 系统的软件环境，可以管理 FIPA 最新规范兼容的网络信息资源。作为对授权型基础设施的扩展，研究人员提出采用行为理论作为统一多个现有 MAS 协调方法的框架，制品符号可以作为基础设施的一个关键概念，从中派生出协调基础设施所具有的不同特性。

在理论方面，基础设施对于 MAS 工程来说是一个重要问题，因为它用来对 MAS 中日益复杂的 Agent 交互进行建模和管理。实际上，将 MAS 改善为主流软件工程技术的一个关键因素就是提供强大的、健壮的基础设施。目前多 Agent 系统的基础设施仍然处于授权型的阶段，将逐渐向控制型过渡。作为控制型基础设施的核心，协调是对复杂系统进行建模和工程化的关键问题之一，一直是社会学、经济学和组织理论等众多领域研究的主题。协调机制的设计在 MAS 中特别具有挑战性，因为它们通常处于动态环境中，并且 Agent 的数量和行为都不可能在设计时被直接控制。

7.5.1　MAS 的基础设施

把基础设施强调为环境，为构建在它之上的复杂系统提供基本资源和关键服务。在 MAS 上下文中，基础设施明显发挥着关键作用，鉴于系统组件和组件交互潜在的复杂性。MAS 基础设施的主要角色就是对 Agent 环境进行建模和构造，主要从两个方面来看：①处于 MAS 中的 Agent；②MAS 的设计者。从单个 Agent 的内部视角来看，基础设施很明显提供了处理 Agent 环境的手段，即感知和影响它的状态和动态性、访问资源和服务，获取和存储信息，尤其是与其他 Agent 进行交互。一个具有适当表现力和良好工程化的基础设施，允许 Agent 仅仅通过基础设施提供的运行时抽象来表示它们的环境，并且通过基础设施的服务，根据自身的需求和目标来修改 Agent 的环境。从设计者的外部观点来看，MAS 是典型的开放式系统，这一点既是因为它们所处的环境不可预测，也是由于 MAS 结构和 MAS 过程的动态性。对设计者来说，把 MAS 控制元素嵌入到基础设施是很合适的，由于基础设施能够体现和执行交互限制、协作规则和社会规范，可以根据基础设施所提供的运行时抽象来全面发挥控制的作用。更为常见的是，一旦基础设施经过合格的描述并可以由 Agent 访问，那么智能 Agent 就可以充分利用同样的运行时抽象来展示 MAS 严谨的结构，通过引入与修正限制、规则和基准来对它的全局行为施加影响。

基础设施在 MAS 工程化中也扮演了一个关键的角色。在工程化过程的最后阶段，即 MAS 的开发和部署阶段，这一点是明显的，即使在早期阶段的时候，即 MAS 的建模和设计阶段，这一点也成立，也就是说，基础设施所提供的抽象为设计 MAS 的结构和行为提供了最自然的候选者，然后在这些抽象上进行工程化。因此，运行时应该足够灵活，以支持异构系统的工程化。与此同时，将系统设计同开发、配置、运行之间的鸿沟最小化。在此上下文中，基础设施所提供的工具对于实现整个工程阶段的抽象操作是根本的，尤其是在运行时。为了使抽象在整个工程化中保持生命力，MAS 基础设施和工具扮演了一个关键的角色，可以帮助软件工程师首先设计，然后对运行时的 MAS 结构和过程进行观察，依据为 MAS 设计采用的抽象进行工作。这个特征对于支持系统在运行时的设计、开发和进化能力非常重要。

7.5.2　基础设施的授权与协调

基础设施对于封装和支持 MAS 的关键特征和属性是有用的，这些属性很明显同交互维度相关。对于上下文而言，目前 MAS 的基础设施被认为是授权的，因为它们提供的抽象可以使 Agent 在不同层次进行交互，从通信到互操作，再到基本的交互服务。目前开发和部署 MAS 所采用的两个重要的基础设施抽象框架是 RESTINA 和 JADE。实际上，如 Agent 通信、内部操作、安全、命名等服务是使 Agent 可以在 MAS 中运行、共存且相互作用的必要先决条件。授权型的基础设施基本上定义了 MAS 中的 Agent 交互空间的本质。

然而，随着目前 MAS 日益增长的复杂性和集成性，非常需要基础设施提供一种最有效的工程支持，而不仅是 Agent 交互的实现。最终，目前使用的 MAS 基础设施往往缺乏合适的抽象来控制 Agent 交互。这似乎不仅是确立和制定社会规范的一个基本特征，对于更为一般的情况定义和执行社会行为也是如此。换言之，复杂系统工程需要控制型基础设施，根据系统的社会性和规范性的目标，提供灵活健壮的抽象来对 Agent 交互空间进行建模和构造。控制性基础设施很自然地包括了一个概念框架，同意考虑组织、协调和 MAS 的安全。从组织角度来看，基础设施为组织结构及规则提供了明确的抽象，如使用角色概念和访问资源的相关许可。

基础设施本身就是运行时抽象的供应者，专门设计以支持 MAS 社会行为的规范、执行和维护。这些抽象是处理 MAS 协调工程复杂性的基本工具，无论从设计师还是 Agent 的角度来看，协调的负担都是分布于 Agent 和基础设施所提供的专业服务之间的。协调抽象的表现性和灵活性能够对社会活动的工程性有着强烈的影响，尤其是那些既有挑战性的应用中所采取方案的复杂程度。因为这些协调抽象是基础设施的一部分，所以一般被期望是健壮的、可靠的，进过专门设计来支持像协调这样的关键行为。

7.5.3 授权型基础设施 JADE

JADE 是一个软件架构，用以辅助与 FIPA 规范兼容的 Agent 应用开发，尤其是那些智能 MAS。JADE 系统可以从两个不同的角度来描述：一方面，JADE 是一个与 FIPA 兼容的 MAS 运行系统，在 Agent 应用程序需要利用一些 FIPA 标准规范所涵盖的特征，提供相应的帮助；另一方面，JADE 是一个 Java 框架，用于开发与 FIPA 兼容的 Agent 应用，使编程人员能够通过面向对象的抽象来利用 FIPA 标准资源。

1. 运行时系统

JADE 通信框架提供了灵活和高效的消息传递，可以透明地选择所能获得的最佳传输，充分利用 Java 运行时环境中所嵌入的先进分布式对象技术。虽然 JADE 平台从外部看上去像一个实体，但本身是一个分布式系统，因为它可以部署在几台主机上，其中一个作为前端，也就是 MAS 和 DF Agent 所在的地方。JADE 系统包括一个或更多个 Agent 容器，每个容器都存在于一个单独的 Java 虚拟机上，并为一些 JADE Agent 提供运行时的支持环境。图 7-5 所示为 JADE Agent 平台。

JADE 运行时系统视图为用户应用提供高效率、灵活的消息服务。JADE 区分了跨平台消息和平台内消息。跨平台的消息传输必须遵守 FIPA 规范，平台内部的消息传递是 JADE 本身的一个问题，因此 JADE 提供了一个 Java 接口，允许插入合适的平台内传输协议。可实现的接口包括在 J2EE 和 J2SE 两个容器之间进行平台内通信的 Java RMI，以及容器运行在 Java 或 CLDC JVM 上的所有者协议。最后一种情况是这个容器被分成了两个部分：一个运行在个人 Java 或 CLDC JVM 上，另一个运行在一个特殊容器里，即所谓的中介,位于 J2EE 或 J2SE JVM 上。用于小型设备的 JADE 通信架构如图 7-6 所示。

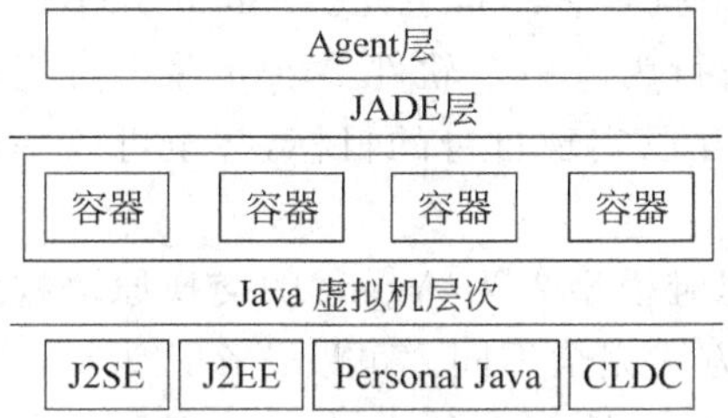

图 7-5　JADE Agent 平台

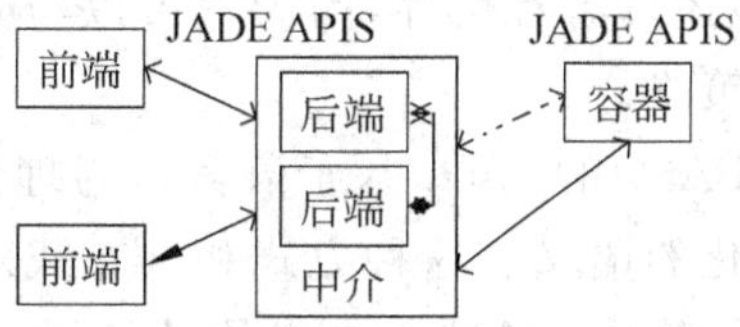

图 7-6　用于小型设备的 JADE 通信架构

由于 JADE 是一种分布式的 Agent 平台,其通信渠道(ACC)被分成了不同的组件,运行于构成平台的不同 Agent 容器上。JADE ACC 的主要特点是:

(1) 多个 MTP 可以作为容器上的插件来部署。

(2) 一个用于进出消息的 HOP 消息路由。

(3) 有协议独立的地址缓存。

通用的 JADE 消息框架允许在正常的平台操作中部署新的传输端口。JADE 管理者可以给任何 Agent 容器添加一项新的协议,只要登录管理 GUI,并实现 MTP 的 Java 类。

一个 Agent 平台现在可以有任意数量的地址分散到不同的主机中。需要路由来支持对通用拓扑结构的管理,ACC 提供了一种路由服务,保证至多一个 HOP 的要求。当一条消息通过一个可用的外部通信端口到达平台时,ACC 就会查询接收 Agent 的 ID 以检索它的容器,以发送这条输入的 ACL 消息。如果 Agent 位于同一容器中,ACC 就会使用一个优化的局部调用,否则它将依赖于 Java RMI。

但 Agent 要把消息传递给另一个 Agent 时,如果位于不同的平台,它就会向当地 ACC 要求提供服务。ACC 读取作为消息接受者的 Agent ID 的地址列表,并试图与所有的地址进行比较,知道其中一个可以匹配成功。对于某一特定地址,ACC 将会发现必须使用哪一个 MTP,并检查 MTP 是否安装在当前 Agent 容器上。若是这样,就是用本地可获得的 MTP,否则,ACC 就会将这条消息路由到一个合适的容器,在 Agent 平台中使用一个表格来保存每个 MTP 部署的位置消息。

JADE 的消息子系统还有一个地址缓存,其特点就是允许 Agent 之间进行必要的表查询直接进行通信。平台内部的地址和标准的 FIPA 地址以同样的方式在每个容器上缓存。如果在高速缓存命令中,消息子系统甚至没有必要知道接受者是本地的,还是内部平台或跨平台的。缓存采用乐观的态度进行更新,所采用的缓存替换规则就是通常所说的最近、最少使用策略。

JADE ACC 也能够被单独部署,而没有一个完整的 Agent 容器,这就意味着用户要能够建立和部署 Agent 层次的网关防火墙:一个独立的 ACC 位于一个 JVM 中,可以路由并过滤 ACL 消息,但是不能拥有 FIPA Agent。

2. Agent 模型

FIPA 规范对于 Agent 内部规范并没有任何阐述,但是当设计和建造 JADE 时,就必须强调它们。一个主要的设计课题是 Agent 平台的执行模型,可能会影响性能,也要求 Agent

开发者采用那个程序风格。接下来就是要说明JADE解决方案是同软件工程的指南和理论Agent属性之间的一个平衡。软件Agent的一个典型就是它的自主性。Agent并不仅局限于对外部刺激有反应,它本身也能重新开始新的通信行为。一个软件Agent除了自主性之外,应该还具有社会性,因为它可以与其他Agent交互以实现自身的目标,甚至可以一起制定整体策略。

FIPA中的ACL基于语言行为理论,使用一个思维模型来为Agent的交换原语构建一个形式化的语义。这种方式和分布式对象所遵循的方式完全不同。可以这么认为:

(1) Agent是独立自主的,同时也是主动对象。自主性要求每个Agent都是一个主动对象,拥有至少一个Java线程,同时自动发起新的对话、制订计划并追求目标。

(2) Agent是社会的,同时Agent内部的并发性也是需要的。对社会性的需要会允许一个Agent同时参与多个对话,处理大量的并发性。

(3) Agent消息是言语行为,同时必须要用异步消息。使用异步消息传输作为两个独立Agent之间的消息交换方式,有利于产生更多可复用的交互。

(4) Agent可以说"不",同时也需要端到端的通信模式。强调MAS中的接收者和发送者是平等的,允许一个自主Agent根据自己的意愿忽视收到的消息。这就提倡使用一种拉动式的消息模型,这些输入的消息会被放入到缓冲区,直至接受者决定读取它们。

上述因素可以帮助决定Agent实现中需要多少个控制线程。自治性的需求强迫每个Agent都至少有一个线程,社会性的需求推动了每个Agent都具有多个线程。但是,为了保证有效的运行,目前的操作系统限制最大线程数。JADE执行模型视图限制线程数,这一点根源于行为者的语言。

行为抽象对Agent任务进行建模:一些行为集合被调度和执行,以履行Agent的职责。行为代表了一个软件Agent实现的逻辑线程。根据主动对象设计模式,每个JADE Agent在自己的Java线程中运行,以满足自治特性;相反,为了限制运行一个Agent平台所需的线程,所有的Agent行为在一个Java线程中执行。所以,JADE使用每个Agent一个线程的执行模型,同时执行具有合作性的Agent内部机制。JADE Agent采用堆栈顶部的协作制度来安排它们的行为,其中所有的行为都是通过一个单一的堆栈框架运行的,并且一个行为要运行到从主要函数返回为止,并且不能被其他行为所占据。

JADE中每一个Agent一个线程的模型能够单独处理仅包含Agent的最普通情况:这是因为每个JADE Agent所拥有单一的消息队列,ACL消息可以从中进行检索。拥有多个线程,但只有一个信箱,在消息配送方面不会带来益处。另外,当封装非Agent软件时,可能会在ACL信息无法到达的环境下发生很多事情。因此,应用程序开发人员可以封装特定的Agent,自由选择他们认为是有必要的开发模型。普通Java线程仍然在可能的Agent的行为当中。实现一个Agent的开发人员必须扩展Agent类,并通过写一个或多个行为子类来实现特定的Agent任务。用户自定义的Agent从其父类继承了在平台注册和注销的能力以及一系列的基本方法。此外,用户Agent从它们的父类继承了一些方法来管理Agent的行为。

JADE包含了一些现成的行为,用于设计Agent程序最普通的任务,如发送和接收信息,通过集成较简单的方案来构造复杂任务。JADE对于行为对象的递归集合类似于图形用户界面所采用的技术,其中每一个接口装置都可以看做是树的叶子节点,这个树的中间节点是一些特殊的容器装置。所存在的一个重要区别就是 JADE 行为具体化了执行任务，因此任务调度和悬挂都要被考虑。在软件模式中，如果复合模式是用于 JADE 行为的主要结构模式，那么在行为方面，采用责任链模式。Agent 调度直接影响到一个行为属性的顶层节点，但每个复合行为在其时间框架内都要对它的子调度负责。

7.5.4 MAS 的协调基础设施

MAS 中最为广泛接受的协调概念或许来源于组织科学领域所产生的成果。最直截了当地就是将 Agent 系统中处理协调问题的方法通用化。显然，Agent 是行为需要被协调的主体。存在依赖关系的实体，其命名往往差异很大，但通常归结为如目标、行动和计划这样的实体。根据 MAS 环境的特点，能够建立一个依赖性的分类系统，将一组潜在的协调行为分派给每个实体。协调的依赖性模型看上去非常适合于展现 MAS 中协调问题的相关特征。但是，在显示 MAS 设计协调过程时，事情并不像依赖假设的那么简单。依赖性检测是一个 MAS 设计协调过程，是一个知识密集的任务，由于 Agent 本地视角的不完整和潜在的不一致，可能会导致更加复杂的结果。此外，为了及时做出决策以实现有效协调行为，需要考虑很多琐碎但又重要的事情。当 Agent 所追求的目标发生部分冲突时，这个问题就会变得更困难。在所有的 MAS 中，完成这些任务会产生复杂的 Agent 交互模式，这组可能的交互经常被称为协调的交互空间。从软件工程的角度来看，协调被认为最可能是管理 MAS 交互空间的一种努力。从设计角度对协调进行方法化时，基本的挑战就是如何使 Agent 汇聚于交互模式上，这些模式能充分解决依赖性检测和决策任务。

看待交互空间有两种角度：交互实体的内部和外部。这就等于说，在 MAS 上下文中看待一个交互或者是从一个 Agent 并不直接参与交互的外部观察者的角度。从主观角度来看，交互空间基本等于其他 Agent 可观察到的行为和环境随着时间而进化，这些消息会根据个体 Agent 的感知和理解进行过滤和解释。从客观角度来看，Agent 的交互空间是 MAS 中所有 Agent 的可观察行为和历史。当 MAS 协调被看做是对 Agent 交互空间的管理时，两种不同的观点会导致两种不同的协调方式。

从个别 Agent 的角度来看交互时，主观协调等同于：

(1) 监测可感知的、与 Agent 相关的所有交互，跟踪它们随时间的演变。

(2) 找出行为，使 MAS 的整体状态与 Agent 的个体目标相匹配。所以，一般意义上，MAS 中一个 Agent 的协调行动受以下因素驱动：自身对其他 Agent 的行为、能力、目标、环境状态和动态性的感知和理解。

另外，当对 MAS 中的交互采取外部观点时，客观协调意味着直接或间接地对 Agent 交互采取行为，以至于使最终的 MAS 通过进化能够完成观察者的一个或多个目标。大体上讲，外部观察者的行为受两种因素的影响：

(1) 它们对 MAS 和环境的感知和理解。

(2) 它们对 Agent 的目标、能力和行为的先验知识。进一步地，一些对 MAS 全局行为和环境的感知经常是令人期望的，以至于从用户的角度来说，可以随着时间的推移有效地实现一个协调。

7.5.5 协调对MAS工程化的影响

主观协调和客观协调对于MAS工程化有着不同的影响。主观协调影响了个体Agent的行为和交互方式,而客观协调却使Agent和环境之间的交互方式被使能和控制。因此,虽然主观协调侧重于把Agent行为看做是MAS中的一个个体,而客观协调却更多地把MAS的行为强调为一个整体。当设计单个Agent的架构和内部动态性时,协调的主观性观点显然是相关的。如何对其他Agent的思维状况进行建模且预测它们的行动?如何解释和处理Agent系统中的共享信息?Agent何时及为什么从一个环境到另一个环境,等等。所有这些与主观协调有关的疑问都会影响按照单个实体来设计、开发和部署MAS的方式。因此,采用主观协调的观点对MAS工程化,其有效性不仅严格依赖于Agent的思维能力,而且依赖于它们的预见能力,包括行为对环境产生的结果、其他Agent的行为以及环境的整体动态性。

另外,外部的观察者原则上并不会直接与MAS中的一个Agent交互。最终,系统设计明确要求能够作用于MAS交互空间但不直接处理Agent,从而使任何形式的客观协调成为可能。假定Agent是典型的适应性实体,对于Agent环境的改变有可能影响Agent系统的行为,但不必改变Agent自身。在接受这种观点的前提下,客观协调可以处理Agent环境,即可以修改虚拟机以支持Agent功能,改变资源的获取和访问策略,改变Agent的通信渠道,等等。所有这些都可能影响和支配一个MAS的行为,但不会直接干预个体Agent,破坏Agent的自治性的基本假设。在Agent系统工程中,客观协调的生存能力依赖于获取合适的Agent环境模型,以及在Agent基础设施内的适当体现。因此,客观协调将肯定呈现出这种形式,即由Agent基础设施提供一组具有恰当表达性的协调抽象作为运行时的协调服务。

MAS工程化的任何原则方法都必须支持主观和客观的协调模型,尽可能将它们集成到一个一致的概念框架中,同时为工程化的各个阶段提供合适的支持,即协调语言、开发工具和运行环境。

7.5.6 MAS协调的行为理论框架

在将许多不同的协调方法进行正确的解释和分类之后,就需要一个统一的概念框架来处理客观协调和主观协调,并从最好的角度将它们放入MAS工程的上下文中。协调基础设施的研究在其他领域也是一个重要的课题,主要集中于链式组织的复杂协同工作,如CSCW和组织科学。在这些背景下采用的模型和理论,可以为MAS应用提供有益的启发。其中的行为理论对于构成和分析组织背景下的协调活动是非常有效的,并且有基础设施支持它们的要求。

行为理论是一种社会心理学理论,主要是关于人类集体性工作行为中的发展转变和动态性。它聚集于人类活动,根据各自的对象进行区分,每个对象具有明确的方向,即行为目标。协调可以被理解成一个协作性的行为,经一个目标分层为几个行为者,每个行为者都根据目标来执行动作。在个体所参与的工作中,根据规范和规则来约束这些关系。

行为理论的核心就是将制品概念作为人类行为中任何形式交互的中介,制品可以是物质的或认知的,如一些运行程序、启发式、脚本、个人和集体的经验、语言等。制品包含了一组社会实践，它们的设计反映了特定使用的历史。作为中介工具，它们同时具有授权和制约的功能。一方面，制品扩展了操纵和转换不同对象的可能性；另一方面，对象的感知操纵必须在工具的限制之内，超出了范围就会发生变化。

就协作行为而言，行为理论确定了3个层次来定义其结构：协调、协作和协同构建。

(1) 协调：用于捕捉交互规范和工作流。参与者遵循它们所规定的角色，侧重于它们各自行为的成功表现。它们共享一个目标且依照这个目标行为，但它们的个体行为仅仅是外在的相互联系。对应于参与者行为的脚本并没有被质疑或讨论，也不清楚和理解其所有的复杂性。在这个阶段，行为者充当组织机器中的齿轮，协调确保一个行为正在和周边行为和谐进行。

(2) 协作：与交互模式相关，行为者集中于一个共同的行为目标。不同于前面的情况，行为者并没有明显指派给它们行为或角色。关于共同目标，每个行为者都需要平衡它自己的行为与其他的行为，这可能会影响它们实现共同任务。其次，在这种情况下，行为的目标是稳定并达成一致。然而这就意味着还没有定义实现行为的手段。

(3) 协同构建：主要关注交互，行为者的重点是重新概念化与贡献目标的组织和交互。无论工作目标还是脚本，都不是稳定的，必须一起构建出来，即协同构建。

这里值得注意的是，在协作活动的分析中，一般并不会只在单一层次来看待协作行为，协调、协作和协同构建可以被解释成对同一个协作行为的不同分析，在不同的开发阶段和模式中同时发生。

在MAS上下文中，行为理论所划分的3个层次可重新解释，图7-7所示为行为理论所确认的协作行为层次以及与协调制品的关系。

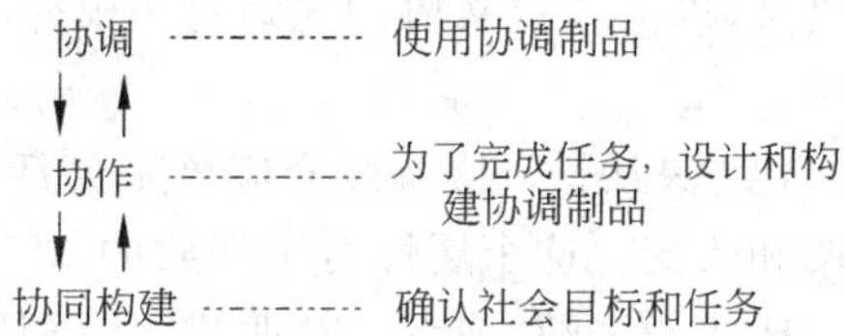

图7-7　行为理论所确认的协作行为层次以及与协调制品的关系

(1) 协同构建：Agent对于MAS的社会目标进行理解和推理，并为所要求达到的社会任务定义一个模型。这意味着还需要确认所要面对和管理的依赖性和交互。

(2) 协作：Agent设计并定义协调制品，如协调媒介、计划、交互协议等，对于执行社会任务、管理前面阶段所计划的依赖性和交互都是有用的。

(3) 协调：Agent充分利用协调制品，管理依赖性和交互的行为在协作阶段被设计或规划，在这里将被实施和自动化。

在每个层次，自底向上和自顶向下的方法是前者在于对社会任务进行建模、设计、执行；后者可以确认和管理依赖性和交互。这两种方法都是依赖于协调制品的工程化。主观协调是协同构建的根本，尤其在协作阶段。这里有必要判断需要什么样的协调，需要开发什么样的协调规则来管理交互，并完成协同构建阶段所确定的社会任务。客观协调是协调阶段的根本，而且协调必须以自动化的、流畅的和最佳的方式进行。协调媒介抽象有效表示了所包括的协调制品的概念，协调阶段包括和制定了在协作阶段所确立的社会规律和交互限制。

行为理论制品和协调媒介之间的平行关系，或许可以帮助人们更好地认识到媒介在MAS中的作用。作为制品，协调媒介首先被用于实现Agent之间的交互，然后以自动方式进行调解。其次，媒介成为明确MAS协调知识的场所，在这里可以对其进行制定和进一步的检查。因此，媒介就成为社会智能的来源，而社会智能标识了MAS的实际特征。在此背景下，协调媒介就成为了调整和动态适应这样一个集成智能的结构。

7.5.7 制品与协调基础设施

在 MAS 上下文中，Agent 是唯一经常用于系统工程的抽象，特别是在开发阶段和部署阶段。这样的中介和代理服务是任何开放 MAS 所需的，通常由 Middle-Agent 提供。这些 Agent 是在协调阶段包括行为理论制品的方法。因此，它们原则上可以在协调 Agent 的交互中扮演协调媒介的作用。

然而，行为理论明确区分了制品的本体属性和行为者设计、开发、使用制品。这就建议在 Agent 和协调媒介之间做类似的区别。与 Agent 相反，协调媒介希望能够展示出如下的属性：

(1) 可检查性：协调媒介行为应该是可检查的，对于人类和人工 Agent 都是如此。此外，协调规范应该以发布的形式被描述，可能具有一个正式定义的语义，允许它们在运行时被解释。

(2) 效率和特殊性：协调媒介在管理交互时应该被特殊化，从而在应用协调规则时取得最佳性能。此外，在架构中，媒介应该能被特殊化以支持多个 Agent 的并发行为，能够提供安全性、可靠性和容错能力。

(3) 可预测性：协调媒介的行为应当准确反应所制定的协调法规。定义协调模型的常规语义，以协调定义协调规则对于媒介状态的影响，更一般地，就是对于 Agent 交互空间的影响。

(4) 灵活性：协调媒介应该是灵活的，即应该允许其行为根据需要在运行时刻动态地协调和改变。这个属性对于开放的 MAS 环境是根本的，也就是在不可预见的事件中可能会造成协调失败，或者支持改进、增强协调服务。在 CSCW 的上下文中定义了协调媒介的一个类似概念。

上述大部分属性并不被 Middle-Agent 所标记，因为它们一般并非由 Agent 所形成。事实上，Agent 一般被假定是自主的、预动的、适应的实体，可以使用一种通用的和高层的通信语言进行交互。最终，Agent 不能假设是可检查的。此外，人们一般所接受的 Agent 概念会对预测性、特异性和有效性施加限制。所以，最能体现 Agent 的协调制品的概念应该用一个专门的抽象来表示，在设计时提供协调模型，并由相应的协调基础设施在运行时制定：这是一个可检查的、有效的、具体的、可预见的和动态构造的协调介质，不但可以被设计者用于控制 Agent 交互空间，而且还可以被 Agent 感知、理解，并可能改变 MAS 的整体行为。

7.5.8 MAS 工程中的协调平衡

行为理论的另一个核心概念是"协作行为在不同层次之间的动态转化"。相应地，MAS 协作的核心就是支持从协作到协调的动态转换，或者反之。这就是在开放的尤其是相关的动态系统中，因为环境频繁改变，所以集体目标、规范和组织规则也会相应调整。这种类型的动态性主要通过两个基本转变来捕捉，即协调的"映像"和"具体化"，这必须在系统执行时予以动态支持。这些转变与行为理论里所见到的转变是严格相关的，说明如下。

(1) 具体化：在这个转化过程中协作阶段设计和开发的协调法则，在协调媒介中被智能 Agent 构成了协调媒介的行为，以反映在协作阶段所制定的法则，并且在协调阶段被用作制品。值得注意的是，协调媒介不仅包含改进 Agent 之间协作的规则，还包括管理交互的规则，可用于表示规范和环境限制，或者调节 Agent 的竞争行为，或者调节“自利 Agent”的行为等，从而在不影响 Agent 自治性的前提下，实现 MAS 的全局目标。

(2) 映像：在这个转化中，在协调阶段部署的协调媒介的行为，可以被检查并有可能被理解。Agent 可以检索隐藏在媒介行为下的协调法规，并将它们同 MAS 的演变历史联系起来，从而根据协调策略或环境条件的变化对自身进行演变，或者学习如何以一种更加有效和高效的方式来开发这些制品。

协调制品的角色是 MAS 工程的核心，因为它们使客观协调和主观协调之间的动态平衡成为可能，提供工具在运行时确定协调负载在媒介和 Agent 之间的分布；可以描绘一个想象的“协调工程部分”(图 7-8)，表示了两种极端对立的情况：一种情况，所有协调活动都由 Agent 执行；另一种情况，所有的协调负载都由基础设施提供的媒介来负担。从概念上讲，这里的主要问题是如何在设计阶段确定出 MAS 的最佳“协调工程部分”位于协调部分的什么地方，也就是协调行为在面向主观和面向客观之间的最佳分配，在执行阶段随着 MAS 环境变化可能会移动 MAS 的协调点，以调整系统的性能，或者修改其行为。这一点的位置依赖于所考虑的协调场景和场景中的动态性：要求的自动化指令越多，社会规则被定义得越好，就有越多的协调知识可以通过协调媒介来表示和制定。相应地，在协调上下文清晰确认集体规则和约束的可能性越小，个体 Agent 就会承担越多的协调负载。最终，可以由基础设施提供的、专门的、有效的协调制品来执行自动化行为，而要求慎思能力的行为被分配给了智能 Agent。

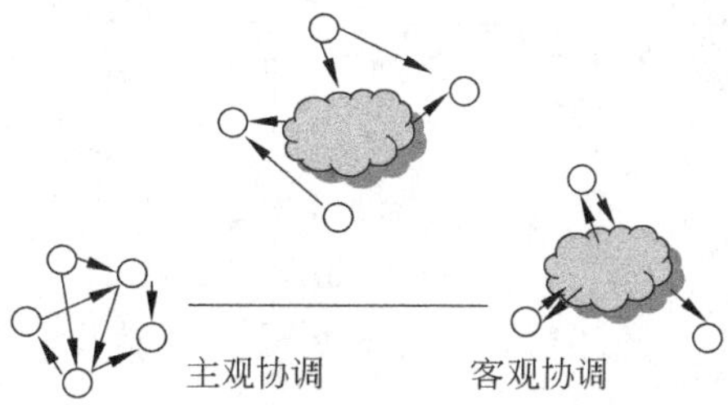

图 7-8 协调工程部分

协调基础设施应提供手段来实现协调映射，以检查定义媒介行为的协调机制，协调具体化，以及对协调媒介的行为进行定义和编程等。

思考题

1. Agent 概念相关的关键抽象有哪些？
2. 简述包容性体系结构的框架。
3. 简述 PRS 框架。
4. Agent 的组织类型有哪些？
5. 简述 Agent 元模型和相应组件特征之间的区别。
6. AOSE 的关键主题包括哪些内容？
7. 面向 Agent 的经典开发方法有哪些？
8. 简述 MASE 方法的设计阶段过程。
9. 什么是 HDA？ HDA 的使用规则是什么？
10. HDA 的元模型的作用是什么？
11. HDA 的开发生命周期根据任务和实现机制分成哪几个机制？

12. 在 HDA 中,Agent 建模阶段被划分为哪几个层次?
13. 试画出 JADE Agent 平台框架图。
14. 分析在 MAS 中交互实体的内、外部之间的关系。
15. 在 MAS 上下文中,行为理论是如何划分层次关系的?
16. MAS 工程中主观协调和客观协调是如何进行协调平衡的?
17. 解释一下 Agent 的两种观点,即弱概念和强概念,以及两者有什么区别?
18. Agent 体系结构可以分为哪几种类型?
19. 从两个不同的角度描述 JADE 系统。

第 8 章 面向服务架构技术

8.1 面向服务体系架构的产生

软件工程发展的初期,人们把软件设计的重点放在数据结构和算法的选择上。但是随着软件系统规模的扩大,对于大规模的软件系统来说,整个系统的结构和规格比起对算法和数据结构的选择显得越来越重要。在此背景下,人们认识到软件体系结构的重要性,并认为对软件体系结构的深入探索对提高软件生产率和软件质量有很大的帮助。

软件体系结构贯穿于软件开发和维护的全过程。开发过程中它能够帮助软件设计者全面而深刻地理解各层次之间的关系,从而更好地分析系统的性能。同时,软件体系结构是软件设计者和用户之间快速、高效交流的工具,能够将用户提供的业务信息和设计者的设计思想更好地融合在一起,提高了需求分析和软件设计的效率。维护过程中,需要参照原有的软件体系结构,能够保证在不破坏完整性的前提下,对系统进行维护、扩充和升级。软件体系结构是应付复杂需求、提高开发效率、改善系统维护性的有效措施。在体系结构全局思想指导下的任何维护、扩充和升级,不会因其修改和扩充而破坏系统的完整性。总而言之,软件体系结构是应付复杂需求、提高开发效率、改善系统维护性的有效措施。

为了应付不断增加的软件复杂度,进一步提高软件的开发效率,软件体系结构也在不断的改进中,大体上可以分为 3 个阶段,即传统的软件体系结构阶段、基于组件的软件体系结构阶段、面向服务的体系结构阶段。

8.1.1 传统的软件体系结构

早期的软件开发中,由于程序规模不大,并没有特别地考虑软件体系结构的问题,只是以语句为基本单位,由语句组成模块,通过模块的聚集和嵌套形成层层调用的程序结构,这就是最初的软件体系结构。由于结构化程序设计时代程序规模不大,通过强调结构化程序设计方法学,自顶向下、逐步求精,并注意模块的耦合性就可以得到相对良好的结构,这个阶段的应用程序都把操作的数据、用户的接口还有所有业务逻辑的处理都混杂在一个可以执行的包中。图 8-1 所示就是传统的应用程序图。

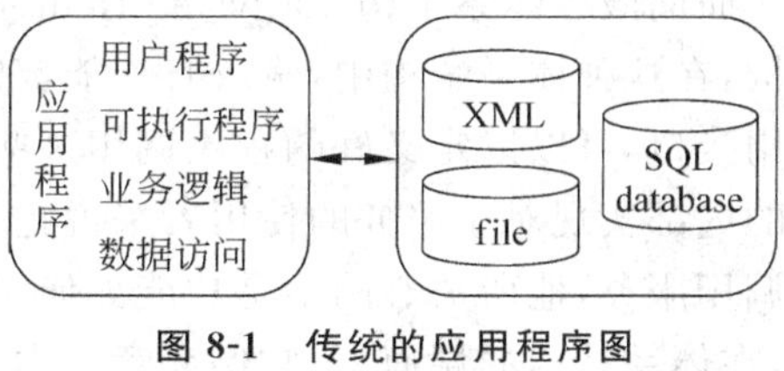

图 8-1 传统的应用程序图

这种软件设计的方法仍然在规模较小、系统复杂度较低的系统中被大量使用,因为它需要少量的开发队伍和较短的开发周期,因为它的简单性会减少开发时间。但是它的简单化处理会存在一些问题,如可复用性差,由于软件在特定平台下为特定的应用而写,所以不能被其他应用所复用;

可维护性差,不同应用目的的程序交杂在一起,一个地方的改动会影响到系统的其他地方;系统集成性较差,不同平台上的系统在集成时需要在两者之间专门构造集成系统,因而时间和成本较高。

8.1.2 基于组件的软件体系结构

随着系统复杂度和规模的大幅度增加,基于组件的软件体系结构应运而生。组件是具有一定的功能,能够独立工作或能同其他组件装配起来协调工作的程序体。从软件复用的角度看,面向对象技术实现了类级复用,它以类为封装的单位,这样的复用粒度还太小,不足以解决异构互操作和效率更高的复用。组件技术将复用提到一个更高的层次上,它是对一组类的组合进行封装,并代表完成一个或多个功能的特定服务,也为用户提供了多个接口。整个组件隐藏了具体的实现,只用接口提供服务。随着独立组件的出现,软件的架构出现了多次的概念,其中三层架构把应用程序从下到上基本划分为数据层、逻辑层和表示层。功能独立的各层可以复用所需的组件,从而使得生产率大大地提高。

如图 8-2 所示,数据层中涵盖了所有的数据格式,数据访问层独立出来执行连接、查询或修改操作,并给逻辑层提供一个统一的数据视图。逻辑层就独立出来专门处理系统的业务逻辑,屏蔽了底层数据访问差异和表示层的呈现差异。表示层只需要把请求交给逻辑层,不需要考虑业务逻辑,然后从逻辑层得到返回结果并以不同的方式呈现给用户。

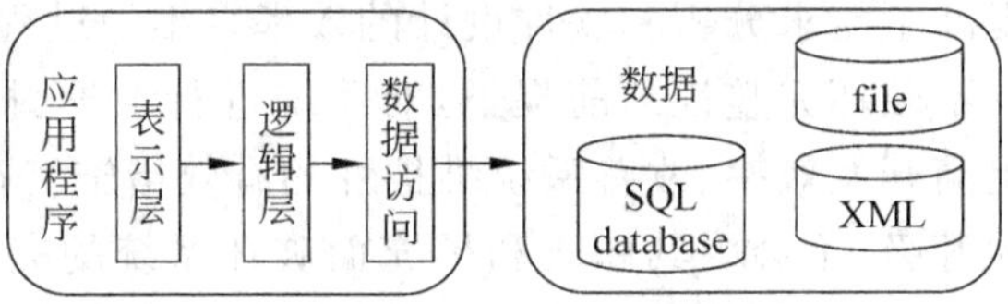

图 8-2 基于组件的多层结构

比较流行的组件模型有 CORBA 和 COM。然而在基于组件架构中的组件的使用上,仍存在一些问题。首先,语言环境复用性较差,在 VB 中编写的组件很难在 C# 的环境中使用。其次,在异构系统调用困难,跨过防火墙调用更加困难。如果要在组织内部的所有异构系统中共用业务逻辑,或者跨过防火墙和外部合作伙伴共享信息,就必须解决两个问题。首先,各基于组件的应用程序有共同的交互语言,其次,摈弃数据细节、过程细节和组件细节的交互方式思维,必须从更高的一个层次上来考虑如何交互。所以需要在新一代软件体系结构中解决组织内部的所有异构系统中共用业务逻辑和跨过防火墙与外部合作伙伴之间实现信息共享。

8.1.3 面向服务体系阶段

面向服务体系架构(service-oriented architecture,SOA)的定义为:一种应用程序体系结构,在这种体系结构中,将所有功能都定义为独立的服务,将这些服务带有定义明确的可调用接口,可以以定义好的顺序调用这些服务来形成业务流程。所有的服务都是独立的,服务的内部实现对于服务的使用者来说是透明的,服务的使用者只需要通过服务提供的接口来调用服务,他所关心的不是功能如何实现,而是该服务是否能返回所期望的结果。也就是说,在体系结构的层面上,它们究竟是本地的还是远程的、是用什么互联或协议来调用或需要什么样的基础架构组件来连接，这些都是无关紧要的。无论从技术角度，还是从地理位置角度来看，服务的可调用性并不局限在某一个特定的范围内，服务可能是在相同的应用程序中，也可能是在公司内部网内完全不同的系统上的不同地址空间中，还有可能是在合作伙伴的系统上的应用程序中，服务可能是 C++ 语言开发，也可能 VB 开发的，甚至可能是任何一种已经存在的语言开发的。

图 8-3 描述了一个完整的面向服务的体系结构模型。所有的功能都定义成了独立的服务。服务之间通过交互、协同作业，从而完成业务的整体逻辑。所有的服务通过服务总线或流管理器来连接服务和提供服务请求的路径。流管理器处理定义好的执行序列或服务流，它们将按照适当的顺序调用所需的服务来产生最后的结果。这种松散耦合的体系结构使得各服务在交互过程中无须考虑双方的内部实现细节、部署在什么平台之上。应用程序的松散耦合还提供了一定级别的灵活性和互操作性，这种灵活性和互操作性完全高于传统方法构建的高度集成的、跨平台的程序。

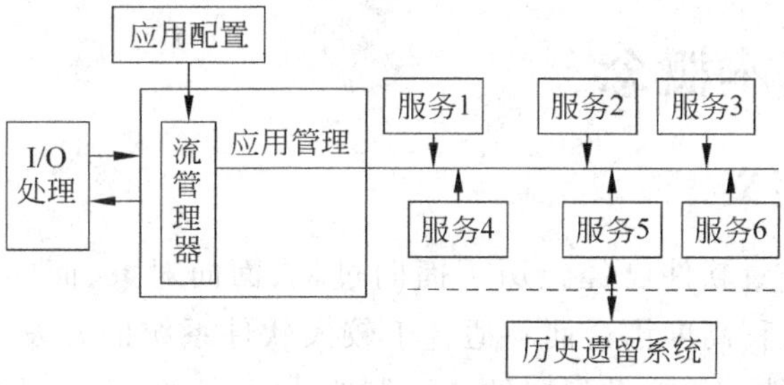

图 8-3　面向服务的体系结构模型

下面就从微观角度看看独立的单个服务内部的结构模型。一个独立的服务内部基本结构如图 8-4 所示，可以看出与前面的组件模型区别之处在于服务模型的表示层从逻辑层分离出来，中间加了服务对外的接口层。服务接口的意义在功能上表现为更多、更灵活的功能可以在服务接口中实现，比如路由、事务及安全性的处理等。此外，更加突出的变革性的突破在于通过服务接口的标准化描述，使得该服务可以提供给在任何异构平台中的任何用户接口使用。这一描述囊括了与服务交互需要的全部细节，包括消息格式（详细描述操作）、传输协议和位置。该接口隐藏了实现服务的细节，允许实现服务所基于的硬件或软件平台和编写服务所用的编程语言使用服务，这允许并支持基于 Web 服务的应用程序成为松散耦合、面向组件和跨技术实现。比如使用简单的基于统一的交互语言 XML 的消息传递 Scheme，Java 应用程序能够调用基于 DCOM、遵循 CORBA 甚至是 COBOL 的应用程序。最振奋人心的是，调用程序很有可能根本不知道该服务在哪里运行、是由哪种语言编写的以

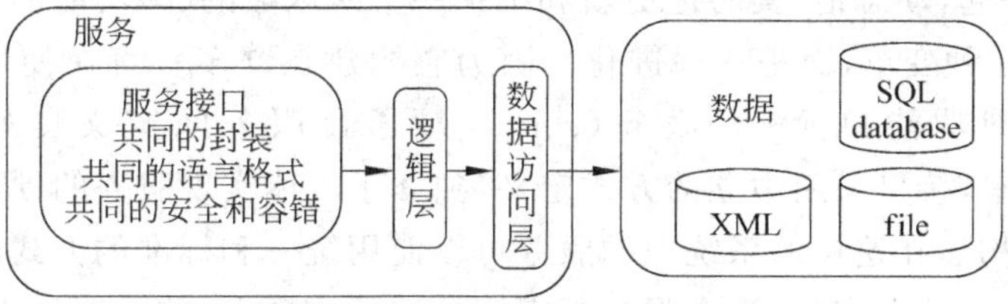

图 8-4　独立的服务内部基本结构

及消息的传输路径。只需提出服务请求，然后就会得到答案。同时，由于服务模型中的业务逻辑构件之上加了一层可以在大部分系统都认可的协议，从而使得系统的集成不再是一个问题。

粗略地总结一下软件体系结构的发展过程。从传统体系结构开始，首先是应用程序的所有信息（处理、数据）都集中在一个可执行的包中，没有任何层次概念，完全呈现出线性的特征。再到面向组件的体系结构中，独立出一些具有特定功能的组件，使用组件来搭建软件结构，呈现出一些多维的特征。再到面向服务的体系结构中，在组件模型的基础上，把软件架构搭建在完全由各独立服务模型交互协调运作的基础之上，呈现出更高层次上的多维特征。实践证明，要构造一门关于复杂系统的比较正规的理论，有一条路就是求助于层级理论，在一个复杂性必然是从简单性进化而来的世界中，复杂系统是具有层级结构的。对于软件这样复杂的人造事物，发现层级和运用层级是分析和构建的基本原则。软件体系结构的演变以及网络 7 层协议模型的形成和成功的应用都证实了这一论断。

8.2 SOA 的基本概念

8.2.1 SOA 的定义

从软件发展史上来看软件已经经历了面向过程、面向对象、面向构件和面向 Agent 等几个阶段。由于面向过程高度耦合而不适合于较大软件系统的开发，面向对象技术只能支持同种语言，而面向构件虽然能做到构件二进制级别共享，但还是局限于特定平台。因此，一种称为 SOA 的软件设计方法被提了出来，它通过发布可发现的接口为其他的应用程序提供服务，而其中的服务可以通过网络进行调用。通过 SOA 框架，可以最大程度地减少系统间的耦合，从而提高可复用性。

SOA 的概念是由 Gartner 公司给出的，SOA 的定义为“客户端/服务器的软件设计方法，一项由软件服务和软件服务使用者组成的应用。” SOA 与大多数通用的客户端/服务器模型的不同之处在于它着重强调软件组件的松散耦合，并使用独立的标准接口。其核心是 SOA 是一种软件架构思想，它并不是一个新概念。有人就将 CORBA 和 DCOM 等组件模型看成 SOA 架构的前身，SOA 架构的实质就是将系统模型与系统实现分离，将其作为创建任务苛刻的应用程序和过程的指导原则。

SOA 是一种业务驱动的 IT 架构方式，支持对业务进行整合，使其成为一种互相联系、可复用的业务任务或者服务。

SOA 不仅仅是一个组件模型，而且还是一个业务开发框架，它能够将不同类别、不同平台的服务结合在一起，动态地、实时地更新和维护一个跨区域的、多功能的应用实体。

SOA 并不是一种变革，而是一种进化。因为它构建在许多一直在使用的技术之上，它将应用程序的不同功能单元——服务（service），通过服务间定义良好的接口和契约（contract）联系起来，接口采用中立的方式定义，独立于具体实现服务的硬件平台、操作系统和编程语言，使得构建在这样的系统中的服务可以使用统一和标准的方式进行通信。

这种具有中立的接口定义（没有强制绑定到特定的实现上）的特征称为服务之间的松耦合。松耦合系统的好处如下：

SOA 的灵活性能够及时地对企业业务和信息的变化做出快速的反应。当每个服务的内部结构和实现逐渐地发生改变时，SOA 能够继续存在。而紧耦合意味着应用程序的不同组件之间的接口与其功能是紧密相连的，因而当需要对部分或整个应用程序进行某种形式的更改时，它就显得非常脆弱。

8.2.2　SOA 的架构

SOA 尝试着给出在特定环境下推荐采用的一种架构，从这个角度上来说，它其实更像一种架构模式（pattern），一种理念架构，是人们面向应用服务的解决方案框架。服务是整个 SOA 实现的核心。SOA 架构的基本元素是服务，SOA 指定一组实体（服务提供者、服务消费者、服务注册表、服务条款、服务代理和服务契约），这些实体详细说明了如何提供和消费服务。遵循 SOA 观点的系统必须要有服务，这些服务是可互操作的、独立的、模块化的、位置明确的、松耦合的，并且可以通过网络查找其地址。

在 SOA 架构下，任何一种应用都由若干种服务组成，这些服务在开发之初就已经考虑到复用问题，并提供了标准的接口，可以被各种应用和其他服务所调用。另外，以服务或组件形式出现的业务逻辑可以被共享、复用和配置，因此企业对应用集成、定制和系统的升级与维护变得轻而易举。所以说 SOA 是能够帮人们把现有资产带到未来的最好平台，同时也使得迅速开发未来的程序成为可能。

SOA 为企业提供的威力和灵活性是强大的。如果一个组织将它的 IT 基础设施抽象出来，并以粗粒度的服务方式表示它的功能，那么服务的消费者（不管他们在同一个公司还是这家公司的合作伙伴）就能够以独立于底层实现的方式访问。而且，当服务可用并且活动时，如果服务消费者能够发现和绑定到服务，那么隐藏于这些服务之后的 IT 基础设施就能够为调用者提供额外的灵活性。图 8-5 展示了 SOA 架构中典型的协作，这些协作遵循查询、绑定和调用范例，其中服务请求者执行动态服务定位，方法是查询服务注册中心来查找与其标准匹配的服务。如果服务存在，注册中心就给请求者提供接口协议和服务的端点地址。

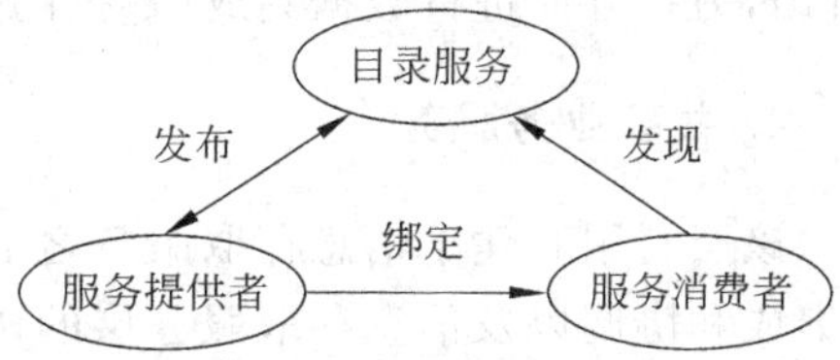

图 8-5　SOA 架构中典型的协作

（1）服务提供者或者简称为服务，它们一般有定义良好的接口（对内的和对外的），并且接口的定义是平台和语言中立的，接口的描述信息被发布到目录服务（或称为服务注册表）中，这样就可以被动态发现和调用。

（2）服务消费者或称为服务请求者。在需要某项服务的时候，先查询服务目录，得到相关服务的描述信息，然后动态地绑定到相关服务中，这样就可以以一种对服务消费者透明的方式调用服务。

（3）目录服务是连接服务提供者和服务消费者的桥梁。服务提供者可以向它注册服务，服务消费者可以通过它查询服务描述信息。在目录中注册的服务可以按某种准则分类，方便服务消费者查询。服务提供者和服务消费者通过发送消息通信，这种消息不是指令性的，没有携带任何底层通信协议的语义，而仅仅是对服务接口契约的描述。

服务通过接口描述了服务的行为、接收的消息和返回的消息。这种描述是平台中立和语言中立的。这就要求消息的格式必须也是平台中立的,而且消息格式还要提供无限制的类型定义能力,以满足平台中立和语言中立要求。XML 无疑满足了这种需求,消息通信使用的协议也应该是平台中立和语言中立的,被 Web Service 采用作为应用层消息传输协议的 SOAP 协议正是这样一种协议。满足上述要求的架构提供了服务选择的灵活性和应用程序间的无缝集成能力。

SOA 架构将服务提供者和服务消费者分离开来。这里的服务就是服务提供者(个人或者商业组织)提供的功能单元,服务消费者是任何需要这个功能单元的系统。这种分离是通过一种称为服务联络(service contract)的机制来实现的。

目前,必须通过某种途径得到服务提供者发布的服务联络,然后才能定位服务及正确使用服务。这种分离给架构带来的直接影响是,服务提供者和服务消费者之间的关系极其松散,并且易于重配置。在 SOA 架构出现之前,为了集成企业的遗留系统和 C/S 结构的应用系统,常采用的办法是将这些系统的功能封装进对象,然后发布这些对象的接口。如果服务提供者和服务消费者共享同一个运行环境,那么调用过程就是一个很简单的工作。但如果被调用对象处于远程,就需要借助 DOM、CORBA、RMI 等技术。这些技术虽然可以解决问题,但利用它们去解决问题,从实现技术难度到系统的后期维护,都不是一件容易的事情。

SOA 各层次的角色与职责说明如下:

1. 信息与访问

该层提供服务给其他层服务调用或用户应用直接使用,以适当粒度组织的上层服务能够通过一定的接口合约对这层的服务进行访问。对于信息接入,一方面进行封装(资源接入接口),另一方面进行数据集成(数据的完整视图获取)。

2. 共享业务服务

该层利用和建于信息存取服务之上,提供核心业务功能的梳理和整合。该层执行服务的集成和协调以及信息存取服务层的访问过程,主要目的是协调其他服务,为上层应用提供基础。

3. 表示服务

该层提供标准化、个性化的信息和功能展现方式。

4. 复合应用

该层利用企业已经存在的服务组件,通过结合与协调下层服务组件使得其更容易组合成复合应用,实现高层的、多步骤业务流程逻辑,而这些业务逻辑通过组合其他服务层提供的服务而形成。

5. 基础架构服务

该层是服务与复合应用创建和部署的公共基础,对整体进行集中化的管理和监控。该层主要包括以下几方面内容:

(1) 公共服务:共享企业内所有的服务,例如安全、logging、异常处理、提供一致性的实现。

（2）企业服务总线：提供服务交互所需的信息传输、翻译、转换和消息路由及异步和同步传输模式。

（3）服务管理：提供所有SOA参与者的管理能力，包括服务目录、版本、监控、配置。

8.2.3 SOA的优点

SOA以其高度的抽象性和灵活性，无论是从软件开发技术角度还是对资源的整合角度，都有着诸多的优势。

（1）从技术开发角度讲，服务体系架构提供了一个更加灵活的企业开发架构模式，使得软件企业无论是开发方法、实现技术还是开发的效率都到了革命性的变革。具体地讲，服务架构开发的采用从技术上有如下一些优点：

① 屏蔽了业务逻辑组件的复杂性：服务架构通过服务提供者和服务使用者的松散耦合关系，屏蔽了系统内部复杂的业务逻辑。对于系统的表示层而言，只能看到服务接口，至于接口内部的具体实现细节不需要关心。

② 跨平台和复用性：通过标准接口，不同服务之间可以自由地引用，而不必考虑所要引用的服务在什么地方，处于什么平台，或者是由什么语言开发的。从而实现了真正意义上的远程、跨平台和跨语言。服务架构的核心思想是通过松散耦合的服务组合来完成系统，因此提供了更高层次的复用性。

③ 易维护和良好的伸缩性：依靠服务设计、开发和部署所采用的架构模型实现了伸缩性。服务提供者可以独立调整服务以满足新的需求，服务使用者则可以通过组合变化的服务来实现新的需求。服务提供者和服务使用者的松散耦合关系及对开放标准的采用确保了系统的易维护性和良好的伸缩性。

④ 开发角色更加明确：服务架构要求应用程序分层，业务流程组织人员只专注于高层的服务组织来实现业务，服务组件开发人员只负责服务组件的实现，而客户端开发人员则只根据自己熟悉的平台去开发自己的界面。在项目中，不同层的开发小组的专业分工提高了开发的效率，使得大规模流水线生产成为可能。

⑤ 支持更多的客户端类型：只要遵循标准的协议，客户端的开发可以使用任何平台以及任何开发语言。通过精确定义的服务接口和对XML、Web服务标准的支持，可以支持多种客户类型，甚至包括PDA、手机等新型访问渠道。

（2）从资源的整合角度讲，面向服务的体系结构可以基于现有的系统投资来发展，而不需要完全重新创建系统。如果组织将开发力量集中在创建服务、利用现有的技术、结合基于组件的方法来开发软件上，将获得如下几方面好处：

① 利用现有资源：通过使用适当的SOA框架并使其可用于整个企业，可以将业务服务构造成现有组件服务的集合。使用这种新的服务只需要知道它的接口和名称。服务的内部细节以及在组成服务的组件之间传送的数据的复杂性都对外界隐藏了。这种组件的匿名性使组织能够利用现有的投资，从而可以通过合并构建在不同的机器上、运行在不同的操作系统中、用不同的编程语言开发的组件来创建服务。遗留系统可以通过Web服务接口来封装和访问。

② 商品化基础架构：在所有不同的企业应用程序之间，基础架构的开发和部署将变得

更加一致。现有的组件、新开发的组件和从厂商购买的组件可以合并在一个定义良好的SOA框架内。这样的组件集合将被作为服务部署在现有的基础构架中，从而使得可以更多地将基础架构作为一种商品化元素来加以考虑。

③ 更快的产品上市速度和较低的成本：易组织的服务库将成为采用SOA框架组织的核心资产。SOA通过对现有服务和组件的新的创造性复用，从而缩短了设计、开发、测试和部署产品的时间，加快了产品的上市速度。同时，通过采用SOA框架和服务库，组织现有的服务来增强或创建新的服务的成本也大大地减少了。

8.3 支持SOA的Web Service技术

8.3.1 SOA的基本原则

因为SOA是一种企业架构，所以它起始于企业的需求。SOA跟其他架构方法的区别在于SOA提供的业务敏捷性。业务敏捷性就是公司面对变化能做出快速有效的反应，并且能够利用这种变化获得竞争优势。对于架构师来说，构建业务敏捷的架构意味着创建一种符合未知需求的系统，这种需要使传统的IT规划和设计变得不合适。为了满足敏捷企业的这种需求，SOA实践要遵守下列准则：

(1) 业务驱动服务，服务驱动技术。本质上，服务作为业务层与技术层之间的抽象层，SOA架构师必须理解业务需求与可用服务间的动态关系，并且提供这层抽象的底层技术。

(2) 业务敏捷性是基本的业务需求，SOA不处理具体的业务需求，而是考虑下一层抽象，应对需求变化的能力在于“元需求”。整个架构从硬件往上必须满足业务敏捷的需求，因为任何瓶颈都会破坏整个架构的灵活性。

(3) 成功的SOA总处于变迁中，为了知道SOA是如何工作的，最好考虑一个有机体。

SOA与现今流行的Web Services紧密相连，Web Services是一项技术，其规范包括网络服务描述语言(web services description language，WSDL)、简单对象访问协议(simple object access protocol，SOAP)、统一描述、发现和集成(universal description discovery and integration，UDDI)。Web Services由WSDL描述，通过UDDI发现，并通过SOAP去访问。Web Services提供了技术，SOA提供了应用这种技术的框架。这种有效的组合引起了软件业界普遍的关注。

服务是整个SOA实现的核心。其中关于服务以及SOA的一些重要特征如下：

1. 封装性(encapsulation)

将服务封装成用于业务流程的可复用组件的应用程序函数。

2. 复用性(reuse)

服务的可复用性设计显著地降低了成本。

3. 互操作(interoperability)

在SOA中，通过服务之间既定的通信协议进行互操作。主要有同步和异步两种通信机制。

4. 自治的(autonomous)功能实体

服务是由组件组成的组合模块,是自包含和模块化的。

5. 松耦合度(loosly coupled)

服务请求者到服务提供者的绑定与服务之间应该是松耦合的。

6. 位置透明性(location trans-parency)

要想真正实现业务与服务的分离,就必须使得服务的设计和部署对用户来说是完全透明的。

8.3.2 基于SOA的解决方案

1. 良好定义的接口和规则

良好定义的联络接口是SOA的一个关键概念。所有的服务都要发布一个联络接口。这个联络接口封装了服务客户端和服务双方都同意遵守的、彼此相互理解的通信规则。当服务消费者查找服务时,它想要得到的也就是服务的接口。接口包含使用服务的所有必要信息。使用接口所包含的信息去访问和利用服务就称为绑定(binding)。

2. 服务代表业务域

一个服务既可以代表业务域,也可以代表技术域。技术功能就是最常见的一种服务,注册、安全验证和日志记录都是应用中起着重要作用的服务。但SOA真正强大的地方在于它对业务域的建模能力。对企业内部和外部而言,完成能代表业务域的服务比完成代表技术域的服务困难更大,同时价值也更大。

3. 服务使用模块化设计的思想

模块化设计的思想对SOA来说很重要。一个模块可以想象成用来执行一个特定功能的软件子单元或者子系统。一个模块应该彻底地执行一个功能,也就是说,一个模块只包含用来执行特定功能的所有子单元。

4. 服务之间的松耦合

服务消费者和服务提供者之间的关系应该是松耦合,也就是这两者之间不存在编译时静态的依赖。服务向外部隐藏其功能实现,这也是松耦合的一种表现。让服务的使用者知道服务的实现细节只会产生不必要的依赖性。

5. 服务是可查找的

SOA的弹性和可复用性的另一方面体现在支持服务的动态发现和绑定。编译客户端模块时,不需要与服务保持静态连接。同样,编译服务端的模块时,也不需要与任何客户端处于静态连接状态。

6. 服务传输机制的独立性

服务消费者使用网络连接来访问和使用服务，SOA 架构要求使用服务时，无须关注网络连接的类型，也不用关心服务数据的传输机制。

7. 服务地址的透明性

企业在进行架构重构时，可以选择第三方提供的服务。用户在使用某个服务时，甚至不知道这个服务的操作可能分散在许多不同的服务点中。

8. 服务的平台无关性

理想情况下，服务的平台无关性是指服务运行平台的无关性，与机器型号无关，与操作系统无关。也就是说，服务运行在哪个平台不影响运行在某个特定平台上的用户的访问和使用。如运行在 Windows 平台上的.NET 写的服务，允许运行在任何平台上的用户通过 Web Services 访问，他们之间的通信使用的是 SOAP 协议。

采用 SOA 技术，能够像生产硬件一样进行工厂化生产基础构件和规范性构件，能够辅导用户自己(或者以出售服务的方式由厂商帮助用户)编写针对个性化业务的事务处理类构件。这些构件只处理特定事务，它们相互之间没有关联，可以采用公共的标准化方式调用，并以服务的形式统一发布在 SOA 环境上，通过工作流引擎串联成相关的管理活动，由于用户可以通过工作流提供的工具自己进行管理过程的建立和维护，而提供特定事务处理的服务又是相互无关的松耦合，使得管理信息系统不再要求刚性的过程管理需求。这种柔性化的实现手段，为管理的持续性优化和拓展提供了良好的支持。

面向服务的体系结构(SOA)是一种架构模型，它可以根据需求通过网络对松散耦合的粗粒度应用组件进行分布式部署、组合和使用。服务层是 SOA 的基础，可以直接被应用调用，从而有效控制系统中与软件代理交互的人为依赖性。SOA 的几个关键特性为一种粗粒度、松耦合服务架构，服务之间通过简单、精确定义接口进行通信，不涉及底层编程接口和通信模型。SOA 存在以下几个特别的优点：

(1) 采用商务流程管理工具，能够更容易地对复合的系统进行配置。

(2) 能够更快地集成第三方的软件。

(3) 通过平台管理和版本控制，能够更安全地升级某个单独地服务。

(4) 按照服务来划分开发任务，更好地支持了分布式的协同开发。

SOA 采用自顶向下的设计思路，是处理分布式架构的整合工具。当前企业所面临的业务环境复杂多变，SOA 继承和发展了过去的技术，能够有效地构造复杂的企业应用系统。提高业务流程的灵活性，使企业加快发展速度，降低总体成本，有助于开发出灵活应变的应用系统、快速实现商务价值，使企业适应快速变化的业务需求。在基于 SOA 架构的系统中，利用不同的方法对粗粒度、可复用的服务等进行组装整合，以构成各种新的应用。SOA 架构的服务独立于具体的实现技术，能提供很好的交互能力和位置透明性。通过企业服务总线等架构模式来达成系统的重要架构特征，如松散耦合、可复用、可组装、避免一个地方的变化扩散等。

8.3.3 Web Service 技术

SOA 最常用的一种实现方法是 Web Services 技术，Web Services 技术使用一系列标准和协议实现相关的功能。其中 XML 作为 Web Services 技术的基础，是开放环境下描述数据和信息的标准技术。服务提供者可以用 WSDL（Web 服务描述语言）描述 Web 服务，用 UDDI（universal description discovery and integration，统一描述、发现和集成）向服务注册代理发布和注册 Web 服务，服务请求者通过 UDDI 进行查询，找到所需的服务后，利用 SOAP 来绑定、调用这些服务。

实现 Web 服务的主流开发平台有 J2EE 平台和 Microsoft. NET 平台，由于 J2EE 最主要的特点是与平台无关性，它是简化的、基于组件的开发模型，具有随处运行的可移植性，遵循 J2EE 标准的所有服务器都支持该模型。从而使基于 J2EE 的应用程序不依赖任何特定操作系统、中间件或硬件，具有很好的可复用性。因此，设计合理的基于 J2EE 的程序只需开发一次就可以部署到各种平台上，这在典型的异构企业环境中是十分关键的。图 8-6 是采用 J2EE 平台实现 ERP 系统的 Web 服务体系结构。其中 JAXR（Java API for XML registries，用于 XML 注册表的 Java API）使得应用程序能够在注册表中注册或者查询其他公司提供的 Web 服务，JAXM（Java API for XM messaging，用于 XML 消息交换的 Java API）提供了 Web 服务环境中的异步消息交换功能，并可以通过内部网和 Internet 进行 XML 的文档交换，JAXM 是基于 SOAP1.1 规范和 SOAP 附件定义的消息交换协议的一种 API 框架。

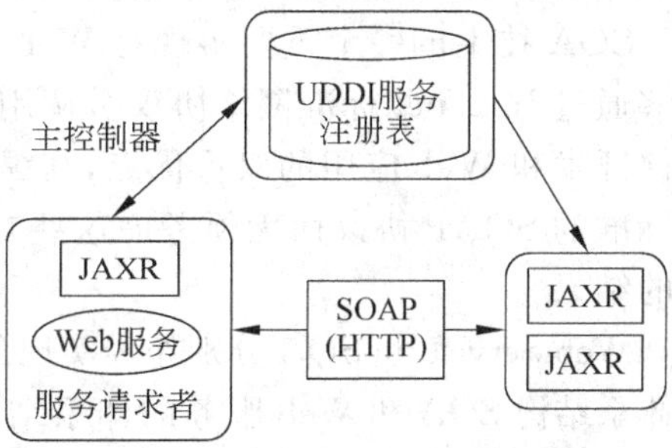

图 8-6　采用 J2EE 平台实现 ERP 系统的 Web 服务体系结构

该系统的运行过程为服务请求者向主控制器发出 HTTP 请求，主控制器读出请求内容，利用 JAXR 发现 UDDI 服务注册表中的服务，然后根据请求内容创建一条 SOAP Message，利用 JAXM 把 SOAP Message 提交给服务提供者调用相关的 Web 服务，由 Web 服务程序处理数据库。服务提供者用 JAXR 向 UDDI 服务注册表发布 Web 服务，使用 JSP 和 JSTL 来实现，JSTL 标记将辅助完成条件处理和对 Web 服务所返回 XML 数据的分析，并将最后的结果用浏览器形式通过页面显示给用户。

SOA 的重点是面向服务，此服务包括企业的内部与外部的每一个业务细节，比如企业中财务应收发票的处理就是一个服务。SOA 的思想是把这些服务从复杂的环境中独立出来——组件化封装，然后通过标准的接口使不同的服务之间相互调用。SOA 是一种软件架构思想，通过使企业中一个个细化的服务标准化，来达到企业的 IT 系统跟随企业业务动态变化的目的。

SOA 架构出现后，在实现新旧应用的集成方面有了新的思路。当构建新的应用时，将业务逻辑尽可能地从业务流程中分离出来，并以服务的形式实现它，最后将这种服务发布部署到网络。提供这个服务的系统就充当了服务提供者的角色。当需要这个业务逻辑功能时，通过某种类似于 UDDI 的方式查找到所需要的服务，JNDI 是人们熟悉的一种查找远程对象的方式。定位到服务之后，就可以像消费者一样来消费这个服务了。使用这个服务的系统就成为了服务消费者的角色。至于如何消费,就得参照服务提供者提供的服务联络(service contract)了。

不同的 SOA 实现方式会存在不同形式的 Contract。在传统的 CORBA 规范中,Contract 就是使用 IDL 定义的接口。如果使用 Web Service 实现技术,Contract 是一个使用 WSDL 描述服务的 XML 文件。SOA 可以是一个简单对象、复杂对象、对象的集合、包含许多对象的流程、包含其他流程的流程,甚至还可以是输出单一结果的应用程序的整体集合。在服务之外,它可以看做是单个实体,但是在其自身中,它可以具有任何级别的复杂性(如果必要的话)。出于性能方面的考虑,大多数 SOA 服务并没有下降到单一对象的粒度,并且更适合于大中型组件。

有很多关于面向服务构架 SOA 的讨论以及它如何为组织带来利益,尤其是那些拥有 LOB 应用系统的组织。已经有很多由中间件研究机构推出的被广泛认可的 SOA 计划,这标志着针对企业级应用程序集成的 SOA 方法是成熟和可行的。这些独立软件开发商,咨询公司和消费者都认为,采用面向服务的解决方案正在迅猛增长。对于美国的组织,75%的企业计划为这项技术进行投资并且为 SOA 安排人员。

SOA 技术的一个重要实现是 Web Service 技术,Web 服务是一种基于 XML 数据交换、能够通过 Internet 标准网络协议被调用的自描述的、自包含的应用模块。Web 服务秉承了组件开发和 Web 应用的双重优点,其提供了像黑盒一样可复用的应用功能,调用者只要遵从标准的 SOAP 协议而无须考虑这些功能是如何实现的,即可得到 Service 提供方执行运算的结果。

Web Service 和 SOA 分别作为实现分布式系统和应用整合的技术与架构出现。面向服务的体系结构 SOA 和 Web 服务的体系结构是两个不同层面的问题,前者是概念模式,面向应用;后者是实现模式,面向技术框架。Web Service 实际上是 SOA 的一个特定实现,SOA 作为一个概念模式上的模型,它将网络、传输协议以及安全等具体的细节遗留给特定的实现。

Web Service 是建立在一组成熟的标准技术基础上,以 XML 为基础,通过基于 XML 技术的 Web 服务描述语言 WSDL 对提供的服务进行封装,然后通过 UDDI 在因特网上发布该服务及相关信息。Web 服务的请求者通过基于 HTTP 的简单对象访问协议(SOAP)访问所需的服务。几种技术分别如下:

1. XML

XML 1.0(extensible markup language,可扩展标记语言)标准是一个基于文本的 World Wide Web 组织(W3C)规范的标记语言。与 HTML 使用标签来描述外观和数据不同,XML 严格地定义了可移植的结构化数据。它可以作为定义数据描述语言的语言,如标记语法或词汇、交换格式和通信协议。

2. SOAP

SOAP 是一个基于 XML 的,用于在分布式环境下交换信息的轻量级协议,SOAP 在请求者和提供者对象之间定义了一个通信协议。

3. WSDL

Web 服务描述语言(web services description language,WSDL)是一个提供描述服务

IDL 标准方法的 XML 词汇。WSDL 规范定义了一个 XML 词汇表,该词汇表依照请求和响应消息,在服务请求者和服务提供者之间定义了一种契约。

4. UDDI

UDDI 规范提供了一组公用的 SOAP API,使得服务代理得以实现。UDDI 为发布服务的可用性和发现所需服务定义了一个标准接口(基于 SOAP 消息),UDDI 将发布和发现服务的 SOAP 请求解释为用于基本数据存储的数据管理功能调用。SOA 不需要使用 UDDI,但由于 UDDI 是建立在 SOA 上来完成自身工作的,所以 UDDI 是服务发现的一个好的解决方案。

5. ESB

企业服务总线(enterprise service bus,ESB)是 SOA 架构的一个支柱技术。作为一种消息代理架构,它提供消息队列系统,使用诸如 SOAP 或 JMS(java message service)等标准技术来实现。

8.3.4 SOA 架构的不足

作为一个具有发展前景的应用系统架构,SOA 尚处在不断发展中,肯定存在许多有待改进的地方。随着标准和实施技术的不断完善,这些问题将迎刃而解,SOA 应用将更加广泛。其不足之处在于:

1. **可靠性**(reliability)

SOA 还没有完全为一些相关要求做好准备,比如事务的最高可靠性——不可否认性(nonrepudiation)、消息一定会被传送且仅传送一次(once-and-only-once delivery)以及事务撤回(rollback)。不过标准和实施技术成熟到可以满足这一需求的程度并不遥远。

2. **安全性**(security)

在过去,访问控制只需要登录和验证。而在 SOA 环境中,由于一个应用软件的组件很容易与属于不同域的其他组件进行对话,所以确保迥然不同又相互连接的系统之间的安全性就复杂得多了。

3. **编排**(orchestration)

统一协调分布式软件组件以便构建有意义的业务流程是最复杂的,但它同时也最适合面向服务类型的集成。原因是因为建立在 SOA 上面的应用软件被设计成可以按需拆散、重新组装的服务。事实上,最大的难题不是建立模块化的应用软件,而是改变这些系统表示所处理数据的方法。

4. **遗留系统处理**(legacysupport)

SOA 中提供集成遗留系统的适配器,遗留应用适配器屏蔽了许多专用性 API 的复杂性和晦涩性。一个设计良好的适配器的作用好比是一个设计良好的 SOA 服务,它提供了一个抽象层，把应用基础设施的其余部分与各种棘手问题隔离开来。集成遗留系统的工作始终是一种挑战。

5．语义(semantics)

定义事务和数据的业务含义一直是IT管理人员面临的最棘手的问题。语义关系是设计良好的SOA架构的核心要素。就目前而言，没有哪一项技术或软件产品能够真正解决语义问题。为针对特定行业和功能的流程定义并实施功能和数据模型是一项繁重的任务，它最终必须由业务和IT管理人员共同承担。

6．性能(performance)

SOA的分布性质和Web服务协议的开销。任何分布式系统的执行速度都不如独立式系统，这完全是因为网络的制约作用造成的。当然，有些应用软件无法容忍网络引起的延迟，例如那些对实时性要求很高的应用软件。所以在应用SOA架构之前，搞清楚它的适用范围就显得很重要了。

7．软件设计

软件设计通常可分为概要设计和详细设计，概要设计的任务是确定软件系统的结构，进行模块划分，确定每个模块的功能、接口以及模块间的调用关系，对全局数据结构进行设计。详细设计的任务是为每个模块设计实现的细节，还应对局部数据结构进行设计。其中软件体系结构的建立位于需求分析之后，属于概要设计的一个首要内容，通过对体系结构的选择，在软件需求和设计之间架起一座桥梁，着重解决软件系统的结构和需求向实现平坦过渡的问题，SOA带给软件设计一个根本性的思维转变。

随着社会对软件的依赖程度越来越明显，对软件的要求也越来越高。对于大规模的复杂软件系统，其总体的系统结构设计和规格说明比起对计算的算法和数据结构的选择已经变得明显重要得多。同时，软件即服务的思想也得到普遍的认同。SOA则是这种思想的很好体现，通过在系统架构层，采用基于服务的体系架构设计，加快了开发速度，减少了开发成本。因为对现有服务和组件的新的创造性复用缩短了设计、开发、测试和部署产品的时间。持续改进业务过程，降低急变风险。在进行面向服务架构的创建过程中，单个服务可以用面向对象等其他方法设计。但是整个SOA的设计却是面向服务的。这其中重要的是学会如何以服务来表示基本的业务流程，改变开发方式需要文化的变迁，具体解决技术难题只是一种智力操练。

8.4 适于SOA的建模方法

8.4.1 MDA

在软件工程领域有两个越来越流行的趋势，一个是架构上的，一个是方法学上的。两者都对SOA实践很有裨益。第一个趋势是MDA(model-driven architecture，模型驱动架构)，由曾经提出CORBA规范的OMG提出。MDA的核心思想就是架构师应该从被构建系统的一个正规模型开始，这个模型可以用 UML 表示。MDA 首先给出一个与平台无关的模型来表示系统的功能需求和 use cases，根据系统搭建的平台，架构设计师可以由这个平台无关的模型得到平台相关的模型，这些平台相关模型足够详细，以至于可以用来直接生成需要的代码。

MDA 从平台独立的模型（platform independent model，PIM）开始，这种模型必须完全表达系统的功能需求（或用例）。平台架构师能够根据需要，通过明确指定系统的设计方案，从这个模型映射到任何特定平台的模型（platform depend model，PSM），这种映射是借助工具自动完成的。PSM 模型具有详细的跟实现有关的平台信息，可以用来自动生成代码。

MDA 的核心思想在于系统的设计是完全明确的，构建系统的时候很少会出现偏差。这样的模型可以直接生成代码，然而当前还存在一些缺陷。首先，它假定在设计模型以前，业务需求是可以明确指定的，这在典型的动态业务环境中是不可能的。其次，MDA 没有提供循环反馈。如果开发者需要修改当前模型，目前没有办法保持模型是最新的。随着 MDA 的成熟，这些问题将会被解决，但是当前对于架构师来说，重要的是理解并考虑到 MDA 的限制条件。

8.4.2　敏捷方法

SOA 的第二个基础是 AM（agile method，敏捷方法）。这种方法中最著名的要数 XP（extreme programming，极限编程）。敏捷方法为在需求不明确或需求总在变动的环境中构建软件系统，它提供了一个灵活的迭代的开发过程。像 XP 这样的 AM 提供了在需求未知或者多变的环境中创建软件系统的过程，XP 要求在开发团队中有一个用户代表，他帮助书写测试来指导开发人员的日常工作。开发团队中的所有成员都参与到设计之中，设计要尽量小并且非形式化。敏捷方法的目标是构建用户刚好需要的功能，避免在正式模型中为一些不切实际的功能做多余的工作。敏捷方法的核心作用在于它的敏捷性，即应付需求变化的能力。AM 的目标是仅仅创建用户想要的，而不是在一些形式化模型上耗费工作量。AM 的核心思想在于其敏捷性，即处理需求变更的敏捷性。AM 是其规模上的限制，例如，XP 在一个小团队和中型项目中效果不错，但是当项目规模增大时，如果没有一个一致的清晰的计划，项目成员很难把握项目中的方方面面。

从表面看来，MDA 和 AM 似乎是相独立的，MDA 假定需求是固定的，而 AM 恰恰相反；MDA 的中心是形式化的模型，而 AM 恰恰要避开它们。但是，还是决定冒险把这些不同方法中的一些元素提取出来，放入到一个一致的架构实践中。

在 SOA 中有 3 个抽象层次，按照 SOA 的第一准则：业务驱动服务、服务驱动技术。AM 将业务模型直接和实践连接起来，表现在平台相关的模型之中。MDA 并没有把业务模型和平台无关模型分开来，而是把平台无关模型作为起点。SOA 必须连接这些模型，或者说抽象层次，得到单一的架构方法。将从 5 个视图的架构实现方法来实现这个连接。

从表面上看，MDA 和 AM 是相反的。MDA 假定存在固定的需求，然而 AM 使用迭代方法应对变化的需求。MDA 以正式模型为中心，而 AM 截然相反。应该试着从各种方法中抽出一定元素并将它们结合成一个协调一致的架构实践。

图 8-7 为 SOA 的元模型，其中的椭圆代表了 SOA 中 3 个级别的抽象，它们完全遵守前面提到的 SOA 的第一个原则。换句话说，这 3 个椭圆代表了一种类型的模型，或称为元模

型。业务域由业务模型表示，技术域由服务模型表示，平台特定的模型在它的最右边。服务模型就变成了业务域与技术域之间的联系点，并充当跨企业通信的通道。AM 直接将业务模型和实现联系起来，实现是用平台特定的模型表示的。另一方面，MDA 没有从平台独立的模型隔离出业务模型，而是把平台独立的模型作为起点。SOA 必须将这些模型，或者说不同级别的抽象结合到一种架构方法中，在五视图方法中将做出这种结合。

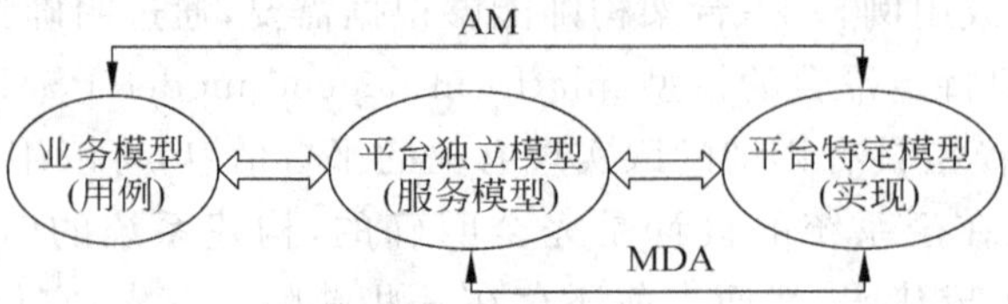

图 8-7　SOA 元模型

8.4.3　SOA 的五视图法

Kruchten(RUP 的开发负责人)将通盘考虑 IT 系统的方面提取出来，再应用到 SOA，称之为五视图实现方法(five-view approach)。4 个方框表示对一个架构的不同审视方法，分别代表不同的涉众(stakeholder)。第五个视图 use-case 视图涵盖了其他视图，在架构中扮演的是一个特殊的角色。部署视图将软件映射到底层平台和相关硬件上，是系统部署人员对架构的视图；实现视图描述了软件代码的组织，是从开发人员角度出发的视图；业务分析人员则利用过程视图进行工作，它描述的是软件系统的运行时特性；最后，逻辑视图表示的是用户的功能需求。在 SOA 中，面向服务的架构必须能够以 use-case 视图中的用例将用户连接到服务，将服务连接到底层。为了表示面向对象的架构是如何工作在这些视图之上，将它们置于 SOA 元模型的上下文之中。SOA 中两个领域存在重叠：由业务模型和服务模型表示的业务领域和由服务模型及平台相关模型表示的技术领域(两个领域共享服务模型)。业务用户通过逻辑视图和过程视图处理粗粒度的业务服务，根据变化的业务需求，按照需要将它们安排在过程之中。另一方面，技术专家的工作是创建并维护服务和底层技术之间的抽象层。表示这些服务的中间模型，起到的是轴心的作用，业务以它为中心进行。

企业架构师必须从不同的角度来考虑 IT 架构，Kruchten 根据这些不同的角度提出了架构的 4+1 视图模型，并把它应用到 SOA，图 8-8 所示为 SOA 的五视图。

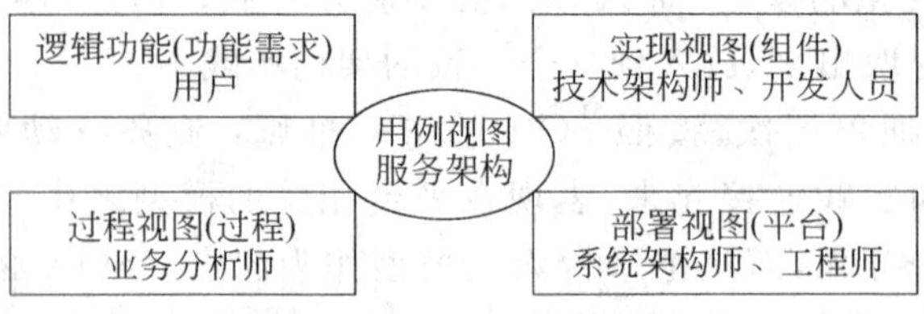

图 8-8　SOA 的五视图

图中的 4 个长方形表示看待架构的不同方式，第五个视图即用例视图，和其他的视图均相交，它在架构中扮演了一个特殊的角色。部署视图把软件映射到底层平台和相关的硬件，这是从系统专家的角度看待架构的视图。实现视图描述了软件代码的组织，这是从程序员的角度看待架构的视图。业务分析师使用过程视图，它解决了软件的运行问题。逻辑视图表示用户的功能需求。在 SOA 的实践中，架构师必须根据用例视图中的用例建立用户跟服务的联系以及服务与底层技术的联系。

图 8-8 显示了两个重叠的领域，使用逻辑视图和过程视图的业务用户关心的是粗粒度的业务服务，他们可以根据业务需求的变化将这些服务编组成业务过程。技术专家专注于构建和维护服务和底层技术之间的抽象层，中间模型表示服务本身，充当了业务的轴心。

SOA 元模型从 MDA 中平台独立的模型和平台特定的模型继承而来，而且添加了敏捷方法中的用户交互和迭代的敏捷反馈循环。同样地，这个元模型通过引入服务模型的中间抽象层解决了敏捷方法的扩展性问题，用户就可以处理日常业务，在服务模型中反映变化的需求。技术专家也就可以迅速高效地对这种需求变化做出反映，因为底层的技术是模型驱动的。元模型通过引入由中心的服务模型提供的中间层抽象解决了 AM 在伸缩性方面的问题。这样，服务模型中的任何需求的变化，都会反映到用户每天的业务处理中。同样，由于底层技术是模型驱动的，技术专家也可以根据这些变化的需求迅速而有效地做出应变。SOA 实践和过去解决企业架构传统方式的不同之处就在于其对敏捷性的支持。如前面所说，SOA 的第三条原则就在于它总在变化之中。这种恒在的变化性环境是 SOA 实践的基石。

SOA 跟传统方法的区别就是 SOA 提供的敏捷性。在业务域，厂商必须提供面向服务的业务过程、工作流、服务编制工具和服务。建模工具必须以敏捷的平台和独立的方式充分表现业务服务，技术专家必须有相应的工具从模型生成代码，而且当代码改变的时候可以更新模型。

8.5　基于 SOA 架构的软件开发方法

构件是对象概念的延伸和发展，相对于由对象构成的系统而言，构件系统中的构件具有大粒度和小数量的特点。构件的出现给软件复用带来了根本的改变，实现了分析、设计、类等多层次上的复用。软件架构研究则为实现基于构件的复用提供了一种自顶向下的途径，3 层体系结构的缺陷导致产生了面向服务的体系结构。SOA 的出现，被认为是软件开发方法的一个里程碑，对基于 Internet 的业务集成和系统扩展性的提高都有很大帮助。SOA 架构和构件技术的有机结合引导软件开发从应用系统开发转变为应用系统集成，帮助人们在各种日益复杂的应用环境中运行和调用 Web Services。

8.5.1　面向服务的架构

面向服务的体系结构 SOA 是一种架构模型，作为企业信息化应用的下一代解决方案，SOA 具有以下 5 个特点：

(1) 独立的功能实体。

(2) 服务间的复用。

(3) 服务间的互操作。

(4) 服务是位置透明的。

(5) 服务是松耦合的。

这种架构代表一种将软件资源作为网络上的服务的分布式计算方式，它并不是什么新的东西，CORBA、DCOM就是类似的例子。然而，这些技术存在着一些问题。它们是紧密耦合的，就是说每个分布式计算连接的两端需要在API的细节上达成协议。这样的架构是专有的，尽管CORBA是一个基于标准的技术，但是实现一个CORBA架构应用必须针对某个厂商的特定情况。

现在基于SOA构建的应用是基于标准的，同时是松散耦合的。像XML和SOAP这样的开放标准可以提供不同厂商的解决方案间的互操作性。这样，对交互中某一方的接口改变不会破坏另一方。这两个核心原则使公司可以实现服务而不需要知道消费这项服务的任何细节。

SOA为企业提供的威力和灵活性是强大的，如果一个组织将它的IT基础设施抽象出来，并以粗粒度的服务方式表示它的功能，那么服务的消费者就能够独立与底层的方式来访问。而且，当服务可用并且活动时，如果服务消费者能够发现和绑定到服务，那么隐藏于这些服务之后的IT基础设施就能够为调用者提供额外的灵活性。

企业现有的应用系统是用构件封装或是利用SOA集成的。基于构件的软件开发方法是提高软件开发效率和质量的有效途径，但目前的软件构件技术主要还是着眼于构件实现模型和运行时的互操作。缺乏一套系统的方法以指导整个软件开发过程。SOA则是从面向对象、构件架构等逐步发展完善，并与之相互依托、相互补充。SOA架构和构件技术紧密相连，一些专家认为，从应用开发层次看，面向构件技术是SOA服务的组装和实现，而SOA则可以看作是在应用表现层次的软件构件化。二者的有机结合为软件开发提供了一种新的方法。其根本思想就是在构件技术的基础上，结合SOA的理论来指导软件开发，以便提高系统生成的效率和可靠性，SOA技术实施图如图8-9所示。

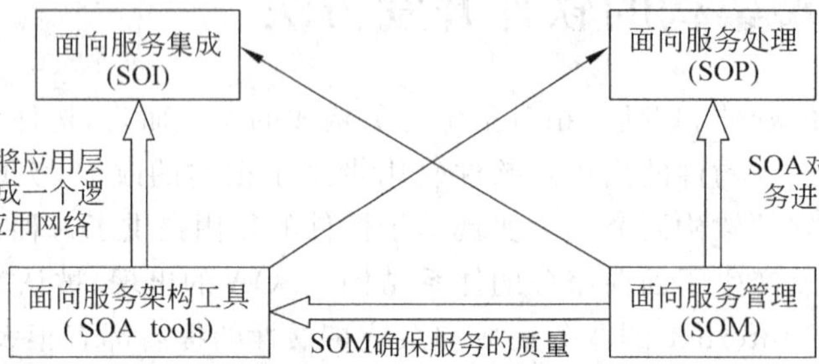

图8-9 SOA技术实施图

SOA的重要思想在于基于构件技术提供网络服务，在一个SOA系统中，由具备相应功能的构件来提供具体的服务，SOA中的服务是由多个构件组装和实现的。构件服务化趋势的一个成果就是面向服务组件的架构SCA(service component architecture)，它是一种全新的、跟语言无关的编程模型，提供了一种统一的调用方式，从而使得客户可以把不同的组件类型通过一种标准的接口来封装和调用。SCA编程模型用面向构件的方法，结合了服务数据对象SDO(service data objects)的数据模型，在很大程度上简化了客户的编程，提高了应用的灵活性。

8.5.2 基于SOA架构技术的优势

在面向服务的体系结构中，映射到业务功能的服务是在业务流程分析的过程中确定的。

服务可以是细粒度的，也可以是粗粒度的，这取决于业务流程。每个服务都有定义良好的接口，通过该接口就可以发现、发布和调用服务。企业可以选择将自己的服务向外发布到业务合作伙伴，也可以选择在组织内部发布服务。服务还可以由其他服务组合而成。

服务是粗粒度的处理单元，它使用和产生由值传送的对象集，它与编程语言术语中的对象不同。相反，它可能更接近于业务事务（如 CICS 或 IMS 事务）的概念而不是远程 CORBA 对象的概念。

服务是由一些构件组成的，这些构件一起工作，共同提供服务所请求的业务功能。因此，相比之下，构件比服务的粒度更细。另外，虽然服务映射到业务功能，但是构件通常映射到业务实体和操作它们的业务规则。

在基于构件的设计中，可以创建构件来严格匹配业务实体，并且封装匹配这些实体所期望的行为。在面向服务的设计中，不能基于业务实体设计服务。相反，每个服务都是管理一组业务实体中操作完整的单元。这意味着服务是一个管理器对象，是创建和管理它的一组构件。

面向构件技术对于软件业的意义正如生产流水线对于工业制造的意义一样，是软件业发展的必然趋势。研究现在的软件体系不难发现，现在的软件专家们仍需要与大量的需求、设计、代码的细节打交道。构件技术让软件回归了简洁表达，并轻而易举地实现像制造行业一样的标准化，这种生产方式的转变将极大地提高软件的生产力，并可以获得更稳定的软件质量。用户选择软件，一般都有定制的要求，尤其是系统管理软件，如企业资源规划 ERP、客户关系管理 CRM 等。这对于采用了 SOA 架构和构件技术的软件开发方法来说有什么优势呢？

（1）构件化技术满足了不同用户的定制要求，把常用功能做成可供选择的构件，用户就有了更为灵活的选择。没用构件化技术时，软件系统的各个部分是紧密结合在一起的，因而会“牵一发而动全身”，采用了构件化技术后，软件的各个功能模块就可以独立地实现、升级，而不会影响系统整体。

（2）SOA 架构采用的是面向服务的商业建模技术和 WEB 服务技术，故能实现系统之间的松耦合，从而实现了系统之间的整合与协同。这样企业就能对业务的变化做出快速的反应，并利用已有的应用作为服务，保护现有的 IT 基础建设投资。

（3）SOA 和其他架构的不同之处就在于 SOA 提供的业务灵活性。

从本质上看，SOA 架构体现的是一种复合的概念。它不仅为一个企业商业流程的组织和实现提供了一种指导模式，同时也为具体的底层 service 开发提供了指导。而构件是一种软件开发技术，适用于企业应用的开发，采用构件技术可以大大节省开发成本，缩短开发周期。现在，构件技术和 SOA 架构正逐步趋向融合。这种有机结合可提高系统的自由度和执行效率，同时降低软件开发成本，提高软件质量，大大减少目前各软件厂商之间相同软件部分重复开发的问题。信息社会的快速发展，对软件开发技术带来了更多的需求和挑战。结合面向对象方法和软件复用思想，基于 SOA 架构和构件技术的软件开发方法能适应 Internet 时代开放、动态和多变的特点，满足企业快速变化的业务需求，使之随需应变，是近年来软件工程界关注的重点。构件技术的软件开发还存在许多有待解决的问题，如构件及其标准化，特定领域软件的构架等仍需深入研究。

SOA 架构将服务提供者和服务消费者分离开来。这里的服务就是服务提供者（个人或者商业组织)提供的功能单元,服务消费者是任何需要这个功能单元的系统。这种分离是通过一种称为服务联络的机制来实现的,也就是说服务消费者在使用服务之前,必须通过某种途径得到服务提供者发布的服务联络,然后才能定位服务及正确使用服务。这种分离给架构带来的直接影响是,服务提供者和服务消费者之间的关系极其松散,并且易于重配置。在SOA架构出现之前,为了集成企业的遗留系统和C/S结构的应用系统,常采用的办法是将这些系统的功能封装进对象,然后发布这些对象的接口。如果服务提供者和服务消费者共享同一个运行环境,调用过程是一个很简单的工作。但如果被调用对象处于远程,就需要借助DOM、CORBA、RMI等技术。这些技术虽然可以解决问题,但利用它们去解决问题,从实现技术难度到系统的后期维护,都不是一件容易的事情。

对松耦合的系统的需要来源于业务应用程序,需要根据业务的需要变得更加灵活,以适应不断变化的环境,比如经常改变的政策、业务级别、业务重点、合作伙伴关系、行业地位以及其他与业务有关的因素,这些因素甚至会影响业务的性质。将能够灵活地适应环境变化的业务称为按需(on demand)业务,在按需业务中,一旦需要,就可以对完成或执行任务的方式进行必要的更改。

对现代企业而言,SOA能带来巨大好处。它不仅在集成原有应用系统方面提供了新方式,而且使基于SOA构建的新应用,在可用性、交互性、维护性和可行性方面都有了很大的提升。对于整个企业,SOA的应用带来了更低的操作费用、更低的开发费用、更高的质量标准和更大的企业灵活度。

SOA的好处主要来自于将应用拆分成有着良好定义的联络接口的诸多模块,这样服务和应用之间是一种松耦合关系。这种松耦合关系给服务消费者带来的好处在于,当作为服务提供者的服务实现发生变化时,作为服务消费者的应用则无须改变,并且服务消费者可以在多个服务之间做出选择。对服务提供者也是大有好处,形成系统松耦合的一次实现可以映射到更多的商业流程中。除此之外,由SOA组装实现的应用和工作流程维护费用更低,更易于修改以满足业务的变化,这些无疑会增强企业的竞争力。

一旦SOA的基础架构(infrastructure)被构建起来,并且应用开发人员明白了怎样使用它,SOA基础架构的大量代码都是可以被复用的。建立新系统的工作就如同即插即用(plug-and-play)的操作。这种即插即用的能力来自于系统业务逻辑功能已经被分离成组件,并且这些组件彼此之间完全松耦合。复用将会减少新系统测试的时间和费用,缩短了产品的开发时间。组件中的大量代码和逻辑已经被广泛测试过,因此测试工作成为增量测试,而不是全面测试。比降低那些必须经过测试的代码量更为重要的是,SOA降低了很多其他的难度,如数据传输、资源访问和保证业务逻辑的不变。使用SOA,开发新应用的风险会降低,原因在于新系统是由很多已经经过正确测试过的组件组合而成的。系统中的新组件与原有组件之间的松耦合关系无疑会增加系统开发人员的信心指数。

好的SOA实现也会降低应用的维护费用。处于每一层的组件以模块形式存在,一旦它们被很好地测试和调试过,当开发人员需要这些组件的时候,就可以很有信心地使用它们。基于SOA的不同层中的各个组件的独立性也是减低维护费用的一个原因,也就是说,某个组件的变化,不会给整个系统带来负作用。进行产品支持的员工往往只用熟悉较少的组件的代码,对于新系统,将会配备更少的产品技术支持人员。SOA给企业带来的最大好处是它能增大企业的灵活度。这种灵活性体现在SOA对新的变化和新的机遇能做出更快的反应。

8.5.3 SOA 应用的构建步骤

要创建 SOA 应用，通常需要经历 4 个阶段：构建、部署、使用和管理。

(1) 在构建阶段，可以定义业务模型或流程、软件模型和 SOA 模型。之后，开发人员就可以创建一组服务，这组服务可以与已发布的通用接口一起复用。构建阶段是整个 SOA 构建过程中最为耗时的一步。因为要让服务保持足够的灵活性和后续的可扩展性是一件不容易的事情。

从实现的过程看，需要项目经理、分析员、架构师、建模人员、开发人员、测试人员以及部署和操作人员，各个不同的 RUP 角色的参与。从实现的技术层面看，可以采用通用对象请求代理体系结构(common object request broker architecture，CORBA)和 Web Service。

(2) 在部署阶段，需要提取前一阶段创建的服务，并把它们放在一个可执行、可管理的环境之中。

(3) 在使用阶段，根据前面所讲的 SOA 和软件模型来装配应用程序，并且测试其软件质量以及非功能性需求，比如性能、可伸缩性等。应用程序现在已经准备完毕并且可交付给用户。

(4) 管理阶段是一个长期的过程，在这个阶段中，可以监控并管理安全性，以及在许多与可能已经为 SOA 制定好的服务级协定或策略相对应的方面比较其性能。

8.5.4 SOAD 与传统软件开发的区别

伴随着 SOA 理念的普及和认可，SOA 已经进入到如何部署和实施阶段。而如何在软件开发和业务构建阶段就以服务和业务为导向，实施 SOAD(SOA development)是人们目前比较关注话题。

对 SOAD 的理解有两个含义：一是 SOA development，它包含了从业务需求分析、业务流程分析、服务的抽象到服务组装、业务监控管理等完整的过程；二是 service oriented analysis & design，即面向服务的分析和设计，这与传统的面向对象的分析和设计相区别，后者概念的内涵与前者相比要窄。

与传统的软件开发相比，基于 SOA 的软件开发有如下变化：

(1) SOAD 的软件开发与传统软件开发的区别之一就是 SOA 是业务驱动的，传统的软件开发是 IT 驱动的。SOAD 强调的是从业务需求出发，在业务目标和需求推动下设计、开发和测试，从而将业务流程转换为对业务进行了自动整合服务。服务的抽象或生成可以有如下 3 种方式。一是自顶向下的方式，即通过对业务流程的分析，对业务流程进行分解并抽象成服务，通过对服务的组合快速生成新的服务，而且可以实现服务的复用。二是自底向上。通过对遗留系统的分析抽取业务封装成服务。服务的抽象可以通过适配器或者包装方式，实现对遗留系统的复用，保护原有投资。三是 Middle out，不是所有的业务都有流程，可以从具体的业务目标出发进行分析，形成相应的服务。寻找服务或服务生成的 3 种方式，也就是 SOAD 与传统软件开发的不同点之一。

(2) 基于 SOA 的模式，未来将会有成千上万的服务，SOA 需要对这些服务进行管理、监控，并实现服务的复用；而且 SOA 中的服务是开放的，不仅要为企业内部服务，同时还可以为企业的客户、供应商等提供服务，因此对服务的有效管理和监控也是 SOAD 与传统开发的不同。

(3) 对服务的组装，例如可以通过服务组装生成 BPL(业务流程语言)，并部署到运行平台上，这是传统的软件开发没有涉及的。SOAD 与传统软件开发的区别一直伴随着 SOA 理念的普及和认可，SOA 已经进入到如何部署和实施阶段。而如何在软件开发和业务构建阶段就以服务和业务为导向实施 SOAD，这是人们目前比较关注的话题。

8.6 基于 SOA 架构的 ERP 系统

ERP 系统首先成为制造业提高管理水平、降低成本、缩短交货期的有力工具，并进而在其他行业都得到了广泛的应用。现有的 ERP 系统主要是面向企业内部管理的，其体系结构缺少灵活性，主要问题是：

(1) 不能适应企业经营管理模式的变化，企业组织架构、经营管理模式的变化导致原有的 ERP 系统要重新开发或做较大的改进，造成投资浪费。

(2) 不能灵活地支持供应链管理功能，不能实现企业与供应商、企业与分销商之间的信息集成，以及不同软件之间的互操作。

(3) 目前 ERP 在开发和应用中存在一些特点，如传统 ERP 企业很少，ERP 解决方案几乎都不是由一个开发商提供的，通常都是将多个产品和一些客户自己开发的程序集成在一起。

(4) ERP 应用程序通常需要和其他系统集成，如 CRM。

为了解决现有 ERP 系统难以重构，难以与企业之外的供应商、分销商集成的问题，提出了基于 SOA 架构的 ERP 系统体系结构。

8.6.1 SOA 在 ERP 中的应用

ERP 功能上采用多通信方式，如通过 Web、电话以及面对面的交流等多种方式与客户进行沟通、通信。正是这些特点要求 ERP 能够更快、更容易地进行定制、集成与维护。因此多数公司特别是大公司和政府企业，在购买 ERP 软件时，都希望进行第一次定制，以适应他们自己的业务流程。有时还需要将供应商的程序和自主开发的或是定制的程序功能整合在一起，但当公司的业务发生改变时，就需要对原 ERP 系统进行重新定制，这将耗费更多的费用。

随着 SOA 概念的提出，很多人认为，SOA 是 ERP 的终结者，就像 AMR 研究中心的 Bruce Richardson 得出的结论一样：就目前所了解到的情况，SOA 的迅速应用将会使 ERP 市场走到尽头。可是与该结论的预测相反，目前 SOA 的提出，使得 ERP 得到一个前所未有的发展机会。

1. 缩短定制时间

采用 SOA 后，可以通过公共业务流程管理工具，能够在业务流程中配置服务，遵循 SOA 设计原则的自行开发的功能模块、定制的功能模块，能够被整合到业务驱动流程中来。在业务驱动流程中，包括了应用中主要的驱动流程和业务逻辑。对于业务分析员来说，流程和业务逻辑是可理解的,并且是可重新配置的。

2. 降低集成费用

集成问题在很多企业已经变得十分突出,有很多公司采用一家ERP产品作为他们ERP的后台架构,又采用另一家的CRM软件作为前端进行销售、市场推广和客户服务,这必然会带来数据不同步的问题。这种情况下,集成这些应用程序的代价很高。SOA从一开始就定义了一种不同的集成原则,SOA假设每个功能模块都是可集成、可复用的,每个功能模块需要定义很好的接口。应用程序则由各种服务组合而成,这种组合本身已准备好与其他服务进行再次组合或集成。采用SOA构建的ERP应用程序不再拥有用户的整个数据,不再贯穿用户的所有流程,不再是唯一的或者是主要的解决方案。相反,它可以和客户自行开发的功能模块或者是第三方功能模块整合在一起,形成最终的解决方案。采用SOA构建的ERP应用程序,在集成过程中,需要先定义一个业务流程,然后根据业务流程的需要来整合应用程序。同时这样也易于维护和升级,维护和升级是任何软件必须面对的问题,在影响总拥有成本的所有因素中,是最难以衡量和预测的。在这些方面,采用SOA的应用程序具备一系列的优点:

(1) 采用公共的应用服务器工具完成应用程序的部署、监控和管理。

(2) 采用公共的应用服务平台的日志工具,可以很快定位并修复有问题的服务。

(3) 如果某项服务需要打补丁的话,可以在不影响其他服务的情况下进行。而且单项服务的启动和停止,不需要对整个服务器进行热复位。正是由于这些优点,SOA减轻了维护的工作量,为应用程序升级提供了一种更为安全的方法,大大节省了维护和升级阶段所需要的费用。

8.6.2 基于SOA的ERP系统总体设计

为了实现Internet环境下企业之间的供应链集成和响应企业内部流程重组的变化,要求ERP系统具有给外部企业提供服务和从外部企业获取服务的功能,为了能够灵活地实现企业内部流程重组的要求,可以通过服务组合实现ERP系统的整体功能。当重组企业业务流程时,通过重新组合已编写的服务部件即可容易地实现。在ERP系统体系结构中,ERP各个业务模块的功能作为粗粒度服务发布,而每个模块的功能又由多个子功能组成,把这些子功能作为细粒度服务发布。一个粗粒度服务由多个细粒度服务组合而成,每个细粒度服务利用数据访问逻辑组件对数据库表进行查找、更新、保存等操作。在该系统中,本地企业提供的服务在本地服务注册中心注册,可由本地企业客户端访问,而需要提供给合作企业访问的服务则发布到公共注册中心,供外部合作企业访问。客户的请求通过通道控制(公司网关)被传递给主控制器,使用Web Services Gateway,来自客户的请求可以被转换成服务所要求的任何消息协议。请求服务的客户端通过Web环境显示用户界面,用SOAP客户接口实现与服务提供方和服务注册中心通信,达到查询服务和绑定服务的目的。

基于SOA架构下的ERP软件可以做到传统ERP无法实现的一些特点,主要表现为以下几方面:

1. 支持异构集成的柔性化

所谓异构环境，包括 4 个层次：硬件平台、操作系统、数据库、应用软件。如果一套硬件、一套操作系统、一套数据库和一套应用软件能够面面俱到地解决集团企业的所有管理问题，那是再好不过了。但现实中是不可能的，更普遍的是，不同的应用往往选择不同的平台和应用系统，以便充分发挥各个厂商的特长。支持 SOA 的 ERP 系统为集团企业的信息化提供了伸缩空间，企业可以根据需要选择最合适的解决方案。

2. 可以大幅度降低企业的 IT 成本

目前，多数企业在购买软件时往往是成熟性软件，需一个模块或一个系统的购买，企业在购买时往往无法将那些企业不需要的功能剔除出去，这样，企业就不得不为此多付出资金、培训成本等许多不必要的成本。而支持 SOA 的集团财务软件则可以帮助企业实现真正的按需购买，企业需要什么功能就购买相应的服务，帮助企业避免不必要的支出。

3. 实现企业的动态变革

ERP 的应用是柔性的，例如支持 SOA 的集团财务系统使企业的 IT 人员不必太多地关心企业 IT 系统的底层技术，而更多地去考虑集团财务的业务处理以及财务业务与 IT 的接合。同时，以往企业在开发集团财务系统时，在重复功能上浪费了大量的人力与财力，同时系统在开发完成后，如果企业业务变化，系统将很难更改或者更改的成本很高。而 SOA 面对的是一个个独立的服务，服务之间可以通过标准接口来相互调用，这样企业在重复功能上就可以直接通过接口调用，而不必去重新开发。企业的业务发生变化时，只需要修改相对应的服务即可，降低了修改的难度与复杂度，保证了企业的 ERP 系统的动态变化。

4. SOA 将改变以往 ERP 软件的供应模式

要真正地实现 SOA，市场上必须要有以下 4 个因素：服务消费者、服务提供者、服务注册中心、合同。

在 SOA 架构模式下，企业可以根据自己的需要，灵活地搭配或集成新的业务流程，从而使企业业务模型的灵活性大大增强。

8.6.3 基于 SOA 的 ERP 系统架构

将 SOA 架构下的 ERP 技术架构用一个 6 层模型来描述，分别是操作系统层、操作系统接口层、企业组件层、服务层、代码层(开源)以及访问(表现)层。

1. 操作系统层

本层包含系统服务和系统运行的核心数据库、在标准范围内自由增加的自定义数据库、现有的自定义构建的应用程序，包含现有的 CRM 和 ERP 等打包应用程序，以及较旧的基于对象的系统实现，还有业务智能等应用程序。

2. 操作系统接口层

基于操作系统层的多方式的数据库群集，本层主要实现数据标准的统一，使操作数据层的数据与其他层建立交换通道。

3. 企业组件层

本层由那些负责实现功能和保持公开服务 QoS(quality of service)的企业组件组成，这些特殊的组件是企业和业务单元级支持的企业资产的受管理和控制的集合。本层使用基于容器的技术，比如实现组件、负载均衡、高可用性和工作量管理的应用服务器。

4. 服务层

本层主要完成业务逻辑服务和公开服务，这个服务公开层同样提供了获取企业范围组件，业务单元特定组件，并且以服务描述的形式具体化了他们的接口子集。

5. 代码层

基于1～4层的体系架构，该层的主要工作是完成自动产生源代码的任务，用户完全可以对源代码自行修改，并与访问层直接建立通道接口。

6. 访问层

在应用程序接口或者表现层来利用 Web 服务，也可以把它作为将来的层用来满足将来的解决方案的需求。系统将用户接口从组件中分离出来，最终为用户访问服务提供端到端的解决方案。

思考题

1. SOA 与大多数通用的客户端/服务器模型的不同之处在哪里？
2. 如何理解 SOA 架构？画图给出面向服务体系结构中的协作是以怎样的过程进行的。
3. SOA 起始于企业的需求，从这方面简述 SOA 应遵守的规则。
4. 服务是 SOA 的核心，它有哪些特征？
5. SOA 有哪些待改进的地方？
6. SOA 架构下的 ERP 技术比原来的 ERP 有什么改进？其模型是什么？
7. 画出 SOA 技术实施图。
8. SOA 的好处主要来自于哪里？有什么好处？
9. 简述与传统的软件开发相比，基于 SOA 的件开发有什么变化？

第9章 柔性工作流

工作流是针对日常工作中具有固定程序的活动而提出的一个概念。目的是将一个具体的工作分解成多个任务和角色，通过一定的规则和过程，约束这些任务的执行和监控，达到提高效率和效益的目的。

9.1 柔性工作流的概念

9.1.1 工作流的定义

工作流自诞生以来，不同领域的研究者给工作流提出了许多不同的定义，比较有代表性的如下：

(1) Giga Group：工作流是经营过程中可运转的部分，包括任务的执行顺序和执行者、支持任务的信息流、控制任务的跟踪图、评价与报告任务的机制。

(2) Amit Sheth：工作流是涉及多任务协调执行的活动，这些任务分别由不同的处理实体来完成。一项任务定义了需要做的某些工作，它可用各种形式来进行定义，包括文件或电子邮件中的一个文本描述、一张表格、一条消息以及一个计算机程序。执行任务的处理实体可以是人，也可以是计算机系统（如一个应用程序、一个数据库管理系统）。

(3) W. M. P. Van derAalst：工作流是一系列工作的偏序集。工作序列可以有多种方式。比如工作 X 与 Y 满足 $<X,Y>$，当且仅当 X 在 Y 开始之前就已经就绪。

(4) IBM Almaden 研究中心：工作流是经营过程的一种计算机化的表示模型，定义了完成整个过程所需要的各种参数。这些参数包括对过程中每个步骤的定义、步骤间的执行条件和顺序以及数据流的建立、每一步骤由谁负责以及每个活动所需要的应用程序。

工作流管理联盟（workflow management coalition，WfMC）为工作流提供了一个标准定义，在工作流管理系统的相关术语、体系结构和应用编程接口（WAPI）等方面制定了一系列标准，以实现不同工作流产品之间的互操作性。WfMC 给出的工作流定义是：工作流是一类能够完全或者部分自动执行的经营过程，它根据一系列过程规则、文档、信息或者任务，能够在不同的执行者之间进行传递与执行。简单地说，工作流就是一系列相互衔接、自动进行的业务活动或任务。

9.1.2 工作流的要素

业务过程（business process）：一个业务过程是为了实现企业某个业务目标的一个过程，它在部分或者全部组织机构和人员的参与下，利用企业资源（包括所需的处理设备、通信设备、计算机硬件、软件等),按照预先确定的规则,在参与者和组织机构之间进行文档、信息、任务的传递和处理(包括经营决策),从而实现预定目标。

过程定义(process definition):就是把实际业务过程表示为计算机可识别的工作流过程。它包含一些预先定义的活动,以及这些活动的执行顺序、执行者、相关数据等。在WfMC 中,实现过程定义功能的软件或工具称为过程定义工具。

活动(activity):是工作流过程的组成元素,是工作流中的一个逻辑步骤或环节,它代表了业务过程中处理步骤的计算机表示形式。通常,每个活动中都包含整个业务过程中的一个工作单元(处理步骤),其中包括需要人工参与的手工活动和根据过程定义完全由计算机自动执行的工作流活动。

过程实例(process instance):是实例化的业务过程,是过程的一次相对独立的执行。工作流管理系统通过解释过程定义,生成有关的活动并根据过程定义中的控制规则协调这些活动实例之间的顺序关系,同时根据数据流动关系的定义完成活动实例之间的数据传送,创建、管理和终止过程实例,完成业务过程包含的工作单元。

活动实例(activity instance):是实例化的过程活动,是过程中活动的一次执行。一个过程实例中可能同时存在多个活动实例,如多个并发的活动。一个活动实例不可能同时存在于多个过程实例中。

工作项列表(worklist):在一个工作流过程中,用户需要在他所涉及的活动中完成一些处理工作,工作项(workitem)就是这些处理工作的表现形式。通常,一个活动的实例就表现为一个工作项。用户的所有工作项将构成该用户的工作项列表。

9.1.3 柔性工作流的概念

柔性是工作流技术研究领域中的一个重点。柔性概念是针对系统在模型定义和执行中所表现出来的僵化和死板而提出的。简单地来说,系统的柔性就是指系统适应新情况、新环境、新任务的能力。具体来说,是指系统在其所处的环境、条件或者过程状态发生改变时,系统是否能够快速响应和跟随变化的能力。对工作流系统而言,系统的柔性是衡量系统性能的一个重要指标。在这方面的要求表现在以下方面:

(1) 工作流模型的柔性定义。系统建模工具应能充分表达各种复杂和灵活的业务过程,所建的模型直观易懂,直接面向各种人员。系统在运行时,用户可以根据需要修改或补充定义。

(2) 工作流柔性执行。用户在工作流执行中可以动态修改工作流实例数据,动态指定流程的流向,临时指定任务执行者或设置任务的完成时间,等等各种属性。

(3) 系统柔性扩张。在实施工作流系统时可以任意添加用户、设置用户级别和功能范围、支持跨地区的业务管理并且支持远程办公等。

柔性工作流是指根据业务需求变化及运行环境的变化能对其自身进行动态调整,以适应新任务和新环境的工作流系统。

根据柔性在工作流中实现阶段的不同,可以将其分为静态柔性和动态柔性,或分别称为选择性柔性和适应性柔性。

(1) 静态柔性。是工作流系统在建模阶段实施的。实际业务流程中,在工作流的某个活动节点上,可能存在很多不同的控制方法和可供选择的路径。路径选择性柔性是指在工作流执行前,能够预知所有可能流转经过的路径。因为这些路径都是预知的,在工作流建模阶段都预先定义好。如果能在建模阶段把所有可能的路径都考虑到的话,会使工作流运行起来非常顺利,并且不会发生异常。

(2) 动态柔性。和静态柔性不同,动态柔性是在工作流运行期间来动态实现的。是指在建模阶段没有充分考虑到,或者因需求变更导致需要在某些节点之间加入一条或多条新定义的执行路径。用户能在运行中根据需要来修改流程定义,并要求工作流在不中断执行的情况下改变执行路径,以适应相应的动态需求。这种有适应能力的动态柔性也称为适应性柔性。除此之外,动态柔性不单指对路径突然改变的适应,同时还包含对修改活动节点属性的适应、组织模型更改的适应和资源模型更改的适应等。动态柔性不但要适应动态的修改,还应对修改可能造成的无法预知的异常具备一定的适应能力。

柔性工作流的柔性策略包括以下两个方面:

一是要在过程定义阶段尽可能地预见各种柔性需求,为具体执行提供可选情况,称为选择提供的柔性(flexibility by selection)。能够在过程定义阶段确定下来的部分又称为提前建模(advance modeling)或定义提供的柔性(flexibility by definition),而那些在执行之前是一个黑盒定义的部分称为推后建模(late modeling)或粒度提供的柔性(flexibility by granularity)。

二是总有一些在创建时不能完全预见的情况出现,需要及时地调整原有过程定义和运行中的实例,称为调整提供的柔性(flexibility by adaptation),相应地分为定义调整(type adaptation)和实例调整(instance adaptation)。定义调整操作包括增加和删除活动、以新活动替换旧活动、活动顺序重排或改变、修改活动属性等,结果得到新的过程定义。实例调整中,对尚未实例化的,直接按新定义进行实例化,而对未执行到变更部分的运行中的实例和一些指定的特殊实例进行动态实例调整,其操作包括:

(1) 退出旧实例,也称为向前恢复(forward recovery)、中断退出(abort)。

(2) 退出并重启旧实例,也称为向后恢复(backward recovery)、重做(redo)或重启动(restart)。

(3) 按原定义处理旧实例,按新定义处理新实例,也称为继续(proceed)或分类处理(flush)。

(4) 将旧实例向新定义调整,也称为转移 (transfer) 、迁移 (migrate) 或补偿(compensate)。

(5) 对一些特殊实例进行调整(adapt),或称为迂回(detour),通常是对临时性变更或者对特殊的、异常实例采取的做法。

9.2 工作流管理系统的参考模型

9.2.1 工作流管理系统概述

工作流管理系统(workflow management system,WfMS)是一个软件系统,它完成工作流的定义和管理,并按照在系统中预先定义好的工作流逻辑进行工作流实例的执行。

WfMC 给出的工作流管理系统的定义是:工作流管理系统是一个软件系统,它完成工作流的定义和管理，并按照在计算机中预先定义好的逻辑推进工作流实例的执行。通常，工作流管理系统指运行在一个或多个称为工作流机的软件上的用于定义、实现和管理工作流运行的一套软件系统，它和工作流执行者（人、应用）交互，推进工作流实例的执行，并监控工作流的运行状态。WfMC 定义了工作流管理系统的结构及其与应用、管理工具和其他工作流管理系统之间的应用编程接口，其主要目的是为了实现工作流技术的标准化和开放性，从而支持异构工作流管理系统与产品之间的互操作，并且使得其他的应用可以使用该结构和定义良好的通用 API 访问不同的工作流管理系统提供的服务，实现与其他应用的快速有效集成。工作流管理系统提供了以下 3 种功能（图 9-1）：

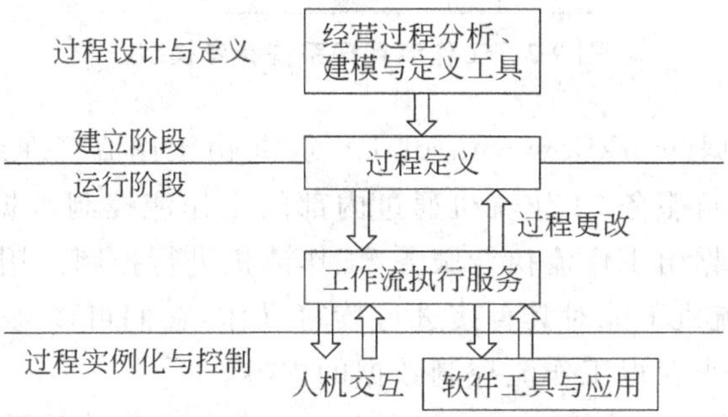

图 9-1 工作流管理系统的特征

建立阶段的功能：主要考虑工作流过程和相关活动的定义与建模功能。过程建模是业务过程分析与业务过程重组的重要基础，主要解决如何根据过程目标和系统约束条件将业务过程组织为适当的系统内部活动的问题。

运行阶段的控制功能：在一定的运行环境下，执行工作流过程并完成每个过程中活动的排序和调度功能。在完成了过程模型的定义后，所生成的工作流模型将由工作流执行服务软件进行实例创建并控制其执行过程。工作流执行服务对使用工作流模型描述的过程进行初始化、调度和监控过程中每个活动的执行，在需要人工介入的场合完成人机交互。工作流执行服务实现了在模型中定义的业务过程与现实世界中实际过程之间的连接。这个连接是通过工作流执行服务与应用软件及用户的交互来完成的。

运行阶段的人机交互功能：实现各种活动执行过程中用户与工具之间的交互。在工作流管理系统的运行过程中，人和应用是完成整个业务过程的主体。工作流定义工具、工作流执行服务和任务表管理器都是为完成业务过程和支持人员工作提供的运行环境和工具。

9.2.2 工作流管理系统的参考模型

工作流是由不同处理实体执行的多个相互协同的任务来完成业务过程的一种组织形式。这些任务可由用户来完成，也可自动完成。它可以是为工作流环境专门开发的应用程序，也可以是已经存在的一些其他应用程序。工作流系统也称为工作流管理系统。图 9-2 给出了工作流管理系统参考模型。

工作流参考模型定义了工作流引擎（工作流执行服务）与各个应用程序之间的接口，这些接口允许应用程序在不同层次上进行交互操作。WfMC 明确提出了工作流相关数据、工作流控制数据、工作流应用数据、工作流参与者和角色等相关概念。

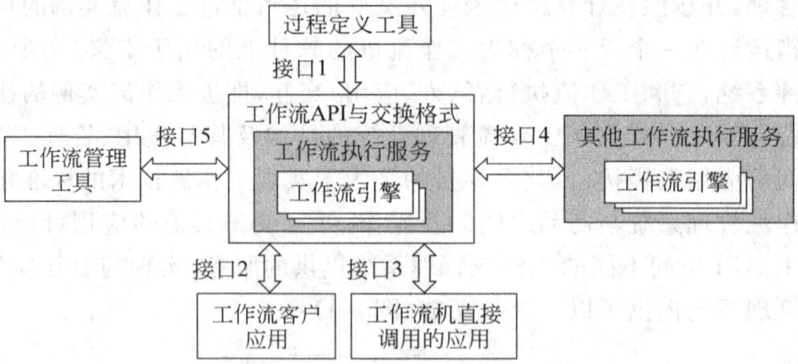

图 9-2 工作流管理系统参考模型

(1) 工作流控制数据(workflow control data):是由工作流管理系统或工作流引擎管理的内部数据。工作流执行服务/工作流机通过内部的工作流控制数据来辨别每个过程或活动实例的状态。这些数据由工作流执行服务/工作流机进行控制。用户、应用程序或其他的工作流执行服务/工作流机不能对其直接进行读写操作,它们可以通过向工作流执行服务/工作流机发送消息请求来获得工作流控制数据的内容。

(2) 工作流相关数据(workflow relevant data):是指在工作流管理系统中使用的、工作流过程实例流转状态的数据。工作流管理系统通过工作流相关数据来确定过程实例状态转换的条件,并选择下一个将执行的活动。这些数据可以被工作流应用程序访问并修改,工作流管理软件需要在活动实例之间传递工作流相关数据。

(3) 工作流应用数据(workflow application data):是指由工作流应用程序操作的数据。它们是针对应用程序的,是完成具体业务功能所需要的数据,如产品结构数据、订单数据、生产作业计划数据等。工作流管理系统无法也不需要对它们进行访问。

9.2.3 工作流管理系统的体系结构

WfMC 提出的工作流管理系统参考模型的体系结构如图 9-3 所示。参考模型的体系结构给出了抽象的工作流管理系统的功能组成部件和接口,它能够满足工作流管理系统和产品应该具有的主要功能特征,可为实现工作流产品之间的互操作提供公共的基础,接口也可以在不同的软硬件平台上采用不同的设计技术和编程语言进行编程。软件构件提供了具体的软件功能和服务,以完成工作流管理系统不同组成部分功能的实现。系统控制数据是工作流管理系统中的一个或多个软件构件使用的数据,它提供了各种状态存储。外部产品/数据是外部信息处理和存储的工具,不属于工作流管理系统,但协助工作流管理系统完成工作任务。应用与应用数据对于工作流管理系统来说,它们不是工作流管理系统的组成部分,而是属于外部系统和数据,它们被工作流管理系统调用来完成整个和部分工作流管理的功能。

工作流管理系统参考模型定义了一个基本的工作流管理系统所需要的 6 个基本模块。

1. 工作流执行服务(workflow enactment service)

它借助于一个或多个工作流执行引擎来激活并解释工作流的执行,完成工作流过程实例的创建、执行与管理,应用程序通过 WAPI 与之进行交互,它为过程实例化与激活提供运

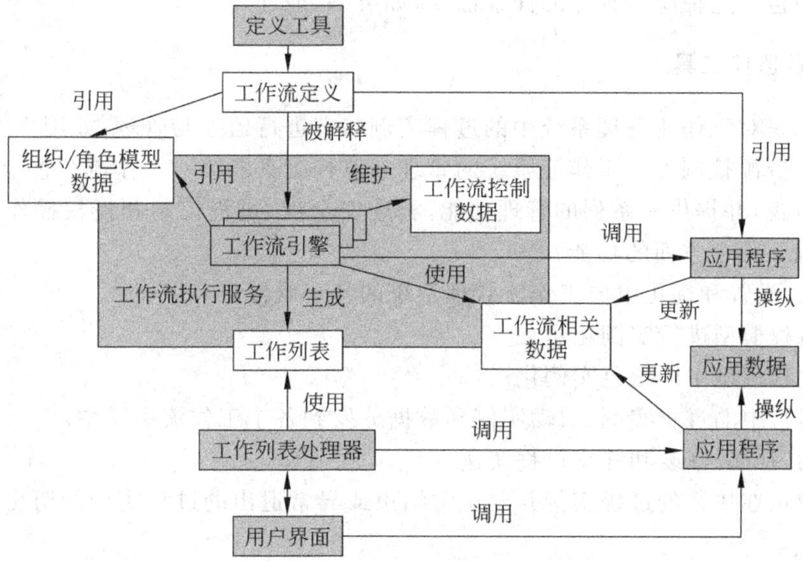

图 9-3 工作流管理系统参考模型的体系结构

行时环境，负责解释和执行工作流过程定义，并与过程执行中所需的外部资源进行交互，为工作流程的运行提供一个运行时环境。

在分布式的工作流执行服务中，每个工作流引擎控制部分过程的执行，并与这部分过程中的活动相关的用户和应用工具程序进行交互。分布式工作流系统使用特定协议和交换格式来同步各工作流引擎的操作、过程交换和活动控制信息。

2. 过程定义工具(process definition tool)

给用户提供一种对实际业务过程进行分析、建模的手段，并生成业务过程的可被计算机处理的形式化描述(过程定义)。过程定义工具与工作流执行服务之间的交互是通过接口(工作流过程定义读、写接口)完成的，它为工作流过程定义信息的交换提供了标准的互换格式及API调用。

3. 其工作流执行服务

在大型的工作流管理系统中，工作流可能需要多个工作流机共同完成，甚至需要其他异质的工作流执行服务辅助来完成，这涉及工作流管理系统之间的互联。

4. 客户应用程序

它给用户提供一种手段，以处理过程实例运行过程中需要人工干预的任务。每一个这样的任务就被称为一个工作项，包括处理上的一些要求(如处理时间的限制)及待处理的数据对象等。工作流管理系统为每一个用户维护一个工作项列表，表示当前需要该用户处理的所有任务。

5. 被调应用程序

工作流执行服务是在过程实例的运行过程中调用的、用以对应用数据进行处理的程序。

在过程定义中包含这种应用程序的详细信息，如类型、地址等。

6. 管理及监控工具

主要功能是对工作流管理系统中的过程实例状态进行监控与管理，如用户管理、角色管理、审计管理、资源控制等。工作流系统的管理与监控工具能够对工作流在整个组织内的流动状况进行监视，并提供一系列的管理功能，实现安全性、过程控制和授权操作等方面的管理。它包括以下几个方面的功能：

(1) 建立、设置和优化组成工作流管理系统的各个软件。

(2) 对过程模型进行实例化。

(3) 将过程模型中的角色实例化。

(4) 将运行中的过程实例、活动实例和数据分发到各个工作流引擎中。

(5) 启动、挂起、恢复和终止过程实例。

(6) 管理正在执行的过程实例并对正常结束或异常退出的过程实例的历史数据进行统计和分析。

在 WfMC 的工作流参考模型中也定义了用于提供各种服务的接口，通过这些预先定义的接口，处于工作流系统前端的各种应用程序可以访问工作流引擎，这 5 类功能接口包括以下几种：

1) 过程定义输入/输出接口(process definition import/export interface)

该接口是过程定义和工作流执行服务之间的接口。接口包含了一个用于描述过程定义的公共元模型，以及可以实现两个不同系统间工作流过程定义的相互转换的 XML schema。另外，该接口还为工作流的开发和执行提供了形式上的分离，由此带来的好处是可以用工作流定义工具进行流程定义。通过使用标准的过程定义语言，该过程定义可以直接服务于不同的工作流产品，并被其解释执行，还可以在这些系统之间进行转换。

2) 客户应用接口(client application interface)

该接口是客户应用和工作流执行服务之间的接口。主要包括客户端和工作流执行服务之间的通信功能，如连接工作流引擎、启动工作流引擎、停止工作流引擎以及断开工作流引擎等。对于客户端工作任务的列表功能，工作流引擎根据参与者的特征返回具体的活动任务。数据处理功能包括流程中的表单处理、数据查询等。系统管理功能包括对流程中的过程管理、过程监控和用户管理等。访问所需应用程序的功能包括字处理程序、图形处理程序等。

3) 被调应用程序接口(invoked application interface)

该接口是被调应用程序和工作流执行服务之间的接口。主要包括被调应用程序和工作流执行服务之间的通信功能，如连接工作流引擎和断开工作流引擎。数据处理功能，包括传递工作流的相关数据给被调应用程序，以及将被调应用程序的处理结果返回给工作流执行服务，对于异构的工作流系统而言，则可以在不同的工作流执行服务之间传递数据。活动的管理功能包括控制活动的开始和终止，并在活动之间进行消息的传递等。

4) 工作流可互操作性接口(workflow interoperability interface)

该接口是不同工作流系统之间交互操作的接口。不同的工作流系统之间可以通过提供工作流应用编程接口 WAPI 来实现系统之间的互操作，包括系统之间建立连接、交互的工作流对象访问、交互的数据处理、交互的活动管理以及交互的过程控制等。

5）系统管理和监控接口(administration & monitoring interface)

该接口是对工作流系统进行管理和监督的接口，实现了对工作流管理系统的管理和监控。大致包括以下几方面：

(1) 用户管理。如对用户组织模型的管理，包括增加、修改和删除系统的用户。

(2) 过程实例的管理。如控制过程的状态、执行和终止等。

(3) 角色管理。如增加、修改和删除系统的角色。

(4) 数据管理。如对系统中的数据进行备份、删除和更新等操作。

9.3 柔性工作流的描述

9.3.1 柔性工作流模型的组成

柔性工作流模型是对工作流的抽象表示，也是对业务过程的抽象表示。工作流管理建立阶段的功能主要是完成业务过程的计算机化定义，也就是完成过程建模的任务。柔性工作流模型包括过程模型、组织模型、资源模型和工作流的相关数据。

1. 过程模型

定义工作流的过程逻辑，包括组成工作流的所有活动以及活动之间的依赖关系。过程模型是整个工作流模型的基础和核心，其他模型均为其提供支持。过程模型中的活动具有以下几个方面的属性：前置条件(规定活动开始的标志)、活动所要进行的操作、后置条件(表示活动结束的条件)、角色限制和对于系统定义和用户自己定义的异常处理方法。

2. 组织模型

定义组织机构包括不同形式的组织元素以及每种组织元素内部的层次关系。组织模型反映的是工作流过程中活动的执行者与组织结构中用户的对应关系，包括活动参与者与角色的映射关系、操作权限到角色的映射关系以及角色与具体执行者的映射关系。组织模型记录了组织结构和资源的信息。它不仅登记了单个人员的信息，还包括人员所处职位的信息和为某个事务而临时组建的工作组信息，同时还记录了组织内部资源的信息。组织模型还对人员之间、职位之间和工作组之间的关系进行了定义。

3. 资源模型

资源是不可缺少的物的因素。在工作流的执行过程中，必须得到资源的支持，相应的组织实体才能按照要求完成活动。资源为过程模型提供了物的支持。对资源模型的设计类似于组织模型，但较之组织模型要简单。资源模型是树状结构，叶子节点是实际的各种资源，非叶子节点是叶子节点或其子节点所属的分类。资源个体是原子级的、具体的资源对象，不可再分，在过程模型中往往被整体直接引用，而一些具有相同的或相似功能的资源个体集合在一起就形成了资源类型。资源类型是可分解的，而且一般都分解为多个不同的资源个体，于是这二者之间就形成了一种分解与包含的关系。

9.3.2 柔性工作流模型的形式化描述

定义 1 一个工作流 WF 形式化定义为一个三元组 $WF=(N,A,\phi A)$。

(1) N 为工作流 WF 所包含节点的集合，表示为：$N=\{N_i \mid i\in \mathrm{M}$，M 是自然数，为 WF 中所含节点的个数$\}$；$N=AN\cup RN$，AN 为活动节点集合，RN 为路由节点集合。

(2) $A\times N\times N$ 为工作流 WF 所包含的有向弧的集合，表示为：$A=\{A_i \mid i\in \mathrm{M}$，M 是自然数，为 WF 中所含边的个数$\}$；其中的元素$<n_i,n_j>$表示连接两个节点的弧。

(3) ϕA：$\phi A\rightarrow CE$ 为集合 A 到条件表达式集合 CE 上的映射。

显然工作流 WF 是由 N、A、ϕA 所组成的有向图网络。

定义 2 一个工作流节点可以定义为：$N=\{AN,RN\}$。其中，AN 是活动节点，RN 是路由节点。$RN=\{SN,EN,SQN,ASN,OSN,CSN,AJN,OJN,VOTEN,CJN\}$。$SN$ 是开始节点，EN 是结束节点，SQN 是顺序路由节点，ASN 是 and-split 节点(与分支路由节点)，OSN 是 or-split 节点(或分支路由节点)，CSN 是 complex-Split 节点(复合分支路由节点)，AJN 是 and-join 节点(与汇聚路由节点)，OJN 是 or-join 节点(或汇聚路由节点)，$VOTEN$ 是投票汇聚路由节点，CJN 是 complex-join 节点(复合汇聚路由节点)。

定义 3 一个活动节点 AN 可以形式化定义为：$AN=\{Id,Nm,T,S,EX,Mo,Role,Con\}$。其中，$Id$ 为节点的标识，Nm 为节点的名称，T 为节点的类型，S 为节点的执行属性，EX 为节点所执行的操作，Mo 为节点操作的对象，其类型包括文档、变量、产品和全局数据等等，$Role$ 为人员组织角色对象，Con 为该活动节点结束的条件集合。

定义 4 一个工作流路由节点 RN(开始节点和结束节点除外)形式定义为：$RN=\{Id,Nm,T,Con\}$。其中，Id 为路由节点的标识，Nm 为节点的名称，T 为节点的类型，Con 为选择执行路径的条件集合。

定义 5 一条有向弧 E 可形式化定义为：$E=\{E_{id},En,Sn,Een,T,Con\}$。其中，$E_{id}$ 为弧的标识，En 为弧的名称，Sn 和 Een 为该弧所连接的起始节点和终止节点，T 为边的类型，Con 为控制连接弧的设定条件，一般情况下可以为 Null。

定义 6 一个工作流 WF 是正确的，当且仅当满足以下条件：

(1) 存在 WF 唯一的开始节点 SN 和结束节点 EN，且至少存在一条从开始节点到结束节点的可达路径。

(2) 每个节点都存在从开始节点到该节点的执行路径。

(3) 每个活动节点之后是一个路由节点。

(4) 结束节点是一个同步节点。

9.3.3 基于 XML 的组件式柔性工作流模型描述

XML(extensible markup language)是一种标记语言，它使用文档类型定义(DTD)或者模式(schema)来描述数据。XML 的标记不是在 XML 中预定义的，允许程序开发人员根据 XML 所提供的规则来制定各种各样的置标语言。

工作流模型到 XML 语言的映射规则：将对象(过程、节点和边)映射成元素，则工作流模型映射为一个 XML 文档。具体方法如下：用一种 XML 文档元素映射一个对象。从元素开始标记到结束标记来表示，元素名即对象名，其子节点的名称即为对象的属性名，值则为属性值。对象间的包含关系映射成XML元素间的父子关系,关系派生关系直接用被派生对象的XML元素的集合来描述,且为兄弟元素,同属包含其派生对象的上级对象的子节点。显然,同一对象的不同实例对应的XML元素也为兄弟关系,通过这种映射方法可得到对象模型的XML文档对象描述模型,其结构如下:

```
<?xml version="1.0" encoding="GBK"?>
<!--this is a Workflow Model-->
<root>
    <Flowengine>
        <process>
            <process ID>...</processID>
            ...
        </process>
        ...
        <edge>
            <edgeID>...</edgeID>
            ...
        </edge>
        ...
        <Actions>
            <ActionID>...</ActionID>
            ...
        </Actions>
    </Flowengine>
</root>
```

9.4 柔性工作流的建模

目前,柔性工作流的建模主要有基于Petri网、有色Petri网、时间Petri网、状态机以及活动网络图等。基于活动网络的柔性工作流建模是在传统的活动网络图模型的基础上,对其组成元素进行扩展建模,以提高模型的描述能力和柔性。

9.4.1 基本模型单元

一个完整的业务流程是由一系列基本的活动按照一定的逻辑顺序规则组成的,这些活动和它们之间的逻辑关系可映射为一个由节点和连接弧所组成的无自环有向图。有向图中的节点元素表示可以执行的步骤或任务,连接于两个节点之间的有向弧用来表示活动间的先后顺序关系。组成模型的元素包括过程、活动、路由节点、控制连接弧、数据连接弧和条件。

1. 过程(process)

由一系列具体的步骤组成,为完成某一预定目标而定义,一个过程就是用一个有向图来表示的一个工作流。

2. 活动(activity)

工作流模型的基本元素，代表流程中的一项工作或任务。它是一个原子单元，要么被完整地执行，要么不执行。活动可分为手工活动、自动活动、半自动活动3类。一个活动包括活动自身的属性(该活动所涉及的操作、外部执行程序等)、组织资源属性和结束转移条件。同时活动具有一个输入迁移和一个输出迁移。

3. 路由节点(router node)

路由节点包括开始节点、结束节点、与分支节点、或分支节点、复合分支节点、与汇合节点、或汇合节点和复合汇合节点。

开始节点(start node)：该节点表示一个流程的开始。

结束节点(end node)：该节点表示一个流程的结束。

与分支节点(and-split node)：该节点后的所有活动将被同时触发。

或分支节点(or-split node)：该节点之后只有一个节点被触发。

复合分支节点(complex-split node)：该节点之后一个到所有的活动都有可能被触发。

与汇合节点(and-join node)：该节点之前的所有活动都执行完毕才能执行后续步骤。

或汇合节点(or-join node)：该节点之前的所有活动只要有一个执行完就可以执行后续步骤。

复合汇合节点(complex-join node)：该节点通过定义一组条件来规定执行后续步骤的条件。

4. 控制连接弧(control connector)

用来定义两个活动之间的执行顺序，在有向图中以节点间的连接弧表示。当连接弧的起始节点执行完毕，工作流机将会根据控制连接弧的定义进行过程导航，使连接弧的终止节点能够继续被执行。控制连接弧与它们所连接的活动节点一起构成了整个工作流过程的控制逻辑。

5. 数据连接弧(data connector)

在有向图中也是以节点间的连接弧来表示的，用来定义两个活动间的信息流。前一个活动的输出信息将被后一个活动所使用，包含工作流的相关数据以及与该活动执行有关的具体应用数据。

6. 条件(conditions)

用于定义过程执行中的约束。主要分为3种基本类型：开始条件、结束条件和转移条件。

开始条件：定义了活动在什么情况下才能开始执行。

结束条件：定义了活动在什么情况下才能结束。当活动执行完毕后，活动的结束条件就被检验，如果为True，则该活动结束；如果为False，则该活动被重新执行，直到满足结束条件为止。通过结束条件的设置，可以定义需要多次循环执行的操作。

转移条件：是定义在控制连接弧上的条件，根据对转移条件的判断结果是 True 还是 False 来决定后继的活动是否被执行，可通过相关的规则集来实现。

通过上述的柔性工作流模型的基本元素，可以方便地对业务过程进行柔性建模，构建柔性工作流的 4 种基本路由结构包括顺序路由、选择路由、并行路由和循环路由。

9.4.2 模型扩展属性

对柔性工作流模型中的活动增加了扩展属性集来支持柔性工作流运行期间的动态性。主要包括以下几方面的属性：

1. 状态属性

工作流机可以基于活动的状态（未就绪、就绪、执行、挂起、取消和完成）来完成类似操作系统任务调度的活动调度。活动状态转换图如图 9-4 所示。

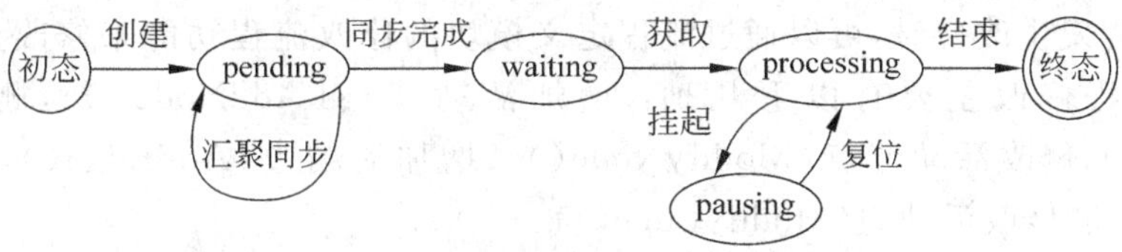

图 9-4 活动状态转换图

2. 优先权属性

为工作流模型的活动增加了优先权属性，当工作流机在进行活动调度时，可以根据活动的优先权来优先处理优先级较高的活动。

3. 动态路由属性

活动的动态路由属性提供增加本活动结束后可转移到的后续活动节点。通过增加动态路由属性，可以动态增加后续活动节点的路由。当流程实例执行到该活动节点时，为用户提供可选择的动态路由，实现了自由流。图 9-5 所示为动态路由执行图。

4. 回退属性

回退属性的提供是为了满足日常业务处理中常见的退回功能。图 9-6 所示为退回执行图。

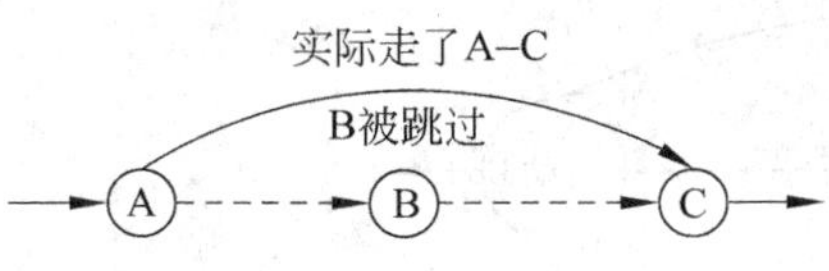

图 9-5 动态路由执行图

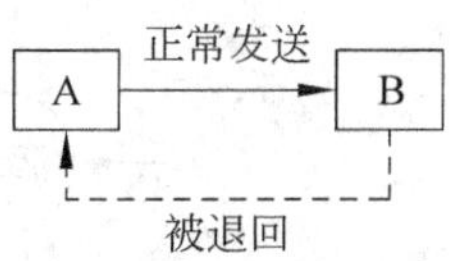

图 9-6 退回执行图

5. 投票属性

增加该属性是为了增加活动的处理类型，满足业务流程中经常遇到的投票活动。当该活动的前续活动完成数大于等于所需投票数，则开始执行该活动。

6. 组织角色集属性

为了可以在活动节点中增加新的任务执行者，在活动节点中设置了组织角色集属性，该属性默认状态为初始指定的任务执行者角色。通过增加新的组织角色，可使该节点能被新增的角色执行者执行。

7. 资源集属性

在活动节点中设置了资源集属性，该属性默认状态为初始指定的该活动节点所使用的资源。通过在资源集中增加资源，可以使该节点使用更多的相关资源。

9.4.3 运行时的动态支持

当业务流程发生改变时，可以通过流程定义模块的修改流程功能来修改业务流程。通常情况下的流程修改主要有以下几种：增加活动节点(AddNode())，删除活动节点(DeleteNode())、修改活动节点(ModifyNode())、增加活动边(AddEdge())、删除活动边(DeleteEdge())和修改活动边(ModifyEdge())。

1. 增加活动节点

当业务流程中需要增加活动时，如在审批流程中需要增加一级审批，那么在审批工作流的流程定义中就需要增加相应的活动节点以及相应的边，增加活动节点如图 9-7 所示。

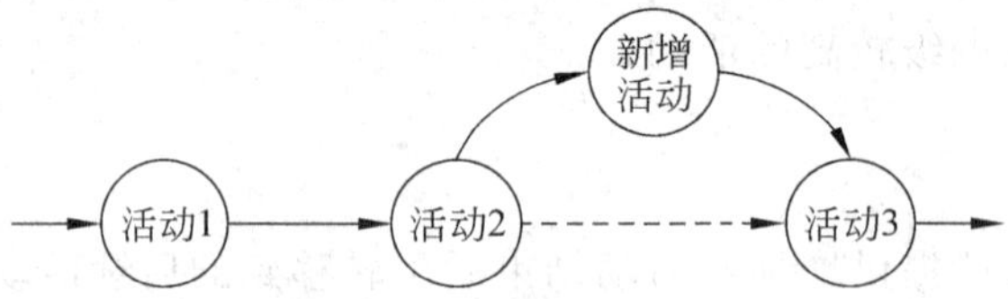

图 9-7　增加活动节点

2. 删除活动节点

当业务流程需要去除某些活动时，可以用图 9-8 所示的方法来删除相应流程中的活动节点及边。

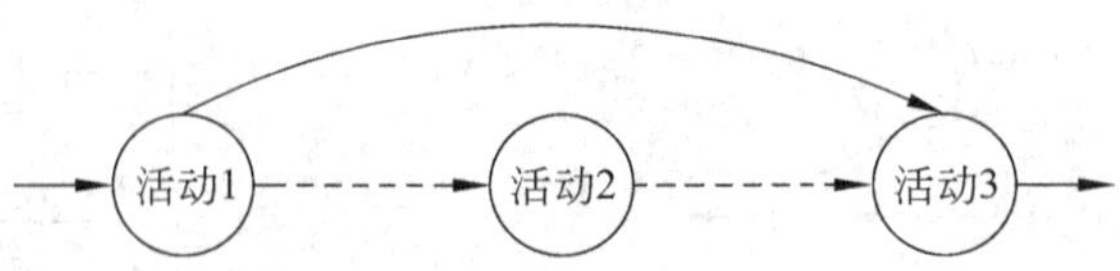

图 9-8　删除活动节点

3. 修改活动节点

对于业务流程中活动的修改和变更可以通过对工作流程定义中相应活动节点的定义进

行修改来实现。修改过程只涉及活动节点属性集合的修改。如对相关活动节点任务执行者的重新指定，活动的开始、结束和转移条件的修改，以及与该活动相关的动作、规则和业务数据的修改，等等。

4. 增加活动边

当需要在流程中增加新的活动边时，可用图 9-9 所示的方法来增加相应的边，并设置边的相关属性（开始、结束以及转移条件）。

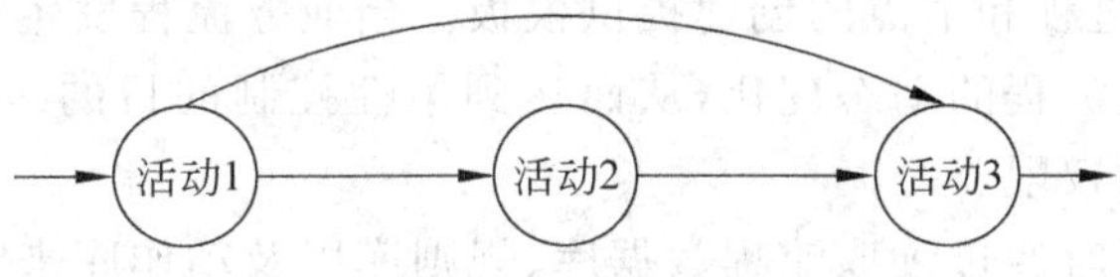

图 9-9　增加活动边

5. 删除活动边

在已定义的流程中删除原有的活动边，图 9-10 所示为删除活动边。

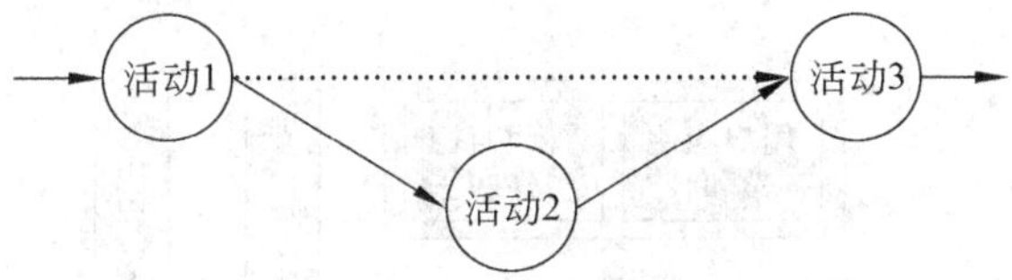

图 9-10　删除活动边

6. 修改活动边

在所定义的流程中修改边的相关属性（动作、规则等）。

9.4.4　工作流角色

人员是业务流程中不可缺少的要素，当工作流程定义和执行过程中的任务执行类型属于人工执行时，执行单元必须有相应的任务执行者。任务执行者通过人机之间的交互来完成流程定义的任务。

组织结构是一个动态的系统，人员流动变化比较大，如果将任务执行单元直接地绑定到具体人员，很可能因为出差、调动或解雇等种种原因使原来的工作流程在流程的某个环节上缺少相应的任务执行者而无法处理，流程实例也无法继续流转。所以在系统中引入角色的概念，角色是具有某种操作权限的用户集合。一个用户经指派可能属于多个角色。一个角色可由一个或者多个用户构成，每个角色可执行多个不同的操作，每个操作也可由多个不同的角色执行。在柔性工作流系统中将角色概念和组织结构动态地结合起来，角色与流程中某个人工执行任务单元相关联，通过动态地为职员分配角色，就可以动态指定任务的执行者。

通常在系统中可以提供以下几种任务执行者角色：

（1）部门：完成某个任务的人员集合，以部门号 ID 标识。

(2) 职务：担任某个具体职务的人员集合，以职务名标识。

(3) 职员：具体的个人，以员工号 ID 标识。

由上述可见，部门、职务和职员这种组织关系可以很好地表示人员的隶属关系，并为工作流过程提供相应的组织单元信息。

9.4.5 柔性工作流引擎框架

柔性工作流引擎定义的模块主要包括流程定义和角色定义。流程定义主要负责对流程定义的解释及维护，为过程和节点的创建提供模板。当业务流程发生变化时，可通过过程定义工具调整路由来适应流程的动态变化，从而达到柔性控制的目的。角色定义用来定义系统预设的角色及相应的权限。

工作流引擎在运行时通过读取流程数据库、规则库以及动作库来解释并维护流程定义、创建过程实例以及激活、挂起、终止等行为。通过读取已定义的流程数据，工作流引擎在一个流程的各个活动间进行流程导向，负责控制过程、活动节点、工作项的状态转换以及业务数据在各个步骤之间的传递，并以辅助工具的方式来提供对工作流实例运行的监控。辅助模块主要包括日志管理、消息管理、异常处理等。基于 Web 的柔性工作流引擎框架如图 9-11 所示。

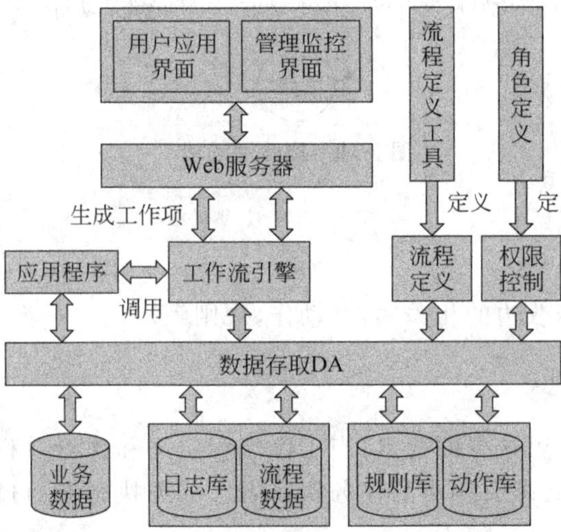

图 9-11 基于 Web 的柔性工作流引擎框架

工作流引擎按照过程定义为用户生成流程实例，驱动流程按定义的路由流转。按照组织机构模型、角色权限的定义，根据用户的登录身份对用户进行访问控制，并按流程定义的规定语义保存业务数据，或对业务数据进行添加、修改、删除和查询等操作。

工作流引擎可采用基于关系的数据模型，即工作流引擎中的数据模型(即机构模型和信息模型)全部通过关系结构来表达；控制工作流引擎运作的各种程序逻辑(即控制模型)也是通过关系数据库管理系统 DBMS 中所提供的存储过程、包以及触发器等机制来实现的；同时，事务的并发控制也通过数据库系统所提供的机制来实现。基于关系结构的工作流引擎可以方便地嵌入到应用的开发环境中，降低开发应用的难度，与应用的开发环境做到了无缝的集成。

9.5 柔性工作流的应用

9.5.1 柔性工作流应用的必要性

传统应用系统是一个面向业务功能的事务处理系统。它为业务人员提供了丰富的业务处理功能,但是每个业务处理都不是孤立的,一定与其他部门、其他人、其他事务有关,这就构成了一个业务流程。传统应用系统对这个业务流程缺乏有效的控制和管理。此外,在已实施的许多系统中虽然也存在的一些业务流程,但都是比较简单、固定的流程,无法满足业务流程、组织机构和人员的经常变更,更无法满足业务流程将来的扩充和对其他业务系统的集成。

固化的业务流程非常不利于业务流程的改变。业务流程是随需要不断改变的,所以应用系统必须是功能可重构、流程可改变、高度柔性的系统。因此将柔性工作流管理技术引入应用系统就成为必然的结果,具有如下好处:

(1) 实现现代企业管理思想的需要。现代企业管理思想能够得以实施,不仅需要对企业经营情况进行定性分析,还需要借助大量数据进行定量分析,以提高企业管理的精确性。一个柔性化的应用系统不仅可以产生和记录定量分析所用的数据,而且可以通过多样化的数据处理和报表来协助企业完成定量分析。

(2) 适应市场的多变性的需要。柔性化的应用系统能将市场变化快速地反映到系统中,并准确传送到各部门,协助企业更好地适应了市场环境的变化。

(3) 提高企业信息管理水平的需要。一个柔性的应用系统是由物流系统、资金流管理系统和经营管理系统等构成的统一信息平台,它可以使管理者更合理地配置各种资源和降低成本。

(4) 顺应现代技术发展的需要。随着各种软件新技术的产生和发展,组件和构件技术、工作流技术、网格计算等新技术越来越多地被运用到实际系统的开发中,为实现柔性应用系统提供了技术支撑,也推动了应用系统向柔性化发展。

9.5.2 柔性工作流实现的技术

实现应用系统柔性化的技术如下:

1. 系统信息库技术(数据字典技术)

类似于数据库系统中数据字典。将系统用到的数据在数据库中登记,这里是指广义的数据,不仅仅是各种业务和系统数据项,还包括数据与数据之间的关系、业务逻辑关系等。利用数据字典中以元数据形式存储的各种数据属性、特征和状态值来控制程序运行的情况,达到把业务逻辑从代码中脱离出来的目的,实现应用系统柔性化。

2. 面向对象思想

虽然软件的设计方法经历了功能分解法、结构化程序设计、面向对象设计、组件程序设计的发展过程。但这并不排斥各种设计方法和思想的综合使用。一个柔性化系统,需要分析各种业务活动的本质和共性，并进行抽象、封装和建模，这与面向对象思想不谋而合。

3. 组件技术

组件是可独立发布的、能实现预定功能的共享程序块。它使模块的接口和实现分离，提高了程序的可复用性。另外，通过接口的规范化，增强了组件之间重新组合的能力，而这种重新组合运用在企业应用系统上就可以轻松地实现业务逻辑柔性重组。组件技术除了组件本身之外，更重要的是一个能容纳组件的软件体系结构，在这种组件体系结构下，能快速、稳定、代价小地调整软件局部功能。它是实现柔性化功能的支撑平台。

4. 多层技术

将业务处理的不同阶段分散到不同的逻辑层中，各层间相互协同工作，又保持一定的独立性。这不仅提高了开发的效率，而且方便了系统功能的扩展和复用。

9.5.3 柔性化应用系统的特征

工作流的柔性研究对于应用系统本身的发展以及指导应用系统的柔性化都具有重要意义。

当前应用系统在柔性化方面的研究也已经开始，但尚未进入系统的定性与定量相结合的研究阶段，只有少数大公司的应用系统在这方面已经在技术上有所体现，但还处于商业机密的阶段。

卡内基梅隆大学的 SEI(software engineering institute)把信息系统柔性定义为系统或构件在与原有设计环境不同的情况下被修改的容易程度。这个概念强调了信息系统对环境变化的可修改能力，并且要求这种修改迅速和容易。

应用系统的柔性是指其对内外部环境变化和影响的适应能力。柔性越高，其自身的控制能力就越强，环境对于它的制约能力就越弱。一个优秀的柔性应用系统不仅能被动地适应外界环境的变化，而且具有主动控制环境变化的能力。

应用系统的柔性化主要有以下特征：

(1) 业务需求和流程调整时，不用改写和重新编译程序，只需要在系统的参数设置里做出改动，即可使应用系统适应新业务和流程。虽然在实际情况中，应用系统的柔性和适用范围还是有限的，但是能延长系统的生命周期，降低维护的工作量。

(2) 当业务流程发生较大变化(改变系统底层的数据结构，改变原有的业务流程顺序)时，只需要对极少数模块进行修改，不需要对系统框架结构做大规模的改写。这可通过保证模块间的弱耦合性和强内聚性来实现。

(3) 柔性化应用系统大多采用多层架构和 B/S 模式混合的体系结构。这种对信息系统逻辑和物理上的分割可以大大降低信息系统的维护费用，便于快速和低成本的维护。

(4) 前面 3 条是从系统结构方面来体现应用系统的柔性，但是对于某一个具体功能来说，更关键的是从众多具体的同类业务过程、处理方法、处理数据中归纳出通用的业务流程、通用的算法和通用的数据模型，使得开发出来的系统能够适用于多种不同类型的企业，并能与企业的实际情况基本符合，真正做到一定程度的通用化。

思考题

1. 工作流管理联盟是怎样定义工作流的？
2. 工作流的要素有哪些？
3. 什么是静态柔性和动态柔性？
4. 柔性工作流的柔性策略包括哪两个方面？
5. 工作流管理系统提供了什么功能？
6. 画出工作流管理系统参考模型。
7. 简述工作流管理系统的体系结构。
8. 柔性工作流模型的组成有哪些？
9. 柔性工作流建模的基本模型单元有哪些？
10. 柔性工作流模型的扩展属性集有哪些？
11. 将柔性工作流管理技术引入应用系统有什么好处？
12. 柔性化应用系统的特征是什么？

第 10 章 统一建模语言

10.1 UML 概述

1995—1997 年期间统一建模语言 UML(unified modeling language)出现,在世界范围内,UML 很快成为面向对象技术领域内占主导地位的标准建模语言。UML 带来的好处是：首先,之前的数十种面向对象建模语言都是相互独立的,UML 的出现消除了许多潜在的和不必要的差异,统一了面向对象技术领域的建模语言,便于用户使用;其次,通过统一语义和符号表示,稳定了面向对象技术市场,使项目根植于一种成熟的标准建模语言,从而大大拓宽所开发软件系统的适用范围,大大提高其灵活程度。

10.1.1 UML 产生的背景

公认的面向对象建模语言出现于 20 世纪 70 年代中期。从 1989 到 1994 年,其数量从不到 10 种增加到了 50 多种。面对众多的建模语言,每种语言的创造者都努力推崇自己的产品,并在实践中不断完善。但是,面向对象方法的用户并不了解各种建模语言的优缺点及相互之间的差异,因而很难根据应用特点选择合适的建模语言,于是爆发了一场"方法大战"。1995 年前后,一批新方法出现了,其中较为引人注目的是 Booch、OOSE 和 OMT 等。

Booch 是面向对象方法最早的倡导者之一,他提出了面向对象软件工程的概念。1991 年,他将以前面向 Ada 的工作扩展到整个面向对象设计领域。Booch 方法比较适合于系统的设计和构造。

Rumbaugh 等人提出了面向对象的建模技术(OMT)方法,采用了面向对象的概念,并引入各种独立于语言的表示符。这种方法用对象模型、动态模型、功能模型和用例模型,共同完成对整个系统的建模,所定义的概念和符号可用于软件开发的分析、设计和实现的全过程,软件开发人员不必在开发过程的不同阶段进行概念和符号的转换。OMT 特别适用于分析和描述以数据为中心的信息系统。

Jacobson 于 1994 年提出了 OOSE 方法,其最大特点是面向用例(use case),并在用例的描述中引入了外部角色的概念。用例的概念是精确描述需求的重要工具,用例贯穿于整个开发过程,包括对系统的测试和验证。OOSE 比较适合支持商业工程和需求分析。

此外,还有著名的 OOA/OOD,它是最早的面向对象的分析和设计方法之一,该方法简单易学,适用于面向对象技术的初学者使用,但由于该方法在处理能力方面的局限,目前已很少使用。

概括起来：

(1) 面对众多的建模语言,用户由于没有能力区别不同语言之间的差别,因此很难找到一种比较适合其应用特点的语言。

(2) 众多的建模语言实际上各有千秋。

(3) 虽然不同的建模语言大多雷同，但仍存在某些细微的差别，极大地妨碍了用户之间的交流。因此客观上，有必要比较不同建模语言的优缺点，根据应用需求取其精华，去其糟粕，求同存异，统一建模语言。

面向对象技术和 UML 的发展历程可用图 10-1 来表示，标准建模语言的出现是其重要成果。在美国，截止 1996 年 10 月，UML 获得了工业界、科技界和应用界的广泛支持，已有 700 多家公司表示支持采用 UML 作为建模语言。1991 年底，UML 已稳占面向对象技术市场的 85%，成为可视化建模语言事实上的工业标准。1997 年 11 月 17 日，OMG 采纳 UML1.1 作为基于面向对象技术的标准建模语言，后来出现 UML2.0 版。UML 代表了面向对象方法的软件开发技术的发展方向，具有巨大的市场前景，也具有巨大的经济价值和国防价值。

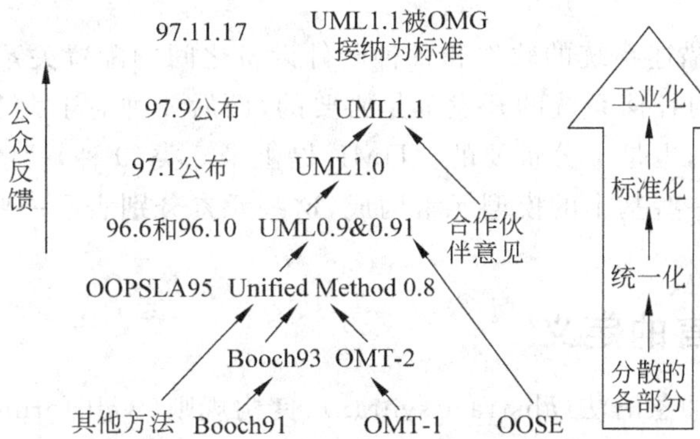

图 10-1 面向对象技术和 UML 的发展历程

10.1.2 UML 定义

UML 是一种定义良好、易于表达、功能强大且普遍适用的建模语言。它融入了软件工程领域的新思想、新方法和新技术。它的作用域不仅仅限于支持面向对象的分析与设计，而是全面支持从需求分析开始的软件开发的全过程。

UML 是一种有助于完成下列工作的语言：描述、可视化和理解文档；在问题解决过程中获取、交流和利用知识；描述、可视化和构造解决方案。

首先，统一建模语言融合了 Booch、OMT 和 OOSE 方法中的概念，它是可以被上述及其他方法的使用者广泛采用的一门简单的、一致的和通用的建模语言。

其次，统一建模语言扩展了现有方法的应用范围。UML 的开发者们把并行分布式系统的建模作为 UML 的设计目标，也就是说，UML 具有处理这类问题的能力。

再次，统一建模语言是标准的建模语言，而不是一个标准的开发流程，也不是一种方法。在原理上，任何方法都应由建模语言和建模过程两部分构成。其中建模语言提供了这种方法中用于表示设计的符号(通常是图形符号)；建模过程则描述进行设计所需要遵循的步骤。UML 统一了面向对象建模的基本概念、术语及其图形符号，为人们建立了便于交流的共同语言。然而，人们可以根据所开发软件的类型、环境和条件，选用不同的建模过程。

10.2 UML的研究内容

UML有着广泛的应用范围。它为人们提供了从不同角度去观察和展示系统的各种特征的一种标准方法。在UML中,从任何一个角度对系统所做的抽象都可能需要几种模型图来描述,而这些来自不同角度的模型图最终组成了系统的完整图像。

一般而言,可以从以下几种常用的视角来描述一个系统:

(1) 系统的使用实例:从系统外部操作者的角度描述一个系统的功能。

(2) 系统的逻辑结构:描述系统内部的静态结构和动态行为,即从内部描述如何设计实现系统功能。

(3) 系统的构成:描述系统由哪些程序构件组成。

(4) 系统的并发特性:描述系统的并发性,强调并发系统中存在的各种通信问题和同步问题。

(5) 系统的配置:描述系统的软件和各种硬件设备之间的配置关系。

可见,前两种视角对任何系统的开发都是必要的,而后3种对于大多数复杂系统特别是分布式及并发系统而言,也是十分重要的。UML提供了5类(9种)视图来综合刻画出整个系统的全貌,模型图由一些基本的模型元素构成,这些元素分别表示一些公共的面向对象的概念。

10.2.1 UML语言的定义

UML规范主要从抽象语法(abstract syntax)、良构规则(well-formedness rules)和语义(semantics)3个方面来定义UML语言的,其定义式是半形式化的。

一种语言的语法是定义语言中有哪些构造物以及它们是如何用其他构造物构成的。UML的抽象语法是通过用它自己的一个子集来描述一个模型的方式给出的。

良构规则定义语言的静态语义,即定义语言构造物体的一个实例应该如何与其他实例相连接才有意义。这些规则是以语言构造物实例的不变式的形式给出的,当其不变式被满足时该构造物才有意义。每个不变式都是用UML的对象约束语言(object constraint language,OCL)表达式给出的。

这里的语义指的是动态语义,它定义了一个良构的构造物的含义。UML规范中只是对具体构造物的动态语义进行定义,而不定义抽象构造物的动态语义。

10.2.2 UML的图形表示法

UML的表示法定义了UML的符号表示,为开发者或开发工具提供使用这种图形表示方法的系统建模。这些符号或文字表达是应用级的模型,在语义上是UML元模型的实例。

UML的重要内容可以由5类图(共9种图形)来定义:用例图(use case diagram)、类图(class diagram)、对象图(object diagram)、状态图(state diagram)、活动图(active diagram)、时序图(sequence diagram)、协作图(collaboration diagram)、组件图(component diagram)和配置图(deployment diagram)。UML中的9种图彼此不是孤立的,各个模型图之间存在着信息的重叠和相互交织。通过对这些图的综合运用来全面刻画整个系统的全貌。UML

还提供了一些通用机制，包括对模型元素的语义定义、内容描述、附加注释以及语言的扩展机制等。

1. 用例图

用例图显示多个外部参与者以及他们与系统提供的用例之间的连接。用例是系统中的一个可以描述参与者与系统之间交互作用的功能单元。用例仅仅描述系统参与者从外部观察到的系统功能，并不描述这些功能在系统内部的具体实现。用例图的用途是列出系统中的用例和参与者，并显示哪个参与者参与了哪个用例的执行。

图 10-2 所示是一个用例图的例子。

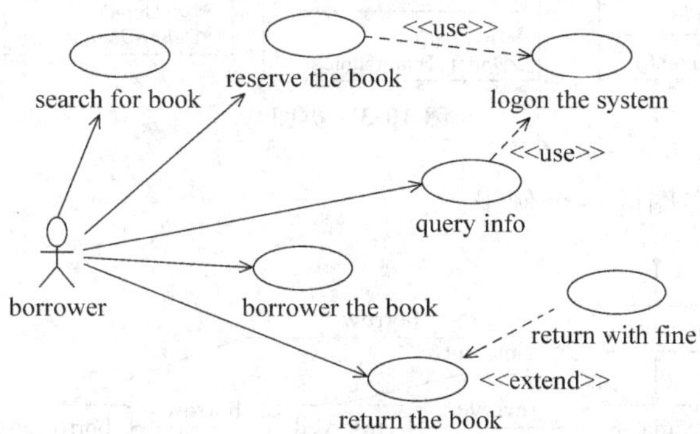

图 10-2 用例图

2. 类图

类是对应用领域或应用解决方案中概念的描述。类图以类为中心组织，类图中的其他元素或属于某个类，或与类相关联。

类可以以多种方式相连：关联、依赖（一个类依赖或使用另一个类）、特殊化（一个类是另一个类的特化），这些连接成为类之间的关系。所有的关系连同每个类的内部结构都在类图中显示。关系用类框之间的连线来表示，不同的关系用连线上和连线端口处的修饰符来区别。图 10-3 所示是类图的一个例子。

3. 对象图

对象图是类图的变体，它使用与类图相似的符号描述，不同之处在于对象图显示的是类的多个对象实例而非实际的类。可以说，对象图是类图的一个例子，用于显示系统执行的一个可能的快照，即在某一时间点上系统可能呈现的样子。

4. 状态图

状态图是对类描述的补充，它用于显示类的对象可能具备的所有状态，以及引起状态改变的事件。状态的变化称之为转换。状态图由对象的各个状态和连接这些状态的转换组成。每个状态对一个对象在其生命期中满足某种条件的一个时间段建模。事件的发生会触发状态间的转换，导致对象从一种状态转换到另一新的状态。

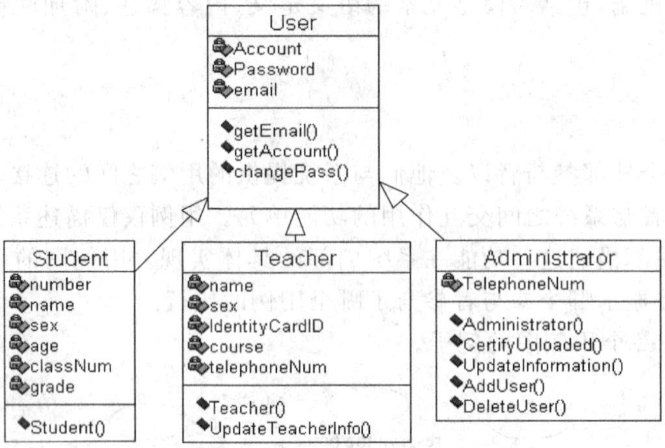

图 10-3 类图

图 10-4 所示是状态图的一个例子。

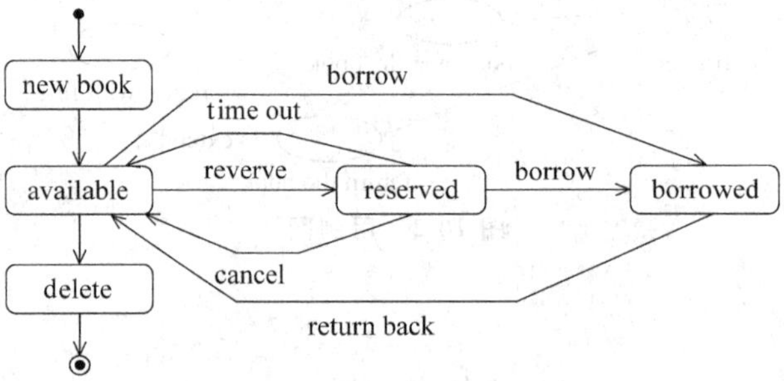

图 10-4 状态图

实际建模时，并不需要为所有的类都绘制出状态图，仅对那些具有多个明确状态并且这些状态将会影响和改变其行为的类才有绘制状态图的必要。此外，还可以为系统绘制整体状态图。

5. 时序图

时序图显示多个对象之间的动态协作，重点是显示对象之间发送的消息的时间顺序。时序图也显示对象之间的交互，就是在系统执行时，某个指定时间点将发生的事情。时序图的一个用途是用来表示用例中的行为顺序，当执行一个用例行为时，时序图的每条消息对应于一个类操作或状态机中引起转换的触发事件。图 10-5 所示为时序图的一个例子。

6. 协作图

协作图对在一次交互中有意义的对象和对象间的连接建模。除了显示消息的交互以外，协作图也显示对象以及它们之间的关系。协作图是对象图的另一种表达方式，它描述系统中的对象及其相互之间的通信关系。

时序图和协作图都可以表示各对象间的交互关系，但它们的侧重点不同。时序图用消息的几何排列关系来表达消息的时间顺序，各角色之间的关系是隐含的。协作图用各个角

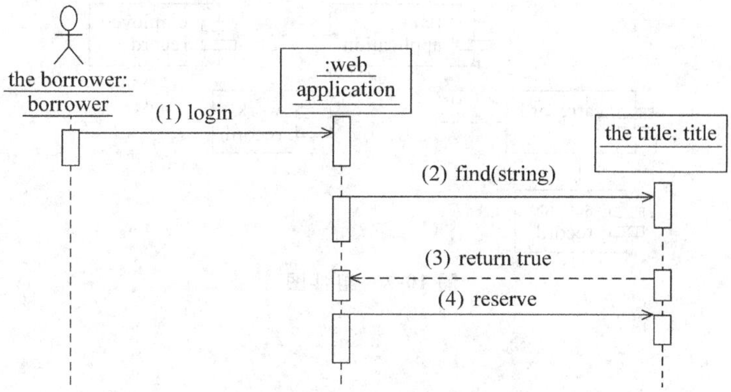

图 10-5　时序图

色的几何排列来表示角色之间的关系，并用消息来说明这些关系。在实际运用中可以根据需要选用这两种图。如果重点强调时间或顺序，那么选择时序图；如果需要重点强调上下文，那么选择协作图。图 10-6 所示为协作图的一个例子。

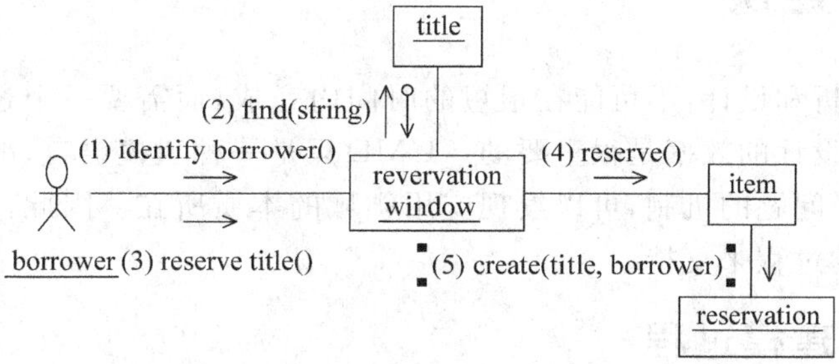

图 10-6　协作图

7. **活动图**

活动图是状态图的一个变体，用来描述执行算法的工作流程中涉及的活动。动作状态代表了一个活动，即一个工作流步骤或一个操作的执行。活动图由多个动作状态组成，当一个动作完成后，动作状态将会改变，转换为一个新的状态(在状态图内，状态图在进行转换之前需要标明显示的事件)。这样，控制就在这些互相连接的动作状态之间流动。此外，在活动图中还可以显示决策和条件，以及动作状态的并发执行。

8. **组件图**

组件图用代码组件来显示代码的物理结构，组件可以是源代码组件、二进制组件或一个可执行的组件。一个组件包含它所实现的一个或多个逻辑类的相关信息，根据组件图中显示的组件之间的依赖关系，可以容易地分析出某个组件的变化将会对其他组件产生什么样的影响。通常来说，组件图用于实际的编程工作。

图 10-7 所示为组件图的一个例子。

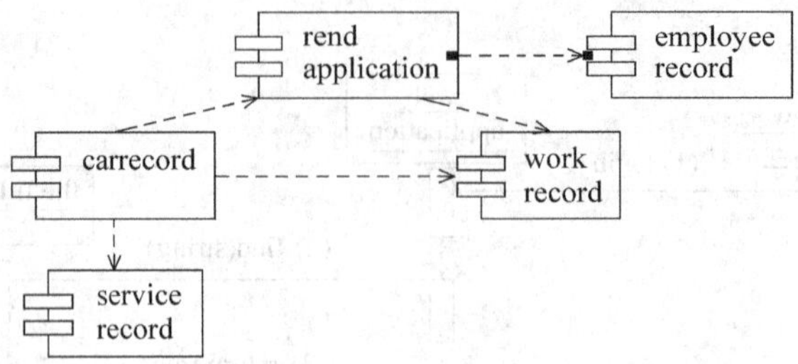

图 10-7 组件图

9. 配置图

配置图用于显示系统中的硬件和软件的物理结构。配置图不仅可以显示实际的计算机和设备(节点),还可以显示它们之间的连接和连接的类型。在配置图中显示那些节点内已经分配了可执行的组件和对象,以显示这些软件单元分别在哪个节点上运行。

10.3 UML 建模

对于系统的分析和设计,不可能在很短的时间内完成,而需要一个过程。因此,选取合适的过程对开发和设计的效率是很重要的。UML 只是一种建模语言,准确地说,它是一种表示法,是一种记录问题的机制,可以发现应用领域的本质所在。因此,在实际的开发和设计中,需要有具体的过程来支持。

10.3.1 UML 建模过程

过程主要描述做什么、怎么做、什么时候做以及为什么要做,描述一组以某种顺序完成的活动。过程的结果是一组有关的系统文档(模型和其他一些描述),以及对最初问题的解决方案。

UML 的创始人 Booch、Rumbaugh 和 Jacobson 在创建 UML 的同时,在 Rational 公司的支持下综合了多种软件开发过程的长处,提出了一种新的面向对象的软件开发过程,称为 Rational 统一过程(rational unified process,RUP)。RUP 是一种以用例为驱动、以构架为中心,并采取迭代和增量的开发过程。它与 UML 在实际开发过程中的结合使得对系统的分析和设计变得直观、清晰,降低了系统的开发风险。它还具有控制整个系统的开发过程、维护系统完整性的优点。

RUP 的核心思想是认为软件开发是一个迭代、递增式的开发过程,是一个用例驱动的开发过程,是一个以体系结构为中心的开发过程。

RUP 提供了如何在开发组织中严格分配任务和职责的方法。它是一个过程产品,具有自己的过程框架,这个框架可以被改造和扩展。它是以一种大多数项目和开发组织都能适应的形式,总结了很多现代软件开发中的最佳实践。特别是它包含迭代的软件开发、需求管理、应用基于构件的构架、为软件建立可视化的模型、不断地验证软件质量、控制软件的变更等实践活动。

RUP 除了包含最佳实践,还具有以下几点重要的特征:

(1) 用例对开发的很多方面都有驱动的作用。

(2) 需要软件开发工具来支撑过程。

(3) 作为过程框架,RUP是可裁剪的过程。它建立了简捷和清晰的过程结构,为开发过程提供了较大的通用性。同时,还可以对它进行裁剪以适应特定组织的需要。

(4) RUP中的软件生命周期在时间上被分解为4个顺序的阶段,分别是初始阶段(inception)、细化阶段(elaboration)、构造阶段(construction)和交付阶段(transition)。

RUP规定了9个核心工作流,分为6个核心过程工作流和3个核心支持工作流。6个核心过程工作流分别为业务建模、需求分析、系统分析与设计、实现、测试、部署。它们是RUP过程的核心工作流,也是软件开发的主要开发活动。3个核心支持工作流为配置和变更管理、项目管理和环境。

在RUP过程中将建立9种模型,它们是业务模型、领域模型、用例模型、分析模型、设计模型、过程模型、配置模型、实现模型和测试模型。

10.3.2 UML在RUP中的应用

RUP是由UML提出者开发的,所以与UML能够最好地结合。实际上,UML在RUP中的应用表现在以下4个方面:

(1) 用例驱动。传统的面向对象开发方法因为缺乏贯穿整个开发过程的线索,因此很难阐述清楚一个软件系统是如何实现其功能的。RUP是一个用例驱动方法,系统所定义的用例是开发过程的基础。用例模型贯穿于系统的各个阶段,驱动RUP大量的开发活动。

(2) UML模型对工作流程的描述。模型是对系统架构进行可视化、指定、构造和编制文档的手段和工具。RUP的每个工作流程都有相应的一个或多个模型来描述,而这些模型就是用UML图来表达的。

(3) UML对迭代开发过程的支持。RUP支持迭代的开发,它的生命周期的每个阶段都由一个或多个连续的迭代组成,每一个迭代都是一个完整的开发过程,是一个具体的从头到尾执行的迭代工作流。迭代的开发软件可以在生命周期的早期确定项目中存在的风险,能够容易地变更管理,提高复用的程度和产品的整体质量。

(4) UML的用于软件开发过程的UML剖面。在UML的扩充中,定义了两个UML剖面。剖面就是一套预定的扩展机制(衍型、约束等)和表示法图标。其作用是可以按照特定领域或过程的需要而特化和裁剪UML。第一个剖面叫做用于软件开发过程的UML剖面。另一个剖面是用于业务建模的UML剖面。第一个剖面所指的开发过程就是针对RUP过程。在该扩充中,定义了对RUP建模过程中所需要的特殊衍型、标记值、约束和表示法图标,并给出对UML概念的一些特殊应用规则。

10.4 基于UML的集成化CASE平台的模仿设计

为了便于读者充分理解、消化和吸收基于UML的集成化CASE平台技术,模仿Rational Rose,初步开发了一个CASE平台,称为SIMULCASE。下面介绍其开发过程。

10.4.1 CASE的起源和发展

CASE(computer aided software engineering,计算机辅助软件工程)也可以说是为软件开发的自动化做支撑。CASE作为计算机软件工程的一种技术和环境,其目的是通过统一的数据操纵手段和方法,从多个角度和多个阶段辅助软件开发人员。面向对象方法提高了软件产品的质量,使软件工程在软件开发实践中得到具体的应用。CASE是集成化的软件开发环境,覆盖软件生命周期的各个阶段。一般来讲,CASE工具应当包括需求分析工具、软件设计工具、软件测试工具、软件文档编制与生成工具、逆向工程工具等。与大多数软件不同,CASE工具主要供软件开发人员使用,而不是供终端用户使用。CASE本身不是软件开发语言,但可对软件开发的整个过程进行辅助支持。因此,不能将CASE技术仅仅看做是第四代软件技术的增强。与第四代软件技术相比,CASE具有如下优势:

(1) 表示集成。CASE工具提供较强的表示集成,使CASE工具比第四代工具更容易掌握和使用。

(2) 数据集成。所有信息都保存在中心库中,统一管理,提高了信息共享度,减少了信息的重复录入,并且保护了信息的完整性。

(3) 可复用性。CASE代码产生器产生的源代码或目标代码通常比第四代工具更有效,可复用性更强。

(4) 通用性。CASE工具能用于开发小型的、中型的、大型的甚至超大型的软件系统。而第四代工具最有用的是开发小到中型的MIS系统。

软件工程是一门建立在系统化、规范化、数量化等工程原则和方法上的,关于软件开发各阶段的定义、任务和作用的工程学科。软件工程化虽然已经得到业内人士的广泛共识,但没有实现软件工程化的软件开发企业却是不少。原因是要实现软件工程化需要具备以下几个前提:

(1) 遵循一套科学的软件开发技术。包括①软件开发的方法学及相关技术;②软件过程和软件产品的评价模型、方法和技术;③软件质量保证的方法和技术。

(2) 建立一套合适的软件工程的标准和规范。包括软件开发过程、软件文档编制、软件质量保证等一系列的规范。

(3) 严格的软件项目管理。包括软件度量、项目估算、进度控制、人员组织、配置管理和项目计划等。

(4) 建立配套的由CASE(计算机辅助软件工程)工具组成的集成化软件开发环境。

这4个关键问题对于软件工程化来说全都至关重要,其中最后一项是前3项得以实施的有力支持,甚至可以说是必要保障,尤其对于大型复杂软件系统的开发来说,没有计算机辅助软件开发工具(以下简称CASE工具)的支持,标准规范难以得到彻底的执行。所以,软件开发组织要告别手工作坊的软件开发模式,进入软件工厂的理想开发模式,建立集成化的CASE工具是十分必要的。

CASE是进入20世纪90年代以来计算机行业中发展最快的行业之一。如果说起源于60年代后期的“软件工程”经过20多年的发展,完成了将软件开发从手工作坊的软件开发方式转变为工程化的作业方式,这是软件生产的第一次变革的话,那么,以CASE代替手工作业方式的软件工程开发方法,可以说是软件生产的第二次变革。

对于 CASE 的发展和分类，人们各持所见，一直没有达成共识，比较典型的是 P. Mair 的观点，他将 CASE 分成 4 类，如图 10-8 所示。

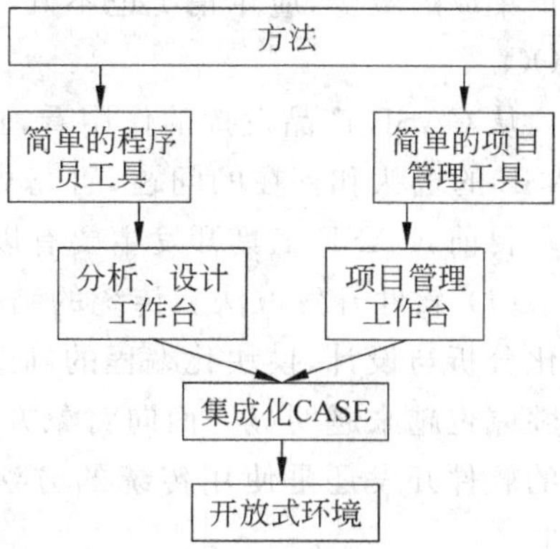

图 10-8 CASE 的发展与分类

1. 简单工具(从 20 世纪 70 年代早期开始)

特点如下：

(1) 单一功能，支持生命周期的某个阶段的单一活动。

(2) 基于文件系统。

2. 工作平台(从 20 世纪 80 年代早期开始)

特点如下：

(1) 支持生命周期中的某个阶段。

(2) 某种特定方法的自动化。

(3) 使用一个内部数据库去存储项目信息。

(4) 提供了用数据库中的规则去检查方法技术的设施。

3. 集成化 CASE(从 20 世纪 80 年代后期开始)

特点如下：

(1) 支持生命周期中的多个阶段。

(2) 包括基于一种方法的多个工作台。

(3) 有限的工具集。

(4) 所有工具都能共享同一个专用数据库。

(5) 提供有限的设施，用以检查工具之间的数据一致性。

4. 开放式环境(从 20 世纪 90 年代中期开始)

特点如下：

(1) 支持所有的角色和阶段。

(2) 多种方法的自动化。

(3) 可以集成第三方工具。

(4) 所有工具共享一个公共的、开放的数据库。

(5) 提供了复杂的设施，用以检查工具间数据一致性分类。

随着各种软件理论和技术的进步，CASE 理论获得了空前的发展。面向对象的方法、系统集成环境和客户机/服务器结构对 CASE 产生很大的影响。

面向对象方法对 CASE 带来的影响主要有两方面，一是 CASE 工具本身的实现方法，二是 CASE 工具所支持的软件开发方法。如对 CASE 而言，客户机/服务器结构一方面意味着 CASE 工具本身采用了客户机/服务器结构，另一方面则指 CASE 工具支持客户机/服务器的系统分析与设计。

目前较为流行的 CASE 工具为 IBM Rational 公司推出的 Rational Rose 和 Sparx Systems 公司推出的 Enterprise Architect，它们都支持面向对象的建模，尤其是支持统一建模语言 UML。国内 CASE 产品渐渐丰富起来,但从产品类型上看,下游 CASE 工具较多,真正集成的较少,应用情况也不好,比较优秀的支持面向对象建模的工具为北京大学开发的 JBOO。

从 CASE 产品发挥的作用看,真正提高软件开发效率的不到 1/3。因此,必须认真分析 CASE 的现状和存在的问题,研究 CASE 开发策略,促进我国 CASE 开发工作。

目前,CASE 工具开发主要有以下两方面的问题。

(1) 软件开发方法。传统的结构化方法给软件开发带来了很多好处,如自顶向下的结构化分析与设计,模块化编程的确给软件开发提供了有效的途径。但是,传统的结构化方法的弊端也越来越明显。面向对象方法克服了这些弊端,使其成为主流的开发方法。目前不少的软件开发还是使用传统的方法。所以,支持面向对象建模是 CASE 工具的一个发展方向。

(2) 软件工程方法。软件工程的出现无疑给软件开发带来希望和光明,但软件工程思想方法的演变,则说明了另外一些问题。虽然软件工程给软件开发的组织和管理提供了原则和依据,但是 CASE 工具是对传统手工过程的支持和部分替代,在软件开发由手工过程到自动化和半自动化的转变的条件下,原来的软件工程方法需要进一步改进和完善,以适应 CASE 工具的发展。

虽然 CASE 工具对于软件工程化来说十分重要,但经过研究发现,国内 CASE 工具的应用水平总体来讲还是比较低的,大多数软件开发机构仅在部分软件开发过程中离散地应用一些 CASE 工具,还有一些规模较小的软件开发机构仍处于完全的手工作坊状态,只有较少的软件研发机构建立起了集成化的 CASE 工具软件开发环境,支持从上游到下游,贯穿整个软件开发过程。

10.4.2 集成 CASE 环境

从发展的角度来看,所有平台都经历了一个从单个工具到多个工具的集成,最后形成一个完整环境的过程,CASE 的发展也不能例外,集成是其必然趋势,这是由于以下几方面的原因:

(1) 仅仅使用某一阶段的支持工具虽然有助于提高该阶段工作的效率,但并不能从根本上解决问题。因为人们需要的是整个软件工程效率的提高,只有这样,才能最终解决软件危机。

(2) 所有阶段都存在如何与前一个或后一个阶段衔接的问题,如果某一阶段使用 CASE 支持工具,而与其相关联的阶段仍使用手工方式,则使用 CASE 的阶段的效率也会降低。

(3) 单个工具很难协同来完成整个软件的开发过程,并且各阶段之间的信息传输也很难实现。

1990 年,Wasserman 首次提出 5 层模型,将 CASE 集成分为平台集成、数据集成、表示集成、控制集成和过程集成。

平台集成是指工具和工作台都在相同的平台上运行,其中平台可以是一个单一的计算机或操作系统,也可以是一个网络系统。目前大多数 CASE 平台运行于 UNIX 或 Windows 上。

数据集成指不同的软件环境能相互交流数据，数据集成是 CASE 集成的基础。根据 IEEE 数据交互标准，存在 4 种方式的数据集成：

(1) 直接转换：工具之间是通过共享数据结构来实现数据集成的，但是数据结构通常是编译器厂家的专利，没有任何一家公司会乐意公开其核心机制。因此这种数据集成只适用于同一公司的 CASE 产品，与第三家的 CASE 产品集成则不容易实现。

(2) 基于文件转换：所有文件都共享一个标准的文件格式，通用的文件格式是字符流文件，即所有加入到集成环境中的 CASE 工具要么遵循标准的文件格式进行保存，要么提供一个转换器，将文件格式从一种表示法转换为另一种格式。这种方法是最简单的适用于集成的方式，不存在技术难点，但是如果要为所有加入到集成环境中的 CASE 工具编制彼此之间的转换程序的话，其工作量是相当大的。

(3) 基于通信转换：该方式适用于开放式系统和分布式环境。

(4) 基于中心库转换：所有共享信息和数据结构保存在一个共享中心库中。中心库可提供紧密的数据集成，并可提供很多基本服务，如数据存储和管理，版本和配置管理，安全性和交互性管理，等等。目前很多 CASE 平台使用这种方法进行数据集成。

表示集成指一个系统中的所有工具都使用相同的风格以及共同的用户交互标准，工具有一个相似的外观，这样当引入一个新的工具时，用户可以很容易熟悉和使用该工具，有 3 种级别的表示集成：

(1) 系统集成：所有集成工具都有相同的窗口，窗口有共同的外观，操作方法也极为相似。

(2) 命令集成：这一级集成的工具对相似的功能使用相同格式的命令，如在一个使用菜单和图标的图形界面，相似的命令就会有相同的名字，在每个应用程序中菜单项定位于相同的位置，按钮的图标表示也都是相同的。

(3) 交互集成：这种集成是针对那些带有一个直接操纵界面的系统，通过该界面，用户可以直接与一个实体的图形或文本视窗进行交互，如选择和删除等。

控制集成支持工作台或环境中一个工具对系统中其他工具的访问。除了能启停其他工具外，一个工具应能调用其他工具所提供的服务，这样来减少系统的开销，提高系统效率。数据集成是集成的基础，而控制集成是衡量集成程度的标尺。理想的 CASE 环境应是各种工具、用户界面、数据和控制的有机结合。如果没有控制的集成，则 CASE 环境只不过是工具、用户界面和数据的简单堆积而已。

过程集成指 CASE 系统嵌入了关于过程活动、阶段、约束和支持这些活动所需的工具知识。CASE 系统辅助用户调用相应工具来完成有关活动，并检查活动完成后的结果。过程集成需要 CASE 系统维护软件过程模型，并实例化该软件过程模型。其间，要说明有哪些活动，活动间的过渡情况如何，完成活动要哪些工具支持，整个开发采用了哪些策略，等等，所有这些都在软件过程模型里表示出来，由一个过程翻译器或引擎实施该模型，在软件过程驱动下进行软件开发。

10.4.3 参考模型——Rational Rose

Rational 公司曾以 Ada 语言享誉世界，其面向对象的可视化建模工具 Rational Rose 也博得了业界普遍好评。正如美国《应用程序开发战略》的作者 Yourdou 教授所评价的：

Rational Rose 将对面向对象应用程序开发技术产生巨大影响；使大型开发项目的分析、建模和设计规范化了，Rational 公司已成为 OO CASE 界的 Microsoft。Rational Rose 包括了 UML、面向对象的软件工程及对象建模技术。

Rational Rose 的特点有以下几方面：

1. 保证模型和代码的高度一致

Rational Rose 可以实现真正意义上的正向、逆向和双向工程。在正向工程中，Rational Rose 可以为模型生成相应的代码；在逆向工程中，Rational Rose 可以从用户原来的软件系统导出系统的型；而在双向工程中，Rational Rose 可以真正实现模型和代码之间的循环工程，从而保证模型与代码的高度一致，并通过保护开关使得在双向工程中不会丢失或覆盖已经开发的任何代码。

2. 支持多种语言

Rational Rose 本身能够支持的语言包括 C++、Visual C++、Java、Smalltalk、Ada、VB 和 Power Rational Builder，也能够为 CORBA 应用产生接口定义语言（IDL）和为数据库应用产生数据库描述语言（DDL）。

3. 为团队开发提供强有力的支持

Rational Rose 提供了两种方式来支持团队开发：一种是采用 SCM（软件配置管理）的团队开发方式；另一种是没有 SCM 情况下的团队开发方式。这两种方式为用户提供了极大的灵活性，用户可以根据开发的规模和开发人员的数目以及资金情况等选择一种方式进行团队开发。

4. 支持模型的 Internet 发布

Rational Rose 的 Internet Web Rational Publisher 能够创建一个基于 Web 的 Rational Rose 模型的 HTML 版本，使得其他人员能通过标准的浏览器，如 Netscape Navigator 或 IE 来浏览该模型。

5. 生成使用简单且定制灵活的文档

Rational Rose 本身提供了直接产生模型文档的功能，但是如果能利用 Rational 文档生成工具 SoDA 提供的模型文档模版，就可以轻松自如地生成 OOA 和 OOD 阶段所需的各种重要文档。

6. 支持关系型数据库的建模

利用 Rational Rose 能够进行数据库的建模。Rational Rose 能够为 ANSI、Oracle、SQL Server、Sybase、Watcom 等支持标准 DDL 的数据库自动生成数据描述语言。

Rational Rose 的应用评价：

Rational Rose 提供了动态建模和静态建模的全面支持，及对软件生命周期的整个阶段的全面支持，并且各阶段的过渡十分灵活，操作也比较方便，是 SIMULCASE 平台设计的主要参考。但是 Rational Rose 也有它的一些问题，如不提供对类的方法及属性的同名检查；复制粘贴功能不完善：复制前的图符元素和粘贴后的图符元素引用的还是同一个对象，所以只要改变其中任何一个的属性，另外一个也会改变，该点已在 SIMULCASE 平台中得到修改；结构较为复杂，不易理解及掌握。

10.4.4 模型检查

1. 语法语义检查

为了保证模型的正确性，必须为模型提供语法、语义正确性检查。对语法、语义的检查实现起来并不是很困难，但要想做得很完善却并不容易，因为语法、语义检查不仅包括对 UML 语言的语法、语义检查，往往还涉及一些具体语言的语法、语义，常用 UML 图符元素的语法、语义的规范见表 10-1。

表 10-1　常用 UML 图符元素的语法、语义的规范

图符名称	所属图	图符作用	合法性
参与者	用例图	向系统输入或请求系统输入某些事件来触发系统的执行	只能用用例连接
用例	用例图	在不揭示系统内部构造的前提下定义连贯的行为	与用例或参与者相连
关联关系	类图、用例图	描述类参与者与用例之间的关系或类与服务单元之间的关系	不能与注释相连
依赖关系	类图、用例图、构件图	提供通信路径描述构件之间的接口关系和调用关系等	连接类与类以及包与包
类	类图	描述系统中重要的抽象元素	与类相连
包	用例图、类图、构件图	将类似项目组合在一起	与包、类或构件相连
扩展关系	类图、用例图	描述一般元素与特殊元素之间的关系	连接类与类以及用例与用例

2. 模型一致性检查

模型一致性存在于模型内部和模型之间这两个方面。模型内部的一致性是指模型各个组成部分之间的一致性。例如在行为模型中，顺序图、合作图、状态图和活动图之间存在某种约束关系，这些约束关系即行为模型内部的关系。在模型之间，一致性约束关系更为明显，需求模型与结构模型之间、结构模型与行为模型之间以及结构模型、行为模型与实现模型之间都存在很强的约束关系。

为了保证由不同的模型组合在一起所得到的系统模型中不存在冲突，将模型一致性分为如下 4 个方面的一致性：

（1）功能一致性。

（2）结构一致性。

（3）行为一致性。

（4）标志一致性。

在建立模型的过程中，因为未遵守上述一致性规则而进行操作时出现不一致的具体表现见表 10-2。

表 10-2 违反模型一致性的操作与示例

违反模型一致性的操作	示例
未遵守规则实施图符元素的创建操作，包括创建图元及图元间的关系	在对象之间创建了连接，但对象之间根本不存在任何关联，这一操作违反了结构一致性的规则
删除图符元素及其间的连接	删除一个类后，该类的状态图未做相应的删除，将该类的操作作为事件、消息、动作的地方未做相应的删除，这违反了行为一致性的规则
编辑图形元素的规格说明	用例图中的动作未分配给某个类的操作，从而违反了功能一致性的规则。 修改了某个类的名称后，在属于该类的对象的规格说明中未相应地修改对象所属类的名称，这违反了标志一致性的规则

SIMULCASE 平台针对语法、语义检查提供实时检查机制，在模型元素及各种关系被创建时进行检查，如不符合 UML 语法语义则给出错误提示，创建不成功，以这种方式来避免语法、语义错误。针对一致性检查。SIMULCASE 平台为了后期能够较好地实现一致性检查，制定了以下实现策略：强制约束、自动维护、动态检查、静态检查。具体内容在系统功能设计中做了介绍。

在整个模型的组织中，引入了包机制，包实际上是一些关系比较紧密的模型元素的集合。可通过包机制对模型进行细化，将一个复杂模型不断分解，减轻模型的复杂度，同时可实现从需求分析到概要设计再到详细设计的平滑过渡。整个模型是通过包机制组织起来的一棵倒置的树形结构。一个模型包括 4 个视图，每个视图实际上是一个特殊的包。即只存在语义信息，而不存在对应图元表示的包。每个包包含一系列模型元素，如类、用例、包等。如此循环往复，直至可详细表示模型信息为止，并可在需要的时候继续扩展。

10.4.5 平台的设计原则

为了使 SIMULCASE 平台便于用户使用，以及便于将来对其功能进行进一步的完善，平台的设计主要应遵循以下一些基本原则。

该平台设计主要参考了目前最为流行的 Rational Rose，因此系统的界面与 Rational Rose 看起来也较为相似，SIMULCASE 平台的窗口主要分为主窗口及属性窗口。

1. 主窗口

参照 Rational Rose 的主窗口。主窗口又可细分为 3 个部分：菜单栏、标准工具栏和工作区。

菜单栏主要包括对文件的操作（如保存、打开、新建等）以及对对象的编辑操作（如复制、粘贴、剪切、删除等）。

标准工具栏包含了常用的一些操作。

工作区又分为 3 个部分，左边的部分是浏览器和文档区，其上方是浏览器，浏览器是层次结构，组成树形样式，用于在模型中迅速定位。浏览器可以显示模型中的所有元素，包括用例、关系、类和组件等，每个模型元素可能又包含其他元素。利用浏览器可以使用新建模型图、重命名图的名称、打开图等功能。下方是文档区，文档区用于为模型元素建立文档，例如对浏览器中的每一个参与者写一个简要定义，只要在文档区输入这个定义即可。当在编辑区选择不同的模型元素时，文档区会自动更新显示所选元素的文档。右边是编辑区，在编辑区中，可以打开模型中的任意一张图，并利用左边的工具栏对图进行浏览和修改。

平台主窗口如图 10-9 所示。

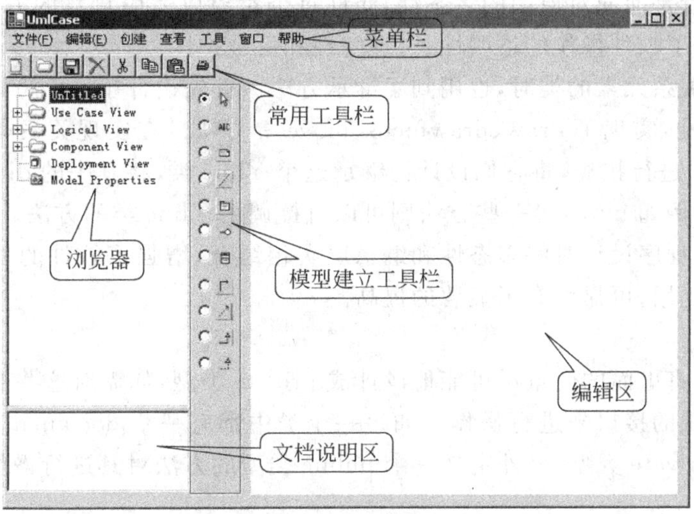

图 10-9　平台主窗口

2. 属性窗口

SIMULCASE 平台的属性窗口都采用同样的风格，基本上包括 name 和 Documentation 的设置，根据不同的图符元素可能会有不同的其他属性，如类还有类的成员和方法的设置。类的属性窗口如图 10-10 所示。

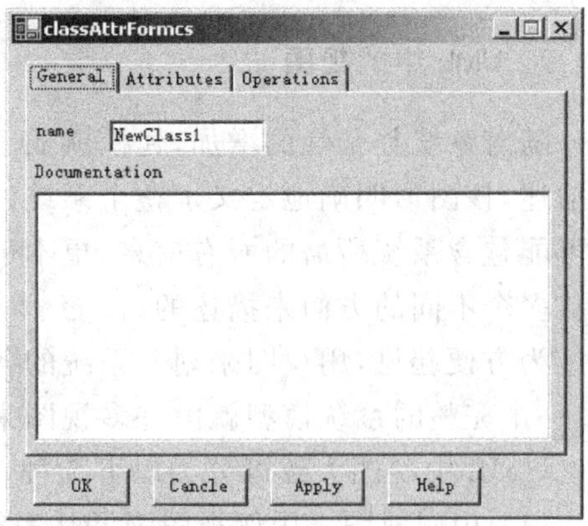

图 10-10　类的属性窗口

为了使程序更容易让人理解和管理，以便做进一步的研究，书写代码时做了一系列的规定，代码书写规范如下：

(1) 类名必须能反映出它的作用及含义。所有的类名前都加上 Y 以便管理。如要定义画直线的类，则给其取名为 Yline。

(2) 类中成员变量和方法名要反映出它的作用及功能。

(3) 类中的变量及方法要有详细的注释。

面向对象程序设计：

1) 继承与多态性

在建模过程中每种图都包括许多元素，如用例图就包括参与者(actor)、用例(use case)、关联关系(association)、包含关系(include)、扩展关系(extend)以及泛化关系

(generalization)。在程序设计时,每一个图符元素都会被设计成一个类,而在设计这些图符元素类的过程中,会发现这些类都有一些共同的属性及方法,如每个图符都有名称,都有draw、move等一系列的方法,鉴于这种情况,首先设计了一个Yobject类,它包括图符元素共有的一些属性及方法,但是这些方法都是被定义为virtual类型,即虚函数,没有被实现。而图符元素的类的设计都是继承了这个Yobject类,在每个图符元素的类中实现这些方法。后期在建模过程中,每个图符元素都有draw方法,它会调用与其相应的draw方法来进行图形绘制。这也就是面向对象中的多态性,允许每个对象以适应自身的方式去响应共同的消息,极大地提高了软件操作的透明性、可理解性和可维护性。

在设计各种关系元素的类时,也用到了继承方法。首先设计了一个Yline类,在这个类里面定义一些属性,实现了draw、drawfocus、move等方法。在实现关系类的时候,只需在原有的Yline类中进行扩充,将它们设计为继承这个Yline类,将其中的draw、drawfocus等方法进行重写,而例如move等一些方法则可以直接调用Yline类的方法。

综上所述,在程序设计时将多态性和继承层次相结合,增强了软件的复用能力,真正实现了软件代码的复用,可靠性有了显著的提高。

2) 封装

在设计类时,将里面的变量尽可能地设计成private类型,如需对这些变量进行读取,可以通过对它们实现的接口来进行操作。如每一个类中都有一个document(文档说明)的属性,将其定义为private类型,另外定义一个public类型的方法对其进行操作。

```
public string DocuMent
{
    get{return document;}
    set{document=value;}
}
```

10.4.6 平台设计的关键技术

1. UML中的视图

随着系统复杂性的增加,建模就成了必不可少的工作。理想情况下,系统由单一的图形来描述,该图形明确地定义了整个系统,并且易于人们相互交流和理解。然而,单一的图形不可能包含系统所需的所有信息,更不可能描述系统的整体结构功能。一般来说,系统通常是从多个不同的方面来描述的。

为方便起见,用视图来划分系统的各个方面,每一种视图描述系统某一方面的特性。这样,一个完整的系统模型就由许多视图来共同描述。

UML中视图大致可分为以下5种。

(1) 用例视图。用例视图强调从系统的外部参与者(主要是用户)角度看到的或需要的系统功能。用例是系统中的一个功能单元,可以被描述为参与者与系统之间的一次交互作用。参与者可以是一个用户或者是另一个系统。客户对系统要求的功能被当作多个用例在用例视图中进行描述,一个用例就是对系统的一个用法的通用描述。用例模型的用途是列出系统中的用例和参与者,并显示哪个参与者参与了哪个用例的执行。

用例视图是其他视图的核心，它的内容直接驱动其他视图的开发。系统要提供的功能都是在用例视图中描述的，用例视图的修改会对所有其他的视图产生影响。此外，通过测试用例视图，还可以检验和最终校验系统。用例视图的使用者多为客户及项目管理人员。

(2) 逻辑视图。逻辑视图从系统的静态结构和动态行为角度显示如何实现系统的功能。与用例视图相比，逻辑视图主要关注系统内部，它既描述系统的静态结构(类、对象以及它们之间的关系)，也描述系统内部的动态协作关系。系统的静态结构在类图和对象图中进行描述，而动态模型则在状态图、时序图、协作图以及活动图中进行描述。逻辑视图的使用者主要是设计人员和开发人员。

(3) 组件视图。组件视图显示代码组件的组织结构。组件是不同类型的代码模块，它是构造应用的软件单元。组件视图描述系统的实现模块以及它们之间的依赖关系。组件视图中也可以添加组件的其他附加信息，例如资源分配或者其他管理信息。组件视图主要由组件图构成，它的使用者主要是开发人员。

(4) 并发视图。并发视图显示系统的并发性，解决在并发系统中存在的通信和同步问题。并发视图主要考虑资源的有效利用、代码的并行执行以及系统环境中异步事件的处理。除了将系统划分为并发执行的控制以外，并发视图还需要处理线程之间的通信和同步。并发视图由状态图、协作图以及活动图组成。并发视图的使用者是开发人员和系统集成人员。

(5) 配置视图。配置视图显示系统的具体部署。部署是指将系统配置到计算机和设备组成的物理结构上。配置视图显示系统的物理部署，它描述位于节点上的运行实例的部署情况。例如一个程序或对象在哪台计算机上执行，执行程序的各设备之间是如何连接的。配置视图还允许资源分配和评估分配结果。配置视图主要由配置图表示，它的使用者是开发人员、系统集成人员和测试人员。

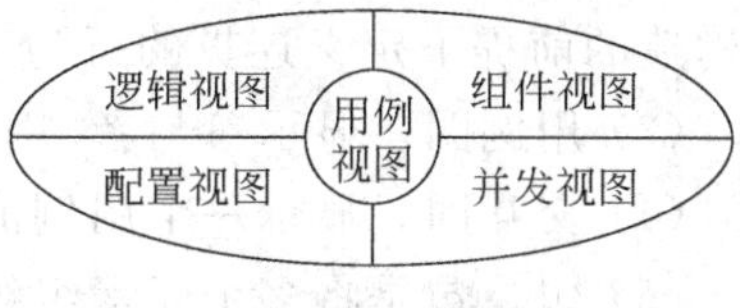

图 10-11　构成 UML 完整模型的 5 种视图间的关系

以上 5 种视图分别描述系统的一个方面，5 种视图组合构成 UML 完整模型。图 10-11 所示显示了构成 UML 完整模型的 5 种视图间的关系。

2. SIMULCASE 平台中的视图管理

SIMULCASE 平台参照 Rational Rose 来设计，因此包括用例视图、逻辑视图、构件视图及配置视图等 4 个视图。但是由于人力方面的不足，目前只实现了用例视图及逻辑视图的大部分功能。下面将对实现的这两个视图进行详细的介绍。

1) 用例视图

用例视图包括系统中的所有参与者、用例、用例图以及一些顺序图和协作图。用例视图在外部用户前出现，它捕捉到系统、子系统或类的行为。它将系统功能划分为对参与者(即系统的理想用户)有用的需求。而交互部分被称作用例。用例采用系统与一个或多个参与者之间的一系列消息来描述系统中的交互。

图 10-12 显示的是 SIMULCASE 平台中的用例视图。

下面对用例视图所包含的一些元素做些简单介绍：

(1) 参与者。参与者是系统外部的一个实体，它以某种方式参与用例的执行过程，参与者通过向系统输入或请求系统输入某些事件来触发系统的执行作用。参与者由参与用例时

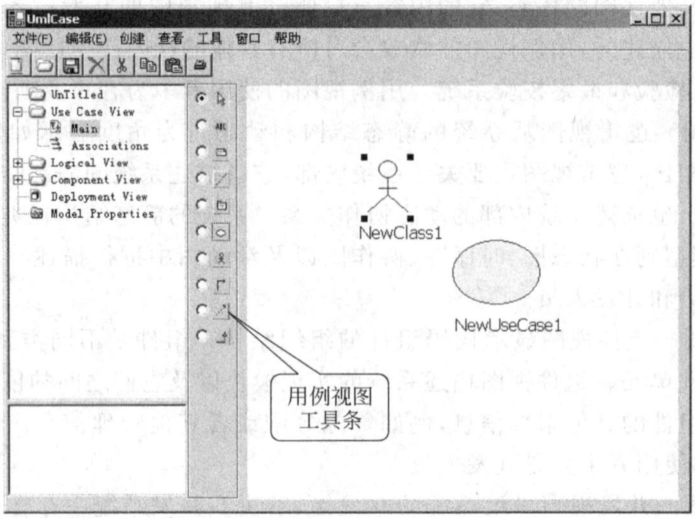

图 10-12 SIMULCASE 平台中的用例视图

所担当的角色来表示。在 UML 中,参与者用名字写在下面的人形图标表示,如图 10-13 所示。

(2) 用例。用例是外部可见的系统功能单元。这些功能由系统单元所提供,并通过一系列系统单元与一个或多个参与者之间交换的消息来表达。用例的用途是在不揭示系统内部构造的前提下定义连贯的行为。在 UML 中,用例的表示如图 10-14 所示。

(3) 用例图。显示参与者、用例及它们之间的交互。一个系统通常有多个用例图。

(4) 交互图。显示一个用例流程涉及的对象或者类。

(5) 包。包是将多个元素组织为语义相关的组的通用机制。作为模型组织结构的一种分组机制,包的实例没有任何语义。在 UML 中,包的表示如图 10-15 所示。

图 10-13 参与者的表示

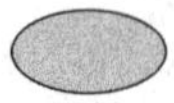

图 10-14 用例的表示

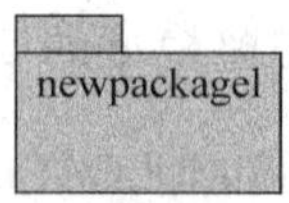

图 10-15 包的表示

用例视图是由软件需求分析到最终实现的第一步,它描述人们希望如何使用一个系统。用例视图的使用者有客户、系统分析员以及项目管理人员,他们利用用例视图来确定系统的高层视图。它只关心系统的功能作用,并不关心其实现的细节。

2) 逻辑视图

逻辑视图与用例视图恰恰相反,它关注的就是如何实现用例中提出的功能。它提供系统的详细图形,描述构件之间如何关联,等等。利用这些细节元素,开发人员可以构造系统的详细设计。

图 10-16 显示的是 SIMULCASE 平台中的逻辑视图。

逻辑视图包括以下几部分:

(1) 类。类是面向对象系统组织结构的核心。类是对一组具有相同属性、操作、关系和语义的对象的描述。其中,属性和关联用来描述状态。行为由操作来描述,方法是操作的实

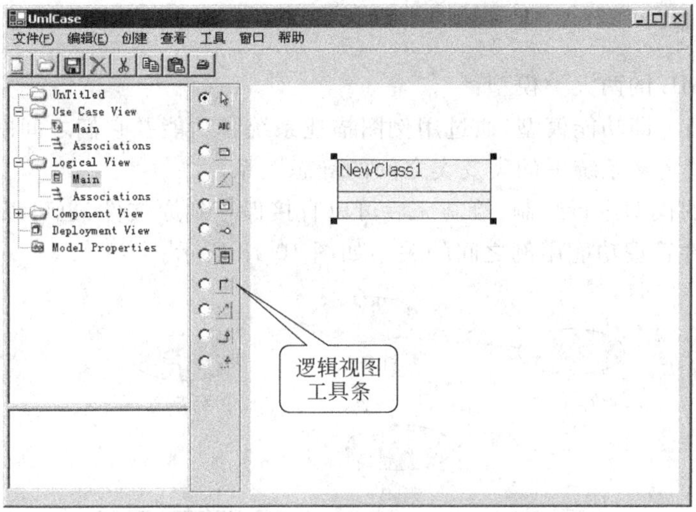

图 10-16　SIMULCASE 平台中的逻辑视图

现。在 UML 中,类由被划分为 3 个矩形部分来表示,分别为名称部分(name)、属性部分(attribute)和操作部分(operation)。具体参见图 10-17 所示。

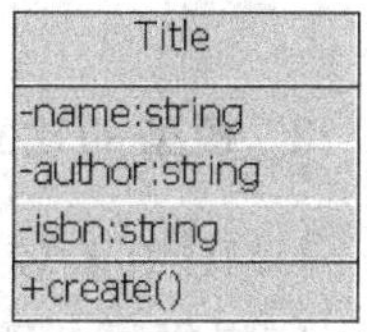

图 10-17　类

(2) 类图。类图是描述类、接口、协作以及它们之间关系的图,用来显示系统中各个类的静态结构。一个系统通常有多个类图,分别显示所有类的子集。

(3) 交互图。(在用例视图中已介绍过)

(4) 活动图。描述活动的顺序,展现从一个活动到另一个活动的控制流。活动图在本质上是一种流程图。

(5) 包。是一组相关类。一个系统可能会有很多个类,利用包可以对其进行包装,相同类型的类放在一个包里面,这样可以减少系统的复杂性,更便于管理及查看。

逻辑视图关注的焦点是系统的逻辑结构。在这个视图中,要标识系统构件,检查系统的信息和功能,检查构件之间的关系。逻辑视图在项目开发中的应用最为广泛,可能小组中的每个人都会或多或少地用到逻辑图中的信息,但主要的使用者还是开发人员和系统架构师。分析人员利用类和类图确定代码会实现哪些业务要求。测试人员通过类、包和类图查看系统中有哪些构件,以及哪些构件需要测试。项目管理人员通过类和逻辑图确定系统的构造是否合理,并估计系统的复杂程度。而作为主要用户的开发人员则关心生成哪些类,以及每个类所包含的信息和功能。系统架构师则更关心系统的总体结构,他们负责保护系统结构,考虑复用成分,以及如何使系统更灵活地适应需求变化。

10.4.7　平台的功能设计

作为一个通用的软件开发辅助平台,SIMULCASE 平台为用户建模提供了友好的可视化操作界面,并保证模型的正确性,同时提供部分辅助功能,以简化软件开发人员的工作,提高效率。该平台目前主要实现如下两大功能:

1. 模型的绘制

可以绘制 UML 的两大类模型：

(1) 需求模型。即功能模型，通过用例图描述系统各功能及它们之间的关系。

(2) 通过类图定义系统中的类及类之间的静态关系。

对没有完成的模型进行绘制，绘制完后可以直接保存到原文件，也可以另存到一个新的项目文件中。文件管理功能用例之间的关系如图 10-18 所示。

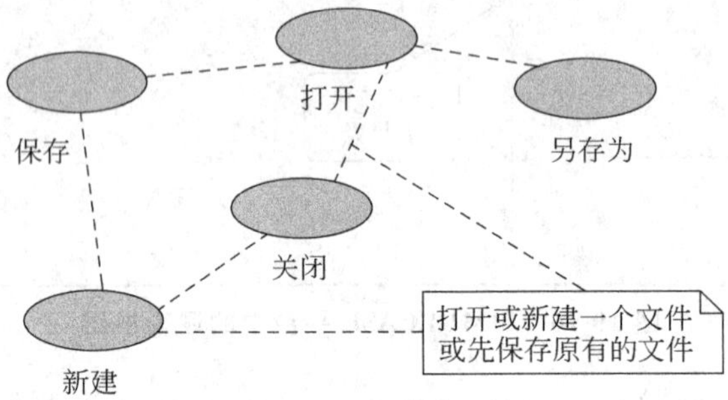

图 10-18 文件管理功能用例之间的关系

2. 模型的建立

UML 有着较为严格的语法和语义规则，为保证 UML 模型符合 UML 的语法定义，系统中应提供语法正确性检查机制。此外，由于 UML 支持用户在不同的开发阶段、不同的抽象层次上和不同的角度描述系统，UML 模型间的依赖和约束关系错综复杂。如果模型间一致性关系单靠开发者手工来维护，不仅烦琐而且经常会造成差错或遗漏，极不现实。作为建模支持系统，必须提供模型间的一致性检查和维护机制。

但是由于 UML 支持从需求分析开始的整个建模过程，并支持用户从不同的角度描述系统，因此各个模型之间的协作和约束关系也将十分复杂。目前还没有哪一个 CASE 工具能够很好地实现一致性检查。SIMULCASE 平台为了后期能够较好地实现一致性检查，制定了以下实现策略：

(1) 强制约束。对用户的操作进行一定程度上的限制。如两个类之间不能用注释连接。所以在用户使用 SIMULCASE 平台进行建模时，每个新的对象在被创建之前都会被系统检测，只有在符合 UML 的语法及语义时对象才会被创建。

(2) 自动维护。当用户的操作引起模型不一致性后，系统将自动进行修正，从而起到维护模型一致性的作用。如两个类，它们之间是继承关系，当用户删除了父类后，系统会将继承它的子类做相应的删除。

(3) 动态检查。系统实时地捕捉用户的操作，对其引起不一致性的操作给予提示并给出修改建议。如系统中出现两个命名相同的类时，系统会给出提示要求其修改名称。

(4) 静态检查。系统对模型中的有些模型不一致的地方无法进行实时检查，并无法对其操作进行限制，所以只有在建模过程中进行静态的检查。

10.4.8　平台的具体实现

1. 各种图形元素的设计

1）问题描述

在模型建立时会用到数量较多的图符元素，如何设计图符元素的类，以达到代码的复用及最大优化，便于以后程序的修改及扩展。

2）解决方案

在设计前对这些图符元素进行全面的分析，发现这些图符元素有较多的相似之处，例如每个图都有名称、文档说明以及开始画图的初始坐标 X、Y 等属性，也有包括诸如 Draw（画图）、DrawFocus（画焦点）、LeftPressed（选中图符）、MouseMoved（缩放图符）等方法，鉴于这种情况最终设计出了 Yobject 类，该类是一个较为普遍的图形类，具有一般图符所共有的属性和方法。所有的图符元素的类不用重头编写，直接从 Yobject 类继承，在原有 Yobject 类的基础上将方法重写，即可完成该图符元素类的设计。YObject 类的主要代码部分如下：

```
public class YObject
    {
        ⋮
        private OBJTYPE objtype;                       //图的类型
        private int X,Y;                               //初始坐标
        private bool selected,pressed;                 //图的选中状态
        private string document="";                    //图的文档说明
        private string picname="";                     //图的名称
        public YObject(Graphics graphic)
        {
            hwidth=1;X=Y=0;
            selected=false;
            pressed=false;
         }
        public virtual void Draw(Graphics g,Pen pen)
        {
            if(selected) DrawFocus(g);
        }
        public virtual void DrawFocus(Graphics g){}
        public virtual void LeftPressed(int X,int Y){}
        public virtual void MouseMoved(int X,int Y){}
        public virtual void LeftReleased(int X,int Y){}
    }
```

3）效果评价

这样的类的设计大大地提高了该 SIMULCASE 平台的开发效率，增强了平台的复用能力，并且真正实现了软件代码的复用，可靠性有了显著的提高。

2. 画虚线

在问题描述之前先介绍一下GDI+技术，因为在C#中画图必然需要用到GDI+技术。GDI+由.NET基类集组成，这些基类可用于在屏幕上完成定制绘图，能把合适的指令发送到图形设备的驱动程序上，确保在监视器屏幕上显示正确的输出(或显示到硬盘备份中)。在GDI+技术出现之前，GDI已经给开发人员提供了一个相当高级的API，但它仍是一个基于旧的Windows API，并且有C语言风格函数的API，所以使用起来不是很方便。GDI+在很大程度上是GDI和应用程序之间的一层，提供了更加直观、基于继承性的对象模型。在GDI+中，设备环境包装在.NET基类System.Drawing.Graphics中。大多数绘图工作都是通过调用Graphics的实例来完成的。

Graphics类提供了很多绘图方法，利用这些方法可以绘制线条、空心图形和实心图形。表10-3给出了一些主要的方法。

表10-3 Graphics类的绘图方法

方　法	常见参数	绘制的图形
DrawLine	画笔、位置和大小	一段直线
DrawRectangle	画笔、位置和大小	空心矩形
DrawEllipse	画笔、位置和大小	空心椭圆
FillRectangle	画笔、位置和大小	实心矩形
FillEllipse	画笔、位置和大小	实心椭圆
DrawLines	画笔、位置和大小	一组线，把数组中的每个点按顺序连接起来
DrawBezier	钢笔、点数组	通过两个端点的一条光滑曲线，剩余的两个点用于控制曲线的形状
DrawCurve	钢笔、点数组	通过点的一条光滑曲线
DrawArc	钢笔、矩形、两个角	由角度定义的矩形中圆的一部分
DrawClosedCurve	钢笔、点数组	与DrawCurve一样，但还要绘制一条用以闭合曲线的直线
DrawPolygon	钢笔、点数组	与DrawLines一样，但还要第一个点和最后一个点，以绘制闭合的图形

1) 问题描述

SIMULCASE平台中所有图符的绘制都是用上面这些方法作为基础的。但是C#的Graphics类中并没有画虚线的方法，所以如何能画出虚线，并保证在对虚线进行拖动时保持正常。

2) 解决方案

虽然没有直接画虚线的方法，但是虚线可以被当成是由一段一段的直线拼接出来的，所以画虚线时也可以对它进行分段绘制。首先得到开始点和终点的坐标、虚线的长度及设定好每段直线的长度，接着会算出共有多少段直线，这样可以计算出中间每一个点的坐标，之后可以从始点开始分段画，判断如果是最后一段直线就直接和终点连接。下面给出了用

draw 方法画虚线的部分重要代码：

```
public override void Draw(Graphics g,Pen pen)
{
        if(g==null) return;
        base.Draw(g,pen);
        dw=(float)getdw(EX,EY);                        //得到每段直线的横坐标差
        dh=(float)getdh(EX,EY);                        //得到每段直线的纵坐标差
        for(int i=0;i<Math.Pow((EX*EX+EY*EY),0.5)/3;i=i+2)
        {
        if(i+2>Math.Pow((EX*EX+EY*EY),0.5)/3) //判断是否是最后一条直线
            {
                g.DrawLine(pen,X+i*dw,Y+i*dh,X+EX,Y+EY);
            }
        else
            {
                g.DrawLine(pen,X+i*dw,Y+i*dh,X+(i+1)*dw,Y+(i+1)*dh);
            }
        }
}
```

3）效果评价

能够很好地画出虚线的效果，并能随意拖动长度而不变形。

3. 画箭头

1）问题描述

要知道，DrawLine 方法需要两个点的坐标作为参数。UML 各种关系基本上都是带有箭头的，所以在绘制各种关系时，要想画出箭头，必须要知道 4 个点的坐标，包括始点、终点以及边上两个点的坐标。而在绘图过程中，只能确定始点和终点的坐标，另外两个点的坐标并不知道，所以必须想办法得到另外两个点的坐标。

2）解决方案

这两个点和始点、终点是有着一定的关系的，如边线与主线的角度是固定的，并且边线的长度也是固定的，在 SIMULCASE 平台中，该角度被设定为 30°，将边线长度设定为 5。仅仅有上面这些关系还是远远不够的，这里还用到了平面几何的知识和一元二次方程的知识，才最终设计出了 Ycalculate 类，该类参数是始点和终点的坐标，作用是根据始点和终点坐标得到边线的两个点的坐标。最终在得到 4 个点的坐标的情况下，绘制各种关系连线的方法会变得很轻松。

下面给出具体的实现方法。首先，根据平面几何和一元二次方程的知识，定义如下一些变量，变量之间的关系也已经给出了清晰的注释：

```
private double x,y,ex,ey;                              //直线两点的坐标
private double k;                                      //直线的斜率
private double m1,n1;
//为小箭头线方程 y=mx+n1 的 m1,n1(m1=(1+pow(3,0.5)*k)/(pow(3,0.5)*k-1))
```

```
//n1=(ex+ey*k+pow(3,0.5)*ex*k-pow(3,0.5)*ey)/(k-pow(3,0.5))
private double a1,b1,c1;             //求解小箭头的点的坐标 x 的一元二次方程的 a1,b1,c1
//a1=m1*m1+1;b1=2*m1*n1-2*ey*m1-2*ex;c1=ey*ey-2ey*n1+n1*n1+ey*ey-25
private double x1,y1;                //小箭头点的坐标
```

根据上面定义的这些变量,可以很方便地写出计算小箭头点的坐标的方法。下面是部分重要代码:

```
public Point calcutePoint1()         //返回箭头的点的坐标
{
    Point p;
    if(ex==x)                        //开始点和终点横坐标相同
    {
        if(ey>y)                     //箭头向上
        {
            x1=ex-5;
            y1=ey-5*Math.Pow(3,0.5);
        }
        else                         //箭头向下
        {
            x1=ex-5;
            y1=ey+5*Math.Pow(3,0.5);
        }
    }
    else if(ey==y)                   //开始点和终点纵坐标相同
    {
        if(ex>x)                     //箭头向右
        {
            x1=ex-5*Math.Pow(3,0.5);
            y1=ey+5;
        }
        else                         //箭头向左
        {
            x1=ex+5*Math.Pow(3,0.5);
            y1=ey+5;
        }
   }
    else
    {
        k=-(y-ey)/(ex-x);
        m1=(1+Math.Pow(3,0.5)*k)/(Math.Pow(3,0.5)-k);
        n1=(ex+ey*k+Math.Pow(3,0.5)*ex*k-Math.Pow(3,0.5)*ey)/
            (k-Math.Pow(3,0.5));
        a1=m1*m1+1;b1=2*m1*n1-2*ey*m1-2*ex;
        c1=ey*ey-2*ey*n1+n1*n1+ex*ex-100;
        if(x>ex)                     //箭头向左
```

```
        {
        if(m1>0)                    //箭头的斜率大于 0
           {
           x1=(-b1+Math.Pow((Math.Abs(b1*b1-4*a1*c1)),0.5))/(2*a1);
           }
        if(k>0)                     //主线的斜率大于 0
           {
            if(m1<0)                //箭头的斜率小于 0
              {
              x1=(-b1-Math.Pow((Math.Abs(b1*b1-4*a1*c1)),0.5))/(2*a1);
              }
            }
         else if(k<0)               //主线的斜率小于 0
            {
             if(m1<0)               //箭头的斜率小于 0
                 {
              x1=(-b1+Math.Pow((Math.Abs(b1*b1-4*a1*c1)),0.5))/(2*a1);
                }
            }
        }
        else                        //箭头向右
        {
         ⋮
        }
      y1=m1*x1+n1;
    }
    p=new Point(Convert.ToInt32(x1),Convert.ToInt32(y1));
    return p;
}
```

3）效果评价

多箭头拖动后，考虑了箭头的方向及主线条和箭头的斜率等多种情况，箭头都能够正常显示。

4. 图符元素的复制

1）问题描述

对粘贴后的图符元素进行属性更改时，被复制元素的属性也随之被更改。当然这肯定不是所需要的效果，而是希望得到的复制后的图符与原来的图符应该是互相独立的，两者之间不应该有任何关系。

2）解决方案

在说明这个问题前先介绍一下 Yobjects 这个类，这个类的作用就是存储模型图中图符并控制对这些图符元素的操作。Yobjects 中定义了一个 ArrayList 类型的数组，每往画板上拖一个图符时，就会生成一个该图符类的对象，并通过调用 Yobjects 类的 Add 方法加到这个数组中。另外每个模型图都对应着一个 Yobjects 类的对象。

当前模型图上的图符被对应 currobjs 这个对象，被复制的图符对应 copyobjs 这个对象。复制图符的原理就是将这个图符元素的对象赋值给一个新的 Yobject 类的对象，再将该对象加到 copyobjs 对象中。而粘贴的原理就是将 copyobjs 对象中的对象循环地加到 currobjs 中，这样通过再次调用 currobjs 对象的 draw 方法以达到粘贴的功能。

之所以会出现上面问题的原因，经分析，是出现图符元素对象赋值这个环节上。由于 Yobject 类中的某些属性（如名称、文档说明等）是 string 类型，而在 C＃ 中 string 类型属于引用类型，直接使用赋值方法的话，被赋值后的对象和原对象还是指向同一个引用，这样改变任何一个对象的属性值，另外一个也会被改变。

为了解决这个问题，在 Yobject 类中写了个 myClone 的方法，在该方法中实现了对象的复制。简要代码如下：

```
public virtual YObject myClone()
{
    YObject obj=new YObject();
    obj=(YObject)this.MemberwiseClone();
    obj.document=this.document;
    obj.PicName=this.PicName;
     return obj;
}
```

这里用到了 MemberwiseClone 方法。MemberwiseClone 方法创建了一个浅表副本，先创建一个新对象，然后将当前对象的非静态字段复制到该新对象。如果字段是值类型的，则对该字段执行逐位复制。如果字段是引用类型的，则复制引用但不复制引用的对象；因此，原始对象及其复本引用同一对象。

3）效果评价

采用上述解决方案后，粘贴后的图符与被复制的图符相对独立，修改其中一个图符的属性时不影响另外一个图符。

5. 如何保存及打开图形

1）问题描述

如何能够快速地保存图形以及保存后能够方便地打开图形进行模型信息修改。

2）解决方案

一个项目中可能同时包含多个模型图，每个模型图都对应着一个 Yobjects 类的对象，所以要保存的内容包括多个 Yobjects 类的对象以及 TreeView 中的节点对象。将这些模型图保存成什么形式的文件是较为头疼的事情，后来参阅了相关的资料以及参阅了 Rational Rose 保存后的文件（仅保存一个后缀名为 mdl 的项目文件），最终决定以文件形式保存，将内容存储为二进制流，保存成一个以 uml 为后缀名的项目文件。

这里必须提到 C＃ 中的 System.Runtime.Serialization 命名空间，它是保存及打开图形的关键。System.Runtime.Serialization 命名空间包含可用于将对象序列化和反序列化的类。序列化是将对象或对象图形转换为线性字节序列，以存储或传输到另一个位置的过程。

反序列化是接受存储的信息并利用它重新创建对象的过程。通过 ISerializable 接口，类可以执行其自己的序列化行为。System. Runtime. Serialization. Formatters 命名空间中的类控制封装在序列化对象中的多种数据类型的实际格式。

为了能够方便地使用对象序列化将整个项目中的所有对象进行保存，首先定义了一个 Ysave 类，这个类只有一个空的构造函数以及两个属性，即 private TreeNode[] n 和 private YObjects[] objs。定义一个 Ysave 的对象 saveobjs，将项目中的所有对象都放在这个对象中。然后可以用 Formatter 这个类中的 Serialize 方法将对象 saveobjs 序列化，并保存到一个以 uml 为后缀名的项目文件中。序列化方法如下：

```
private voidSAvemodel(string filename,YSaveSAveobjs)
    {
        IFormatter formatter=new BinaryFormatter();
            Stream st=new FileStream(filename,FileMode.OpenOrCreate
                ,FileAccess.ReadWrite,FileShare.Read);
        formatter.Serialize(st,saveobjs);
        st.Close();
    }
```

调用这个方法，就可以将整个项目中的对象都保存到 filename 这个文件中去。操作到这里，图形的保存已经完成。

要打开之前保存的图形文件，就要用到对象反序列化。这里是用 Formatter 这个类中的 Deserialize 方法将文件反序列化为 Ysave 类的一个对象，然后再对这个对象进行一些处理就可以实现图形的重绘，起到打开图形的效果。反序列化的方法如下：

```
private YSave loadmodel(string filename)
    {
        YSave yo;
        IFormatter formatter=new BinaryFormatter();
        Stream st=new FileStream(filename,FileMode.Open,
        FileAccess.ReadWrite,FileShare.Read);
        yo=(YSave)formatter.Deserialize(st);
        st.Close();
        return yo;
    }
```

3）效果评价

所有模型图及模型元素被保存成一个项目文件，打开也非常方便，并且打开后也可以对原有模型元素进行修改并重新保存。

思考题

1. 什么是 UML？
2. 一般从哪几种常用的视角来描述一个系统？

3. UML 的图形表示法有哪些？
4. 简述 RUP。
5. UML 在 RUP 中的应用表现在哪 4 个方面？
6. 与第四代软件技术相比，CASE 具有什么优势？
7. 简述常用 UML 图符元素的语法语义的规范。
8. UML 中的视图有哪些？

第 11 章 云计算

11.1 云计算的基本概念和主要特征

11.1.1 云计算的基本概念

随着数字技术和 Internet 的急速发展，特别是 Web 2.0 的发展，Internet 上的数据量高速增长，导致了 Internet 数据处理能力的相对不足，但 Internet 上同样存在着大量处于闲置状态的计算设备和存储资源，如果能够将其聚合起来统一调度提供服务，则可以大大提高其利用率，让更多的用户从中受益。目前，用户往往通过购置更多数量或更高性能的终端和服务器来增加计算能力和存储资源，但是不断提高的技术更新速度与昂贵的设备价格让人望而却步。如果用户能够通过高速 Internet 租用计算能力和存储资源，就可以大大减少对自有硬件资源的依赖，而不必为一次性支付大笔费用而烦恼。

这正是云计算(cloud computing)要实现的重要目标之一。通过虚拟化技术将资源进行整合，形成庞大的计算与存储网络，用户只需要一台接入网络的终端就能够以相对低廉的价格获得所需的资源和服务，而无须考虑其来源，这是一种典型的 Internet 服务方式。云计算实现了资源和计算能力的分布式共享，能够很好地应对当前 Internet 数据量高速增长的势头。

云计算这个概念的直接起源是亚马逊 EC2(elastic compute cloud)产品和 Google-IBM 分布式计算项目。这两个项目直接使用了“cloud computing”这个概念。之所以采用这样的表述形式，很大程度上是由于这两个项目与网络的关系十分密切，而“云”的形象又常常用来表示 Internet。因此，云计算的原始含义即将计算能力放在 Internet 上。当然，云计算发展至今，早已超越了其原始的概念。

虽然云计算是在 2007 年第 3 季度才诞生的新名词，但仅仅过了半年多，其受到关注的程度就超过了网格计算(grid computing)，图 11-1 所示为云计算和网格计算在 Google 中的搜索趋势。

云计算至今为止没有统一的定义，不同的组织从不同的角度给出了不同的定义，根据不完全的统计至少有 25 种以上。例如，Gartner 认为，云是一种计算方式。在这种方式中，借助互联网技术，将大规模具有可扩展性的 IT 相关功能作为服务提供给多个外部用户。美国国家标准与技术实验室对云计算的定义是：“云计算是一个提供便捷的通过互联网访问一个可定制的 IT 资源共享池能力的按使用量付费模式(IT 资源包括网络、服务器、存储、应用和服务)，这些资源能够快速部署，并只需要很少的管理工作或很少的与服务供应商的交互”。随着应用场景的变化和技术的发展，关于云计算的定义还在不断产生新的观点。

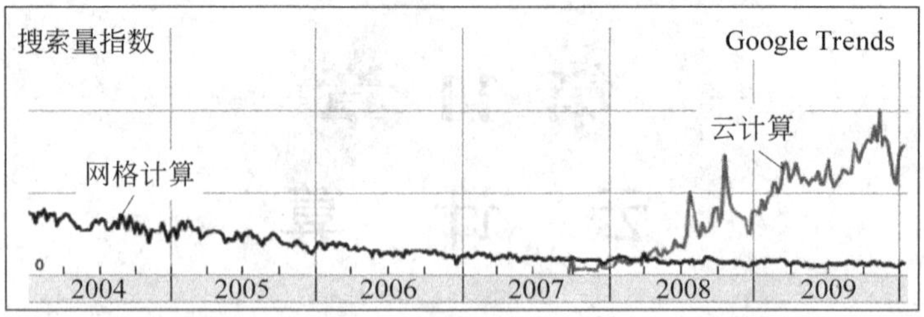

图 11-1 云计算和网格计算在 Google 中的搜索趋势

云计算将网络上分布的计算、存储、服务构件和网络软件等资源集中起来，基于资源虚拟化的方式，为用户提供方便快捷的服务，它可以实现计算与存储的分布式与并行处理。如果把“云”视为一个虚拟化的存储与计算资源池，那么云计算则是这个资源池基于网络平台为用户提供的数据存储和网络计算服务。Internet 是最大的一片“云”，其上的各种计算机资源共同组成了若干个庞大的数据中心及计算中心。

云计算是一种商业计算模型，它将计算任务分布在大量计算机构成的资源池上，使用户能够按需获取计算力、存储空间和信息服务。

这种资源池称为“云”，它是一些可以自我维护和管理的虚拟计算资源，通常是一些大型服务器集群，包括计算服务器、存储服务器和宽带资源等。云计算将计算资源集中起来，并通过专门软件实现自动管理，无须人为参与。用户可以动态申请部分资源，支持各种应用程序的运转，无须为烦琐的细节而烦恼，能够更加专注于自己的业务，有利于提高效率、降低成本和技术创新。云计算的核心理念是资源池，这与早在 2002 年就提出的网格计算池(computing pool)的概念非常相似。网格计算池将计算和存储资源虚拟成为一个可以任意组合分配的集合，池的规模可以动态地扩展，分配给用户的处理能力可以动态地回收复用。这种模式能够大大提高资源的利用率，提升平台的服务质量。

之所以称为“云”，一是因为它在某些方面具有现实中云的特征。云一般都较大；云的规模可以动态伸缩，它的边界是模糊的；云在空中飘忽不定，无法也无须确定它的具体位置，但它确实存在于某处。二是因为云计算的鼻祖之一——亚马逊公司将大家曾经称为网格计算的东西取了一个新名称，即弹性计算云(elastic computing cloud)，并取得了商业上的成功。

有人将这种模式比喻为从单台发电机供电模式转向了电厂集中供电的模式。它意味着计算能力也可以作为一种商品进行流通，就像煤气、水和电一样，取用方便，费用低廉。最大的不同在于，它是通过 Internet 进行传输的。

云计算是并行计算(parallel computing)、分布式计算(distributed computing)和网格计算的发展，或者说是这些科学计算概念的商业实现。云计算是虚拟化(virtualization)、效用计算(utility computing)、将基础设施作为服务 IaaS(infrastructure as a service)、将平台作为服务 PaaS(platform as a service)和将软件作为服务 SaaS(software as a service)等概念混合演进并跃升的结果。

11.1.2 云计算的主要特征

从研究现状上看，云计算具有以下特征。

(1) 超大规模。“云”具有相当的规模，Google 云计算已经拥有 100 多万台服务器，亚马逊、IBM、微软和Yahoo等公司的"云"均拥有几十万台服务器。"云"能赋予用户前所未有的计算能力。

(2) 虚拟化。云计算支持用户在任意位置、使用各种终端获取服务。所请求的资源来自"云",而不是固定的有形的实体。应用在"云"中某处运行,但实际上用户无须了解应用运行的具体位置,只需要一台笔记本或一个PDA,就可以通过网络服务来获取各种能力超强的服务。

(3) 高可靠性。"云"使用了数据多副本容错、计算节点同构可互换等措施来保障服务的高可靠性,使用云计算比使用本地计算机更加可靠。

(4) 通用性。云计算不针对特定的应用,在"云"的支撑下可以构造出千变万化的应用,同一片"云"可以同时支撑不同的应用运行。

(5) 高可扩展性。"云"的规模可以动态伸缩,满足应用和用户规模增长的需要。

(6) 按需服务。"云"是一个庞大的资源池,用户按需购买,像自来水、电和煤气那样计费。

(7) 极其廉价。"云"的特殊容错措施使得可以采用极其廉价的节点来构成云;"云"的自动化管理使数据中心管理成本大幅降低;"云"的公用性和通用性使资源的利用率大幅度提升;"云"设施可以建在电力资源丰富的地区,从而大幅降低能源成本。因此"云"具有前所未有的性能价格比。Google中国区前总裁李开复称,Google每年投入约16亿美元构建云计算数据中心,所获得的能力相当于使用传统技术投入640亿美元,节省了40倍的成本。因此,用户可以充分享受"云"的低成本优势,需要时,花费几百美元、一天时间就能完成以前需要数万美元、数月时间才能完成的数据处理任务。

云计算4个显著特点如下:

(1) 云计算提供了最可靠、最安全的数据存储中心,用户不用再担心数据丢失、病毒入侵等麻烦。

很多人觉得数据只有保存在自己看得见、摸得着的计算机里才最安全,其实不然。你的计算机可能会因为自己不小心而被损坏,或者被病毒攻击,导致硬盘上的数据无法恢复,而有机会接触你的计算机的不法之徒则可能利用各种机会窃取你的数据。

反之,当你的文档保存在类似GoogleDocs的网络服务上,当你把自己的照片上传到类似GooglePicaSA Web的网络相册里,你就再也不用担心数据的丢失或损坏。因为在"云"的另一端,有全世界最专业的团队来帮你管理信息,有全世界最先进的数据中心来帮你保存数据。同时,严格的权限管理策略可以帮助你放心地与你指定的人共享数据。这样,你不用花钱就可以享受到最好、最安全的服务,甚至比在银行里存钱还方便。

(2) 云计算对用户端的设备要求最低,使用起来也最方便。

大家都有过维护个人计算机上种类繁多的应用软件的经历。为了使用某个最新的操作系统,或使用某个软件的最新版本,就必须不断升级自己的计算机硬件。为了打开朋友发来的某种格式的文档,就不得不疯狂寻找并下载某个应用软件。为了防止在下载时引入病毒,不得不反复安装杀毒和防火墙软件。所有这些麻烦事加在一起,对于一个刚刚接触计算机,刚刚接触网络的新手来说几乎是一场噩梦!如果你再也无法忍受这样的计算机使用体验,云计算也许是你的最好选择。你只要有一台可以上网的计算机,有一个你喜欢的浏览器,你要做的就是在浏览器中输入URL,然后尽情享受云计算带给你的无限乐趣。你可以在浏览器中直接编辑存储在“云”的另一端的文档，你可以随时与朋友分享信息，再也不用担心你的软件是否是最新版本，再也不用为软件或文档染上病毒而发愁。因为在“云”的另一端，有专业的 IT 人员帮你维护硬件，帮你安装和升级软件，帮你防范病毒和各类网络攻击，帮你做你以前在个人计算机上所做的一切。

(3) 云计算可以轻松实现不同设备间的数据与应用共享。

大家不妨回想一下，你自己的联系人信息是如何保存的。一个最常见的情形是，你的手机里存储了几百个联系人的电话号码，你的个人计算机或笔记本计算机里则存储了几百个电子邮件地址。为了方便在出差时发邮件，你不得不在个人计算机和笔记本计算机之间定期同步更新联系人信息。买了新的手机后，你不得不在旧手机和新手机之间同步电话号码。对了，还有你的 PDA 以及你办公室里的计算机。考虑到不同设备的数据同步方法种类繁多，操作复杂，要在这许多不同的设备之间保存和维护最新的一份联系人信息，你必须为此付出难以计数的时间和精力。这时，你需要用云计算来让一切都变得更简单。在云计算的网络应用模式中，数据只有一份，保存在“云”的另一端，你的所有电子设备只需要连接 Internet，就可以同时访问和使用同一份数据。

仍然以联系人信息的管理为例，当你使用网络服务来管理所有联系人的信息后，你可以在任何地方用任何一台计算机找到某个朋友的电子邮件地址，可以在任何一部手机上直接拨通朋友的电话号码，也可以把某个联系人的电子名片快速分享给好几个朋友。当然，这一切都是在严格的安全管理机制下进行的，只有对数据拥有访问权限的人，才可以使用或与他人分享这份数据。

(4) 云计算为人们使用网络提供了几乎无限多的可能，为存储和管理数据提供了几乎无限多的空间，也为人们完成各类应用提供了几乎无限强大的计算能力。想象一下，当你驾车出游的时候，只要用手机连入网络，就可以直接看到自己所在地区的卫星地图和实时的交通状况，可以快速查询自己预设的行车路线，可以请网络上的好友推荐附近最好的景区和餐馆，可以快速预订目的地的宾馆，还可以把自己刚刚拍摄的照片或视频剪辑分享给远方的亲友……离开了云计算，单单使用个人电脑或手机上的客户端应用，人们是无法享受这些便捷的服务的。个人计算机或其他电子设备不可能提供无限量的存储空间和计算能力，但在“云”的另一端，由数千台、数万台甚至更多服务器组成的庞大的集群却可以轻易地做到这一点。个人和单个设备的能力是有限的，但云计算的潜力却几乎是无限的。当你把最常用的数据和最重要的功能都放在“云”上时，有理由相信，你对计算机、应用软件乃至网络的认识会有翻天覆地的变化，你的生活也会因此而改变。

Internet 的精神实质是自由、平等和分享。作为一种最能体现 Internet 精神的计算模型，云计算必将在不远的将来展示出强大的生命力，并将从多个方面改变人们的工作和生活。无论是普通网络用户，还是企业员工，无论是 IT 管理者，还是软件开发人员，他们都能亲身体验到这种改变。

11.1.3 云计算的分类

云计算按照服务类型大致可以分为 3 类：将基础设施作为服务 IaaS、将平台作为服务 PaaS 和将软件作为服务 SaaS，如图 11-2 所示。

IaaS 将硬件设备等基础资源封装成服务供用户使用，如亚马逊云计算 AWS(Amazon

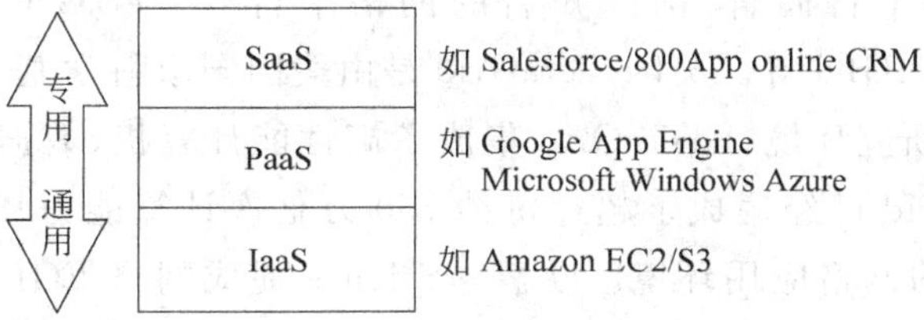

图 11-2　云计算的服务类型

Web Services)的弹性计算云 EC2 和简单存储服务 S3。在 IaaS 环境中,用户相当于在使用裸机和磁盘,既可以让它运行 Windows,也可以让它运行 Linux,因而几乎可以做任何想做的事情,但用户必须考虑如何才能让多台机器协同工作起来。AWS 提供了在节点之间互通消息的接口简单队列服务(simple queue service,SQS)。IaaS 最大的优势在于它允许用户动态申请或释放节点,按使用量计费。运行 IaaS 的服务器规模达到几十万台之多,用户因而可以认为能够申请的资源几乎是无限的。同时,IaaS 是由公众共享的,因而具有更高的资源使用效率。

PaaS 对资源的抽象层次更进一步,它提供用户应用程序的运行环境,典型的如 GoogleApp Engine。微软的云计算操作系统 Microsoft Windows Azure 也可大致归入这一类。PaaS 自身负责资源的动态扩展和容错管理,用户应用程序不必过多考虑节点间的配合问题。但与此同时,用户的自主权降低,必须使用特定的编程环境并遵照特定的编程模型。这有点像在高性能集群计算机里进行 MPI 编程,只适用于解决某些特定的计算问题。例如,GoogleApp Engine 只允许使用 Python 和 Java 语言、基于称为 Django 的 Web 应用框架、调用 GoogleApp Engine SDK 来开发在线应用服务。

SaaS 的针对性更强,它将某些特定应用软件功能封装成服务,如 Salesforce 公司提供的在线客户关系管理(client relationship management,CRM)服务。SaaS 既不像 PaaS 一样提供计算或存储资源类型的服务,也不像 IaaS 一样提供运行用户自定义应用程序的环境,它只提供某些专门用途的服务来供调用。

需要指出的是,随着云计算的深化发展,不同云计算解决方案之间相互渗透融合,同一种产品往往横跨两种以上类型。例如,AWS 是以 IaaS 发展的,但新提供的弹性 MapReduce 服务模仿了 Google 的 MapReduce,简单数据库服务 SimpleDB 模仿了 Google 的 Bigtable,这两者属于 PaaS 的范畴,而它新提供的电子商务服务 FPS 和 DevPay 以及网站访问统计服务 Alexa Web 服务,则属于 SaaS 的范畴。

11.1.4　云计算与网格计算

网格是 20 世纪 90 年代中期发展起来的下一代 Internet 核心技术。网格技术的开创者 Ian Foster 将之定义为“在动态、多机构参与的虚拟组织中协同共享资源和求解问题”。网格是在网络基础之上基于 SOA 使用互操作、按需集成等技术手段,将分散在不同地理位置的资源虚拟成为一个有机整体,实现计算、存储、数据、软件和设备等资源的共享,从而大幅度地提高资源的利用率,使用户获得前所未有的计算和信息能力。

国际网格界致力于网格中间件、网格平台和网格应用建设。就网格中间件而言,国外著名的网格中间件有 Globus Toolkit、UNICORE、Condor、gLite 等,其中 Globus Toolkit 得到了广泛采纳。就网格平台而言，国际知名的网格平台有 TeraGrid、EGEE、CoreGRID、D-Grid、ApGrid、Grid3、GIG 等。美国 TeraGrid 是由美国国家科学基金会计划资助构建的超大规模开放的科学研究环境。TeraGrid 集成了高性能计算机、数据资源、工具和高端实验设施。目前 TeraGrid 已经集成了超过每秒 750 万亿次计算能力、30PB 数据，拥有超过 100 个面向多种领域的网格应用环境。欧盟 e-Science 促成网格 EGEE(enabling grids for e-science)，是另一个超大型、面向多种领域的网格计算基础设施。目前已有 120 多个机构参与，包括分布在 48 个国家的 250 个网格站点、68000 个 CPU、20PB 数据资源，拥有 8000 个用户，每天平均处理 30000 个作业，峰值超过 150000 个作业。就网格应用而言，知名的网格应用系统数以百计，应用领域包括大气科学、林学、海洋科学、环境科学、生物信息学、医学、物理学、天体物理、地球科学、天文学、工程学和社会行为学等。

我国在“十一五”期间有 863 支持的中国国家网格(CNGrid，863-10 主题)和中国空间信息网格(SIG，863-13 主题)、教育部支持的中国教育科研网格(ChinaGrid)、上海市支持的上海网格(ShanghaiGrid)等。中国国家网格拥有包括香港地区在内的 10 个节点，聚合计算能力为每秒 18 万亿次，目前拥有 408 个用户和 360 个应用。中国教育科研网格 ChinaGrid 连接了 20 所高校的计算设施，运算能力达每秒 3 万亿次以上，开发并实现了生物信息、流体力学等 5 个科学研究领域的网格典型应用。“十一五”期间，国家对网格支持的力度更大，通过 973 和 863、自然科学基金等途径对网格技术进行了大力支持。973 计划有“语义网格的基础理论、模型与方法研究”等，863 计划有“高效能计算机及网格服务环境”、“网格地理信息系统软件及其重大应用”等，国家自然科学基金重大研究计划有“网络计算应用支撑中间件”等项目。

就像云计算可以分为 IaaS、PaaS 和 SaaS 3 种类型一样，网格计算也可以分为 3 种类型：计算网格、信息网格和知识网格。计算网格的目标是提供集成各种计算资源的、虚拟化的计算基础设施。信息网格的目标是提供一体化的智能信息处理平台，集成各种信息系统和信息资源，消除信息孤岛，使得用户能按需获取集成后的精确信息，即服务点播(service on demand)和一步到位的服务(one click is enough)。知识网格研究一体化的智能知识处理和理解平台使得用户能方便地发布、处理和获取知识。

需要说明的是，目前大家对网格的认识存在一种误解，认为只有使用 Globus Toolkit 等知名网格中间件的应用才是网格。可以被认为，只要是遵照网格理念，将一定范围内分布的异构资源集成为有机整体，提供资源共享和协同工作服务的平台，均可以被认为是网格。这是因为，由于网格技术非常复杂，必然有一个从不规范到规范化的过程，应该承认差异存在的客观性。虽然网格界从一开始就致力于构造能够实现全面互操作的环境，但由于网格处于信息技术前沿、许多领域尚未定型、已发布的个别规范过于复杂造成易用性差等原因，现有网格系统多针对具体应用采用适用的、个性化的框架设计和实现技术等，造成网格系统之间互操作困难，这也是开放网格论坛 OGF(open grid forum)提出建立不同网格系统互通机制计划 GIN(grid interoperation now)的原因。从另一个角度看，虽然建立全球统一的网格平台还有很长的路要走，但并不妨碍网格技术在各种具体的应用系统中发挥重要的作用。

网格计算与云计算的比较见表 11-1。

表 11-1 网格计算与云计算的比较

	网格计算	云计算
目标	共享高性能计算力和数据资源，实现资源共享和协同工作	提供通用的计算平台和存储空间，提供各种软件服务
资源来源	不同机构	同一机构
资源类型	异构资源	同构资源
资源节点	高性能计算机	服务器/PC
虚拟化视图	虚拟组织	虚拟机
计算类型	紧耦合问题为主	松耦合问题
应用类型	科学计算为主	数据处理为主
用户类型	科学界	商业社会
付费方式	免费(政府出资)	按量计费
标准化	有统一的国际标准 OGSA/WSRF	尚无标准，但已经有了开放云计算联盟 OCC

网格计算在概念上争论多年，在体系结构上有 3 次大的改变，在标准规范上花费了大量的人力，所设定的目标又非常远大——要在跨平台、跨组织、跨信任域的极其复杂的异构环境中共享资源和协同解决问题，所要共享的资源也是五花八门——从高性能计算机、数据库、设备到软件，甚至知识。云计算暂时不管概念、不管标准，Google 云计算与亚马逊云计算的差别非常大，云计算只是对它们以前所做事情新的共同的时髦叫法，所共享的存储和计算资源暂时仅限于某个企业内部，省去了许多跨组织协调的问题。以 Google 为代表的云计算在内部管理运作方式上的简捷一如其界面，能省的功能都省略了，Google 文件系统甚至不允许修改已经存在的文件，只允许在文件后追加数据，大大降低了实现难度，而且借助其无与伦比的规模效应释放了前所未有的能量。

网格计算与云计算的关系就像是 OSI 与 TCP/IP 之间的关系。国际标准化组织(ISO)制定的 OSI(开放系统互联)网络标准，考虑得非常周到，也异常复杂，在多年之前就考虑到了会话层和表示层的问题。虽然很有远见，但过于理想，实现的难度和代价非常大。当 OSI 的一个简化版——TCP/IP 诞生之后，将 7 层协议简化为 4 层，内容也大大精简，因而迅速取得了成功。在 TCP/IP 一统天下之后多年，语义网等问题才被提上议事日程，开始为 TCP/IP 补课，增加其会话和表示的能力。因此，可以说 OSI 是学院派，TCP/IP 是现实派；OSI 是 TCP/IP 的基础，TCP/IP 又推动了 OSI 的发展。两者不是"成者为王、败者为寇"，而是滚动发展。

没有网格计算打下的基础，云计算也不会这么快到来。云计算是网格计算的一种简化实用版，通常意义的网格是指以前实现的以科学研究为主的网格，非常重视标准规范，也非常复杂，但缺乏成功的商业模式。云计算是网格计算的一种简化形态，云计算的成功也是网格的成功。网格不仅要集成异构资源，还要解决许多非技术的协调问题，也不像云计算有成功的商业模式推动，所以实现起来要比云计算难度大很多。但对于许多高端科学或军事应用而言，云计算是无法满足需求的，必须依靠网格来解决。

目前,许多人声称网格计算失败了,云计算取而代之了,这其实是一种错觉。网格计算已经有10多年历史,不如刚兴起时那样引人注目是正常的。事实上,有些政府主导、范围较窄、用途特定的网格,已经取得了决定性的胜利。代表性的有美国的TeraGrid和欧洲的EGEE等,这些网格每天都有几十万个作业在上面执行。未来的科学研究主战场,将建立在网格计算之上。在军事领域,美军的全球信息网格GIG已经囊括超过700万台计算机,规模超过现有的所有云计算数据中心计算机总和。

相信不久的将来,建立在云计算之上的商业2.0与建立在网格计算之上的科学2.0都将取得成功。

11.1.5 云计算的现状和发展趋势

由于云计算是多种技术混合演进的结果,其成熟度较高,又有大公司推动,发展极为迅速。Google、亚马逊、IBM、微软和Yahoo等大公司是云计算的先行者。云计算领域的众多成功公司还包括VMware、Salesforce、Facebook、YouTube、MySpace等。

亚马逊研发了弹性计算云EC2和简单存储服务S3(simple storage service)为企业提供计算和存储服务。收费的服务项目包括存储空间、带宽、CPU资源以及月租费。月租费与电话月租费类似,存储空间、带宽按容量收费,CPU根据运算量时长收费。在诞生不到两年的时间内,亚马逊的注册用户就多达44万人,其中包括为数众多的企业级用户。

Google是最大的云计算技术的使用者。Google搜索引擎就建立并分布在200多个站点、超过100万台的服务器的支撑之上,而且这些设施的数量正在迅猛增长。Google的一系列成功应用平台,包括Google地球、地图、Gmail、Docs等也同样使用了这些基础设施。采用GoogleDocs之类的应用,用户数据会保存在Internet上的某个位置,可以通过任何一个与Internet相连的终端十分便利地访问和共享这些数据。目前,Google已经允许第三方在Google的云计算中通过GoogleApp Engine运行大型并行应用程序。Google值得称颂的是它不保守,它早已以发表学术论文的形式公开其云计算的三大法宝:GFS、MapReduce和Bigtable,并在美国、中国等高校开设如何进行云计算编程的课程。相应地,模仿者也应运而生,Hadoop就是其中最受关注的开源项目。

IBM在2007年11月推出了“改变游戏规则”的“蓝云”计算平台,为客户带来即买即用的云计算平台。它包括一系列自我管理和自我修复的虚拟化云计算软件,使来自全球的应用可以访问分布式的大型服务器池,使得数据中心在类似于Internet的环境下运行计算。IBM正在与17个欧洲组织合作开展名为RESERVOIR的云计算项目,以“无障碍的资源和服务虚拟化”为口号,欧盟提供了1.7亿欧元作为部分资金。2008年8月,IBM宣布将投资约4亿美元用于其设在北卡罗来纳州和日本东京的云计算数据中心改造,并计划2009年在10个国家投资3亿美元建设13个云计算中心。

微软紧跟云计算步伐,于2008年10月推出了Windows Azure操作系统。Azure(译为“蓝天”)是继Windows取代DOS之后,微软的又一次颠覆性转型——通过在Internet架构上打造新云计算平台,让Windows真正由PC延伸到“蓝天”上。Azure的底层是微软全球基础服务系统,由遍布全球的第四代数据中心构成。目前,微软已经配置了220个集装箱式数据中心,包括44万台服务器。

在我国,云计算发展也非常迅猛。2008年,IBM先后在无锡和北京建立了两个云计算中心；世纪互联推出了 CloudEx 产品线，提供 Internet 主机服务、在线存储虚拟化服务等；中国移动研究院已经建立起 1024 个 CPU 的云计算试验中心；解放军理工大学研制了云存储系统 MassCloud，并以它支撑基于 3G 的大规模视频监控应用和数字地球系统。作为云计算技术的一个分支，云安全技术通过大量客户端的参与和大量服务器端的统计分析来识别病毒和木马，取得了巨大成功。瑞星、趋势、卡巴斯基、McAfee、Symantec、江民、Panda、金山、360 安全卫士等均推出了云安全解决方案。值得一提的是，云安全的核心思想与早在 2003 年就提出的反垃圾邮件网格非常接近。2008 年 11 月 25 日，中国电子学会专门成立了云计算专家委员会。2009 年 5 月 22 日，中国电子学会隆重举办首届中国云计算大会，1200 多人参与会议，盛况空前。2009 年 11 月 2 日，中国 Internet 大会专门召开了“2009 云计算产业峰会”。2009 年 12 月，中国电子学会举办了中国首届云计算学术会议。2010 年 5 月，中国电子学会举办了第二届中国云计算大会。

尽管还存在不同的声音，但是越来越多的运营商认同了未来发展的云模式，北美和西欧的运营商处于领先地位，亚洲运营商也正在积极参与其中。不同的研究机构对云计算市场的预测也支持了这种判断。

(1) 美林：未来 5 年，全球云计算市场规模将达到 950 亿美元。

(2) IDC：未来 5 年云计算服务市场将增长 3 倍，2012 年时这一市场将增长至 420 亿美元；到 2013 年云计算服务开支将占整个 IT 开支增长幅度的近三分之一。

(3) Gartner：云服务的市场规模 2009 年达到 464 亿美元，2013 年达到 1500 亿美元。

(4) 麦肯锡：全球每年投资于数据中心技术设施与服务的金额超过 3500 亿美元(估计值)，超过 70%的 IT 投资用于维护现有 IT 设施，只有 30%或更少用于新技术；云计算解决方案将大大降低维护成本，到 2015 年，大约将有 850 亿美元用于数据中心虚拟化和私有云技术。

尽管在具体的统计口径和评估结果并不一致，但是各家咨询机构均认为云计算的市场潜力巨大，云计算将逐渐获得企业用户的认同，在未来几年保持较快的增长速度。可以预期在现有的 SaaS、PaaS 和 IaaS 基础上还将不断产生新的云计算商业模式。技术创新将使得云计算更安全、更可靠、更高效。电信运营商必须抓住机遇，加强研究，逐步推出基于云计算的应用和服务，向云计算运营商过渡。

云计算以统一化的 IT 基础资源为用户提供个性化的服务，可以说是标准化与差异化的完美结合。云计算的出现表明当前 Internet 遇到了新的发展契机。尽管还存在着这样或那样的不完善，但是在 Internet、IT 和电信巨头的共同推动下，云计算仍然显现出较为乐观的前景。从研究机构的市场预测也可以看出，未来几年云计算将保持较高的增长速度，市场规模将不断扩大。云计算的发展有赖于政府的支持，特别是从总体规划的科学性和财力支持力度来看，政府主导将成为云计算未来发展的重要趋势和主要动力之一。

(1) 美国。奥巴马政府将云计算、虚拟化和开源列为节约政府 IT 支出的 3 项重要手段之一。特别任命了联邦政府 CIO，负责协调政府机构之间信息科技运作，并高度关注云计算的发展，大力推动云计算和应用虚拟化。通过采用云计算和 SaaS 软件租赁服务，美国政府节约了 66 亿美元的财政预算。以美国政府网站的改版为例，按照传统做法得花上 6 个月时间，且每年还要花上 250 万美元预算。若改用云计算，只要一天就完成升级，一年的费用只需 80 万美元。因此，美国政府将云计算作为一项长期性的政策，希望能够更多地使用云计算服务以解决安全性、性能和成本等方面的问题。

另外，云计算还被看成是增加政府透明度的有力工具。美国政府发布的2010年预算文件中，资助众多试点推行云计算项目，又一次表明了云计算在政府机构的IT政策和战略中会扮演着越来越重要的角色。

(2) 日本。日本政府在云计算方面也不甘落后。在2009年4月总务省公布的“数字日本创新计划”中就提出建立一个大规模的云计算基础设施，以支持所有政府运作所需的资讯科技系统。新的基础设施将在2015年完工，目标是巩固政府的所有IT系统到一个单一的云基础设施，以提高运营效率和降低成本。新的政府信息系统暂时定名为“霞关云计算(Ka-sumigaseki Cloud)”，该系统将使各部委展开合作，集成和整合硬件，并建立共享平台。政府将不遗余力地开发和运营信息系统，以期在大大降低电子政务的开发和运营成本的同时，通过整合共享功能提高处理速度，增强系统之间的协作，提供安全先进的政府服务。此外，各部委正在努力使用统一的集团行为守则，以减少私营部门的工作量。日本政府正在努力扩大网上应用程序，使公众的个人认证系统更为易用，并扩大公众的使用量。政府还鼓励民众使用数码设备，如使用移动电话等市民常用的工具。此外，日本政府还将建立和完善支持系统的在线应用。

(3) 中国。在节能减排、两化融合成为中国社会经济发展的关键词以来，中国各级政府高度重视云计算，为其发展注入了强大的动力。目前，中国的云计算市场在政府行业的发展速度已超过企业。以无锡云计算中心为开端，包括南京、杭州、佛山等地在内的地方政府都正在兴建政府云计算中心。广东省在云计算市场的表现最为积极。在最近广东省政府与IBM“智慧城市”合作项目的签约中，云计算被排在双方合作的首位；佛山、东莞等地已经建立起国家级的云计算中心，成为地方政府为企业解困减负的主要手段。国内的云计算基础设施建设也在加快。同时，大型云计算中心的建设也有利于减少能源消耗，符合资源节约型社会与环境友好型社会的发展要求。

随着国家对云计算重要作用的认识不断提高，云计算的研究和应用的投入力度将进一步加大。而且，政府部门正在积极采取行动进行标准制订工作计划并协调云计算产业链上、下游各个企业的关系，促进云计算产生后Internet产业的良性健康发展。中国的云计算发展正在加速，并将越走越好。

11.2 云计算的原理与关键技术

11.2.1 云计算的原理

在典型的云计算模式中，用户通过终端接入网络，向“云”提出需求，“云”接受请求后组织资源，通过网络为端提供服务。用户终端的功能可以大大简化，诸多复杂的计算与处理过程都将转移到终端背后的“云”上去完成。用户所需的应用程序并不需要运行在用户的个人计算机、手机等终端设备上，而是运行在Internet的大规模服务器集群中。用户所处理的数据也无须存储在本地，而是保存在Internet上的数据中心里。提供云计算服务的企业负责这些数据中心和服务器正常运转的管理和维护，并保证为用户提供足够强的计算能力和足够大的存储空间。在任何时间和任何地点，用户只要能够连接至Internet，就可以访问

“云”，实现随需随用。

11.2.2　云计算的实现机制

由于云计算分为 IaaS、PaaS 和 SaaS 3 种类型，不同的厂家又提供了不同的解决方案，目前还没有一个统一的技术体系结构，对了解云计算的原理构成了障碍。图 11-3 构造了一个供参考的云计算技术体系结构，它概括了不同解决方案的主要特征，每一种方案或许只实现了其中部分功能，或许也还有部分相对次要功能尚未概括进来。

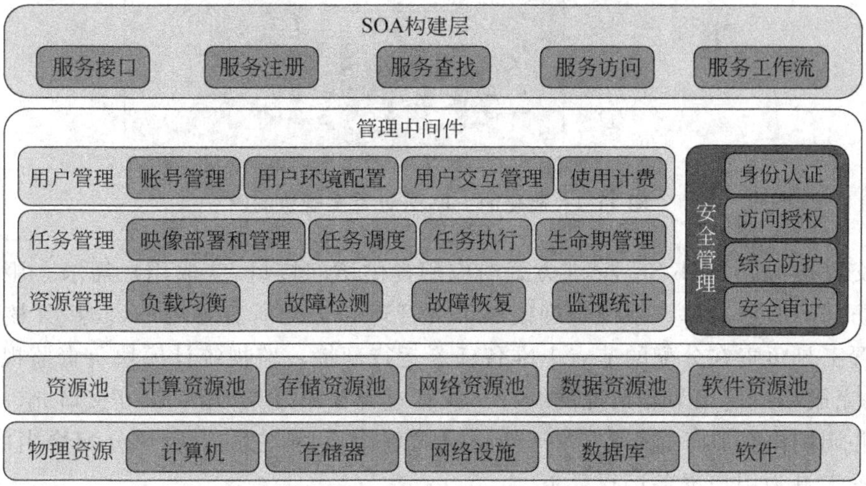

图 11-3　云计算技术体系结构

云计算技术体系结构分为 4 层：物理资源层、资源池层、管理中间件层和 SOA 构建层。物理资源层包括计算机、存储器、网络设施、数据库和软件等。资源池层是将大量相同类型的资源构成同构或接近同构的资源池，如计算资源池、数据资源池等。构建资源池更多的是物理资源的集成和管理工作，例如研究在一个标准集装箱的空间如何装下 2000 个服务器、解决散热和故障节点替换的问题并降低能耗。管理中间件层负责对云计算的资源进行管理，并对众多应用任务进行调度，使资源能够高效、安全地为应用提供服务。SOA 构建层将云计算能力封装成标准的 Web Services 服务，并纳入到 SOA 体系进行管理和使用，包括服务接口、服务注册、服务查找、服务访问和服务工作流等。管理中间件层和资源池层是云计算技术的最关键部分，SOA 构建层的功能更多依靠外部设施提供。

云计算的管理中间件层负责资源管理、任务管理、用户管理和安全管理等工作。资源管理负责均衡地使用云资源节点，检测节点的故障并试图恢复或屏蔽节点，并对资源的使用情况进行监视统计。任务管理负责执行用户或应用提交的任务，包括完成用户任务映象的部署和管理、任务调度、任务执行、任务生命期管理等。用户管理是实现云计算商业模式的一个必不可少的环节，包括提供用户交互接口、管理和识别用户身份、创建用户程序的执行环境、对用户的使用进行计费等。安全管理保障云计算设施的整体安全，包括身份认证、访问授权、综合防护和安全审计等。

基于上述体系结构，以 IaaS 云计算为例，简述云计算的实现机制，图 11-4 所示为简化的 Iaas 云计算实现机制图。

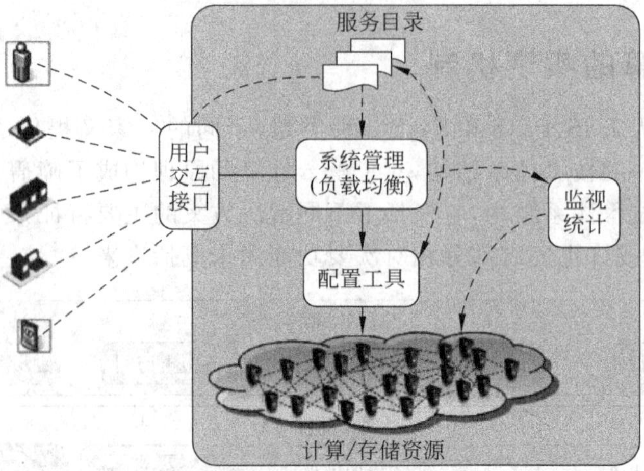

图 11-4 简化的 IaaS 云计算实现机制图

用户交互接口以 Web Services 方式给应用提供访问接口，获取用户需求。服务目录是用户可以访问的服务清单。系统管理模块负责管理和分配所有可用的资源，其核心是负载均衡。配置工具负责在分配的节点上准备任务运行环境。监视统计模块负责监视节点的运行状态，并完成用户使用节点情况的统计。执行过程并不复杂，用户交互接口允许用户从目录中选取并调用一个服务，该请求传递给系统管理模块后，它将为用户分配恰当的资源，然后调用配置工具为用户准备运行环境。

11.2.3 Google 云计算技术

Google 拥有全球最强大的搜索引擎。除了搜索业务以外，Google 还有 GoogleMaps、GoogleEarth、Gmail、YouTube 等各种业务，包括刚诞生的 GoogleWave。这些应用的共性在于数据量巨大，而且要面向全球用户提供实时服务，因此 Google 必须解决海量数据存储和快速处理问题。Google 的诀窍在于它发展出简单而又高效的技术，让多达百万台的廉价计算机协同工作，共同完成这些前所未有的任务，这些技术是在诞生几年之后才被命名为 Google 云计算技术。

Google 云计算技术具体包括 Google 文件系统 GFS、分布式计算编程模型 MapReduce、分布式锁服务 Chubby 和分布式结构化数据存储系统 Bigtable 等。其中，GFS 提供了海量数据的存储和访问的能力，MapReduce 使得海量信息的并行处理变得简单易行，Chubby 保证了分布式环境下并发操作的同步问题，Bigtable 使得海量数据的管理和组织十分方便。下面对这 4 种核心技术进行详细的介绍。

1. Google 文件系统 GFS

Google 文件系统（Google file system，GFS）是一个大型的分布式文件系统。它为 Google 云计算提供海量存储，并且与 Chubby、MapReduce 以及 Bigtable 等技术十分紧密地结合，处于所有核心技术的底层。由于 GFS 并不是一个开源的系统，仅仅能从 Google 公布的技术文档来获得一点了解，而无法进行深入的研究。文献是 Google 公布的关于 GFS 的最为详尽的技术文档，它从 GFS 产生的背景、特点、系统框架、性能测试等方面进行了详细的阐述。

当前主流分布式文件系统有 RedHat 的 GFS、IBM 的 GPFS、SUN 的 Lustre 等。这些系统通常用于高性能计算或大型数据中心，对硬件设施条件要求较高。以 Lustre 文件系统为例，它只对元数据管理器 MDS 提供容错解决方案，而对于具体的数据存储节点 OST 来说，则依赖其自身来解决容错的问题。例如，Lustre 推荐 OST 节点采用 RAID 技术或 SAN 存储区域网来容错，但由于 Lustre 自身不能提供数据存储的容错，一旦 OST 发生故障就无法恢复，因此对 OST 的稳定性就提出了相当高的要求，从而大大增加了存储的成本，而且成本会随着规模的扩大线性增长。

正如李开复所说的那样，创新固然重要，但有用的创新更重要。创新的价值取决于一项创新在新颖、有用和可行性这 3 个方面的综合表现。Google GFS 的新颖之处并不在于它采用了多么令人惊讶的技术，而在于它采用廉价的商用机器构建分布式文件系统，同时将 GFS 的设计与 Google 应用的特点紧密结合，并简化其实现，使之可行，最终达到创意新颖、有用、可行的完美组合。GFS 使用廉价的商用机器构建分布式文件系统，将容错的任务交由文件系统来完成，利用软件的方法解决系统可靠性问题，这样可以使得存储的成本成倍下降。由于 GFS 中服务器数目众多，在 GFS 中服务器死机是经常发生的事情，甚至都不应当将其视为异常现象，那么如何在频繁的故障中确保数据存储的安全、保证提供不间断的数据存储服务是 GFS 最核心的问题。GFS 的精彩在于它采用了多种方法，从多个角度，使用不同的容错措施来确保整个系统的可靠性。

1）系统架构

GFS 的系统架构如图 11-5 所示。GFS 将整个系统的节点分为 3 类角色：Client（客户端）、Master（主服务器）和 Chunk Server（数据块服务器）。Client 是 GFS 提供给应用程序的访问接口，它是一组专用接口，不遵守 POSIX 规范，以库文件的形式提供。应用程序直接调用这些库函数，并与该库连接在一起。Master 是 GFS 的管理节点，在逻辑上只有一个，它保存系统的元数据，负责整个文件系统的管理，是 GFS 文件系统中的大脑。Chunk Server 负责具体的存储工作。数据以文件的形式存储在 Chunk Server 上，Chunk Server 的个数可以有多个，它的数目直接决定了 GFS 的规模。GFS 将文件按照固定大小进行分块，默认是 64MB，每一块称为一个 Chunk（数据块），每个 Chunk 都有一个对应的索引号（index）。

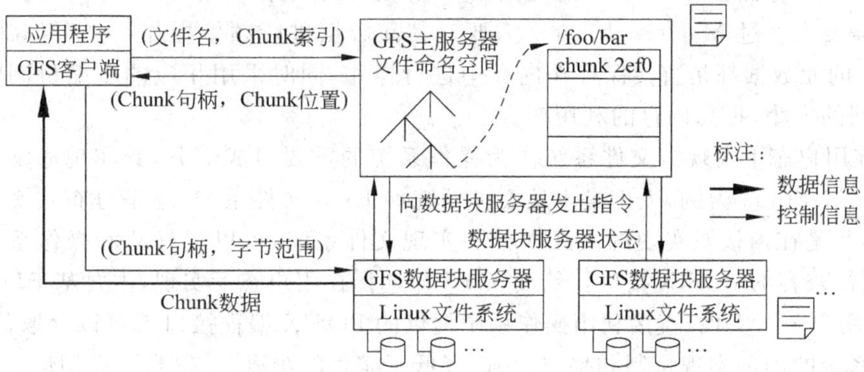

图 11-5 GFS 的系统结构

客户端在访问 GFS 时，首先访问 Master 节点，获取将要与之进行交互的 Chunk Server 信息，然后直接访问这些 Chunk Server 完成数据存取。GFS 的这种设计方法实现了控制流和数据流的分离。Client 与 Master 之间只有控制流，而无数据流，这样就极大地降低了 Master 的负载，使之不成为系统性能的一个瓶颈。Client 与 Chunk Server 之间直接传输数据流，同时由于文件被分成多个 Chunk 进行分布式存储，Client 可以同时访问多个 Chunk Server，从而使得整个系统 I/O 高度并行，系统整体性能得到提高。

相对于传统的分布式文件系统，GFS 针对 Google 应用的特点从多个方面进行了简化，从而在一定规模下达到成本、可靠性和性能的最佳平衡。具体来说，它具有以下几个特点。

(1) 采用中心服务器模式。GFS 采用中心服务器模式来管理整个文件系统，可以大大简化设计，从而降低实现难度。Master 管理了分布式文件系统中的所有元数据。文件划分为 Chunk 进行存储，对于 Master 来说，每个 Chunk Server 只是一个存储空间。Client 发起的所有操作都需要先通过 Master 才能执行。这样做有许多好处，增加新的 Chunk Server 是一件十分容易的事情，Chunk Server 只需要注册到 Master 上即可，Chunk Server 之间无任何关系。如果采用完全对等的、无中心的模式，那么如何将 Chunk Server 的更新信息通知到每一个 Chunk Server，会是设计的一个难点，而这也将在一定程度上影响系统的扩展性。Master 维护了一个统一的命名空间，同时掌握整个系统内 Chunk Server 的情况，据此可以实现整个系统范围内数据存储的负载均衡。由于只有一个中心服务器，元数据的一致性问题自然解决。当然，中心服务器模式也带来一些固有的缺点，比如极易成为整个系统的瓶颈等。GFS 采用多种机制来避免 Master 成为系统性能和可靠性上的瓶颈，如尽量控制元数据的规模、对 Master 进行远程备份、控制信息和数据分流等。

(2) 不缓存数据。缓存机制是提升文件系统性能的一个重要手段，通用文件系统为了提高性能，一般需要实现复杂的缓存机制。GFS 文件系统根据应用的特点，没有实现缓存，这是从必要性和可行性两方面考虑的。从必要性上讲，客户端大部分是流式顺序读写，并不存在大量的重复读写，缓存这部分数据对系统整体性能的提高作用不大；而对于 Chunk Server，由于 GFS 的数据在 Chunk Server 上以文件的形式存储，如果对某块数据读取频繁，本地的文件系统自然会将其缓存。从可行性上讲，如何维护缓存与实际数据之间的一致性是一个极其复杂的问题，在 GFS 中各个 Chunk Server 的稳定性都无法确保，加之网络等多种不确定因素，一致性问题尤为复杂。此外由于读取的数据量巨大，以当前的内存容量无法完全缓存。对于存储在 Master 中的元数据，GFS 采取了缓存策略，GFS 中 Client 发起的所有操作都需要先经过 Master。Master 需要对其元数据进行频繁操作，为了提高操作的效率，Master 的元数据都是直接保存在内存中进行操作，同时采用相应的压缩机制降低元数据占用空间的大小，提高内存的利用率。

(3) 在用户态下实现。文件系统作为操作系统的重要组成部分，其实现通常位于操作系统底层。以 Linux 为例，无论是本地文件系统如 Ext3 文件系统，还是分布式文件系统如 Lustre 等，都是在内核态实现的。在内核态实现文件系统，可以更好地和操作系统本身结合，向上提供兼容的 POSIX 接口。然而，GFS 却选择在用户态下实现，主要基于以下考虑。

① 在用户态下实现，直接利用操作系统提供的 POSIX 编程接口就可以存取数据，无须了解操作系统的内部实现机制和接口，从而降低了实现的难度，并提高了通用性。

② POSIX 接口提供的功能更为丰富，在实现过程中可以利用更多的特性，而不像内核

编程那样受限。

③ 用户态下有多种调试工具，而在内核态中调试相对比较困难。

④ 用户态下，Master 和 Chunk Server 都以进程的方式运行，单个进程不会影响到整个操作系统，从而可以对其进行充分优化。在内核态下，如果不能很好地掌握其特性，效率不但不会高，甚至还会影响到整个系统运行的稳定性。

⑤ 用户态下，GFS 和操作系统运行在不同的空间，两者耦合性降低，从而方便 GFS 自身和内核的单独升级。

（4）只提供专用接口。通常的分布式文件系统一般都会提供一组与 POSIX 规范兼容的接口。其优点是应用程序可以通过操作系统的统一接口来透明地访问文件系统，而不需要重新编译程序。GFS 在设计之初是完全面向 Google 的应用，采用了专用的文件系统访问接口。接口以库文件的形式提供，应用程序与库文件一起编译，Google 应用程序在代码中通过调用这些库文件的 API 完成对 GFS 文件系统的访问。采用专用接口有以下好处：

① 降低了实现的难度。通常与 POSIX 兼容的接口需要在操作系统内核一级实现，而 GFS 是在应用层实现的。

② 采用专用接口可以根据应用的特点对应用提供一些特殊支持，如支持多个文件并发追加的接口等。

③ 专用接口直接和 Client、Master、Chunk Server 交互，减少了操作系统之间上下文的切换，降低了复杂度，提高了效率。

2）容错机制

（1）Master 容错。具体来说，Master 上保存了 GFS 文件系统的 3 种元数据。

① 命名空间（name space），也就是整个文件系统的目录结构。

② Chunk 与文件名的映射表。

③ Chunk 副本的位置信息，每一个 Chunk 默认有 3 个副本。

首先就单个 Master 来说，对于前两种元数据，GFS 通过操作日志来提供容错功能。第三种元数据信息则直接保存在各个 Chunk Server 上，当 Master 启动或 Chunk Server 向 Master 注册时自动生成。因此当 Master 发生故障时，在磁盘数据保存完好的情况下，可以迅速恢复以上元数据。为了防止 Master 彻底死机的情况，GFS 还提供了 Master 远程的实时备份，这样在当前的 GFS Master 出现故障无法工作的时候，另外一台 GFS Master 可以迅速接替其工作。

（2）Chunk Server 容错。GFS 采用副本的方式实现 Chunk Server 的容错。每一个 Chunk 有多个存储副本（默认为 3 个），分别存储在不同的 Chunk Server 上。副本的分布策略需要考虑多种因素，如网络的拓扑、机架的分布、磁盘的利用率等。对于每一个 Chunk，必须将所有的副本全部写入成功才视为成功写入。在其后的过程中，如果相关的副本出现丢失或不可恢复等状况，Master 会自动将该副本复制到其他 Chunk Server，从而确保副本保持一定的个数。尽管一份数据需要存储 3 份，好像磁盘空间的利用率不高，但综合比较多种因素，加之磁盘的成本不断下降，采用副本无疑是最简单、最可靠、最有效，而且实现的难度也最小的一种方法。

GFS 中的每一个文件被划分成多个 Chunk，Chunk 的默认大小是 64MB，这是因为 Google 应用中处理的文件都比较大，以 64MB 为单位进行划分是一个较为合理的选择。

Chunk Server 存储的是 Chunk 的副本，副本以文件的形式进行存储。每一个 Chunk 以 Block 为单位进行划分，大小为 64KB，每一个 Block 对应一个 32bit 的校验码。当读取一个 Chunk 副本时，Chunk Server 会将读取的数据和校验进行比较，如果不匹配，就会返回错误，从而使 Client 选择其他 Chunk Server 上的副本。

3）系统管理技术

严格意义上来说，GFS 是一个分布式文件系统，包含从硬件到软件的整套解决方案。除了上面提到的 GFS 的一些关键技术外，还有相应的系统管理技术来支持整个 GFS 的应用，这些技术可能并不一定为 GFS 所独有。

(1) 大规模集群安装技术。安装 GFS 的集群中通常有非常多的节点，最大的集群超过 1000 个节点，而现在的 Google 数据中心动辄有万台以上的机器在运行。那么，迅速地安装、部署一个 GFS 的系统，以及迅速地进行节点的系统升级，等等，都需要相应的技术支撑。

(2) 故障检测技术。GFS 是构建在不可靠的廉价计算机之上的文件系统，由于节点数目众多，故障发生十分频繁，如何在最短的时间内发现并确定发生故障的 Chunk Server，需要相关的集群监控技术。

(3) 节点动态加入技术。当有新的 Chunk Server 加入时，如果需要事先安装好系统，那么系统扩展将是一件十分烦琐的事情。如果能够做到只需将裸机加入，就会自动获取系统并安装运行，那么将会大大减少 GFS 维护的工作量。

(4) 节能技术。有关数据表明，服务器的耗电成本大于当初的购买成本，因此 Google 采用了多种机制来降低服务器的能耗，例如对服务器主板进行修改，采用蓄电池代替昂贵的 UPS(不间断电源系统)，提高能量的利用率。Rich Miller 称这个设计让 Google 的 UPS 利用率达到 99.9%，而一般数据中心只能达到 92%～95%。

2. 并行数据处理 MapReduce

MapReduce 是 Google 提出的一个软件架构，是一种处理海量数据的并行编程模式，用于大规模数据集(通常大于 1TB)的并行运算。Map(映射)、Reduce(化简)的概念和主要思想都是从函数式编程语言和矢量编程语言中借鉴来的。正是由于 MapReduce 有函数式和矢量编程语言的共性，使得这种编程模式特别适合于非结构化和结构化的海量数据的搜索、挖掘、分析与机器智能学习等。

1）产生背景

MapReduce 这种并行编程模式思想最早是在 1995 年提出的，首次提出了 map 和 fold 的概念，和现在 Google 所使用的 Map 和 Reduce 思想是相吻合的。与传统的分布式程序设计相比，MapReduce 封装了并行处理、容错处理、本地化计算、负载均衡等细节，还提供了一个简单而强大的接口。通过这个接口，可以把大尺度的计算自动地并发和分布执行，从而使编程变得非常容易。还可以通过由普通 PC 构成的巨大集群来达到极高的性能。另外，MapReduce 也具有较好的通用性，大量不同的问题都可以简单地通过 MapReduce 来解决。

MapReduce 把对数据集的大规模操作分发给一个主节点管理下的各分节点共同完成，通过这种方式实现任务的可靠执行与容错机制。在每个时间周期，主节点都会对分节点的工作状态进行标记，一旦分节点状态标记为死亡状态，则这个节点的所有任务都将分配给其他分节点重新执行。

据相关统计，每使用一次 Google 搜索引擎，Google 的后台服务器就要进行 1011 次运算。这么庞大的运算量，如果没有好的负载均衡机制，有些服务器的利用率会很低，有些则会负荷太重，有些甚至可能死机，这些都会影响系统对用户的服务质量。而使用 MapReduce 这种编程模式就保持了服务器之间的均衡，提高了整体效率。

2）编程模型

MapReduce 的并行运行模型如图 11-6 所示。图中有 M 个 Map 操作和 R 个 Reduce 操作。简单地说，一个 Map 函数就是对一部分原始数据进行指定的操作。每个 Map 操作都针对不同的原始数据，因此 Map 与 Map 之间是互相独立的，这就使得它们可以充分并行化。一个 Reduce 操作就是对每个 Map 所产生的一部分中间结果进行合并操作，每个 Reduce 所处理的 Map 中间结果是互不交叉的，所有 Reduce 产生的最终结果经过简单连接就形成了完整的结果集，因此 Reduce 也可以在并行环境下执行。

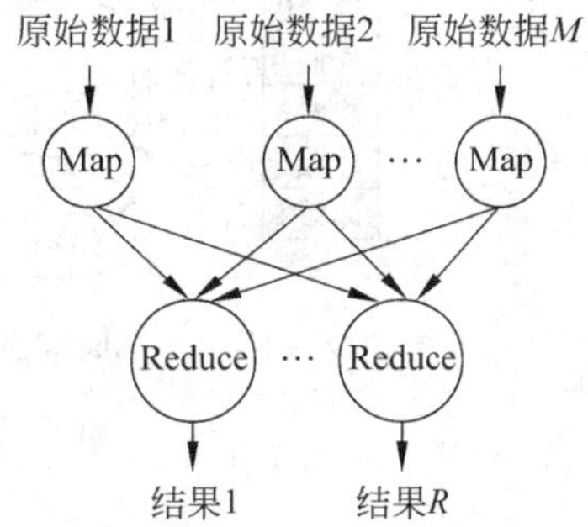

图 11-6　MapReduce 的并行运行模型

在编程的时候，开发者需要编写两个主要函数：

```
Map: (in_key, in_value)  {(keyj, valuej)|j=1...k}
Reduce: (key, [value1,...,valuem])  (key, final_value)
```

Map 和 Reduce 的输入参数和输出结果根据应用的不同而有所不同。Map 的输入参数是 in_key 和 in_value，它指明了 Map 需要处理的原始数据是哪些。Map 的输出结果是一组＜key,value＞对，这是经过 Map 操作后所产生的中间结果。在进行 Reduce 操作之前，系统已经将所有 Map 产生的中间结果进行了归类处理，使得相同 key 对应的一系列 value 能够集结在一起提供给一个 Reduce 进行归并处理，也就是说，Reduce 的输入参数是(key, [value1,…,valuem])。Reduce 的工作是需要对这些对应相同 key 的 value 值进行归并处理，最终形成(key, final_value)的结果。这样，一个 Reduce 处理了一个 key，所有 Reduce 的结果并在一起就是最终结果。

例如，假设想用 MapReduce 来计算一个大型文本文件中各个单词出现的次数，Map 的输入参数指明了需要处理哪部分数据，以＜在文本中的起始位置，需要处理的数据长度＞表示，经过 Map 处理，形成一批中间结果＜单词，出现次数＞。而 Reduce 函数则是把中间结果进行处理，将相同单词出现的次数进行累加，得到每个单词总的出现次数。

3）实现机制

实现 MapReduce 操作的执行流程图如图 11-7 所示。

当用户程序调用 MapReduce 函数，就会引起如下操作（图中的数字标示和下面的数字标示相同）。

(1) 用户程序中的 MapReduce 函数库首先把输入文件分成 M 块，每块大概 16～64MB(可以通过参数决定)，接着在集群的机器上执行处理程序。

(2) 这些分派的执行程序中有一个程序比较特别，它是主控程序 Master。剩下的执行程序都是作为 Master 分派工作的 Worker(工作机)。总共有 M 个 Map 任务和 R 个 Reduce 任务需要分派，Master 选择空闲的 Worker 来分配这些 Map 或者 Reduce 任务。

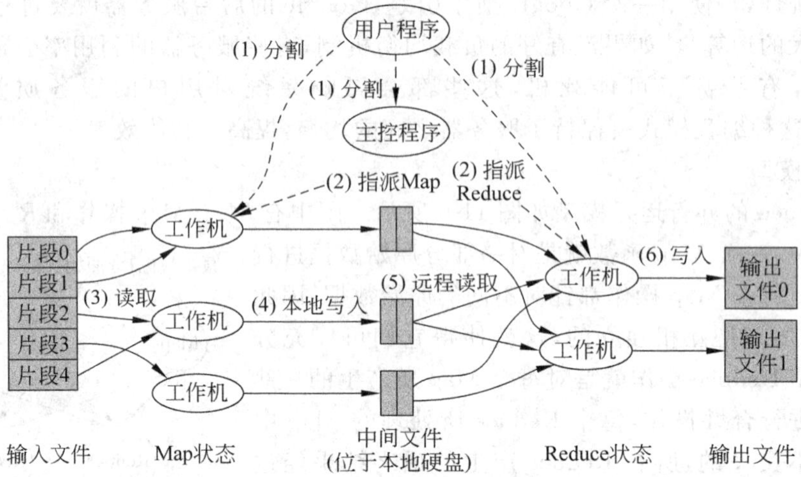

图 11-7 实现 MapReduce 操作的执行流程图

(3) 一个分配了 Map 任务的 Worker 读取并处理相关的输入块。它处理输入的数据，并且将分析出的<key,value>对传递给用户定义的 Map 函数。Map 函数产生的中间结果<key,value>对暂时缓冲到内存。

(4) 这些缓冲到内存的中间结果将被定时地写到本地硬盘，这些数据通过分区函数分成 R 个区。中间结果在本地硬盘的位置信息将被发送回 Master，然后 Master 负责把这些位置信息传送给 Reduce Worker。

(5) 当 Master 通知 Reduce 的 Worker 关于中间<key,value>对的位置时，它调用远程过程来从 Map Worker 的本地硬盘上读取缓冲的中间数据。当 Reduce Worker 读到所有的中间数据时，它就使用中间 key 进行排序，这样可以使得相同 key 的值都在一起。因为有许多不同 key 的 Map 都对应相同的 Reduce 任务，所以排序是必需的。如果中间结果集过于庞大，那么就需要使用外排序。

(6) Reduce Worker 根据每一个唯一中间 key 来遍历所有的排序后的中间数据，并且把 key 和相关的中间结果值集合传递给用户定义的 Reduce 函数。Reduce 函数的结果输出到一个最终的输出文件。

(7) 当所有的 Map 任务和 Reduce 任务都已经完成的时候，Master 激活用户程序。此时 MapReduce 返回用户程序的调用点。

由于 MapReduce 是用在成百上千台机器上处理海量数据的，所以容错机制是不可或缺的。总的说来，MapReduce 是通过重新执行失效的地方来实现容错的。

(1) Master 失效。在 Master 中，会周期性地设置检查点(checkpoint)，并导出 Master 的数据。一旦某个任务失效了，就可以从最近的一个检查点恢复并重新执行。不过由于只有一个 Master 在运行，如果 Master 失效了，则只能终止整个 MapReduce 程序的运行并重新开始。

(2) Worker 失效。相对于 Master 失效而言，Worker 失效算是一种常见的状态。Master 会周期性地给 Worker 发送 ping 命令，如果没有 Worker 的应答，则 Master 认为 Worker 失效，终止对这个 Worker 的任务调度，把失效 Worker 的任务调度到其他 Worker

上重新执行。

4）案例分析

单词计数(word count)是一个经典的问题,也是能体现 MapReduce 设计思想的最简单算法之一。该算法主要是为了完成对文字数据中所出现的单词进行计数,图 11-8 所示为单词计数。

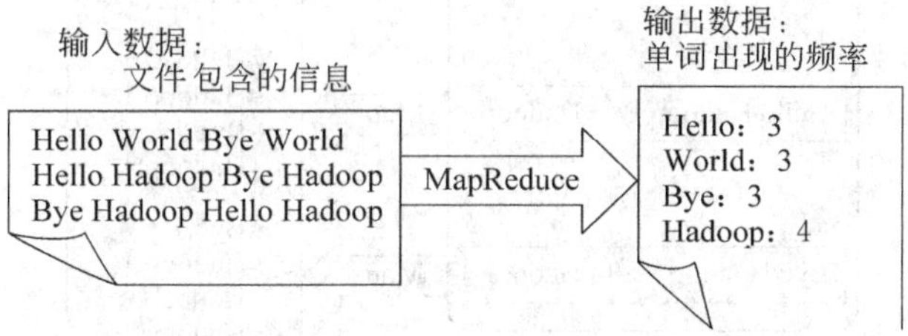

图 11-8　单词计数

伪代码如下:

```
Map(K,V)
{
    For each word w in V
    Collect(w,1);
}
Reduce(K,V[ ])
{
    int count=0;
    For each v in V
        count+=v;
    Collect(K , count);
}
```

下面就根据 MapReduce 的 4 个执行步骤对这一算法进行详细的介绍。

(1) 根据文件所包含的信息分割(Split)文件,在这里把文件的每行分割为一组,共 3 组,分割过程如图 11-9 所示。这一步由系统自动完成。

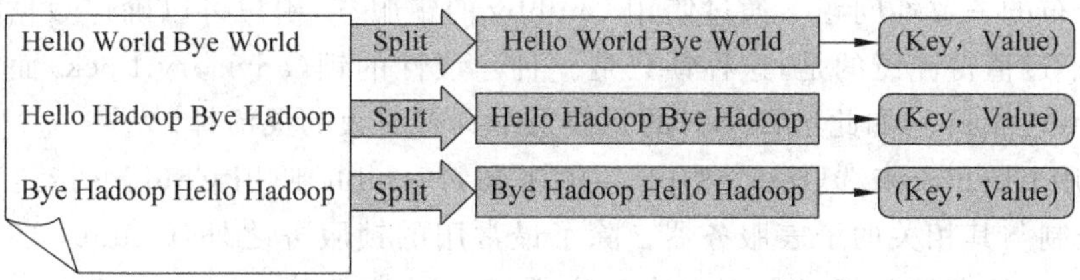

图 11-9　分割过程

(2) 对分割之后的每一对<key,value>利用用户定义的 Map 进行处理,再生成新的<key,value>对,图 11-10 所示为 Map 过程。

(3) Map 输出之后有一个内部的 Fold 过程,和第一步一样,都是由系统自动完成的,图 11-11 所示的 Fold 过程。

(4) 经过 Fold 步骤之后的输出与结果已经非常接近，再由用户定义的 Reduce 步骤完成最后的工作即可，图 11-12 所示为 Reduce 过程。

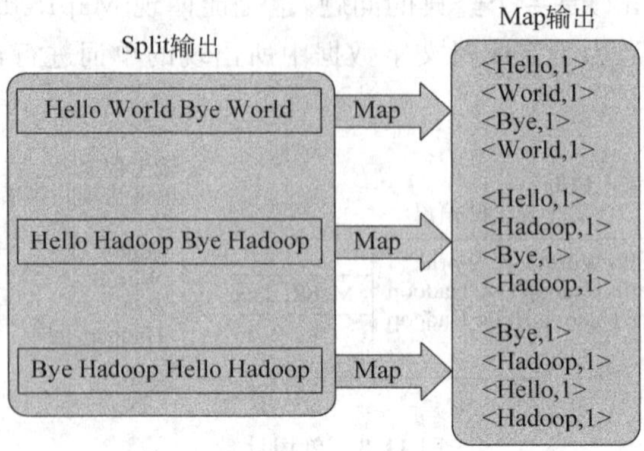

图 11-10　Map 过程

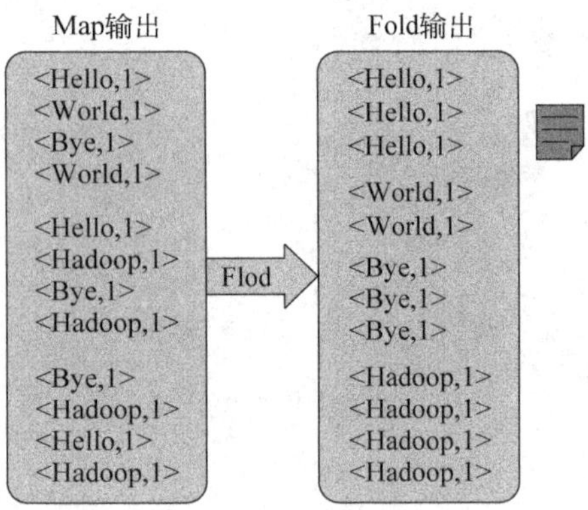

图 11-11　Fold 过程

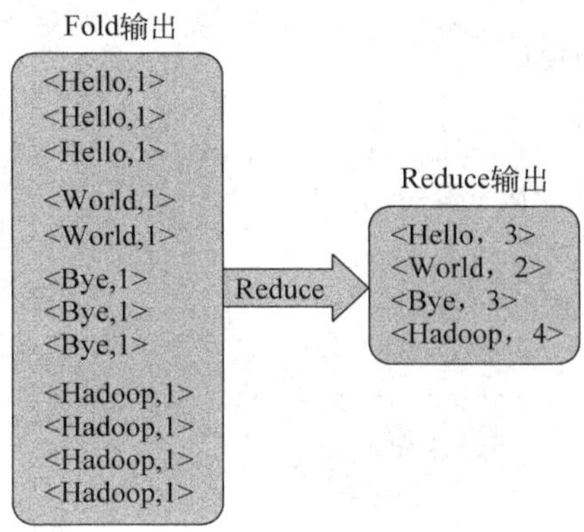

图 11-12　Reduce 过程

3. 分布式锁服务 Chubby

Chubby 是 Google 设计的提供粗粒度锁服务的一个文件系统，它基于松耦合分布式系统，解决了分布的一致性问题。通过使用 Chubby 的锁服务，用户可以确保数据操作过程中的一致性。不过值得注意的是，这种锁只是一种建议性的锁(advisory Lock)而不是强制性的锁(mandatory lock)，如此选择的目的是使系统具有更大的灵活性。

GFS 使用 Chubby 来选取一个 GFS 主服务器，Bigtable 使用 Chubby 指定一个主服务器并发现、控制与其相关的子表服务器。除了最常用的锁服务之外，Chubby 还可以作为一个稳定的存储系统存储包括元数据在内的小数据。同时 Google 内部还使用 Chubby 进行名字服务。首先简要介绍 Paxos 算法，因为 Chubby 内部一致性问题的实现用到了 Paxos 算法，然后围绕 Chubby 系统的设计和实现展开讲解。读者应该对分布式系统中一致性问题的一般性算法有初步的了解，着重掌握 Chubby 系统设计和实现的精髓。

1) Paxos 算法

Paxos 算法是由供职于微软的 Leslie Lamport 最先提出的一种基于消息传递

(messages passing)的一致性算法。在目前所有的一致性算法中,该算法最常用且被认为是最有效的。要想了解 Paxos 算法,首先需要知道什么是分布式系统中的一致性问题,因为 Paxos 算法就是为了解决这个问题而提出的。简单地说分布式系统的一致性问题,就是保证系统中初始状态相同的各个节点在执行相同的操作序列时,看到的指令序列是完全一致的,并且最终得到完全一致的结果。在 Lamport 提出的 Paxos 算法中节点被分成了 3 种类型: proposers、acceptors 和 learners。其中 proposers 提出决议(value),acceptors 批准决议,learners 获取并使用已经通过的决议。一个节点可以兼有多重类型。在这种情况下,满足以下 3 个条件就可以保证数据的一致性:

(1) 决议只有在被 proposers 提出后才能批准。

(2) 每次只批准一个决议。

(3) 只有决议确定被批准后 learners 才能获取这个决议。

Lamport 通过约束条件的不断加强,最后得到了一个可以实际运用到算法中的完整约束条件: 如果一个编号为 n 的提案具有值 v,那么存在一个多数派,要么他们中没有人批准过编号小于 n 的任何提案,要么他们进行的最近一次批准具有值 v。为了保证决议的唯一性,acceptors 也要满足如下的约束条件: 当且仅当 acceptors 没有收到编号大于 n 的请求时,acceptors 才批准编号为 n 的提案。

在这些约束条件的基础上,可以将一个决议的通过分成两个阶段。

(1) 准备阶段: proposers 选择一个提案并将它的编号设为 n,然后将它发送给 acceptors 中的一个多数派。acceptors 收到后,如果提案的编号大于它已经回复的所有消息,则 acceptors 将自己上次的批准回复给 proposers,并不再批准小于 n 的提案。

(2) 批准阶段: 当 proposers 接收到 acceptors 中的这个多数派的回复后,就向回复请求的 acceptors 发送 accept 请求,在符合 acceptors 一方的约束条件下,acceptors 收到 accept 请求后即批准这个请求。

为了减少决议发布过程中的消息量,acceptors 将这个通过的决议发送给 learners 的一个子集,然后由这个子集中的 learners 去通知所有其他的 learners。一般情况下,以上的算法过程就可以成功地解决一致性问题,但是也有特殊情况。根据算法一个编号更大的提案会终止之前的提案过程,如果两个 proposer 在这种情况下都转而提出一个编号更大的提案,那么就可能陷入活锁。此时需要选举出一个 president,仅允许 president 提出提案。

以上只是简要地介绍了 Paxos 算法的核心内容,关于更多的实现细节可以参考 Lamport 关于 Paxos 算法实现的文章。

2) Chubby 系统设计

通常情况下 Google 的一个数据中心仅运行一个 Chubby 单元(chubbycell),而这个单元需要支持包括 GFS、Bigtable 在内的众多 Google 服务。这种苛刻的服务要求使得 Chubby 在设计之初就要充分考虑到系统需要实现的目标以及可能出现的各种问题。

Chubby 的设计目标主要有以下几点。

(1) 高可用性和高可靠性。这是系统设计的首要目标,在保证这一目标的基础上再考虑系统的吞吐量和存储能力。

(2) 高扩展性。将数据存储在价格较为低廉的 RAM,支持大规模用户访问文件。

(3) 支持粗粒度的建议性锁服务。提供这种服务的根本目的是提高系统的性能。

(4) 服务信息的直接存储。可以直接存储包括元数据、系统参数在内的有关服务信息，而不需要再维护另一个服务。

(5) 支持通报机制。客户可以及时地了解到事件的发生。

(6) 支持缓存机制。通过一致性缓存将常用信息保存在客户端，避免了频繁地访问主服务器。

前面提到在分布式系统中保持数据一致性最常用也最有效的算法是 Paxos，很多系统就是将 Paxos 算法作为其一致性算法的核心。但是 Google 并没有直接实现一个包含了 Paxos 算法的函数库，相反，Google 设计了一个全新的锁服务 Chubby。Google 做出这种设计主要是考虑到以下几个问题。

(1) 通常情况下开发者在开发的初期很少考虑系统的一致性问题，但是随着开发的不断进行，这种问题会变得越来越严重。单独的锁服务可以保证原有系统的架构不会发生改变，而使用函数库的话很可能需要对系统的架构做出大幅度的改动。

(2) 系统中很多事件的发生是需要告知其他用户和服务器的，使用一个基于文件系统的锁服务可以将这些变动写入文件中。这样其他需要了解这些变动的用户和服务器直接访问这些文件即可，避免了因大量的系统组件之间的事件通信带来的系统性能下降。

(3) 基于锁的开发接口容易被开发者接受。虽然在分布式系统中锁的使用会有很大的不同，但是和一致性算法相比，锁显然被更多的开发者所熟知。

一般来说分布式一致性问题通过 quorum 机制(简单来说就是根据少数服从多数的选举原则产生一个决议)做出决策，为了保证系统的高可用性，需要若干台机器，但是使用单独的锁服务的话一台机器也能保证这种高可用性。也就是说，Chubby 在自身服务的实现时利用若干台机器实现了高可用性，而外部用户利用 Chubby 则只需一台机器就可以保证高可用性。

正是考虑到以上几个问题，Google 设计了 Chubby，而不是单独地维护一个函数库(实际上，Google 有这样一个独立于 Chubby 的函数库，不过一般情况下并不会使用)。在设计的过程中有一些细节问题也值得关注，比如在 Chubby 系统中采用了建议性的锁而没有采用强制性的锁。两者的根本区别在于用户访问某个被锁定的文件时，建议性的锁不会阻止这种行为，而强制性的锁则会，实际上这是为了便于系统组件之间的信息交互行为。另外 Chubby 还采用了粗粒度(coarse-grained)锁服务而没有采用细粒度(fine-grained)锁服务，两者的差异在于持有锁的时间。细粒度的锁持有时间很短，常常只有几秒甚至更少，而粗粒度的锁持有的时间可长达几天，做出如此选择的目的是减少频繁换锁带来的系统开销。当然用户也可以自行实现细粒度锁，不过建议还是使用粗粒度的锁。

图 11-13 就是 Chubby 的基本架构。很明显，Chubby 被划分成两个部分：客户端和服务器端，客户端和服务器端之间通过远程过程调用(RPC)来连接。在客户这一端每个客户应用程序都有一个 Chubby 程序库(chubbylibrary)，客户端的所有应用都是通过调用这个库中的相关函数来完成的。服务器一端称为 Chubby 单元，一般是由 5 个称为副本(replica)的服务器组成的，这 5 个副本在配置上完全一致，并且在系统刚开始时处于对等地位。这些副本通过 quorum 机制选举产生一个主服务器(master)，并保证在一定的时间内有且仅有一个主服务器，这个时间就称为主服务器租约期(master lease)。如果某个服务器被连续推举为主服务器的话，这个租约期就会不断地被更新。租续期内所有的客户请求都

是由主服务器来处理的。客户端如果需要确定主服务器的位置，可以向 DNS 发送一个主服务器定位请求，非主服务器的副本将对该请求做出回应，通过这种方式客户端能够快速、准确地对主服务器做出定位。

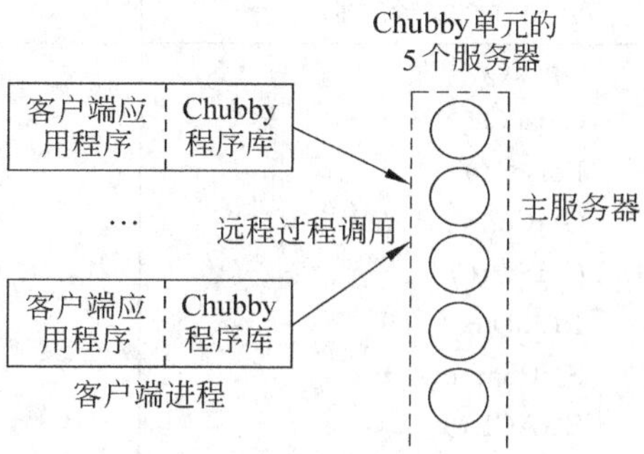

图 11-13　Chubby 的基本架构

3) Chubby 文件系统

Chubby 系统本质上就是一个分布式的、存储大量小文件的文件系统，它所有的操作都是在文件的基础上完成的。例如在 Chubby 最常用的锁服务中，每一个文件就代表了一个锁，用户通过打开、关闭和读取文件，获取共享(shared)锁或独占(exclusive)锁。选举主服务器的过程中，符合条件的服务器都同时申请打开某个文件并请求锁住该文件。成功获得锁的服务器自动成为主服务器并将其地址写入这个文件夹，以便其他服务器和用户可以获知主服务器的地址信息。

Chubby 的文件系统和 UNIX 类似。例如在文件名"/ls/foo/wombat/pouch"中，ls 代表 lock service，这是所有 Chubby 文件系统的共有前缀；foo 是某个单元的名称；/wombat/pouch 则是 foo 这个单元上的文件目录或者文件名。由于 Chubby 自身的特殊服务要求，Google 对 Chubby 做了一些与 UNIX 不同的改变。例如 Chubby 不支持内部文件的移动；不记录文件的最后访问时间；另外在 Chubby 中并没有符号连接(symbolic link，又叫软连接，类似于 Windows 系统中的快捷方式)和硬连接(hard link，类似于别名)的概念。在具体实现时，文件系统由许多节点组成，分为永久型和临时型，每个节点就是一个文件或目录。节点中保存着包括 ACL(access control list，访问控制列表)在内的多种系统元数据。为了用户能够及时了解元数据的变动，系统规定每个节点的元数据都应当包含以下 4 种单调递增的 64 位编号。

(1) 实例号(instance number)：新节点实例号必定大于旧节点的实例号。

(2) 内容生成号(content generation number)：文件内容修改时该号增加。

(3) 锁生成号(lock generation number)：锁被用户持有时该号增加。

(4) ACL 生成号(ACL generation number)：ACL 名被覆写时该号增加。

用户在打开某个节点时就会获取一个类似于 UNIX 中文件描述符(file descriptor)的句柄(Handles)，这个句柄由以下 3 个部分组成。

(1) 校验数位(check digit)：防止其他用户创建或猜测这个句柄。

(2) 序号(sequence number)：用来确定句柄是由当前还是以前的主服务器创建的。

(3) 模式信息(mode information)：用于新的主服务器重新创建一个旧的句柄。

在实际的执行中，为了避免所有的通信都使用序号带来的系统开销增长，Chubby 引入了 sequencer 的概念。sequencer 实际上就是一个序号，只不过这个序号只能由锁的持有者在获取锁时向系统发出请求来获得。这样一来 Chubby 系统中只有涉及锁的操作才需要序号，其他一概不用。在文件操作中，用户可以将句柄看做一个指向文件系统的指针。这个指针支持一系列的操作，常用的句柄操作函数及其应用见表 11-2。

表 11-2 常用的句柄操作函数及其作用

函数名称	作用
Open()	打开某个文件或者目录来创建句柄
Close()	关闭打开的句柄，后续的任何操作都将中止
Poison()	中止当前未完成及后续的操作，但不关闭句柄
GetContentsAndStat()	返回文件内容及元数据
GetStat()	只返回文件元数据
ReadDir()	返回子目录名称及其元数据
SetContents()	向文件中写入内容
SetACL()	设置 ACL 名称
Delete()	如果该节点没有子节点的话则执行删除操作
Acquire()	获取锁
Release()	释放锁
GetSequencer()	返回一个 sequencer
SetSequencer()	将 sequencer 和某个句柄进行关联
CheckSequencer()	检查某个 sequencer 是否有效

4）通信协议

客户端和主服务器之间的通信是通过 KeepAlive 握手协议来维持的，图 11-14 就是这一通信过程的简单示意图。

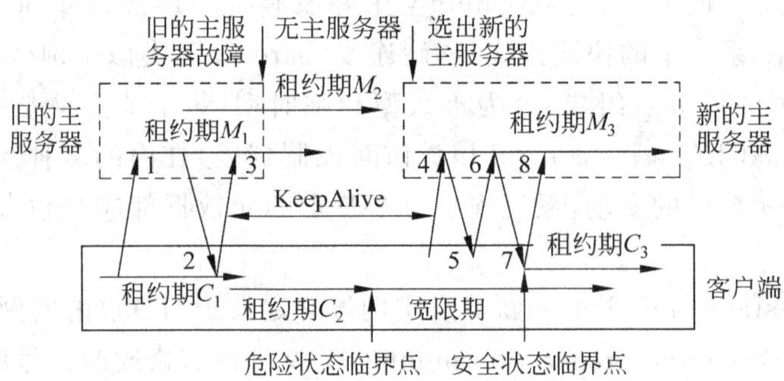

图 11-14 通信过程的简单示意图

图 11-14 中从左到右时间在增加，斜向上的箭头表示一次 KeepAlive 请求，斜向下的箭头则是主服务器的一次回应。M_1、M_2、M_3 表示不同的主服务器租约期。C_1、C_2、C_3 则是客户端对主服务器租约期时长做出的一个估计。KeepAlive 是周期发送的一种信息，它主要有两方面的功能：延迟租约的有效期和携带事件信息告诉用户更新。主要的事件包括文件内容被修改、子节点的增删改、主服务器出错和句柄失效等。正常情况下，通过 KeepAlive 握手协议租约期会得到延长，事件也会及时地通知给用户。但是由于系统有一定的失效概率，引入故障处理措施是很有必要的。通常情况下系统可能会出现两种故障：客户端租约期过期和主服务器故障，对于这两种情况系统有着不同的应对方式。

（1）客户端租约过期。刚开始时，客户端向主服务器发出一个 KeepAlive 请求（图 11-14 中的 1），如果有需要通知的事件时主服务器会立刻做出回应，否则主服务器并不立刻对这个请求做出回应，而是等到客户端的租约期 C_1 快结束的时候才做出回应（图 11-14 中的 2），并更新主服务器租约期为 M_2。客户端在接到这个回应后认为该主服务器仍处于活跃状态，于是将租约期更新为 C_2 并立刻发出新的 KeepAlive 请求(图 11-14 中的 3)。同样的，主服务器可能不是立刻回应而是等待 C_2 接近结束，但是在这个过程中主服务器出现故障停止使用。在等待了一段时间后 C_2 到期，由于并没有收到主服务器的回应，系统向客户端发出一个危险(jeopardy)事件，客户端清空并暂时停用自己的缓存，从而进入一个称为宽限期(grace period)的危险状态。这个宽限期默认是 45 秒。在宽限期内，客户端不会立刻断开与服务器端的联系，而是不断地做探询。图 11-14 中新的主服务器很快被重新选出，当它接到客户端的第一个 KeepAlive 请求(图 11-14 中的 4)时会拒绝(图 11-14 中的 5)，因为这个请求的纪元号(epoch number)错误。不同主服务器的纪元号不相同，客户端的每次请求都需要这个号来保证处理的请求是针对当前的主服务器。客户端在主服务器拒绝之后会使用新的纪元号来发送 KeepAlive 请求(图 11-14 中的 6)。新的主服务器接受这个请求并立刻做出回应(图 11-14 中的 7)。如果客户端接收到这个回应的时间仍处于宽限期内，则系统会恢复到安全状态，租约期更新为 C_3。如果在宽限期未接到主服务器的相关回应，则客户端终止当前的会话。

(2) 主服务器出错。在客户端和主服务器端进行通信时可能会遇到主服务器故障，图 11-14 就出现了这种情况。正常情况下旧的主服务器出现故障后系统会很快地选举出新的主服务器，新选举的主服务器在完全运行前需要经历以下 9 个步骤。

① 产生一个新的纪元号以便今后客户端通信时使用，这能保证当前的主服务器不必处理针对旧的主服务器的请求。

② 只处理主服务器位置相关的信息，不处理会话相关的信息。

③ 构建处理会话和锁所需的内部数据结构。

④ 允许客户端发送 KeepAlive 请求，不处理其他会话相关的信息。

⑤ 向每个会话发送一个故障事件，促使所有的客户端清空缓存。

⑥ 等待直到所有的会话都收到故障事件或会话终止。

⑦ 开始允许执行所有的操作。

⑧ 如果客户端使用了旧的句柄则需要为其重新构建新的句柄。

⑨ 一定时间段后(1 分钟)，删除没有被打开过的临时文件夹。

如果这一过程在宽限期内顺利完成，则用户不会感觉到任何故障的发生，也就是说新旧主服务器的替换对于用户来说是透明的，用户感觉到的仅仅是一个延迟。使用宽限期的好处正是如此。

在系统实现时，Chubby 还使用了一致性客户端缓存(consistent client-side caching)技术，这样做的目的是减少通信压力，降低通信频率。在客户端保存一个和单元上数据一致的本地缓存，这样需要时客户可以直接从缓存中取出数据而不用再和主服务器通信。当某个文件数据或者元数据需要修改时，主服务器首先将这个修改阻塞，然后通过查询主服务器自身维护的一个缓存表，向所有对修改的数据进行了缓存的客户端发送一个无效标志(invalidation)；客户端收到这个无效标志后会返回一个确认(acknowledge)，主服务器在收到所有的确认后才解除阻塞并完成这次修改。这个过程的执行效率非常高，仅仅需要发送一次无效标志即可，因为主服务器对于没有返回确认的节点就直接认为其是未缓存的。

5）正确性与性能

(1）一致性。前面提到过每个 Chubby 单元是由 5 个副本组成的，这 5 个副本中需要选举产生一个主服务器，这种选举本质上就是一个一致性问题。在实际的执行过程中，Chubby 使用 Paxos 算法来解决这个问题。

主服务器产生后客户端的所有读写操作都是由主服务器来完成的。读操作很简单，客户直接从主服务器上读取所需数据即可，但是写操作就涉及数据一致性的问题了。为了保证客户的写操作能够同步到所有的服务器上，系统再次利用了 Paxos 算法。因此，可以看出 Paxos 算法在分布式一致性问题中的作用是巨大的。

(2）安全性。Chubby 采用的是 ACL 形式的安全保障措施。系统中有 3 种 ACL 名，分别是写 ACL 名（write ACL name）、读 ACL 名（read ACL name）和变更 ACL 名（change ACL name）。只要不被覆写，子节点都是直接继承父节点的 ACL 名。ACL 同样被保存在文件中，它是节点元数据的一部分，用户在进行相关操作时首先需要通过 ACL 来获取相应的授权。图 11-15 是一个用户成功写文件所需经历的过程。

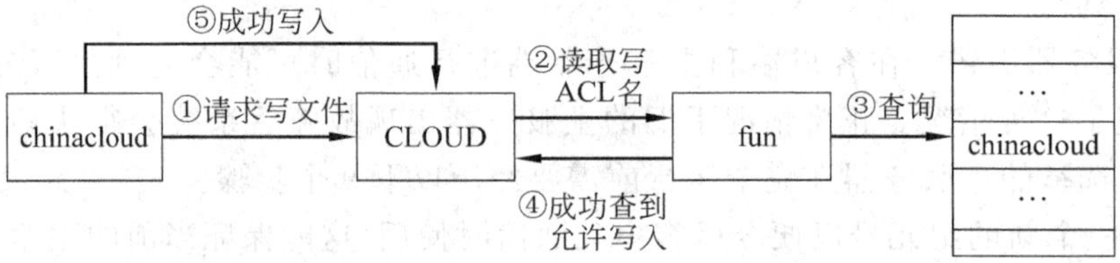

图 11-15 一个用户成功写文件所需经历的过程

用户 chinacloud 请求向文件 CLOUD 中写入内容。CLOUD 首先读取自身的 ACL 名是 fun，接着在 fun 中查到了 chinacloud 这一行记录，于是返回信息允许 chinacloud 对文件进行写操作，此时 chinacloud 才被允许向 CLOUD 写入内容。其他的操作和写操作类似。

(3）性能优化。为了满足系统的高可扩展性，Chubby 目前已经采取了一些措施。比如提高主服务器默认的租约期、使用协议转换服务将 Chubby 协议转换成较简单的协议。还有就是使用上面提到的客户端一致性缓存。除此之外，Google 的工程师们还考虑使用代理（Proxy）和分区（Partition）技术，虽然目前这两种技术并没有实际使用，但是在设计的时候还是被包含进系统，不排除将来使用的可能。代理可以减少主服务器处理 KeepAlive 以及读请求带来的服务器负载，但是它并不能减少写操作带来的通信量。不过根据 Google 自己的数据统计表明，在所有的请求中，写请求仅占极少的一部分，几乎可以忽略不计。使用分区技术的话可以将一个单元的命名空间（name space）划分成 n 份。除了少量的跨分区通信外，大部分的分区都可以独自地处理服务请求。通过分区可以减少各个分区上的读写通信量，但不能减少 KeepAlive 请求的通信量。因此，如果需要的话，将代理和分区技术结合起来使用才可以明显提高系统同时处理的服务请求量。

4. 分布式结构化数据表 Bigtable

Bigtable 是 Google 开发的基于 GFS 和 Chubby 的分布式存储系统。Google 的很多数据，包括 Web 索引、卫星图像数据等在内的海量结构化和半结构化数据，都是存储在 Bigtable 中的。从实现上来看，Bigtable 并没有什么全新的技术，但是如何选择合适的技术并将这些技术高效、巧妙地结合在一起恰恰是最大的难点。Google 的工程师通过研究以及大量的实践，完美实现了相关技术的选择及融合。Bigtable 在很多方面和数据库类似，但它并不是真正意义上的数据库。下面对 Bigtable 的数据模型、系统架构、实现以及它使用的一些数据库技术作一个较为全面的介绍。

1）设计动机与目标

Google 设计 Bigtable 的动机主要有如下 3 个方面。

(1) 需要存储的数据种类繁多。Google 目前向公众开放的服务很多，需要处理的数据类型也非常多。包括 URL、网页内容、用户的个性化设置在内的数据都是 Google 需要经常处理的。

(2) 海量的服务请求。Google 运行着目前世界上最繁忙的系统，它每时每刻处理的客户服务请求数量是普通的系统根本无法承受的。

(3) 商用数据库无法满足 Google 的需求。一方面现有商用数据库的设计着眼点在于其通用性，面对 Google 的苛刻服务要求根本无法满足，而且在数量庞大的服务器上根本无法成功部署普通的商用数据库。另一方面对于底层系统的完全掌控会给后期的系统维护、升级带来极大的便利。

在仔细考察了 Google 的日常需求后，Bigtable 开发团队确定了 Bigtable 设计所需达到的如下几个基本目标。

(1) 广泛的适用性。Bigtable 是为了满足一系列 Google 产品而并非特定产品的存储要求。

(2) 很强的可扩展性。根据需要随时可以加入或撤销服务器。

(3) 高可用性。对于客户来说，有时候即使短暂的服务中断也是不能忍受的。Bigtable 设计的重要目标之一就是确保几乎所有的情况下系统都可用。

(4) 简单性。底层系统的简单性既可以减少系统出错的概率，也为上层应用的开发带来便利。

在目标确定之后，Google 开发者就在现有的数据库技术中进行了大规模的筛选，希望各种技术之间能够扬长避短，巧妙地结合起来。最终实现的系统也确实达到了原定的目标。下面就开始详细讲解 Bigtable。

2）数据模型

Bigtable 是一个分布式多维映射表，表中的数据是通过一个行关键字(row key)、一个列关键字(column key)以及一个时间戳(time stamp)进行索引的。Bigtable 对存储在其中的数据不做任何解析，一律看做字符串，具体数据结构的实现需要用户自行处理。Bigtable 的存储逻辑可以表示为：

```
(row: string, column: string, time: int64)→string
```

Bigtable 数据的存储格式如图 11-16 所示。

(1) 行。Bigtable 的行关键字可以是任意的字符串，但是大小不能够超过 64KB。Bigtable 和传统的关系型数据库有很大不同，它不支持一般意义上的事务，但能保证对于行的读写操作具有原子性(atomic)。表中数据都是根据行关键字进行排序的，排序使用的是词典序。图 11-16 是 Bigtable 数据模型的一个典型实例，其中 com.cn.www 就是一个行关

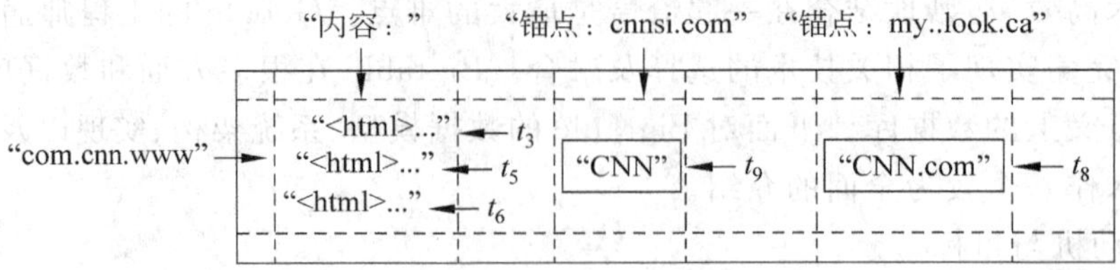

图 11-16 Bigtable 数据的存储格式

键字。不直接存储网页地址而将其倒排是 Bigtable 的一个巧妙的设计。这样做至少会带来以下两个好处。

① 同一地址域的网页会被存储在表中的连续位置，有利于用户查找和分析。

② 倒排便于数据压缩，可以大幅提高压缩率。

单个的大表由于规模问题不利于数据的处理，因此 Bigtable 将一个表分成了很多子表(tablet)，每个子表包含多个行。子表是 Bigtable 中数据划分和负载均衡的基本单位。

(2) 列。Bigtable 并不是简单地存储所有的列关键字，而是将其组织成所谓的列族(column family)，每个族中的数据都属于同一个类型，并且同族的数据会被压缩在一起保存。引入了列族的概念之后，列关键字就采用下述的语法规则来定义：

族名：限定词(family：qualifier)

族名必须有意义，限定词则可以任意选定。在图 11-16 中，内容(contents)、锚点(anchor，就是 HTML 中的链接)都是不同的族。而 cnnsi. com 和 my. look. ca 则是锚点族中不同的限定词。通过这种方式组织的数据结构清晰明了，含义也很清楚。族同时也是 Bigtable 中访问控制(access control)的基本单元，也就是说访问权限的设置是在族这一级别上进行的。

(3) 时间戳。Google 的很多服务比如网页检索和用户的个性化设置等都需要保存不同时间的数据，这些不同的数据版本必须通过时间戳来区分。图 11-16 中内容列的 t_3、t_5 和 t_6 表明其中保存了在 t_3、t_5 和 t_6 这 3 个时间获取的网页。Bigtable 中的时间戳是 64 位整型数，具体的赋值方式可以采取系统默认的方式，也可以用户自行定义。

为了简化不同版本的数据管理，Bigtable 目前提供了两种设置：一种是保留最近的 n 个不同版本，图 11-16 中数据模型采取的就是这种方法，它保存最新的 3 个版本数据。另一种就是保留限定时间内的所有不同版本，比如可以保存最近 10 天的所有不同版本数据。失效的版本将会由 Bigtable 的垃圾回收机制自动处理。

3) 系统架构

Bigtable 是在 Google 的另外 3 个云计算组件基础之上构建的，其基本架构如图 11-17 所示。图中 Google WorkQueue 是一个分布式的任务调度器，它主要被用来处理分布式系统队列分组和任务调度，关于其实现 Google 并没有公开。在前面已经讲过，GFS 是 Google 的分布式文件系统，在 Bigtable 中 GFS 主要用来存储子表数据以及一些日志文件。Bigtable 还需要一个锁服务的支持，Bigtable 选用了 Google 自己开发的分布式锁服务 Chubby。在 Bigtable 中 Chubby 主要有以下几个作用。

(1) 选取并保证同一时间内只有一个主服务器(master server)。

(2) 获取子表的位置信息。

(3) 保存 Bigtable 的模式信息及访问控制列表。

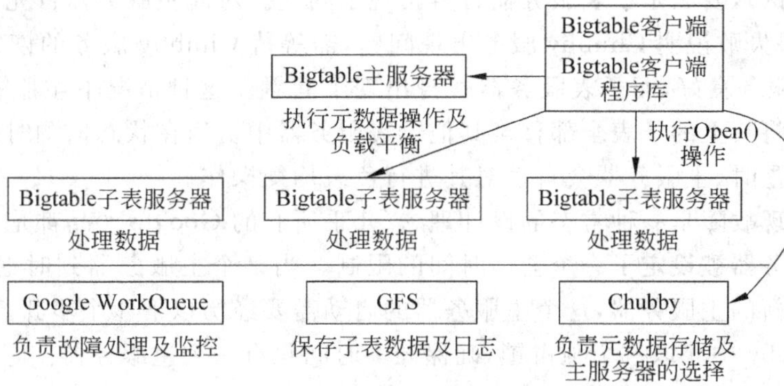

图 11-17 Bigtable 基本架构

另外在 Bigtable 的实际执行过程中，Google 的 MapReduce 和 Sawzall 也被使用来改善其性能，不过需要注意的是这两个组件并不是实现 Bigtable 所必需的。

Bigtable 主要由 3 个部分组成：客户端程序库(client library)、一个主服务器和多个子表服务器(tablet server)，这 3 个部分在图 10-17 中都有相应的表示。从图 11-17 中可以看出，客户需要访问 Bigtable 服务时，首先要利用其库函数执行 Open()操作来打开一个锁(实际上就是获取了文件目录)，锁打开以后客户端就可以和子表服务器进行通信了。和许多具有单个主节点的分布式系统一样，客户端主要与子表服务器通信，几乎不和主服务器进行通信，这使得主服务器的负载大大降低。主服务主要进行一些元数据的操作以及子表服务器之间的负载调度问题，实际的数据是存储在子表服务器上的。客户程序库的概念比较简单，这里不做讲解，下面对主服务器和子表服务器展开讲解。

4) 主服务器

主服务的主要作用如图 11-18 所示。

当一个新的子表产生时，主服务器通过一个加载命令将其分配给一个空间足够的子表服务器。创建新表、表合并以及较大子表的分裂都会产生一个或多个新子表。对于前面两种，主服务器会自动检测到，因为这两个操作是由主服务器发起的，而较大子表的分裂是由子服务发起并完成的，所以主服务器并不能自动检测到，因此在分割完成之后子服务器需要向主服务发出一个通知。由于系统设计之初就要求能达到良好的扩展性，所以主服务器必须对子表服务器的状态进行监控，以便及时检测到服务器的加入或撤销。Bigtable 中主服务器对子表服务器的监控是通过 Chubby 来完成的，子表服务器在初始化时都会从 Chubby 中得到一个独占锁。通过这种方式所有的子表服务器基本信息被保存在 Chubby 中一个被称为服务器目录(server directory)的特殊目录之中。主服务器通过检测这个目录就可以随时获取最新的子表服务器信息，包括目前活跃的子表服务器，以及每个子表服务器上现已分配的子表。对于每个具体的子表服务器，主服务器会定期向其询问独占锁的状态。如果子表服务器的锁丢失或没有回应，则此

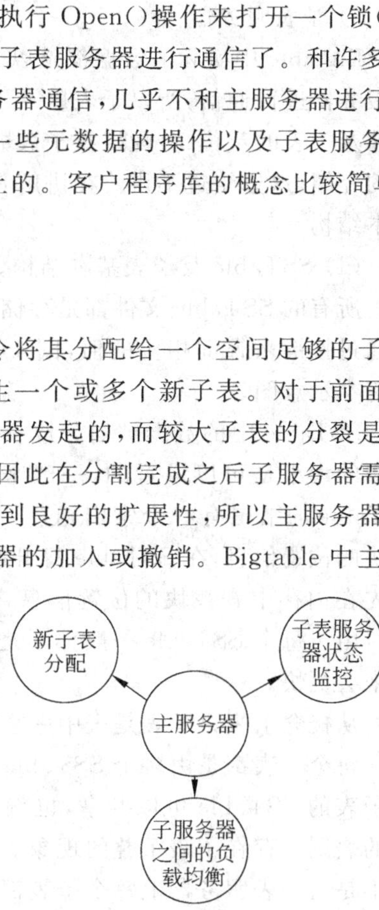

图 11-18 主服务器的主要作用

时可能有两种情况，要么是 Chubby 出现了问题(虽然这种概率很小，但的确存在，Google 自己也做过相关测试)，要么是子表服务器自身出现了问题。对此主服务器首先自己尝试获取这个独占锁，如果失败说明 Chubby 服务出现问题，需等待 Chubby 服务的恢复。如果成功则说明 Chubby 服务良好，而子表服务器本身出现了问题。这种情况下主服务器会中止这个子表服务器并将其上的子表全部移至其他子表服务器中。当在状态监测时发现某个子表服务器上负载过重时，主服务器会自动对其进行负载均衡操作。

基于系统出现故障是一种常态的设计理念(几乎所有的 Google 产品都是基于这个设计理念)，每个主服务器被设定了一个会话时间的限制。当某个主服务器到时退出后，管理系统就会指定一个新的主服务器，这个主服务器的启动需要经历以下 4 个步骤。

(1) 从 Chubby 中获取一个独占锁，确保同一时间只有一个主服务器。

(2) 扫描服务器目录，发现目前活跃的子表服务器。

(3) 与所有的活跃子表服务器取得联系以便了解所有子表的分配情况。

(4) 通过扫描元数据表(metadata table)，发现未分配的子表并将其分配到合适的子表服务器中。如果元数据表未分配，则首先需要将根子表(root tablet)加入未分配的子表中。由于根子表保存了其他所有元数据子表的信息，确保了扫描能够发现所有未分配的子表。

在成功完成以上 4 个步骤后主服务器就可以正常运行了。

5) 子表服务器

Bigtable 中实际的数据都是以子表的形式保存在子表服务器上的，客户一般也只和子表服务器进行通信，所以子表以及子表服务器是重点讲解的概念。子表服务器上的操作主要涉及子表的定位、分配以及子表数据的最终存储问题。其中子表分配在前面已经有了详细的介绍，这里略过不讲。在讲解其他问题之前首先介绍一下 SSTable 的概念以及子表的基本结构。

(1) SSTable 及子表基本结构。SSTable 是 Google 为 Bigtable 设计的内部数据存储格式。所有的 SSTable 文件都是存储在 GFS 上的，用户可以通过按键来查询相应的值，图 11-19 是 SSTable 格式的基本示意图。

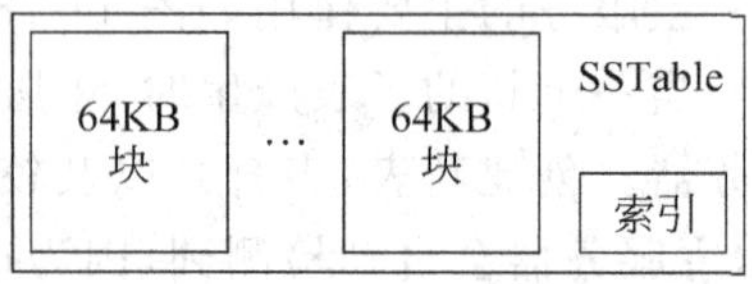

图 11-19　SSTable 格式的基本示意图

SSTable 中的数据被划分成一个个的块(block)，每个块的大小是可以设置的，一般来说设置为 64KB。在 SSTable 的结尾有一个索引，这个索引保存了 SSTable 中块的位置信息，在 SSTable 打开时这个索引会被加载进内存，这样用户在查找某个块时首先在内存中查找块的位置信息，然后在硬盘上直接找到这个块，这种查找方法速度非常快。由于每个 SSTable 一般都不是很大，用户还可以选择将其整体加载进内存，这样查找起来会更快。

从概念上来讲子表是表中一系列行的集合，子表在系统中的实际组成如图 11-20 所示。

每个子表都是由多个 SSTable 以及日志(log)文件构成的。有一点需要注意，那就是不同子表的 SSTable 可以共享，也就是说某些 SSTable 会参与多个子表的构成，而由子表构成的表则不存在子表重叠的现象。Bigtable 中的日志文件是一种共享日志，也就是说系统并不是对子表服务器上每个子表都单独地建立一个日志文件，每个子表服务器上仅保存一个日志文件，某个子表日志只是这个共享日志的一个片段。这样会节省大量的空间，但在恢

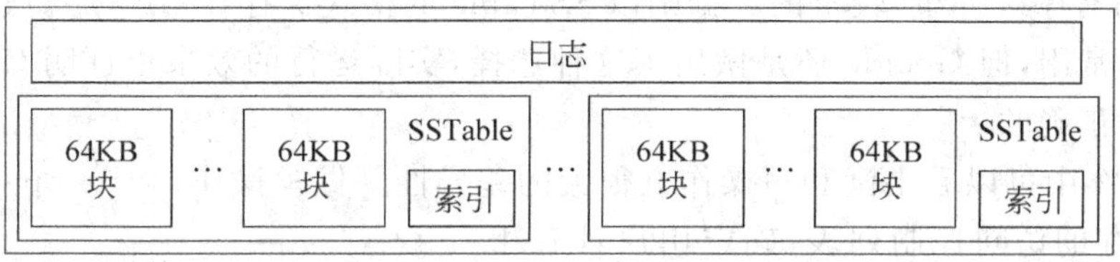

图 11-20　子表在系统中的实际组成

复时却有一定的难度，因为不同的子表可能会被分配到不同的子表服务器上，一般情况下每个子表服务器都需要读取整个共享日志来获取其对应的子表日志。Google 为了避免这种情况出现，对日志做了一些改进。Bigtable 规定将日志的内容按照键值进行排序，这样不同的子表服务器都可以连续读取日志文件了。一般来说每个子表的大小在 100MB 到 200MB 之间。每个子表服务器上保存的子表数量可以从几十到上千不等，通常情况下是 100 个左右。

(2) 子表地址。子表地址的查询是经常碰到的操作。在 Bigtable 系统的内部采用的是一种类似 B+树的 3 层查询体系。子表地址结构如图 11-21 所示。

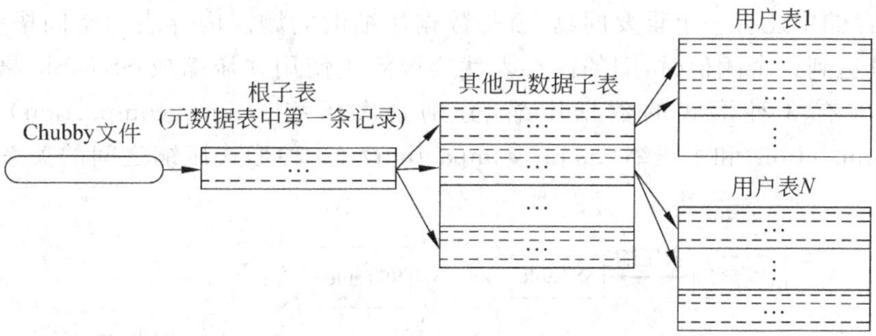

图 11-21　子表地址结构

所有的子表地址都被记录在元数据表中，元数据表也是由一个个的元数据子表(metadata tablet)组成的。根子表是元数据表中一个比较特殊的子表，它既是元数据表的第一条记录，也包含了其他元数据子表的地址，同时 Chubby 中的一个文件也存储了这个根子表的信息。这样在查询时，首先从 Chubby 中提取这个根子表的地址，进而读取所需的元数据子表的位置，最后就可以从元数据子表中找到待查询的子表。除了这些子表的元数据之外，元数据表中还保存了其他一些有利于调试和分析的信息，比如事件日志等。

为了减少访问开销，提高客户访问效率，Bigtable 使用了缓存和预取(prefetch)技术，这两种技术手段在体系结构设计中是很常用的。子表的地址信息被缓存在客户端，客户在寻址时直接根据缓存信息进行查找。一旦出现缓存为空或缓存信息过时的情况，客户端就需要按照图 11-21 所示的方式进行网络的来回通信(network round-trips)进行寻址，在缓存为空的情况下需要 3 个网络来回通信。如果缓存的信息是过时的，则需要 6 个网络来回通信。其中 3 个用来确定信息是过时的，另外 3 个获取新的地址。预取则是在每次访问元数据表时不仅读取所需的子表元数据，而是读取多个子表的元数据，这样下次需要时就不用再次访问元数据表。

(3) 子表数据存储及读写操作。在数据的存储方面，Bigtable 做出了一个非常重要的选择，那就是将数据存储划分成两块。较新的数据存储在内存中一个称为内存表

(memtable)的有序缓冲里，较早的数据则以 SSTable 的格式保存在 GFS 中。这种技术在数据库中不是很常用，但 Google 还是做出了这种选择，实际运行的效果也证明 Google 的选择虽然大胆却是正确的。

从图 11-22 中可以看出读和写操作有很大的差异性。做写操作(write op)时，首先查询 Chubby 中保存的访问控制列表，确定用户具有相应的写权限，通过认证之后写入的数据首先被保存在提交日志(commit log)中。提交日志中以重做记录(redo record)的形式保存着最近的一系列更改数据，这些重做记录在子表进行恢复时可以向系统提供已完成的更改信息。数据成功提交之后就被写入内存表中。在做读操作(read op)时，首先还是要通过认证，之后读操作就要结合内存表和 SSTable 文件来进行，因为内存表和 SSTable 中都保存了数据。

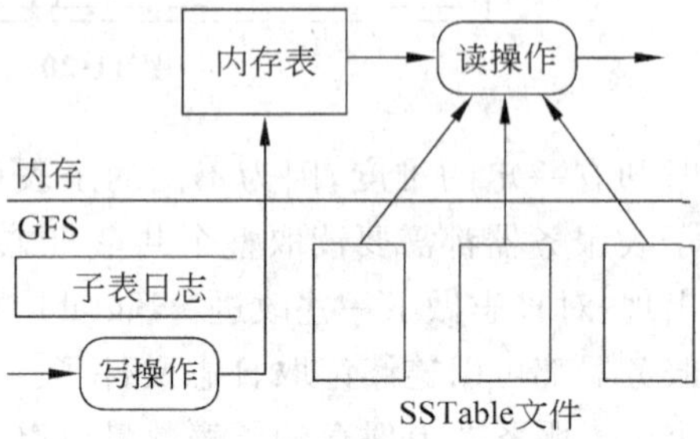

图 11-22 Bigtable 数据存储及读写操作

在数据存储中还有一个重要问题，就是数据压缩的问题。内存表的空间毕竟是很有限的，当其容量达到一个阈值时，旧的内存表就会被停止使用并压缩成 SSTable 格式的文件。在 Bigtable 中有 3 种形式的数据压缩，分别是次压缩(minor compaction)、合并压缩(merging compaction)和主压缩(major compaction)。3 种形式压缩之间的关系如图 11-23 所示。

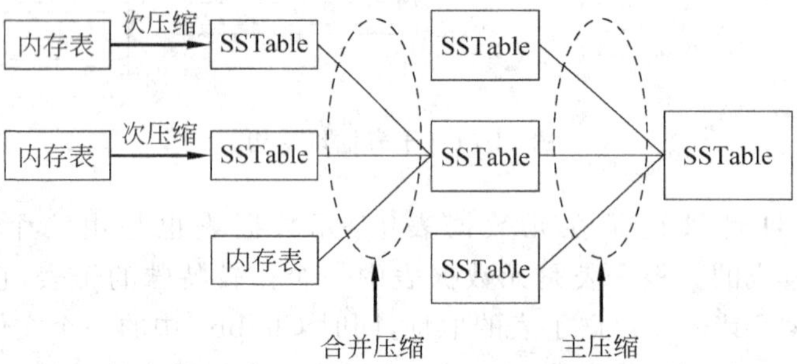

图 11-23 3 种形式压缩之间的关系

每一次旧的内存表停止使用时都会进行一个次压缩操作，这会产生一个 SSTable。但如果系统中只有这种压缩的话，SSTable 的数量就会无限制地增加下去。由于读操作要使用 SSTable，数量过多的 SSTable 显然会影响读的速度。而在 Bigtable 中，读操作实际上比写操作更重要，因此 Bigtable 会定期地执行一次合并压缩的操作，将一些已有的 SSTable 和现有的内存表一并进行一次压缩。主压缩其实是合并压缩的一种，只不过它将所有的 SSTable 一次性压缩成一个大的 SSTable 文件。主压缩也是定期执行的，执行一次主压缩之后可以保证将所有的被压缩数据彻底删除，如此一来，既回收了空间，又能保证敏感数据的安全性(因为这些敏感数据被彻底删除了)。

6) 性能优化

上述各种操作已经可以实现 Bigtable 的所有功能了，但是这些基本的功能很多时候并不是很符合用户的使用习惯，或者执行的效率较低。有些功能 Bigtable 自身已经进行了优化，包括使用缓存、共享式的提交日志以及利用系统的不变性。Bigtable 还允许用户个人在基本操作基础上对系统进行一些优化。这一部分主要介绍用户可以使用的几个重要优化措施。实际上这些技术手段都是一些已有的数据库方法，只不过 Google 将它具体地应用于 Bigtable 之中罢了。

(1) 局部性群组(locality groups)。Bigtable 允许用户将原本并不存储在一起的数据以列族为单位，根据需要组织在一个单独的 SSTable 中，以构成一个局部性群组。这实际上就是数据库中垂直分区技术的一个应用。结合图 11-17 来看，在被 Bigtable 保存的网页列关键字中，有的用户可能只对网页内容感兴趣，那么它可以设置局部性群组只看内容这一列。有的则会对诸如网页语言、网站排名等可以用于分析的信息比较感兴趣，也可以将这些列设置到一个群组中。局部性群组如图 11-24 所示。

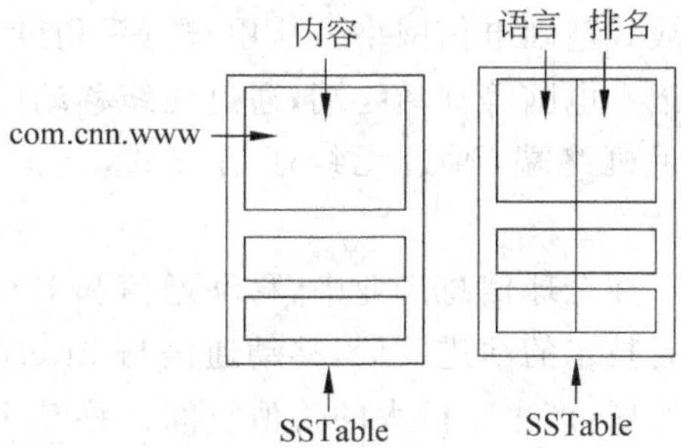

图 11-24　局部性群组

通过设置局部性群组用户可以只看自己感兴趣的内容，对某个用户来说的大量无用信息无须读取。对于一些较小的且会被经常读取的局部性群组，用户可以将其 SSTable 文件直接加载进内存，这可以明显地改善读取效率。

(2) 压缩。压缩可以有效地节省空间，Bigtable 中的压缩被应用于很多场合。首先压缩可以被用在构成局部性群组的 SSTable 中，可以选择是否对个人的局部性群组的 SSTable 进行压缩。Bigtable 中这种压缩是对每个局部性群组独立进行的，虽然这样会浪费一些空间，但是在需要读取时解压速度非常快。通常情况下，用户可以采用两步压缩的方式：第一步利用 Bentley & McIlroy 方式(BMDiff)在大的扫描窗口将常见的长串进行压缩；第二步采取 Zippy 技术进行快速压缩，它在一个 16KB 大小的扫描窗口内寻找重复数据，这个过程非常快。压缩技术还可以提高子表的恢复速度，当某个子表服务器停止使用后，需要将上面所有的子表移至另一个子表服务器来恢复服务。在转移之前要进行两次压缩，第一次压缩减少了提交日志中的未压缩状态，从而减少了恢复时间。在文件正式转移之前还要进行一次压缩，这次压缩主要是将第一次压缩后遗留的未压缩空间进行压缩。完成这两步之后压缩的文件就会被转移至另一个子表服务器。

(3) 布隆过滤器(bloom filter)。Bigtable 向用户提供了一种称为布隆过滤器的数学工具。布隆过滤器是巴顿·布隆在 1970 年提出的，实际上它是一个很长的二进制向量和一系列随机映射函数，在读操作中确定子表的位置时非常有用。布隆过滤器的速度快，省空间。而且它有一个最大的好处是它绝不会将一个存在的子表判定为不存在。不过布隆过滤器也有一个缺点，那就是在某些情况下它会将不存在的子表判断为存在。不过这种情况出现的概率非常小，跟它带来的巨大好处相比这个缺点是可以接受的。

目前包括 GoogleAnalytics、GoogleEarth、个性化搜索、Orkut 和 RRS 阅读器在内的几十个项目都使用了 Bigtable。这些应用对 Bigtable 的要求以及使用的集群机器数量都是各不相同的，但是从实际运行来看，Bigtable 完全可以满足这些不同需求的应用，而这一切都得益于其优良的构架以及恰当的技术选择。与此同时 Google 还在不断地对 Bigtable 进行一系列的改进，通过技术改良和新特性的加入提高系统运行效率及稳定性。

11.3 云计算与移动 Internet

11.3.1 移动 Internet 的发展概况

移动 Internet 是指以宽带 IP 为技术核心，可同时提供语音、数据、多媒体等业务服务的开放式基础电信网络。从用户行为角度来看，移动 Internet 广义上是指用户可以使用手机、笔记本电脑等移动终端，通过无线移动网络和 HTTP 协议接入 Internet；狭义上是指用户使用手机终端，通过无线通信方式，访问采用 WAP(wireless application protocol)协议的网站。

在全球信息产业中，移动通信和 Internet 是发展最为迅速和最具增长潜力的两大领域。随着技术的演进发展，移动通信与 Internet 呈现融合趋势，极大地促进了移动 Internet 的快速发展，产生了巨大的价值空间。移动 Internet 的主要应用包括手机游戏、移动搜索、移动即时通信、移动电子邮件等。从全球范围来看，社区网络应用和定位导航正在成为新的热点。

目前，移动 Internet 的发展速度远远超过了固定 Internet(以固定 PC 为终端的传统 Internet)。从全球范围来看，2008 年第一季度移动 Internet 的 Web 流量即已占据了总流量的 77%，大大超过了 WAP 流量。随着 3G 普及率的进一步提高和移动智能终端的快速发展，手机上网的 Web 方式将彻底取代 WAP 方式，从而保持固定 Internet 到移动 Internet 的连续性和一致性，为用户带来更好的体验。

不止是终端和浏览器，移动 Internet 的商业模式也迅速向固定 Internet 靠拢。目前移动 Internet 的 3 种商业模式都源自于门户模式的成功实践：一是"平台＋服务"模式，定位于价值链控制力；二是"终端＋应用"模式，定位于用户需求整体解决方案；三是"软件＋门户"模式，定位于最佳产品服务。门户模式已成为运营商、终端厂商、信息服务提供商的战略选择。不同领域的企业均在基于自身业务体系和竞争优势构建具有主导权的商业模式，以应对网络融合趋势给移动 Internet 的发展带来的不确定性和竞争。

移动 Internet 并非独立于现有 Internet 之外的一种新的 Internet，其产业链要素与传统 Internet 没有太大区别。但是移动 Internet 也不是简单的"移动＋Internet"，由于网络接入方式的不同，原有的硬件、软件、服务和内容等的提供者将通过新的排列组合，形成新的产业发展形态。人们看到了诺基亚、苹果、微软、谷歌、腾讯等非传统电信行业竞争者依托在原有市场领域形成的先发优势和积累的用户资源，加紧在移动 Internet 领域进行渗透和战略布局，正在对运营商的传统核心地位发起有力的挑战。移动 Internet 的发展使得运营商与许多原本看似无关的企业意外地成为竞争对手，遭遇战发生的次数将会越来越多。

从 Internet 商业模式的演变来看，Internet 企业不断追寻着用户的"足迹"，通过搜集和挖掘用户在应用过程中的行为，Internet 将更为准确地理解用户，从而引导和创造客户需求以源源不断地获得收益。由于移动终端与客户的绑定，移动应用具有随身性、可鉴权、可身份识别等独特优势，可运营、可管理的用户群是移动通信业同时也是移动 Internet 发展拥有的基础资源。移动 Internet 在向着可运营、可管理的发展过程中，将不断开辟新的发展空间。这就需要通过"云"来追踪用户的足迹，分析用户的行为，从而将用户的选择反作用于服务提供者，促使服务提供更具针对性，同时也更有效率，更能激发出新的市场机会。

随着移动通信带宽的增加和移动终端功能的增强，移动 Internet 将提供给用户更丰富的数字内容和更多样的业务种类，用户需求也呈现出商务活动、互动交流和多媒体服务等齐头并进的多元化形式。持续增长的用户数量和日趋多元的用户需求，构成了移动 Internet 的发展基础，也对移动 Internet 提出了更高的要求。为此，运营商需要加快转型的步伐，将手中的用户资源优势以及对终端的掌控能力尽快转化为移动 Internet 竞争中的筹码，在 3G 时代加速移动通信与 Internet 的融合进程，借助云计算把握住移动 Internet 发展的主导权。

11.3.2 云计算助力移动 Internet 发展

IT 和电信技术将加快融合的进程，云计算就是一个契机，移动 Internet 则是一个重要的领域。根据摩根斯坦利的报告，移动设备将成为不断扩展的云服务的远程控制器，以"云"为基础的移动连接设备无论是数量还是类型都在快速增长。云计算将为移动 Internet 的发展注入强大的动力。移动终端设备一般说来存储容量较小、计算能力不强，云计算将应用的计算与大规模的数据存储从终端转移到服务器端，从而降低了对移动终端设备的处理需求。这样移动终端主要承担与用户交互的功能，复杂的计算交由云端（服务器端）处理，终端不需要强大的运算能力即可响应用户操作，保证用户的良好使用体验，从而实现云计算支持下的 SaaS。

云计算降低了对网络的要求，比如用户需要查看某个文件时，不需要将整个文件传送给用户，而只需根据需求发送用户需要查看部分的内容。由于终端不感知应用的具体实现，扩展应用变得更加容易，应用在强大的服务器端实现和部署，并以统一的方式（例如通过浏览器）在终端实现与用户的交互，因此为用户扩展更多的应用形式变得更为容易。

黑莓公司初具"云"形的移动 Internet 应用，加拿大 RIM 公司提供的黑莓企业应用服务器方案可以说是一种具有云计算特征的移动 Internet 应用，并且取得了成功。黑莓企业方案面向众多商业用户，让用户通过应用黑莓推送技术的黑莓终端远程接入服务器访问自己的邮件账户。黑莓的邮件服务器将企业应用、无线网络和移动终端连接在一起。通过它，用户可以轻松地远程同步他们的邮件和日历，查看自己的附件和地址本。黑莓运营模式示意图如图 11-25 所示。

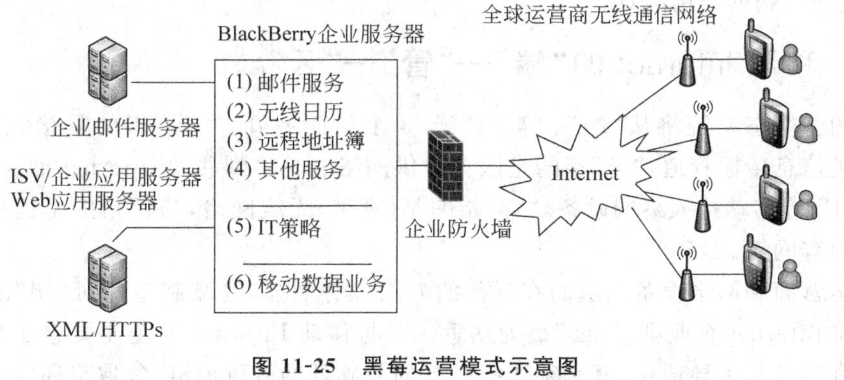

图 11-25 黑莓运营模式示意图

RIM 虽然也销售黑莓设备，但同时也授权其他移动设备平台接入黑莓服务器，享用黑莓服务，以云计算模式提供给用户的应用成为了 RIM 商业模式的核心。目前，黑莓正通过它的无线平台扩展自己的应用，如在线 CRM 等。移动 Internet 的兴起已经成为不可逆转的趋势，云计算与移动互联网的结合，将促使移动 Internet 的应用向形式更加丰富、应用更加广泛、功能更加强大的方向发展，给移动 Internet 带来了巨大的发展空间。

苹果公司推出的 MobileMe 服务是一种基于云存储和计算的解决方案。按照苹果公司的整体设想，该方案可以处理电子邮件、记事本项目、通信簿、相片以及其他档案，用户所做的一切都会自动地更新至 iMac、iPod、iPhone 等由苹果公司生产的各式终端界面中。微软公司推出的 LiveMesh 能够将安装有 Windows 操作系统的电脑、Windows Mobile 系统的智能手机、Xbox，甚至还能通过公开的接口，将苹果电脑以及其他系统的手机等终端整合在一起，其相互之间通过 Internet 来连接，从而让用户跨越不同设备进行文件、文件夹以及各式各样网络内容的同步化，并将数据存储在“云”中。作为云计算的先行者，Google 公司将自己的搜索建立在高效低成本的云计算平台，并且不断推出基于移动和云计算的新应用，包括以下几方面：

(1) 整合移动搜索，实现传统 Internet 和移动 Internet 信息的有机整合，特别是为了契合手机浏览的特点，强化了搜索结果的第一页，在云计算的支撑下只需要零点几秒的时间。

(2) 语音搜索服务，关键在于虚拟数据，虚拟数据越大，把不同口音、搜索词汇搜集进来，搜索结果就越准。云计算实际上提供了很好的平台，不但可以搜集大量的数据，还可以做大量复杂的运算，在美国刚一推出就受到了好评。

(3) 定点搜索以及 Google 手机地图。可以识别用户的位置信息并根据地点的变化提供不同的搜索结果，实现精确定位，并且可以找到驾车路线，等等服务。

(4) Android 上的 Google 街景，也是基于云计算平台的新的有趣应用。

无论是苹果公司的 MobileMe、微软公司的 LiveMesh 服务，还是 Google 公司的移动搜索，以云计算为基础的移动 Internet 应用和服务，都具有信息存储的同步性和应用的一致性，进而保证了用户业务体验的无缝衔接。

根据知名咨询机构的统计和分析，北美地区的移动云服务用户将从 2008 年的 1300 万增加到 2014 年的 1.59 亿，移动 Internet 和云计算的结合所释放出巨大的能量可见一斑。尽管由于存在种种障碍，云计算目前尚未成为主流服务，但它已经让人们看到了移动 Internet 更为广阔的应用前景。

11.3.3 移动 Internet 的“端”—“管”—“云”

未来的云生态系统将从“端”、“管”、“云”3 个层面展开。“端”指的是接入终端设备，“管”指的是信息传输管道，“云”指的是服务提供网络。具体到移动 Internet 而言，“端”指的是手机、MID 等移动接入终端设备，“管”指的是(宽带)无线网络，“云”指的是提供各种服务和应用的内容网络。

电信运营商和网络设备制造商在“管”的方面优势明显，终端制造商对“端”的掌控力度最强，IT 和 Internet 企业则对“云”最为熟悉。参与移动 Internet 的企业要想在未来的竞争中处于有利甚至是主导地位，就必须依托已有的基础延伸其价值链，争取贯通“端”—“管”—“云”的产业价值链条。

尽管 IT 企业率先提出了云计算这一概念并暂时处于领先位置，但是拥有庞大网络和用户资源的移动运营商正在加速追赶，先期通过模仿与合作不断推出基于“云”的服务，未来则力图通过技术和业务创新重新获得竞争优势。但即使移动运营商能够占据主导地位，移动 Internet 市场也不再是一个封闭的圈子，而是成为开放式的大花园。也只有如此，移动 Internet 才能良性地发展，实现企业与用户的双赢。

从用户的角度来看，复杂的技术名词难以理解，需求被满足才是最实在的东西。用户只关心应用的功能，而不关心应用的实现方式，因此，以“云”＋“端”的方式向用户提供移动 Internet 服务既可以满足用户的随需而选，又可以实现处理器和存储设备的共享利用，对用户和应用提供商来说都是经济的。

移动 Internet 在未来几年需要解决的主要问题就是要在不改变用户 Internet 业务使用习惯的前提下，保证移动终端设备毫无障碍地、随时随地以较高速度接入已经发展成熟的传统 Internet 业务与应用。只有这样，移动 Internet 才能实现真正的成熟与良性的发展。因此，终端、带宽和应用就成为移动 Internet 发展成功的 3 个关键因素。

终端智能化大势所趋，运营商积极参与入口争夺战，用户通过认识终端进而认识移动通信，所谓的代际差别也主要是通过终端（以及终端上的应用）体现的。在移动 Internet 时代，这条经验同样值得吸取。苹果的 iPhone 和 RIM 的黑莓手机无疑是这一经验的受益者，终端的智能化以及背后的云计算支撑平台大获成功，成为了后来者竞相模仿的典范。为了使用户在移动环境下拥有良好的用户体验，即使将计算部分放在“云”端也需要终端具有高性能的处理器以保证能够将云计算平台处理和发送的大量数据及时地在终端呈现出来。

移动运营商同样认识到谁掌控了移动 Internet 入口的手机终端操作系统的话语权谁就将成为移动 Internet 时代的王者，因此除联合制造商推出深度定制手机外，还积极进行手机操作系统的自主研发。就以国内三大运营商而论，中国移动今年内连续推出自主开发的网上商城和 Ophone，中国电信主打“Internet 手机”的宣传牌并积极推动中低端智能手机的定制工作，中国联通引进 iPhone，这些都反映出运营商对终端重要性的认识上升到了一个新的高度，希望通过更具针对性的定制化终端与服务牢牢抓住用户。这同样给了国内有着深厚技术积累和研发实力并与运营商有着密切合作关系的中兴、华为等企业一个发展的机会。

移动宽带是移动云服务的必要条件，云计算与下一代通信技术的结合成为新的研究重点。云计算的必要前提是持久的宽带网络连接，移动宽带则为移动云计算提供了管道，成为移动 Internet 和云计算相互融合的关键要素。通过移动宽带上网正逐渐成为主流方式之一，但这也使得数据流量激增，给传输网络带来不小的压力。

为了克服移动环境下用户体验的带宽瓶颈，移动运营商一方面加大人力、物力、财力的投入进行网络建设和优化，提高网络覆盖范围和网络质量，特别是重点解决室内覆盖的问题；另一方面，随着 LTE/4G 的即将到来，积极进行下一代移动宽带技术的研究，希望能够以更大的带宽和更高的速率为云计算和移动 Internet 的发展提供有力的支撑，例如，韩国 SK 电讯和阿尔卡特-朗讯公司所属的贝尔实验室就准备在双方合作开展下一代通信网研究的项目中将云计算与 LTE 的结合作为一项重要的研究内容。

消除用户疑虑，增加应用种类，改善服务质量，3G 提供的高速分组接入（HSPA）使用户切实感受到移动 Internet 的价值并开始真正接受移动云服务。移动 Internet 的应用与服务如雨后春笋般蓬勃发展，用户对云计算的信任感有所提高。例如，尽管数据丢失的事件仍时有发生，但是将个人通信录上传到云服务平台的用户数量却在悄悄增长。这是一个可喜的变化，表明用户对云计算的疑虑有所消除，方便快捷的移动 Internet 服务对用户的吸引力有所增强。增加具有高可靠性的新应用将成为各提供商下一阶段巩固用户关系的主要任务。

当前，网络跟随人已经成为大势所趋，用户与移动信息终端的绑定将驱动云计算提供商在移动 Internet 领域加大资金投入，加快技术和应用创新的步伐。用户希望获得大容量的数字内容存储空间和提供安全托管服务的虚拟网络，也只有云计算才能够支撑起这些需求。基于云计算的固定和移动融合解决方案将大大改善服务质量，有可能真正实现用户体验的一致性和连续性。

移动云服务实现了跨领域、跨层级的资源整合，具有 SaaS 的模式特征。尽管有人认为移动 Internet 与云计算的结合不过是新瓶装旧酒，但是越来越多的人认同这是一次创新，实现了 IT 和电信的融合，并不断把新的资源(尤其是内容产业)引入到移动 Internet 中来，发展潜力巨大。

11.4 云计算与物联网

11.4.1 物联网的定义

物联网即 internet of thing，简称 IOT。

1. 基本定义

将各种信息传感设备，如射频识别(RFID)装置、红外感应器、全球定位系统、激光扫描器等种种装置与 Internet 结合起来而形成的一个巨大网络。

2. 技术理解

物联网是指物体的信息通过智能感应装置，经过传输网络，到达指定的信息处理中心，最终实现物与物、人与物之间的自动化信息交互与处理的智能网络。

3. 应用理解

物联网是指把世界上所有的物体都联接到一个网络中，形成物联网，然后物联网又与现有的 Internet 结合，实现人类社会与物理系统的整合，达到更加精细和动态的方式去管理生产和生活。

物联网是在计算机 Internet 的基础上，利用 RFID、无线数据通信等技术，构造一个覆盖世界上万事万物的 internet of things。在这个网络中，物品(商品)能够彼此进行“交流”，而无须人的干预。其实质是利用射频自动识别(RFID)技术，通过计算机 Internet 实现物品(商品)的自动识别和信息的互联与共享。

而 RFID 正是能够让物品“开口说话”的一种技术。在物联网的构想中，RFID 标签中存储着规范而具有互用性的信息，通过无线数据通信网络把它们自动采集到中央信息系统，实现物品(商品)的识别，进而通过开放性的计算机网络实现信息交换和共享，实现对物品的透明管理。

物联网概念的问世打破了之前的传统思维。过去的思路一直是将物理基础设施和 IT

基础设施分开。一方面是机场、公路、建筑物，而另一方面是数据中心、个人计算机、宽带等。而在物联网时代，钢筋混凝土、电缆将与芯片、宽带整合为统一的基础设施，在此意义上，基础设施更像是一块新的地球工地，世界的运转就在它上面进行，其中包括经济管理、生产运行、社会管理乃至个人生活。

物联网可以看做是 Internet 通过传感网络向物理世界的延伸，其最终目标是实现物理世界的智能化管理。在逻辑上，物联网包括如图 11-26 所示的 3 个概念层次。

(1) 物理世界感知是物联网的基础，其基于传感技术和网络通信技术，实现对物理世界的探测、识别、定位、跟踪和监控。

(2) 大量独立建设的单一物联网应用是物联网建设的起点与基本元素，该类应用往往局限于对单一物品的感应与智能管理，每个物联网应用将被作为物联网上的一个逻辑节点。

(3) 通过对众多单一物联网应用的深度互联和跨域协作，物联网可以形成一个多层嵌套的网中网，这是实现物联网智能化管理目标和价值追求的关键所在。

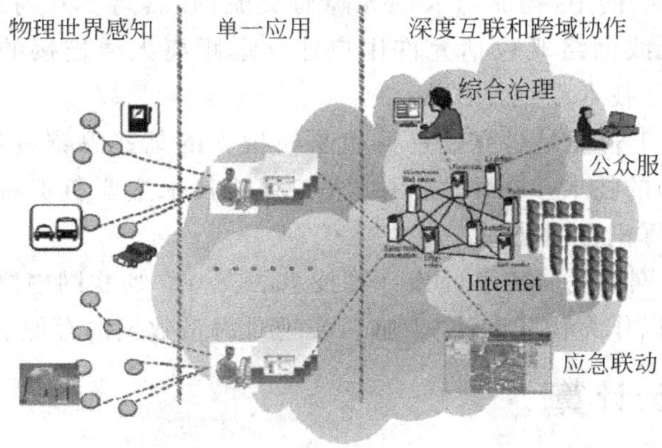

图 11-26 物联网的 3 个概念层次

11.4.2 物联网的三大特征

1. 全面感知

利用 RFID、传感器、二维码等随时随地获取物体的信息。

2. 可靠传递

通过无线网络与 Internet 的融合，将物体的信息实时准确地传递给用户。

3. 智能处理

利用云计算、数据挖掘以及模糊识别等人工智能技术，对海量的数据和信息进行分析和处理，对物体实施智能化的控制。

11.4.3 物联网的前景

2009 年，仅浦东机场直接采购传感网产品金额为 4000 多万元，加上配件共 5000 万元。

业内专家称，若全国近200家民用机场如果都加装防入侵系统，将产生了上百亿的市场规模。

美国权威咨询机构FORRESTER预测，到2020年，世界上物物互联的业务跟人与人通信的业务相比，将达到30比1，物联网是下一个万亿级的通信业务。

11.4.4 物联网的关键技术

RFID技术是物联网中让物品“开口说话”的关键技术，物联网中RFID标签上存储着规范而具有互用性的信息，通过无线数据通信网络把它们自动采集到中央信息系统，实现物品（商品）的识别。

传感技术：在物联网中，传感技术主要负责接收物品“讲话”的内容。传感技术是关于从自然信源获取信息，并对之进行处理、变换和识别的一门多学科交叉的现代科学与工程技术，它涉及传感器、信息处理和识别的规划设计、开发、制造、测试、应用及评价改进等活动。

无线网络技术：物联网中，物品与人的无障碍交流，必然离不开高速、可进行大批量数据传输的无线网络。无线网络既包括允许用户建立远距离无线连接的全球语音和数据网络，也包括近距离的蓝牙技术和红外技术。

人工智能技术：人工智能是研究使计算机来模拟人的某些思维过程和智能行为（如学习、推理、思考、规划等）的技术。在物联网中，人工智能技术主要负责将物品“讲话”的内容进行分析，从而实现计算机自动处理。

云计算平台：物联网的发展离不开云计算技术的支持。物联网中终端的计算和存储能力有限，云计算平台可以作为物联网的“大脑”，实现对海量数据的存储和计算。

11.4.5 物联网云计算

物联网云计算的实现需要有一个物联网云计算数据中心，该中心具有云计算管理平台，该管理平台具有云计算操作系统，该云计算操作系统具有成千上万的计算机、超级计算机和巨型计算机一起进行计算，并具有管理这些计算处理、存储输入输出的能力。从这个意义上说，云计算就是为物联网而存在的。

1. 云计算数据中心组成结构

图11-27所示是物联网云计算数据中心的结构示意图。

无论公有“云”还是私有“云”，它们都是物联网云计算的数据中心，只是前者是为公众开放的，后者是为私人开放的。公有“云”和私有“云”连接了更底层的包含在泛在网络中的传感器。

各类用户，无论是企业、政府、学术机构还是个人，都可以通过计算机、手机等登录物联网云计算数据中心的各类服务接口，与物联网传感器系统进行对话。

2. 云计算数据中心工作原理

图11-28所示是云服务数据中心工作原理示意图。

其中，该管理平台是数据中心的“大脑”，既管理该云用户的物联网服务定制的接入，计算处理接入定制服务的内容，还组织协调数据中心内外网的服务节点，经由管理节点制作或

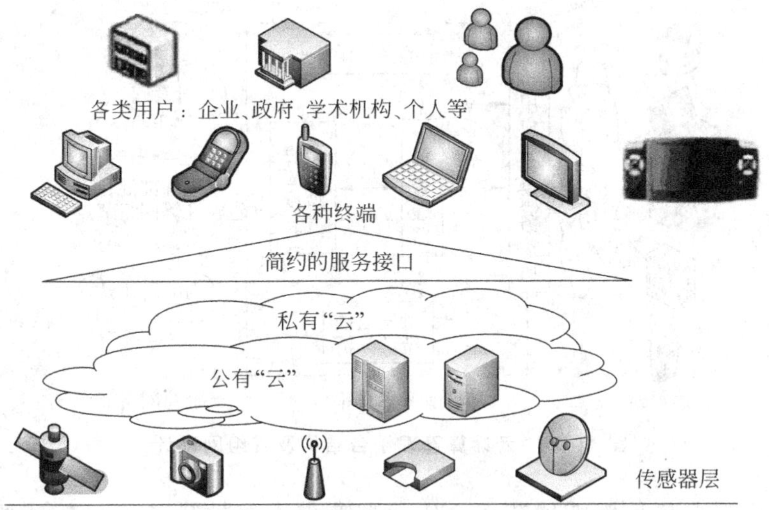

图 11-27 物联网云计算数据中心结构示意图

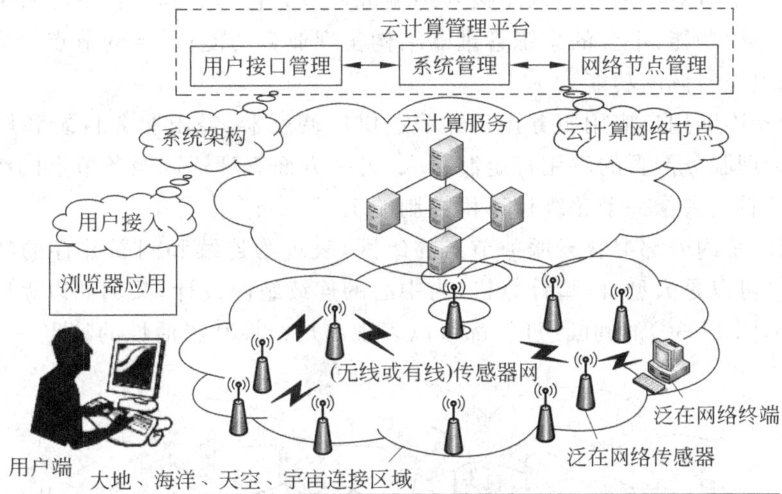

图 11-28 云服务数据中心工作原理示意图

加工定制服务内容，然后交付该端用户定制服务。其中的节点就是泛在网络中的传感器。

数据中心的云服务管理平台给端用户的印象是一台超级计算机，拥有无穷的服务资源来满足端用户的定制服务需求。而实际上，该服务资源即数据中心内外网的服务节点。只不过由该平台组织协调，从而虚拟为超级计算机而已。

在云系统架构中，用户物联网对话服务"定制"和"交付"是这样实现的。

(1) 首先经由端，用户登录云服务数据中心的"网页"，点击"网页"服务内容，经由"链接"传递，定制服务请求接入该数据中心的服务管理平台。

(2) 然后该管理平台组织协调服务节点制作"定制"的服务，然后交付该端用户。

云系统架构的上述特性给物联网的发展模式带来了无限遐想的空间。

(3) 云计算管理平台结构。图 11-29 所示为云计算管理平台结构及其组网设计。

云计算的组网设计包括外部云计算网络节点、内外部混合云计算网络节点、内部云计算

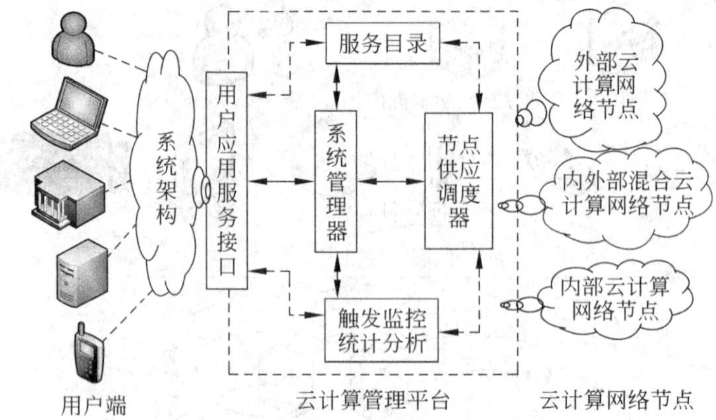

图 11-29　云计算管理平台结构及其组网设计

网络节点。这些节点都是传感器节点。传感器节点由终端设备连接传感器和执行机构组成。

云计算管理平台对组网节点以及接入终端进行服务管理。其中：平台的用户应用服务接口结构实现应用功能；平台的系统管理器结构实现业务功能；平台的节点供应调度器结构实现节点服务组织协调的功能。

系统管理器连同用户应用服务接口和节点供应调度器，经由服务目录和触发监控统计分析，一方面管理服务网页的端用户定制接入，另一方面管理资源服务节点的组网和计算状态，从而使"云"看上去像一个超级计算机控制的工厂。

比较特别的是内外部混合云服务节点的组网，表现为连续和间断并存的特点。例如以局域网服务器（可以是大型、巨型计算机）为中心的连续组网设计，又例如以无中心对等节点（可以是 Mesh，图 11-30）的间断组网，都可以表现出规范性和灵活性的特点。

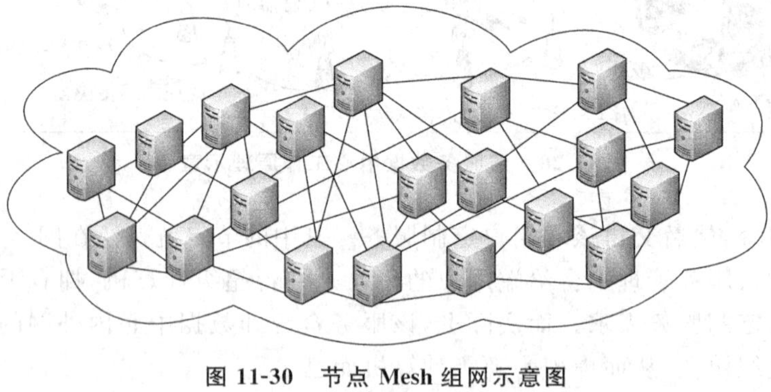

图 11-30　节点 Mesh 组网示意图

11.4.6　物联网云计算运营平台的构建

电信运营商要主导物联网的发展、掌控物联网的计算控制能力，就需要构建物联网运营平台，作为无线传感网络与互联网之间重要的本地化中央信息处理中心，集成产业链的上下游系统，为客户提供一站式电信级物联网运营服务。

物联网运营平台主要的功能包括业务受理、开通、计费，网络节点配置和控制，信息采集、存储、计算、展示和行业的应用集成，等等。

物联网运营平台显示了云计算特征，适合采用云计算技术建立基于云计算的物联网运营平台，其体系架构主要由以下几部分构成：云基础设施、云平台、云应用、云管理。

云基础设施。通过物理资源虚拟化技术，使得平台上运行的不同行业应用以及同一行业应用的不同客户间的资源（存储、CPU 等）实现共享，例如不必为每个客户都分配一个固定的存储空间，这样利用率较低，而是所有客户共用一个跨物理存储设备的虚拟存储池；提供资源需求的弹性伸缩，例如在不同行业数据智能分析处理进程间共享计算资源，或在单个客户存储耗尽时动态地从虚拟存储池中分配存储资源，以便用最小的资源来尽可能满足客户需求，在减少运营成本的同时，提升服务质量。通过服务器集群技术，将一组服务器关联起来，使它们在外界从很多方面看起来如同一台服务器，从而改善平台的整体性能和可用性。

云平台是物联网运营平台的核心，实现了网络节点的配置和控制、信息的采集和计算功能，在实现上可以采用分布式存储、分布式计算技术，实现对海量数据的分析处理，以满足大数据量且实时性要求非常高的数据处理要求。

云应用实现了行业应用的业务流程，可以作为物联网运营云平台的一部分，也可以集成第三方行业应用，但在技术上应通过应用虚拟化技术实现多租户，让一个物联网行业应用的多个不同租户共享存储、计算能力等资源，提高资源利用率，降低运营成本，而多个租户之间在共享资源的同时又相互隔离，保证了用户数据的安全性。

云管理由于采用了弹性资源伸缩机制，用户占用的电信运营商资源是随时间不断变化的，这就需要平台能提供按需计费的支持能力，例如记录用户的资源动态变化，生成计费清单，提供给计费系统用于计费出账。另外，还需要提供用户管理、安全管理、服务水平协议（SLA）等功能。

由于上面提出的基于云计算的物联网运营平台架构是面向各行各业、大数据量、高性能计算的信息处理系统，而在现阶段物联网应用还未大规模普及的情况下，电信运营商在建设物联网运营平台时，不需要也不可能一步到位，因此可以采用分步实施的策略。首先，从提供无线传输通道、网络节点配置和监控功能入手，与传感器厂商、行业应用厂商共同配合，为客户提供物联网服务。在这个阶段，可以将物联网运营平台部署在云基础设施上，实现资源的虚拟化和弹性伸缩，从而在小规模应用下最大限度地降低成本。其次，以一至两个行业为突破口，将云平台的网络节点配置和监控功能向计算功能延伸，采用分布式计算等技术实现行业计算模型，包装成对外服务；同时与行业应用提供商合作，由行业应用提供商按云平台接口标准规范开发云应用，集成到云平台上，形成物联网运营平台的平台服务化和应用服务化雏形。最后，不断拓展云应用的行业领域，优化云平台服务和计算模型，提升云管理能力，以增强物联网运营平台应对业务量不断增长的要求。这是个长期发展的过程，物联网应用和用户的规模越大，建在云计算上的物联网运营平台的作用也越明显，也就越能发挥电信运营商在物联网产业链中的价值。

物联网运营平台架构在云计算之上，既能够降低初期成本，又解决了未来物联网规模化发展过程中对海量数据的存储、计算需求。通过基于云计算的物联网运营平台的建设，将让电信运营商从提供简单的网络传输通道转向提供物联网发展所需的计算和控制能力，从而在物联网产业链中占据主导地位。

思考题

1. 简述你对云计算的理解。
2. 从研究现状上看，云计算具有什么特点？
3. 云计算 4 个显著特点是什么？
4. 云计算按照服务类型分为哪几类？简述它们。
5. 网格计算与云计算有哪些区别？
6. 简述云计算技术体系结构。
7. Google 云计算技术具体包括哪些？
8. 简述移动 Internet。
9. 什么是物联网？
10. 物联网有哪 3 个概念层次？
11. 画出云计算管理平台结构。
12. 物联网云计算运营平台体系架构主要由哪几部分构成？

实　验　篇

第 12 章 用VB实现的UDP通信

随着网络技术的发展，在网络环境中开发计算机应用程序越来越重要。VB 6.0 提供了强大的网络编程技术。Winsock 控件是 VB 提供的一个很重要的 ActiveX 控件，它使得开发 TCP/IP 应用变得简单容易。本实验简单介绍网络协议的基本内容以及使用 Winsock 控件开发简单 UDP 协议的局域网点对点聊天程序。

12.1 网络开发基本概念

12.1.1 TCP/IP 协议体系

传输控制协议/因特网互联协议（transmission control protocol/internet protocol，TCP/IP）又叫网络通信协议，它是 Internet 最基本的协议，是 Internet 国际互联网络的基础。TCP/IP 通信协议采用 4 层的层级结构，每一层都通过呼叫它的下一层所提供的网络来完成自己的需求。这 4 层分别为：

(1) 应用层：应用程序间沟通的层，如简单电子邮件传输协议（SMTP）、文件传输协议（FTP）、网络远程访问协议（Telnet）等。

(2) 传输层：传输层提供了节点间的数据传送，应用程序之间的通信服务，主要功能是数据格式化、数据确认和丢失重传等。如传输控制协议（TCP）、用户数据报协议（UDP）等，TCP 和 UDP 给数据包加入传输数据并把它传输到下一层中，这一层负责传送数据，并且确定数据已被送达并接收。

(3) 互联网络层：负责提供基本的数据包传送功能，让每一块数据包都能够到达目的主机（但不检查是否被正确接收），如网际协议（IP）。

(4) 网络接口层（主机—网络层）：接收 IP 数据报并进行传输，从网络上接收物理帧，抽取 IP 数据转交给下一层，对实际的网络媒体的管理，定义如何使用实际网络（如 Ethernet、Serial Line 等）来传送数据。

下面简单介绍 TCP/IP 中的一些常用协议以及这些协议都具备什么样的功能，都是如何工作的。

(1) IP 网际协议。IP 层接收由更低层（网络接口层例如以太网设备驱动程序）发来的数据包，并把该数据包发送到更高层——TCP 或 UDP 层；相反，IP 层也把从 TCP 或 UDP 层接收来的数据包传送到更低层。IP 数据包是不可靠的，因为 IP 并没有做任何事情来确认数据包是按顺序发送的或者没有被破坏。IP 数据包中含有发送它的主机的地址（源地址）和接收它的主机的地址（目的地址）。

(2) TCP 协议。如果 IP 数据包中有已经封好的 TCP 数据包,那么 IP 将把它们向上传送到 TCP 层。TCP 将包排序并进行错误检查,同时实现虚电路间的连接。TCP 数据包中包括序号和确认,所以未按照顺序收到的包可以被排序,而损坏的包可以被重传。

TCP 将它的信息送到更高层的应用程序,例如 Telnet 的服务程序和客户程序。应用程序轮流将信息送回 TCP 层,TCP 层便将它们向下传送到 IP 层、设备驱动程序和物理介质,最后到接收方。

(3) UDP 协议。UDP 与 TCP 位于同一层,但它不管数据包的顺序、错误或重发。因此,UDP 不被应用于那些使用虚电路的面向连接的服务,UDP 主要用于那些面向查询——应答的服务,例如 NFS。相对于 FTP 或 Telnet,这些服务需要交换的信息量较小。使用 UDP 的服务包括 NTP(网络时间协议)和 DNS(DNS 也使用 TCP)。

(4) ICMP 协议。ICMP 与 IP 位于同一层,它被用来传送 IP 的控制信息。它主要是用来提供有关通向目的地址的路径信息。ICMP 的 Redirect 信息通知主机通向其他系统的更准确的路径,而 Unreachable 信息则指出路径有问题。如果路径不可用了,ICMP 可以使 TCP 连接"体面地"终止。PING 是最常用的基于 ICMP 的服务。

12.1.2 网络编程术语

1. 端口

网络中可以被命名和寻址的通信端口是操作系统可分配的一种资源。

按照 OSI 7 层协议的描述,传输层与网络层在功能上的最大区别是传输层提供进程通信能力。从这个意义上讲,网络通信的最终地址就不仅仅是主机地址了,还包括可以描述进程的某种标识符。为此,TCP/IP 协议提出了协议端口(protocol port,简称端口)的概念,用于标识通信的进程。

端口是一种抽象的软件结构(包括一些数据结构和 I/O 缓冲区)。应用程序(即进程)通过系统调用与某端口建立连接后,传输层传给该端口的数据都被相应进程所接收,相应进程发给传输层的数据都通过该端口输出。在 TCP/IP 协议的实现中,做类似于一般的 I/O 操作,进程获取一个端口,相当于获取本地唯一的 I/O 文件,可以用一般的读写原语访问之。

类似于文件描述符,每个端口都拥有一个叫端口号(port number)的整数型标识符,用于区别不同端口。由于 TCP/IP 传输层的两个协议 TCP 和 UDP 是完全独立的两个软件模块,因此各自的端口号也相互独立,如 TCP 有一个 255 号端口,UDP 也可以有一个 255 号端口,二者并不冲突。

端口号的分配是一个重要问题。有两种基本分配方式:第一种称为全局分配,这是一种集中控制方式,由一个公认的中心机构根据用户需要进行统一分配,并将结果公布于众;第二种是本地分配,又称为动态连接,即进程需要访问传输层服务时,向本地操作系统提出申请,操作系统返回一个本地唯一的端口号,进程再通过合适的系统调用将自己与该端口号联系起来(绑扎)。TCP/IP 端口号的分配中综合了上述两种方式。TCP/IP 将端口号分为两部分,少量的作为保留端口,以全局方式分配给服务进程。因此,每一个标准服务器都拥有一个全局公认的端口(well-known port),即使不同机器,其端口号也相同。剩余的为自由端口,以本地方式进行分配。TCP 和 UDP 均规定,小于 256 的端口号才能作为保留端口。

端口号为一个两字节的无符号整数,即 0～65535。其中 0～1023 的端口号通常定义给一致的通信协议。1024 以后的端口号则可让用户自行制定使用。TCP 通信端口与 UDP 通信端口是不同的,即使他们所设置的号码相同。

2. 地址

网络通信中通信的两个进程分别在不同的机器上。在 Internet 中,两台机器可能位于不同网络,这些网络通过网络互联设备(网关、网桥、路由器等)连接,因此需要 3 级寻址。

(1) 某一主机可与多个网络相连,必须指定一特定网络地址。

(2) 网络上每一台主机应有其唯一的地址。

(3) 每一主机上的每一进程应有在该主机上的唯一标识符。

通常主机地址由网络 ID 和主机 ID 组成,在 TCP/IP 协议中用 32 位整数值表示;TCP 和 UDP 均使用 16 位端口号来标识用户进程。

3. 半相关

网络中用一个三元组可以在全局唯一标志一个进程,即:

(协议,本地地址,本地端口号)

这样一个三元组叫做一个半相关(half-association),它指定连接的每半部分。

4. 全相关

一个完整的网间进程通信需要由两个进程组成,并且只能使用同一种高层协议。也就是说,不可能通信的一端用 TCP 协议,而另一端用 UDP 协议。因此一个完整的网间通信需要一个五元组来标识,即:

(协议,本地地址,本地端口号,远地地址,远地端口号)

这样一个五元组叫做一个相关(association),即两个协议相同的半相关才能组合成一个合适的相关,或完全指定组成一个连接。

12.1.3 Socket 介绍

Socket 在英文中意为“插座”,也翻译为“套接字”。Socket 这个概念最初是指由美国伯克利大学为 UNIX 操作系统开发的网络编程接口,它用来解决 Internet 上进程间的通信。20 世纪 90 年代初,由微软公司联合其他公司共同制定了一套 Windows 下的网络编程接口,即 Windows Socket 规范。它继承和发展了 UNIX 中的 Socket 并得到了广泛的应用,增加了一些异步函数,并增加了符合 Windows 消息驱动特型的网络事件异步选择机制。

Windows Socket 规范是一套开放的、支持多种协议的 Windows 下的网络编程接口,现在已成为 Windows 网络编程规范。Windows Socket 规范中定义并记录了如何使用 API 与 Internet 协议族连接。

12.2 Socket 网络编程原理

12.2.1 面向连接的套接字的编程模式

面向连接的套接字的编程模式如图 12-1 所示。

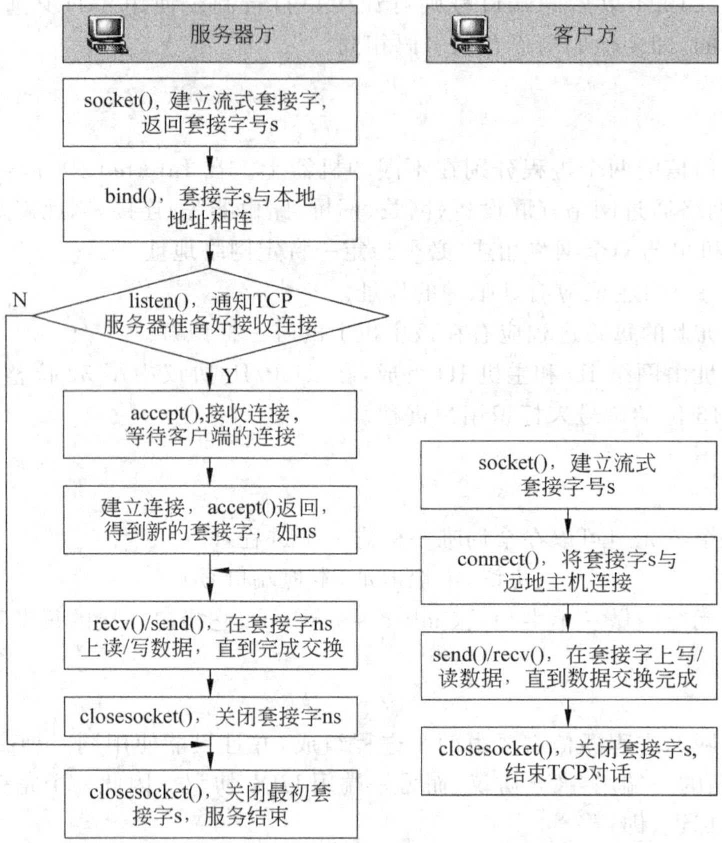

图 12-1　面向连接的套接字的编程模式

12.2.2　无连接协议的套接字的编程模式

无连接协议的套接字的编程模式如图 12-2 所示。

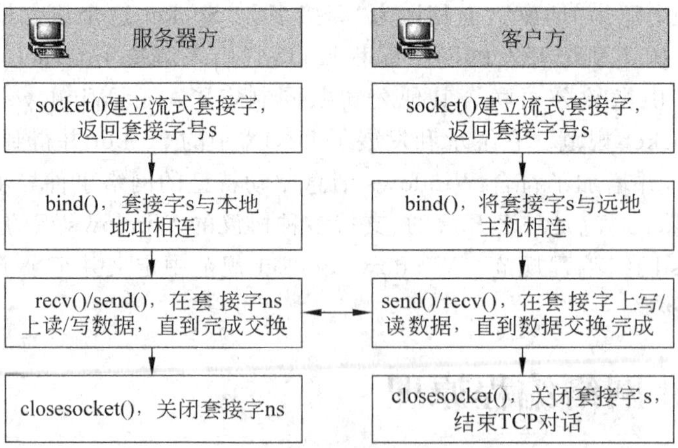

图 12-2　无连接协议的套接字的编程模式

12.3 用 VB 实现的 UDP 编程方式

12.3.1 WinSock 控件的使用

1. WinSock 控件的主要属性

1) Protocol 属性

通过 Protocol 属性，可以设置 WinSock 控件连接远程计算机使用的协议。可选的协议是 TCP 和 UDP，对应的 VB 的常量分别是 sckTCPProtocol 和 sckUDPProtocol，Winsock 控件默认协议是 TCP。注意：虽然可以在运行时设置协议，但必须在连接未建立或断开连接以后。

2) SocketHandle 属性

SocketHandle 返回当前 socket 连接的句柄，这是只读属性。

3) RemoteHostIP 属性

RemoteHostIP 属性返回远程计算机的 IP 地址。在客户端，当使用了控件的 Connect 方法后，远程计算机的 IP 地址就赋给了 RemoteHostIP 属性，而在服务器端，当 ConnectRequest 事件后，远程计算机（客户端）的 IP 地址就赋给了这个属性。如果使用的是 UDP 协议，那么当 DataArrival 事件后，发送 UDP 报文的计算机的 IP 才赋给了这个属性。

4) ByteReceived 属性

返回当前接收缓冲区中的字节数。

5) State 属性

返回 WinSock 控件当前的状态，即：

常数	值	描述
sckClosed	0	默认值，关闭
sckOpen	1	打开
sckListening	2	侦听
sckConnectionPending	3	连接挂起
sckResolvingHost	4	识别主机
sckHostResolved	5	已识别主机
sckConnecting	6	正在连接
sckConnected	7	已连接
sckClosing	8	同级人员正在关闭连接
sckError	9	错误

2. WinSock 主要方法

1) Bind 方法

用 Bind 方法可以把一个端口号进行绑定，使得别的应用程序不能再使用这个端口。

2) Listen 方法

Listen 方法只在使用 TCP 协议时有用，它将应用程序置于监听检测状态。

3) Connect 方法

当本地计算机希望和远程计算机建立连接时,就可以调用 Connect 方法。

Connect 方法调用的规范为:

```
Connect RemoteHost,RemotePort
```

4) Accept 方法

当服务器接收到客户端的连接请求后,服务器有权决定是否接受客户端的请求。

5) SendData 方法

当连接建立后,如果要发送数据,就可以调用 SendData 方法,该方法只有一个参数,就是要发送的数据。

6) GetData 方法

当本地计算机接收到远程计算机的数据时,数据存放在缓冲区中,要从缓冲区中取出数据,可以使用 GetData 方法。GetData 方法调用规范如下:

```
GetData data,[type,][maxLen]
```

它从缓冲区中取得最长为 maxLen 的数据,并以 type 类型存放在 data 中,GetData 取得数据后,就把相应的缓冲区清空。

7) PeekData 方法

和 GetData 方法类似,但 PeekData 在取得数据后并不把缓冲区清空。

3. Winsock 控件主要事件

1) ConnectRequest 事件

当本地计算机接收到远程计算机发送的连接请求时,控件的 ConnectRequest 事件将会被触发。

2) SendProgress 事件

当一端的计算机正在向另一端的计算机发送数据时,SendProgress 事件将被触发。SendProgress 事件记录了当前状态下已发送的字节数和剩余字节数。

3) SendComplete 事件

当所有数据发送完成时,该事件被触发。

4) DataArrival 事件

当建立连接后,接收到了新数据就会触发这个事件。注意:如果在接收到新数据前缓冲区中非空,就不会触发这个事件。

5) Error 事件

当工作中发生任何错误时都会触发这个事件。

12.3.2 WinSock API 的使用

1. WSAStartup 函数

为了在应用程序当中调用任何一个 WinSock API 函数,首先第一件事情就是必须通过 WSAStartup 函数完成对 WinSock 服务的初始化,因此需要调用 WSAStartup 函数。

```
Declare Function WSAStartup Lib "ws2_32.dll" (ByVal wVersionRequired As Long,
lpWSAData As WSAData) As Long
```

这个函数有两个参数：wVersionRequired 和 lpWSAData。wVersionRequired 参数定义 WinSock 提供的能使用的最高版本，它的高位字节定义的是次版本号，低位字节定义的是主版本号。下面的 2 个 WinSock 版本是 VB 中使用的例子：

初始化 1.1 版本：

```
lngRetVal=WSAStartup(&H101,udtWinsockData)
```

初始化 2.2 版本：

```
lngRetVal=WSAStartup(&H202,udtWinsockData)
```

第二个参数是 WSADATA 的数据结构，它是接收 WinSock 执行时的数据。

```
Type WSAData
    wVersion            As Integer
    wHighVersion        As Integer
    szDescription       As String * WSADESCRIPTION_LEN
    szSystemStatus      As String * WSASYS_STATUS_LEN
    iMaxSockets         As Integer
    iMaxUdpDg           As Integer
    lpVendorInfo        As Long
End Type
```

数据成员的描述如下：

Field	描述
wVersion	WinSock 版本信息
wHighVersion	通过加载库文件得到的最高的支持 Winsock 的版本，它通常和 wVersion 值相同
szDescription	WinSock 执行时的详细描述
szSystemStatus	包含了相关的状态和配置的信息
iMaxSockets	表示同时打开的 Socket 最大数，为 0 表示没有限制
iMaxUdpDg	表示同时打开的数据报最大数，为 0 表示没有限制
lpVendorInfo	厂商指定信息预留

在 Winsock 的 1.1 和 2.2 版本中没有 lpVendorInfo 的返回值。因为 WinSock 2 支持多个传输协议，所以 iMaxSockets 和 iMaxUdpDg 只能在仅支持 TCP/TP 的 WinSock1.1 中使用。为了在 WinSock 2 中获得这些值，可以使用 WSAEnumProtocols 函数。

如果成功或者返回一个错误代码，则函数返回 0。

错误代码	含义
WSASYSNOTREADY	指出网络没有为传输准备好
WSAVERNOTSUPPORTED	当前的 WinSock 实现不支持应用程序指定的 Windows Socket 规范版本
WSAEINPROGRESS	一个阻塞 WinSock 调用正在进行

WSAEPROCLIM	请求的协议没有在系统中配置或没有支持它的实现存在
WSAEFAULT	lpWSAData 不是有效的指针

2. WSACleanup 函数

每次调用了 WSAStartup 函数,都需要调用 WSACleanup 函数,通知系统来卸载库文件及清除已分配的资源,这个函数十分简单,没有任何参数。

```
Declare Function WSACleanup Lib "ws2_32.dll" () As Long
```

3. 建立 Socket 函数

```
Declare Function socket Lib "ws2_32.dll" (ByVal af As Long,ByVal s_type As Long,
ByVal Protocol As Long) As Long
```

函数有 3 个参数定义需要建立何种 Socket,3 个参数分别如下:

```
Argument     Description                                   Enum Type
af           Address family specification.                 AddressFamily
s_type       Type specification for the new socket         SocketType
Protocol     Protocol to be used with the socket           SocketProtocol
             that is specific to the indicated address family。
AddressFamily:
    AF_UNSPEC=0                        '/* unspecified */
    AF_UNIX=1                          '/* local to host (pipes, portals) */
    AF_INET=2                          '/* internetwork: UDP, TCP, etc. */
    AF_IMPLINK=3                       '/* arpanet imp addresses */
    AF_PUP=4                           '/* pup protocols: e.g. BSP */
    AF_CHAOS=5                         '/* mit CHAOS protocols */
    AF_NS=6                            '/* XEROX NS protocols */
    AF_IPX=AF_NS                       '/* IPX protocols: IPX, SPX, etc. */
    AF_ISO=7                           '/* ISO protocols */
    AF_OSI=AF_ISO                      '/* OSI is ISO */
    AF_ECMA=8                          '/* european computer manufacturers */
    AF_DATAKIT=9                       '/* datakit protocols */
    AF_CCITT=10                        '/* CCITT protocols, X.25 etc */
    AF_SNA=11                          '/* IBM SNA */
    AF_DECnet=12                       '/* DECnet */
    AF_DLI=13                          '/* Direct data link interface */
    AF_LAT=14                          '/* LAT */
    AF_HYLINK=15                       '/* NSC Hyperchannel */
    IPPROTO_RAW=255                    '/* raw IP packet */
    IPPROTO_MAX=256
该函数可以建立使用特定  AF_APPLETALK=16        '/* AppleTalk */
    AF_NETBIOS=17                      '/* NetBios-style addresses */
    AF_VOICEVIEW=18                    '/* VoiceView */
```

```
    AF_FIREFOX=19                    '/* Protocols from Firefox */
    AF_UNKNOWN1=20                   '/* Somebody is using this! */
    AF_BAN=21                        '/* Banyan */
    AF_ATM=22                        '/* Native ATM Services */
    AF_INET6=23                      '/* Internetwork Version 6 */
    AF_CLUSTER=24                    '/* Microsoft Wolfpack */
    AF_12844=25                      '/* IEEE 1284.4 WG AF */
    AF_MAX=26

Socket types:
    SOCK_STREAM=1                    ' /* stream socket */
    SOCK_DGRAM=2                     ' /* datagram socket */
    SOCK_RAW=3                       ' /* raw-protocol interface */
    SOCK_RDM=4                       ' /* reliably-delivered message */
    SOCK_SEQPACKET=5                 ' /* sequenced packet stream */

Protocols:
    IPPROTO_IP=0                     '/* dummy for IP */
    IPPROTO_ICMP=1                   '/* control message protocol */
    IPPROTO_IGMP=2                   '/* internet group management protocol */
    IPPROTO_GGP=3                    '/* gateway^2 (deprecated) */
    IPPROTO_TCP=6                    '/* tcp */
    IPPROTO_PUP=12                   '/* pup */
    IPPROTO_UDP=17                   '/* user datagram protocol */
    IPPROTO_IDP=22                   '/* xns idp */
    IPPROTO_ND=77                    '/* UNOFFICIAL net disk proto */
```

协议的网络套接字，例如对于 UDP 协议可以这样写：

```
s=socket(AF_INET, SOCK_DGRAM, IPPROTO_UDP)
s=socket(AF_INET, SOCK_STREAM, IPPROTO_TCP)
```

4. 关闭 Socket 函数

```
Declare Function closesocket Lib "ws2_32.dll" (ByVal s As Long) As Long
```

函数中有一个参数是为建立 Socket 时的 Handle。

5. 连接函数

```
Declare Function connect Lib "ws2_32.dll" (ByVal s As Long,
     ByRef name As sockaddr_in, ByVal namelen As Long) As Long
```

参数如下：

s	连接的 Socket 句柄
name	建立连接的地址
namelen	连接地址的长度

返回值成功时返回 0。否则返回 SOCKET_ERROR 以及一个对应的错误号 Err.LastDllError。显然在调用这个函数时需要知道 Socket 句柄、将连接的计算机的端口号和主机名称(或主机 IP 地址)。WinSock 控件的 Connect 方法依靠两个变量：RemoteHost 和 RemotePort。此种方法不需要 Socket 句柄,因其已经被封装在 COM 对象中。你也许认为 Connect 函数应该也接受相同的变量设置,然而,事实并非如此。Connect 函数的主机地址和端口号的传送依靠 sockaddr_in 结构。

```
Public Type sockaddr_in
    sin_family  As Integer
    sin_port    As Integer
    sin_addr    As Long
    sin_zero(1 To 8) As Byte
End Type
```

6. 套接字绑定函数

```
Declare Function bind Lib "ws2_32.dll" (ByVal s As Long,
    ByRef name As sockaddr_in, ByRef namelen As Long) As Long
```

s 是使用 Socket 函数创建好的套接字,name 是指向描述通信对象的结构体的指针,namelen 是该结构的长度。该结构体中的分量包括：

IP 地址：对应 name. sin_addr. s_addr

端口号：对应 name. sin_port

端口号用于表示同一台计算机上不同的进程(即应用程序),其分配方法有两种：

第一种分配方法是进程让系统为套接字自动分配一个,端口号。这只要在调用 bind 前将端口号指定为 0 即可。由系统自动分配的端口号位于 1 024～5 000 之间,而 1～1 023 之间的任一 TCP 或 UDP 端口都是保留的,系统不允许任一进程使用保留端口,除非其有效用户 ID 是 0(即超级用户)。

第二种分配方法是进程为套接字指定一个特定端口。这对于需要给套接字分配一个众所周知的端口的服务器是很有用的。指定范围在 1 024～65 536 之间。

地址类型：对应 name. sin_family,一般都赋成 AF_INET,表示是 Internet 地址(即 IP 地址)。IP 地址通常使用点分表示法表示,但它事实上是一个 32 位的长整数,这两者之间可通过 inet_addr()函数进行转换。

7. 套接字监听函数

```
Declare Function listen Lib "ws2_32.dll" (ByVal s As Long,
    ByVal backlog As Long) As Long
```

listen 函数用来将 Socket 设定为监听状态,这种状态表明 Socket 准备被连接了。注意：此函数一般在服务程序上使用,其中 s 是使用 Socket 函数创建好的套接字,backlog 参数用于设定等待连接的客户端数。

8. 接受连接请求

```
Declare Function accept Lib "ws2_32.dll" (ByVal s As Long,
    ByRef addr As sockaddr_in,ByRef addrlen As Long) As Long
```

服务端应用程序调用此函数来接受客户端 Socket 连接请求，accept()函数的返回值为一新的 Socket，新 Socket 就可用来完成服务端和客户端之间的信息传递与接收，而原来 Socket 仍可以接受其他客户端的连接请求。

9. 接收信息

```
Declare Function recv Lib "ws2_32.dll" (ByVal s As Long,
    ByRef buf As Any, ByVal buflen As Long, ByVal flags As Long) As Long
```

s	一个已连接的 socket 的识别符
buf	接受到的数据的缓冲区
buflen	缓冲区长度
flags	指定是从哪里调用的标识

第一个参数是 Socket 的句柄，为 Socket 函数返回值。那就是说，需要告诉 recv 函数，哪一个 Socket 正访问函数。

第二个参数是函数执行之后能装载一些数据的缓冲区。但它不是必须要有足够的长度接收 WinSock 缓冲区的所有数据，缓冲区的大小限制为 8 192 字节 (8KB)。因此如果 WinSock 缓冲区的数据的大小大于 recv 函数的缓冲区，就需要多次调用此函数，直到获取所有的数据为止。

如果应用程序定义缓冲区的长度，则 recv 函数必须知道缓冲区可以存放多少字节。第三个参数就是为了这个目的。最后一个参数是可选的，该参数有两个选择标志：MSG_PEEK 和 MSG_OOB，用于改变函数的行为。

MSG_PEEK 从输入数据中取数。数据复制到缓冲区，但不从输入队列中移走。函数返回当前准备接收的字节数。

MSG_OOB 处理 OOB(out-of-band 带外)数据。在网络上有两种类型的数据包，正常包和带外包。带外包可以通过检验一个 TCP/IP 包头的一个特定标志来决定。

10. 发送信息

```
Declare Function send Lib "ws2_32.dll" (ByVal s As Long,
    ByRef buf As Any, ByVal buflen As Long, ByVal flags As Long) As Long
```

12.3.3 总结比较

1. WinSock 控件(适合于初学者)

优点：使用简单，工作量小。

缺点：功能少，仅支持 TCP、UDP 协议，需要 WinSock 控件(系统默认安装不带 MSWINSCK. OCX 文件)

2. WinSock API(适合于要求较高的网络程序)

优点：功能强大，支持多种协议，使用灵活，WinSock API 调用的 wsock32. dll(28KB)或 ws2_32. dll(69KB)为 Windows 系统自带函数库，因此不必担心会缺少文件。

缺点：使用复杂，编程量大，需要一定基础。

12.4 在 VB 下使用 WinSock 控件开发 UDP 聊天室

以下将使用 UDP 协议建立一个聊天程序，UDP 通信界面如图 12-3 所示。在此，两个应用程序之间是平等的，处于同一个地位，没有服务器和客户端的区别。UDP 程序不需要建立显示的连接，所以在程序编写上比使用 TCP 方式更简单，参数设置界面如图 12-4 所示。

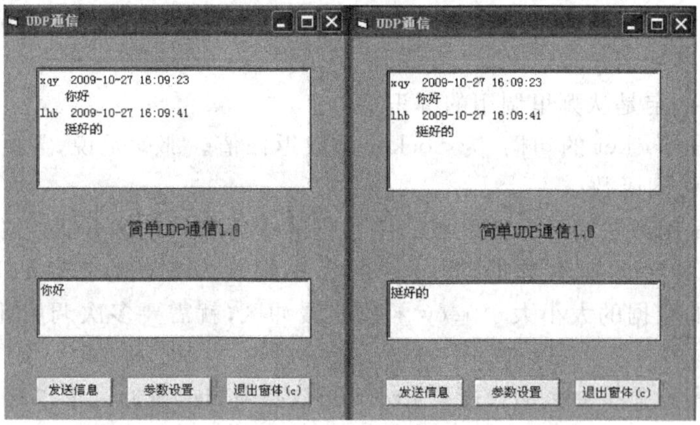

图 12-3 UDP 通信界面

使用 UDP 协议，在连接的两端必须完成以下 3 个步骤：

(1) 设置 RemoteHost 属性为另一台计算机的 IP 地址。

(2) 设置 RemotePort 属性为另一台计算机绑定的端口号。

(3) 设置 LocalPort 属性为本机设定通信的端口号。

申请 Bind 方法，则可将本地端口号绑定，以防止其他程序使用该端口。

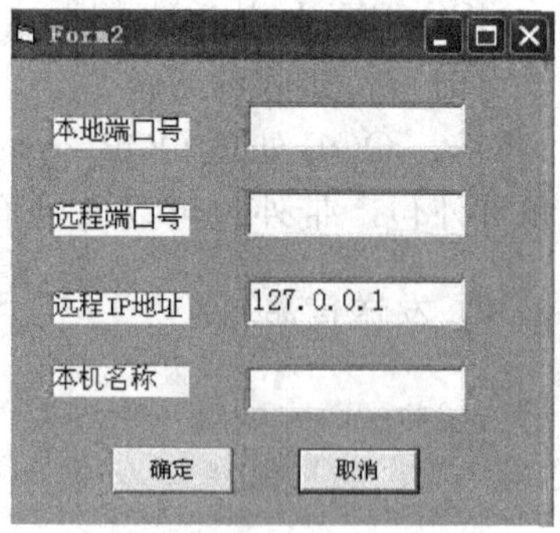

图 12-4 参数设置界面

建立聊天程序的步骤如下：

(1) 首先启动 VB 6.0，创建标准工程，选择“工程”|“部件”命令。在弹出的对话框中选中 MicroSoft WinSock Control 6.0 复选框后单击“确定”按钮，所选择的控件便将出现在工具箱中了。

(2) 编写代码。

在设置参数窗体填写远程地址、远程端口、本地端口、用户名，设置好参数。为保证信息能够传送到相应的程序，需按下面规则设置属性：

聊天 A 的 RemoteHost 属性设置为聊天 B 的 IP 地址。

聊天 A 的 RemotePort 属性设置为聊天 B 的 Localhost。

聊天 B 的 RemoteHost 属性设置为聊天 A 的 IP 地址。

聊天 B 的 RemotePort 属性设置为聊天 A 的 Localhost。

在“UDP 通信”窗口写入如下代码：

```
Private Sub Winsocka_DataArrival(ByVal bytesTotal As Long)
  On Error Resume Next
  Dim rec  As String
  Dim msg  As String
  Dim time As String
  Dim index As Integer
  time=Str(Now)
  Winsocka.GetData rec, vbString
  If rec <>"" Then
     index=InStr(rec, "@@##$$")
     remotename=Mid(rec, 7, index-7)
     rec=Mid(rec, index+6, Len(rec)-15)
     msg=Text1.Text
     Text1.Text=msg+remotename+"  "+time+Chr(10)+"    "+
           rec+Chr(10)
     Text1.SelStart=Len(Text1.Text)
  Else
     msg=Text1.Text
     Text1.Text=msg+"自己说"+"  "+time+Chr(10)+"    "+
           logmsg+Chr(10)
     Text1.SelStart=Len(Text1.Text)
  End If
End Sub

Public Sub ChangeWinsock(lport As Long, rport As Long, rIP As String,
        lname As String)                   '用户自定义的过程
   With Winsocka
      Winsocka.Protocol=sckUDPProtocol
   Me.Winsocka.LocalPort=lport
     Me.Winsocka.RemoteHost=rIP
      Me.Winsocka.RemotePort=rport
      Me.Winsocka.Bind lport
   End With
   Me.Text2.Enabled=True
   Me.Send.Enabled=True
   username=lname
End Sub
```

```
Private Sub Send_Click()                                   '发送信息按钮
   Dim msg  As String
   Dim time As String
   Dim sendmsg As String
   If Text2.Text <> "" Then
      sendmsg="$$##@@"+username+"@@##$$"+Text2.Text
      time=Str(Now)
      Winsocka.SendData sendmsg
      msg=Text1.Text
      logmsg=Text2.Text
      Text1.Text=msg+username+"  "+time+Chr(10)+"     "+
                    Text2.Text+Chr(10)
      Text1.SelStart=Len(Text1.Text)
      Text2.Text=""
      Text2.SetFocus
      Text2.SelStart=0
   End If
End Sub

Private Sub Parameter_Click()                              '参数设置按钮
   Form2.Show
   Unload Me
End Sub
```

在“设置参数”窗口写入如下代码：

```
Private Sub QueDing_Click()                                '确定按钮
    Load Form1                                             'Form1 为"UDP 通信"窗口
    Form1.Show
    Call Form1.ChangeWinsock(Me.localPort, Me.remotePort,
                    Me.remoteIP, Me.username)   '调用用户自定义的过程
    Unload Me
End Sub
```

第 13 章 Windows API函数

13.1 Windows API 简介

Win32 API 即为 Microsoft 32 位平台的应用程序编程接口(application programming interface)。所有在 Win32 平台上运行的应用程序都可以调用这些函数。

使用 Win32 API,应用程序可以充分挖掘 Windows 的 32 位操作系统的潜力。Microsoft 的所有 32 位平台都支持统一的 API,包括函数、结构、消息、宏及接口。使用 Win32 API 不但可以开发出在各种平台上都能成功运行的应用程序,而且也可以充分利用每个平台特有的功能和属性。

在 Windows 程序设计领域发展的初期,Windows 程序员所能使用的编程工具只有 API 函数,这些函数是 Windows 提供给应用程序与操作系统使用的接口,他们犹如积木块一样,可以搭建出各种界面丰富、功能灵活的应用程序。所以可以认为 API 函数是构筑整个 Windows 框架的基石,在它下面是 Windows 操作系统的核心,而它上面则是所有华丽的 Windows 应用程序。

如今,一些可视化编程环境操作简单、界面友好(诸如 VB、VC++、DELPHI 等),这些工具提供了大量的类库和各种控件,它们替代了 API 的神秘功能,事实上这些类库和控件都是构架在 Win32 API 函数基础之上的,是封装了的 API 函数的集合。它们把常用的 API 函数组合在一起成为一个控件或类库,并赋予其方便的使用方法,所以极大地加速了 Windows 应用程序开发的过程。有了这些控件和类库,程序员便可以把主要精力放在程序整体功能的设计上,而不必过于关注技术细节。

API 函数包含在 Windows 系统目录下的动态连接库文件中(如 User32.dll,GDI32.dll,Shell32.dll...),在这些动态连接库中存在上千个 API 函数,可以为应用层用户提供诸多功能。

13.2 API 函数分组

按照通常划分标准,API 函数分为七大类,分别如下:

(1) 窗口管理类:这类 API 函数向应用程序提供了一些创建和管理用户界面的方法,可以使用它们来做出程序的界面。

(2) 窗口通用控制类:系统 Shell 提供了一些控制,使用这些控制可以使窗口具有与众不同的外观,通用控制是由通用控制库 COMCTL32.DLL 提供的。

(3) Shell 特性类:应用程序可以使用它们来增强系统 Shell 各方面的功能。

(4) 图形设备接口(GDI)：提供绘图、图形处理、使用显示设备等一系列的 API 函数。

(5) 系统服务类：为计算机提供了访问计算机资源以及底层操作的手段。

(6) 国际特性类：有助于编写国际化的应用程序，提供 Unicode 字符集和多语种支持。

(7) 网络服务类：允许网络上不同计算机之间的不同应用程序之间进行通信，用于在各计算机上创建和管理共享资源的连接。

13.3 传统类库、控件在软件开发中的不足

实际上如果要开发出更灵活、更实用、更具效率的应用程序，必然要涉及直接使用 API 函数，虽然类库和控件使应用程序的开发简单得多，但它们只提供 Windows 的一般功能，对于比较复杂和特殊的功能来说，使用类库和控件是非常难以实现的，这时就需要采用 API 函数来实现。

13.4 在 VB 中调用 API 函数

API 函数大多在 windows/system32/user32 文件夹的 kernel 等动态链接库文件中，现在列举一个需要调用 API 函数的程序(本例程序使用的工具是 VB)来简单介绍一下如何在程序中调用 API。

首先在 VB 中新建一个标准 exe 的工程，FORM1 窗口设计如图 13-1 所示。

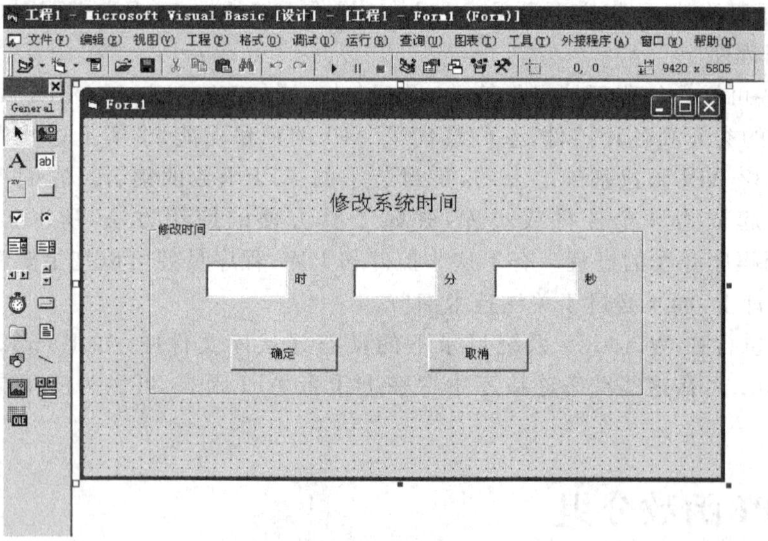

图 13-1 FORM1 窗口设计

图 13-2 是 FORM1 窗口对应的代码，在通用中声明 GetSystemTime 和 SetSystemTime 两个 API 函数(图 13-2 中框内部分)。

声明 API 函数的方法为：Declare Function(或 Sub) API 函数名称 lib dll 文件名(该 dll 中包含需要声明的 API 函数)(参数)。

如本例中，SetSystemTime 为声明的 API 函数名称，它所在的 dll 文件名为 kernel，lib

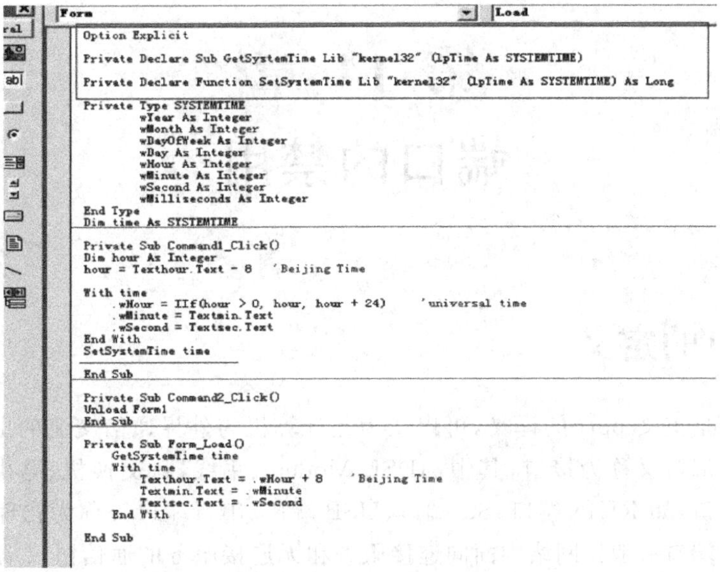

图 13-2　FORM1 窗口对应的代码

为固定语法结构，意思为 lib 前面的 API 函数包含在其后的 dll 文件中。现在声明 SetSystemTime 这个 API 函数的时候，就可以写成：

Declare Function SetSystemTime lib "kernel32"（lpTime As SYSTEMTIME） as long。参数部分可以参阅 API 手册。

一般在写程序时，需要用到 API 函数，就必须对其声明，至于 API 对应的参数，可以在相关手册中查到，这里提供一个免费下载 API 函数手册的网址：

http://forum.eviloctal.com/thread-11418-1-1.html

当声明成功后，就可以在窗口登录时通过 GetSystemTime 得到当前系统时间，再将其赋予 3 个文本框（分别代表时、分、秒）。在"确定"按钮事件中，将 3 个文本框中的数据通过 SetSystemTime 函数赋予系统。

通过本例子说明一下声明 API 函数的方法以及如何调用 API 函数，对 API 函数及其使用方法有个初步的了解，要想深入学习 API 函数，还需要使用更多时间做些实验，在实验中不断提高对 API 函数掌握的熟练程度。

第 14 章 端口的禁用

14.1 端口的定义

计算机端口是英文 port 的译义，可以认为是计算机与外界通信交流的出口。

硬件领域的端口又称为接口，其中 ADSL Modem、集线器、交换机、路由器用于连接其他网络设备的接口，如 RJ-45 端口、SC 端口、USB 端口、串行端口等称为物理端口。

软件领域的端口一般指网络中面向连接服务和无连接服务的通信协议端口，是一种抽象的软件结构，包括一些数据结构和 I/O(基本输入/输出)缓冲区，端口号的范围为 0～65 535，比如用于浏览网页服务的 80 端口，用于 FTP 服务的 21 端口，等等，都称之为逻辑端口。

14.2 端口的分类

1. 根据端口的性质分类

从端口的性质来分，通常可以分为以下 3 类。

(1) 公认端口(well known ports)：这类端口也常称之为常用端口。这类端口的端口号介于 0～1 024 间，它们紧密绑定于一些特定的服务。通常这些端口的通信明确表明了某种服务的协议，这种端口不可再重新定义它的作用对象。例如，80 端口实际上总是 HTTP 通信所使用的，而 23 号端口则是 Telnet 服务专用的。这些端口通常不会被像木马这样的黑客程序利用。为了对这些常用端口多一些认识，后面将这些端口所对应的服务进行详细列表，供理解和参考。

(2) 注册端口(registered ports)：端口号介于 1 025～49 151 间，它们松散地绑定于一些服务。也就是说有许多服务绑定于这些端口，这些端口同样用于许多其他目的。这些端口多数没有明确定义服务对象，不同程序可根据实际需要自己定义，如后面将要介绍的远程控制软件和木马程序中都会有这些端口的定义。这些常见的程序端口在木马程序的防护和查杀上是非常有必要的。

(3) 动态和/或私有端口(dynamic and/or private Ports)：端口号介于 49 152～65 535 间。理论上，不应把常用服务分配在这些端口上。实际上，有些较为特殊的程序，特别是一些木马程序就非常喜欢使用这些端口，因为这些端口常常不被引起注意，容易隐蔽。

2. 根据所提供的服务方式分类

根据所提供的服务方式的不同，端口可分为 TCP 协议端口和 UDP 协议端口两种。

因为计算机之间相互通信一般采用这两种通信协议。连接方式是一种直接与接收方进行的连接，发送信息以后，可以确认信息是否到达，这种方式大多采用 TCP 协议；另一种是不直接与接收方进行连接，只管把信息放在网上发出去，而不管信息是否到达，也就是无连接方式，这种方式大多采用 UDP 协议，IP 协议也是一种无连接方式。对应使用以上这两种通信协议的服务所提供的端口，也就分为 TCP 协议端口和 UDP 协议端口。

14.3　常用的端口

1. 使用 TCP 协议的常见端口

(1) FTP：定义了文件传输协议，使用 21 端口。常说某某计算机开了 FTP 服务便是启动了文件传输服务。下载文件，上传主页，都要用到 FTP 服务。

(2) Telnet：它是一种用于远程登录的端口，用户可以以自己的身份远程连接到计算机上，通过这种端口可以提供一种基于 DOS 模式下的通信服务。如以前的 BBS 是纯字符界面的，支持 BBS 的服务器将 23 端口打开，对外提供服务。

(3) SMTP：定义了简单邮件传送协议，现在很多邮件服务器都用的是这个协议来发送邮件。如常见的免费邮件服务用的就是这个邮件服务端口，所以在电子邮件设置中常看到有 SMTP 端口设置这个栏，服务器开放的是 25 号端口。

(4) POP3：它是和 SMTP 对应，POP3 用于接收邮件。通常情况下，POP3 协议所用的是 110 端口。也是说，只要有相应的使用 POP3 协议的程序(例如 Foxmail 或 Outlook)，就可以不用 Web 方式登录进邮箱界面，直接用邮件程序就可以收到邮件(如 163 邮箱就没有必要先进入网易网站，再进入自己的邮箱来收信)。

2. 使用 UDP 协议的常见端口

(1) HTTP：这是用得最多的协议，它就是超文本传输协议。上网浏览网页时，就得在提供网页资源的计算机上打开 80 号端口以提供服务。常说 WWW 服务、Web 服务器用的就是这个端口。

(2) DNS：用于域名解析服务，这种服务在 Windows NT 系统中用得是最多的。因特网上的每一台计算机都有一个网络地址与之对应，这个地址就是常说的 IP 地址，它以纯数字+.的形式表示。然而这却不便记忆，于是出现了域名，访问计算机的时候只需要知道域名，域名和 IP 地址之间的变换由 DNS 服务器来完成，DNS 用的是 53 号端口。

(3) SNMP：简单网络管理协议，使用 161 号端口，是用来管理网络设备的。由于网络设备很多，无连接的服务就体现出其优势。

(4) OICQ：OICQ 程序既接受服务，又提供服务，这样两个聊天的人是平等的。OICQ 用的是无连接的协议，也是说它用的是 UDP 协议。OICQ 服务器是使用 8000 号端口，侦听是否有信息到来，客户端使用 4000 号端口，向外发送信息。如果上述两个端口正在使用(有很多人同时和几个好友聊天)，就顺序往上加。

在计算机的 6 万多个端口中，通常把端口号为 1024 以内的称之为常用端口，这些常用端口所对应的服务通常情况下是固定的。

另外代理服务器常用以下端口：

(1) HTTP 协议代理服务器常用端口号：80、8080、3128、8081、9080。

(2) SOCKS 代理协议服务器常用端口号：1080。

(3) FTP 协议代理服务器常用端口号：21。

(4) Telnet 协议代理服务器常用端口：23。

14.4 常被黑客利用的端口

一些端口常常会被黑客利用，还会被一些木马病毒利用，对计算机系统进行攻击，以下是计算机端口的介绍以及防止被黑客攻击的简要办法。

1. 端口：8080

端口说明：8080 端口同 80 端口一样是被用于 WWW 代理服务的，可以实现网页浏览，经常在访问某个网站或使用代理服务器的时候，会加上"：8080"端口号，比如 http：//www.cce.com.cn：8080。

端口漏洞：8080 端口可以被各种病毒程序所利用，比如 Brown Orifice(BrO)特洛伊木马病毒可以利用 8080 端口完全遥控被感染的计算机。另外，RemoConChubo，RingZero 木马也可以利用该端口进行攻击。

操作建议：一般情况下是使用 80 端口进行网页浏览的，为了避免病毒的攻击，可以关闭该端口。

2. 端口：21

服务：FTP。

说明：FTP 服务器所开放的端口，用于上传和下载文件。最常见的攻击者用于寻找打开 anonymous 的 FTP 服务器的方法。这些服务器带有可读写的目录。木马 Doly Trojan、Fore、Invisible FTP、WebEx、WinCrash 和 Blade Runner 所开放的端口。

3. 端口：23

服务：Telnet。

说明：远程登录，入侵者在搜索远程登录 UNIX 的服务。大多数情况下扫描这一端口是为了找到机器运行的操作系统。还有使用其他技术，入侵者也会找到密码。木马 Tiny Telnet Server 就开放这个端口。

4. 端口：80

服务：HTTP。

说明：用于网页浏览。木马 Executor 开放此端口。

5. 端口：137、138、139

服务：NETBIOS Name Service。

说明：其中 137、138 是 UDP 端口，当通过网上邻居传输文件时用这个端口。而对于 139 端口，通过这个端口进入的连接试图获得 NetBIOS/SMB 服务。这个协议被用于 Windows 文件、打印机共享和 SAMBA。还有 WINS Regisrtation 也用它。

一般来说，采用一些功能强大的反黑软件和防火墙来保证系统的安全，也可以通过限制端口来防止非法入侵。

简单来说，非法入侵的方式可粗略分为 4 种：

(1) 扫描端口，通过已知的系统 Bug 攻入主机。

(2) 种植木马，利用木马开辟的后门进入主机。

(3) 采用数据溢出的手段，迫使主机提供后门进入主机。

(4) 利用某些软件设计的漏洞，直接或间接控制主机。

非法入侵的主要方式是前两种，尤其是利用一些流行的黑客工具，通过第一种方式攻击主机的情况最多、也最普遍；而对后两种方式来说，只有一些手段高超的黑客才利用，涉及面并不广泛，而且只要这两种问题一出现，软件服务商很快就会提供补丁，及时修复系统。

对于个人用户来说，需把必须利用的端口(比如 WWW 端口 80、FTP 端口 21、邮件服务端口 25、110 等)开放，其他的端口则可以全部关闭。

14.5　端口的禁用

端口的禁用可以有很多方法，下面说明两个基本的方法。

方法 1：

第一步，单击“开始”菜单，选择“设置”|“控制面板”|“管理工具”命令后双击打开“本地安全设置”窗口，在该窗口选中“IP 安全策略，在本地计算机”选项，在右边窗格的空白位置右击鼠标会弹出快捷菜单，选择“创建 IP 安全策略”(图 14-1)，于是弹出一个向导。在向导中单击“下一步”按钮，为新的安全策略命名；再单击“下一步”按钮，则显示“安全通讯请求”画面，在画面上把“激活默认响应规则”左边的钩去掉，单击“完成”按钮就创建了一个新的 IP 安全策略，分别如图 14-1～图 14-4 所示。

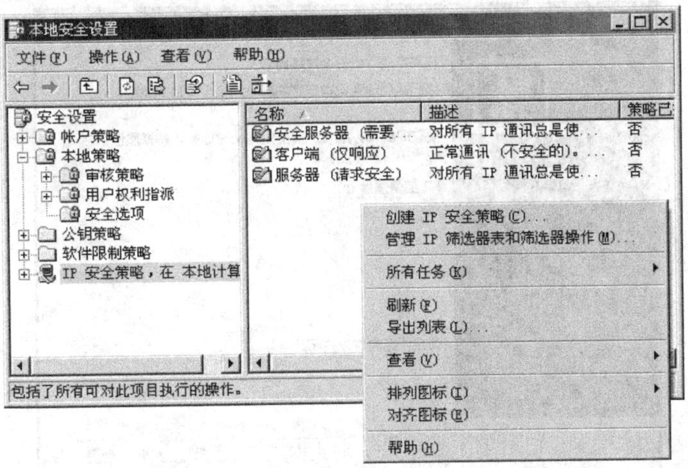

图 14-1　打开“本地安全设置”窗口

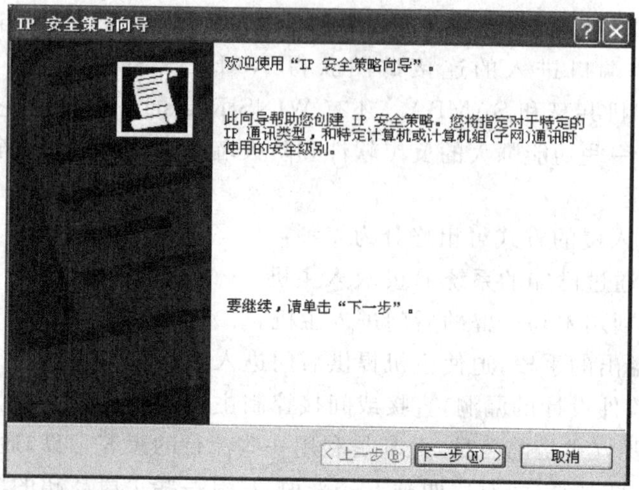

图 14-2 创建 IP 安全策略

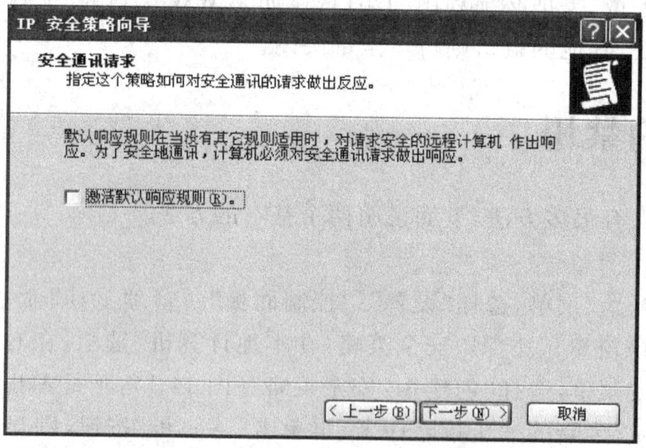

图 14-3 取消激活默认响应规则

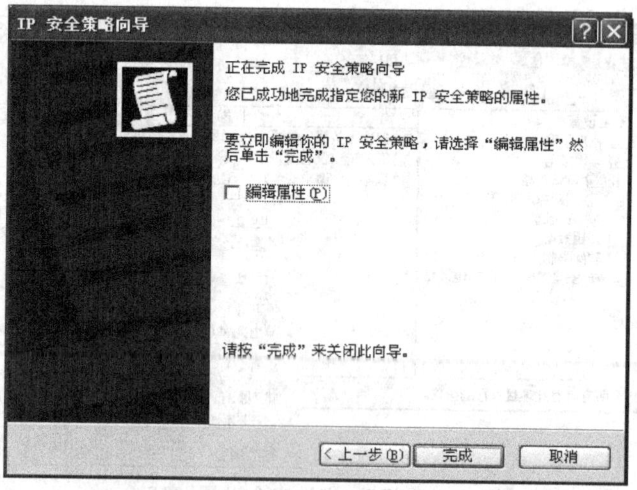

图 14-4 完成 IP 安全策略的创建

第二步，右击该 IP 安全策略，在“属性”对话框中把“使用‘添加向导’”复选框左边的钩去掉，然后单击“添加”按钮添加新的规则，随后弹出“新规则属性”对话框，在画面上单击“添加”按钮，弹出 IP 筛选器列表选项卡。在该选项卡中，首先把“使用‘添加向导’”复选框左边的钩去掉，然后再单击右边的“添加”按钮添加新的筛选器，分别如图 14-5～图 14-7 所示。

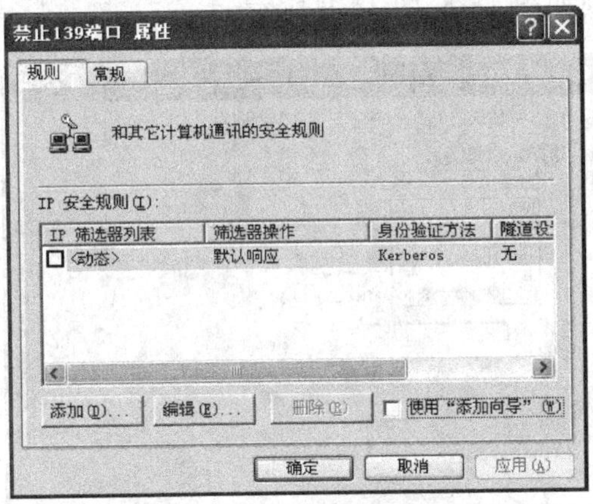

图 14-5　取消使用“添加向导”

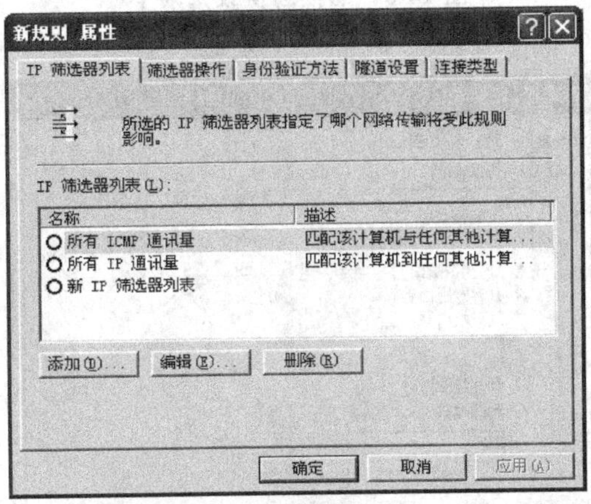

图 14-6　添加新规则

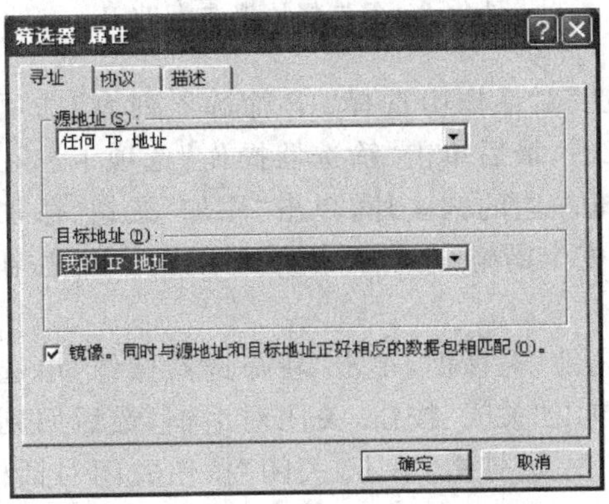

图 14-7　修改源地址和目标地址

第三步，进入“筛选器属性”对话框，首先看到的是寻址选项卡，在其“源地址”区域选择“任何 IP 地址”选项，目标地址区域选择“我的 IP 地址”选项。选择“协议”选项卡，在“选择协议类型”下拉列表框中选择“TCP”选项，然后在“到此端口”下的文本框中输入“139”，单击“确定”按钮，这样就添加了一个屏蔽 TCP 139(RPC)端口的筛选器，它可以防止外界通过 139 端口连上计算机，分别如图 14-8、图 14-9 所示。

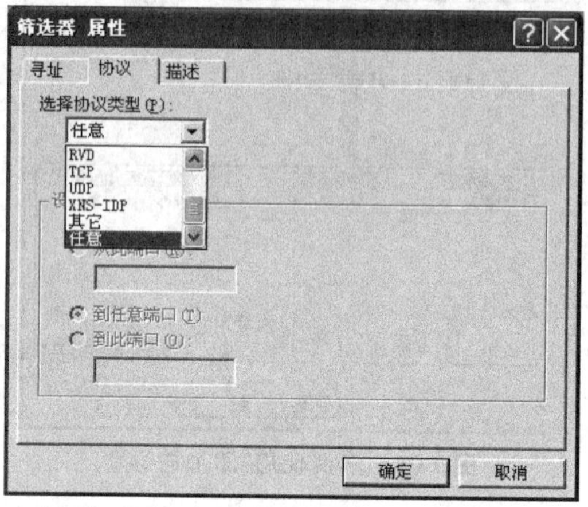

图 14-8 切换到协议选项卡

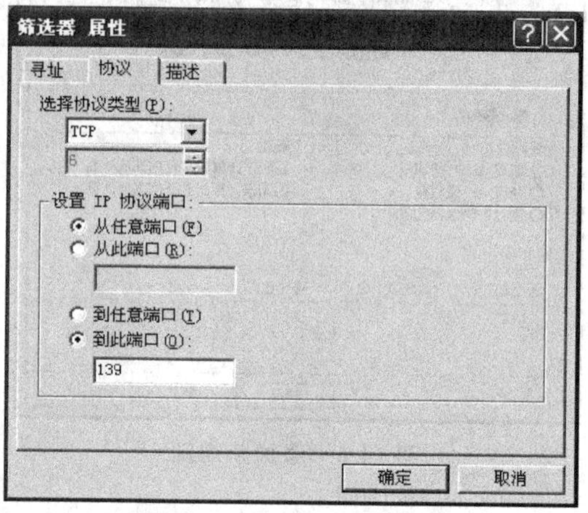

图 14-9 经选择协议选为 TCP

第四步，在“新规则属性”对话框中选择“IP 筛选器列表”选项卡，然后单击其左边的圆圈上加一个点，表示已经激活，最后单击“筛选器操作”选项卡。在“筛选器操作”选项卡中，把“使用‘添加向导’”复选框左边的钩去掉，单击“添加”按钮，添加“阻止”操作。在“新筛选器操作(1)属性”对话框的“安全措施”选项卡中选择“阻止”单选按钮，分别如图 14-10、图 14-11 所示。

第五步，进入“新规则属性”对话框，单击“新筛选器操作”单选按钮，其左边的圆圈会加了一个点，表示已经激活，单击“关闭”按钮，关闭对话框；最后回到“新 IP 安全策略属性”对话框，在“新 IP 筛选器列表”左边打钩，单击“关闭”按钮关闭对话框。在“本地安全策略”窗口，用鼠标右击新添加的 IP 安全策略，然后选择“指派”，如图 14-12～图 14-14 所示。

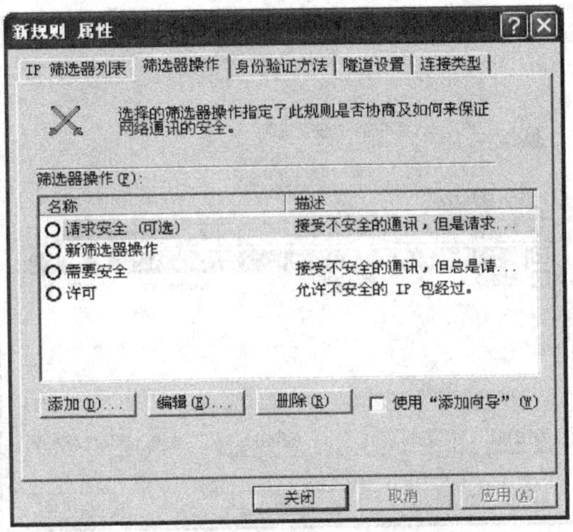

图 14-10 添加新的筛选器

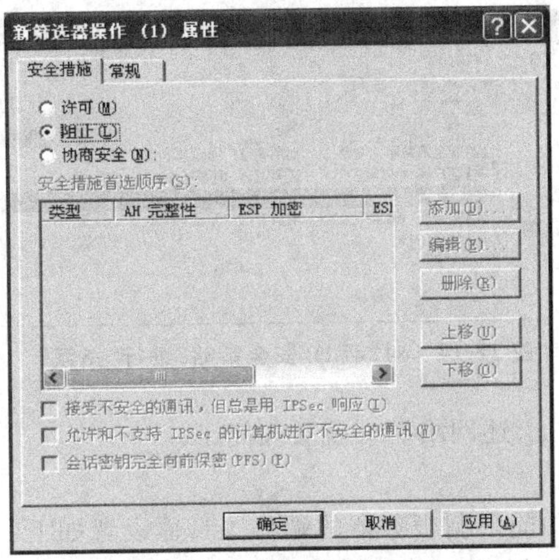

图 14-11 将安全措施选择阻止

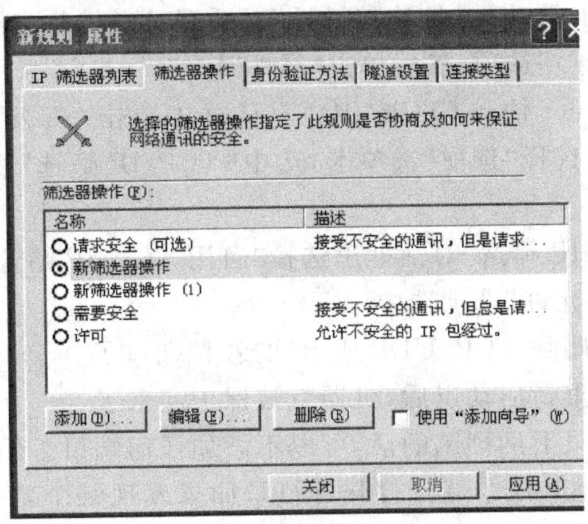

图 14-12 新规划属性

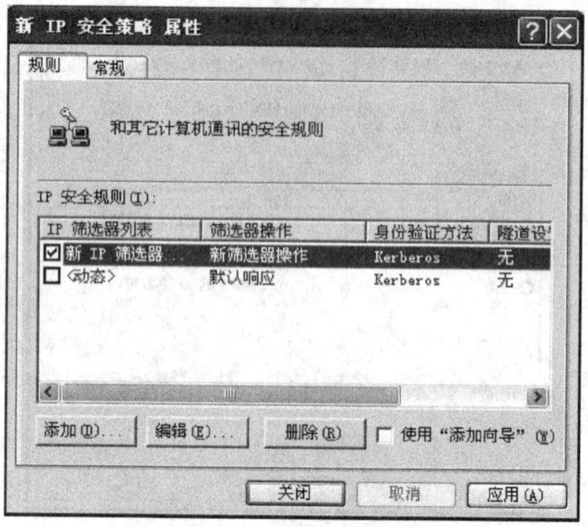

图 14-13 新 IP 安全策略属性

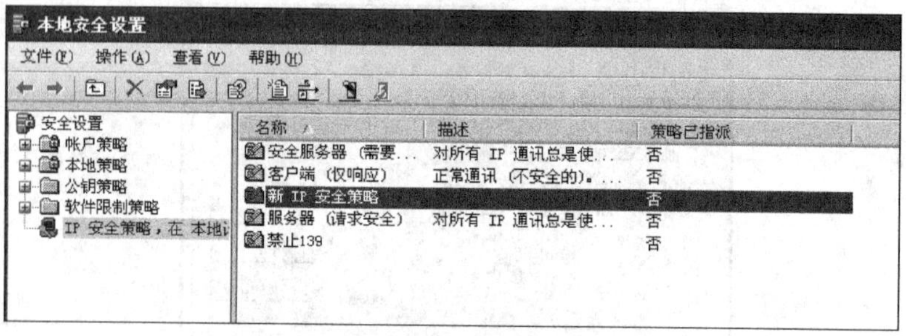

图 14-14 对"新 IP 安全策略"进行"指派"

重新启动后，计算机中上述网络端口就被关闭了。

方法 2：

利用"TCP/IP 筛选"功能限制服务器的端口。具体设置如下：

(1) 右击"网上邻居"图标，在弹出的快捷菜单中选择"属性"命令，然后双击"本地连接"图标(如果是拨号上网用户，选择"我的连接"图标)，弹出"本地连接状态"对话框。

(2) 单击"属性"按钮，弹出"本地连接属性"对话框，选择"此连接使用下列项目"区域中的"Internet 协议(TCP/IP)"选项，然后单击"属性"按钮。

(3) 在弹出的"Internet 协议(TCP/IP)"对话框中单击"高级"按钮。在弹出的"高级 TCP/IP 设置"对话框中，选择"选项"选项卡，选中"TCP/IP 筛选"复选框，然后单击"属性"按钮。

(4) 在弹出的"TCP/IP 筛选"对话框里选择"启用 TCP/IP 筛选"复选框，然后把左边的"TCP 端口"区域上的"只允许"选项选中。

这样，就可以添加或删除 TCP、UDP 或 IP 的各种端口了。

添加或者删除完毕，重新启动以后，机器就被保护起来了。

最后，如果个人用户只上网浏览的话，可以不添加任何端口。但是要利用一些网络联络工具，比如 OICQ，要把 4000 这个端口打开，同理，如果发现某个常用的网络工具不能起作用的时候，搞清它在主机中所开的端口，然后在 TCP/IP 里把此端口打开。

第 15 章 用VB写DLL文件

15.1 DLL 的简单介绍

DLL(dynamic link library,动态链接库)允许程序共享执行特殊任务所必需的代码和其他资源,是一种中间件。在 Windows 操作系统中,DLL 对于程序执行是非常重要的,因为程序在执行的时候,必须链接到 DLL 文件,才能够正确地运行。而有些 DLL 文件可以被许多程序共用。因此,程序设计人员可以利用 DLL 文件,使程序不至于太过巨大。

使用 DLL 的好处有以下几方面:

(1) 多个应用程序共享代码和数据。比如 Office 软件的各个组成部分有相似的外观和功能,这就是通过共享动态链接库实现的。

(2) 节省内存和减少交换操作。很多进程可以同时使用一个 DLL,在内存中共享该 DLL 的一个副本。相反,对于每个用静态链接库生成的应用程序,Windows 必须在内存中加载库代码的一个副本。

(3) 支持多语言程序。只要程序遵循函数的调用约定,使用不同编程语言编写的程序就可以调用相同的 DLL 函数。程序与 DLL 函数在以下方面必须是兼容的:函数期望其参数被推送到堆栈上的顺序,是函数还是应用程序负责清理堆栈,以及寄存器中是否传递了任何参数。

(4) 在钩子程序过滤系统消息时必须使用动态链接库。

(5) 动态链接库以一种自然的方式将一个大的应用程序划分为几个小的模块,有利于小组内部成员的分工与合作。而且,各个模块可以独立升级。如果小组中的一个成员开发了一组实用例程,他就可以把这些例程放在一个动态链接库中,让小组的其他成员使用。

(6) 为了实现应用程序的国际化,往往需要使用动态链接库。使用动态链接库可以将针对某一国家语言的信息存放在其中。对于不同的版本,使用不同的动态链接库。在使用 AppWizard 生成应用程序时,可以指定资源文件使用的语言,这就是通过提供不同的动态链接库实现的。

15.2 用 VB 做一个 DLL 文件

打开 VB 6.0 会出现如图 15-1 所示的对话框,选择“ActiveX DLL”选项,然后单击对话框上的“打开”按钮。

进入主界面后,把工程名从默认的“工程 1”改为“MyFirstDLL”;把类名从默认的“Class1”改为“CMath”。

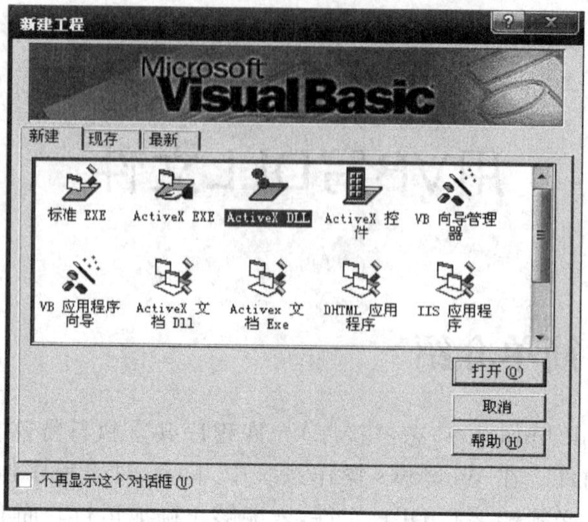

图 15-1 “新建工程”对话框

开始写一个加法函数，其代码如下：

```
Public Function Add(a As Long, b As Long) As Long
    Add=a+b
End Function
```

单击“文件”菜单，然后选择“生成 MyFirstDLL. DLL”命令，把新生成的 MyFirstDLL. DLL 保存到相应的目录下。

15.3 对 ActiveX DLL 的测试

15.3.1 在 VB 上的测试

(1) 打开 VB 6.0，在出现如图 15-1 所示的对话框时，选择“标准 EXE”选项，然后单击“打开”按钮。在“工程”菜单里选择“引用”命令，然后在弹出的对话框中选择“浏览”选项，把刚才生成的 MyFirstDLL. DLL 引用进来，单击“确定”按钮完成引用后就可以使用 MyFirstDLL. DLL 里面的 CMath 类了。

(2) 在主界面上拖一个“按钮”，在这个“按钮”的单击事件里写如下的测试代码：

① 静态引用。

```
Private Sub Command1_Click()                    '静态引用
    Dim math As CMath
    Set math=New CMath
    MsgBox math.Add(10, 11)
End Sub
```

② 动态引用。

```
Private Sub Command1_Click()                    '动态引用
```

```
    Dim obj As Object
    Set obj=CreateObject("myfirstdll.cmath")
    MsgBox obj.Add(10, 11)
End Sub
```

图 15-2 程序运行的结果

(3) 运行测试程序,单击上面的按钮时,就会弹出一个提示框,显示的是程序运行的结果,如图 15-2 所示。

15.3.2 在 VC 上的测试

(1) 为了确保 MyFirstDLL. DLL 是已注册的控件,运行: regsvr32 对这个 ActiveX DLL 进行注册,即使注册过了,再注册也没什么负面影响。

(2) 打开 VC 6.0,建立一个 MFC 对话框工程。

(3) 在 stdafx. h 中加上对 MyFirstDLL. DLL 的导入,并引用这个命名空间 MyFirstDLL,代码如下:

```
#import "E: \code\VB\MyFirstDll.dll"
using namespace MyFirstDll;
```

(4) 重载"确定"按钮的响应函数,其代码如下:

```
HRESULT hResult;
CLSID clsid;
::CoInitialize(NULL);
hResult=CLSIDFromProgID(OLESTR("MyFirstDll.CMath"), &clsid);
if (SUCCEEDED(hResult))
{
    _CMath * pMath=NULL;
    hResult=::CoCreateInstance(clsid, NULL,
        CLSCTX_INPROC_SERVER, uuidof(_CMath), (LPVOID * )&pMath);
    if (SUCCEEDED(hResult))
    {
        long a=12;
        long b=13;
        long lResult=pMath->Add(&a, &b);
        CString str;
        str.Format("%ld", lResult);
        AfxMessageBox(str);
    }
}
::CoUninitialize();
```

图 15-3 测试程序运行的结果

(5) 运行测试程序,得到的测试结果如图 15-3 所示。

由 VB 和 VC 测试程序运行的结果可知,ActiveX DLL 屏蔽了程序设计语言之间的异构性,很好地实现了程序的共享。

15.3.3 注意事项

(1) ActiveX DLL 它是一个 com 类型的组件。在第一次使用它时,必须要对其进行注册,它的一些信息会记录到注册表当中。这和函数导出类型的 DLL 有所不同,函数导出类型的 DLL,如 Windows 里面的 kernel32.dll 是一个函数导出库,和 com 不一样,在使用时不需要注册,直接通过这个 DLL 文件的路径,然后进行相应的调用方法就可以使用这个函数导出库中的相应函数。

(2) 若 ActiveX DLL 类里面的函数需要给外界使用,则它的函数保护类型应该是 Public 类型的。

(3) 同一种工程名的 ActiveX DLL 同时只能注册一个。

第 16 章 用VB写OCX控件

16.1 OCX 控件的介绍

VB 或者 Delphi 这类的可视化编程工具，工具条上的控件如 EditBox、Grid、ImageBox 和 Timer 等，都有自己的事件、方法和属性。使用控件的编程非常容易，在程序的设计阶段可以设置一些属性，如大小、位置、标题(caption)等；在程序运行阶段，可以更改这些属性，还可以针对不同的事件、调用不同的方法来实现对该控件的控制，它是一种中间件。

使用 OCX(object class extension，对象类别扩充组件)控件的好处如下：

控件就像一块块的积木，程序要做的事只是将这些积木搭起来。控件的最大好处是可以重复使用，甚至可以在不同的编程语言之间使用，例如可以在 VB 中嵌入使用 VC 开发的控件。

16.2 用 VB 做一个 OCX 控件

打开 VB 6.0，在弹出的对话框中选择“ActiveX 控件”选项，进入主界面，将工程名从默认的“工程 1”改为“timectrl”。在控件的界面里拖放一个“Label”控件和一个“Timer”控件，如图 16-1 所示。

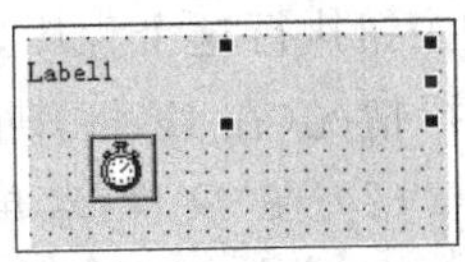

图 16-1 选择控件

(1) 将“Label”控件的名称改为 TimeShow，caption 属性设为空。

(2) 将“Timer”控件的 interval 属性改为 1000，表示“Timer”控件的 Timer 事件每 1 000ms 发生一次。

(3) 双击“Timer”控件，在这个新出现的函数里面可以添加 Timer 事件的处理代码。这里要实现的是一个显示系统时间的控件，显示的精度为秒。

进行编程：

(1) 获取系统时间，需要用到 Windows 的 API 函数 GetLocalTime，其输入参数是一个 SYSTEMTIME 类型的结构体，GetLocalTime 是 kernel32.dll 这个动态链接库中的导出函数，kernel32.dll 是一个函数导出类型的动态链接库，与用 VB 做的 ActiveX DLL 有所不同，ActiveX DLL 是一种 com 类型的组件，它们之间使用的方法也有所不同。使用 GetLocalTime 的方法是先在 VB 文件的头部声明一下这个函数，然后再定义一个 SYSTEMTIME 类型的结构体，其代码如下：

```
Private Declare Sub GetLocalTime Lib "kernel32" (lpsystemtime As SYSTEMTIME)
Private Type SYSTEMTIME
    wYear As Integer
```

```
    wMonth As Integer
    wDayOfWeek As Integer
    wDay As Integer
    wHour As Integer
    wMinute As Integer
    wSecond As Integer
    wMilliseconds As Integer
End Type
```

(2) 在"Timer"控件的事件处理函数中，将获取到的系统时间显示在"Label"控件中，其代码如下：

```
Private Sub Timer1_Timer()
Dim sysTime As SYSTEMTIME
Dim strTime As String
GetLocalTime sysTime
strTime=sysTime.wYear & "-" & _
        sysTime.wMonth & "-" & _
        sysTime.wDay & " " & _
        sysTime.wHour & ": " & _
        sysTime.wMinute & ": " & _
        sysTime.wSecond
TimeShow.Caption=strTime
End Sub
```

运行观察：

(1) 如果机器上安装了 IE 且 IE 是默认的浏览器，这时按 F5 键，或是单击工具栏上的 ▶ 按钮执行这个程序，然后在弹出的对话框中单击"确定"按钮就会在 IE 中看到此控件的运行情况(在 IE 打开的这个页面中，允许阻止的内容)。

(2) 在"文件"菜单里选择"生成 timectrl. ocx"命令将这个 OCX 控件文件保存下来，这样一个 OCX 控件的制作就完成了。

16.3 对 OCX 控件的测试

16.3.1 在 VB 上的测试

(1) 打开 VB 6.0，选择"标准 EXE"程序，然后在"工程"菜单里选择"部件"命令，这时会弹出如图 16-2 所示的"部件"对话框，单击"浏览"按钮，找到刚才生成的那个 timectrl. ocx，然后单击"确定"按钮完成部件的添加操作。

(2) 在控件工具条中会看到多一个控件(图 16-3 上面的最后一个控件)，这个多出来的控件就是刚才做的 OCX 控件。

(3) 将这个控件拖放到主界面上，然后执行程序，会看到类似于图 16-4 所示的结果，并且时间是一秒一秒地增加的。

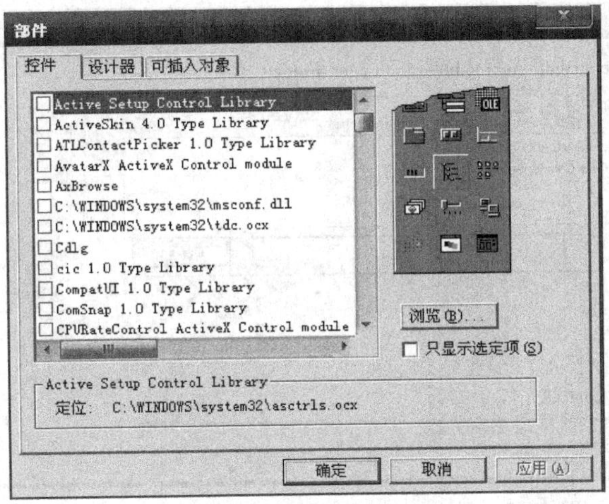

图 16-2　“部件”对话框

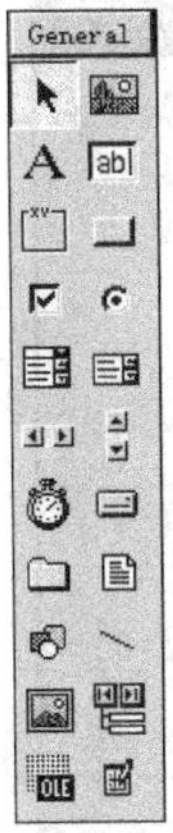

图 16-3　工具箱

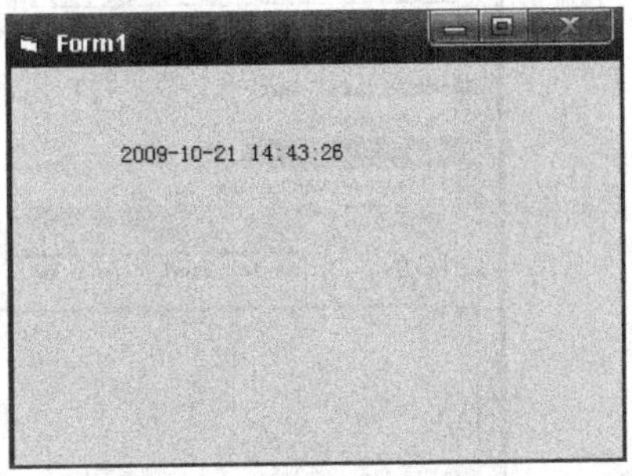

图 16-4　VB 测试程序的结果

16.3.2　在 VC 上的测试

(1) 为了确保 timectrl. ocx 是已注册的控件，运行：regsvr32 对这个 OCX 控件进行注册，即使注册过了，再注册也没什么负面影响。

(2) 打开 VC 6.0，建立一个 MFC 对话框工程。

(3) 选择 Project|Add to Project|Components and Controls 命令，会出现如图 16-5 所示的 Components and Controls Gallery 对话框。

(1) 选择 Registered ActiveX Controls 选项，弹出如图 16-6 所示的 timectrl 插入对话框，在对话框中找到 timectrl. ocx 对应的选项，然后单击 Insert 按钮。

(2) 成功插入 timectrl OCX 控件后，在工具条里会多出一个控件选项，如图 16-7 中的最后一个控件。

(3) 把它拖放到测试程序的对话框中，然后运行测试程序，出现的结果如图 16-8 所示，并且上面的时间和 VB 测试程序上都是逐秒改变的。

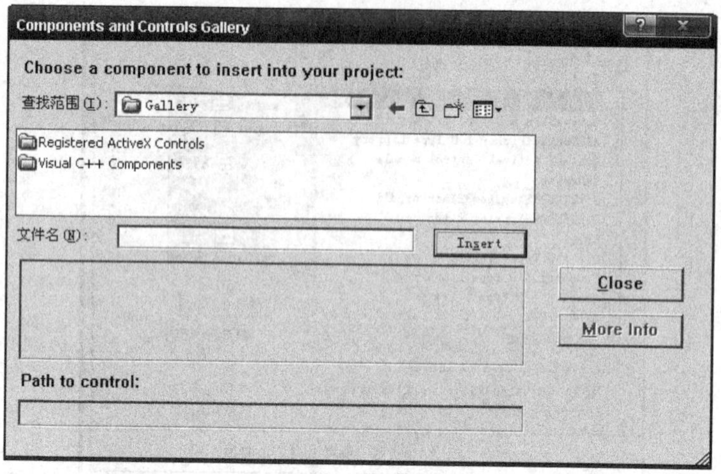

图 16-5　Components and Controls Gallery 对话框

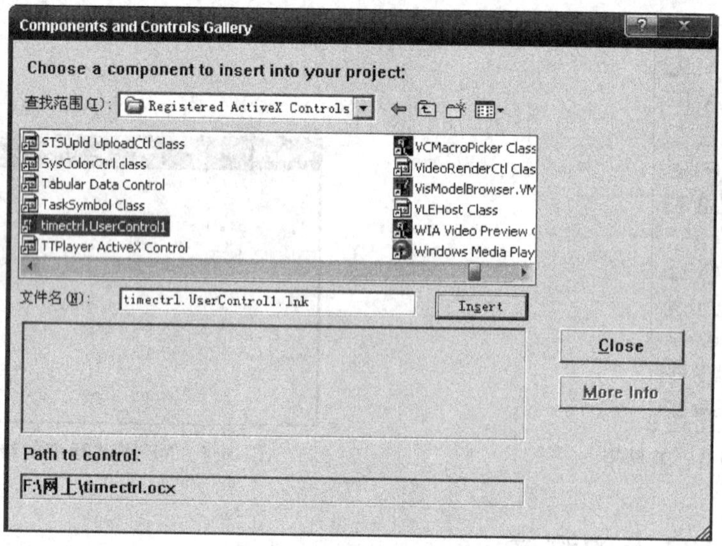

图 16-6　timectrl 插入界面

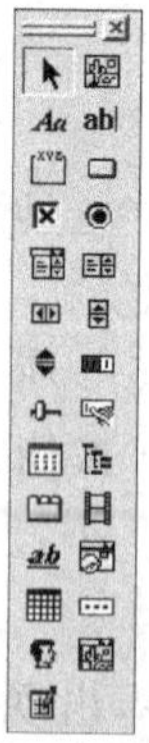

图 16-7　插入 timectrl OCX 控件后，VC6.0 的工具条

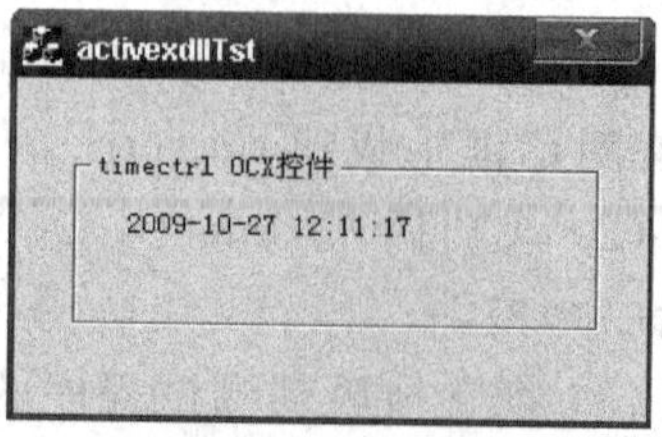

图 16-8　VC 测试程序的结果

(4) 由 VB 和 VC 的测试程序可以看出，OCX 控件屏蔽了程序开发语言之间的异构性。

16.3.3　注意事项

在用 VB 添加自己做的 OCX 控件时，使用的是“工程”菜单里面的“部件”命令，而 ActiveX DLL 选择的是“引用”命令。

第 17 章 COM、COM+、DCOM

17.1 COM

COM(component object model,组件对象模型)。用户需要什么样的软件产品?这是一个多选题,但高效、健壮的软件产品是肯定会被选中的。作为软件开发人员如何做才能满足用户的需要呢?必须要保证升级应用时不破坏以前版本的向后兼容性,必须做到扩展系统服务时不依赖特定的操作系统。面向对象的程序设计显然是一次革命性的改变,采用面向对象的设计方法可以很容易地把要解决的问题抽象成各种类,并将其内部动作封装隐藏起来,只提供一些接口,但这并没有完全解决软件工程中的问题。因为面向对象编程技术只达到编程语言级别的复用,不能在二进制级别进行共享,然而 COM 技术就能解决这个问题。

17.1.1 COM 组件的特点

(1) COM 组件是以 Win32 动态链接库(DLL)或可执行文件(EXE)形式发布的可执行代码组成。

(2) COM 组件是遵循 COM 规范编写的。

(3) COM 组件是一些小的二进制可执行文件,必须以二进制的形式发布。

(4) COM 组件可以给应用程序、操作系统以及其他组件提供服务。

(5) 自定义的 COM 组件可以在运行时刻同其他组件连接起来构成某个应用程序。

(6) COM 组件可以动态的插入或卸出应用。

(7) COM 组件必须是动态链接的。

(8) COM 组件必须隐藏(封装)其内部的实现细节。

(9) COM 组件必须将其实现的语言隐藏。

(10) COM 组件必须在不妨碍已有用户的情况下被升级。

(11) COM 组件可以透明地在网络上被重新分配位置。

(12) COM 组件按照一种标准的方式来宣布它们的存在。

在熟悉 COM 组件的过程中,必须搞清楚以下几点:

(1) COM 组件不是一种计算机语言,它的调用协议是二进制代码级的协议。

(2) COM 组件不是 DLL,只是利用 DLL 来给组件提供动态链接的能力。

(3) COM 组件不是一个 API 函数集。

(4) COM 组件不是类,而是相当于类,COM 组件实例化成 COM 组件对象,COM 组件对象相当于对象,调用者调用 COM 组件对象。

(5) COM 组件是运行在分布式环境中的。

(6) 调用者对 COM 组件的调用与 COM 组件的位置无关，无论 COM 组件位于什么位置，调用者调用 COM 组件的方法都相同。

简单地说，COM 是一种跨应用和语言共享二进制代码的方法。与 C++ 不同，它提倡源代码复用。ATL 便是一个很好的例证。源代码复用虽然好，但只能用于 C++。它还带来了名字冲突的可能性，更不用说不断备份复用代码而导致工程膨胀和臃肿。

Windows 使用 DLLs 在二进制级共享代码，这也是 Windows 程序运行的关键，复用 user32.dll。但 DLLs 是针对 C 接口而写的，它们只能被 C 或理解 C 调用规范的语言使用。由编程语言来负责实现共享代码，而不是由 DLLs 本身。这样的话 DLLs 的使用受到限制。MFC 引入了另外一种 MFC 来扩展 DLLs 二进制共享机制。但它的使用仍受限制，只能在 MFC 程序中使用。

COM 通过定义二进制标准解决了这些问题，即 COM 明确指出二进制模块(DLLs 和 EXEs)必须被编译成与指定的结构匹配。这个标准也确切规定了在内存中如何组织 COM 对象。COM 定义的二进制标准还必须独立于任何编程语言(如 C++ 中的命名修饰)。一旦满足了这些条件，就可以轻松地从任何编程语言中存取这些模块。由编译器负责所产生的二进制代码与标准兼容。这样使后来的人就能更容易地使用这些二进制代码。

在内存中，COM 对象的这种标准形式在 C++ 虚函数中偶尔用到，所以这就是为什么许多 COM 代码使用 C++ 的原因。但是记住，编写模块与所用的语言是无关的，因为结果二进制代码为所有语言可用。此外，COM 不是 Win32 特有的。从理论上讲，它可以被移植到 UNIX 或其他操作系统中。

17.1.2 COM 接口和组件类型

接口是一个包含函数指针数组的内存结构，数组元素是一个由组件实现的函数地址。有了组件如何将它们连接起来构成某个应用程序，需要用接口。在 COM 中接口就是一切，对客户来说组件就是接口集，客户只能通过接口和组件打交道，说明接口可以保护系统免受外界变化的影响，这是封装的体现。接口实现了用户使用同样的方式来处理不同的组件，这是多态的体现。

1. 接口的特点

(1) COM 接口在 C++ 中是用纯抽象基类实现的。

(2) 一个 COM 组件可以支持多个接口。

(3) 一个 C++ 类可以使用多重继承来实现一个支持多个接口的组件。

(4) 组件可以支持任意数目的接口。

(5) 接口应该具有不变性，在组件升级时应该不修改原来的接口，而是添加新的接口。

(6) 要精心设计实现接口，以使之能够支持各种不同的实现。

2. COM 组件类型

(1) 进程内组件。组件是在主调应用程序的进程范围内运行的，是以 DLL 方式实现的。组件的实现是快速的，但由于和应用程序共用一个进程，导致了不安全的因素。

(2) 进程外组件。它又可分为两类：本地服务器进程组件，它使组件与调用组件者在同一机器上；远程服务器进程组件，它使组件使用远程过程调用 RPC 和客户应用程序进行通信。

17.1.3 COM 组件的设计和应用

复合文件是 COM 的基石，复合文件俗称“文件中的文件系统”，是 OLE 中不可缺少的部分，它们用于帮助数据传输和 OLE 文档存储。复合文件是 Active 结构化存储模型的实现，存在一个一致的界面，该界面支持序列化到存储、流或文件对象。连微软当年都没有想到，就这么一个简单的想法，居然最后就演变出了 COM 组件程序设计的方法。复合文件提供了早期文件存储方法中所没有的优点，它们包括增量文件访问、文件访问模式和文件结构标准化。当决定是否在应用程序中使用复合文件时，应考虑复合文件的潜在缺点：文件较大以及与软盘上的存储相关的性能问题。

通过复合文件演变出来的 COM 组件设计程序设计方法，在 COM 组件的设计中起了指导性的作用，下面就来介绍如何创建、编译以及调用 COM 组件。

1. 用 ATL 写 COM 组件

1) 建立 ATL 工程步骤

步骤 1：建立一个工作区(WorkSpace)。

步骤 2：在工作区中，建立一个 ATL 工程(Project)，示例程序叫 Simple1，并选择“DLL”选项，建立 ATL DLL 工程，如图 17-1 所示。

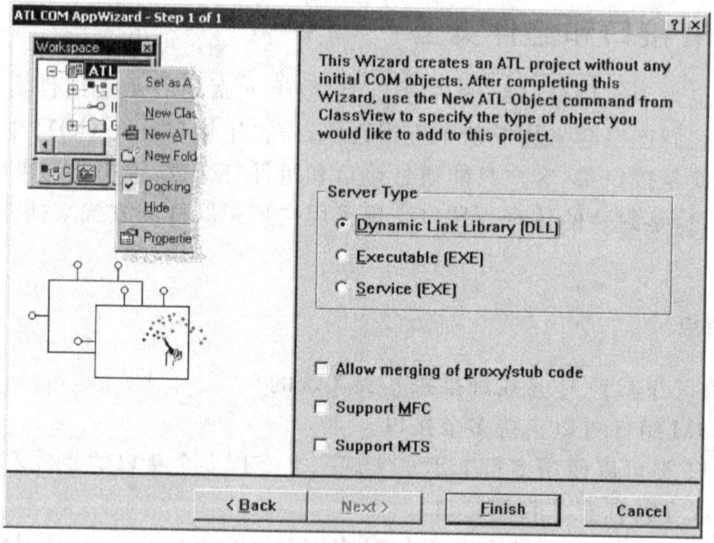

图 17-1 建立 ATL DLL 工程

Dynamic Link Library(DLL) 表示建立一个 DLL 的组件程序。Executable(EXE) 表示建立一个 EXE 的组件程序。Service(EXE)表示建立一个服务程序，系统启动后就会加载并执行程序。Allow merging of proxy/stub code 表示把代理/存根代码合并到组件程序中，否则需要单独编译，单独注册代理存根程序。

Support MFC 除非有特殊的原因，写 ATL 程序，最好不要选择该项。

Support MTS 支持事务处理，也就是是否支持 COM+功能。

下面来拓展一下 Allow merging of proxy/stub code 提到的代理/存根，COM 组件的远程调用实现它的启动组件，调用接口功能是由 COM 系统来实现的。

由图 17-2 可以看出，当调用组件的时候，其实是依靠代理（运行在本地）和存根（运行在远端）之间的通信完成的。具体来说，当客户程序通过 CoCreateInstance()函数启动组件时，则代理接管该调用，它和存根通信，存根所在的本地（相对于客户程序来说就是远程了）执行 new 操作加载对象。代理和存根对双方来说是透明的。

2）增加 ATL 对象类

步骤 1：选择 Insert|New ATL Object...（或者用鼠标右键在 ClassView 选项中弹出快捷菜单），并选择 Objects 分类，然后选择 Simple Object 项目，如图 17-3 所示。

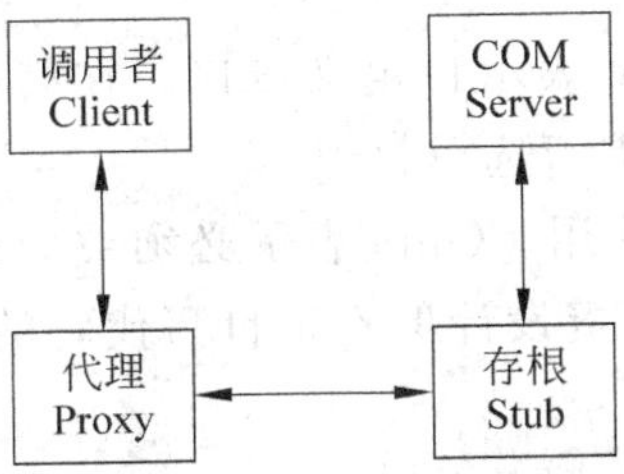

图 17-2　实现过程

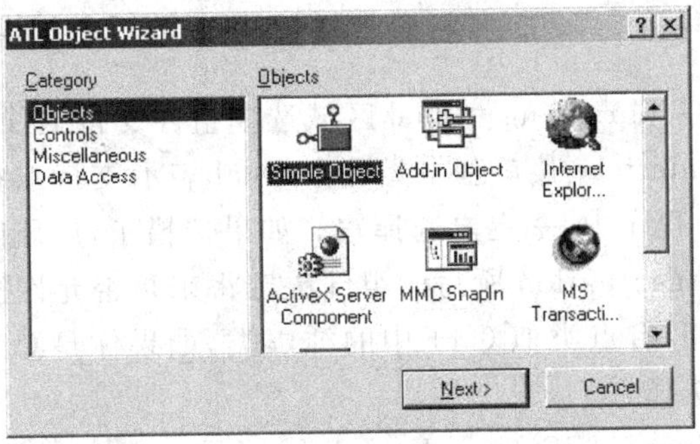

图 17-3　选择建立简单 COM 对象

Category Object 是普通组件。其中可以选择的组件对象类型很多，但本质上，就是让向导帮助加上一些接口。比如选择 Simple Object 项目，则向导给设计的组件加上 IUnknown 接口（组件中必须有 3 个函数：QueryInterface、AddRef、Release，它们 3 个函数也组成一个接口，叫 IUnknown）。任何接口，其实都包含了 IUnknown 接口。

Category Controls ActiveX 控件。其中可以选择的 ActiveX 类型也很多。

Category Miscellaneous 辅助杂类组件。

Categroy Data Access 数据库类组件。

步骤 2：增加自定义类 CFun（接口 IFun），图 17-4 所示为输入类中的各项名称。

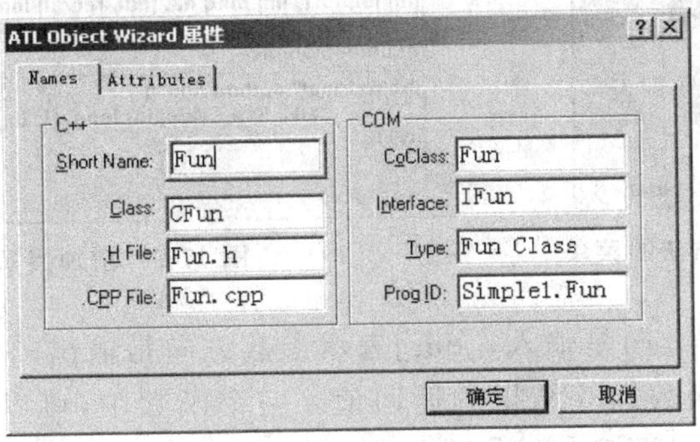

图 17-4　输入类中的各项名称

其实，只需要输入短名(short name)，其他的项目会自动填写。请注意 Prog ID 选项，默认的 Prog ID 构造方式为“工程名.短名”。

步骤 3：填写接口属性，如图 17-5 所示。

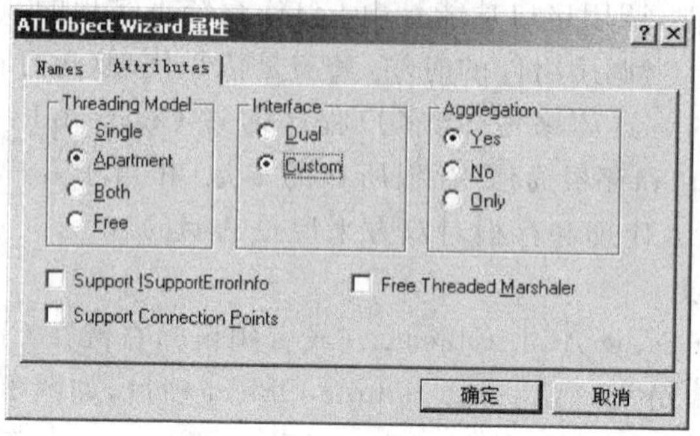

图 17-5 接口属性

在 Threading Model 区域选择组件支持的线程模型。

Interface 接口基本类型中 Dual 表示支持双接口，Custom 表示自定义接口。在第一个 COM 程序中，一定要选择它。如果选错了，应删除全部内容重新选择。

Aggregation 所写的组件决定将来是否允许被别人聚合使用。Only 表示必须被聚合才能使用，有点类似 C++ 中的纯虚类，如果你是总工程师，只负责设计但不亲自写代码的话，才会选择它。

Support ISupportErrorInfo 指是否支持丰富信息的错误处理接口。

Support Connection Points 指是否支持连接点接口(事件、回调)。

3）添加接口函数(图 17-6～图 17-8)

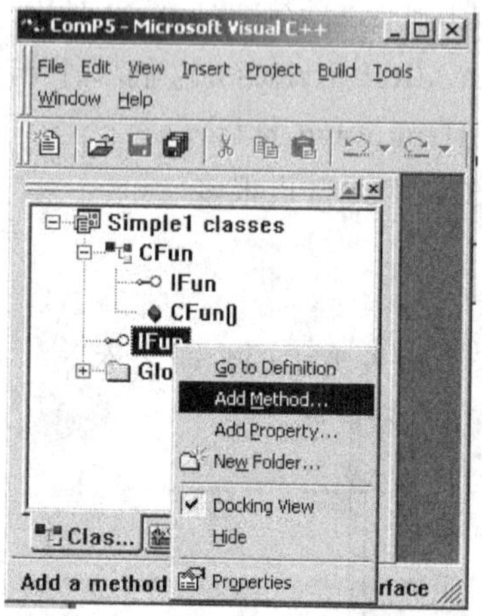

图 17-6 调出增加接口方法的菜单

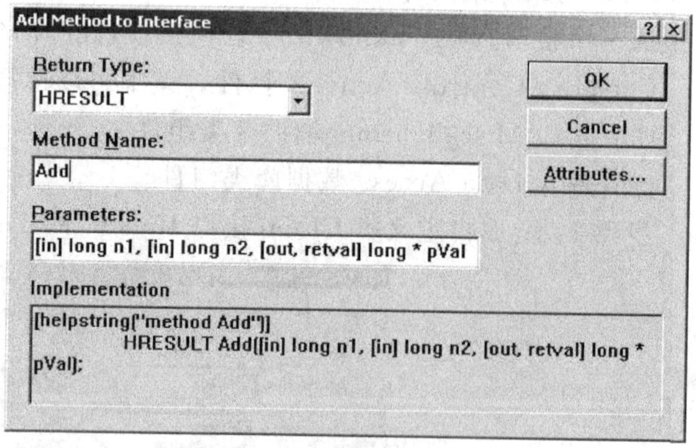

图 17-7 增加接口函数 Add

其中，[in]表示参数方向是输入；[out]表示参数方向是输出；[out，retval]表示参数方是输出，同时可以作为函数运算结果的返回值。一个函数中，可以有多个[in]、[out]，但[retval]只能有一个，并且要和[out]组合后放在最后一个位置。表 17-1 所列为参数使用表。

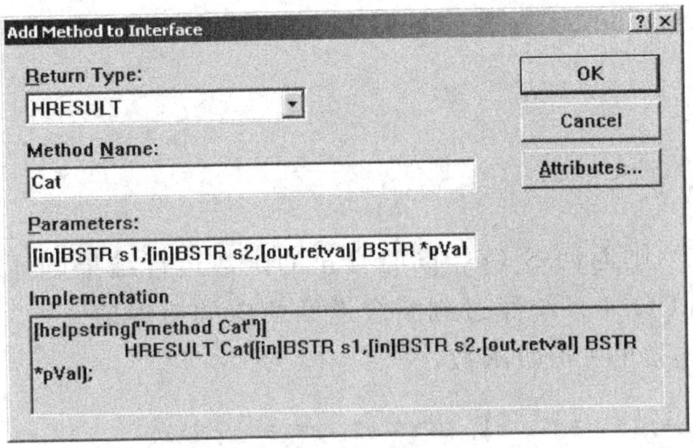

图 17-8　增加接口函数 Cat

表 17-1　参数使用表

方　向	申请人	释放人	提　示
[in]	调用者	调用者	组件接收指针后，不能重新分配内存
[out]	组件	调用者	组件返回指针后，不用管调用者
[in,out]	调用者	调用者	组件可以重新分配内存

在 return Type 中有个 HRESULT，组件 API 及接口指针中，除了 IUnknown::AddRef()和 IUnknown::Release()两个函数外，其他所有的函数都以 HRESULT 作为返回值。HRESULT 其实是一个双字节的值，其最高位(bit)如果是 0 表示成功，1 表示错误。

要想改变 C++ 中的类函数，需要修改两个地方：一是头文件(.h)中类的函数声明，二是函数体(.cpp)文件的实现处。而现在用 ATL 写组件程序时，则还要修改一个地方，就是接口定义(IDL)文件。

4) 实现接口函数

用鼠标双击图 17-9 中的 CFun|IFun|Add(...)就可以开始输入函数实现了。

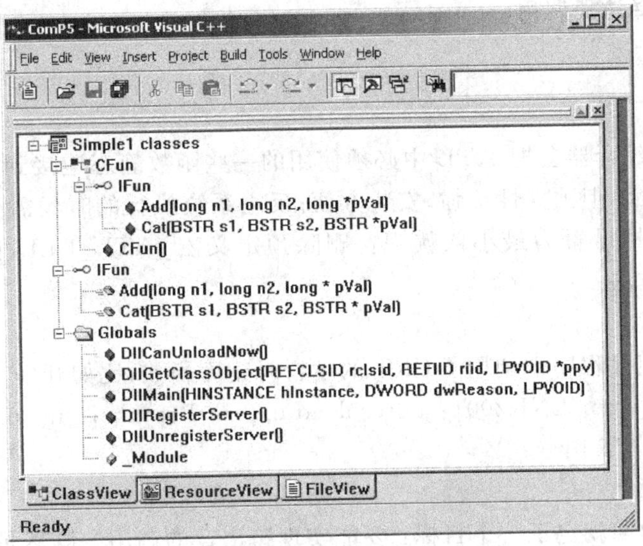

图 17-9　接口函数定义完成后的图示

```
STDMETHODIMP CFun::Add(long n1, long n2, long * pVal)
{
    * pVal=n1+n2;
    return S_OK;
}
```

如果函数正常执行，则返回 S_OK，同时真正的函数运行结果则通过参数指针返回。如果遇到了异常情况，则 COM 系统经过判断会返回相应的错误值。

下面实现字符串连接的 Cat()函数：

```
STDMETHODIMP CFun::Cat(BSTR s1, BSTR s2, BSTR * pVal)
{
    int nLen1=::SysStringLen( s1 );          //s1 的字符长度
    int nLen2=::SysStringLen( s2 );          //s2 的字符长度
    // 构造新的 BSTR 同时把 s1 先保存进去
    * pVal=::SysAllocStringLen( s1, nLen1+nLen2);
    if( nLen2 )
    {
        // 然后把 s2 再连接进去
        ::memcpy( * pVal+nLen1, s2, nLen2 * sizeof(WCHAR));
        //    wcscat( * pVal, s2 );
    }
return S_OK;
}
```

用 memcpy()完成连接第二个字符串功能的，为什么不用函数 wcscat()？原因是 BSTR 包含有字符串长度，因此实际的 BSTR 字符串内容中是可以存储 L'\0'的，而函数 wcscat()是以 L'\0'作为复制结束标志，因此可能会丢失数据。

2. COM 的编译注册调用

1）关于编译

（1）最小依赖

最小依赖表示编译器会把 ATL 中必须使用的一些函数静态连接到目标程序中。这样目标文件尺寸会稍大，但独立性更强，安装方便；反之系统执行的时候需要有 ATL.DLL 文件的支持。如何选择设置为最小依赖呢？删除预定义宏_ATL_DLL，图 17-10 所示为在 VC 6.0 中设置的方法。

（2）CRT 库

如果在 ATL 组件程序中调用了 CRT 的运行时刻库函数，比如开平方 sqrt()，那么编译的时候可能会报错 error LNK2001：unresolved external symbol _main。怎么办？删除预定义宏_ATL_MIN_CRT！

（3）IDL 的编译

COM 在设计初期就定了一个目标：要能实现跨语言的调用。既然是跨语言的，那么组件的接口描述就必须在任何语言环境中都要能够认识。实际上因为 IDL 文件(接口定义描

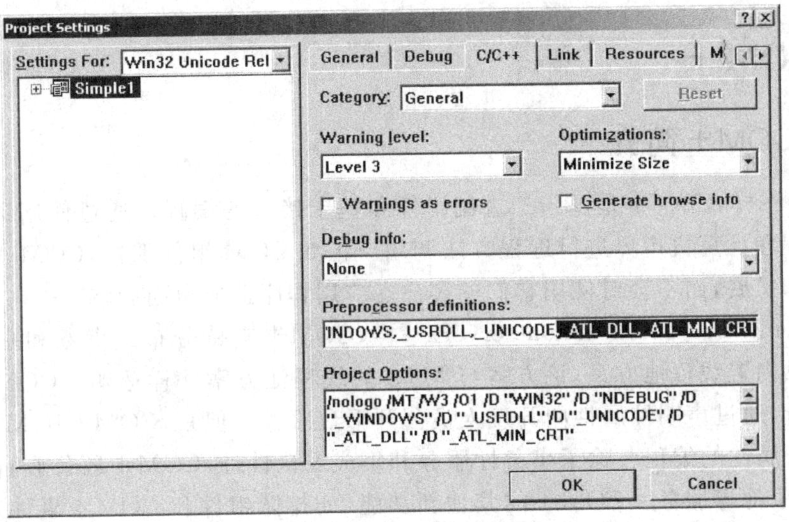

图 17-10　在 VC 6.0 中设置的方法

述语言)是一个文本文件,它的语言语法比较简单。IDL 经过编译,生成二进制的等价类型库文件 TLB 提供给其他语言来使用。

再来介绍 IDL 的相关知识,IDL 是一种说明性语言,它的语法类似于 C++,IDL 提供的数据类型有基本数据类型、构造类型、模板类型、复合类型和操作说明。这些类型可以用来定义变元的类型和返回类型,操作说明可以用来定义对象提供的服务。

IDL 还可以进行模块构造,其中包含接口,而接口是 IDL 各类型中最重要的,它描述了 CORBA 对象以外,还可以作为对象引用类型,它还提供了接口继承性,派生接口可以继承其基类接口所定义的操作与类型。IDL 的接口继承性有其特殊性,总而言之,IDL 是一种描述性语言,描述面向对象系统开发所遵循的接口与实现相分离的基本原则。

2) 关于注册

(1) 当使用 ATL 编写组件程序编译成功后,IDE 会自动注册。

(2) 当使用 MFC 编写组件程序,由于编译器不知道是否是 COM 组件,所以它不会自动注册。这个时候,可以执行菜单命令 Tools|Register Control 来注册。

(3) 当写一个具有 COM 功能的 EXE 程序时,注册的方法就是运行一次这个程序。

(4) 当需要使用第三方提供的组件程序时,可以命令行运行 regsvr32.exe 文件名来注册。顺便说一句,反注册的方法是运行 regsvr32.exe/u 文件名。

3) 关于组件调用

总的来说,调用组件程序大概有表 17-2 所列的几种方法。

表 17-2　调用组件程序的方法

#include 方法	IDL 编译后,为方便 C/C++ 程序员的使用,会产生 xxx.h 和 xxx_i.c 文件,直接写上 #include 后就可以使用了
#import 方法	比较通用的方法,VC 会产生包装类,让调用更方便
加载类型库包装类方法	如果组件提供了 IDispatch 接口,用这个方法调用组件是最简单的
加载 ActiveX 包装类方法	参照 VB Activex DLL 的调用

17.2 COM+

17.2.1 COM+简介

与COM一样,COM+是基于二进制组件和基于接口的编程。通过使用透明RPC层,可以跨越进程和计算机边界进行远程方法调用。正如COM组件那样,COM+组件可以在成品中升级和扩展,而不会对使用它们的客户端应用程序造成负面影响。

与MTS(microsoft transaction server)一样,COM+支持分布式事务和基于角色的安全性。它提供内置线程池方案,该方案与MTS的线程池方案一样透明。COM+编程模型同样利用侦听,通过声明性属性向开发人员公开平台服务。但是,COM+比MTS更进一步地利用了基于属性的编程。除了事务性服务和集成安全性外,COM+还公开自定义对象构造、同步和对象池等服务。COM+的其他新功能(如排队组件和COM+事件)也通过可配置的属性公开。

COM+并不是COM的新版本,可以把它理解为COM的新发展,或者为COM更高层次上的应用。COM+的底层结构仍然以COM为基础,它几乎包容了COM的所有内容。有一种说法这样认为,COM+是COM、DCOM和MTS的集成,这种说法有一定的道理,因为COM+确实综合了这些技术要素。但更重要的一点是,COM+倡导了一种新的概念,它把COM组件软件提升到应用层而不再是底层的软件结构,它通过操作系统的各种支持,使组件对象模型建立在应用层上,把所有组件的底层细节留给操作系统。

COM是个开放的组件标准,它有很强的扩充和扩展能力,从COM到DCOM,再到MTS的发展过程也充分说明了这一点。对COM有使用经验的读者一定可以感觉到,虽然COM已经改变了Windows程序员的应用开发模式,把组件的概念融入到Windows应用中,但是由于种种原因,DCOM和MTS的许多优越性还没有为广大的Windows程序员所认识。MTS针对企业应用和Web应用的特点,在COM/DCOM的基础上又添加了许多功能和特性,包括事务特性、安全模型、管理和配置等,MTS使COM成为一个完整的组件体系结构。由于历史的原因,COM、DCOM和MTS相互之间并不很融洽,难以形成统一的整体,不过,这种状况很快就结束了,因为COM+将把这三者有效地统一起来,形成一个全新的、功能强大的组件体系结构,并且把DCOM和MTS的各种优势以更为简捷的方式带给Windows 2000程序员和用户。

17.2.2 COM+的特点

它更加注重于分布式网络应用的设计和实现,已经成为Microsoft系统平台策略和软件发展策略的一部分。COM+继承了COM几乎全部的优势,同时又避免了COM实现方面的一些不足。COM+紧紧地与操作系统结合起来,通过系统服务为应用程序提供全面的服务,而且还增加了一些服务,比如队列服务、负载平衡、内存数据库、事件服务等。

(1) 队列服务对于分布式应用非常有意义,特别是在网络速度很慢的情况下,这种机制可以保证应用系统能够可靠地运行。在应用系统包含大量节点但服务器又繁忙的情况下,客户应用程序可以把它们的请求放到队列中,当服务器负载比较轻的时候再处理这些请求。

(2) COM+提供了负载平衡服务，它可以实现动态负载平衡，而且 COM+应用程序的负载平衡特性并不需要编写代码来支持，客户程序和组件程序都可以按通常的方式实现。获得负载平衡特性并不是用程序设计的方式来实现的，而是通过配置实现分布式应用程序的负载平衡，如上所讲的队列服务，其实也反映了一种负载平衡。

(3) 真正的异步通信。COM+底层提供了队列组件服务，这使客户和组件有可能在不同的时间点上协同工作，COM+应用无须增加代码就可以获得这样的特性。

(4) 事件服务。新的事件机制使事件源和事件接收方实现事件功能更加灵活，利用系统服务简化了事件模型，避免了 COM 可连接对象机制的琐碎细节。

(5) 可伸缩性。COM+的可伸缩性来源于多个方面，动态负载平衡以及内存数据库和对象池等系统服务都为 COM+的可伸缩性提供了技术基础，COM+的可伸缩性原理上与多层结构的可伸缩特性一致。

(6) 可管理和可配置性。管理和配置是应用系统开发完成后的行为，在软件维护成本不断增加的今天，COM+应用将有助于软件厂商和用户减少这方面的投入。

(7) 易于开发。COM+应用开发的复杂性和难易程度将决定 COM+的成功与否，虽然 COM+开发模型比以前的 COM 组件开发更为简化，但真正提高开发效率仍需要借助于一些优秀的开发工具。

COM+标志着 Microsoft 的组件技术达到了一个新的高度，它不再局限于一台机器上的桌面系统，它把目标指向了更为广阔的企业内部网，甚至 Internet 国际互联网络。COM+与多层结构模型以及 Windows 操作系统为企业应用或 Web 应用提供了一套完整的解决方案。

17.3 DCOM

DCOM 是一系列微软的概念和程序接口，利用这个接口，客户端程序对象能够请求来自网络中另一台计算机上的服务器程序对象。DCOM 基于组件对象模型(COM)，COM 提供了一套允许同一台计算机上的客户端和服务器之间进行通信的接口(运行在 Windows 95 或者其后的版本上)。

17.3.1 DCOM 的使用

DCOM 是 COM 的扩展，它支持不同的两台机器上的组件间的通信，而且不论它们是运行在局域网、广域网、还是 Internet 上。借助 DCOM，应用程序将能够任意进行空间分布。使用 DCOM，应用程序就可以在位置上达到分布性，从而满足客户和应用的需求。

由于 DCOM 是 COM 这个组件技术的无缝升级，所以能够从现有的有关 COM 的知识中获益，以前在 COM 中开发的应用程序、组件、工具都可以移入分布式的环境中。DCOM 将屏蔽底层网络协议的细节，只需要集中精力于应用。

例如，可以为一个网站创建应用页面，其中包括了一段能够在网络中另一台更加专业的服务器电脑上处理(在将它们发送到发出请求的用户之前)的脚本或者程序。使用 DCOM 接口，网络服务器站点程序(现在以客户端对象方式发出动作)就能够将一个远程程序调用(RPC)发送到一个专门的服务器对象，它可以通过必要的处理，并给站点返回一个结果。结果将发送到网页浏览器上。

DCOM 还可以工作在位于企业内部或者除了公共 Internet 之外的其他网络中。它使用 TCP/IP 和超文本传输协议。DCOM 是作为 Windows 操作系统中的一部分集成的。DCOM 很快在所有的主流 UNIX 平台和 IBM 的大型服务器产品中出现。DCOM 替代了 OLE 远程自动控制。

在提供一系列分布式范围方面，DCOM 通常与通用对象请求代理体系结构（CORBA）相提并论。DCOM 是微软给程序和数据对象传输的网络范围的环境，CORBA 则是在对象管理组织（OMG）的帮助下，由信息技术行业的其他商家提供赞助的。

17.3.2 DCOM 的特点

在现在的操作系统中，各进程之间是相互屏蔽的。当一个客户进程需要和另一个进程中的组件通信时，它不能直接调用该进程，而需要遵循操作系统对进程间通信所做的规定。COM 使得这种通信能够以一种完全透明的方式进行。它截取从客户进程来的调用并将其传送到另一进程中的组件。

当客户进程和组件位于不同的机器时，DCOM 仅仅只是用网络协议来代替本地进程之间的通信。无论是客户还是组件都不会知道连接它们的线路比以前长了许多。

1. 组件和复用

大多数分布式应用都不是凭空产生的。现存的硬件结构、软件、组件以及工具需要集成起来，以便减少开发和扩展时间以及费用。DCOM 能够直接且透明地改进现存的对 COM 组件和工具的投资。对各种各样组件需求的巨大市场使得将标准化的解决方案集成到一个普通的应用系统中成为可能。许多熟悉 COM 的开发者能够很轻易地将他们在 COM 方面的经验运用到基于 DCOM 的分布式应用中去。

任何为分布式应用开发的组件都有可能在将来被复用。围绕组件模式来组织开发过程使得在原有工作的基础上不断地提高新系统的功能并减少开发时间。基于 COM 和 DCOM 的设计能使组件在现在和将来都能被很好地使用。

2. 位置独立性

当开始在一个真正的网络上设计一个分布式应用时，以下几个相互冲突的设计问题会很清楚地反映出来：

(1) 相互作用频繁的组件彼此间应该靠得更近些。

(2) 某些组件只能在特定的机器或位置上运行。

(3) 小组件增加了配置的灵活性，但它同时也增加了网络的拥塞。

(4) 大组件减少了网络的拥塞，但它同时也减少了配置的灵活性。

当使用 DCOM 时，这些设计上的限制将很容易解决，因为配置的细节并不是在源码中说明的。DCOM 使得组件的位置完全透明，无论它是位于客户的同一进程中或是在地球的另一端。在任何情况下，客户连接组件和调用组件方法的方式都是一样的。DCOM 不仅无须改变源码，而且无须重新编译程序。一个简单的再配置动作就改变了组件之间相互连接的方式。

DCOM 的位置独立性极大地简化了将应用组件分布化的任务，使其能够达到最合适的执行效果。例如，设想某个组件必须位于某台特定的机器上或某个特定的位置，并且此应用有许多小组件，通过将这些组件配置在同一个 LAN 上，或者同一台机器上，甚至同一个进程中来减少网络的负载。当应用是由比较少的大组件构成时，网络负载并不是问题，此时将组件放在速度快的机器上，而不用去管这些机器到底在哪儿。

有了 DCOM 的位置独立性，应用系统可以将互相关联的组件放到相距比较近的机器上，甚至可以将它们放到同一台机器上或同一个进程中。即使是由大量的小组件来完成一个具有复杂逻辑结构的功能，它们之间仍然能够有效地相互作用。当组件在客户机上运行时，将用户界面和有效性检查放在客户端或离客户端比较近的机器上会更有意义。集中的数据库事务应该将服务器靠近数据库。

3. 语言无关性

在设计和实现分布式应用系统时，一个普遍的问题就是为开发一个特定的组件而选择语言以及工具的问题。语言选择是一个典型的在开发费用、可得到的技术支持以及执行性能之间的折衷。作为 COM 的扩展，DCOM 具有语言独立性。任何语言都可以用来创建 COM 组件，并且这些组件可以使用更多的语言和工具。Java、Microsoft Visual C++、Microsoft Visual Basic、Delphi、PowerBuilder 都能够和 DCOM 很好地相互作用。

因为 DCOM 具有语言独立性，应用系统开发人员可以选择他们最熟悉的语言和工具来进行开发。语言独立性还使得一些原型组件开始时可以用诸如 Visual Basic 这样的高级语言来开发，而在以后用另一种不同的语言，例如 Visual C++ 和 Java 来重新实现，而这种语言能够更好地支持诸如 DCOM 的自由线程/多线程以及线程共用这些先进特性。

4. 连接管理

网络连接本身比同一台机器中的连接更脆弱。当一个客户不再有效，特别是当出现网络或硬件错误时，分布式应用中的组件需要被加以注意。

DCOM 通过给每个组件保持一个索引计数来管理对组件的连接问题，这些组件有可能是仅仅只连到一个客户上，也有可能被多个客户所共享。当一个客户和一个组件建立连接时，DCOM 就增加此组件的索引计数。同理，当客户释放连接时，DCOM 就减少此组件的索引计数。如果索引计数为零，组件就可以被释放了。

DCOM 使用有效的地址合法性检查(pinging)协议来检查客户进程是否仍然是活跃的。客户机周期性地发送消息，当经过大于等于三次 ping 周期而组件没有收到 ping 消息时，DCOM 就认为这个连接中断了。一旦连接中断，DCOM 就减少索引计数，当索引计数为零时就释放组件。从组件的这一点看来，无论是客户进程自己中断连接这种良性情况，还是网络或者客户机崩溃这种致命情况，都被同一种索引计数机制处理。

在很多种情况下，组件和它的客户进程之间的信息流是没有方向性的。组件需要在客户端进行某些初始化操作，例如一个长进程的结束，用户所观看数据的更新或者诸如电视以及多用户游戏这些协作环境中的下一条信息等。许多协议使得完成这种对称性的通信十分困难。使用 DCOM，任何组件都既可能是功能的提供者，也可能是功能的使用者。通信的两个方向都用同一种机制来管理使得完成对等通信和客户机/服务器之间的相互作用一样容易。

DCOM提供了一个对应用完全透明的分布式垃圾收集机制。DCOM是一个天生的对称性网络协议和编程模型。它不仅提供传统的单向的客户机一服务器之间的相互作用方式,还提供了客户机和服务器以及对等进程之间丰富交谈式的通信方式。

5. 可扩展性

分布式应用的一个重要因素是它的处理能力能够随着用户的数量、数据量所需性能的提高而增加。当需求比较小时,应用系统就比较小而速度快,并且它要能够在不牺牲性能和可靠性的前提下处理附加的需求。DCOM提供了许多特性来增强应用的可扩展性。

6. 对称的多进程处理(SMP)

DCOM提高了Windows NT对于多进程处理的支持。对于使用自由线程模式的应用,DCOM使用一个线程队列来处理新来的请求。在多处理器机上,线程队列是由可利用的处理器的数量来决定的。太多的线程会导致经常性的上下文切换,而太少的线程又会使处理器处于空闲状态。DCOM只提供一个手工编码的线程管理器,从而使开发者从线程的细节中解脱出来并获得最好的性能。

DCOM通过使用Windows NT对于对称性多进程处理的高级支持功能就能轻易地将应用从一个单处理机扩展到庞大的多处理机系统上去。

17.3.3 DCOM的灵活配置和扩展机制

当负载增加时,即使买一台最快的多处理机,它也有可能不能适应需求。DCOM的位置独立性提供了一个简单而便宜的方法来提高扩展性,那就是将分布性的组件放到其他的机器上。

1. 一般组件的配置

对于无状态或无须和其他组件共享状态的组件来说,再配置是再容易不过的事了。对于这样一些组件来说,可以在不同的机器上运行它们的多个副本。用户负载可以被平等地分配到各个机器中去,甚至可以考虑到机器的处理能力以及当时负载这些因素来进行分配。使用DCOM,可以很容易地改变客户进程同组件以及组件之间的连接方式。同一组件无须做别的改动,甚至无须重新编译就可以被动态地重新配置。所有必须做的工作只是更新登记文件系统以及所涉及的组件所在的数据库而已。

例如一个组织在多个地方有办公室,例如纽约、伦敦、旧金山和华盛顿等,它可以将组件安装到服务器上。200个用户同时在能达到预期的性能的前提下访问50个组件。当新的事务应用发送给用户时,应用系统中同时在使用一些现存的以及新的组件,服务器的负载增长到600个用户,同时事务组件的数目增加到70。有了这些附加的用户和组件后,峰值时间的响应时间变得不能接受。管理员将其中的30个组件单独配置在另一台服务器上,而将20个组件单独放在原来的服务器上,同时剩下的20个组件同时在两台服务器上运行。

2. 关键组件的配置

绝大多数现实的应用系统都有一个或多个涉及大多数操作的关键性组件。这种组件有数据库组件或者事务规则组件，它们必须被串行地执行以保证"先来的先服务"这一策略。这些组件不能被复用，因为它们的唯一任务就是为应用系统的所有用户提供一个单一的时间同步点。为了增强分布式应用系统的整体功能，必须将这些瓶颈组件放到一个专门的、功能强大的服务器上去。DCOM 可以使用户早在设计阶段就将这些关键性组件分开，最初将多个组件放在一台功能简单的机器上，以后再把关键性的组件放到专门的机器上去。这一过程无须再设计组件，甚至无须重新编译。

DCOM 对于这些决定性的瓶颈组件的处理使得整个任务能够迅速执行。这些瓶颈组件往往是过程执行序列的一部分，例如电子交易系统中的买卖命令，它们必须按照接收的顺序执行(先来的先被服务)。对于此问题的一个解决方法是将任务分成许多小的组件，并将这些组件配置到不同的机器上。这种效果类似于当今微处理器中的管道 pipelining 技术。第一个请求来了，第一个组件执行(例如一致性检查)，然后将请求传递给下一个组件(例如可能是更新数据库)。一旦第一个组件将一条请求传递给下一个组件，它就准备执行下一条请求。实际上有两台机器在并行地执行多个请求，并且能够保证按照请求来到的顺序执行。也可以在同一台机器上使用 DCOM 来达到同样的效果。多个组件在不同的线程或者不同的进程中执行。这种方法在以后可以简化扩展，可以将线程分布到一个带多处理器的机器上，或者可以将进程配置到不同的机器上。

DCOM 的位置独立性编程模型使得随着应用增加而改变配置设计变得容易了。最初，一个功能简单的服务器就可以容纳所有的组件。随着需求的增加，其他的机器被添加进来，而组件能够不做任何代码上的改动就被分到这些机器中去。

3. DCOM 的扩展机制

除了随着用户的数量以及事务的数量而扩展规模外，当新的特性加入时应用系统也需要扩展规模。随着时间的推移，新的任务被添加进来，原有的任务被更新。传统的做法是客户进程和组件都需要同时被更新，或者旧的组件必须被保留直到所有的客户进程被更新，当大量的地理上分布的站点和用户在使用系统时，这就成为一个非常费力的管理问题。

DCOM 为组件和客户进程提供了灵活的扩展机制。使用 COM 和 DCOM，客户进程能够动态地查询组件的机能。一个 COM 组件不是将其机能表现为一个简单、统一的方法和属性组，而是对于不同的客户进程表现为不同的形式。使用特定特性的客户进程只需要访问它所需要使用的方法和属性。客户进程也能够同时使用一个组件的多个特性。当新的特性加入组件时，它不会影响不涉及这些特性的老客户进程。

用这种方法来组织组件，能够有一种新的方法来发展组件功能。最初的组件表现为诸如 COM 界面的一套核心特性，这些特性是每个客户进程都需要使用的。当组件需要新的特性时，大多数(甚至是全部)的界面仍然是必须的，根本无须更改原来的界面就可以将新的功能和属性放到附加的界面中去。老的用户进程就好像什么事也没发生似的继续访问核心界面。新的客户进程既可以测试新的界面是否存在以便能使用它，也可以仍然只使用原来的界面。

在 DCOM 编程模型中，可以设计使用老的服务器程序的新的客户程序，也可以设计使用老客户程序的新服务器程序，或者将这些混合起来以便能够适合需求和编程资源。使用传统的对象模型时，哪怕是对一个方法的细微改动都可能在根本上改变客户和组件之间的协议。在一些模型中，可以将方法加到方法队列的队尾，但是却不能在老的组件上测试新的方法。从网络发展的前景看来，这些事情将会变得越来越复杂：编码以及其他的一些功能典型地依赖于方法和参数的顺序。增加或改动方法和参数也会显著地改变网络协议。DCOM 为对象模式和网络协议设计了一个简单、优雅和统一的方法来解决这些问题。

如果最初的执行性不能让人满意的话，可扩展性就不会带来太多好处了，经常考虑到更多更好的硬件会使得应用的向下发展是非常有益的，但是这些需求是怎样的呢？这些尖端扩展特性是否有用呢？是否对从 COBOL 到汇编这每一种语言的支持会危害到系统的执行性能呢？使组件能够在地球的另一面运行的能力是否妨碍了当它和客户在同一个进程中时的执行性能呢？

在 COM 和 DCOM 中，客户自己看不到服务器，但是除非是在必要的情况下，否则客户进程决不会被系统组件将自己同服务器分开。这种透明性是通过一个简单的思想来实现的。客户进程同组件交互的唯一方式就是通过方法调用。客户进程从一个简单的方法地址表中得到这些方法的地址。当客户进程想要调用一个组件中的某个方法时，它先得到方法的地址，然后调用它。在 COM 和 DCOM 模型中调用一个传统的 C 或汇编函数的唯一开支就是对方法地址的简单查询。如果组件是和客户运行在同一个线程的过程中，那么无须调用任何 COM 或系统代码就可以直接找到方法的地址，COM 仅仅只定义了找到方法地址表的标准。

当用户和组件不是那么靠近——在另一个线程中、在另一个程序中或者在地球另一面的一台机器中时，情况又是怎样的呢？COM 将它的远程过程调用(RPC)框架代码放到方法地址表中，然后将每个方法调用打包放到一个标准的缓冲器结构中，这个缓冲器结构将被发送给组件，组件打开包并且重新运行最初的方法调用。从这方面来说，COM 提供了一个面向对象的 RPC 机制。

17.3.4 在应用间共享连接管理

大多数应用级别的协议需要某种从头到尾的管理。当客户机出现了严重的硬件故障或者客户和组件之间的网络连接中断已经超过一定时间时，应该及时通知组件。解决这一问题的一个普遍方法是隔一段时间(pinging)发送保持活跃(keep-alive)消息。如果服务器在一定的时间间隔内没有收到一条 ping 消息，它就断定客户进程“死掉了”。

DCOM 对每台机器使用一个 keep-alive 消息。即使一台客户机使用了某一台服务器上的 100 个组件，仅仅只要一条 ping 消息就能使所有这些客户连接保持活跃状态。为了将所有的 ping 消息组合起来，DCOM 使用 delta pinging 机制来将这些 ping 消息的数量最小化。对于这 100 个连接，它并不是发送 100 个客户的标识符，而是创造了一个可变标识符来重复代表这 100 个引用。当引用集改变时，仅仅只是两套引用的相交部分被互相交换。最终，DCOM 将所有 ping 消息转化为正常消息。对于服务器来说，当某台客户机完全是空闲的时候，它才定时发送 ping 消息(每隔两分钟一次)。

COM 允许多个应用(甚至来自不同的卖主)共享一个简单而且优化的生命期管理和网

络错误检测协议，这样可以显著地减少带宽。如果在一台服务器上运行使用 100 个不同的传统协议的 100 个不同的应用时，对于每一个客户连接上的每一个应用来说，服务器都要接收一条 ping 消息。只有这些协议在它们的 pinging 策略上相互合作时，整个网络的开销才有可能减少。而任意的基于 DCOM 的协议中都自动地提供了这种协作。

1. 优化网络的来回旋程

设计分布式应用的一个普遍问题是减少不同机器上组件之间在网络上过度地来回绕圈数。在 Internet 上，每一次网络绕圈就会引入 1 秒甚至更多的延迟。即使在速度快的局域网上，旋程时间也是以微秒来计算的——它超过了本地操作所需时间的量级。减少网络绕圈数的一个普遍方法是将多个方法调用捆绑起来。DCOM 将这种技术扩展使用，用来解决诸如连接一个对象或者创造一个对象查询对象的机能的任务中。这种技术对于一般组件的不足之处是它在本地和远程情况下的编程模型差别太大。

例 1：一个数据库组件提供了一个能够分行或多行显示结果的方法。在本地的情况下，开发者只需使用这个方法将结果一列一列地加入列表框即可。而在远程的情况下，每列出一行就会引起一定的网络旋程。使用批量方式的方法需要开发者分配一个能容纳查询出的所有列的缓冲器，然后再一次调用将其取回并将其一列一列地加入到列表框中。因为编程模型变化很大，开发者需要对设计做大的改动，以便应用能够在分布式环境中有效地工作。

DCOM 使得组件开发者能够无须客户端就能轻易地执行批量技术，也能使用批量形式的 API。DCOM 的 marshling 机制使得组件可以将代码加到客户端，这叫做代理对象，它可以拦截多个方法调用并将其捆绑到一个远程调用中去。

例 2：因为应用系统的逻辑结构需要(列表框 API 的要求)，上面例子的开发者仍然需要一个一个地列举的方法。然而，为了列举查询结果的第一次调用应用特殊的代理对象，它取得了所有列(或者一批列)并将其缓存到代理对象中。后来的调用就直接从这个缓存中发出，就避免了网络旋程。开发者仍然使用一个简单的编程模型，而整个应用却得到了优化。

DCOM 同样允许从一个组件到另一个组件的有效指引。如果一个组件保存了到另一台机器上的一个组件的索引，它可以将其传递给在第三方机器上运行的一个客户进程(假设此客户进程正在使用另一台机器上运行的另一个组件)。客户进程使用此索引就可以直接和第二个组件通信。DCOM 缩短了这种索引，并且使得第一个组件和机器可以完全从这个过程中脱离出来。这使得能够提供索引的传统目录服务适用于远程组件的范围。

例 3：一个棋类应用系统能够使正在等待对手的用户将自己登录到一个棋类目录服务中。其他的用户可以浏览并查询正在等待对手的用户的列表。当一个用户选择了自己的对手后，棋类目录服务系统将对手的客户组件索引返回给该用户。DCOM 自动连接两个用户，目录服务系统无须涉及任何其他的事务处理过程。

例 4：一个“经纪人”组件监控运行着同一个组件的 20 台服务器，它监测服务器的负载量和服务器的加入和删除情况。当一个客户需要使用该组件时，它连接到“经纪人”组件，此组件返回负载最轻的服务器上的一个组件的索引。DCOM 自动连接客户和服务器，此时“经纪人”组件和以后的过程就无关了。

如果需要的话，DCOM 甚至允许将组件插入任意一个传统的协议中，这个协议可以使用不在 DCOM 范围内的方法。组件可以使用传统的配置方法将任意的代理对象放到客户进程中，此进程能够使用任何协议将信息传回组件。

例 5：一个服务器端组件可以使用一个 ODBC 连接来和一个 SQL Server 数据库通信。当客户取得对象后，客户机直接和 SQL Server 数据库（使用 ODBC）比使用 DCOM 和服务器通信，同时服务器和 SQL Server 数据库通信更有效。在 DCOM 的传统配置情况下，数据库组件能够将自己复制到客户机上，并将自己同 SQL Server 相连接，而此时客户并没有意识到自己已经不再和服务器上的数据库组件相连了，而是和该组件的一个本地副本连接着。

例 6：一个商业系统需要两种通信机制，一种是从客户端到中央系统的一条安全而经过鉴定的通道，它用来发出和撤销命令；另一种是一条分布式的通道，它用来将命令信息同时发送给连接在系统上的客户。使用 DCOM 的安全而同步的连接方式可以简单而有效地操作客户机/服务器之间的通道，同时广播通道需要一种更为尖端的机制，它使用多点广播技术以便容纳大量的侦听者。DCOM 允许将传统的协议（可靠的广播协议）无缝地插入到应用系统的体系结构中：一个数据接收端组件能够将此协议封装起来，并使其对客户和服务器完全透明。当用户数量少安装量小时，标准的 DCOM 点到点协议就足够了；而对于有很多用户的站点来说，就需要使用高级的广播协议。DCOM 将会提供一个标准的多通道广播传输协议，它能够无缝地移植到应用系统中。

2. 安全性

使用网络来将应用系统分布化是一个挑战，这不仅是因为带宽的物理限制以及一些潜在的问题，而且也由于它产生一些诸如关系到客户间、组件间以及客户和组件之间的安全问题。因为现在的许多操作可以被网络中的任何一个人访问，所以对这些操作的访问应该被限制在一个高级别上。

如果分布式开发平台没有提供安全支持，那么每一个分布式应用就必须完成自己的安全机制。一种典型的方法是用某种登录的方法要求用户通过用户名及密码的检测，这些一般来说都是被加密了的。应用系统将通过用户数据库或者有关目录来确认以上用户身份，并返回动态的标识符以便用户以后用来进行方法调用。以后每次涉及调用有安全检查的方法时，用户都需要通过这种安全认证。每个应用系统都要存储和管理许多用户名和密码，防止用户进行未授权的访问，管理密码的改动以及处理在网络上传递密码而带来的危险。

因此分布式平台必须提供一个安全性框架来确切地区分不同的用户或者不同组的用户，以便系统或应用有办法知道谁将对某组件进行操作。DCOM 使用了 Windows NT 提供的扩展的安全框架。Windows NT 提供了一套稳固的内建式安全模块，它用来提供从传统的信用领域的安全模式到非集中管理模式的复杂身份确认和鉴定机制，极大地扩展了公钥式安全机制。安全性框架的中心部分是一个用户目录，它存储着用来确认用户凭据（用户名、密码、公钥）的必要信息。大多数并非基于 Windows NT 平台的系统提供了相似或相同的扩展机制，可以使用这种机制而不用管此平台上用的是哪种安全模块。大多数 DCOM 的 UNIX 版本提供了同 Windows NT 平台兼容的安全模块。

17.3.5 DCOM 的安全性设置

DCOM 无须在客户端和组件上进行任何专门为安全性而做的编码和设计工作，就可以为分布式应用系统提供安全性保障。就像 DCOM 编程模型屏蔽了组件的位置一样，它也屏蔽了组件的安全性需求。在无须考虑安全性的单机环境下工作的二进制代码能够在分布式环境下以一种安全的方式工作。

DCOM 通过让开发者和管理员为每个组件设置安全性环境而使安全性透明。就像 Windows NT 允许管理员为文件和目录设置访问控制列表一样，DCOM 将组件的访问控制列表存储起来。这些列表清楚地指出了哪些用户或用户组有权访问某一类的组件。使用 DCOM 的设置工具(dcomcnfg)，或者在编程中使用 Windows NT 的 registry，以及 Win32 的安全函数可以很简单地设置这些列表。

只要一个客户进程调用一个方法或者创建某个组件的实例，DCOM 就可以获得使用当前进程(实际上是当前正在执行的线程)的用户的当前用户名。Windows NT 确保这个用户的凭据是可靠的，然后组件上的 DCOM 用自己设置的鉴定机制再一次检查用户名，并在访问控制列表中查找组件(实际上是查找包含此组件的进程中运行的第一个组件)。如果此列表中不包括此用户(既不是直接在此表中又不是某用户组的一员)，DCOM 就在组件被激活前拒绝此次调用。这种安全性机制对用户和组件都完全是透明的，而且是高度优化的。它基于 Windows NT 的安全框架，而此框架是 Windows NT 操作系统中最经常被使用的部分，对每一个对文件或者诸如一个事件或信号的同步线程的访问都需要经过相同的访问检查。Windows NT 能够和同类的操作系统以及网络操作系统竞争并超过它们的事实可以显示出这种安全性机制是多么有效。DCOM 提供了一个非常有效的默认的安全性机制，它使开发人员能够在无须担心任何安全性问题的情况下开发出安全的分布式应用。

1. 对安全性的编程控制

对某些应用系统来说，仅仅是组件级的访问控制列表是不够的，因为一个组件中的某些方法是只能被特定的用户访问的。

例子：一个商务结算组件可以有一个方法用来登录新事务，以及另一个方法用来获得已经存在的事务。仅仅只有财务组(Accounting 用户组)的成员才能够添加新事务，同时仅仅只有高级管理人员(Upper Management 用户组)才能查看事务。

正如上一部分所说，应用系统能够通过管理自己的用户数据库以及安全凭据来达到本身的安全。然而，在一个标准的安全框架下工作将会给最终用户带来更多的好处。没有一个统一的安全性框架时，用户需要为他们所使用的每一个应用记住和管理相应的登录凭据。开发者为每一个组件考虑到安全性问题。

DCOM 通过加入 Windows NT 提供的非常灵活的安全性标准将安全性用户化的要求简化为对某些特定组件和应用的需求。使用 DCOM 安全性标准的应用达到上面例子所要求的安全性，当一个方法调用来到时，组件要求 DCOM 提供客户的身份。然后根据其身份，被调用线程就仅仅执行允许该客户执行的安全对象中的某些操作。接着组件就试着访问诸如登录字之类的安全对象，这些对象中有一个访问控制列表 ACL，如果访问失败，说明客户不在 ACL 中，组件就拒绝方法调用。根据所调用方法的不同而选择不同的登录字，组件就能够用一种非常简单，但却灵活有效的方式提供有选择的安全性。

组件也能够很轻易地得到客户的用户名并且利用它在自己数据库中查找有关的许可和策略。这一策略使用了 Windows NT 的安全性框架(密码/公钥、传输线上加过密的密码等)所提供的鉴定机制。应用系统无须为储存密码和其他有关的敏感信息担心。新版本的

Windows NT 将提供一个扩展的目录服务，它允许应用系统将用户信息存储到 Windows NT 的用户数据库中。DCOM 的做法更为灵活，组件能够要求不同级别的加密以及不同级别的鉴定，同时可以在自己进行身份认证时阻止组件使用自己的凭据。

2. Internet 上的安全性

设计在 Internet 上工作的应用系统时需要面对两个主要问题。即使是在最大的公司，在 Internet 上用户的数量都会比原来提高好几个数量级。最终用户希望对他们所使用的所有应用有相同的公钥或密码，即使这些应用是由不同的公司所提供的。提供服务的公司不能在应用系统或安全性框架中储存用户的私人密码。

DCOM 灵活的安全性结构怎样帮助应用来解决这些问题呢？对于这一问题，DCOM 使用了 Windows NT 的安全框架(参看安全性部分)。Windows NT 的安全性体系结构提供了多个安全性模块，其中包括：

(1) Windows NT NTLM 鉴别协议，它在 Windows NT 4.0 以及以前版本的 Windows NT 中使用。

(2) Kerberos Version 5 鉴别协议，它在处理 Windows NT 中以及 Windows NT 间的访问时代替 NTLM 成为最主要的安全性协议。

(3) 分布式密码鉴定(DPA)，诸如 MSN 和 CompuServe 这些最大的 Internet 成员组织中的某些公司所使用的共享的密码鉴别协议。

(4) 安全性通道服务，它被用来完成 Windows NT 4.0 中的 SSL/PCT 协议。下一版本的 Windows NT 将加强对支持 SSL 3.0 客户鉴定系统的公钥协议的支持。

这些模块都是在标准 Internet 协议上工作的，都各有其优缺点。NTLM 安全性模块以及在 Windows NT 5.0 中替代它的基于 Kerberos 的模块都是私人密钥基础协议。它们在集中式管理环境以及使用相互或者单方面信任关系的基于 Windows NT 服务器的局域网中是非常有效而安全的。对大多数 UNIX 系统来说，都可以使用 NTLM 来进行商业实现。(例如 AT&T 的 UNIX 系统的高级服务器(advanced server for UNIX systems))。

使用 Windows NT 4.0 的目录服务，可以很好地扩展到大约 100000 个用户。使用 Windows NT 5.0 的扩展目录服务，一个 Windows NT 域控制器可以扩展到大约一亿个用户。通过将多个域控制器结合到 Windows NT 5.0 的目录树中，在一个域中所能支持的用户实际上是无限的。

Windows NT 5.0 的基于 Kerberos 的安全性模块引入了例如在客户进行身份认证时对组件行为的控制等更先进的安全性概念。它在执行鉴别时比 NTLM 安全性提供模块所占用的资源更少。

Windows NT 5.0 还提供了基于安全性模块的一个公共密钥。这一模块可以在基于 Windows NT 的应用以及基于 DCOM 的应用中将对于安全性凭据的管理分布化。使用公共密钥进行身份鉴别不如使用私人密钥有效，但是它允许在无须储存客户的私人凭据的情况下进行身份鉴别。

因为有如此多互不相同的基本安全性提供模块(私人密钥，公共密钥)可以被使用，所以基于 DCOM 的分布式应用系统可以无须对其进行任何改动就能完成甚至更为先进、对安全性敏感的应用。Windows NT 的安全性框架无须牺牲灵活性和执行性能就能很容易地扩展应用并保证应用的安全性。

3. 负载平衡

一个分布式应用系统越成功，由于用户数量的增长而给应用系统中的所有组件带来的负载就越高。一个经常出现的情况是：即使是最快的硬件的计算能力也无法满足用户的需求。这一问题的一个无法避免的解决方案是将负载分布到多个服务器中去。在“可扩展性”部分简要地提到了 DCOM 怎样促进负载平衡的几种不同的技术：并行配置，分离关键组件和连续进程的 pipelining 技术。

负载平衡是一个经常被使用的名词，它描述了一整套相关技术。DCOM 并没有透明地提供各种意义上的负载平衡，但是它使得完成各种方式的负载平衡变得容易起来。

1）静态负载平衡

解决负载平衡的一个方法是：不断地将某些用户分配到运行同一应用的某些服务器上。因为这种分配不随网络状况以及其他因素的变化而变化，所以被称为静态负载平衡。

基于 DCOM 的应用可以很容易地通过改变登记入口将其配置到某些特定的服务器上运行。顾客登记工具可以使用 Win32 的远程登记函数来改变每一个客户的设置。在 Windows NT 5.0 中，DCOM 可以使用扩展的目录服务来完成对分布类的储存，这使得将这些配置改变集中化成为可能。

在 Windows NT 4.0 中，应用系统可以使用一些简单的技术达到同样的效果。一个基本的方法是将服务器的名字存到诸如数据库和一个小文件这样的众所周知的集中环境中。当组件想要和服务器相连接时，它就能很轻易地获得服务器的名字。对数据库或文件内容的改动也就同时改变了所有的用户以及有关的用户组。

一个灵活得多的方法使用了一个精致复杂的指示组件。这个组件驻留在一台为大家所共知的服务器中。客户组件首先和此组件连接，请求一个指向它所需服务的索引。指示组件能够使用 DCOM 的安全性机制来对发出请求的用户进行确认，并根据发出请求者的身份选择服务器。指示组件并不直接返回服务器名，它实际上建立了一个到服务器的连接并将此连接直接传递给客户。然后 DCOM 透明地将服务器和客户连接起来，这时指示组件的工作就完成了。还可以通过在指示组件上建立一个顾客类代理店之类的东西而将以上机制对客户完全屏蔽起来。

当用户需求增加时，管理员可以通过改变组件而为不同的用户透明地选择不同的服务器。此时客户组件没有做任何改动，而应用可以从一个非集中式管理的模式变为一个集中式管理的模式。DCOM 的位置独立性以及它对有效指示的支持使得这种设计的灵活性成为可能。

2）动态负载平衡

静态负载平衡方法是解决不断增长的用户需求的一个好方法，但它需要管理员的介入，并且只有在负载可预测时才能很好地工作。

指示组件的思想能够提供更加巧妙的负载平衡方法。指示组件不仅可以基于用户 ID 来选择服务器，它还可以利用有关服务器负载、客户和可用服务器之间的网络拓扑结构以及某个给定用户过去需求量的统计数字来选择服务器。每当一个客户连接一个组件时，指示组件将其分配给当时最合适的可用服务器。当然，从客户的观点看来，这一切都是透明发生的。这种方法叫做动态负载平衡法。

对某些应用来说，连接时的动态负载平衡法可能仍然是不充分的。客户不能被长时间中断，或者用户之间的负载分布不均衡。DCOM 本身并没有提供对这种动态重连接以及动态的方法分布化的支持，因为这样做需要对客户进程和组件之间相互作用的情况非常熟悉才行，此时组件在方法激活过程中保留了一些客户的特殊的状态信息。如果此时 DCOM 突然将客户和在另一台机器上的另一个不同的组件再连接，那么这些信息就丢失了。

然而，DCOM 使得应用系统的设计者能够很容易地将这种逻辑结构清楚地引入到客户和组件之间的协议中来。客户和组件能够使用特殊的界面来决定什么时候一个连接可以被安全地经过再寻径接到另一台服务器上而不丢失任何重要的状态信息。从这一点看来，无论是客户还是组件都可以在下一个方法激活前初始化一个到另一台机器上的另一个组件的再连接。DCOM 提供了用来完成这些附加的面向特殊应用协议的所有丰富的协议扩展机制。

DCOM 结构也允许将面向特殊组件的代码放到客户进程中。无论什么时候客户进程要激活一个方法时，由真实组件所提供的代理组件在客户进程中截取这一调用，并能够将其再寻径到另一台服务器上。而客户根本无须了解这一过程，DCOM 提供了灵活的机制来透明地建立这些分布式组件。

有了以上独特的特性，DCOM 使得开发用来处理负载平衡和动态方法寻径的一般底层结构成为可能。这种底层结构能够定义一套标准界面，它可以用来在客户进程和组件之间传递状态信息的出现和消失情况。一旦组件位于客户端的部分发现状态信息消失，它就能动态地将客户重连接到另一台服务器上。

例子：微软的事务服务器（以前叫做 Viper）使用这一机制来扩展了 DCOM 编程模型。通过一套简单的标准状态信息管理界面，事务服务器能够获得必要的信息来提供高级别的负载平衡。在这种新的编程模型中，客户和组件之间的相互作用被捆绑到事务中，它能够指出什么时候一系列的方法调用所涉及的组件的状态信息都是清楚的。

DCOM 提供了一个用来完成动态负载平衡的强大的底层结构。简单的指示组件在连接时可以用来透明地完成动态服务器分配工作。用来将单一的方法调用，再寻径到不同的服务器的更尖端的机制也能够轻易地完成，但是它需要对客户进程和组件之间的相互作用过程有更为深入的了解。微软的完全基于 DCOM 建立的事务服务器（Viper）提供了一个标准的编程模型用来向事务服务器的底层结构传递面向这一附加的特殊应用的有关细节问题，它可以用来执行非常高级的静态和动态的重配置与负载平衡。

4. 容错性

容错性对于需要高可靠性的面向关键任务的应用系统来说是非常重要的。对于错误的恢复能力通常是通过一定量的硬件、操作系统以及应用系统的软件机制来实现的。DCOM 在协议级提供了对容错性的一般支持。前面的应用系统间的共享式连接管理部分所描述的一种高级 pinging 机制能够发现网络以及客户端的硬件错误。如果网络能够在要求的时间间隔内恢复，DCOM 就能自动地重新建立连接。

DCOM 使实现容错性变得容易起来。一种技术就是上一部分所说的指示组件的技术。当客户进程发现一个组件出错时，它重新连接到建立第一个连接的那个指示组件。指示组件内有哪些服务器不再有效的消息，并能提供在另一台机器上运行的这一组件的一个新的实例。当然，在这种情况下应用系统仍然需要在高级别上(一致性以及消息丢失问题等)处理错误的恢复问题。因为 DCOM 可以将一个组件分别放到服务器方和客户方，所以可以对用户完全透明地实现组件的连接和重连接以及一致性问题。

例子：微软的事务服务器(Viper)提供了一个在应用级处理一致性问题的一般性机制。将多个方法调用组合到一个原子事务中就能够保证一致性，并使应用能够很容易地避免信息的丢失。

另一技术经常被称为热备份。同一服务器组件的两个复本并行地在不同的机器上运行，它们处理相同的信息。客户进程能够明确地同时连接这两台机器。DCOM 的分布式组件通过将处理容错性的服务代码放到客户端使得以上过程对用户应用完全透明。另一种方法是使用另一台机器上运行的一个协作组件，由它代表客户将客户请求发送给那两个服务器组件，当错误发生时试图将一个服务器组件转移到另一台机器上，经事实证明是失败的。Windows NT 组的最初版本使用了这一方法，当然它可以在应用级完成。DCOM 的分布式组件使得完成这一机能更容易了，并且它对用户隐蔽了实现细节。

DCOM 使得完成高级的容错技术变得更为容易。使用 DCOM 提供的部分在客户进程中运行的分布式组件技术能够使解决问题的细节对用户透明。开发者无须改动客户组件，甚至客户机进行重新配置就能够增强分布式应用系统的容错性。

参考文献

[1] 杨芙清.软件工程技术发展思索[J].软件学报,2005,16(1).

[2] Robert S. Arnold. Software Reengineering[C]. IEEE Computer Society Press,1993.

[3] 梅宏,申峻嵘.软件体系结构研究进展[J].软件学报,2006,17(6).

[4] 李千目,许满武,张宏,等.软件体系结构设计[M].北京:清华大学出版社,2008.

[5] 李代平.软件体系结构教程[M].北京:清华大学出版社,2008.

[6] 冯冲,江贺,冯静芳.软件体系结构理论与实践[M].北京:人民邮电出版社,2004.

[7] (美)Christopher Fox 著.软件工程设计导论[M].韩毅,罗颖译.北京:清华大学出版社,2007.

[8] 黄罡,梅宏,杨芙清.基于反射式软件中间件的运行时软件体系结构[J].中国科学,2004,2(34).

[9] 张志檩.中间件:技术·产品·应用[M].北京:中国石化出版社,2002.

[10] 王映辉,张世琨,刘瑜,王立福.基于可达矩阵的软件体系结构演化波及效应分析[J].软件学报,2004,8(15).

[11] 王映辉,刘瑜,王立福.基于不动点转移的SA动态演化模型[J].计算机学报,2004(11):1451-1456.

[12] 吕建,马晓星,陶先平,等.网构软件的研究与进展[J].中国科学,E辑,2006,36(10):1037-1080.

[13] 梅宏,黄罡,赵海燕,等.一种以软件体系结构为中心的网构软件开发方法[J].中国科学,E辑,信息科学,2006,36(10):1100-1126.

[14] 方木云,赵保华,屈玉贵.利用仿生学进行软件种植生产的研究[J].微电子学与计算机,2007,24(6).

[15] 孙久荣,戴振东.仿生学的现状和未来[J].生物学报,2007,23(2).

[16] 吕建,陶先平,马晓星,等.基于Agent的网构软件模型研究[J].中国科学,E辑,2005,35(12):1233-1253.

[17] 李新,吕建,张冠群,等.移动Agent的安全性研究[J].软件学报,2002,13(10):1991-2000.

[18] KOLPM, GIORGINI P, MYLOPOULS J. A goal-based organizatio-nal perspective on multi-agent architectures[C]. Lecture Notes inComputerScience,vol2333. 2002:128-140.

[19] Zhang W, Mei H, Zhao H Y. A Feature-oriented approach to modeling requirements dependencies. In: Proceedings of 13th IEEE International Requirements Engineering Conference. Los Alamitos: IEEE Computer Society,2005:273-282.

[20] (美)Sandy Carter 著.SOA&Web2.0-新商业语言[M].袁月杨,等译.北京:清华大学出版社,2007.

[21] Dirk Krafzig,Karl Banke,Dirk Slama 著.Enterprise SOA 中文版—面向服务架构的最佳实战[M].韩宏志译.北京:清华大学出版社,2006.

[22] 范玉顺.工作流管理技术基础[M].北京:清华大学出版社,2001.

[23] WfMC. Workflow Management Coalition Specification: Terminology&Glossary. Document Number WFMC-TC-1011, Brussels, 1996.

[24] 应吉康,朱敏,郑骏,等.J2EE企业级应用构建[M].上海:上海科学技术文献出版社,2003.

[25] Dirk Slama, Jason Garbis, Perry Russell 著.CORBA 企业解决方案[M].北京:机械工业出版社,2001.

[26] GARY C. Core Java[M].美国西蒙与舒斯特国际出版公司,1997.

[27] 刘晓华. J2EE 应用开发详解[M]. 北京：电子工业出版社，2004.

[28] 刘鹏. 云计算[M]. 北京：电子工业出版社，2010.

[29] (美)Michael Miller 著. 云计算[M]. 姜进磊，孙瑞志，向勇，等译. 北京：机械工业出版社，2009.

[30] 陈康，郑纬民. 云计算：系统实例与研究现状[J]. 软件学报，2009.55.